『十三五』国家重点出版物出版规划项目

印度建筑史

A History of Indian Architecture

汪永平 等著

东南大学出版社 · 南京

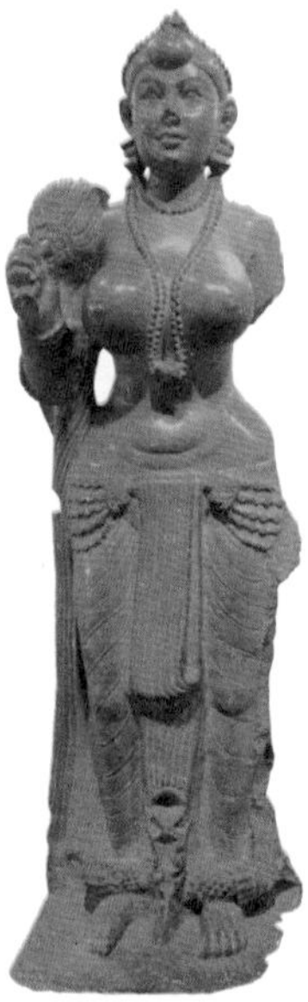

编写人员

主 编

汪永平

编写人员

统　　稿　汪永平
第 1 章　汪永平
第 2 章　王锡惠
第 3 章　徐　燕　王濛桥
第 4 章　芦兴池
第 5 章　沈亚军　孙晨蕾
第 6 章　王杰忞　沈　丹
第 7 章　李苗苗　王杰忞　沈　丹
第 8 章　马从祥
第 9 章　张敏燕
附　　录　王锡惠　孙晨蕾

前言

中国建筑史学研究的开创人刘敦桢（1897—1968）先生在 1949 年后 20 年间的教学和研究，为我国的建筑界培养了一批人才，不仅延续了中国营造学社未竟的事业，也开拓了新的研究领域和研究方法，在我国建筑历史研究和文化遗产保护中发挥了重大作用。刘敦桢先生曾高瞻远瞩地开辟了东方建筑研究的新领域，致力于对印度建筑和印度建筑史学的研究。他于 1959 年初率我国文化代表团访问印度，除了完成文化交流和访问任务，还系统地考察了印度阿旃陀石窟寺等多处佛教遗址和印度的文化古迹。他的出访经历写在《访问印度日记》中。刘敦桢先生出访印度回国后，当年便招收印度建筑史研究生一人，并开设印度建筑史课程，他的学生、著名的中国园林建筑大师叶菊华女士，珍藏了当年的课堂听课笔记。刘敦桢先生曾经多次谈到开展东方建筑研究的必要性，他曾留学日本，对日本的佛教建筑深有研究。对于中国和日本的佛教和佛教建筑的来源和形成，自然要追溯到和我国孔子、老子同时代的印度和印度的早期社会、文化以及宗教。印度佛教的兴盛和大规模的对外传播发生在阿育王时期，阿育王为了宣扬佛教，在全国各地建造阿育王柱和阿育王塔，柱顶蹲坐的狮子和法轮，成为印度国家的标志和象征。刘敦桢先生选择印度作为东方建筑的起始点当与印度的佛教建筑有关。

作为"文化大革命"后参加高考的 77 级的学生，在东南大学读书期间，我深深受到刘敦桢先生创建的中国建筑史学研究传统的熏陶和影响，毕业后在高校从事中国古代建筑历史和理论的研究、教学和人才的培养工作。自 2011 年起，继续刘敦桢先生半个世纪前开启的印度建筑研究之门，带领众多研究生先后十余次进入印度、尼泊尔、斯里兰卡和南亚地区，重走当年玄奘、法显和义净求经访学之路。我们抓住了难得的"一带一路"发展机遇和中国对外旅游和文化交流的契机，在穿越数千年时光的印度古代建筑考察中，北上喜马拉雅雪山，南下斯里兰卡海岛，东达阿萨姆河川，西至塔尔沙漠，实地考察了印度的世界文化遗产地、古代城市和古代寺庙遗址……调研时，学生和我共同商讨考察计划，安排考察路线，确定不同的研究方向。在实地考察中，我们领略了多样的异国风光，接触到不同的民族，体验出不一般的人生经历。十余年间学生们完成了十几篇印度建筑史研究的学位论文，出版了"喜马拉雅城市与建筑遗产系列丛书"。

今天当印度的旅行只能成为往事回忆之时，汇聚了我们研究成果的《印度建筑史》的出版，像穿越时代和时空的一股清流，增加了我们对于印度社会和文化的理解，拓展了刘敦桢先生所开创的印度建筑史研究的广度和深度，成为报答刘敦桢先生的最好礼物和纪念先生的最好行动。

东南大学出版社颇具慧眼，多年来关注和支持我在印度和南亚的研究，申报国家重点出版计划和课题。本书的出版，继承了我国东方建筑研究传统，填补了我国在印度建筑历史理论研究上的空白，成为南亚城市与建筑遗产研究的一个重要的开端。值此新书出版之际，感谢东南大学出版社戴丽副社长在课题申报上的鼎力支持，感谢魏晓平编辑的精心编校，感谢多年来跟随我进入印度和东南亚做研究的学生们，本书的出版对于他们的努力和付出也是最好的回报。

汪永平

绪论——印度概况

1

自然地理概况
社会历史概况
宗教文化概况

印度（India），全称为印度共和国，首都坐落于新德里（New Delhi），是南亚次大陆上最大的国家，我国古代文献称其为"羌独""天竺""身毒""贤豆"等，后由玄奘实地考察之后在《大唐西域记》中开始改称之为"印度"。印度国土面积约 298 万平方千米（不包括中印边境印占区和克什米尔印度实际控制区等），居世界第七位，人口达 13.24 亿（2020 年 4 月），是世界第二的人口大国，多民族和种族。印度东北部与尼泊尔、中国、不丹交界，孟加拉国被夹在印度东北部地区中间，印度的东部与缅甸交界，南部隔着大海分别与马尔代夫以及斯里兰卡相望，印度的西北部则与巴基斯坦（Pakistan）为邻。全国海岸线总长度 5 500 多千米，东临孟加拉湾（Bay of Bengal），西靠阿拉伯海（Arabian Sea）（图 1-1）。

古代印度是四大文明古国之一，其名称是对印度整个次大陆的统称，其地域范围包括了今日的印度共和国、巴基斯坦、孟加拉国、尼泊尔、不丹、锡兰（今斯里兰卡）、马尔代夫七国及缅甸的一小部分在内的国土范围。印度人相继地创造了灿烂的印度文明，留下了精彩多样的历史文化遗产，对亚洲大部分地区产生了比较深远的影响，同时也对东西方之间历史、文化上的交流起到了不可磨灭的作用。

1.1 自然地理概况

1.1.1 印度的地理特点

印度是亚洲仅次于中国的第二大国家，也是南亚次大陆的主要组成部分，它用世界上 2.5% 的土地养活了 18% 的世界人口。印度国土像一个巨

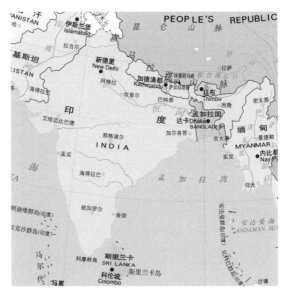

图 1-1 印度地理范围图

大的三角形，北以世界屋脊——喜马拉雅山脉为界线，南到科摩林角（Cape Comorin，印度地理上的最南端），西到阿拉伯海，东到孟加拉湾。三面环海的地理特点使印度成为一个相对独立的地理单位。印度大致可以分成南部半岛区、中央平原区以及北部喜马拉雅山区三个地理区域。

喜马拉雅山脉（Himalayas）和德干高原（Deccan Plateau）之间是延绵不绝而广阔的平原地区，包括恒河平原和印度河平原，其地势异常平坦。发源于喜马拉雅山脉的恒河（Ganges River）、印度河（Indus River）流经这片区域，最终汇入孟加拉湾和阿拉伯海。巍峨的喜马拉雅山脉阻挡了北部的严寒，因此这片区域的大部分地区常年较为温暖。

印度河—恒河平原地区与德干高原之间绵亘着一条东西向的山脉——温迪亚山脉（Vindhya Range），这条山脉将印度划分成南北两个不同的区域。温迪亚山脉难以翻越，因而成为历史上南北交流的巨大障碍，使得印度南部与北部区域在人种、语言、风土人情上都有较大程度的不同。

温迪亚山脉以及讷尔默达河（Narmada River）以南的地区是印度半岛（India Peninsula）。印度半岛，是亚洲南部三大半岛之一，世界第二大半岛，以德干高原为主体，故又名德干半岛。较大河流有讷尔默达河、戈达瓦里河（Godavari River）等，大部分地区属热带季风气候。除了西海岸地区外，整个印度半岛都呈西高东低的地势，所以河流都在东海岸汇入大海。在印度地形三角形的两条腰线上，与东部海岸线平行的是东高止山脉（Eastern Ghats），与西部海岸平行的是西高止山脉（Western Ghats），两条山脉最终交汇于印度的南端，它们中间的区域就是德干高原。

印度的土地上还有西部拉贾斯坦邦（Rajasthan Pradesh）的干旱沙漠地带以及东部恒河流域下游的热带雨林地带。这些复杂的地理构成将印度划分成各具特色的地理单位和生态系统，也为印度的多种族、多语言、多宗教的属性打下了地理基础。

1.1.2 印度次大陆的自然地理概念

印度次大陆，又称南亚次大陆，是喜马拉雅山脉以南的一大片半岛形陆地，亚洲大陆的南延部分。位于北纬8°~37°，东经61°~97°。由于受喜马拉雅山脉阻隔，形成一个相对独立的地理单元，但面积又小于通常意义上的大陆，所以称为"次大陆"。南亚次大陆的国家大多数位于印度板块，另外一些在南亚，其中包括印度、印度河以东的巴基斯坦、孟加拉国、尼泊尔和不丹、岛国斯里兰卡和马尔代夫。因为印度和巴基斯坦是南亚最主要的大国，所以常称南亚次大陆为印巴次大陆或印度次大陆。

这一地区长期经历着相对封闭且独立的社会历史发展进程，形成了独具特色的文化。很多地理资料上将印度半岛等同于印度次大陆。

1.1.3 各历史时期印度国家的地理范围

1. 古代印度

指古代南亚地区，包括现在的印度、巴基斯坦、尼泊尔、孟加拉、斯里兰卡、马尔代夫、不丹以及古印度王朝的大片疆域（图1-2）。波斯人和古希腊人称印度河以东地区为印度，我国的《史记》和《后汉书》称之为"天竺"，玄奘在《大唐西域记》中从印度河的名称引申而始称其为"印度"。

2. 近现代印度

莫卧儿王朝（Mughal Empire）灭亡后，英国的东印度公司控制了相当于现今的印度、巴基斯坦、孟加拉三国的整个地区，直到1947

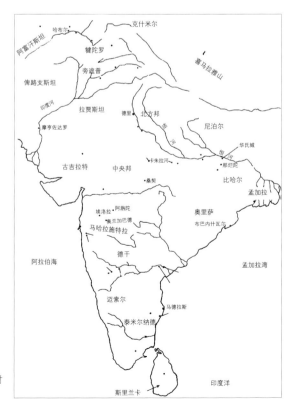

图 1-2 古印度全盛时期疆域

年 6 月 4 日，蒙巴顿发表声明，同年 8 月巴基斯坦和印度分别独立。1971 年，第三次印巴战争中，东巴基斯坦独立，成为现在的孟加拉国。

事实上，在英国殖民统治印度之前，政治分裂的印度的国土从来没有实现过真正意义上的统一，强盛的阿育王统治时期，古印度也只是统一了印度北方的大部分地区，莫卧儿时期帝国版图第一次扩张到南方，但依然没有能够统治整个印度半岛。南印度是印度半岛的主体，德干高原在地理环境上保护着南印度不受北方战争侵扰，在历史发展进程上始终相对独立于北方。

1.1.4 本书所涉及的印度历史跨度

1. 史前印度

20 世纪印度次大陆上的一系列重大考古发现推翻了以往认为印度文明起源于雅利安人入侵的学说，将史前印度河流域人类活动的时间提前到旧石器时代。中石器时代：约公元前 3 万—约前 3000 年。现代人类（智人）于大约 1.2 万年前进入次大陆。新石器时代：大约自公元前 6000—前 4000 年中叶。金石并用时代：公元前 4000 年中叶—前 3000 年中叶。哈拉帕文明：公元前 3300—前 1900 年左右。

2. 古代印度

古印度历史分期如表 1-1 所示。

3. 印度伊斯兰时期

阿拉伯人在 8 世纪初期侵占了印度西北部的信德，揭开了穆斯林统治印度的序幕，预示着印度开始进入中世纪时期。13 世纪初，突厥人在德里建立苏丹国，开启了印度伊斯兰时期，此期分为前后的德里苏丹国（Delhi Sultanates）时期与莫卧儿帝国（Mughal Empaire）时期两个阶段（图 1-3）。

表 1-1　古印度历史分期表

历史时期	时间跨度
吠陀时期	约公元前 1800—前 600 年
十六雄列国时期	大约在公元前 6 世纪—前 4 世纪
波斯人与希腊人入侵时期	公元前 600—前 200 年
孔雀王朝时期	公元前 327—前 185 年
外族入侵时期	公元前 200—200 年
笈多王朝时期	公元 320—7 世纪
嚈哒人入侵时期	公元 5 世纪—6 世纪
戒日帝国	公元 606—647 年
拉杰普特时期	公元 7 世纪中叶—12 世纪末

南印度：南印度在历史发展进程上相对独立于北印度。南印度的人类文明至少和印度河文明一样古老，最南部分国家的历史大约从公元 1 世纪开始。古代南印度分为两个较为明显的历史时期：第一时期是南印度奴隶制国家统治的公元前 200—300 年；第二时期是南印度封建制国家统治的 300—750 年。9—11 世纪的南印度出现了三足鼎立的局面：哲罗王朝、潘迪亚王朝和朱罗王朝实力都很强大。其中哲罗王朝曾经侵入印度尼西亚诸岛屿。南印度这几个国家都有自己的附属藩属国，藩属国一般都有自己的军队、行政系统和税务机关。南印度虽然也盛行过佛教，建造过许多佛教寺院，但是更辉煌的还是宏伟的印度教庙宇，它们一直兴盛至今。

4. 印度殖民时期

1498 年，著名葡萄牙航海家瓦斯科·达·伽马从非洲南端绕行来到印度西海岸港口城市卡利卡特（Calicut），标志了西方殖民势力进入印度的开始。卡利卡特是当时印度西南部地区主要的对外通商口岸，外商云集。紧接着葡萄牙殖民者在位于喀拉拉邦（Kerala Pradesh）的科钦（Kochi）建立了第一个欧洲贸易据点，而这也标志了印度殖民时代的真正到来。

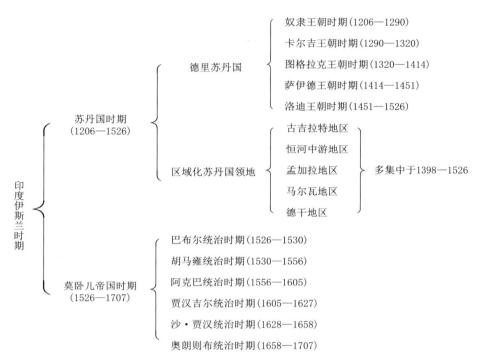

图 1-3　印度伊斯兰时期历史发展脉络

印度伊斯兰时期
- 苏丹国时期（1206—1526）
  - 德里苏丹国
    - 奴隶王朝时期（1206—1290）
    - 卡尔吉王朝时期（1290—1320）
    - 图格拉克王朝时期（1320—1414）
    - 萨伊德王朝时期（1414—1451）
    - 洛迪王朝时期（1451—1526）
  - 区域化苏丹国领地
    - 古吉拉特地区
    - 恒河中游地区　多集中于1398—1526
    - 孟加拉地区
    - 马尔瓦地区
    - 德干地区
- 莫卧儿帝国时期（1526—1707）
  - 巴布尔统治时期（1526—1530）
  - 胡马雍统治时期（1530—1556）
  - 阿克巴统治时期（1556—1605）
  - 贾汉吉尔统治时期（1605—1627）
  - 沙·贾汉统治时期（1628—1658）
  - 奥朗则布统治时期（1658—1707）

　　1599 年 9 月 24 日，英国伦敦的富商们开始筹划设立一个专门从事东印度贸易的公司，并将该提议递交给了英国当局。1600 年 12 月 31 日英国女王伊丽莎白允准，授予特许状。公司领导将其定名为"伦敦商人对印度贸易的总裁和公司"，即东印度公司的开始。东印度公司 1601 年开始派船来东方贸易，成为英国对东方进行殖民侵略所需要的工具。此后公司势力在印度半岛不断扩张，其设立的贸易商馆很快遍布印度东、西沿海口岸及船运发达的内陆地区。

　　1757 年 6 月 23 日普拉西战役使得英国东印度公司实际上控制了孟加拉地区。公司以武力征服全印由此开始。东印度公司征服印度，从 1757 年算起，到 1849 年兼并旁遮普为止，共用了 92 年时间。1857 年印度民族大起义，大大地打击了英国的殖民势力，1858 年 8 月英国官方宣布印度将由英女王直接统治，标志了东印度公司彻底退出印度历史的舞台。到 1877 年 1 月，英国议会又通过一项法案，宣布英国维多利亚女王同时兼任"印度女皇"，各土邦王公成为女王的臣民。

　　1947 年 7 月 18 日，分割印度的《蒙巴顿方案》在英国议会获得通过而成为正式法律。8 月 15 日，英国将在印度的统治权分别移交给印度和巴基斯坦两个自治领，它标志着从 1757 年开始的长达 200 年的英国殖民统治正式终结，在南亚这块辽阔的土地上，印度和巴基斯坦两个独立主权国家也由此宣告成立。

　　5. 独立后的印度

　　在印度独立后的 1950 年 1 月 26 日印度共和国成立，标志印度国家走上发展的新时期。总理尼赫鲁实施第一个五年计划，大力发展城市化。印度各地出现了大量的城市建设工程，建筑方面发展迅速。印度现代建筑的开端被认为是印度独立的 1947 年，第一座现代建筑被认为是 1948 年建造的本地治里（Pondicherry）戈尔孔德住宅（Golconde Residential Building）。而印度作为一个新生的国家亟须表现出印度现代化文明和民族自尊这两样特质，因此大量现代建筑应运而生，这是文明和现代化的象征，而在公共建筑特别是政府建筑上，更多体现出的是印度古老的民族特色和文化价值。印度现代建筑在20世纪初期开始发展，时间跨度为1947年至今的70余年，渐渐走出一条富有印度社会特色的道路。

1.2 社会历史概况

早在公元前2800—前2600年，印度河流域的文明就出现了（图1-4）。印度河流域横跨现在的印度—巴基斯坦边界，是印度次大陆文明的摇篮。在现巴基斯坦境内涌现了印度历史上第一个原始文明——哈拉帕文明。哈拉帕文明时期产生的两座都邑哈拉帕（Harappa）和摩亨佐达罗（Mohenjo-Daro），有着精心的布局设计，供水和排水系统都是当时世界上最先进的，农业、畜牧业和手工业已经出现，运输工具亦被发明。人们崇拜着与生殖创造有关的男神、女神们。公元前1800—前600年是印度历史上的吠陀时期（Vedic Period）。这一时期，中亚地区雅利安人族群在入侵的同时也带来了梵文和《吠陀经》[1]，把宗教与文化通过口口相传的方式记录、传承了下来，这成为印度教的根源所在。

开始的几个世纪里，雅利安人定居于印度河流域的上游，靠游牧为生。公元前1000年左右，他们开始向喜马拉雅山脚下及恒河流域迁徙并定居下来。随着铁器的出现、农牧业的发展及人口的增加，雅利安人在恒河流域建立了部分小型城市和以俱卢（Kuru）为首的四个古老的王国（图1-5）。与此同时，社会等级制度开始出现，印度的种姓制度也渐渐萌芽，最终形成了由婆罗门（祭祀和学者）、刹帝利（武士和官员）、吠舍（商人）、首陀罗（劳动者）四种主要的瓦尔纳[2]（Varna）组成的极为森严的等级制。

当时出现的《梨俱吠陀》是吠陀教形成的重要标志，此后它一直是重要的理论经典。早期吠陀时代的社会是部落社会，同其他许多原始部落崇拜自然山川类似，他们崇拜的神灵主要分为天界、空界与地界之神三类，通过祭祀的仪式来实现。他们在农业生产、战争进行前都会通过祭祀向神灵求得庇佑。

印度雅利安人在征服印度河流域后，将自己

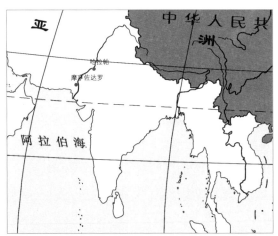

图1-4 印度河流域文明

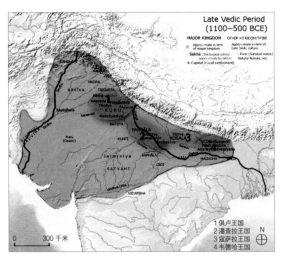

图1-5 吠陀时期四个王国控制范围

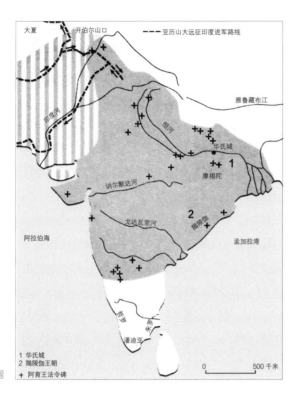

图 1-6 孔雀王朝控制范围

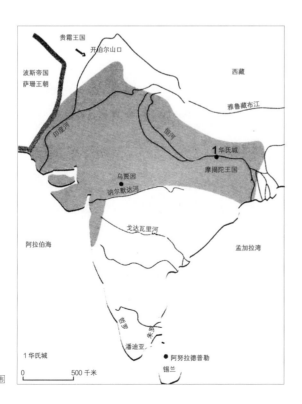

图 1-7 笈多王朝控制范围

称做"雅利安瓦尔纳",将达罗毗荼人称做"达萨瓦尔纳"。随着社会劳动分工的发展,雅利安人内部出现了贵族与平民的分化,平民被称为"吠舍"(Vis),贵族被称为"罗舍尼亚"(Kajanya),其中祭祀贵族属于婆罗门瓦尔纳,居于社会的最高层,军事贵族属于刹帝利瓦尔纳,而早前的达萨瓦尔纳则改名为首陀罗瓦尔纳,居于社会的最底层。

公元前 327 年,来自马其顿的亚历山大大帝推翻了波斯帝国,并不断东征至印度的西北部地区,然而他只停留了短暂的两年时间便决定迅速撤兵,这一事件使得印度西北部出现了短暂的政治真空期。公元前 321 年,月护王旃陀罗笈多·孔雀在推翻摩揭陀王朝、平定中原之后攻回西北部地区,建立孔雀王朝(Maurya Dynasty),定都恒河中游的华氏城(Pataliputra,图 1-6)。旃陀罗笈多·孔雀的孙子阿育王将孔雀王朝推向顶峰,在征服羯陵伽(Kalinga)之后几乎统治了整个印度次大陆(除最南端的地区)。在其统治期间,佛教得到长足的发展,出现了大量的佛教建筑。公元前 185 年,阿育王死后约 50 年,孔雀王朝灭亡,此后印度次大陆又回到混乱之中。

320 年,旃陀罗·笈多(与前述月护王旃陀罗笈多·孔雀无关)在恒河流域建立了新的帝国——笈多王朝(Gupta Empire),仍旧以华氏城为首都(图 1-7)。笈多王朝时期在印度历史上被史学家称为黄金时代,不仅在政治上用封建制度取代了奴隶制度,执行中央集权制,还在经济、农业和手工业层面都有了较大的发展,促进了与周边国家的贸易往来。在以印度教为主导的大背景之下,佛教和耆那教同样得到盛行,不同宗教都有着充裕的发展空间。科学、建筑、艺术、天文学、哲学等在这一时期也取得很高的成就，整个国家呈现出欣欣向荣的景象。5 世纪末，来自中亚的匈奴人给印度带来了沉重的军事打击，笈多王朝走向灭亡，印度北部呈现出多个小国林立的局面。直到 7 世纪初戒日王崛起，印度才渐趋统一。在这之后至莫卧儿帝国于 16 世纪建立之前，印度的土地上再也没有出现如孔雀王朝和笈多王朝这般强大的帝国。

　　7 世纪末，伊斯兰教随着穆斯林商人船队传入了印度的喀拉拉邦，穆斯林信仰在此生根发芽。711 年，印度河下游的信德地区被穆斯林强大的军队征服，从此印度开始进入中世纪时期。12 世纪末期，马哈茂德（Mahmud）的后裔们对印度北部进行了长期而系统的军事征伐，使印度北部地区长期处于穆斯林的统治之下。1206 年，古尔王国的穆罕默德（Muhammad）在印度河畔遇刺身亡，库特卜·乌德·丁·艾巴克（Qutb-ud-din Aibak）即位掌权并在德里建立德里苏丹国，正式成为北印度的独立君主，开启了印度的伊斯兰统治时期。1526 年，德里的苏丹王朝在巴布尔（Babur）的进攻之下屈服，帖木儿（Timur）的后人坐上德里的王位，在印度开创了莫卧儿帝国（图 1-8）。此后，印度这片南亚次大陆保持了两个世纪的统一，印度的社会、经济、政治得到稳健的发展，绘画和建筑艺术也在皇室的支持下得到保护与发扬。与此同时，伊斯兰的文化渗透进印度社会的方方面面，与当地的文化传统有了更好的交融。

　　15 世纪末—17 世纪初，葡萄牙人、英国人、法国人先后在印度建立东印度公司，从事商业活动。1707 年莫卧儿帝国最后一代君主奥朗则布（Aurangzeb）去世后，印度的东印度公司抓住机遇，扩大了贸易据点，于 18 世纪中叶开始对印度的征伐，其中普拉西战役拉开了印度半岛沦为

英殖民地的序幕。1857 年，孟加拉的印度士兵爆发了民族起义，虽然以失败告终，但间接地导致了东印度公司的结束。而后，英国政府代替东印度公司，在印度开始了直接管辖的时代。

　　20 世纪初期，印度渐渐觉醒的民族主义威胁到大英帝国对于印度的控制。成立于 1885 年、有众多知名印度教和伊斯兰教教徒支持的印度国民大会是其中最有影响力的组织，公开反对英国的统治。1915 年甘地（Mohamdas Karamchand Gandhi，1869—1948）成为该团体的领袖，并把组织向人民大众中间传播开去。在他的领导下，分别于 1920 年和 1930 年开展了两次非暴力不合作运动，最终促使英国政府通过了《印度法案》并于 1937 年生效。1947 年通过的《蒙巴顿方案》宣告印度与巴基斯坦相继独立，大英帝国在印度

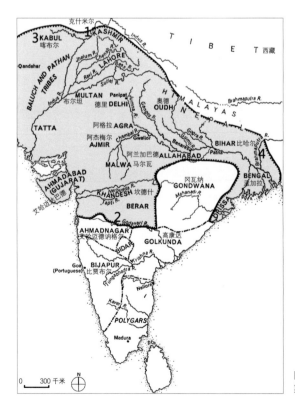

图 1-8 阿克巴统治时期的版图

的殖民统治正式结束。1949 年 11 月，印度共和国的宪法生效，次年 1 月，印度共和国成立。

1.3　宗教文化概况

印度土地上的人种多样，向来有"人种博物馆"之称，共有 100 多个民族，大致可以分为 6 种，分别是印度的原始居民尼格利陀人、原始澳大利亚类型的尼格罗人、南印度的达罗毗荼人、北印度的雅利安—达罗毗荼人、蒙古人以及北欧人。这六大类、多小类的不同种族经过长期的融合与分化形成如今印度极为复杂的民族结构。印度各地还散布着 400 多个部落，种族与部落共同创造了印度灿烂的文明。

与种族众多相对应的是印度异常复杂的语言结构，印度的土地上共有 170 多种语言以及 500 多种方言，90% 的人口数量使用其中约 16 种语言，可以将其大致分为印欧语系、达罗毗荼语系、南亚语系以及汉藏语系四种。后期由于外来殖民者的侵入以及商业和政治上的需要，印度逐渐统一了国家语言，将印地语设为第一官方用语，英语设为第二官方用语。

印度是一个宗教大国，其教派之多、信徒之盛、影响之深远非别国能出其右。印度的土地上流行着印度教（Hinduism）、伊斯兰教（Islamism）、佛教（Buddhism）、基督教（Christianism）、耆那教（Jainism）、锡克教（Sikhism）等众多宗教，人们热爱宗教，上至君主、下至子民都是如此，仿佛天生就对宗教思想有着强烈的感情。在这些宗教之中，印度教徒最多，大约占印度总人口的 80%，是印度第一大教。印度教属于多神教，经典和教义比较繁杂。在现代生活中，印度教已然慢慢演变成为一种哲学思想、

一种生活方式。印度教传统文化的核心是种姓制度，虽然在印度独立之后种姓制度已被宪法明确废除，但千百年来形成的习俗却并没有那么快地消除殆尽，整个社会发展的不平衡性更使得印度土地上人与人之间的差距或者说社会阶层的差距比任何国家都要来得强烈。伊斯兰教是印度的第二大宗教，信徒约占印度总人口的 13.4%，其余的教派则占很少的比重。

1.3.1　印度教

1. 印度教的起源

印度教是印度各宗教中信仰人数最多的宗教，它并没有一个明确的创始时间以及创始人，它的形成更深地反映了印度次大陆这个古老地区的文明。其发展经历了早期吠陀时代的吠陀教（Vedic）、后期吠陀时代的婆罗门教（Brahmanism）以及沙门思潮与史书时代的新婆罗门教等阶段，最终在改革后形成成熟的印度教，每个阶段都有其自身的特点。印度教的形成及发展与各时期的社会环境具有密切的联系。

（1）早期吠陀时代（约前 1500—前 1000）与吠陀教

早期吠陀时代，居于中亚大草原的游牧民族雅利安人踏上了入侵印度西北地区的征途。他们翻越伊朗高原，穿过兴都库什山口，最终到达了南亚次大陆的印度河流域。雅利安人与当地的土著居民达罗毗荼人一直处于持续的争斗中，最终他们凭借强大的战斗力战胜了文化与农业发展水平较高的达罗毗荼人，定居于印度河流域。随着印度雅利安人与当地达罗毗荼人的不断接触，他们在自己信仰的基础上吸收了当地达罗毗荼人的诸多信仰因素，将自己的文化与当地的文化相互融合，由此形成了吠陀教。

（2）后期吠陀时代（前 1000—前 600）与婆罗门教

经过早期吠陀时代的发展，印度雅利安人已具备较强的实力，他们征服了当地的土著居民，逐渐向东南地区扩张，在恒河以及亚穆纳河（Yamuna River）流域定居下来。原先的氏族部落逐渐开始解体，向奴隶制国家过渡，一些奴隶制小国正式兴起。

社会经济的发展必然促进宗教文化的发展，在后期吠陀时代，出现了许多新的宗教经典，例如讲述祭祀方式的《夜柔吠陀》与《娑摩吠陀》，汇编诸多巫术的《阿达婆吠陀》，阐明祭祀意义与方法的《梵书》，探讨世界本源以及人与世界关系的《奥义书》《森林书》等。与此同时，早期吠陀时代初步形成的瓦尔纳制度有了进一步的发展，逐步转化为印度根深蒂固的种姓制度。原来以崇拜自然为基础的吠陀教逐渐转变为以"吠陀天启、祭祀万能与婆罗门至上"为纲领的婆罗门教[3]。

公元前 6 世纪左右，由于婆罗门阶层享有的特权激起了其他各阶层的强烈不满，出现了许多反对婆罗门教的思想流派，它们统称为"沙门思潮"。这些思想流派包括了佛教与耆那教，它们主张思想自由以及社会平等，极力反对婆罗门阶层至高无上的特权，这种思想致使许多受压迫的低级种姓脱离婆罗门教，改投佛教与耆那教。沙门思潮以及兴起的许多宗教使婆罗门教遭受了沉重的打击，在以后相当长的一段时间内婆罗门教都处于消沉状态。

4 世纪初，北印度在经历一百多年的分裂后建立了一个统一的王朝——笈多王朝。笈多王朝的君主都推崇婆罗门教，这使婆罗门教得到了复兴。在笈多王朝持续统治的两百多年间，婆罗门教文化发展到了空前繁荣的程度。此间出现了许多新的宗教经典，如《摩奴法典》《那罗陀法典》《摩诃婆罗多》以及汇集各种神话故事的《往世书》等。同时，婆罗门教在自身的变革中不断吸收佛教、耆那教等其他宗教的优点，融合了各地的民间信仰，废除了之前迂腐的教规。婆罗门教在经过长期的变革后开始转化为新型的婆罗门教，这种新婆罗门教正是后期成熟的印度教的雏形。

2. 南印度印度教的发展

随着 6 世纪左右异族的不断入侵，笈多王朝逐渐走向衰败，北印度分裂为多个小国，呈现出政局混乱、各国战争不断的局面。印度教在北部的发展处于低迷状态，此时印度教的活动重心已逐渐向南转移至南印度。6—8 世纪，南印度主要由三国共同统治：以克里希纳河（Krishna River）上游瓦达比为都城的早期遮娄其王国、往南的以马德拉斯（Madras，现名金奈 Chennai）附近的甘吉布勒姆（Kanchipuram）为都城的帕拉瓦王国以及最南部的以马杜赖（Madurai）为都城的潘迪亚王国。这些王国在政治上局势相对稳定，经济发展也相对快速，加之各王国统治者对印度教的极力推崇，导致这一时期印度教文化在南印度的发展十分活跃，涌现出了许多新的思想以及改革浪潮[4]。

此外，南印度较为稳定的种姓制度也为印度教的迅速发展奠定了基础。南印度一直以来就是达罗毗荼人的聚居地，是古老的达罗毗荼文化的故乡。随着北印度雅利安文化的渗透，南印度的种姓制度在其影响下也逐渐形成了，但与北印度的种姓制度有所区别。在南印度，婆罗门种姓的地位十分突出，更出现了婆罗门与非婆罗门的区分。南印度分布着大量的婆罗门村，居住在这个村中的都是纯粹的婆罗门种姓，他们通常是一个婆罗门家族集体居住，或者是几个婆罗门家族聚集而来。婆罗门村的农业收入十分丰厚，它们将剩余财富投入对神学以及其他宗教理论的研究中，长此以往，这些婆罗门村逐渐发展为当地宗教文化交流与学习的中心。因此，当时南印度较为稳定的种姓制度，为印度教在南印度的快速发展提供了保障。

（1）商羯罗改革运动

8 世纪，出身于南印度的宗教改革家商羯罗（Sankara）对新婆罗门教在理论和实践两个方面进行了改革，进一步吸收了佛教与耆那教的教义。他先后在南印度与北印度传播自己的改革观点，并且组织教团，建立寺庙。一系列改革促使新婆罗门教走向成熟，完成了向印度教的正式过渡。

商羯罗改革运动对于印度教的发展具有重要的意义，此后，印度教一直统治着印度社会。商羯罗的改革运动倡导建立僧侣社团，使得印度教结束了多年来没有统一的宗教组织的状况，这在一定程度上增强了印度教的凝聚力，并且开始了作为宗教活动场所的神庙建筑的大规模兴建。此外，改革后的印度教反对烦琐的祭祀仪式，倡导学习"梵我同一"的宗教理念，认为只有通过获得真正的智慧才能实现解脱。商羯罗建立的吠檀多不二论也成为印度教的权威思想体系，使得印度教的理论不断完备。

改革后的印度教主要体现除以下三个特征：

第一，一神论的多神崇拜。印度教万神殿中存在不可胜数的神灵，然而，梵是所有神灵中最高的存在。梵并不表现为任何形式，是梵天（Brahma）、毗湿奴（Vishnu）以及湿婆（Shiva）三神一体的最高存在。三大主神是印度教信徒最主要的崇拜对象，同时他们又存在着多种化身，并且也受到信徒的崇拜。第二，宗教礼仪占据重要地位。印度教将礼仪视为一个人生活与灵魂的一部分，不可或缺。一个人从出生开始共要历经 12 种礼仪，其繁复程度显而易见。第三，种姓制度更加完善。此时的种姓制度，除了原来的四个阶层外，还增加了贱民与不可接触者两个阶层，他们居于社会的最底层，过着水深火热的生活。各阶层之间划有清晰的界限，不可逾越。印度教的种姓制度较婆罗门教时期而言，其体系更加完善与稳定。

（2）虔信派改革运动

6—7 世纪，南印度的印度教发展十分活跃，出现了许多新的思想学说。当时在南部泰米尔地区出现了两个派别的泰米尔游方僧，分别为崇信毗湿奴的"阿尔瓦尔派"（Alvars）与崇信湿婆的"那衍纳尔派"（Nayanars）[5]。他们推崇虔诚崇信的思想理论，认为任何印度教徒都不必要被烦琐复杂的祭祀仪式所束缚，也不必学习高深玄妙的宗教理论，只要在心里对神充满虔诚的信仰，有一颗虔诚之心，就能够获得神灵的恩泽，并且获得解脱。这种虔诚崇信的思想理论在南印度得到了广泛传播，为后来发端于南印度的印度教改革发展奠定了思想基础。

此外，出生于南印度马德拉斯的罗摩奴阇（Ramanuja）是虔信派改革运动的奠基者。他在吠檀多哲学的基础上融合了虔信思想，创立了一种新理论——吠檀多限制不二论，这种理论主张将人们崇拜的人格化神与至高本体——梵相等同，号召信徒从内心热爱神灵，并且主张在神灵面前人人平等的观念，由此掀起了南印度虔信派改革运动的浪潮。他于 11 世纪末在南印度创立了室利·毗湿奴改革派，该派别将毗湿奴与其妻子拉克希米（Lakshmi）作为主神供奉于神庙之内，极其崇拜毗湿奴的化身罗摩（Rama）。室利·毗湿奴派的特点在于他们的革新思想,不歧视低层种姓,无论任何种姓都可以加入该派。后期由于该派内部在教义与教规的问题上产生了争议,最终分裂为南北两学派。

大约 13 世纪,摩陀伐(Madhva)在南印度迈索尔(Mysore)地区创立了摩陀伐派。该派将毗湿奴奉为主神,尤其崇拜黑天(Krishna)——毗湿奴化身,主张对黑天大神要充满虔诚的信仰,从而在精神层面获得解脱。摩陀伐派的特点在于严格遵守宗教的道德准则,教徒必须严格遵循忠诚行善、不贪不盗等道德典范。

大约在 12 世纪末 13 世纪初,在南印度迈索尔地区附近产生了以崇拜湿婆的象征物——林伽(Lingam)为主神的林伽改革派。林伽派崇拜林伽主神,认为是林伽创造了世界万物,只要在内心虔诚崇拜林伽,再经过潜心修行,就可以在精神上得到解脱。他们反对种姓制度,倡导消除种姓歧视。

南印度兴起的声势浩大的虔信派改革运动,对印度教的宗教理论、教义教规等产生了深远的影响,促使印度教呈现出一片新的宗教形态与文化形式。其发展之迅速,很快影响到了北印度地区,在北印度也涌现出一批新的改革派。印度教由此开始以新的理念统领着印度的宗教领域。

3. 印度教的文化特征

(1)印度教文化的多样性

从印度教的演化历史来看,印度教可以追溯到远古时期,其源头有两个:印度河流域土著达罗毗荼人的图腾崇拜和北方雅利安人带来的吠陀典籍。由于达罗毗荼人和雅利安人之前都信奉多神,并都有朝一神崇拜发展的趋势,他们共同摈弃一部分神灵,在雅利安人吠陀典籍的基础上共同组建了吠陀教[6]。公元前 10 世纪左右吠陀教经

过一系列宗教改革,完成了一大批新的宗教典籍,演化到更高一级的婆罗门教。婆罗门教的宗教典籍仍以吠陀为主,但其宗教神灵、宗教仪式更多源于达罗毗荼人的原始宗教。到了 8 世纪,宗教大师商羯罗在理论和实践两方面对婆罗门教进行改革,建立了一神论体系和吠檀多不二论哲学理论,同时吸取了佛教、耆那教的沙门思想,最终形成了印度教。

由此看来,印度教是多源的,源于远古时期的哈拉帕文明、雅利安文明、吠陀教文化和婆罗门教文化,也源于佛教、耆那教文化,而正是这种宗教的多源性最终导致了印度教文化的多样性。

(2)印度教文化的一贯性

印度东、南、西三面临海,北部是喜马拉雅山脉和沙漠地带,自然环境较为封闭,正是这种封闭的自然环境才使得印度教文化能够独立、持续不断地发展延续下去。作为印度文化核心的印度教贯穿整个印度历史时期,是印度人民的精神主旨。印度教中以梵天、毗湿奴和湿婆为主神的多神崇拜,种姓制度,"梵""轮回""业报"等宗教哲学思想,从古到今,一脉相承,呈现出一贯性。

8 世纪以来,伊斯兰教开始入侵印度,伊斯兰文化渗透到社会的方方面面,对本土的印度教文化产生了深远的影响。在宗教方面,它反对种姓制度,反对禁欲主义,反对繁文缛节,并在印度吸引了大量的信徒,但所有的这些都未能取代印度教在印度宗教界的主导地位。

(3)印度教文化的包容性

马克思曾这样描绘印度教:"这个宗教既是纵欲享乐的宗教,又是自我折磨的禁欲主义的宗教,既是林伽崇拜的宗教,又是札格纳特的宗教,既是和尚的宗教,又是舞女的宗教。"与世界其

他宗教相比，印度教文化呈现出一种特有的包容性，使其在全世界拥有最多的信徒，并深深地影响着每一位印度人民的日常生活，在印度文化中占有绝对的主导地位。

印度教的包容性体现在对三大主神的不同理解上。印度教的梵天、毗湿奴和湿婆三大主神崇拜早在婆罗门教时期已形成，信徒对每个神都可以有不同的认识，而每个神都有许多不同的化身（相），据说印度的大小各种神灵竟然达到3亿之多，每一种化相代表着不同的神话故事。正是这种博大的包容性使得印度教具有广泛的弹性和适应性。

印度教之所以能够贯穿整个印度历史，在宗教界占有统领地位，与它的这种多样性、一贯性和包容性是分不开的。正是印度教的多源性给了它多样性，多样性引发了包容性，而包容性奠定了印度教的稳定性和一贯性。

1.3.2 佛教

1. 历史背景与理论基础

公元前五六世纪，印度思想界空前活跃。据相关文献记载，当时有上百种哲学派别，其中有很大一部分是隶属佛教的。在百家争鸣之际产生了很多佛教经典，例如《长阿含经》《梵动经》等。但是，无论有多少哲学派别，归纳起来就是两大系统：婆罗门和沙门。

其中沙门系统中的一些哲学体系对佛教的产生有着不同程度的影响，大致有以下四种：

第一，以阿含经为代表的朴素唯物思想。该派别认为世界上存在着地、水、火、风四大元素，世间万物都是由这四个元素组成的，他们否认灵魂的存在，所以生存的目的就是享受，这种思想反映着人们对种姓制度的不满。

第二，以末迦黎为代表的定命论派。他们不承认因果业报的说法，认为无论何种修行都不能使得灵魂解脱，而只要经历八百四十万大劫后，人人都可以得救，所以定命论派别的人都对人生抱以听之任之的态度，对于因果循环的说法则消极对抗。

第三，以富兰那·迦叶（又译不兰·迦叶）为代表的一派。他们也不承认因果业报的说法，认为唯一的解脱之道就是纵欲。

第四，以尼揵子为代表的一派。他们承认因果业报之说，而为了消除苦业，采用苦行的修行方式[7]。

诸如上述各种非婆罗门思想的出现，正表明公元前6世纪上半期印度北方各种哲学思想激荡比较剧烈，而佛教正是在这些思潮为背景的情况下创立的。

2. 印度佛教的创立

众所周知，佛教的创始人是释迦牟尼。释迦牟尼出生在今天的尼泊尔境内蓝毗尼。释迦牟尼出生的释迦族是迦毗罗国的一个大家族，统治着当时东北部边缘的几个城邦和部落。释迦族在四大种姓中属于刹帝利，他们是印度的原住居民而不是雅利安人的后代。所以，在当时以婆罗门种姓为最尊贵的时代，刹帝利被南部的身为雅利安人后代的婆罗门所不齿。虽身为释迦族的太子，释迦牟尼的地位也只是在原住民中才算高，这种民族矛盾带来的压迫感在一定程度上也是释迦牟尼最终出家的一个诱因。

随着年龄的增长，释迦牟尼越来越觉得生活压抑，所以常常出宫，这使得他看到很多人民的困苦，感受着人们对于生老病死的无助，急切地想要解脱，超脱生老病死的轮回得到永生。于是，他毅然决然地选择了出家苦行，希望能通过这种方式寻找真理。他出家入沙门，经历了沙门的传统苦行生涯，最终濒临死亡之时，他发现没有达到自己的预想，没能解脱，反而险些丧命。他改变了苦行策略，希望通过另一种形式来达到自己的目的。重新进食保存体力之后，继续在菩提树下思考，最终悟道成佛，从此创立佛教。

3. 印度佛教的发展

（1）印度佛教发展初期

释迦牟尼成佛后，首批弟子便是"五比丘"[8]。关于五比丘身份的说法有很多，佛典里面的记载也不尽相同，有的说这五比丘就是当初释迦牟尼的父亲派去保护他的五个仆人，也有的记录这五人是当初跟释迦牟尼一起入沙门苦修的同伴。

释迦牟尼第一次讲法是在波罗奈城［今印度北部瓦拉纳西（Varanasi）北部］的鹿野苑，五比丘则是这次讲法的首批弟子，佛教史上称这次讲法为"初转法轮"。由于这次讲法中具备了"佛、法、僧"三宝，因此，这次"初转法轮"被认定为印度佛教创立的标志。

佛教传播初期，佛陀释迦牟尼亲力亲为，主要通过"讲法"的形式到各地弘扬佛法，他的足迹遍布古印度的各个角落，广收弟子，其中比较著名的有摩诃迦叶、阿难陀、目犍连等。佛陀的一生都在"讲法"，针对不同的人群讲不同的佛法，因人而异、因材施教，使更多人接受。然而，佛陀却没有著书，佛灭之后，他的弟子将佛陀生前所讲的佛法整理起来，分别由不同弟子整理成"经、律、论"三部分，佛典中将这三部分统称为"三藏"。这一时期，佛教徒们过着质朴的生活，潜心学习"经、律、论"，没有偶像崇拜，也没有庙宇，佛史上称这一时期为"和合一味"，这就是原始佛教时期。

（2）印度佛教发展繁荣期

孔雀王朝的建立是古代印度的第一个文明发展高潮，建立于约公元前327年。其中，阿育王（约前273—前232年在位）统治时期是孔雀王朝的巅峰。由于阿育王对佛教的大力支持，在这一时期，佛教及佛教建筑达到了印度佛教史上的第一个巅峰状态。

阿育王大力弘扬佛教，身体力行地加入僧团活动，动用国家资源，大量修建佛教建筑，例如阿育王石柱、石窟、寺庙等。这些佛教建筑所在地逐渐成为佛教圣地，影响着周边的国家，扩大了佛教的影响，进一步巩固了佛教的国教地位。阿育王还派遣佛教使团到被征服的地区和周边国家弘扬佛法，正是这种国家的力量，使佛教一时走出印度，传入亚洲各地。从历史角度来看，对于佛教在世界各地的传播阿育王有很大的功劳和建树。

4. 印度佛教的衰败

印度佛教经历了阿育王时期的繁荣之后，又在迦腻色伽王（约公元78—120年在位）统治时期昌盛一时，直至公元五六世纪，印度佛教发展到了一个最巅峰状态。在这一时期，佛教建筑遍布各地，佛学发展也达到了最活跃的状态。自8世纪印度教的产生开始，印度的佛教没有了以前的繁荣和活力，逐步走向衰败。到13世纪，印度本土上已没有了佛教的踪迹。直至英国殖民统治时期，根据中国玄奘《大唐西域记》、法显《佛国记》等历史文献，考古发掘发现了佛教曾经存在的证据，随着不断发掘和搜集与佛教相关的史料，佛教才重新步入这个古老的国度，佛教徒也逐渐增多，成为印度一个粗具规模的小教派。印度佛教的衰败，除了印度教的影响，还有很多自身的原因。

第一，佛教内部斗争不断，产生分歧，佛学由单纯易懂的原始佛学变成具有繁杂的佛学体系的宗教。教团内部逐渐出现分歧，最终形成了上座部和大众部[9]两部分。在长期的发展过程中，上座部逐渐发展成南传佛教，而大众部则发展成汉传佛教。佛教已不是原来单纯的宗教，而是有着繁杂体系、不同部派的宗教。

第二，佛教徒生活逐渐世俗化，不断积累财富。印度佛教创教初期，在佛陀释迦牟尼的带领下，佛教徒严格律己，不占有任何财产，靠布施为生。后来大乘佛教逐渐主导了佛教的发展，佛教徒不再四处游历讲法，而是在寺庙内修行，寺庙内部的僧团等级制度也随之滋生，使人民与佛教之间产生了隔阂，群众基础进一步丧失，这是印度佛教逐渐衰败的一个很重要的因素。

第三，伴随着印度教的产生，佛教逐渐淡出历史舞台。印度教是 8 世纪时商羯罗所创立的。商羯罗时期，印度佛教、密教、婆罗门教都已经发展到了一定的程度。在这个时候，商羯罗游历四方，取各教派之所长，创立了日后普及印度的印度教。印度教吸收了各教派的优点，将各宗教的神请进印度教，这使其从立教之初就取得了大部分人的支持，更是得到了统治者的青睐。从此以后，印度教进驻佛教寺庙内，佛教势力遭受严重打压。

第四，印度遭受外族入侵，伊斯兰教被强行推广至普通民众，佛教惨遭毁灭性的打击。从 5、6 世纪中叶开始，中亚游牧民族来到西印度，抢劫、迫害僧侣；7 世纪下半叶至 8 世纪中叶，阿拉伯人带着伊斯兰教继续对佛教进行打压；10 世纪末至 13 世纪，佛教依旧持续遭受伊斯兰教以及各方势力的迫害，直至淡出印度的宗教历史舞台。

1.3.3　伊斯兰教

620 年，全球范围内三大宗教之一的伊斯兰教创立于阿拉伯半岛上，至今已有近 1 400 年的历史了，创立人为穆罕默德，创教时穆罕默德 40 岁。字面上，"伊斯兰"是"顺服、皈服"之意，即要顺服世界上唯一的神安拉及他的旨意，以得到今生来世的和平、安宁。信奉的人被称为穆斯林（Muslim），意指"已经服从了的人"。

穆罕默德的追随者们把他口头上叙述的启示汇编成册，以圣书《古兰经》的名义扩散出去，越来越多的人们通过这一经典书册了解到真主安拉和他的启示。632 年 3 月，穆罕默德亲自率领信徒们前往克尔白朝觐，为所有的穆斯林做了表率，这次朝觐即伊斯兰史上著名的"告别朝觐"。在朝觐之后三个月，先知穆罕默德因病去世。之后哈里发（Caliph）[10]决定将先知穆罕默德迁移之年（622）的 7 月 16 日定为伊斯兰纪元的元月元日[11]。

穆罕默德生前并未创设专门的传教机构，也没有设定具体的教义，但是他教育教徒们顺从于一定的日常生活规范，即伊斯兰教的五功。一是念功：信徒必须完全理解、绝对接受地背诵"除安拉外再无神灵，穆罕默德是安拉的使者"。二是拜功：信徒应每天做 5 次礼拜，分别在晨、晌、晡、昏、宵五个时间举行。信众脱掉鞋子，跪在一张毯子上，头叩地，面朝麦加方向祈祷。三是课功：穆斯林应慷慨施舍，作为献给安拉的贡品和一种虔诚的行为。四是斋功：穆斯林必须在每年 10 月，每天从日出到日落间，斋戒禁食。五是朝功：穆斯林一生只要条件允许就应争取朝觐麦加一次[12]。对于穆斯林而言伊斯兰教早已不再是一种简单的宗教信仰，已然成为人们的生活方式。

1. 伊斯兰教进入印度

伊斯兰教经由两条路径进入印度：一条为海路，以商业贸易为主，较为安全；另一条为陆路，颇具危险。古罗马帝国时代以来，印度从古吉拉特邦（Gujarat Pradesh）到喀拉拉邦的西海岸一直与阿拉伯海有着贸易往来，当阿拉伯商人于 7 世纪改信伊斯兰教之后，伊斯兰教即经由这条道路进入印度，一些阿拉伯人定居并融入当地。经由陆路前来的人们则由西北抵达，他们没有任何交易或是定居的意愿，单纯为军事、政治以及经济上的掠夺[13]。

在德里苏丹国建立之前，伊斯兰教对于印度的入侵先后经历了三个时期[14]。

第一个时期由阿拉伯人完成。664 年，倭马亚王朝统治时期，阿拉伯人在军事扩张时攻下了喀布尔（Kabul），并从西北第一次进入印度；712 年，阿拉伯人卷土重来，于 713 年占领了当时旁遮普邦（Punjab Pradesh）的木尔坦（Multan，今属于巴基斯坦）。这一时期的入侵使得伊斯兰教正式在印度扎根。

第二个时期由伽色尼（Ghaznavid）的马哈茂德完成。1000—1026 年，马哈茂德率领自己的部队连续 17 次进攻北印度，目标直指印度富有的寺庙群所在的城镇，掠夺了无数的金银财宝。

第三个时期由古尔王朝（Ghurid Dynasty）的库特卜·乌德·丁·艾巴克完成，正是这一次的入侵最终导致了印度北部的改朝换代。1175 年，古尔王朝的穆罕默德正式向印度北部发起进攻。1191 年，穆罕默德在由印度河流域向恒河流域转战的过程中，遭到了印度拉杰普特（Rajput）诸王公的顽强抵抗。次年，穆罕默德集结了更多的兵力重新征战，双方再一次决战于塔拉因。最终古尔王朝获胜，德里的大门被打开了。

2. 伊斯兰教在印度的发展

13 世纪初—18 世纪初的 500 年间，印度处于穆斯林的掌控之下，伊斯兰教成功渗入印度文化中，成为其一个重要组成部分。这一时期可分为两个阶段：德里苏丹国时期（1206—1526）和莫卧儿帝国时期（1526—1707）。

1206 年，库特卜·乌德·丁·艾巴克在德里成立了德里苏丹国。德里苏丹国的统治持续了 300 多年，期间印度的政权体系大致可以分成四个部分：第一部分是以德里即德里苏丹国政权为中心由突厥人建立的穆斯林政权，这是印度北部最强大的政治力量所在。其周边还散落着许多小型的苏丹国，300 多年中德里苏丹政权先后经历了五个王朝，最终于 1526 年被政权内部阿富汗的穆斯林所推翻。第二部分是一开始就独立于德里苏丹国、位于印度东部地区的孟加拉王国，这些穆斯林政权后来都被德里苏丹国消灭、吞并。第三部分是位于德干高原北部的巴哈曼尼苏丹国（Bahmani Sultanate），亦为早期独立的穆斯林政权，在经历了 180 年的统治时期之后于 16 世纪初灭亡。第四部分是远在印度南部的印度教政权维查耶纳伽尔[15] 王朝（Vijayanagar Dynasty），这个印度教政权建立于 13 世纪初期，前后持续了 300 多年，受到伊斯兰教文化影响较小，保持着印度教文化的相对独立性。其政权期间一直同德干地区的巴哈曼尼苏丹国你来我往地征战着，16 世纪中期被德干地区的穆斯林联合政权所消灭[16]。

1526 年，帖木儿的后代巴布尔率兵攻克首都德里，创建了崭新的莫卧儿帝国。在莫卧儿帝国统治的近 200 年间，先后经历了六个王朝，最终被外来的殖民统治者控制。莫卧儿帝国在阿克巴（Akbar）大帝统治期间达到了鼎盛，阿克巴用了 40 年征服了印度次大陆的大部分地区，确立了一个庞大的帝国版图，其范围北起克什米尔（Kashmir）地区，南到戈达瓦里河（Godavari River）[17]，西至喀布尔地区，东达布拉马普特拉河（Brahmaputra River）[18]。1566 年，阿克巴将首都迁至阿格拉。在宗教文化上，虽然莫卧儿帝国推行的是伊斯兰教，但阿克巴大帝执行的宗教政策却是相对宽松的。他任用了许多印度教教徒为政府工作，营造了安定的政治环境以及祥和的宗教氛围，使得社会呈现一片繁荣景象。阿克巴去世后，他的儿子贾汉吉尔（Jahangir）继承王位，其统治政策也被继续执行，帝国的版图稍稍得以扩大。然而奥朗则布即位后，采取较为偏狭的宗教政策，大力推行伊斯兰教，压制印度教，致使国家上下怨声载道，战乱不绝，最终走向了灭亡。

德里苏丹国与莫卧儿帝国两个时代有着明显的不同：前者政权不稳定，主要依靠打击镇压印度教来巩固政权和扩张版图；后者则将印度当作自己的国家来治理，努力使伊斯兰教文化同印度教文化相互融合，力图创造一个繁荣昌盛的时代。经过两个政权前后 500 年的统治，伊斯兰教已然发展成为印度土地上第二大宗教。

3. 伊斯兰教对于印度本土宗教的影响

印度教、佛教、耆那教是印度本土形成的三大宗教，它们吸收了印度深厚的文化传统和底蕴，并从印度传播到整个亚洲甚至世界各地。佛教至 9 世纪事实上在印度已经消失了，很大原因在于佛教的观念被吸收融入主流的印度教思想当中。此后，佛陀的形象出现在许多印度城市的礼拜堂中，成为毗湿奴的化身之一。耆那教在印度教的传统中生存了下来[19]，但 1000 年之后，逐渐主宰印度文化和宗教生活的是印度教和外来的伊斯兰教，伊斯兰教的出现打破了印度与其本土宗教体系的古老联系。

伊斯兰教在进入印度之初是很小众的一派宗教，后随着穆斯林商人与当地人的通婚而渐渐被印度民众所接受，慢慢地受到人们的追捧，因为讲求人人平等，有许多低种姓的印度教教徒选择改宗伊斯兰教的方法提高自己的社会地位。然而印度教和伊斯兰教的传统存在着明显的差异，如印度教的万神殿里供奉着不计其数的神灵，而伊斯兰神学建立在坚如磐石的一神教基础上。两种宗教在印度都吸引了大批信徒，其中印度教在南部占优势，而伊斯兰教徒在北部占多数[20]。伊斯兰教的出现总是和武力征服捆绑在一起，新兴的伊斯兰教向本土的印度教发起了挑战。伊斯兰教在强势进军印度时击溃了许多印度北部地区古老的印度教王国，洗劫并摧毁众多的印度教寺庙，大肆攻占德里和德干地区，疯狂的举动致使印度教教徒与穆斯林之间的关系长期紧张。

之后，温婉而又神秘的苏菲派（Sufism）传入印度。苏菲派提倡个人的、情感的和虔诚的信仰方式，并不严格要求教徒遵守教条，有时甚至允许教徒参与不被伊斯兰教信仰承认的仪式，并崇拜其中的神灵。苏菲派的传教者以虔诚打动希望通过信仰而获得安慰、洞悉人生的慕道者。尽管两种宗教的教义极为不同，但它们的精神价值是相似的[21]。苏菲派的到来对印度的宗教生活产生了深远的影响，促进了伊斯兰教和印度教之间的相互融合，特别是到了莫卧儿统治时代，原本尖锐冲突的两种宗教体系开始吸纳对方的思想和习俗。最终，伊斯兰教在改变印度和印度教的同时，自身也发生着改变，成为印度宗教体系中不可分割的一部分。如今印度的穆斯林人口占世界第二，这便是宗教融合的力量。

1.3.4 耆那教

1.耆那教概况

（1）耆那教的起源

耆那教（Jainism）是起源于古代印度的一种古老而独具特色的宗教，有其独立的宗教信仰和哲学。关于耆那教的起源有多种说法：有的学者认为其起源比佛教要早，甚至可以从吠陀时期算起，至少与婆罗门教相当；耆那教团体则认为自己比婆罗门教更有年头，起源于哈拉帕文明时期，是印度最古老的宗教。普遍比较认可的说法是耆那教诞生于公元前6世纪，略早于佛教产生的时间。据传说，耆那教一共有24位祖师。而实际上的创始人为一系列祖师中的最后一位：筏驮摩那（梵文音译为 Vardhamana，现又多译为玛哈维拉 Mahavira，前599—前527）。他出生早于佛教的始创人释迦牟尼，且由他在公元前6世纪初，将耆那教的思想总结并系统化整合，创立了耆那教的核心教义，同时以耆那教之名广收门徒，耆那教由此产生。据耆那教历史文献记载，至筏驮摩那逝世时，其教已经有52万多教众，盛极一时 [22]。耆那（Jainia）是从梵语"Jina"中派生而来，意思是征服者和解放者。而"Jainia"也成了筏驮摩那的称号，耆那教亦因此而得名。他的弟子们尊称他为摩诃毗罗，即伟大的英雄，简称"大雄"。佛教经典中也称他为尼乾陀·若提子（意译为离系亲子），他被当作六师外道之一。

耆那教与佛教都诞生于印度的列国时代（公元前6世纪—前4世纪）。在这个时期，印度的奴隶社会已经初步形成，并逐渐形成了婆罗门、刹帝利、吠舍和首陀罗四个种姓阶层。耆那教同佛教一样，反对当时婆罗门教吠陀天启、祭祀万能、婆罗门至上的主张，并与佛教一起，针锋相对地提出了吠陀并非全知全能，而祭祀杀生也只会增加自身的罪恶等思想。耆那教主张种姓平等，反对种姓制度和婆罗门教的特权地位，强调只有苦行和遵守严格的戒律才能最终得到灵魂的解脱。这些思想与佛教思想非常类似，反映了当时印度社会刹帝利阶层的要求和广大中下层人民的迫切诉求，从而吸引了广大信众，这对打破婆罗门教一家独大、排挤压制其余宗派的局面起到了积极的作用。

（2）耆那教的发展

耆那教最初主要是在恒河流域布道传教，公元前3世纪时，耆那教和佛教曾受到孔雀王朝阿育王的保护和支持。后来由于北部的摩揭陀地区连续多年干旱，发生了严重的饥荒。受灾荒所迫的耆那教开始由北向南转移到了西印度和南印度德干高原地区，并向南部腹地继续渗透。公元1世纪左右，由于对教义理解和戒律规定的分歧，耆那教分裂为白衣派和天衣派。在之后的岁月中两派又都多次分裂，白衣派主要分裂为穆尔底布札、斯特那迦瓦西和特罗般提三派，天衣派则主要分裂为毗婆般提、达罗那般提和鸠摩那般提三派，而各派之下又各有教派之分 [23]。总体来说，白衣派主要活动在印度的古吉拉特邦和拉贾斯坦邦等地区。该派别认为男女都能够获得拯救，修行不需要裸体，主张僧侣穿白袍，允许出家人拥有一定的生活必需品，并允许出家人结婚生子。而天衣派则相对保守，更加注重苦修，歧视妇女，不允许妇女进入寺庙，并要求僧侣重视个人修为，在修行时必须基本裸体，而只有最受尊敬的圣人才可以全裸。天衣派主要活动在北方邦（Uttar Pradesh）和印度的南部地区，为两派中的少数派。两大派别互相不能通婚，不能一起饮食。两大派别中的数个小规模派别相互错杂，分布并不局限于两大派的主要传教地区，但对外都统称为耆那教。如流行于印度南部卡纳塔克邦（Karnataka Pradesh）的耆那教就不属于天衣派，而是北方白衣派的分支教派。时至今日，两个派别的教徒都穿着当地的居民服饰，已经没有太大区别。天衣派教徒效仿祖师大雄一丝不挂、云游四方的情景已成为过去，现在外出完全裸体的行为仅有个别圣人仍然为之。

在4—8世纪时，耆那教发展迅速，开始在南亚次大陆广泛流行。唐玄奘的《大唐西域记》记载道：在东印度的三摩旦吒，中印度的奔那伐禅、吠舍离和南印度的羯陵伽、达罗毗荼等国都盛行耆那教，不少小王国的君主都是皈依了耆那教的忠实信徒。统一了古吉拉特邦全境的鸠摩波罗君王还在耆那教著名作家金月的游说下将耆那教定为了国教，其教盛极一时[24]。

现将部分《大唐西域记》中提及的耆那教的内容抄录如下：

迦毕试国（今阿富汗境内）：

"天祠数十所，异道千余人，或露形，或涂灰，连络髑髅，以为冠鬘。"

僧诃补罗国（今旁遮普邦境内）：

"窣堵坡侧不远，有白衣外道本师悟所求理初说法处，今有封泥，傍建天祠。其徒苦行，昼夜精勤，不遑宁息。本师所说之法，多窃佛经之义，随类设法，拟则轨仪，大者谓苾刍，小者称沙弥，威仪律行，颇同僧法。唯留少发，加之露形，或有所服，白色为异。据斯流别，稍用区分。其天师像，窃类如来，衣服为差，相好无异。"

钵逻耶伽国（今北方邦境内）：

"故诸外道修苦行者，于河中立高柱，日将且也，便即升之。一手一足，执柱端、蹑傍杙；虚悬外申、临空不屈；延颈张目，视日右转，逮

乎曛暮，方乃下焉。若此者其徒数十，冀斯勤苦，出离生死，或数十年未尝懈息。"

婆罗疤斯国（今瓦拉纳西）：

"天祠百余所，外道万余人，并多宗事大自在天，或断发，或椎髻，露形无服，涂身以灰，精勤苦行，求出生死。"

摩揭陀国（下）（今比哈尔邦境内）：

"毗布罗山上有窣堵坡，昔者如来说法之处。今有露形外道多依此住，修习苦行，夙夜匪懈，自旦至昏，旋转观察。"

珠利耶国（今安得拉邦境内）：

"天祠数十所，多露形外道也。"

达罗毗荼国（今安得拉邦与泰米尔纳德邦交界处）：

"天祠八十余所，多露形外道也。"[25]

8—12世纪，由于受到地区统治者的大力支持，耆那教在印度部分地区得到了快速的发展。如在西印度的拉贾斯坦邦和古吉拉特邦，南印度的卡纳塔克邦等地建造了数量众多、异常精美的耆那教寺庙，使耆那教思想得到了更加广泛的传播[26]。自12世纪以后，随着伊斯兰教军事力量的入侵，耆那教僧侣被强权者作为异教徒大批屠杀，大部分寺庙被伊斯兰教势力捣毁。这种状况使得耆那教各教派受到了空前的严重破坏，宗教发展也陷于停滞。从这个时期开始与耆那教一同产生、有着相似发展历程的印度佛教逐渐在印度本土消亡，值得庆幸的是耆那教虽然没有能够像佛教那样走出国门，但却在印度本土顽强地生存了下来。

自13世纪起，耆那教逐渐衰落，但在南印度的卡纳塔克邦和泰米尔纳德邦（Tamil Nadu Pradesh）等地仍然有些秘密的宗教活动。自15世纪中叶至18世纪，耆那教又进行了多次宗教改革。最初是由古吉拉特邦的白衣派发起，改革以

反对偶像崇拜和烦琐的祭祀仪式为宗旨，提倡回归中世纪时的信仰与仪轨。与此同时，南部的天衣派也针对自身进行了改革运动，提出了供奉更多神明和建造更加富丽堂皇的寺庙的主张。在近代启蒙运动的影响下，他们又主张用自由、博爱和人道主义的观点来解释耆那教的古老教义[27]。

由于禁止杀生的戒律，耆那教徒不能从事战士、屠夫、皮匠这些以屠宰为生的职业，甚至由于不能杀死土壤中的昆虫，也不可以从事农业生产，所以耆那教徒大多成为商人和手工艺者。因为他们具有诚实和吃苦耐劳的品质，很多人都非常富有，具有崇高的社会地位。现今耆那教在印度约有 420 万教徒，虽然仍然属于小众宗教，但耆那教徒是印度所有宗教团体中受教育程度最高的。他们建立了耆那教相关组织，并修建了很多庙宇、学校、医疗、社会福利和文化研究机构。今天除了在印度本土外，耆那教在斯里兰卡、阿富汗、巴基斯坦、泰国、不丹等地均有一定的影响。

（3）耆那教的影响

耆那教对印度文化的发展有着非常深远的影响。该教的许多作家、科学家在印度的文学、政治学、数学、逻辑学、占星学、天文学、法学和书籍编纂等方面有着显著的贡献。著名的耆那教作家有西摩旃陀罗、波陀罗巴胡、西达森那、狄瓦克拉、诃离波多罗等。西摩旃陀罗著有词典编辑法、文法、僧人传记和诗学等著作。在语言方面，梵语的学习和使用原先被婆罗门阶层所垄断，他们口述、默记梵语文献中的宗教仪式，不愿意非婆罗门阶层看到和复制这些文献的内容[28]。耆那教在传教和书写经文中使用的文字包括布拉格利德文、阿巴布林希文和梵文等多种地区方言，这无疑打破了婆罗门阶层对语言的垄断，有助于文化的传承和语言的推广，特别是对布拉格利德

语的推广和普及起了至关重要的作用。如果说梵语是印度语言之母的话，那么布拉格利德语就是现代印度国语、古吉拉特语和马拉提语的始祖。南方的耆那教僧侣还使用属于达罗毗荼语系四种主要语言中的三种：耿纳尔语、泰卢固语和泰米尔语创作了大批的文学作品，大力推动了南印度语言的发展。耆那教各派别的文学作品一致谴责对人和动物的虐待，讽刺所有杀生祭祀的活动，极力弘扬自身"不杀生""非暴力"的宗教思想，在印度社会和文化史上占有非常重要的地位[29]。

耆那教对印度艺术和宗教建筑也有显著的贡献，留下了众多精美的绘画和雕刻作品，其寺庙以用材考究、雕刻精美、富丽堂皇著称。神庙多选用当地优质石材或白色大理石建成，而富足的耆那教徒把建造祖师石像、寺庙、纪念塔、石窟庙等视为积德行善之举，终其一生乐此不疲。其寺庙建筑极为精美，堪称印度宗教建筑艺术中的绮丽珍宝。

耆那教的哲学思想在印度哲学史上有着非常重要的地位，产生了很多印度历史上著名的思想家和哲学家。其逻辑理论、知识论和方法论独树一帜，对印度的逻辑辩证等哲学思想的发展起到了很大作用。而"不杀生""非暴力"的传统文化思想也影响了以圣雄甘地为代表的一大批印度本土政治家。此外，耆那教回归自然、平等对待世间万物的思想，对现今的环境保护、人与自然和谐共处等理念均具有一定的借鉴意义。

2. 耆那教的万神殿

（1）二十四祖师

耆那教最初是无神论的宗教，随着宗教的发展和受到非雅利安文化的影响，在信徒中逐渐出现了偶像崇拜的现象，偶像的神逐渐进入寺庙。但耆那教并不认为自然界存在着类似印度教中的

创造神、保护神和破坏神。他们认为世界是物质的，世间万物都是由最基本的微粒构成。被教徒们作为偶像崇拜的主要是耆那教的二十四位祖师和圣人，也可以说他们就是耆那教的神。建于印度各地的耆那教寺庙大多以这二十四个祖师中一位的名字命名，并献给这位祖师，作为后人对他的纪念（表1-2）。

在列出的二十四祖师中，除了第一祖阿迪那塔、第二十三祖帕莎瓦那塔、第二十四祖玛哈维拉（大雄）是历史人物，其他二十一祖都是传说人物，只见于耆那教的传说故事，历史上是否真

有其人无从考据，多为后人杜撰。

第一祖阿迪那塔（意译为牛神）。相传由他注释了吠陀咒文、赞歌。在把王位传给太子后便受戒出家并成为祖师，具体年代不详，其祖师地位属于后人追封。

第二十三祖帕莎瓦那塔（前817—前717）出生在今天印度北方邦的瓦拉纳西。他出身皇族，英勇善战，年轻的时候被喻为神勇的战士。帕莎瓦那塔在30岁时毅然放弃了衣食无忧的贵族生活，悟道出家并广收门徒。据记载追随他的信徒达50多万人，且绝大多数为女性。在经过了70

表1-2 耆那教二十四祖师名录表

序号	中文名称	英文名称	图腾标志	颜色
1	阿迪那塔	Adinatha	公牛	金色
2	阿吉塔那塔	Ajitanatha	象	金色
3	萨玛巴哈瓦那塔	Sambhavanatha	马	金色
4	阿布那丹那塔	Abhinandananatha	猿	金色
5	苏那琨那塔	Sumatinatha	鹭	金色
6	帕达玛普拉巴哈	Padmaprabha	莲花	红色
7	苏帕沙瓦纳塔	Suparshvanatha	十字	金色
8	昌达那塔	Chandranatha	月亮	白色
9	蒲莎帕丹塔	Pushpadanta	海龙	白色
10	希塔兰那塔	Shitalanatha	Shrivatsa（一种神兽）	金色
11	希瑞雅那桑那塔	Shreyanasanatha	犀牛	金色
12	查图姆卡哈	Chaturmukha	水牛	红色
13	维玛兰那塔	Vimalanatha	野猪	金色
14	阿兰塔那塔	Anantanatha	鹰或熊	金色
15	杜哈玛那塔	Dharmanatha	闪电	金色
16	珊琨那塔	Shantinatha	羚羊或鹿	金色
17	琨妮那塔	Kunthunatha	山羊	金色
18	阿拉那塔	Aranatha	鱼	金色
19	玛琳那塔	Mallinatha	水壶	蓝色
20	穆尼苏拉塔	Munisuvrata	乌龟	黑色
21	拉米那塔	Naminatha	蓝莲花	金色
22	尼密那塔	Neminatha	海螺	黑色
23	帕莎瓦那塔	Parshvanatha	蛇	绿色
24	玛哈维拉	Mahavira	狮子	金色

年的苦修之后，帕莎瓦那塔于公元前 717 年，在今天印度比哈尔邦的桑楣德山涅槃。帕莎瓦那塔在世时一共提出了四个训诫：不杀生、不欺诳、不偷盗、不私财，这"四戒"成为后来耆那教基本教义"五戒"的基础。大雄在此基础上又增加了"不奸淫"一戒，从而形成了完整的"五戒"[30]。

第二十四祖即为耆那教创始人大雄。筏驮摩那（前 599—前 527）出生在古印度距吠舍离 45 千米的贡得村，父亲是一个小王国的君主。他自幼家庭富裕，生活奢华。大雄婚后育有一女，可是他觉得生活并不幸福。在 31 岁时，他的父母为求悟道双双自愿饿死，以求领悟最终奥义。为父母料理完后事之后，筏驮摩那便立志出家苦行，以此寻求命运的解脱。在云游四方的多年间，他曾经数次被当成间谍和盗贼，屡次受到莫须有的侮辱和陷害。颠沛流离多年以后，42 岁的大雄终于在婆罗树下大悟得道。大雄得道后，便开始以耆那教的名号组织教团，宣传教义，推行宗教改革活动。他的传教活动也得到了摩揭陀、阿般提等国统治者的大力支持。在长达 30 多年的传教生活后，筏驮摩那于公元前 527 年在巴瓦涅槃，终年 72 岁。此时，耆那教已有 50 多万教徒，势力盛极一时，教徒大部分为刹帝利阶层和吠舍中的大商人。大雄系统化地总结了耆那教的思想，创立了耆那教的核心教义。直至现今，他仍然位于印度著名思想家之列[31]。

（2）圣人巴霍巴利

巴霍巴利（Bahubali，意译为大臂力者）是始祖阿迪那塔的儿子，他臂力过人，性格暴烈。始祖受戒出家后将他的王国和财产分给了他的一百多个儿子。大儿子婆罗多继位后立即寻机残害其他兄弟，从他们手中抢夺土地和财富，最后众多兄弟中只剩下了婆罗多和巴霍巴利。两人最终决定比武较量，胜利者将得到整个王国的土地和财富。在比武中巴霍巴利本可以凭借过人的臂力杀死婆罗多，但因为他不忍心手足相残，在比武的最后关头，暴怒的巴霍巴利一怒之下反手拔掉了自己的头发，恢复了理智，从而放过了婆罗多。随后他放弃自己的王国和地位，追随父亲和其他出家的兄弟出世修行去了。巴霍巴利本性从善，但因为他过于自负和傲慢的品格始终不能悟得真谛，于是始祖让巴霍巴利的两个兄弟去点化他，巴霍巴利得道而获得了最终的解脱[32]。

巴霍巴利象征了战胜世俗和自我的最完美状态，成为耆那教著名的圣者形象而备受教徒崇敬。巴霍巴利也是印度南部地区除了大雄以外最受尊崇的耆那教先祖。在南印度卡纳塔克邦，还供奉着用巨石雕刻而成的巴霍巴利裸身巨像，每 15 年在这里举办隆重的宗教仪式，连首都德里的政要也要参加。

（3）从婆罗门教、印度教和佛教中吸纳的神侍

耆那教自身神形象单一，真正源自耆那教本身的神形象只有二十四祖师、圣贤巴霍巴利和个别神怪。自 4 世纪笈多王朝之后，耆那教出于宗教发展的需要开始吸纳婆罗门教中的夜叉形象作为祖师的信使，立于祖师神像两旁，以弥补自身神形象简单枯燥的不足。男夜叉全部称为维贤达拉神，女夜叉全部称为萨撒娜神。夜叉种类繁多，而白衣派和天衣派又各有不同。

约 8 世纪后，这些夜叉中也渐渐出现了一些印度教中的主要神灵和大神化身，如梵天、湿婆和毗湿奴等。众多印度教神灵被耆那教吸纳后不分神级，全部成为祖师的侍神或从属的神怪，侍奉在祖师左右。同时，耆那教也崇敬印度教中象征财富、智慧和幸福的象头神甘尼沙（Ganesha），象征幸运与富贵的拉克希米女神，祥和天女桑提（Santi）和佛教中的佛陀、侍者、力神等神灵，但他们都是作为祖师的从属神侍。此外，耆那教自身衍生出了以文艺女神萨拉斯帝维（Srutadevi）为首的 16 名智慧女神，部分地区的教徒们会在印历每年的 11 月份举行盛大的斋戒，以此来庆祝智慧节。

由此可见，源自耆那教自身的神并不多，那些在雕刻和绘画作品中出现的大部分神侍都是吸收自婆罗门教、印度教和佛教等诸宗教。然而这种异教影响并不是直接作用的，而是首先通过自身宗教的改造，是耆那教化了的东西。这种压制对方、从声势上抬高自己的做法也常见于佛教对印度教的吸纳和改造中。

3. 耆那教的文化特征

（1）耆那教文化的独特性

耆那教认为世间万物都是由"命"（jiva，或者解释为灵魂）和"非命"（ajiva，非灵魂）构成。命分为两种：一种为能动，即受到周围物质的束缚；一种为不动，即不再受到周围物质的束缚，这就是所谓的获得了解脱的灵魂，是自由的、永恒的，也是教徒们刻苦修行的终极目标。对于非命也分为两类：一种称作定形，它由原子和原子的复合物构成，这种称为原子的微粒是无始无终、不能分割的。原子的复合物形态各异，可以被继续分割，并由它们构成了我们周围的世界；另一种称作非定形，它包括空间、时间、法和非法，空间和时间是原子与原子复合物运动和变化的场所，法为运动的条件，非法为静止的条件。另外，耆那教是信仰万物有灵论的，这应该是源自先民时期的古老信仰。耆那教教徒认为世间万物都是存在灵魂的，人不能伤害任何生物，即使是卑微的蝼蚁，也是值得敬畏的[33]。

就人而言，如何获得解脱，达到自由、永恒的"非命"状态则主要受到"业"的影响，这种关于因果业报的论述则与佛教如出一辙。耆那教认为"业"是一种看不到的物质，它吸附在人的灵魂上，阻碍了最终的解脱。耆那教把业视作灵魂的束缚以及达到最终解脱的最大障碍，因此必须使用积极和消极两方面的方法来克制人的种种欲望。正确引导就是积极的方法，即耆那教中的"三宝"：正见（Samyak-jnana）、正知（Samyak-darshana）和正行（Samyak-charitra），就是要求教徒对耆那教的典籍和戒律有坚定的信仰和正确的认识，并以此来指引日常的生活。而消极的办法就是确立严格的教规，教徒必须受戒，即为"五戒"：不杀生（Ahimsa），即不能伤害任何生物；不欺诳（Satya），即不能说谎话欺骗他人且不能恶言中伤他人；不偷盗（Asteya），即不能拿由不正当途径获得的东西；不奸淫（Brahmacharya），即不能沉迷于肉欲；不私财（Aparigraha），即不能沉溺于俗世的物质享受。耆那教要求教徒严格遵守这五条戒律，认为只有通过坚持苦修和禁欲主义才能战胜自我，得到最终的灵魂解脱，以达到绝对自由和超脱轮回的境界[34]。

在印度的诸多宗教之中，耆那教的苦修受戒行为和极端的不杀生理念都是最为突出的。耆那教把严格的苦修作为得到灵魂解脱的手段，其修行往往非常极端，有些教徒甚至通过神圣的绝食、自愿饿死而达到解脱。耆那教的不杀生理念更加到了无与伦比的地步，伤害最卑微的生命就是罪恶，就连出现杀生的想法都是罪大恶极。部分教派的教徒因为不能伤害土壤中的昆虫甚至不能从事农业生产，如今更有甚者为了不伤害空气中的微小生物而终日戴着口罩。其他宗教教派或有与其类似的相关理念，如印度教中的苦行和佛教中的不杀生观念，但是就程度而言都不能与其相提并论。

（2）耆那教文化的折中性

耆那教的哲学思想是古代印度的辩证思想之一，其主要的哲学理论为"非一端论"，即认为事物的本身存在着矛盾，但对矛盾的双方，既不肯定或者否定矛盾的一方，亦不肯定或者否定矛盾的另一方。而在某种特殊条件下，可以肯定或者否定矛盾的一方，而在另一种特殊条件下，又可以肯定或者否定矛盾的另一方。简单来说就是同一事物在某种特定条件下可能是对的，而在另外一种特定条件下就可能是错的，在第三种条件下可能是既对又不对的，而在第四种条件下又是不能说明的。这是一种处于唯心和唯物之间的类似折中主义的骑墙哲学，包含着若干辩证法的思想，但也夹杂了调和论、诡辩论和怀疑论的成分。

而在教义和宗教思想方面，耆那教与佛教有着很多相似之处。如耆那教与佛教都否定婆罗门教经典，反对祭司阶层的特权地位，反对祭祀杀生，都相信因果轮回，强调不杀生和非暴力，主张通过自身的修行达到灵魂的解脱。耆佛两教的创立者身世相似，生活在同一个时代，酝酿了相似的宗教思想也是情理之中，而在之后的岁月中也都受到了伊斯兰教势力的排挤与迫害。因此耆那教与佛教被印度学者喻为"同一棵大树上的两根树枝"和"同一枚金币的正反两面"。但和佛教彻底与印度教决裂不同的是耆那教始终和印度教有着千丝万缕的联系。耆那教虽然反对部分印度教思想，却又对其保持着相当程度的容忍，两者并不互相排斥，在印度很多古城都存在耆那教与印度教并存，两教寺庙相安无事、共同繁荣的景象。而信仰耆那教的人也被印度教认为是其第三种姓，可以与印度教徒互相通婚。

从某种角度看，也可以认为耆那教折中了印度教和佛教思想，是一种介于两者之间的宗教。在印度的历史上无论印度教还是佛教都曾得到过大一统王朝的大力支持，甚至被确定为国教，而耆那教却没有这种待遇，即使在最辉煌时，耆那教也只得到一些小王国君主的支持。耆那教在印度本就是一种相对小众的宗教，也只有折中两者才能使自己发展下去。

（3）耆那教文化的适应性

与印度教与佛教大起大落的发展相比，耆那教的发展显得更为平稳，尽管教派数次分裂，并曾受到异教徒的迫害，但耆那教从未在印度消亡。耆那教能够历经千辛万难生存下来并逐渐发展，是因为它有着非常强的环境适应性。

耆那教在一定程度上能够和其他宗教信仰互相交流，并取其精华去其糟粕，表现出一种宗教上的多元性。这种"相对多元性"的原则是由耆那教的"非一端论"哲学思想所决定的。大雄曾经讲过一个著名的故事：当一个人站在一栋楼的中间那层楼时，对在楼上的人而言，这个人是在楼下，而对在楼下的人而言，这个人却是在楼上。所以，楼上的人说这个人在楼下、楼下的人说这个人在楼上都是对的，因为他们的角度不一样[35]。而最早出自佛经、著名的盲人摸象的故事说的也是这个道理，每个人都只是触摸到大象的一部分，就确认自己感受到的是完整的大象，由于这种偏执的认知，从而产生了无谓的争执。由此可见，事实往往由于各人不同的角度而被给予不同的解释。"相对多元性"要求把各种不同的认识甚至相互矛盾的观点统筹成一个整体来看待，而且要能够看到任何人的长处和优点，尊重他人，和谐共生。

综上所述，对于这四种源自印度本土较为系统的古老宗教，最古老的宗教当属婆罗门教，其次为耆那教和稍晚产生的佛教，最后出现的是在婆罗门教衰败后作为其改良的印度教。印度教以吠陀文化为根基，吸纳了耆那教和佛教的部分教义，融合了众多中小型教派，是印度的正统宗教。耆那教和佛教作为婆罗门教的改革者，推动了婆罗门教的自身发展和改良，是印度传统文化思想不可分割的一部分。佛教最终走出国门，发展为一个世界性的宗教，但在印度本土却已经消亡；而耆那教却由于其强大的生命力和适应性在印度错综复杂的宗教环境中生存了下来并发展至今。

1.4　本章小结

世界所有文明中，印度文明是现存的人类文明中最古老的。已知的最古老的印度文明是约公元前 3000 年的印度河流域文明，通常以其代表遗址所在地哈拉帕（如今巴基斯坦境内）命名，称为哈拉帕文明或者印度河文明。哈拉帕文明分布范围非常广，从时间上看大致与古代两河流域文化及古埃及文化同一时期。在约公元前 2000 年，哈拉帕文明在达到相当成熟的情况下，由于至今不明的原因衰落消亡。

从西北方进入印度的雅利安人带来的新文化体系，取代了哈拉帕文明，原雅利安文化、哈拉帕文化以及其他印度本土文化的结合形成了吠舍文化（约公元前 1000—约前 500 年），印度文化的基础和大多数细节是在这个时期形成的，种姓制度在这时大概已经出现。

约公元前 322 年，旃陀罗笈多（又称月护王）统一了整个印度斯坦和西北大部分地区，建立起印度历史上第一个奴隶制政权——孔雀王朝，定都恒河边的华氏城（今天比哈尔邦巴特那附近）。这一时期，佛教在阿育王的大力支持下广泛传播，艺术上受希腊风格影响。在其后的贵霜帝国和笈多王朝、戒日王时期国力强盛，寺庙建筑和艺术本土化，对外交流广泛，影响了包括中国在内的周边国家和地区。

11 世纪开始，穆斯林大规模侵占印度，定都德里，建立了穆斯林政权的德里苏丹国，印度的穆斯林文化在这一时期有了很大发展。到莫卧儿王朝奥朗则布时代达到顶峰，形成了伊斯兰风格特色的城市和建筑。

1857 年，印度全境爆发了著名的印度民族大起义，1859 年被镇压。印度的统治由东印度公司转为英国直接统治，结束了名义上还存在的莫卧儿帝国。印度在英国殖民统治时期，欧洲风格的殖民建筑风行印度全国，留下了众多古典主义的建筑。这些对现代建筑的形成和发展起到了承前启后的作用。

注　释

1 《吠陀经》是雅利安人创造的赞美诗、歌曲、仪式和祷文的作品。

2 瓦尔纳，是雅利安人用来表示社会等级的术语。

3 朱明忠.印度教 [M].福州：福建教育出版社，2013.

4 邱永辉.印度教概论 [M].北京：社会科学文献出版社，2012.

5 朱明忠.印度教 [M].福州：福建教育出版社，2013.

6 杨必仪.印度教的特点及其对印度文化的影响 [J].青海师专学报，2005（5）.

7 季羡林.朗润琐言：季羡林学术思想精粹 [M].北京：人民日报出版社，2011.

8 比丘：佛教术语，又译为比呼、比库等，意译为乞士、乞士男、除士、薰士、破烦恼、除馑、怖魔。佛教受具足戒之后的男性出家僧侣，即称为比丘（女性出家众称为比丘尼），为佛教五众、七众之一，与比丘尼合称出家二众。因未成年而未受具足戒的男性佛教僧侣称为沙弥，只需受十戒。但是成年受具足戒之后，则要遵守二百五十条的比丘戒。

9 各部派经典中，都记载了佛教僧团分裂为上座部与大众部，这个事件被称为根本分裂，成为部派佛教的开端。上座部律藏一致记载，在佛陀灭度之后百年（南传佛教记载此时为摩揭陀国黑阿育王时期），僧团因为对于戒律的态度不同，产生争议。印度西部摩突罗国的耶舍比丘，邀请东西方的七百位长老，至吠舍离（Vaishali）举行第二次集结（称为七百集结或吠舍离集结），会中做出决议，认为吠舍离僧团所行的十事是错误的（又称"十事非法"）。这些与会者都是曾亲闻佛陀教导、德高望重、诸漏已尽、所作已办、具足六神通与四无碍解智的阿拉汉长老比库，因此，这种代表佛陀本意的长老们（thera）的观点（vàda）就称为"上座部"（Theravàda），即长老们的观点。同时，这项决议的精神也就在以上座比库为核心的原始僧团中保持下来。东方比丘拒绝七百集结结论，自行进行大结集，成为根本分裂的开始。据《异部宗轮论》《异部宗轮论述记》等记载，大众部主张：佛陀是离情绝欲、威力无边、寿量无穷的。佛陀的言论都是正法教理，应该全盘接受。现在实有，过去、未来没有实体。无为法有九种：虚空无为（指无边无际、永不变易、无任何障碍而能容纳一切的空间）、择灭无为（通过智慧的简择力，断灭烦恼后所证得的道果）、非择灭无为（凡是不智慧的简择力，而因缺有为法之自生缘而显示寂灭不生之无为法）、空无边处无为、识无边处无为、无所有处无为、非想非非想处无为、缘起支性无为、圣道支性无为。心性本净，无始以来为烦恼等污染，修习佛法可去染返净。

10 哈里发，意为继承者，指先知穆罕默德的继承者。

11 阿拉伯半岛是以日、月、火、水、木、金、土作为一周七天的标志，其中日为星期日，依次下推。金曜日为星期五，622 年 7 月 16 日这一天刚好是星期五，这也是后来穆斯林每周五聚礼日的缘由。

12 斯塔夫里阿诺斯.全球通史：从史前到 21 世纪 [M].7 版修订版.吴象婴，梁赤民，董书慧，等译.北京：北京大学出版社，2006.

13 提洛森.泰姬陵 [M].邱春煌，译.北京：清华大学出版社，2012.

14 林太.印度通史 [M].上海：上海社会科学院出版社，2012.

15 即"胜利之城"之意。

16 尚会鹏.印度文化史 [M].桂林：广西师范大学出版社，2007.

17 戈达瓦里河为印度境内仅次于恒河的第二长河。

18 布拉马普特拉河在中国境内叫作"雅鲁藏布江"，从藏南地区流入印度。

19 伍德.追寻文明的起源 [M].刘耀辉，译.杭州：浙江大学出版社，2011.

20 本特利，齐格勒，斯特里兹.简明新全球史 [M].魏凤莲，译.北京：北京大学出版社，2009.

21 本特利，齐格勒，斯特里兹.简明新全球史 [M].魏凤莲，译.北京：北京大学出版社，2009.

22 王其钧.璀璨的宝石：印度美术 [M].重庆：重庆出版社，2010.

23 王其钧.璀璨的宝石：印度美术 [M].重庆：重庆出版社，2010.

24 宫静.耆那教的教义、历史与现状 [J].南亚研究，1987（10）.

25 玄奘.大唐西域记 [M].董志翘，译注.北京：中华书局，2012.

26 王树英.宗教与印度社会 [M].北京：人民出版社，2009.

27 宫静.耆那教的教义、历史与现状 [J].南亚研究，1987（10）.

28 伍德.追寻文明的起源 [M].刘耀辉，译.杭州：浙江大学出版社，2011.

29 王树英.宗教与印度社会 [M].北京：人民出版社，2009.

30 杨仁德.耆那教的重要人物 [J].南亚研究季刊，1986（7）.

31 杨仁德.耆那教的重要人物 [J].南亚研究季刊，1986（7）.

32 马维光.印度神灵探秘：巡礼印度数、耆那教、印度佛教万神殿探索众神的起源、发展和彼此间的关系 [M].2 版.北京：世界知识出版社，2014.

33 巫白慧.耆那教的逻辑思想 [J].南亚研究，1984（7）.

34 巫白慧.耆那教的逻辑思想 [J].南亚研究，1984（7）.

35 邓殿臣.东方神话传说：第五卷　佛教、耆那教、斯里兰卡与尼泊尔神话 [M].北京：北京大学出版社，1999.

图片来源

图 1-1 印度地理范围图，审图号：GS（2020）4393 号

图 1-2 古印度全盛时期疆域，源自：http://baike.baidu.com

图 1-3 印度伊斯兰时期历史发展脉络，源自：王杰忞绘

图 1-4 印度河流域文明，底图源自：审图号：GS（2020）4392 号

图 1-5 吠陀时期四个王国控制范围，源自：王杰忞根据维基百科资料绘

图 1-6 孔雀王朝控制范围，图片来源：王杰忞根据《亚洲人文图志》绘

图 1-7 笈多王朝控制范围，图片来源：王杰忞根据《亚洲人文图志》绘

图 1-8 阿克巴统治时期的版图，图片来源：http://www.columbia.edu/itc/mealac/pritchett/00islamlinks/ikram/graphics/india1605.jpg

2 印度城市文明的兴起

2.1 史前印度文明概况

印度河流域是人类最早的文明发源地之一。考古研究揭示，早在公元前 7000 年左右，就在印度河流域发现了人类居住的痕迹。史前印度文明从地质学、石器种类与加工技术及沉降基础等方面考虑，将石器时代主要分为旧石器时代、中石器时代、新石器时代和金石并用时代。著名的哈拉帕文明出现在新石器晚期，其城市与建筑曾达到过相当高的水准，但是却因不明原因在公元前 1900 年左右黯然没落，在之后的很长一段时间里，印度河流域再也没有出现过那样辉煌的城市文明。

对于哈拉帕文明[1]的起源，在摩亨佐达罗与哈拉帕城市遗址刚刚被发现的早期，曾经有学者将它们与美索不达米亚文化相联系，进行比较，认为受其影响，从而对哈拉帕文明的发源和本质有过质疑。但随着哈拉帕文明遗址不断被发掘，更多详尽的数据显示，哈拉帕是独立发展的文明，在城市布局、使用工具、文字方面与美索不达米亚文明都有明显的区别。另外，早期提到哈拉帕文明，人们只会想到以规模大、城市与建筑水平出色而著名的哈拉帕与摩亨佐达罗城市遗址，但随着考古发掘工作的进展，更多城市遗址被发现，其中不乏比它们更大的，比如科里斯坦（Cholistan）地区的鲁瓦拉（Lurewala）、甘卫利瓦拉（Ganweriwala），哈里亚纳邦（Haryana Pradesh）的拉吉加里（Rakhigarhi），还有古吉拉特邦的朵拉维拉（Dholavira）。不同类型的哈拉帕聚落，城市、城镇、村子之间互相联系，形成一个完整的关系网。小规模的城镇也非常重要，考古学家们发现仅仅 5 公顷的一个村庄也能够完整地在各方面反映哈拉帕文明的主要特色。

截至 2008 年，人们所发现的哈拉帕文明的遗址总量已经增加到 1 022 个，其中 406 个在巴基斯坦，616 个在印度[2]。但其中只有 97 个进行了考古发掘。哈拉帕文明覆盖的区域相当广大，大概面积在 68 万平方千米到 80 万平方千米之间。这些遗址分布在阿富汗，巴基斯坦的旁遮普、信德、俾路支还有西北部边境，查谟（Jammu），印度境内的旁遮普邦、哈里亚纳邦、拉贾斯坦邦、古吉拉特邦以及北方邦西部。

哈拉帕文明实际上是一个非常漫长、复杂的文明演进过程，至少可以分为三个阶段：早期哈拉帕（公元前 3300—前 2600 年）、成熟期哈拉帕（公元前 2600—前 1900 年，图 2-1）和晚期哈拉帕。早期哈拉帕是城市的雏形阶段；成熟期哈拉帕才是真正的城市发达阶段，是哈拉帕文明羽翼丰满，大放异彩的阶段；晚期哈拉帕则是城市渐渐衰亡的文明末期。考古学上主要使用的放射性碳定年法始于 1950 年，用它可对哈拉帕各时期进行较为精确的断代。

2.2 成熟期哈拉帕城市文明的特点

成熟期哈拉帕城市在规模上各不相同。最大的城市遗址包括摩亨佐达罗（2 平方千米以

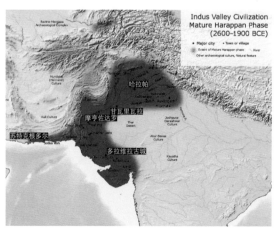

图 2-1 成熟期哈拉帕主要遗址分布

上）、哈拉帕（1.5 平方千米以上）、甘卫利瓦拉[3]（0.82 平方千米以上）、拉吉加里[4]（2.24 平方千米）、朵拉维拉（约 1 平方千米）。这些遗址在规模和人口密度上都达到了城市的标准，是公认的哈拉帕城市。而其他遗址则大多只能称为镇子和村子。其他面积在 0.5 平方千米左右的遗址有纳古尔（Nagoor）、陶洛瓦罗达罗（Tharo Waro Daro）、巴基斯坦信德省的拉克因久达罗（Lakhueenjo-Daro）[5] 和巴基斯坦俾路支的宁道瑞[6]。近年，旁遮普邦发现了一些较大的遗址，曼萨（Mansa）县的达勒万（Dhalewan）大概 1.5 平方千米，冈蒂卡兰（Gumti Kalan）[7] 第一阶段有 1.44 平方千米，哈桑普尔（Hasanpur）[8] 第二阶段大概 1 平方千米，拉克米尔瓦拉（Lakhmir Wala）[9] 达 2.25 平方千米，印度旁遮普邦珀丁达县（Bhatinda）的巴格良（Baglian Da Theh）大概 1 平方千米，但是目前考古数据和细节还没有完全清楚。第二等级的哈拉帕遗址基本都是 0.1~0.5 平方千米的中等大小，例如朱得乔达罗（Juderjodaro）和卡利班甘（Kalibangan）；再小一点的还有 0.01~0.05 平方千米的遗址，例如阿拉丁诺（Allahdino）、科特迪吉、鲁帕（Rupa）、

图 2-2 卡利班甘主街道

巴拉科特（Balakot）、苏科达塔（Surkodata）、纳格什瓦尔（Nageshwar）、瑙夏洛（Nausharo），还有佳吉夏（Ghazi Shah）。甚至还有比这些更小的居住区遗址。

规划布局方面，早期哈拉帕文明的代表城市是科特迪吉，当时城市平面的规划就已经有了一定的模式：棋盘式的街道和住区，正南北、东西的街道走向和房屋朝向。主要的街道基本呈十字相交，另外有一些较小的巷道与主路相交，形成城市的方格网布局。东北的卡利班甘（图 2-2）、西北的雷曼德里和西边的瑙夏洛都是这样的。

哈拉帕文明城市的街道和小巷也有不规则的网络走向，房屋的墙也根据不同角度有过重建，甚至连城墙也会有一些弯曲，并不一定根据基本定位法确定。摩亨佐达罗的居住区不是标准的方格网布局，哈拉帕城市里的道路也不是完全笔直的和直角相交的。但聚居区确实是经过清晰的规划。另外，规划水平和城市大小不一定成正比。例如，相对较小的洛塔（Lothal）比是它两倍大小的卡利班甘规划水平更好。规划的细节彼此间有所不同。摩亨佐达罗、哈拉帕、卡利班甘的布局差不多，包括一组以城堡为主的上城和下城居住区（图 2-3）。在洛塔和苏科达塔，城堡建筑群并不是分散的；而朵拉维拉除了一般城市的上城和下城，还有中城。

由于像哈拉帕、摩亨佐达罗、朵拉维拉这样的大城市，一般由高高的城墙围成上城（有的有中城）和下城；又由于往往上城中有大型的城堡建筑群，而下城主要是居民区和手工作坊，所以很容易人觉得城市被划分为统治阶级区域和服务性区域。其实不然，因为考古发现，大型公共建筑、市场空间、大大小小的居住房屋和手工作坊在城市遗址的各地其实都有发现，并未局限于某个区域。

在竖向空间上，每个哈拉帕文明的大城市都是由城墙围起来的不同区域组成，它们的地坪高度各异。哈拉帕城和摩亨佐达罗城都在西边有一个矩形城区，在北、南、东面有一大片不规则散落的遗址。摩亨佐达罗西部遗址的地坪比其他地方要高出不少，但在哈拉帕，西边的矩形城区只比其他地方高一点点。朵拉维拉则不同，它在三到四个城墙包围的区域内部还有一个独立的城区，最高地是南面那一块，城墙外地势较低的西边和西北还散落着一些郊区的住房。

一方面，哈拉帕城市有着完善的给排水系统和城市卫生系统。许多住房或者住房组群都各自有厕所和浴室。有排水设施的洗澡间通常设置在井边；浴室的地面通常用砖砌筑，砖立着砌，铺排紧密，形成一个防水的坡面。浴室的水穿过屋子的墙流到街道的集中排水系统中（图 2-4）。近年在哈拉帕遗址上的发掘显示基本每家每户都有厕所。便桶是埋在地面以下的大坛子，很多厕所里还配着一个用来给如厕的人清洗的球形陶罐，这种卫生习惯直到今天在印度民间还保持着。

布局良好的街巷道路配套高效的排水系统是哈拉帕城市的重要特征。在哈拉帕和摩亨佐达罗，一般都用赤陶排水管引导废水流向用火烧砖砌筑的排水沟。这些设施把主要街道的废水收集起来，排到城墙外面去了。主要排水设施覆盖着用砖或厚石板砌筑的拱券顶部。下水道还有矩形的清理维修区，每隔一段距离设置一个用来收集固体废弃物。这些废弃物也需要定期清理，不然排水系统就会堵塞并且引发城市卫生问题。

另一方面，哈拉帕城市的取水系统非常精密复杂（图 2-5、图 2-6）。许多遗址中都能看到对于洗澡用水的重视，说明当时的人非常注意个人卫生。另外，我们也推测经常沐浴的习惯和他

图 2-3 摩亨佐达罗总平面

们的宗教信仰或者某些仪式有关。水源一般来自河流、水井和储水池，还有水箱。摩亨佐达罗就以它数量众多的水井而出名。其他遗址的水井很少，但是有的城市中央的巨大下沉结构很可能是一个很大的蓄水池（图 2-7），朵拉维拉的城市中有一个很大的石砌蓄水池（图 2-8）。

图 2-4 摩亨佐达罗大浴场

图 2-5 水井　　　　　　　图 2-6 排水沟

图 2-7 洛塔的蓄水池

图 2-8 左：朵拉维拉
蓄水池；右：朵拉维拉
水井和排水沟

平。摩亨佐达罗城的有些城墙能够砌筑 5 米不倒塌，一方面缘于它们的质量好，另一方面归功于哈拉帕人高超的砌筑技术。砖的砌筑方式有很多种，包括我们知道的（English bond style，图2-9），也就是一种一顺一丁砌法。这种方式中，砖按照长短边的序列砌筑，也可以按照贯通联排的方式排列。这种方式给了墙最大的承重能力。哈拉帕建筑令人震惊的结构特征是砖尺寸的统一性，房屋用砖为 7 厘米 ×14 厘米 ×28 厘米，城墙用砖是 10 厘米 ×20 厘米 ×40 厘米。这两种砖的尺寸都有一定比例，厚度、宽度、长度之比是 1∶2∶4，这种比例在早期哈拉帕遗址中只有一部分，但是在成熟期哈拉帕所有的遗址中却非常普遍了。

居住区的巷子与主要道路垂直，较为狭窄（图2-10）。居民的住房尺寸大小不一，大多数是内院式布局，门窗开在内侧走廊上，很少对着主要道路开。有些房屋有楼梯的残迹，很可能是用来通往楼顶或者二层的，同时根据房屋的墙壁厚度推断，摩亨佐达罗的有些房子是有两层甚至更高的。地面通常是经过夯打结实的土盖上沙子或粉刷过的；天花板一般超过 3 米高；屋顶是木梁上盖着混合着芦苇的厚厚的黏土。

门窗框是木质的，房屋的黏土模型显示门框门楣上常常有雕刻或者画着花纹。窗户还有特制的开关构件，可能是木质，也可能是芦苇和衬边，上下有网格架子来保证通风采光。哈拉帕和摩亨佐达罗发现过几片雕刻花纹的雪花石膏和大理石板，这样的厚板可能会加入砖砌的过程，作为装饰带使用。靠近大房子而建的小屋子可能是为权势服务的人居住的。在有钱的城里人住的房子里，有通向里间房屋的人行道，且房屋有明显的多次修缮的痕迹。

建筑材料方面，大城市和小城镇、村庄在类型与组合方面的不同主要体现在原材料的使用上。小村子里的房子基本都是用土坯砖结合灰泥与芦苇砌筑的，石头用得较少，一般用在基础和排水沟。在多岩石的卡奇和索拉什特拉[10]地区，石头的使用就比较普遍。朵拉维拉巨大的城墙和城堡中残存的石柱在其他哈拉帕遗址中都没有发现。

哈拉帕城市在建造技术上也达到了较高的水

图 2-9 英骨式砌筑方式

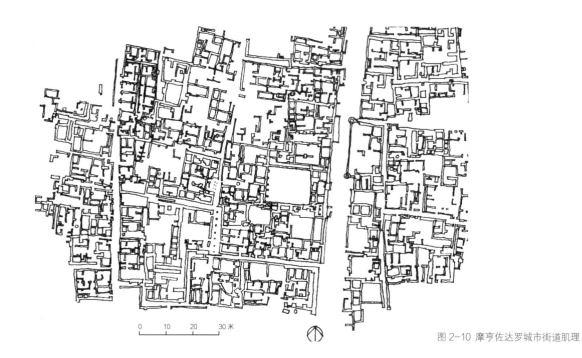

0　10　20　30 米

图 2-10 摩亨佐达罗城市街道肌理

除了最负盛名的摩亨佐达罗城与哈拉帕城（图 2-11），史前印度河流域的哈拉帕文明中还囊括了许多其他特色鲜明的城市。如手工艺中心城市黑手镯之城——卡利班甘（图 2-12）和昌胡达罗（Chanhudaro）[11]，前者得名于它的遗址上出土了数量可观的黑手镯，后者则是一个独立的遗址，没有城墙围绕；商业中心——巴纳瓦利（Banawali）的城堡是半椭圆的平面，城内的许多房屋都有火祭坛，这些火祭坛有着某种仪式功能，有时会采用拱券结构建造，可见当时宗教与精神生活对日常生活的渗透；最大的遗址——拉吉加里由 5 块小遗址组成，面积总和达到 2.24 平方千米，无论是在遗址尺寸规模上，还是位置和居住区的重要性上，都超过了哈拉帕和摩亨佐达罗；港口城市洛塔最显著的特征是它的船坞和码头；岛上城市朵拉维拉，在建筑特点上，朵拉维拉的建筑师使用了大量的沙石来替代土坯砖，体现了古吉拉特邦哈拉帕遗址的特点，且居住区的

平面布局与其他任何哈拉帕城市都不同，城内上城与下城中间还有一个大大的朝北的"中城"区域，每一个区域都有自己独立的围墙（图 2-13）。根据考古学家[12]提供的放射性碳定年法的数据，哈拉帕文明在延续了 8 个世纪之久后，在公元前 1800—前 1750 年消亡了。哈拉帕文明消亡的原因一直是学界争论的话题，考古学家、人类学家和历史学家对此谜团的探索一直在进行，但可以肯定的是哈拉帕晚期之后城市与城市中心慢慢消退，印章和铭文也从文化场景中完全消失了。城市在一个世纪之后才在次大陆上再次出现，但大多数却是分布在恒河流域了。

2.3　印度第二次城市文明

2.3.1　佛教时期印度的国家与朝代更替

哈拉帕文明曾一度相当发达和成熟，城市与

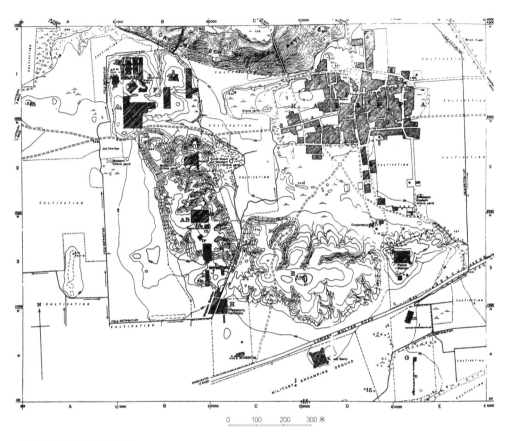

图 2-11 哈拉帕遗址总平面

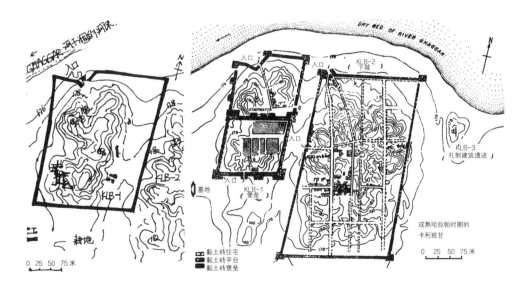

图 2-12 卡利班甘遗址总平面

经济发展水平相当高，社会生活内容非常丰富，但却并没有任何考古证据能够表明哈拉帕时期次大陆上曾建立过国家。哈拉帕晚期，人口逐渐向东南方向迁徙，印度河流域的城市解体后，村庄却因为农业而发展，吠陀文化因推崇安静祥和、低需求的生活而迅速发展开来。

吠陀文化 [13]，是从西北而来的雅利安人入侵者带来的新的文化体系 [14]（图 2-14），得名于其文化的圣典——吠陀经（Veda），是古典印度文化的起源。雅利安人是游牧民族，早期吠陀时代的历史几乎没有任何考古遗址可以查证，同时由于雅利安人的文字发展较晚，自印度河流域那个尚未破解的书写系统消失后，在公元前 3 世纪，文字首度被引进印度，《梨俱吠陀》一书是有记载的最早的印度历史，从中可得到关于这一时期社会各方面状态的描述。之后又有被称为"后期吠陀"的《娑摩吠陀》《夜柔吠陀》和《阿闼婆吠陀》等经典产生，并称"吠陀经"。后期吠陀时期，雅利安人从旁遮普地区迁徙进入恒河流域，逐渐开始采用农耕和定居的生活方式。

从吠陀时期开始，印度从原始社会进入了奴隶社会。种姓制度在原始社会末期就已经萌芽，经过社会分工成等级化和固定化，在奴隶社会时期已经基本形成不同的社会等级 [15]。婆罗门教逐渐代替了敬奉自然神灵的早期吠陀信仰。据《往世书》和印度两大史诗等文献的描述，这一时期雅利安人各敌对的部落集团之间战争频繁，导致在公元前 600 年左右，印度次大陆上形成了 20 多个国家，其中广为人知的是当时的 16 国，这也标志着吠陀时代的结束（图 2-15）。

其中最重要的国家是摩揭陀国（Magadha），其地理位置相当于印度现在的比哈尔邦巴特那南面。其余国家有位于现巴基斯坦北部的甘蒲耆

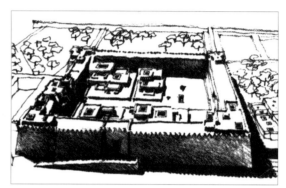

图 2-13 朵拉维拉城市复原鸟瞰

（Kamboja）和犍陀罗（Gandhara），位于西部河间平原的俱卢（Kuru）、苏罗森那（Surasena）和般阇罗（Pancala），位于东部河间平原的跋沙（Vatsa）、迦尸（Kashi）和位于其北面的憍萨罗（Kosala），位于今比哈尔邦巴特那北面

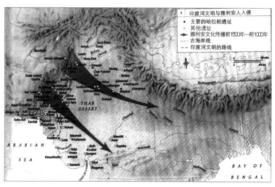

图 2-14 雅利安人入侵示意

图 2-15 印度早期 16 国分

的摩罗（Mallas）和弗栗特（Vrijji）部落共和国，临近现在比哈尔邦和孟加拉交界地带的鸯伽（Anga）、羯陵伽（Kalinga），还有印度中部的阿般提（Avanti）和其东面的支提国（Chetiya）等。从公元前 6 世纪开始，印度的历史已经有了明确的文字记载，历史事件和人物也有迹可循。这些国家根据政体不同可以分为两类：一类实行的是君主制，另一类为非君主制。后者实行的政治制度是类似古罗马时代的定期选举制度，他们没有世袭的君王，执政者不是一个人而是一个团体。据很多史学家猜测，这很有可能是受氏族公社影响的。佛教的创始人释迦牟尼所属的释迦族就属于这样一个国家。到了约公元前 500—前 400 年，这些小国家又并入且形成 4 个主要的大国——阿般提、摩揭陀、憍萨罗和跋沙。

公元前 600—前 200 年，印度遭遇了波斯人与希腊人入侵。公元前 6 世纪末，波斯国占领印度西北部地区，印度成为波斯帝国人口最多、最富裕的一个省。后期波斯帝国逐渐衰微，古代欧洲最伟大的征服者马其顿国王亚历山大大帝的铁蹄踏入亚洲，将印度纳入帝国版图。亚历山大大帝撤退后，摩揭陀国的统治被推翻，印度历史上的第一个帝国式政权——孔雀王朝（前 321—前 185）在月护王旃陀罗笈多的统治下建立起来。孔雀王朝在阿育王时期到达巅峰，整个印度除了极南端的一些国家以外基本实现了国土统一。

阿育王大力支持佛教，广泛进行传教活动。可惜的是，他去世之后孔雀王朝的繁荣昌盛也宣告终止，摩揭陀的版图缩回北印，整个印度又陷入战乱状态。从前 2 世纪初开始，各外族入侵印度，先后有大夏希腊人、塞种人和安息人等。大月氏人在北印度建立了强大的贵霜帝国，这个国家曾经有着辉煌的文明，与罗马帝国、安息和汉朝并称古典世界的四大帝国。

大乘佛教和犍陀罗艺术是贵霜时代的重要文化遗产。贵霜帝国衰落后代之而起的是孔雀王朝之后又一个强大帝国——笈多王朝（320—540），印度迎来了它古典时代的黄金朝代。这也是由印度人建立起的最后一个帝国政权。虽然此时婆罗门教和印度教已经逐渐强盛，但是笈多诸王为缓和民族及教派矛盾采取宗教兼容政策，佛教和耆那教依然拥有广泛的信徒。直至 7 世纪白匈奴人（嚈哒人）入侵印度，笈多帝国开始瓦解，尽管勇敢的拉杰普特人奋起抵抗外族侵略，但是也无法避免佛教圣地遭到破坏，佛教教徒遭到迫害，最终随着伊斯兰教的全面兴起，佛教在印度本土消失了。此后的印度历史属于辉煌的伊斯兰帝国——德里苏丹国和莫卧儿帝国。

2.3.2 佛教鼎盛时期的印度城市发展概况

印度在经历了公元前 600—前 300 年的社会发展之后，从公元前 300—公元 300 年间，进入历史早期。如上文所述，这个时期的印度经济发展迅速，贸易繁荣，人口增加，各方面因素都促进了早期城市的诞生与发展。像《本生经》这样的文献中就记载道，整个印度次大陆上城市成为主角（图 2-16）。且这个时期社会分工更加精细，城市附近的村庄有各种类型，有的是专门制作陶器的村庄，有的是专门制作芦苇编织品、毯子的村庄，还有渔村、猎村等等，它们为城市源源不断地提供各类生产生活物资。但是很可惜，这样的早期城市的考古资料非常贫乏，只有一些旧城堡的遗址还有一点存留，还有相当大的一部分没有进行考古发掘 [16]。

这个时期北印度重要的城市如下：次大陆西北部的贵霜王朝首都古代白沙瓦（Peshawar）；

恒河中部平原的哈斯提纳普尔（Hastinapura），那里的城市规划良好，建筑全部是火烧砖砌筑；德里旧堡（Purana Qila），在公元前 3 世纪到公元前 1 世纪就有了繁荣的手工业；阿约提亚（Ayodhya），当时已是一个和印度西部有着密切联系的手工业中心城市；安拉阿巴德（Allahabad）的斯里加维拉普拉（Srigaverapura），在公元前 2 世纪时居住区的面积相当之大，城内还建造了一个工程水平相当高超的大水池——水通过人工开挖的河道从恒河中引进城市；北方的马图拉（Mathura），在当时已经是一个兼容并蓄的文化艺术中心；恒河中下游的著名佛教圣城舍卫城（Sravasti），出土了佛舍利和阿育王时期的大型寺院建筑，类似的佛教圣城还有王舍城（Rajagriha）、吠舍离（Vaishali），等等；古占城（Champa），已经普遍使用火烧砖，和其他很多城市一样，它们开始用砖砌筑城墙并且三面有护城壕；孟加拉的迪纳杰布尔县（Dinajpur）南部的班加尔（Bangarh）也是如此；另外西孟加拉邦（West Bengal Pradesh）的耽摩栗底［今德姆卢格（Tamluk）附近］是重要的港口城市。

除了以上地区，现在的奥里萨邦（Orissa Pradesh）和西孟加拉邦、德干高原、中西部印度的广袤大地上，城市都像星星之火一样开始了燎原之势，在印度半岛上遍地开花，且城市与城市之间互相联系，文化、贸易的交流也随之开展。第二次城市文明的网络像蜘蛛结网一样在次大陆的版图上慢慢形成。甚至在遥远荒蛮的南印度，也在公元前 300 年到公元 300 年间迈开了它滞后的早期城市发展步伐。总的来说，在这个时期，势力强盛的摩揭陀王国的统治、北印长期繁荣的统一帝国、盛极一时的佛教，这三个要素占据了

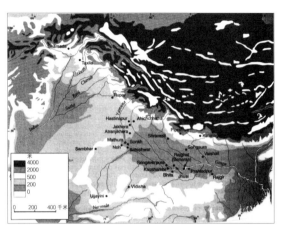

图 2-16 历史早期北印度的城市中心

这段历史最重要的分量，而且这三个要素彼此之间也有着密不可分的联系，本章针对这三个要素影响下的恒河流域佛教圣城展开论述，以揭示这个时代最伟大的城市图景。

2.4 恒河流域典型的佛教城市实例

在早期巴利文权威经文中，至少有 6 个城市形象。这 6 个是非常大的城市（经文中称为 mahanagaras），在从佛教的角度来看都是很重要的城市：占城［在比哈尔邦，靠近帕格尔布尔（Bhagalpur）］，王舍城［在哈尔邦的拉杰吉尔（Rajgir），鹿野苑（Sarnath，靠近瓦拉纳西，在北方邦），考夏姆比（Kaushambi，靠近安拉阿巴德，在北方邦），舍卫城（在北方邦），拘尸那迦［Kushinagara，现北方邦的格西亚（Kasia）］。另外，还有像阿希切特拉（Ahichchhatra）这样的城市［靠近巴雷利（Bareilly），在北方邦］，哈斯提纳普尔（在德里—密拉特地区），还有马图拉（靠近今天北方邦的马图拉），吠舍离［靠近穆扎法尔布尔（Muzaffarpur），在比哈尔邦］。这些城市中很多有文字记载，也有考古遗迹——本书后面会详细介绍。粗略地看一下这可能还不

完善的佛教时期的城市清单（公元前566—公元486年），发现佛教书籍中记载城市的内容比婆罗门教书籍中多得多，并且从这些文字记载中很容易看出大多数城市都是在恒河流域繁荣起来的。我们所知的那个年代的伟大的语言学家波你尼（Panini）的家乡就在现在的巴基斯坦西旁遮普省的锡亚尔科特（Sialkot）。他当时就指出印度东部地区有很多城市，其实就是指在恒河流域。当然也有些城市不在恒河流域，如蒂普里［Tripuri，靠近贾巴尔普尔（Jabalpur），在中央邦］，乌贾因尼［Ujjayini，即现今中央邦的乌贾因（Ujjain）］，著名的城市塔克西拉［Takshashila，今巴基斯坦靠近拉瓦尔品第（Rawalpindi）的塔克西拉（Taxila）］，还有贾尔瑟达［Pushikalavati，今巴基斯坦的查沙达（Chārsadda）］。然而，佛教经文中记载的六大圣城都坐落在恒河流域的广阔平原，分布在西到安拉阿巴德，东到帕格尔布尔。这一大片土地都是佛教时期大变化上演的舞台。那是因为虽然这个时期印度次大陆的经济繁荣，社会经历着大发展，城市生活开始成为重要的社会组成部分，但是社会等级制度严酷，社会底层人民生活困苦，佛教成为他们寻求精神解脱的主要信仰，同时统治阶级利用佛教为稳定民心、巩固自己的统治服务。所以，统治者的支持加上大量信徒朝圣、学习的需要，使得佛教繁荣，其对城市发展的重要作用在这一时期就非常明显，很多佛教圣城自然成为人口聚集、经济发达的大城市。

19世纪和20世纪初期，英国人在印度的考古发掘主要以寻找、确认在印度及中国古代佛教文献中的佛教遗址和城市中心为主，考古出土了大量铭文、雕塑、佛塔、寺院和城市遗址等，为我们重新揭开古佛教圣城提供了有力的物质证据。

下文详细列举几个当时在佛教与城市发展方面都非常重要的大城市。

1. 华氏城（巴特那）

巴特那（Patna），古代称为华氏城（Pataliputra），梵文Pātaliputra，古代又称Pataligram，即"华子城"。《佛国记》中称其为巴连弗邑，《大唐西域记》中则记载为波吒厘子。波吒厘子，原为一种树名，该树开淡红色花，因华氏城宫中多种此树，花香繁盛，所以以之命名城市。

华氏城位于恒河下游，约在今印度比哈尔邦巴特那附近，是古印度最大的城市。这是朝圣者们追随佛祖足迹的一个主要起点。在北印度恒河流域建立的众多国家中，摩揭陀国逐渐强大起来，国王旃陀罗笈多·孔雀建立了孔雀王朝，他于公元前321年登上王位，他的孙子阿育王最后统一了整个印度（图2-17）。整个公元前6世

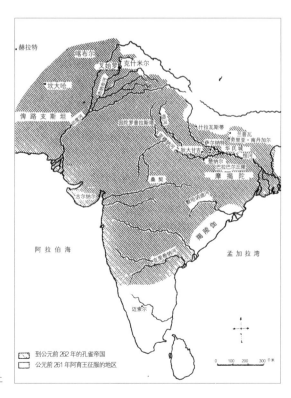

图2-17 孔雀帝国领土

纪到公元 4 世纪，摩揭陀国的首都都在华氏城。在最繁荣的孔雀王朝时期和笈多王朝时期，尤其是在大力支持佛教的孔雀王朝的阿育王时期（前 273—前 232），华氏城的发展达到了它的顶点，第三次佛教大会就是在孔雀王朝统治下的华氏城召开的。佛陀曾经预言华氏城将成为南赡部洲（Jambudvipa）最辉煌的城市，同时也预言了它将遭受火灾、洪灾和内乱。

律藏经文中记载，华氏城是一个繁荣的商业中心；从历史记载中我们又可以看到华氏城从一个商业型城市向领导型的城市中心转变，最后成为阿阇世王（Ajatashatru）[17] 之后摩揭陀的政治中心。4 世纪之后，华氏城又成为笈多王朝都城。6 世纪下半叶的一场大洪水和紧接着的匈奴侵略完全毁灭了这座城市，到 7 世纪唐玄奘旅居印度时，华氏城已荒芜。直到 16 世纪时，在阿富汗国王舍尔沙（Sher Shah Suri）的统治下，它才稍稍恢复了古代的辉煌。到 19 世纪英国殖民时期，该城被改名为巴特那。现在巴特那是一座依然在不断扩张的印度大都市。

据史料记载，当年佛祖在恒河平原上一边游历一边沿途布道，他必须穿过恒河和恒河边的一个小镇——华氏城。华氏城是一个重要的水路贸易中心点，所以摩揭陀的国王打算把都城（原来在王舍城）定在那里。根据去过华氏城觐见孔雀王朝宫廷的希腊使者麦加斯梯尼（Megasthenes）[18] 描述华氏城——它沿着恒河岸边绵延 15 千米，宽约 2.8 千米，城墙呈平行四边形，外围被一条阔约 183 米、深 30 腕尺 [19] 的护城壕包围，护城墙有 570 座城楼和 64 座城门。它被宏伟的城墙包围，城墙上有大门和可以发射弓箭的哨兵站，有效率极高的市政机构，它作为经济交流中心有着重要的地位。"华氏城王宫内外的列柱缠绕着黄金浮雕藤蔓，装饰

着金银鸟雀簇叶图案，比波斯帝国都城苏萨和埃克巴塔纳的王宫更为壮丽。"[20] 皇宫花园养着孔雀和野鸡，绿树成荫，树木和草地中还有一些是受到皇室特别照料的，据说由于温度控制得当，这些树木从不凋谢，而且繁花常开，景色尤其美好。当时的人们从不伤害野生鸟类，王国中的鸟儿自由翱翔，在树上筑巢，繁衍生息。印度本土的鹦鹉成群飞翔，护卫出行的国王，场面动人。皇宫花园里还有美丽的人工湖，湖里养着多种不同大小的观赏鱼类，皇帝的小儿子们在湖边学习驾船和捕鱼 [21]。5 世纪初，中国东晋高僧法显西行求法来到这里，他在《佛国记》中赞叹华氏城王宫："巴连弗邑（华氏城）是阿育王所治，城中王宫殿，皆使鬼神作，累石起墙阙，雕文刻镂，非世所造。"

关于古华氏城的确切位置，考古学家们一直在争论。因为这牵扯到确定恒河和颂河（Son River）的古代位置。阿育王时代以前的建筑以木构为主，阿育王时代则从木建筑向石建筑过渡。由于华氏城当时沿河而建，建筑大多是砖木结构的，所以在雨水、洪水泛滥的侵蚀下，这些建筑很难长时间保存。只有一些重要的砖混合泥土建造的建筑留下一些残存。所以从华氏城的考古发掘中能够了解到有关古华氏城的资料很少。根据考古发掘，阿育王时期的华氏城遗址已经在巴特那城中确立了好几个地点。其中最重要的是 1896 年发掘的肯拉哈尔（Kumrahar）和布兰迪巴哈（Bulandibagh）。

1912 年在肯拉哈尔出土了一个体量较大的集会柱厅（图 2-18），它有 10 排柱子，每排 8 个。中国僧人法显曾在 5 世纪的时候来到过这里，并在游记中记录了这些华丽闪亮的柱子。

布兰迪巴哈位于肯拉哈尔的西北边，在河流沙滩中发掘出一些巨大的木栅残片，和两面相距 3.5 米的由木头竖直拼成的墙，可能是华氏城城墙

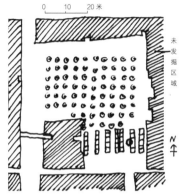

图 2-18 华氏城王宫柱厅平面及遗址

图 2-19 华氏城王宫柱头

图 2-20 左：华氏城遗址上的农村民居；右：当地特色民居草房

图 2-21 左：华氏城遗址上干涸的护城河；右：依然可以看出护城河相当宽

的遗迹。这些可能就是麦加斯梯尼描述的华氏城的大型木构建筑的残骸了。布兰迪巴哈出土的黄褐色砂石雕刻——华氏城王宫柱头（图 2-19），现藏巴特那博物馆，其风格采用了波斯王宫流行的柱头样式。

因为古城已经毁灭殆尽，且许多发掘遗址与文献记载并不能完全匹配，所以如今我们对这座孔雀王朝繁华的古城知之甚少。笔者实地造访华氏城遗址，发现大片土地已经成为印度普通乡村景象（图 2-20），古代建筑不复存在，当年的繁华都城面貌模糊难以辨认，护城河已近干涸（图 2-21），荒草蔓延。

2. 瓦拉纳西

瓦拉纳西坐落于印度北方邦、恒河西岸，是当今印度教圣地、著名历史古城，古代迦尸国首都。考古发掘显示最早于公元前 800 年左右这座城市已经有人居住。古代被称为迦尸（Kashi）[22] 和贝拿勒斯（Banaras），因城市地处瓦拉纳河（Varuna River）和阿西河（Assi River）之间，1957 年改名，是取两条河的名称合成的（图 2-22）。瓦拉纳西以北约 10 千米处是著名的佛教圣地——佛祖初转法轮地鹿野苑，但由于它只是佛教遗址而并不属于城市一类，本章不作详细论述。

传说瓦拉纳西的历史非常悠久，甚至比古巴比伦、耶路撒冷、雅典都要早。相传 6000 年前，婆罗门教和印度教主神之一的湿婆神建立了这座城市。列国时期后期，迦尸国被强大的摩揭陀国打败后，失去政治上的领导地位而成为宗教中心城市，雅利安人的宗教经典在这里得到编纂和整理，各种差异较大的教派也百家争鸣。公元前 4 至 6 世纪，这里已成为印度的学术中心，许多思想家、哲学家来此地交流和学习，也为吠陀文化即后来的印度教发展打下丰厚的思想与理论基础。

公元前 5 世纪，佛祖释迦牟尼曾经来到这里，在位于市西北 10 千米处的鹿野苑首次布道、传教。7 世纪，中国唐代高僧玄奘曾到这里朝圣，他在《大唐西域记》里描述瓦拉纳西："复大林中行五百余里，至婆罗痆斯国（旧曰波罗奈国，讹也。中印度境）。婆罗痆斯国，周四千余里。国大都城西临殑伽河，长十八九里，广五六里。闾阎栉比，居人殷盛，家积巨万，室盈奇货。人性温恭，俗重强学，多信外道，少敬佛法。气序和，谷稼盛，果木扶疏，茂草靃靡。伽蓝三十余所，僧徒三千余人，并学小乘正量部法……婆罗痆河东北行十余里，至鹿野伽蓝，区界八分，连垣周堵，层轩重阁，丽穷规矩。僧徒一千五百人，并学小乘正量部法。"

孔雀王朝时期的瓦拉纳西是一个远近闻名的佛教传播中心，今天它却已是一个重要的印度教圣地。印度教徒期待超脱生死轮回，而他们相信在瓦拉纳西的恒河畔沐浴可涤荡灵魂的污浊，火化后将骨灰洒入河中也能超脱生前的痛苦。由于吠陀仪式中不需要造像，而只需要举行祭火用的砖砌神坛，所以当时砌筑了很多神坛。但早期神坛没有多少能够保存下来，这样的仪式却一直传承至今。现今瓦拉纳西沿着恒河边有着大大小小的浴场和无数延伸进恒河里的阶梯。清晨，太阳升起的时候，无数虔诚的印度教徒浸泡在恒河水中，沐浴、漱口、祈祷；夜晚降临的时候，信徒们聚集在恒河边上点燃蜡烛，进行神圣的恒河夜祭。

古城贝拿勒斯的遗址位于现今的圣雄甘地陵（Rajghat），在瓦拉纳西的东北边，但古迹所剩无几。考古仅发现早期的居住区外围有防御性城墙，还发现了火烧过的土地面和陶环一圈圈摞成的井。这里的第一个城市聚落也形成于公元前 6

图 2-22 现在的瓦拉纳西城与恒河

世纪。公元前5世纪左右从一个小镇子迅速扩展成城市。当时它还是一个以优良的纺织业著称的城市，是丝绸之路上的一个重要节点，它的纺织品销往欧洲和中国。据说佛祖涅槃后所用的盖毯就产自瓦拉纳西，盖毯的质量非常好，不会沾任何油污。即便是在今天，印度出嫁的新娘们也喜爱穿着瓦拉纳西生产的纱丽。瓦拉纳西后来成为大干线（Great Trunk Road）的重镇，今日有一座卡桑铁道桥穿越恒河。

笔者实地走访这座圣城，发现佛教时代的遗存已经全无踪迹，现在的瓦拉纳西是一座中世纪建筑与印度教庙宇遍布的古城，沿河的西岸鳞次栉比地分布着84个浴场，城内有50多个人口可以通达这些浴场大台阶，大多数庙宇和浴场建于18—19世纪。漫步在此可随时目睹圣浴与葬礼，行走在老城的小巷中与一头头悠闲的牛擦身而过，

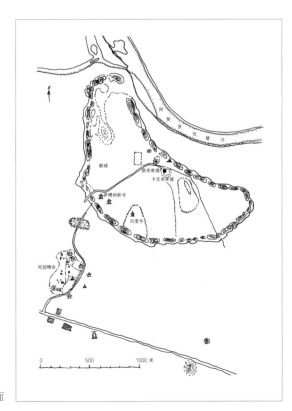

图2-23 舍卫城总平面

感受着古城散发出的宁静与智慧的气息，也真是一场特殊的心灵洗礼。

3. 舍卫城

（1）历史背景

"舍卫城"是古代印度的"室罗伐悉底"翻译过来的叫法，舍卫城所在地本来是古代印度憍萨罗国的首都，中国和尚法显来此朝拜之时，称这里为"拘萨罗国舍卫城"。憍萨罗也是古代印度的十六大国之一，被萨罗瑜河一分为二，舍卫城所在的一部分国土被称为北憍萨罗。北憍萨罗最早的国都是阿瑜耶，然后是沙祇，最后才是室罗伐悉底，也就是舍卫城。

在佛典中，舍卫城是很重要的圣城之一。佛陀释迦牟尼在此度过很长一段时间的雨安居（又称夏安居），有的说是20年，也有记载是24年或25年，这年限不是重点，重点是佛陀长期在这里宣扬佛法，使周边很多人受佛教教义影响，加入佛教，佛教也从这里向外蔓延，发扬光大。早期佛教建筑史上很重要的建筑物祇园精舍就在舍卫城近郊，佛陀释迦牟尼的讲法活动很多都在祇园精舍进行，《金刚经》就是阿难在祇园精舍主持完成编写记录的。

（2）遗址概况

舍卫城位于阿契罗伐替河河畔，与包括王舍城在内的三条重要商道相通，此城作为商道会合地是当时印度的重要商业中心之一。市场繁荣，人口众多，据《方广大庄严经》中记载：室罗伐悉底是一个冠盖云集之地，王孙公子、贵胄将相，彼来此往，络绎不绝。屋宇整洁，街道平直，以便巡逻。城分三重，有王城及内外城，城门在四个以上（图2-23）。

贵霜王朝时期，舍卫城在王室的支持下不断发展佛教并培养了很多佛教弟子。迦腻色伽王的

统治时期还修建了很多安置着佛像的佛塔，他对佛教的贡献仅次于阿育王。贵霜王朝的结束也使得舍卫城失去了王室的支持而走下坡路，直到孔雀王朝时期阿育王在此地立柱弘法，舍卫城的佛教发展才恢复一点生机。佛教在古代印度经历立教、发展、繁荣、衰退等漫长的过程，无论佛教发展如何，舍卫城都是世界各地佛教弟子心中朝拜的圣地，其重要性在各国佛徒朝圣之旅的记录中可见一斑。如 5 世纪中国和尚法显到舍卫城朝圣，记录当时城内仅有二百余户居民，但"绕祇园精舍，有十八僧伽蓝，尽有僧住处，唯一处空"[23]。唐代高僧玄奘到达此地之时，已是城郭荒颓、伽蓝圮毁，满目荒凉。

舍卫城祇园精舍断断续续地发展持续至 12 世纪，12 世纪往后佛教信徒迫于穆斯林统治者的持续压迫而离开了这里。至此，舍卫城彻底成为废墟。

（3）考古论证

前面提到，古代印度不善记录历史，所以，对于舍卫城的情况也自然是少有记载。由于本国缺乏文字史料，别国佛教僧侣的朝圣记录就成了古代印度历史研究的珍贵记载，以中国历代的朝圣弟子记录的内容多且详尽，由于时代变迁，前后记载有矛盾之处，也是可以理解的。

亚历山大·康宁汉姆（Alexander Cunningham，又译卡宁厄姆或坎宁安）先从相关资料中比对得出结论，认为拉菩提河南岸的沙赫特和马赫特两个村落是室罗伐悉底的遗址所在地。这一说法具有一定程度的可靠性：这两个村落位于现在印度的北方邦奥德境内，在贡达与巴赫雷奇两个县的边界上，这里曾出土了刻有铭文"室罗伐悉底"字样的巨大佛像，马赫特就是舍卫城的遗址所在，而沙赫特就是祇园精舍遗址所

在。20 世纪末英国学者霍一曾在遗址上参加了考古发掘工作，并出土了大量的佛教雕刻和刻有铭文的石碑，还有少量的婆罗门教和耆那教的物件，这次的考古发掘工作的结果对康宁汉姆的说法有一定的佐证作用。

（4）遗址现状

在唐玄奘《大唐西域记》里是这么描述当时已渐衰败的舍卫城的："室罗伐悉底国，周六千余里。都城荒顿，疆场无纪。宫城故基，周二十余里。虽多荒圮，尚有居人。谷稼丰，气序和。风俗淳质，笃学好福。伽蓝数百，圮坏良多。僧徒寡少，学正量部。天祠百所，外道甚多。"[24]

从遗址现状来看，舍卫城都城遗址呈半月形。都城遗址由一圈长达 5.23 千米的城墙包围，除了西南面城墙上有两个城门外，其余三个方向上均各有一个城门，分别位于西北、东北和东南角上。城内建筑遗迹较少，但是类型比较丰富，包括佛教建筑遗址、婆罗门教和耆那教的一些建筑结构遗址，还有少数中世纪时期的坟墓。其中最重要的三个遗址是萨博纳斯（Sobnath）寺、卡克奇库提（Kachchikuti，图 2-24）以及派奇库提（Pakkikuti，图 2-25）。萨博纳斯位于西侧入口处，是一座耆那教的寺庙；派奇库提是都城遗址中最大的几处建筑遗存之一，康宁汉姆认为这是中国朝圣者所记录的舍利塔，但也有其他不同的观点；卡克奇库提位于派奇库提的东南角，是舍卫城都城遗址上另一处规模最大的建筑遗存，起初很多学者都认为这里也是中国朝圣者所记录的佛塔之一，但是在后期的考古发掘过程中发现的高浮雕所记录的场景都表明了这个建筑遗存曾经是婆罗门教的寺庙。

随着考古工作的深入，舍卫城遗址上的一些建筑遗存、街道、城镇布局逐渐明朗，显示着这

个古老的都城的悠久历史和时代变迁，也显示着这里宗教信仰的变化，这古老的舍卫城遗址就像是古印度浓缩的代表，诉说着一个古城的故事。现在的舍卫城都城遗址内荒无人烟，杂草丛生，显得格外荒凉，只有这些建筑遗存还能看出这里曾经的辉煌。

（5）沙赫特——祇园精舍

祇园精舍位于舍卫城都城西南角约2千米的位置上。据《大唐西域记》卷六记载，祇园精舍

遗址东门左右各建有一阿育王石柱，高约70尺（约2.1米），但现在已不复存在。

祇园精舍内各建筑遗址总体呈带状布局，主要分为南北两片区。北片区是祇园精舍遗址的中心区域，由五大精舍围绕中心的几个代表佛陀的佛塔组成，其布置形式属于古印度佛教寺庙典型的佛塔中心式布局。五大精舍大概建于10世纪，后毁于大火。

南片区分布着二号大精舍与8个佛塔，周边散落着一些小精舍。二号大精舍从6—12世纪间历经多次修缮甚至重建。该精舍平面呈矩形，由21个僧舍围合而成，中心庭院内有一塔。精舍东面有一个佛龛，佛龛周围有一圈圆形小路环绕，体现了僧侣们转塔诵经的习惯。

除南北两大片区外，还有几个很重要的遗址：佛祖曾经居住的考善巴库提（Kosambakuti）和甘陀库提（Gandhakuti），还有阿难菩提树，以

图2-24 卡克奇库提

图2-25 派奇库提

及遗址附近各国佛教信徒捐资所建的一些近现代寺庙。

佛经中记载须达多散金赠园[25]，建起了祇园精舍，当时只有较为简单的几个精舍，满足佛陀讲法、布道及其弟子生活起居的需要。后来佛陀在这里长居，祇园精舍不断发展扩建，精舍数量增加，规模则大小不同。佛陀涅槃后，祇园精舍成为佛教重要的圣地之一，更多的佛教僧众集中在此修行与学习，很多精舍在原址上扩大，也有增建，逐渐形成寺庙。这种发展持续了几个世纪直至舍卫城最终被摧毁。

4. 王舍城

王舍城位于今比哈尔邦的巴特那东南面约 40 千米处。距那烂陀寺[26]南面 10 千米，距离菩提伽耶（佛陀悟道处）46 千米。曾经为摩揭陀的第一个首都的王舍城（Rajagriha，今 Rajgir），由五座山头包围，形成天然的防卫性"城墙"，城市外围还有一道圆形的将近 40 千米的城墙。现在看来它只是一个小城，但历史上它曾经是个重要的大城市。

佛教时期它是拜滕（Paithan）到恒河流域中部的贸易路线的终点站。考古学家们在王舍城的考古工作主要致力于确定古代佛经与玄奘游记中提到的地址。在古王舍城其实有两个城区——老城和新城（图 2-26）。老城坐落在五座山头中，被两道石头城墙围住。老城巨大壮观的城墙穿梭在群山中，大概有 25~30 千米长。据史料记载，这些城墙大概建造于公元前 6 世纪的频婆娑罗王（Bimbisara）时期，而新城的两道城墙大概建造于公元前 5 世纪左右的阿阇世王时期。旧城北门外有佛与外道提婆达多斗法塔，东北是舍利佛证果塔，往北是外道胜窟皈佛塔和说法堂。城东行百米内即到达灵鹫山。旧城遭大火焚毁后，国

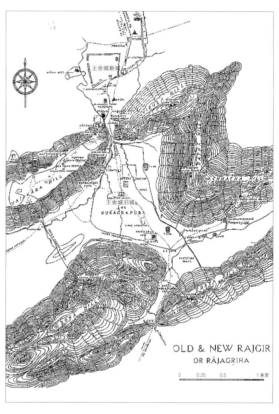

图 2-26 王舍城总平面

王阿阇世王在离旧城 4 千米处新建豪华宫殿为新城，名为王舍城（House of the King）。新城全盛时有 32 个大门和 64 个望楼。后阿阇世王迁都华氏城，王舍城则留给婆罗门居住。新城也被城墙环绕，但是坐落在北面的平原上。

灵鹫山[27]又名耆阇崛山，是包围王舍城的五座山头中最高大的，环境清幽，山上有两处当年释迦牟尼暂居的石窟（图 2-27）。佛陀在雨季曾长期居住于此，讲经布道。山上有释迦牟尼说法处的砖砌"回"字形大讲坛（图 2-28、图 2-29）、佛灭后第一次三藏结集的七叶窟、提婆达多欲谋害佛陀之石、佛入定处、弟子阿难入定处、舍利子入定处、如来七日说法堂等。除此以外，还。

现王舍城所在地大部分已经变成农田，周边

图 2-27 释迦牟尼居住
过的山洞

图 2-28 在大讲坛念经
的佛教信徒

还有一些近现代各国僧人建造的寺院。经过考古发掘，找到了竹林精舍、频毗婆罗牢、卑钵罗石室等佛教遗址，出土的佛教文物较少。5 世纪中国法显和尚来到王舍城，见城已荒废。7 世纪唐玄奘抵此，描绘城"外郭已坏，无复遗堵。内城虽毁，基址犹峻，周二十余里，面有一门"，"城中无复凡民，唯婆罗门减千家耳"。

5. 吠舍离

（1）吠舍离概况

吠舍离遗址坐落在恒河北岸，北部是尼泊尔的山脉，西边是根德格河（Gandak River），在今印度比哈尔邦的首府巴特那以北约 3 小时车程的位置。

吠舍离是离车国的首都[28]，这个国家是世界上第一个共和邦国。释迦牟尼第一次来到这里是在菩提伽耶悟道之后的第五年，后又多次前来，直到在这里做最后一次讲法，并宣布自己即将离

图 2-29 大讲坛

世。佛陀涅槃一百多年后，佛教弟子在这里举行了佛教徒的第二次集结，这次集结导致佛教内部产生了"根本分裂"[29]。佛祖的弟子阿难陀就是在吠舍离外的恒河中涅槃的。因此，吠舍离成为佛教史上意义特别的圣地，具有很重要的历史意义。

（2）吠舍离遗址

吠舍离遗址（图 2-30）是考古学家康宁汉姆对照《大唐西域记》找出来的。据玄奘在《大唐西域记》中记载：吠舍离"伽蓝数百，多已圮坏，存者三五，僧徒稀少。天祠数十，异道杂居，露形之徒，寔繁其党。吠舍厘城已甚倾颓，其故基趾周六七十里，宫城周四五里，少有居人"[30]。可以看出 7 世纪时这里已经萧条。

遗址的考古发掘工作从 20 世纪初期开始至今，已发掘的建筑遗址的年代从公元前 2 世纪一直到公元 4、5 世纪。城址的平面尺寸约为 482 米 ×229 米，周长约 1 402 米，与《大唐西域记》内所记载的"宫城周四五里"的描述相符。城市遗址范围广大，建筑遗迹分布较为零散，局部呈小集团式发展。现已发掘整理出来的一部分中，最重要的是阿育王石柱所在地。但到目前为止，发掘工作依然在进行中，整理出来的只是很小一部分，整个都城遗址还没完全被发掘出来。所以整个城市的具体布局形式须等待整体发掘工作结束后才能揭开面纱。

（3）考尔罗拉遗址与阿育王柱

考古发掘比较完善的考尔罗拉（Kolhua）[31] 遗址是吠舍离的代表，阿育王石柱、佛陀入灭舍利塔遗迹及僧院遗迹都大体保存了下来。考尔罗拉是离车国王为释迦牟尼所建。考尔罗拉是传说中猴王供奉蜂蜜给佛的地方，据传说佛陀首次接受女信徒出家也是在考尔罗拉。也是在这里，传说中著名的妓女庵罗女（Amrapali）曾经得到佛祖

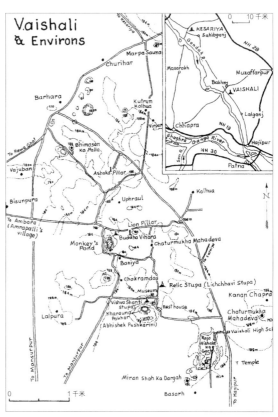

图 2-30 吠舍离遗址总平面

洗礼而获得纯净的灵魂，她慷慨捐赠了自己的芒果园给僧伽，并且得到了僧伽的尊敬，相传附近的阿瓦拉（Amvara）村就是当年庵罗女的芒果园。

这里出土了带有走廊和庭院的寺庙，一个大水池和一个窣堵坡，还有考尔罗拉最为醒目的孔雀时代的阿育王石柱（图 2-31）。石柱高 11 米，柱头是阿育王石柱中较为精美的，面向拘尸那迦（Kushinagar）的坐狮，狮子下面雕有覆莲。《大唐西域记》记载考尔罗拉："其西北有窣堵坡，无忧王所建，旁有石柱，高五六十尺，上作狮子像。"这尊石柱是目前全印度保留最完整的阿育王时代的石柱之一。石柱上并没有雕刻常见的阿育王的诏书，石柱上的文字雕刻属于笈多王朝时代。阿育王柱是古印度佛教时期重要的纪念性标

志构筑物，体现着建筑群的尊贵身份。

阿育王石柱后面是一个大型砖砌窣堵坡，同建于阿育王时期。贵霜时期又增加了佛塔的高度，并在笈多时代进行了全面的砖块修复，所以今天我们仍能看到较为完整的建筑形象与干净整齐的砖块。与这个窣堵坡相连的是传说中猴王供佛使用的名为"Markat-Hrid"的水池，当年佛陀说法的讲堂就在池畔。

回到城里的途中，在道路旁能看到吠舍罗（Vishala）国王的城堡遗迹，吠舍离也由此得名。1千米以外是行加冕礼的水池，这里面的水用于给选举出的吠舍离的代表们洗礼。它的旁边是一个日本庙宇和世界和平塔，这座佛塔内供奉着吠舍离佛祖舍利中的一小部分。靠近加冕礼水池的是佛祖遗迹塔，在这里离车国国王曾虔诚地供奉着佛祖圆寂后分得的8份舍利之一，现在原址中存放佛祖舍利的圣棺已被巴特那博物馆收藏[32]。佛

祖遗迹塔北边是吠舍离的考古博物馆，这个博物馆中收藏着此地公元前3世纪到公元6世纪的精美艺术品。

据传在佛祖最后一次布道后，他朝向拘尸那迦走去，信徒们留恋他，跟在他后面不愿离去，佛祖就在现在盖瑟里亚（Kesariya）村子用幻象做了一条发洪水的河流迪奥拉（Deora），来阻断信徒们跟随。阿育王后来在这个地方建造了一座佛塔。

吠舍离是一座真正意义上的佛教圣城。

6. 马图拉

马图拉是印度早期历史上一个重要的城市。古称秣菟罗，曾是苏罗森那国都城。现在的马图拉位于印度北方邦西南部，亚穆纳河西岸，距德里市130千米。《摩诃婆罗多》等印度史诗都把它与雅达瓦家族（Yadava clan）相联系，黑天就出生在这个家族中，这个城市总是与这个神的故

图2-31 阿育王柱与窣堵坡

事一起出现在人们的口口相传中。作为重要的商贸城市，马图拉一度非常繁荣，在贵霜王朝时期成为北印度远近闻名的大都会。

马图拉成为恒河与亚穆纳河的汇流点最杰出的城市。在传统文献如铭文记载、雕塑艺术和考古挖掘中，都能证明这一点。当代的《诃利世系》（*Harivamsa*）[33] 描写这个新兴城市："在它的高墙和护城河后方是半月形市区，规划完善，是个繁荣的大城市，到处是从远方而来的陌生人。"1966—1974 年赫伯特·哈特（Herbert Hart）[34] 在松克（Sonkh）的考古发掘发现，古马图拉城遗址位于现在马图拉的郊区。这里的城市文明起源于公元前 4 世纪到前 2 世纪，居住区的面积扩大到 3.9 平方千米，有三面夯土城墙，亚穆纳河在城市的东面。考古发掘出的遗址及周边区域覆盖广阔，达 3 平方千米。这是目前已知的早期历史城市中最大的[35]。

这座城市的居住区建筑不仅有土坯砖，也有火烧砖。这个地点经历了从小村庄逐渐变成大城市的过程。法显曾访问此地，据他记载，"此地有二十僧伽蓝，刻有三千僧"。马图拉是一个地区文化中心，它的佛教、耆那教、婆罗门教都很繁荣，也因为它高超的雕塑艺术而声名远播；马图拉也是地区政治中心，这一点毋庸置疑，尤其是在贵霜王朝统治下的全盛时期，那时它在政治上与西北部次大陆正融为一体；马图拉更是地区商业中心——这座城市坐落于肥沃的恒河平原入口处，位于北部贸易路线和向南到达马尔瓦（Malwa）的贸易路线及去往西部边境的贸易路线的交汇点上，这也是它商业繁荣的主要原因。马图拉城市的多功能化为它的伟大崛起铺平了道

路。佛教经文《方广大庄严经》（*Lalitavistara*）赞美它繁荣、广阔、慈悲。它拥有非常多的人口，穷人可以很容易得到救济物资。

马图拉因犍陀罗艺术而著名，它日后影响了印度甚至东亚和南亚的整个艺术史。贵霜帝国结合印度本土传统以及犍陀罗的希腊化佛教艺术，使得印度艺术发生了重大革命，形成了多源头、有活力的生命观和开放的艺术胸襟。艺术形式包括绘画、戏剧、诗歌、雕刻等，其中以佛教造像艺术较为突出。3—6 世纪时，马图拉与犍陀罗（印度西北部古国，今分属巴基斯坦与阿富汗）是印度最早的两个佛陀雕像制作中心，在贵霜帝国时期（约 1—3 世纪）得到了很大发展，在笈多王朝时期（4—6 世纪）到达顶峰。大量生产的佛教雕像主要销往印度东西部地区。对中国佛教艺术而言，在这里诞生的艺术风格，具有主流范本的意义[36]（图 2-32）。

马图拉早期的佛教建筑中最有代表意义的是佛塔。虽然马图拉现在已经没有历史建筑遗存，但是我们能从雕刻艺术中对建筑的刻画得到一些关于马图拉建筑的资料。从图 2-33 的石刻中可

图 2-32 马图拉出土的身穿希腊长袍的佛像

图 2-33 马图拉佛塔形象

以看出佛塔的底座基本上是圆形，附属装饰物有一个伞盖、一条彩色饰带、花环和飞翔的乾闼婆。正前方是一条门道，门道两边有栏杆夹道，门道尽端有柱，佛塔位于一圈栏杆内部。

这个佛塔就是很正统的印度当时流行的民族艺术风格代表。在考古过程中在很多地方发现了佛塔外圈栏杆的遗迹。有些是石头的，有些则是完全腐烂没有任何遗存的木质栏杆。这些栏杆上都有浅浮雕，且多以反映佛祖生平事迹为主要内容。它们传承了古代的传统，也传承了一些犍陀罗艺术的细节。

2.5 恒河流域以外的北印度城市

在恒河流域以外，伊兰（Iran）[37] 和乌贾因都有着巨大的城墙，也有着强烈的城市特征。这里的城墙大概是公元前750到前700年就建造了。最突出的城市就是西北部的塔克西拉城。塔克西拉是犍陀罗国（现巴基斯坦境内）的首都。公元前6世纪，阿契美尼德王朝统治下的波斯王国在几十年内崛起，成为有文字记载的历史上第一个主要帝国。居鲁士大帝（Cyrus the Great），这个帝国的缔造者，据说曾派遣一支远征军远赴阿富汗，并且到达了印度边境，但征服西北印度的重担却留给了大流士（前521—前485年在位）。在著名的贝希斯敦铭文（约公元前518年）中，他提到犍陀罗是他的帝国的一个行省。仅仅在数年之后，别的铭文就把信德添加到了这个行省名单中。印度河就这样成为波斯帝国的边界。

现在的塔克西拉遗址——皮尔山丘（Bhir Mound）的考古发掘向我们揭示了塔克西拉在孔雀王朝之前到孔雀王朝时期的发展（前5世纪—前2世纪早期）。皮尔山丘上居住区砖结构的遗

迹和街道都显示着塔克西拉的城市特征。

另一座有城墙和壕沟圈住的贾尔瑟达城（印度河西面靠近白沙瓦）建造于公元前4世纪左右，大概相当于在马其顿人入侵犍陀罗的时候。这座城市与塔克西拉一样都位于穿过兴都库什山的重要贸易路线上。

1. 塔克西拉

古城塔克西拉的名字含义为"石刻之城"，是世界文化遗产之一。它位于今印巴交界处，巴基斯坦旁遮普省。是世界上伟大的东西交汇地之一，连接着阿富汗到中亚的陆上交通和阿拉伯海通向印度河的海上交通。同时它也是有名的佛教研究中心，在那里，风格独特的犍陀罗艺术发展起来，比欧洲文艺复兴要早1 000余年。塔克西拉拥有很多寺院，后来的塔克西拉整个城市是由曾居住于此的多个民族，如贵霜人、塞种人等共同建立的。塔克西拉的考古发掘揭示了三个主要居住区遗址：皮尔山丘、锡尔卡普（Sirkap）和锡尔苏克（Sirsukh）（图2-34）。皮尔山丘上有着塔克西拉最老的城区，时间跨度从公元前五六世纪到前2世纪，遗址中最早的年代可上溯到阿契美尼德时期和波斯人统治时期（公元前6世纪左右）。

（1）塔克西拉的历史

在公元前第1个千年，犍陀罗的崛起使得塔克西拉成为古印度重要的学习和教育中心、繁荣的文化和商业中心。在佛陀时期，许多王子和杰出人士都是在那里接受教育的。尽管塔克西拉没有正规的大学，却有一批由知名教师管理、维持和主持的学院。这座城市也凭借在教育上赢得的声望逐渐发展成为当时的一个世界性城市。当塔克沙（Taksa）[38] 在这一地区的马尔格拉山脉一侧，毗邻塔木拉河

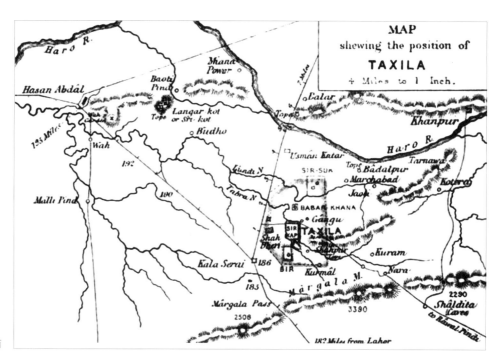

图 2-34 塔克西拉遗址总平面

的哈提亚尔山丘上创建了他的山城，成为塔克西拉城市建立的标志。由于它的战略性位置，历史上塔克西拉城几度易主。公元前 516 年，塔克西拉被并入伊朗的阿契美尼德人的帝国攻占，成为犍陀罗都城，开始了它的第二个历史时期。至公元前 4 世纪末已成为南亚次大陆西北地区最大的城市。公元前 326 年，亚历山大大帝的版图囊括了塔克西拉。接下来，公元前 321—前 189 年间，孔雀王朝统治着塔克西拉。后来由于贸易路线变迁，塔克西拉渐渐衰落，这座繁华一时的城市最终在 5 世纪左右被嚈哒人毁灭[39]。

（2）塔克西拉城市遗址与城市结构

5 世纪后，塔克西拉的佛教文明一蹶不振。当年辉煌的佛教遗址渐渐被泥土荒草掩埋，后来连塔克西拉的名称也被人遗忘了。1862—1865 年和 1872—1973 年，印度考古先驱康宁汉姆[40]率

团队对犍陀罗地区进行考古发掘，才查明古城遗址（图 2-35）。随后 20 年期间，考古工作继续进行。1912—1934 年和 1944—1945 年，英国考古学家约翰·休伯特·马歇尔[41]和英国人莫蒂默·惠勒等人两次对古城进行了大规模发掘，发现了大量犍陀罗佛教艺术品和其他文物并公之于世，塔克西拉的璀璨历史文明才得到世人的认知，成为重要的文化遗产。

塔克西拉遗址根据发掘时间先后可划分为三个部分：皮尔山丘、锡尔卡普和锡尔苏克。

①皮尔山丘

皮尔山丘位于塔克西拉盆地西端的高地，遗址占地 0.7 平方千米左右，主要展示了公元前 6 世纪至公元前 2 世纪孔雀王朝时期的文明（图 2-36）。康宁汉姆于考古发掘皮尔山丘之前描述看到的遗址："泰沙里附近的古代城市（我建议

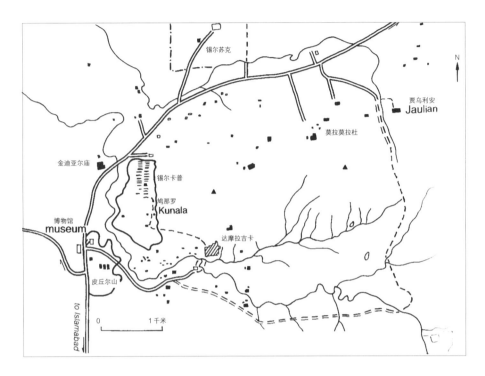

图 2-35 塔克西拉遗址分布示意

这样定义塔克西拉）毁灭以后，其遗址分布的范围很广，南北长约 4.8 千米，东西宽 3.2 千米。"

许多窣堵坡和寺院的遗存延至方圆几千米以外，但城市的遗址局限于上面所提到的有限的范围以内。我们从马歇尔的考古发掘补充的内容中还能看到城市布局杂乱无章，街道曲折狭窄，房屋由毛石砌筑，大多数住宅都有院子。整体城市面貌和技术手段仍然是比较粗糙和原始的。如他所说："最早的城址据说是在皮尔山丘，已经被完全发掘出来了，向我们展示出一片混乱的景象：不整齐的聚集物和乱糟糟的毛石，与涂了灰泥和未涂灰泥的早期掩体几乎没有区别。"[42]

②锡尔卡普

公元前 2 世纪，大夏国的希腊统治者德米特里建造了这座城市。但我们现在所见的遗址，是公元 40 年左右帕提亚人重建的，遗址占地 0.7 平方千米，时间跨度从公元前 2 世纪到公元 1 世纪。

它是三个遗址中发掘最充分的，拥有 0.13 平方千米裸露的建筑。

锡尔卡普遗址由上城和下城两部分组成。上城即哈提亚尔山丘。下城南北长 600 多米，

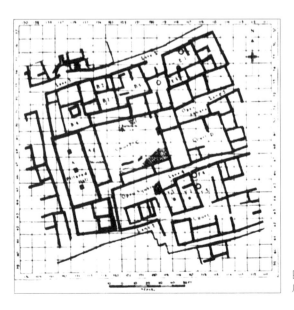

图 2-36 皮尔山丘的神庙平面

东西宽 200 多米，四周被厚 4.6~6.6 米的石砌城墙包围。城内街道大多十字相交，较为规整，少数有不太规则的走向。正中是一条宽 7.6~9.1 米、长近 700 米的大街。许多小巷与大街相交，总共把城市划分成 26 个街区。沿着大街布置的是住宅、店铺、庙宇，大街东南端有一座宫殿遗址（图 2-37）。该城市与街区经过精心设计，说明可能是当时社会上层人居住的地方。下城著名的建筑遗迹有双头鹰庙和穹顶庙，二者都是佛教的窣堵坡。锡尔卡普附近有一希腊庙宇遗址，称为金迪亚尔（Jandial）庙太阳神庙。从锡尔卡普到这个希腊人神庙遗迹的整个区域被康宁汉姆称为巴巴哈那，它斜穿过北边的那条路线，向西通往布色羯逻伐底（现贾尔瑟达）和迦毕试

国，这条路线可能就是亚历山大大帝进发侵略塔克西拉的路线。

③锡尔苏克

锡尔苏克位于锡尔卡普西北部，是贵霜后期建造的都城（1 世纪末—3 世纪），用来防范来自北方和西方的军事袭击。遗址占地 1.65 平方千米左右，时间跨度在 1 世纪—5 世纪中期。城址呈不规则矩形，长约 1 400 米，宽约 1 100 米，四周有石砌城墙环绕，棋盘式的城市街区布局和锡尔卡普类似。

在公元前 200 到公元 300 年间，塔克西拉已经和它以皮尔山丘为代表的早期大不相同了，它已经是一个以有规划的布局为特征的城市了。塔克西拉无疑是受希腊风格城市规划影响的[43]。整

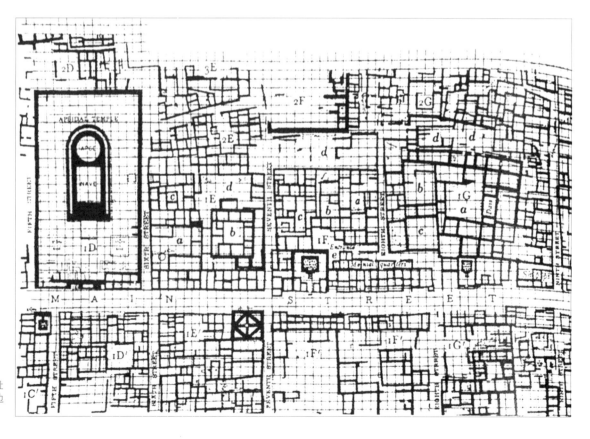

图 2-37 锡尔卡普遗址上的半圆形庙宇与周边建筑群平面

个城市呈方格网布局，棋盘状的城市平面，居住区有着明显的比较统一的朝向。这些都说明了它已经进化为有市政管理的繁荣的城市。

除了城市遗址，塔克西拉还遍布大小庙宇和佛塔。僧侣们的小屋围绕一个方形大水池有规律地分布，另外用于僧众聚会的会堂、厨房、餐厅、仓库、厕所等附属建筑也一应俱全。佛教建筑中比较有名的如达摩拉吉卡（Dharmarajika）寺庙建筑群和佛塔（图2-38、图2-39）、尧里安佛教学院建筑群以及莫拉莫拉杜（Mohra Muradu）[44]的僧院（图2-40），另外还有玄奘居室遗址，但如今只剩下一个石砌讲经台。

塔克西拉出土文物以反映希腊风格和佛教艺术者为最著名。除了希腊风格的钱币（图2-41）和石刻，最引人注目的是犍陀罗王朝时期的石雕和泥塑佛像，其出土数量惊人，有着独特的犍陀罗艺术风格。这种雕塑风格在当时影响范围很广，让塔克西拉成为闻名世界的佛教雕塑艺术中心。

2. 白沙瓦与贾尔瑟达

（1）白沙瓦

白沙瓦是巴基斯坦西北边境开伯尔省最大的城市，位于西北部喀布尔河（Darya-ye Kabul）支流巴拉河西岸。作为一个连接南亚、中亚和中东的重要城市，古白沙瓦已经是非常繁荣的贸易城市了。

吠陀经文中最早将白沙瓦地区称为布色羯逻伐底（Pushkalavati），即现在的贾尔瑟达。后来，在有记载的历史中，又称它为布路沙布逻（Purushapura）[45]。现在的白沙瓦名称就是因此而来。《梨俱吠陀》记载，雅利安人从此地区往东进入印度，从由喀布尔河、库伦河（Khurran River）、哥穆尔河（Gomal River）[46]和斯瓦特河（Swat River）[47]灌溉的肥沃土地而来。文中

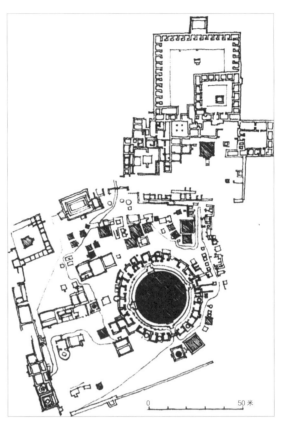

图 2-38 达摩拉吉卡寺院平面

图 2-39 达摩拉吉卡佛塔遗址

图 2-40 莫拉莫拉杜建筑群

还记载，"有些人往东，但有些人留在了西方的故乡"，中间有个犍陀罗部落，后来成为西北边境省的古名[48]。

大夏王国曾在公元前 170—前 159 年统治着白沙瓦。在公元元年的时候，白沙瓦就已经有了 12 万人口，成为当时的世界第七大城市。后来，这座城市又被帕提亚人所统治。2 世纪，贵霜王朝的迦腻色伽王曾在此建都，白沙瓦成为佛教文化的中心之一。正是在 127 年，贵霜王朝极盛时期的国王迦腻色伽一世把都城从布色羯逻伐底迁到布路沙布逻（现在的白沙瓦）。贵霜王朝国王支持佛教的发展，并且也不排斥领域内其他宗教，如印度教和耆那教，但是只有佛教被颁布为官方信仰。在这种背景下，白沙瓦成为当时的佛教学习、交流和艺术中心。

迦腻色伽王曾在城门外建造了号称当时世界第一高度的迦腻色伽佛塔，佛塔中供奉着佛舍利（图 2-42）。

5 世纪法显来此游历时称赞此地区没有任何建筑能与此佛塔媲美。此佛塔遭遇雷击毁坏后又修复，到 634 年玄奘访问时还在，但已是多次修复甚至重建之后的建筑。他描述该塔非常雄伟，窣堵坡"基趾所峙，周一里半。层基五级，高有一百五十尺……复于其上更起二十五层金铜相轮，即以如来舍利一斛而置其中，式修供养。……大窣堵坡左右小窣堵坡鱼鳞百数"[49]。塔的西面是一个大的寺院，还有些小舍利塔和寺庙。在玄奘时代，塔的北面有一棵高大的菩提树，据说树苗来自菩提伽耶的那棵菩提树[50]。玄奘在《大唐西域记》中称这里是"花果繁茂"的天府之国。从 12 世纪起，伊斯兰文化逐渐代替了佛教文化。在莫卧儿王朝统治下的白沙瓦经济和文化的繁荣又达到一个顶峰。

图 2-41 塔克西拉出土的希腊硬币

现在的白沙瓦城区为新、旧两部分，现存古建筑多为伊斯兰时期建造。

（2）贾尔瑟达

贾尔瑟达位于开伯尔省，离省会白沙瓦 26 千米。贾尔瑟达城的古代名字是布色羯逻伐底。据说是由婆罗多的儿子帕斯卡拉（Pushkara）建立的。印度古代语言学家波你尼公元前 4 世纪曾

图 2-42 大佛塔下出土的佛舍利盒

生活在这一带，他对梵语的语言特色进行了分析，撰写《波你尼经书》，成为两千多年来梵语使用的标准和学习的根基。贾尔瑟达即"四条路"的意思，也称"莲花城市"。这里曾经是古代商业贸易中心。玄奘称此为"布色羯逻伐底"。这个地方的人类活动历史最早可以追溯到公元前1400年，考古发掘出一些陶瓷碎片和土坑。接下来的历史中，开始有一些永久性构筑物出现，包括一些石砌筑的井。再晚一些，许多外来入侵者占领过这个城市，其中包括波斯人、亚历山大的希腊帝国、孔雀王国、大夏王国、西塞亚人、帕提亚人、贵霜人、匈奴人、土耳其人、笈多王朝等。当公元前5世纪的印度西北部一部分并入了阿契美尼德帝国的版图时，当地的居民开始发展制铁业和制陶业。后来这座城市又被亚历山大攻下。据说城里的人们反抗亚历山大的入侵，起义被平息后，城里建起了一个马其顿要塞。

贾尔瑟达的城市遗址位于巴拉希萨（Bala Hisar）山山头，占地4平方千米，考古发掘出了公元前600年的居住区。公元前4世纪该城市又挖掘了护城壕，建起了泥土城墙。这个城市在公元前6世纪到公元前2世纪之间一直是犍陀罗王国的首都。城市平面呈矩形，街道平行分布，住房围绕中央一个可能是大佛塔的巨大建筑布置。考古发掘显示从公元前3世纪中叶到公元前2世纪中叶，这里一直有人居住。这个城市的设施有排水沟、垃圾坑、污水池和宽阔的街道等。早期房屋的墙壁是由石块砌筑的，砌筑方式是在大石块之间的缝隙中填补薄石头片。到了贵霜时代，房屋就用土坯砖砌筑了。出土的建筑有的房屋中央有火坑，有的是三面房屋围绕院子布局，院子里有洗浴区，有石头砌的排水沟将废水排到主要街道两侧的排水沟中。有的房子经过几次翻新，

最后一次翻新还在屋子里做了一个圣龛，龛内放置了一尊佛像，这说明佛教已经渗透进了人民的日常生活。

5世纪时，法显至此，据传该城乃阿育王之子法益所治理之处。"佛为菩萨时，亦于此国以眼施人，其处亦起大塔，金银校饰，此国人多小乘学。"其后，唐朝玄奘西游之时，都城已迁至布路沙布逻，即法显所述的弗楼沙国，人烟稀少，宫城一角仅千余户人家。而故都布色羯逻伐底城"居人殷盛，闾阎洞连。城西门外有一天祠，天像威严，灵异相继。城东有窣堵坡，无忧王之所建也，即过去四佛说法之处"。

这一地区是东西方文化交汇之地。犍陀罗风格佛教文化，从某种程度上说，对于中国佛教文化发展意义重大。

2.6 本章小结

本章主要介绍了印度的第二次城市文明——北印度城市发展中最重要的一条线索：佛教城市的发展兴衰。由于佛教圣城的繁荣往往跟佛陀的生平重大事迹有关，所以像华氏城、吠舍离、王舍城等城市在宗教的强大影响下繁荣起来。但也并不是所有跟佛陀生平有关的地点在本章中都被提及。比如蓝毗尼、迦毗罗卫城和拘尸那迦，以及菩提伽耶和那烂陀、鹿野苑等，它们在佛陀时代虽然发生过一些佛教史上的重大事件，且建有非常重要的佛教建筑，但并不能称之为城市（只能称之为佛教遗址）。因为这些地点的常住人口规模与规划建设并没有较为明显的城市特征，所以并不提及。但是书中提到的这些同样都受到佛教强烈影响的城市，却也有着其他重要的功能与身份。诸如华氏城，则因为作为强大的王朝首都

而繁荣昌盛；另外，处于贸易路线上的商业与贸易中心的城市，诸如塔克西拉、贾尔瑟达等城市也欣欣向荣。

随着印度进入奴隶制社会，在各个国家强大的政权下建设起来的城市，在规划建设上比印度河流域自发形成的史前城市更为宏伟，城墙的军事防御功能更加突出，也加强了对城内居民的管理。城墙普遍使用火烧砖和石砌，外有宽阔的壕沟，城墙上有门楼、瞭望台等。城内建筑面貌最大的改变是宗教建筑的大量增加。随着佛教的发展，与佛陀生平相关的各城市兴建寺院、僧舍、佛塔、精舍等，且多以建筑群的形式呈现。朝圣者与信徒数量增加，城市人口也不断增长，与之相适应的除了居住区面积的扩大，还有城内出现了专门的贸易市场，城内外设置了驿站、码头等商业交易空间。但是对于佛教城市来说，精神空间占据了非常重要的地位，甚至成为关系着城市发展的命脉。

随着强盛的摩揭陀国的灭亡，佛教也渐渐衰弱直至消亡，一些曾经重要的城市没落了。但在经济、贸易发展的需求下，印度的城市发展并没有因此而停下脚步，更没有像哈拉帕文明一样消失殆尽，而是由恒河流域向四面八方扩张开来，大大小小的城市在其他地区出现了。这个时期，印度与佛教有关的主要城市情况经总结提炼为附录中的表2。

注 释

1 考古学上的惯例是用第一个被发现的遗址来命名接下来相关的一系列遗址所代表的文明，所以"哈拉帕文明"便指代了从哈拉帕遗址开始的一系列地域覆盖广大的史前文明。并不是说所有的遗址都位于哈拉帕，也不意味着这种文化就是从哈拉帕开始的。哈拉帕文明最早被挖掘的遗址都位于印度河河谷和它的支流沿岸，所以被称为"印度河谷文明"或者"印度河流域文明"。

2 SINGH.A history of ancient and early medieval India:from the stone age to the 12th century[M].New Delhi:Person Publication, 2009.

3 位于巴基斯坦旁遮普省，靠近印巴边境，甘加－哈克瑞（Ghaggar-Hakra）干涸的河床边上。现在是大沙漠的一部分。

4 位于印度哈里亚纳邦希萨尔县。距离德里 150 千米。遗址坐落于甘加－哈克瑞干涸的河床边上，其年代始于早期哈拉帕文明。这个遗址于 1963 年被发现，1997 年开始详细发掘。

5 巴基斯坦境内，位于印度河右岸，靠近苏库尔。1996 年与 2000 年，信德大学的穆罕默德·穆克蒂亚·卡兹（Muhammad Mukhtiar Kazi）曾来此发掘，2006 年，考古学家与国王阿卜杜勒·拉蒂夫大学的学生一起发掘了该遗址。

6 即 Nindowari，位于巴基斯坦俾路支省卡拉特县，卡拉奇县西北部 240 千米。

7 位于印度旁遮普邦珀丁达县。

8 位于印度北方邦阿姆罗赫县。

9 位于印度旁遮普邦曼萨县。

10 位于印度古吉拉特邦，阿拉伯海岸边。这个地区包括 11 个古吉拉特的县，这地区是个半岛，称为卡提阿瓦半岛。

11 该音译取自《古印度：从起源至公元 13 世纪》一书中的称呼，作者为意大利人玛瑞里娅·阿巴尼斯，刘青等译。

12 考古学家阿格拉瓦尔（D. P. Agrawal）。

13 "吠陀"一词的含义是神圣的或宗教的知识，中国古代曾将这个词翻译为"明"或"圣明"。吠陀经是大量包括了各种知识的宗教文献的集合，在很长的时期中由多人口头编撰并且世代相传。

14 也有学者认为雅利安人并非入侵人种，而是本土居民。但持雅利安人入侵说的学者占多数。

15 印度的种姓制度将人分为四个不同等级：婆罗门、刹帝利、吠舍和首陀罗。婆罗门作为第一等级，在社会上有首脑之尊；其他各等级包括国王在内的刹帝利，对婆罗门都应敬重礼让。种姓是世袭的。几千年来，种姓制度对人们的日常生活和风俗习惯方面影响很深，种姓歧视至今仍未

消除，尤其在广大农村情况还比较严重。

16 然而需要注意的是，考古学家在有些遗址的横截面上根据年代，以当时的时代来命名考古层，但这存在一定误区，比如有个层被称为贵霜层，但是其实当年贵霜的疆域并没有这块地方，只是为了便于命名，给它一个时代背景做名字。

17 阿阇世王是古印度摩揭陀国的国王，频婆娑罗王之子，与释迦牟尼、筏陀摩那生活在同一个时代。

18 麦加斯梯尼，（前 350—前 290）。古希腊塞琉古一世的伊奥尼亚使节，曾几次前往印度孔雀王朝旃陀罗笈多一世国王的宫廷。在华氏城中待过一段时间。他游历了北印度，是首位权威撰述印度历史的希腊人。他的四卷本《印度志》，其中包括地理、种族、城市、政府、宗教、历史和神话传说的记载。

19 腕尺，古代长度单位。这一术语广泛用于埃及，也用于希腊和罗马，并作为它们的测量单位。一个希腊腕尺近似于 46.28 厘米，而一个罗马腕尺则大约为 44.37 厘米。

20 王镛. 印度美术 [M]. 北京：中国人民大学出版社，2010.

21 参考孔雀王朝的《政事论》一书中对皇宫的描写。

22 即印度之光的意思。

23 法显在《佛国记》中记载。

24 玄奘，辩机.大唐西域记校注 [M]. 北京：中华书局，1985.

25 法显在《佛国记》中记载："憍萨罗国舍卫城，城内人民希旷，都有二百余家，即波斯匿王所治城也。大爱道故精舍须达长者井壁，及鸯掘魔得道般泥洹绕身处，后人起塔，皆在此城中。"《敦煌变文集·降魔变文》中记载，大觉世尊于舍卫国祇树给孤独园，宣说此经……须达为人慈善，好给济于孤贫，是以因行立名给孤。布金买地，修建伽蓝，请佛延僧，是以列名经内。这一传说常作为佛教雕刻题材，向人们提倡淡泊金钱，转而追求生命中的大智慧。

26 古印度著名佛教大学，玄奘曾在此学习。

27 《大智度论》卷三对此事曾有二说：一说山顶似鹫，王舍城人见其似鹫，故共传言鹫头山；一说王舍城南尸陀林中有死尸，诸鹫常来啖食，食毕即还山头，时人遂名鹫头山。

28 佛陀在世时在北印度出现以摩揭陀国、憍萨罗国等为代表的 16 个国家。吠舍离城是其中之一离车（Licchavi，又译犁车、黎昌、李查维等）国首都。据说这个国家的政体不是帝王独裁制，而是"世界最古老的共和制"。

29 这次集结的结果虽然是保守派所代表的上座部赢得了胜利，但众多普通比丘所代表的大众部从此独立开来，造成"根本分裂"，这也是古印度部派佛教的开始。

30 玄奘，辩机.大唐西域记校注 [M]. 北京：中华书局，1985.

31 即 Kutagarshala Vihara。

32 各个国家为了能够得到佛祖的舍利供奉权，差点引起了战争，最后婆罗门教提出了一个建议：将佛祖火化所留下的舍利等分成八份，分给了赶过来的八个国家。这些分到佛舍利的八个国家分别在自己的国家修建了佛塔来供奉，但是随着时间的推移和佛教的推广，越来越多的国家和人民希望能分得佛舍利进行供奉，所以那些佛舍利又被陆续地再次细分。最终，阿育王决定兴建 84 000 座佛塔来供奉。今天，佛陀的舍利已经遍布整个亚洲，用各种形式的佛塔进行供奉。

33 梵文诗集。

34 1907—1992，英国哲学家。

35 印度考古学会 1973—1974 年考古发掘。

36 赵玲. 从吠舍离到加尔各答：印度的佛教圣地和雕塑 [J]. 中国宗教，2011（2）.

37 伊兰，马尔瓦东部的基里基纳（Airikina）古城。

38 据印度史诗《罗摩衍那》记载，该城由罗摩（毗湿奴的化身）的弟弟婆罗多建立，以婆罗多之子、第一代统治者的名字塔克沙命名，称塔克沙西拉（呾叉始罗）。

39 520 年，中国的朝圣者宋云访问这一地区时，西北印度的大部已为嚈哒所统治，这时的国王是印度什叶派王（Hindushahiyya King）。《洛阳伽蓝记》中描述他："立性凶暴，多行杀戮，不信佛法，好祀鬼神。"

40 原为英国工程师，殖民期间作为孟加拉工程组成员被委派至印度做考古研究，是印度考古协会的创始人。

41 John Hubert Marshall（1876—1958），著名英国考古学家，继亚历山大·康宁汉姆之后在塔克西拉领导考古工作 20 年有余。

42 WHEELERM. The Indus civilization[M].Cambridge: Cambridge University Press，1953

43 戈什（A. Ghosh）评论道："无论是起源还是概念上，塔克西拉都不能作为印度城市的代表，它受外来文化影响太大。"

44 莫拉莫拉杜是塔克西拉遗址附近的一个佛教寺庙和佛塔建筑群，位于山谷中，属于贵霜时代。

45 布路沙布逻在梵文中的意思是"男人的城市"，又有一种说法是"百花之城"。

46 河流流经阿富汗和巴基斯坦。

47 位于巴基斯坦西北边境省境内。

48 伍德. 印度的故事 [M]. 廖素珊，译. 杭州：浙江大学出版，2012.

49 玄奘，辩机. 大唐西域记校注 [M]. 北京：中华书局，1985.

50 玄奘，辩机. 大唐西域记校注 [M]. 北京：中华书局，1985.

图片来源

图 2-1 成熟期哈拉帕主要遗址分布，图片来源：SIGH. A history of ancient and early mediaval India：from the stone age to the 12th century[M]. New Delhi：Person Publication，2009

图 2-2 卡利班甘主街道，图片来源：SIGH. A history of ancient and early mediaval India：from the stone age to the 12th century[M]. New Delhi：Person Publication，2009

图 2-3 摩亨佐达罗总平面，图片来源：SIGH. A history of ancient and early mediaval India：from the stone age to the 12th century[M]. New Delhi：Person Publication，2009

图 2-4 摩亨佐达罗大浴场，图片来源：KENOYER. Ancient cities of the Indus civilization[M]. Oxford：Oxford University Press，1998

图 2-5 水井，图片来源：KENOYER. Ancient cities of the Indus civilization[M]. Oxford：Oxford University Press，1998

图 2-6 排水沟，图片来源：KENOYER. Ancient cities of the Indus civilization[M]. Oxford：Oxford University Press，1998

图 2-7 洛塔的蓄水池，图片来源：SIGH. A history of ancient and early mediaval India：from the stone age to the 12th century[M]. New Delhi：Person Publication，2009

图 2-8 左：朵拉维拉的蓄水池 右：朵拉维拉的水井和排水沟，图片来源：SIGH. A history of ancient and early mediaval India：from the stone age to the 12th century[M]. New Delhi：Person Publication，2009

图 2-9 英骨式砌筑方式，图片来源：http://en. wikipedia. org/

图 2-10 摩亨佐达罗城市街道肌理，图片来源：CHING, JARZOMBEK, PRAKASH. A global history of architecture[M]. New York：John Wiley & Sons，Inc，2011

图 2-11 哈拉帕遗址总平面，图片来源：CHING, JARZOMBEK, PRAKASH. A global history of architecture[M]. New York：John Wiley & Sons，Inc，2011

图 2-12 卡利班甘遗址总平面，图片来源：作者根据 POSSEHL. Ancient cities of the Indus[M]. [s.l.]：Vikas Publishing，1980 绘

图 2-13 朵拉维拉城市复原鸟瞰，图片来源：CHING, JARZOMBEK, PRAKASH. A global history of architecture[M]. New York：John Wiley & Sons，Inc，2011

图 2-14 雅利安人入侵示意，图片来源：SIDDHARTHA，BURDHAN. Heritage through maps[M]. New Delhi：Kisalaya Publications，2011

图 2-15 印度早期 16 国分布，图片来源：SIGH. A history of ancient and early mediaval India：from the stone age to the 12th century[M]. New Delhi：Person Publication，2009

图 2-16 历史早期北印度的城市中心，图片来源：SIGH. A history of ancient and early mediaval India：from the stone age to the 12th century[M]. New Delhi：Person Publication，2009

图 2-17 孔雀帝国领土，图片来源：克雷文 . 印度艺术简史 [M]. 王镛，方广羊，陈聿东，译 . 北京：中国人民大学出版社，2003

图 2-18 华氏城王宫柱厅平面及遗址，图片来源：左王锡惠绘，右 CHING, JARZOMBEK, PRAKASH. A global history of architecture[M]. New York：John Wiley & Sons，Inc，2011

图 2-19 华氏城王宫柱头，图片来源：王镛 . 印度美术 [M]. 北京：中国人民大学出版社，2010

图 2-20 左：华氏城遗址上的农村民居 右：当地特色民居草房，图片来源：王锡惠摄

图 2-21 左：华氏城遗址上干涸的护城河 右：依然可以看出护城河相当宽，图片来源：王锡惠摄

图 2-22 现在的瓦拉纳西城与恒河，图片来源：王锡惠摄

图 2-23 舍卫城总平面，图片来源：SINGH. Where the Buddha walked：a companion to the Buddhist places of India[M]. New Delhi：First Impression，2003

图 2-24 派奇库提，图片来源：汪永平摄

图 2-25 卡克奇库提，图片来源：汪永平摄

图 2-26 王舍城总平面，图片来源：SINGH. Where the Buddha walked：a companion to the Buddhist places of India[M]. New Delhi：First Impression，2003

图 2-27 释迦牟尼居住过的山洞，图片来源：汪永平摄

图 2-28 在大讲坛念经的佛教信徒，图片来源：王锡惠摄

图 2-29 大讲坛，图片来源：王锡惠摄

图 2-30 吠舍离遗址总平面，图片来源：SINGH. Where the Buddha walked：a companion to the Buddhist places of India[M]. New Delhi：First Impression，2003

图 2-31 阿育王柱与窣堵坡，图片来源：王锡惠摄

图 2-32 马图拉出土的身穿希腊长袍的佛像，图片来源：http://en. wikipedia. org

图 2-33 马图拉佛塔形象，图片来源：王镛 . 印度美术 [M]. 北京：中国人民大学出版社，2010

图 2-34 塔克西拉遗址总平面，图片来源：达尼 . 历史之城塔克西拉 [M]. 刘丽敏，译 . 北京：中国人民大学出版社，2005

图 2-35 塔克西拉遗址分布示意，图片来源：PUNJA. Great monuments of the Indian subcontinent[M]. New Delhi：Bikram Grewal，1994

图 2-36 皮尔山丘的神庙平面，图片来源：CUNNINGHAM. The ancient geography of India[M]. London：Hardpress Publishing，2013

图 2-37 锡尔卡普遗址上的半圆形庙宇与周边建筑群平面，图片来源：SIGH. A history of ancient and early mediaval India：from the stone age to the 12th century[M]. New Delhi：Person Publication，2009

图 2-38 达摩拉吉卡寺院平面，图片来源：CHING，JARZOMBEK，PRAKASH. A global history of architecture[M]. New York：John Wiley & Sons，Inc，2011

图 2-39 达摩拉吉卡佛塔遗址，图片来源：CHING，JARZOMBEK，PRAKASH. A global history of architecture[M]. New York：John Wiley & Sons，Inc，2011

图 2-40 莫拉莫拉杜建筑群，图片来源：PUNJA. Great monuments of the Indian subcontinent[M]. New Delhi：Bikram Grewal，1994

图 2-41 塔克西拉出土的希腊硬币，图片来源：http://en. wikipedia. org/wiki/File:Antialcidas. JPG.

图 2-42 大佛塔下出土的佛舍利盒，图片来源：伍德 . 印度的故事 [M]. 廖素珊，译 . 杭州：浙江大学出版社，2012

3 古印度时期印度佛教建筑

精舍与毗诃罗
窣堵坡
寺庙
石窟
阿育王石柱

3.1　精舍与毗诃罗

随着印度佛教的兴起和发展，与之相对应的佛教建筑也应运而生。

原始佛教初期，佛教僧侣是没有固定居所的。佛陀释迦牟尼在创立佛教之前是苦行的沙门身份，过着居无定所的日子，进行着他的修行生涯。那个时候，沙门主张苦行，沙门弟子的修行方式就是放下世俗的一切，在山林中或其他任何地方静心思考、领悟，寻求解脱之道，"饿其体肤，空乏其身"就是沙门弟子的真实写照。佛陀起初作为沙门弟子也没有住所，当他苦行无果决定放弃沙门弟子的修行之路后，最终在一棵菩提树下参悟生死，求得解脱之道，此时，佛陀释迦牟尼得到的是佛教立教的宗教思想理论基础。此时，他还没有固定居所，因而还没有专属于佛教的建筑形式。

佛陀释迦牟尼在鹿野苑第一次讲法标志着佛教正式成立。这次讲法传道是在一棵菩提树下完成的（图3-1）。在这里，佛陀接受五比丘入教，组成小型僧团，开始了漫长的佛教传播之路。佛陀带领小型僧团一路讲法传道，白天露天弘扬佛法，晚上则休憩于林中树下或山洞里或路边无人居住的茅草房内，居住和讲法还没有特定的建筑形式，更谈不上寺庙。之后释迦牟尼到王舍城灵鹫山修行布道，佛教的影响力不断扩大，佛陀得到了统治者的大力支持。

佛法是佛陀参悟的解脱之道，是佛陀智慧的结晶。佛法得到了统治者的肯定与支持，于是便有了为佛陀修建的精舍，即统治者或其他贵族为了聆听佛法真理，修建给佛陀用以生活起居和讲法布道的临时屋舍。精舍不是为佛教而建的，而是在佛教创立之前就存在的。"初，此城中有大

长者迦兰陀，时称豪贵，以大竹园施诸外道。及见如来，闻法净信，追昔竹园居彼异众，今天人师无以馆舍……斥逐外道而告之曰：'长者迦兰陀当以竹园起佛精舍。'"[1]这段是关于"竹林精舍"的叙述，讲的是有一长者本来以竹园供养外道（佛教对其他宗教的统称）之人，后改信佛教，便驱逐外道而请佛陀入内居住讲法。可见，精舍是历来就有的建筑形式。

竹林精舍是佛教史上公认的第一座佛教专属建筑，据玄奘所载是迦兰陀所建。还有一种说法：随着佛教影响力的不断扩大，有次佛陀释迦牟尼带着弟子到摩揭陀国弘扬佛法，当时摩揭陀国的国王频婆娑罗王恭迎佛陀，还皈依了佛门。出于对佛陀的敬仰，频婆娑罗王请佛陀讲解佛法，并为佛陀及其弟子提供居住、讲法之所，特意在王舍城的迦兰陀竹林中，修建了竹林精舍。

图 3-1 露天讲法

且不说竹林精舍是怎么建立、由谁修建的，竹林精舍的修建在佛教的发展起步中起到了不可磨灭的作用。竹林精舍的修建表明了统治者的态度，引来了更多人的关注，吸引了很多贵族和平民前来听法受道，壮大了佛教僧团的队伍。之后还陆续有各国王族和有钱人为佛陀修建的祇园精舍（图3-2）、瞿师罗园精舍、那摩提犍尼精舍等，无论是竹林精舍还是后来的其他精舍，都没能留住佛陀四处布道讲法的脚步，而只是作为佛教初期佛陀及其弟子度过雨安居的临时居所。

印度是个雨量充沛的国度，每年雨季从6月持续到8月，在这三个月内，佛陀就带领他的弟子在精舍中过着简单的僧侣生活。比丘们每天除了听佛陀释迦牟尼讲法外，就是参悟修行。这三个月通常被称为"雨安居"。过了雨安居，佛陀就再次带着弟子四处讲法，弘扬教义，发展佛教。

图 3-2 祇园精舍遗址

图 3-3 当地民居（一）

所以，从严格的意义上说，这些精舍仅是临时居所，大部分的时间里佛陀都带着弟子过着居无定所的日子。至佛陀释迦牟尼涅槃，僧侣们都是这样度日的，佛陀穷其一生四处漂泊，弘扬佛法，为佛教的发展打下了良好的群众基础。

随着佛教影响力的扩大，佛教弟子增多，佛陀带领的僧团队伍不断壮大，因此，僧侣的居住问题逐渐突出，毗诃罗应需求而生。

佛教修炼的基本内容包括两个方面：一是听讲佛法，二是个人的独自体悟[2]。相对应这两个修炼内容，印度佛教建筑有两种基本空间单元：第一就是讲堂或叫法堂；第二就是佛教弟子的个人参佛修行之所，其典型建筑形式就称为"毗诃罗"。佛教律藏中常提到"毗诃罗"，梵文"Vihara"的音译，是一种供单个僧人修行起居的小型建筑。据佛经中记载，王舍城有一位商人在一天内就建造了六十处毗诃罗赠送给比丘们。由此可见，毗诃罗的规模真的很小。毗诃罗不仅是僧人起居之所，也是他们坐禅修炼的地方。

毗诃罗为僧徒们参习佛法、领悟禅真提供了一个与世隔绝的小环境，也为每一位僧徒提供了一个栖息之所，有学者就认为"毗诃罗"即"精舍"，指僧房[3]。这种理解是可以接受的，至少它们的功能是类似的。但是从佛典中的记载我们可以看出，贵族们捐赠的通常被称为"精舍"，而不是"毗诃罗"，可见，毗诃罗和精舍还是有区别的，是两个不同的概念。

毗诃罗的形式很像一顶帐篷，其建造材料多为竹木、草、树叶等天然材料，竹木作为结构材料，草、树叶则成为维护结构材料，这种临时居所仅能遮风避雨。其形式来源应该与古代印度居民的住所有着密切的联系，这可以从今天印度贫困地区的居民住所形式（图3-3、图3-4）推断出。

印度地区目前仍保留着这种竹草制的民居形式，这种居所建造周期短，材料来源丰富，建造费用低，具有一定的遮风避雨的作用，适合印度贫困地区大面积使用。从这些民居的形式特征中可以推测，早期佛教弟子所使用的毗诃罗形式便是来源于生活，类似于图中的圆屋形式。但是，这种民居有着稳定性差、强度低、保温性能差、易燃、使用周期短等诸多缺点，这也就意味着毗诃罗不可能被作为固定居所长期使用。

从居无定所到精舍和毗诃罗的应用，是佛教发展的表现，也为日后佛教建筑类型的产生和发展提供了参考；同时，精舍和毗诃罗的出现是对佛教建筑需求的体现，催动着佛教建筑的产生和发展。

3.2 窣堵坡

3.2.1 印度窣堵坡的产生

佛教创立之时，没有固定的宗教建筑形式。由于原始佛教教义要求僧侣不占有任何的财产，包括住所，因此我们可以说，佛教没有修建宗教建筑的资本。

精舍和毗诃罗也只是暂居之所，且这两种建筑形式在佛教创立之前就已存在，所以，并不是佛教所特有的建筑形式，更不能代表佛教建筑。最早的佛教建筑类型应该是窣堵坡。

佛陀释迦牟尼在拘尸那迦涅槃之后，佛祖的遗体被火化，这是众比丘按佛陀生前所言"应为焚烧"[4]的做法，火化后得到的舍利有"八斛四斗"[5]。由于佛祖涅槃时，佛教已经具有了很大的影响力，很多国家都信奉佛教，所以，为了得到佛陀释迦牟尼的舍利，拘尸那迦附近八国的国王纷纷举兵

前来分舍利[6]。对于佛舍利的分法还有另一种说法：佛舍利其实分成九份，第九份是被推举出来分舍利的德罗纳藏起来了。据印度流传的说法，德罗纳修建了一个名叫德罗纳的佛塔来存放得到的佛舍利，该塔就位于今天印度的北方邦西湾区，佛陀舍利还存放其内[7]。八国的国王得到舍利之后纷纷回国修建佛塔，将佛舍利供奉起来（图 3-5）。

佛塔和窣堵坡的英文都是"Stupa"，玄奘在《大唐西域记》中就把佛塔翻译为"窣堵坡"。今天我们习惯把覆钵状的塔称为"窣堵坡"，如桑契窣堵坡；把尖顶的佛塔称为"塔"，如菩提伽耶的摩诃菩提大塔。但也不尽如此，也有人把桑契窣堵坡称为"桑契大塔"（图 3-6）。

窣堵坡的产生应当时的佛教需求而出现。

图 3-4 当地民居（二）

图 3-5 窣堵坡内部结构

崇拜，以至于佛陀涅槃后的一段时期内，都没有佛像的雕刻艺术，而是用法轮、莲花等图案象征佛陀。把佛陀释迦牟尼要求火葬这一点与他反对偶像崇拜的思想结合起来，可以大胆猜测，他的本意是涅槃之后不留下遗体，随风而逝，这可能是他一直寻求的解脱之道的一种理解。佛陀火化之后留下了佛舍利，佛教弟子在失去佛陀后将对他的思念和崇拜转变为对佛舍利的珍视，将其定义为神圣的存在。

古时候印度有三种或四种葬法，不同的典籍里有不同的说法。三种葬法分为火葬、水葬、野葬。四种葬法则分为火葬、水葬、土葬和林葬。应佛陀释迦牟尼的要求，佛教弟子为其举行了火葬，火葬后就留下了佛舍利。佛陀在世时，本就不主张偶像

为了能将佛舍利供奉起来，佛教弟子特意修建了窣堵坡。窣堵坡作为埋葬佛舍利的特殊建筑，作为最早出现的佛教建筑类型，对于佛教徒具有特殊的意义，对于佛教更具有重要的历史意义。

对佛教徒来说，自佛陀涅槃以后，窣堵坡在一定的时期内就代表着佛陀的存在，是他们的精

图 3-6 桑契窣堵坡

神寄托和崇拜对象，窣堵坡被认为有着佛陀的圣洁光辉，吸引着狂热的佛教徒聚集在窣堵坡周围进行个人修行，提高个人领悟。这种"聚集效应"为之后佛寺的产生作了铺垫，成为佛寺产生的诱导因素。

窣堵坡的出现代表着佛教有了专属的宗教建筑类型，也深深地影响着寺庙和石窟的建筑形式。在之后长达七八个世纪的时间里，窣堵坡被作为佛教的象征大量建造，尤其是在阿育王时期。阿育王为了扩大佛教的影响力，除了将佛教立为国教以外，还修建了八万四千座佛塔来供奉分成八万四千份的佛舍利。

3.2.2 印度窣堵坡的发展演变

在很多佛经中对窣堵坡的形式都有过相关记录，律部《根本说一切有部毗奈耶杂事》中有这样的一段记载："我今欲于显敞之处以尊者骨（指佛舍利）起窣堵坡，得使众人随情供养。佛言长者随意当作。长者便念，云何而作。佛言应可用砖两重作基，次安塔身，上安覆钵，随意高下上置平头，高一二尺，方二三尺，准量大小中竖轮竿次着相轮，其相轮重数，或一二三四乃至十三，次安宝瓶。长者自念，唯舍利子得作如此窣堵坡耶。为余亦得，即往白佛。佛告长者若为如来造窣堵坡者，应如前具足而作；若为独觉勿安宝瓶，若阿罗汉相轮四重，不还至三，一来应二，预流应一，凡夫善人但可平头无有轮盖。"[8]在《大唐西域记》卷一《缚喝国》的提谓城及波利城中有这样的描述："如来以僧伽胝，方叠布下，次郁多罗僧，次僧却崎，又覆钵竖锡杖如是次第为窣堵坡……斯则释迦法中最初窣堵坡也。"[9]

从以上记载中可以得到这样两个信息：第一，窣堵坡由下至上依次是基座、覆钵塔身、平头、相轮、宝瓶；第二，除了为佛陀释迦牟尼建造窣堵坡来供奉舍利外，还可以为除了佛陀以外的其他人建窣堵坡，只是根据主人的身份不同，窣堵坡的规格形式也有所变化，依次由上至下而简化。

在《大唐西域记》卷二的《健驮逻国》一节中有这样一段记述："释迦如来于此树下南面而坐，告阿难曰：'我去世后，当四百年，有王命世，号迦腻色伽，此南不远起窣堵坡，吾身所有骨肉舍利，多集此中。'"这段释迦牟尼所说的话虽然是传说，但是从内容上来看，窣堵坡的最原始形态应该不会脱离古印度时期的民居或坟包的形象。所以，我们可以大胆推测，第一个窣堵坡的形象应该就是坟包，这一点可以从拘尸那迦所遗留下来的佛塔（图3-7）的形象得到一定的验证。

窣堵坡最开始的形态很纯粹、很宏伟，造型简单大方，几乎无任何装饰（也有可能是在悠长的历史中被风化），而后来的桑契窣堵坡，则形制严谨，具有超高的艺术成就。从简单的造型到繁复的桑契窣堵坡，这一过程是如何演变的呢？

从很多资料上可以看出，在佛教创立以前，印度就有了原始树崇拜的观念。这也可以联系佛陀释迦牟尼与菩提树的渊源猜测一二，例如佛陀在菩提树下出生，在菩提树下悟道，在菩提树下涅槃等。当佛陀涅槃之后，菩提树也被当作佛陀的替身接受人们的崇拜与供奉。从一些古代印度的雕刻中可以看到，在象征佛陀的菩提树的四周，常常会有石栏环绕，每到佛诞日还要围绕菩提树举行隆重的仪式。这种仪式日益隆重化，因此，围绕着菩提树的石栏也逐渐发展成有着一定形式的建筑体，菩提树被包围在其中，仅露出一部分树冠[10]。

一般情况下，菩提树的树龄大约为两百年，

图 3-7 拘尸那迦火葬塔

但石屋的遮护,加之举行仪式的过程中过量浇水,使得菩提树很可能会提前夭折。起初,人们可能重新种植新的菩提树苗以补救,但在石屋中,树苗很难存活,所以便干脆以石屋取代菩提树作为对佛陀崇拜的对象。在以石屋取代菩提树的过程中,人们为了能保留曾经的树崇拜形式,便在石屋的顶部以石头雕成菩提树冠的形式作为装饰。这样就形成了石屋与菩提树的组合形式(图 3-8)。

图 3-8 印度早期浮雕中的菩提树

我们可以猜测到:从拘尸那迦的简易覆钵式佛塔到后期桑契窣堵坡的形式演变过程中,古代印度的原始树崇拜观念起到了很大的影响作用。随着当时社会崇拜者的增多,窣堵坡的发展由小到大、由单一到复杂、由简单到繁缛,其形式逐渐复杂化和形象化的过程中,象征佛陀的菩提树的形象也被加入其中,最后成为具有一定形制、规格的建筑形式。这种猜测可以从桑契窣堵坡栏杆门上的浮雕(图 3-9)上看出端倪。

仔细观察桑契窣堵坡的顶端,有一个方形平面的石栏,石栏中央是一根带有三层圆形伞状结构的立柱,这种形象很像前面提到的被石栏包围的菩提树。撇开这个小细节,桑契窣堵坡与其四周的石栏从整体上看也有这种树崇拜的影子。

综上所述，窣堵坡的发展演变过程是由人们对佛陀释迦牟尼的崇拜主导的。佛陀涅槃之后，人们首先是将对佛陀的崇拜转为对菩提树和供奉佛舍利的窣堵坡的崇拜（图 3-10），其后对菩提树的崇拜逐渐演变成对围绕菩提树的石屋的崇拜，而这种石屋与窣堵坡结合，组成了后来的成熟的窣堵坡形式。

由此可见，窣堵坡不仅仅是单纯的坟包，还有着深刻的文化内涵，包含着人们对事物的认识与理解。因此，这样的窣堵坡才能成为第一种佛教建筑类型。

窣堵坡在长期的发展过程中，其形制日趋成熟。又由于古代印度宗教林立，各宗教之间相互影响，宗教理论也有所穿插和借鉴，印度教产生之后，其教徒甚至将佛教创始人释迦牟尼奉为他们的神。在这种种因素的影响下，窣堵坡的建筑形态也发生了改变。在贵霜王朝时代流行的以希腊罗马建筑风格为基调的犍陀罗艺术的影响下，印度还兴建过像古希腊、古罗马的神庙建筑那样的立面上带有壁柱形象的窣堵坡。再看菩提伽耶的摩诃菩提大塔，这种金刚宝座的佛塔形式是在原来窣堵坡的基本形态的基础上，受印度教建筑的影响而产生的。

在佛教传入中国以及其他一些周边地区的时候，佛教建筑也随之传入，窣堵坡的形制更是得到了多方位的发展和演变。例如缅甸蒲甘的窣堵坡，其坚硬胶泥的外表被磨光，表面罩上了一层金光闪闪的金箔；而尼泊尔加德满都谷地的斯瓦雅哈纳窣堵坡则增加了当地的特色，原来的覆钵体被改为方形，四面庙墙上则装饰着象征佛陀注视一切的慧眼；此外，还有像中国的应县木塔那样的中国式佛塔（图 3-11）、缅甸的大金塔和泰国的锥形塔等[11]。

图 3-9 桑契窣堵坡栏杆门浮雕《带菩提树冠的窣堵坡》

图 3-10 印度原始窣堵坡形式

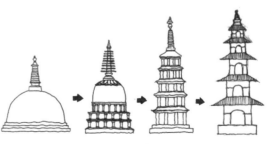

图 3-11 窣堵坡到中国塔的演变

佛塔的建筑形式不断发展和演变，被赋予的宗教含义也越来越丰富与繁复。

3.2.3 窣堵坡的代表——桑契窣堵坡

桑契窣堵坡（图 3-12~ 图 3-15）是目前为止保留最完整的几个古代印度佛教窣堵坡之一，是世界著名的佛教圣地，20 世纪末被收录到《世界遗产名录》。

桑契窣堵坡位于现在印度的中央邦，始建于阿育王时期。当时，阿育王为了大力宣传佛教，扩大佛教影响，特地将佛陀释迦牟尼涅槃之际留下来的八份佛舍利从原来的窣堵坡内取出，并重新细分成八万四千份，同时修建窣堵坡，将这些佛舍利置于其内供奉起来，以影响更多的人。桑契窣堵坡就是其中一座，但是现在我们所看到的已经不是原来的简朴形式了，而是在长期发展中不断修缮形成的严谨、精美的成熟形制。如今桑

契窣堵坡所在的遗迹园内共有四座窣堵坡。

桑契窣堵坡整体造型完整统一、浑然天成，散发出佛教庄严、静谧的神圣之感。整座建筑从平面上看主要分为围栏、塔主体两大部分；塔主体由下至上分为基座、覆钵塔身、平头、相轮以及支撑相轮的竿五部分。

围栏是围绕塔主体修建的一圈石柱，围栏的四个方位上各有一个门，在印度称这种类似于中国牌坊的门为"陀兰那"。围栏与塔主体之间留有一条较为宽敞的通道（图 3-16），可容纳两到三个人并排行走，这种通道可满足佛教中的绕塔仪式[12]所需，通常称之为"礼拜道"。

塔主体是半球形的砖石建筑，直径有 37 米左右，高不到 17 米。从多方资料以及印度其他地区的遗迹来看，结合之前对窣堵坡的发展的研究，我们可以猜测桑契窣堵坡在阿育王时期是以土为主要修建材料的，之后历朝历代的发展中用砖石

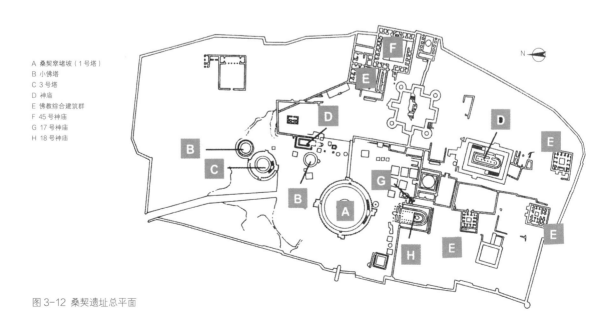

A 桑契窣堵坡（1 号塔）
B 小佛塔
C 3 号塔
D 神庙
E 佛教综合建筑群
F 45 号神庙
G 17 号神庙
H 18 号神庙

图 3-12 桑契遗址总平面

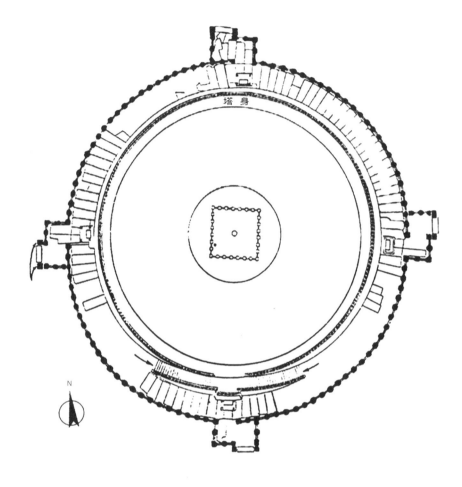

塔身

N

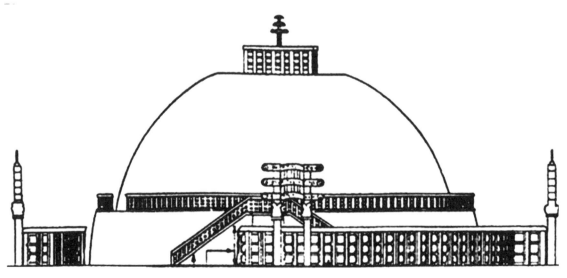

图 3-13 桑契窣堵坡平
面和立面

图 3-14 桑契窣堵坡

图 3-15 桑契窣堵坡平
头及以上部分

加以修饰，其后随着佛教中雕刻艺术的发展，桑
契窣堵坡也被加以各种题材的精美雕刻（图3-17~
图3-19），最终成就了如今的窣堵坡之经典。

　　塔主体的基座部分以石筑成，正面带有双
向阶梯，拾级而上就是基座之上的平台，中心部
位有覆钵状塔身置于其上，围绕塔身则是一圈带
栏杆的狭小通道，传说是公元前的一个名叫斯特
哈恩斯的人设计的。此通道虽尺寸很小，仅能容
纳一个成年人正常行走，但这种亲密的小尺度空
间给漫步其内的人一种宜人的空间感受，既能一
边欣赏精美的佛本生雕刻艺术，又能体验佛教的
静谧与神圣，使人得到内心片刻的平静。古代印
度的空间艺术与建筑艺术的完美结合，成就了这
一经典。覆钵状的塔身内放着这座窣堵坡的精
华——舍利壶，壶内便是佛陀释迦牟尼的舍利骨。
覆钵塔身顶上就是用石栏杆围成的方形空间，也
就是塔主体的平头部分。石围栏的中心部位伫立
着一根石杆，石杆上端连续布置着三层相轮，石
杆与相轮的组合很像伞的形式，所以也有人将石
杆与相轮合称为"伞"，并将石杆称为"伞柱"，
将相轮称为"伞盖"。在前面对窣堵坡的发展演
变的论述中就提到这部分的内容，所以这里的
"伞"其实就是菩提树简化的结果，是菩提树崇
拜的象征性构筑物。桑契遗址园内除了四座窣堵
坡外，还有很多其他遗迹，是古代印度重要的宗
教基地。桑契窣堵坡的建筑与艺术成就至今影响
着世界佛教建筑与文化，是印度佛教建筑的里程
碑，对今天印度佛教的再次发展与传播有着重要
的意义。

3.2.4　陀兰那艺术

　　"陀兰那"（图3-20）是之前提到桑契窣
堵坡主体外的一圈围栏的四个方位各有一个类似

图 3-16 桑契窣堵坡的
礼拜道

图 3-17 精美雕刻（一）

图 3-18 精美雕刻（二）

图 3-19 精美雕刻（三）

图 3-20 桑契陀兰那

图 3-21 中国牌坊

图 3-22 日本鸟居

图 3-23 树神药叉女雕像

于中国牌坊（图 3-21）的门。陀兰那艺术就是在千年的历史发展中形成的在如中国形式的牌坊上所呈现出来的雕刻艺术。桑契窣堵坡中的这四座陀兰那由砂石筑成，在历史长河中不但没有损毁殆尽，反而因风吹雨打而尽显历史的沧桑与沉淀。

印度的陀兰那其实不仅像中国的牌坊，更像日本的鸟居（图 3-22）。陀兰那裸露在外的砂石被刻满了各种图案，这些图案大多是以佛祖的故事为蓝本。佛陀释迦牟尼在世时，佛教中反对偶像崇拜，包括原始佛教时期和之后的很长一段时间内，都没有佛像这种具象的雕刻艺术，而是以相轮、金刚宝座、菩提树等物来代表佛陀释迦牟尼。桑契窣堵坡的建造时正处于佛教反对偶像崇拜的特殊时期，所以陀兰那上的浮雕基本没有出现佛像的造型。在桑契窣堵坡的建造过程中，有很多外来的工匠参与其中，也正是这些外来工匠的参与，使得工匠们将自身国家的文化艺术融入桑契窣堵坡的佛教艺术中，这种古印度本土艺术与波斯、大夏、希腊等国艺术相互融合所形成的雕刻艺术被后人称为"陀兰那艺术"。

桑契窣堵坡陀兰那艺术的精华体现在东陀兰那上，例如其横梁与立柱相交处著名的树神药叉女雕像（图 3-23）。这幅雕像主要有两个主体，一是倚着横梁与立柱相交处生长的一棵芒果树，树上结满了一串串饱满的芒果；另一个则是一个体态丰盈的女子形象，女子一手勾住芒果树干一分枝，另一只手向上抓着芒果树另一较小的枝丫，一脚立于裸露在外的树根上，而另一脚则向后内勾，两脚略呈交叉状，腰向树外侧扭动而头靠向内侧，整体呈 S 形曲线，有斜飞于陀兰那之外之势。这组树神药叉女雕像的形象生动、健康、饱满，面部形态清晰，表达一种喜悦之情，被誉为印度标准女性美的雏形和始祖[13]。

3.2.5 爪哇婆罗浮屠

印度的窣堵坡有很多种形式，除了桑契窣堵坡的覆钵形式、中国塔的楼阁形式，还有菩提伽耶的摩诃菩提大塔的金刚宝座形式，除此以外，还有另一种层层堆砌的金刚宝座形式。在今天的印度已经没有完整的此类窣堵坡形式了，仅见的

图 3-24 华氏城窣堵坡

就是华氏城附近的一个遗址（图 3-24），为了能
更好地叙述此类窣堵坡，本书以与之相似的爪哇
婆罗浮屠来进行描述。

1. 婆罗浮屠概况

爪哇是佛教传播的东南边陲。1 世纪，印度
佛教从马来半岛传入印度尼西亚。在长达一千年
的时间里，佛教一直是当地人的主要信仰，所以
也发展了很多佛教建筑。至 10 世纪以后，印度教
也以同样的道路传到了印度尼西亚，代替佛教成
为印度尼西亚的主要宗教信仰。13 世纪时，伊斯
兰教以其强大的手段让印度教退居其次。经过这
漫长的历史变迁，佛教逐渐淡出印度尼西亚的历

图 3-25 婆罗浮屠

史舞台，曾经遍布各岛屿的佛教建筑也被荒废，
掩埋在杂草野林里。爪哇的婆罗浮屠更是被掩埋
在火山灰里，其上则长出了一片树林。

8 世纪下半叶，印度尼西亚的夏连特拉王朝
时期还是以佛教为主要的宗教信仰。当时的国王
被认为是菩萨的化身，所以，他凭借强大的财力
大量建造佛教建筑，婆罗浮屠（图 3-25）就是其
中最为壮观、辉煌的一座佛塔。建造选址时，为
了凸显佛塔高大与神圣的形象，将塔建在离日惹
仅 30 千米的一座火山脚下的山丘上，塔的名字"婆
罗浮屠"的意思就是"山丘上的佛塔"。从婆罗
浮屠建造一开始，它便成为全印度尼西亚的佛教
中心而受到佛教信徒的景仰与朝拜，在一段时间
内空前繁荣，香火鼎盛。

2. 婆罗浮屠的建筑形制及其艺术

婆罗浮屠的基座呈正方形，其边长为 120 米
左右，每边分成五段，从各角向正中逐渐凸出。
基座之上有五层方形塔身，由下而上逐层缩小，
边缘形成过道。每边中央有石阶直通方形塔身顶
上。塔顶又有三层圆形基座，层层收缩，直径分

别为 51 米、38 米和 26 米。塔顶中心矗立着主要的大窣堵坡，总高在 42 米左右，因为坍塌破损，现有 35 米左右。三层圆形基座上各有一圈小窣堵坡（图 3-26），总共有 72 座小窣堵坡，都是空心的。小窣堵坡周围壁上有方形的孔，从孔向内看可以看见和真人大小相近的坐佛，按东、西、南、北、中几个方位做"指地""禅定""施予""无畏""转法轮"五种手势。由于用了这种镂空的做法，这 72 座小窣堵坡被称为"爪哇佛婆"[14]。

五层方形塔身的侧壁上，沿过道设置了很多佛龛（图 3-27），总共有 432 个。每个佛龛内都有一尊坐在莲花座上的佛像。在塔身侧壁和栏杆等处，还有 2 500 幅浮雕（图 3-28、图 3-29），其中 1 400 多幅刻佛本生的故事，另有 1 000 多幅刻有现实生活的各种场景和山川风光、花草虫鱼、飞禽走兽、瓜果蔬菜等题材。雕刻的风格受到印度笈多王朝时期佛教雕刻的影响。

从婆罗浮屠的建筑形制来看，既有古代印度佛教中窣堵坡的形象，又有金刚宝座的影子，爪哇佛婆的做法还有一点点石窟佛像的感觉，这种前所未见的佛塔形式造型新颖，风格复杂。由于长期被掩埋地下，佛教也一时淡出爪哇，所以对于婆罗浮屠真正的用途和意义也无从查证。有些学者认为这是夏连特拉王朝君王的陵墓，还有人认为这是舍利塔，甚至有人认为这种下方上圆的形式代表天圆地方。不过这些理论都很牵强。

从一些宗教的普遍认识来看可推测一二：

从整体平面形式来看，婆罗浮屠很容易让人联想到曼陀罗图形，中心的大窣堵坡和其周围层层递进的三层小窣堵坡共同组成曼陀罗的中心，意味着佛国世界的中心。

中心部位的大窣堵坡很有可能代表着佛陀释迦牟尼，围绕其布置的一圈小窣堵坡内布置的坐

图 3-26 圆形基座上的小窣堵坡

佛的五种手势似乎意味着某些事件。从"转法轮"这一手势直接就联想到佛陀释迦牟尼第一次转法轮的场景，佛陀第一次转法轮之时便是佛教具备"佛、法、僧"三宝正式立教之时，所以这个"转法轮"的手势象征着佛陀释迦牟尼立教。依据这

图 3-27 侧壁上的佛龛

个象征意义再看其他四个手势，"指地""禅定""施予""无畏"四个词又令人联想起佛陀释迦牟尼创立佛教的过程。"指地"很有可能是指佛陀释迦牟尼放弃太子身份出家修行；"禅定"则指佛陀作为沙门苦行期间的修炼与思考；"施予"很有可能是指牧羊女布施给佛陀食物的故事；"无畏"则可能表达了佛陀在沙门苦行生涯无果之后，毅然决然地放弃苦行而重新思考，最终悟道，并决定弘扬佛法。

　　这种理解相比"此处为陵墓"的说法更可靠一点，因为窣堵坡的原始用途便是供奉佛陀释迦牟尼，窣堵坡的形象从一开始就象征着佛陀的存在。至于窣堵坡群之下的方形基座和圆形基座也是曼陀罗的形式布局，是立体的"坛城"。由下至上的通往方形塔身顶部的通道的用意可以猜测：

图 3-28 婆罗浮屠浮雕
（一）

图 3-29 婆罗浮屠浮雕
（二）

建造该塔时很有可能想营造一种"朝拜之路"的感觉，将古印度佛教中原本在地面上建造的窣堵坡抬高到一个高度，突出了佛陀的神圣，也能体现出信徒朝拜的决心。

3.3　寺庙

3.3.1　印度佛教寺庙的产生

　　什么是佛教寺庙？它的具体概念该如何定义？这是在研究佛寺的产生之前先要弄清楚的。

　　有关资料定义佛寺为："佛教僧侣供奉佛像、舍利（佛骨），进行宗教活动和居住的处所……起源于天竺，有'阿兰若'和'僧伽蓝'两种类型。阿兰若，原指树林、寂静处，即在远郊的空闲处建造的小屋，为僧人清净修道的场所，后泛指佛寺。僧伽蓝，是僧众共住的园林，又分为'支提'和'精舍'两种。"[15]

　　佛教寺庙翻译成英文为"buddhist temple"或"buddhist monastery"。在很多外文资料中，temple 或 monastery 经常指的是单栋建筑，如 *Where the Buddha Walked：A Companion to the Buddhist Places of India* 一书中迦毗罗卫国的毗普拉瓦总平面图上就是给单栋建筑标注"monastery"的英文[16]。显然，这里英文单词所指的含义不明，我们可以理解为：他们把单栋建筑看作是一座寺庙；又或者这里的单词有别的含义，比如指"精舍"。翻译间的误差客观存在着，主要是看个人对词语的理解。

　　我国唐代高僧玄奘在他的《大唐西域记》中主要是用"僧伽蓝"为单位记录当时印度的宗教建筑类型，其中卷七内有这样的描述："婆罗疣河东北行十余里，至鹿野伽蓝。区界八分，连垣周堵……大垣中有精舍……伽蓝垣西有一清池……"[17]虽然玄奘没有提及佛寺这一概念，但从这段话中可以看出，伽蓝是比精舍大一个等级的概念，而且伽蓝周围有"垣"（即围墙），这种具有一定空间界定的伽蓝就是佛寺。

有的学者认为，竹林精舍是印度佛教史上最早的佛寺，是佛教最早的建筑形式。关于竹林精舍的来源上文详细叙述过，且不说竹林精舍本就是既有的建筑形式，就从上面玄奘对"伽蓝"和"精舍"的区别描述上就可以否定"竹林精舍是佛寺"这一说法。

综上所述，并结合个人的理解与观点，笔者认为印度佛寺应该这样定义：印度佛寺是供佛教弟子使用，且具有一定规模、带有佛教特色的独有的建筑群体及其周边环境的总和。

以下结合笔者对佛寺概念的理解来解析一下佛寺的产生。

佛陀释迦牟尼涅槃之后，佛教内部一时没有了精神依靠，所以供奉佛舍利的窣堵坡所在地就被当作佛教圣地，于是有了之前提到的"集聚效应"。原始佛教时期的佛教弟子纷纷以窣堵坡为中心修建经堂和精舍，佛陀弟子们在圣地诵经、讲法，把佛教继续传播下去，弘扬佛教教义。在佛陀涅槃后的一百多年时间里，佛教徒们单纯地修行礼佛，发展佛教。由于佛教的发展，佛教徒的队伍不断壮大，此时窣堵坡周围修建的精舍已不再是雨安居期的暂居所，而是作为长期居住的建筑形式，因此圣地周围逐渐形成以窣堵坡为中心的建筑群，这些建筑群的布局模式便是佛寺的早期雏形。

从佛寺的早期雏形来看，窣堵坡是其中的关键所在，是"聚集效应"的源头。从另一角度来看，佛寺的早期雏形包括窣堵坡、经堂和精舍至少三

种建筑形式，除了窣堵坡是佛教独有的建筑形式外，另两种则不是。又因为佛寺以窣堵坡为中心式的布局形式具有浓烈的佛教特色和宗教意义，佛寺产生的条件基本满足了，经过一段时间的发展，佛寺初步产生。

有些佛经翻译家将毗诃罗译为"寺"，用之前文中的内容解释，仅一个毗诃罗根本不能代表一座寺庙，包括之前提到的精舍也同样不能算是一个完整的寺庙。有很多学者都把佛陀生前暂居过的精舍称为寺庙，精舍是有钱的佛教信徒无偿捐赠给佛陀讲经说法、度过雨安居的居所，其规格和形式虽有一定的佛教用途，但这种临时的住所并没有区别于普通民宅的特征，更不能被称为寺庙。而窣堵坡周围逐渐发展起来的建筑群是由讲堂和毗诃罗群组成的，这些毗诃罗大小、形式不一，这种围绕窣堵坡修建的、功能齐全、具有浓厚的佛教特色的建筑群才能算是寺庙。随着佛教的发展，寺庙的形式与空间也有很大改进，并被赋予了内容丰富的宗教意义，逐渐发展成熟，例如那烂陀寺庙。也有学者认为，佛、法、僧三者齐全才能被称为寺庙，如西藏的大昭寺被称为"觉康"，西藏第一座真正的寺庙则是桑耶寺。

3.3.2　印度佛教寺庙的发展演变

古代印度佛教寺庙的雏形是围绕窣堵坡发展起来的建筑群，虽然佛陀释迦牟尼在世时的精舍和毗诃罗都不能算是佛教寺庙，但是早期佛教寺庙的形成离不开这些精舍和毗诃罗。精舍一开始便是有钱的信徒捐赠给佛陀的，所以精舍的建造逐渐迎合了佛教修炼的基本活动，可以满足佛陀讲法这一基本的功能需求；用作雨安居，也是居住的功能。毗诃罗作为独立的小型佛教建筑，足够满足佛教弟子居住与个人体悟的修行。佛陀涅

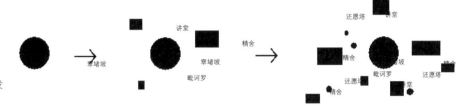

图 3-30 早期寺庙的发展模式

槃后，各佛教弟子便以窣堵坡为中心修建一些适合修行的大大小小的建筑，并以此来靠近、供奉和瞻仰佛陀。按逻辑推论得到这样的场景：供奉佛陀舍利的窣堵坡周围，陆陆续续出现了一些独立的毗诃罗，为了宣扬佛法又建造了一些类似于精舍中适合讲法的讲堂；随着时间的推移，独立的毗诃罗和讲堂逐渐形成了一定的规模；于是这种以窣堵坡为中心、具有一定规模、适合佛教弟子长居修炼，同时能时常讲法弘扬佛教的建筑群便形成了早期的寺庙的基本形制（图 3-30）。

早期的佛教寺庙多以土木结构为主，这主要是由古代印度民居的常用建筑材料决定的。原始佛教时期，佛教徒严格遵守着佛陀释迦牟尼的教导，不占有任何财产，所以早期佛教寺庙的建设也是比较简单的。这时候的佛教徒以修炼弘法为重心。

随着佛教的发展、繁荣，尤其是后来大乘佛教占主导地位，佛教寺庙也随之发展。从"根本分裂"事件的起因我们可以看出，原始佛教末期，佛教已不再纯粹而逐渐世俗化，佛教徒也不再坚持不占有任何财产。阿育王时期，佛教的发展达到一个繁荣期，此时的佛教在大乘佛教徒的主导下，在国家政府的支持下，不断敛财，不仅占有土地、寺庙，还收集金银，可以说，此时的佛教寺庙已经成为敛财工具，因而佛教寺庙有了很大的变化。

首先，佛教由原来的非偶像崇拜转变为偶像崇拜。这一变化主要表现在佛像的出现。原始佛教时期，佛教不搞偶像崇拜，认为佛祖是无相的，所以这一时期常以佛陀的脚印、菩提树、窣堵坡、相轮等物代表佛陀释迦牟尼，因此，佛寺中常出现这些象征性的事物。1 世纪末，在犍陀罗[18] 第一次出现了佛像，以佛陀释迦牟尼的各种传说为题材的雕刻艺术也随之产生，这种佛教雕刻艺术出现在很多佛教类建筑中，我们所熟悉的有桑契窣堵坡、佛祖塔等。此后，在寺庙中佛像取代了象征性的事物，原本以窣堵坡为中心的布局逐渐被以供奉着佛像的殿堂为中心的布局形式取代。

其次，佛教寺庙内由于收敛了大量的财物，佛寺的规模也不断扩大，不仅如此，佛寺也不再是朴实的建筑体，而是精美繁复的艺术载体。佛寺规模的扩大也引起了佛寺内功能的细分化，出现了专门的管理体制，这种体制的出现更是寺庙内等级分化的表现。

从寺庙的建筑材料来看，寺庙就不是容易保存下来的存在形式。随着印度教的创立，佛教寺庙被印度教所占领、改造，战争带来的伊斯兰教更是对佛教寺庙赶尽杀绝，最后仅有的佛教寺庙几乎惨遭毁灭，所以，基本就没有原始佛教时期的寺庙被完整保留下来。

3.3.3 印度佛教寺庙的空间形式

今天只能从一些印度佛教寺庙遗址、印度教

的神庙和中国寺庙空间以及相关的史料记载来考察印度早期的佛寺。

在印度佛教中，有一种曼陀罗图形很重要，常在佛教典籍中出现，不仅对古代印度的佛教建筑有影响，对印度教的建筑也有很深的影响。

曼陀罗，有时译为"曼荼罗"或"曼达罗"等，在佛教经典中常被意译为"坛""坛场""道场"等。曼陀罗是古代印度的一种神秘的图形（图3-31），一些印度教神庙的建造，就是以曼陀罗的形式为基本平面，其中包含了方形、圆形两种基本形式，同时，曼陀罗也象征着一个蜷伏的人体，它的中心部位相当于人体的肚脐部位（图3-32），印度教神庙的中央密室常设在这个位置。佛教中引入曼陀罗的图形在很多资料中可以得到证明，如《摩诃僧祇律》卷二九和《根本说一切有部毗奈耶》卷二二·三六中规定：营造伐树，须于七八日之前在树下作曼陀罗，布列香花，设诸祭食，咒愿诵经，祈请居树之天神应向余处。

从中可以看出，佛教中对曼陀罗的形状是很崇拜的，把曼陀罗的形状用到古代印度佛教寺庙中是很有可能的。据记载，印度佛教密宗，常用曼陀罗作为基本的平面格局来建造寺庙。中国最早的具有曼陀罗特征的寺庙，是建于8世纪时的西藏桑耶寺，据传是仿照印度的飞行寺建造的。曼陀罗的图案主要分为九部分，曼陀罗式建筑的基本平面形式大致有中央、四围、八方，以及院内与院外等划分。其基本思想是将建筑群看成整个宇宙，建筑物中央部分常被空出一个较大的庭院，这空旷的庭院就是一切力量的源泉（图3-33）。所以在有些古印度佛教建筑遗址中，庭院内会有一个水池或一口井，例如佛祖童年居住地迦毗罗卫国的迦瓦瑞拉就有个这样布局的寺院。佛教的宇宙观影响着古印度佛教建筑的形式与风格。在

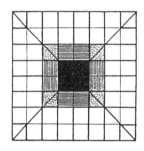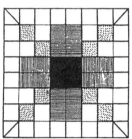

图 3-31 两种偶数形式的印度曼陀罗

佛教经典中还提到，在曼陀罗形式的场所中潜心修炼，能有较高的成就。

3.3.4 精舍的平面布局形式

精舍是印度佛教寺庙中的重要组成单元，是寺庙内佛教徒的休息与修行场所。精舍不仅需要满足佛教徒的日常生活所需，也要满足佛教徒的个人修行与体悟功能的需求。由以上内容中可以看出，曼陀罗式的空间布局能满足佛教弟子的个人修行与体悟功能需求。这里主要从平面布局形式上来解析精舍的基本空间布局。

从平面布局上来看，精舍主要由三大部分组成：小室、廊、庭院。三大部分形成一个四方的

图 3-32 人体与曼陀罗

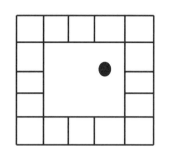

图 3-33 庭院布置一口井的曼陀罗式布局

围合式院落结构布局形式。

　　最外圈的小室是精舍最主要的使用空间，佛教弟子于其间休息并进行一些个人修行与体悟活动，就是所谓的"打坐"。除此以外，在佛教发展后期，精舍中常会有一间专门用来供奉佛像的小室，这间小室有时候会比周围的普通小室大一点，通常是位于精舍主入口正对的一排小室的中间位置。佛像放置于正对门的靠墙中间位置的桌面上，作为佛堂的功能使用，玄奘在《大唐西域记》中就记载过佛堂的大体布局；还有些佛像则以高浮雕的形式出现在那面墙的中心壁龛内。有些精舍的普通小室内正对门的墙壁中间位置也会有些小的佛雕像，通常是以浮雕的形式出现，也

有置于壁龛内的做法，这可以从那烂陀寺的精舍中看出一二。也有些小室会作为辅助功能用房，例如厨房或厕所等，如印度迦毗罗卫的精舍遗址。小室位于精舍的最外围部分，除了作为主要使用空间以外，还是一个围合的界面。通常来说，小室的外墙部分是不开窗洞的，没有窗洞口的精舍外墙将整个精舍围合成一个封闭的修行空间。

　　小室以内紧邻的就是廊。从建筑空间上来看，廊是精舍的灰空间部分，是小室与内院的过渡空间；从建筑功能上看，廊不仅能遮挡一部分阳光，避免对小室内部的直射，还能于雨季作为挡雨的雨篷之用，对印度这个炎热又多雨的国度来说，廊是很有用的建筑构成部分。庭院是精舍的中心部分，是最外围的建筑实体小室所围合的虚空间。庭院内布置有井或独立的辅助用房等。

　　小室、廊、庭院这三者由外至内是实体、灰空间、虚空间的过渡空间布局形式，这种空间布局形式过渡柔和、使用方便，是一种较为合理的空间布局（图 3-34），很像中国的四合院。这种围合的方式很容易营造出静谧的空间环境，对于修行的佛教弟子来说使用价值很高。

3.3.5　实例分析——那烂陀寺

1. 历史背景

　　那烂陀寺在古摩揭陀国王舍城附近，今印度比哈尔邦中部的巴特那东南 90 千米处。据传说，那烂陀寺的原址是由很多商人合资购买之后捐献给佛陀释迦牟尼供其讲经说法的，佛陀在这里度过了三个月的时间，讲经说法、广收弟子，使佛教在此地得到一定的传播。相关资料显示，那烂陀寺建于 5 世纪左右。这一时期印度佛教已经步入了没落期，不再有阿育王时期的辉煌。那烂陀寺是作为佛教学府的性质出现的，主要是为了培

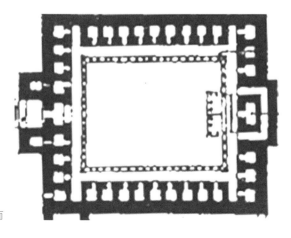

图 3-34 精舍典型平面

养佛教僧徒，除了研习佛教经典外，还教授医学和算术等学科，涉及的范围很广。

玄奘到印度游历之时正值那烂陀寺的辉煌时期，寺院规模很大，佛教徒众多，是当时印度最大的佛学院。玄奘到达那烂陀寺后，为了习得正宗的佛法，便在此挂单，潜心抄录经书。由于他聪慧过人，阅历丰富，逻辑思维缜密，加上在国内从小学习了大量的佛教经典，在那烂陀寺学习的几年时间，他不仅将梵文学习透彻，抄录大量的经书，还把这里的大部分佛教典籍理解透彻，并结合自己的领悟，使自己对佛法的研习达到了一个新的高度。同时，他还兼修婆罗门的一些学术经典，扩大自己的知识面。由于玄奘对佛学有很深的参悟，那烂陀寺内众僧都对他崇拜有加，在后期的学习过程中，他常开设讲堂，为大家讲解自己对佛经的理解，成为那烂陀寺的一位著名高僧。相传，当时外道有个教徒自恃学识渊博，到那烂陀寺挑衅，结果全寺推举玄奘与这位外道教徒辩论，最终玄奘以对各经典的高深领悟和缜密的辩论技巧赢得了那位外道教徒的尊重。

除了玄奘以外，其后还有很多中国的僧侣前往那烂陀寺学习佛法，例如义净、灵运、玄照等人。

2. 整体空间布局

从整体布局（图3-35）来看，那烂陀寺是以线状的发展路线布局的。有两条轴线，其中西侧一条轴线上主要布置公共建筑，东侧轴线上主要布置僧舍等，布局严谨，与原始佛教时期的传统布局形式相比更实用，功能分区明确。作为学校类建筑，这种僧舍的集中式布局比较便于管理。

那烂陀寺西侧的公共建筑部分属于教学区，由四组寺庙和佛塔两部分组成。寺庙和佛塔的布置形式不再是原始佛教时期的寺庙建筑围绕佛塔布置，这主要是由那烂陀寺学校性质的功能决定的。那烂陀以佛教教学为主要目的而兴建，因此这里的佛塔规模大多都比较小，且教学区的每组寺庙与佛塔的布局形式都是佛塔林围绕寺庙建筑布置的。

东侧的僧舍区是连续的僧院，由总进深几乎

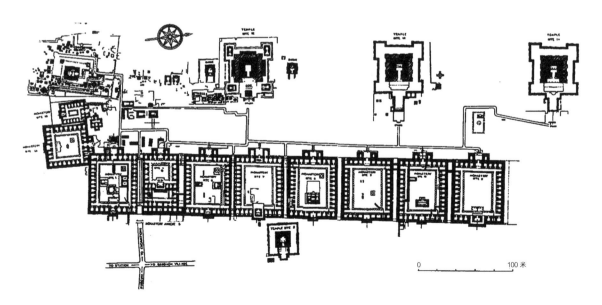

图3-35 那烂陀寺总平面

一样的精舍排列成一纵列。每个精舍都是传统的中心式院落布局形式，主入口均朝向寺庙建筑，使用方便。精舍的中心院落内布置有石桌（图3-36）、水井（图3-37）、厨房等，满足僧侣们生活日常所需。庭院四周布置着一间间进深很小的小房间，除了满足僧侣们休息之需，还是每

个人平时的个人体悟空间。精舍的面宽有所区别，因此每个精舍内的小房间数量也有差异，但基本都保持单数间。每两个相邻的精舍间都留有一条狭长的通道，可供东西向穿行通过，布局合理。

西侧的教学区与东侧的僧院区之间，由一条贯穿南北、平行于精舍群西侧的道路，和与之垂直的几条直通寺庙建筑的道路连接，充分体现了那烂陀寺的功能性、可达性，布局处理得干脆、直接。

3. 遗址现状

从19世纪下半叶开始，考古专家对那烂陀遗址进行考古发掘，先后出土了一些精美的文物，包括雕刻、铜像和印章等。根据义净的《大唐西域求法高僧传》中的描述，那烂陀寺多用砖建成，也有些木构梁和其他一些辅助材料，僧房外有很高的围墙，其上陈列了很多精美的佛像雕刻。

现在的那烂陀寺已不复当年的辉煌，在12世纪时便毁于战乱等因素。遗址园内大多是地基遗址，保存相对完整的是一座寺庙建筑（图3-38），一条长长的阶梯通向寺庙建筑，其周围是一大片佛塔林（图3-39），佛塔形式多样，有些刻有精

图 3-36 僧舍内院的石桌痕迹

图 3-37 僧舍内院的水井

图 3-38 寺庙主体建筑

图 3-39 佛塔林

美的雕刻，其中最为壮观的是一座周身刻着雕像的真身舍利塔（图3-40）。

如今，随着印度佛教的再次发展，由于其曾经的影响力，那烂陀寺已开始重建，虽然不一定能重塑当年的辉煌，但这是一个极具历史纪念意义的行动，同时也有利于帮助印度恢复佛教信仰。

3.3.6 藏密伽蓝

众所周知，现在的印度已经没有完整的佛教寺庙保留下来了，所能看到的大多就是佛教建筑遗址上的空间布局，或者是一些佛教经典中对于佛寺布局的描述，总之，资料很不详尽。为了能对印度佛寺的空间布局进行全面深入的了解，不得不深入研究与之最相近的藏传佛教寺庙，从中可以反过来看印度佛教寺庙的空间关系。由于中国西藏与古印度的地理位置相邻，所以受到古代印度佛教寺庙空间布局的影响比较直接，相似性也更多，所以了解藏密伽蓝的形式很有必要。

西藏的桑耶寺（图3-41）是现存中国最早的模仿佛国宇宙组织建造的佛教寺庙。桑耶寺建于8世纪，又名"桑鸢寺"，始建于唐大历年间，位于西藏的扎囊县雅鲁藏布江北岸，是西藏历史上第一座为僧人剃度出家的寺庙。该寺庙是由从印度请来的佛教徒寂护主持修建的，以古时候印度摩揭陀国的寺庙为蓝本建造，所以，桑耶寺受到了印度佛教寺庙的直接影响。

乌策殿（图3-42）是桑耶寺的主殿，位于整座寺庙的中心，象征着位于世界中央的宇宙之山——须弥山。殿高三层，坐西朝东，平面为方形，平台之上设有类似金刚宝座的五个尖顶，象征东、南、西、北、中五个方位及五佛。围绕着乌策殿的四个正方位各建三座小殿，分别象征世界各部，

图 3-40 真身舍利塔

图 3-41 桑耶寺鸟瞰

图 3-42 乌策殿

并对称设置两轮日与月。在其四个角上布置红（图3-43）、白（图3-44）、绿（图3-45）、黑（图3-46）四座塔，表示四方、四色及四大护法天王等。围绕桑耶寺的围墙以圆形象征环绕世界的铁围山。

虽然现在的桑耶寺已损毁很多，不复昔日的辉煌，但是从其壁画中描绘的桑耶寺的景象还是可以看出比较完整的象征佛国宇宙的空间布局。

图 3-43 红塔

图 3-44 白塔

图 3-45 绿塔

图 3-46 黑塔

3.4 石窟

3.4.1 古印度石窟的产生

　　石窟，顾名思义就是"石头上的洞穴"。

　　其实石窟在佛教产生之前就已经存在了。佛教产生之后，尤其是佛陀释迦牟尼涅槃之后，佛教徒利用和开凿石窟，使石窟被赋予了佛教内涵和用途。

　　最早的石窟是山体上天然形成的洞穴，可用作暂避风雨之所。早期释迦牟尼为沙门弟子游历苦行之时，也常于洞穴中修行。之后佛教创立，佛陀带领弟子四处讲法布道、弘扬佛法，其间偶尔会集体在洞穴中躲雨。基督教早期也有分散在西亚山岩中的洞穴式的"Cell"[19]，"Cell"是"细胞"的意思，这里我们可以理解为"单体（洞穴）"。

　　佛教石窟的基础便是天然山洞，山洞有遮风避雨的基本功能，而且可作为永久性住所，是宗教信仰者修行场所的良好选择。随着阿育王将佛教推上高潮，佛教在全印度呈风靡的态势，一些深山老林里面出现了石窟。初期的石窟多是毗诃罗式的，这种毗诃罗式石窟一方面满足了比丘们远离尘嚣潜心修炼的愿望，另一方跟印度的天气有关。印度是一个雨、热季分明的国家，除了有长达三个月的雨季以外，还有漫长的炎热期，在山林里开挖石窟既可以遮风避雨、安心修炼，还可以在山林的清爽中度过炎热的夏季。这种开山凿窟、避世修行的做法，成为后世佛教徒们的一种追求。

　　印度的毗诃罗式石窟甚多，如著名的阿旃陀石窟，全部26个洞窟中，就有22个毗诃罗式窟，开凿于公元前2世纪到公元7世纪。这种毗诃罗式窟主体上一个较大的方形窟室，除正面入口外，左右壁和后壁上还开凿了一些小的支洞[20]。通常来说，毗诃罗式石窟的立面形象较为简单，它的一面设置有入口（图3-47），通过立面开凿的

图 3-47 阿旃陀—毗诃罗窟入口

一排柱廊与内部的一个较大的方厅相连接。建筑内部在方厅周围再凿建尺度规格相等的小方室，作为僧侣的居住地。有些比较大型的毗诃罗式石窟，在方厅中有成排的列柱，还专门留有供奉佛像的小室（图3-48）。毗诃罗式石窟的窟顶是平的，其内部可依据自身的特点进行一些雕刻和彩绘的装饰[21]。

这些毗诃罗式石窟既能满足僧侣们在寂静的空间内自我修行的需要，又能满足他们的居住要求。通常在雨安居的三个月时间内，僧侣们都是在这种石窟内修行，过了雨安居便出去讲法布道。由于这些石窟具有永久性的特征，因此在长时间的发展中小型的毗诃罗式石窟（图3-49）聚集形成石窟寺（图3-50），这种石窟寺由多个毗诃罗式石窟集中在一起发展而来，在之后的发展中，单个的毗诃罗式石窟几乎没有了。毗诃罗式石窟是石窟的一种重要形式。

这之后又有了新的石窟形式，通常被称为"支提窟"。"支提"是指供奉佛舍利的佛塔，其建造材料有砖和石两种，造型也从初期的覆钵式演变为后来的方形。"支提窟"就是内部建有一座支提的石窟（图3-51）。

最早的支提窟形式很简单（图3-52、图

图 3-48 供奉佛像的小室

图 3-49 毗诃罗式石窟平面示意

图 3-50 坎赫里毗诃罗式石窟寺

图 3-51 坎赫里支提窟

图 3-52 简易支提窟
平面示意

图 3-53 简易支提窟

3-53），即在简易的山洞内包设置一个支提，随着佛教的发展和对佛陀的偶像崇拜，支提窟逐渐形成了自己特有的空间形式（图 3-54），窟内出现了佛像，佛教艺术从此不断发展。僧侣们会在支提窟内举行宗教仪式，列队围着支提绕圈，这是印度佛教中最常见的绕塔仪式，一般是按顺时针方向转圈，这跟佛陀转法轮的行为有着密切的联系。

支提窟的深度远大于其宽度，在后期的发展中，沿边会有一圈柱子。为了增加支提窟内部的采光，大门洞的上方凿有采光洞口[22]（图 3-55），也因此，支提窟内部的高度较高，窟顶呈拱顶形式，如巴贾（Bhaja）支提窟的布局形式（图 3-56）。这种后期发展成熟的支提窟在佛教石窟中并不多见，比较多的石窟形式还是如居室般呈方形或长方形的布局方式。

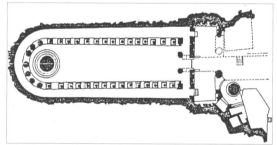

图 3-54 成熟支提窟平面

图 3-55 阿旃陀石窟采光口

图 3-56 巴贾支提窟

由于石窟的永久性特征，佛教艺术随着石窟在沉默几个世纪之后一起被保留了下来，为现代研究佛教及其艺术提供了宝贵的资料，更是给世人留下了珍贵的文化遗产。毗诃罗式石窟和支提窟经过犍陀罗向东一路传播到了中国内地，这种石窟艺术在中国得到了极大的发展，主要体现在雕刻和壁画上，至今保留下来的丰富的石窟艺术精品，令世人惊叹。

3.4.2　古印度石窟的发展演变

前文的内容中提到了石窟的产生以及毗诃罗式石窟和支提窟的基本形式。其实早期人工开凿的毗诃罗式石窟多有模仿木构建筑的形式，这种形式还对后期的支提窟有一定的影响。在世界各地的建筑中都会看到木结构对砖石结构的建筑影响，多表现在建筑修饰上，通常会以模仿木构的

壁柱、梁架等形式出现，在石窟寺中也存在这种现象。

1. 毗诃罗式石窟的发展演变

毗诃罗式石窟寺是由单人的毗诃罗式石窟发展演变而来的，这与精舍的演变由来类似，都属于一种聚集效应。

早期的毗诃罗式石窟很简单，就是一个方形大空间，除了入口前的一排立柱形成入口空间的前廊这一灰空间的变化外，内部大空间就不再有其他小分割了，有学者将这种最简易的毗诃罗式石窟另归为一类，称其为"方形窟"（图 3-57）。最典型的实例就是坎赫里（Kanheri）的第 67 号窟。这种方形窟除了平面形式呈方形外，其余各面也都是方形，整个空间就像一个方盒子，因此，顶部就是平顶形式，没有什么空间变化。在之后的发展中，这种方形窟顶多就在内部空间各面上加以彩绘进行

图 3-57 坎赫里的方形窟

图 3-58 贡迪维蒂内增柱廊的毗诃罗式石窟

图 3-59 壁龛与洋葱头装饰的毗诃罗式石窟

装饰。这种方形窟的宗教意义很纯粹，少有类似于"绕塔"这种复杂的宗教礼仪形式，多的是一份宁静、单纯的体悟空间。

几个佛教徒为了能一起修行，便将这种方形窟叠加开凿，形成了我们现在经常提到的毗诃罗式石窟寺。早期的毗诃罗式石窟寺就是在方形窟的基础上，在四壁继续开凿并列的方形窟，共用方形大厅。此时依旧是没有什么装饰的简易石窟寺。在佛教的长期发展中，佛教建筑艺术审美不断提高，就有了装饰的需求，这种装饰首先表现在毗诃罗式石窟寺内增添了一圈立柱（图 3-58）。其后对于装饰的要求越来越高，例如在巴贾第 19 号毗诃罗式石窟中，窟内每间居室外墙上都做了壁龛作为装饰，门头上也加了一些筒拱装饰（图 3-59）。除此以外，窟门前廊也不是简单的立柱形式，而是由立柱与顶部形成拱券形式的前廊空间（图 3-60）。

2. 支提窟的发展演变

毗诃罗式石窟之后的支提窟给石窟建筑及其艺术注入了新的元素。

早期的支提窟模仿了砖木结构的形式。支提窟与毗诃罗式石窟最大的区别就是"支提"，也就是石窟内多了一个窣堵坡。支提窟内的窣堵坡的位置不是一成不变的。

最原始的支提窟内部空间平面呈圆形，此时窣堵坡就位于圆形平面空间的中心位置，这一时期的支提窟以绝对的佛塔崇拜形式存在，而此时的佛塔就是佛陀释迦牟尼的象征。纯粹的圆形支提窟完全满足了佛教中的绕塔礼仪形式需要。但是圆形支提窟的空间大小有限，限制了僧侣的发展，因此，这种支提窟往往不是独立存在的，通常会有一些适合僧侣起居的其他石窟在其附近，

组成石窟群。例如杜尔贾莱纳（Tuljalena）第 3 号窟就是这种圆形支提窟。

由于圆形支提窟的空间限制，在后期的发展中逐渐出现了一种将圆形支提窟与长方形平面空间结合的支提窟形式。这种形式一般都是从石窟正门直接进入一个进深大于面宽的长方形大空间，其末端就紧跟着一个圆形空间，窣堵坡就置于其内。例如贡迪维蒂（Kondivite）第 9 号窟就是这种形式（图 3-61、图 3-62），虽然解决了圆形支提窟空间不足的缺陷，但是这种生硬的连接方式还是造成了一部分死角空间的浪费，且末端的圆形空间依旧显得局促，在绕塔仪式这一佛教活动的过程中仍不能容纳足够多的僧侣。

随后，圆形与方形空间的连接方式又得到了进一步的改善，取消了圆形空间与方形空间之间的墙体，形成了一个方形空间与半圆形空间良好

图 3-60 拱券前廊空间

图 3-61 贡迪维蒂 9 号窟整体空间

图 3-62 贡迪维蒂 9 号窟末端圆形支提窟

图 3-63 卡拉第 8 号窟

过渡的结合形式。例如卡拉（Karla）的第 8 号窟（图 3-63），这种支提窟的形式已经比较成熟，石窟内空间很大，末端的窣堵坡就是整个石窟的重心与高潮。通常这种支提窟的顶部是拱券形式，整体空间显得庄重恢宏。

这些支提窟多以立柱和壁柱作为装饰。早期的立柱和壁柱形式比较简洁、大气，其后的发展中不断细化和美化，因此出现了各种柱子形式。与之相似，早期窣堵坡也以简洁为主，主要就是为了纯粹地表达对佛陀释迦牟尼的崇拜和敬仰。随着佛像艺术的出现，支提窟内出现了越来越多的佛像造型，有些以浮雕的形式刻在石窟内壁上，有些则直接在石窟内壁上整雕出一圈佛立像，还有些则将佛像直接雕刻在窣堵坡上，当然也有直接将佛像绘于石窟内壁上的相对简洁的做法。

3.4.3 石窟艺术

印度佛教石窟的建筑与雕刻风格影响了东南亚各地。但东南亚国家开凿石窟甚少，直接继承石窟艺术传统的是阿富汗和中国的佛教石窟。阿富汗巴米扬等地的石窟汇聚了印度石窟建筑和犍陀罗艺术的成果，将石窟和巨型造像结合起来，形成了中亚地区独特的巴米扬艺术流派[23]。

1. 石窟建筑艺术

印度保留下来的石窟无论从完整度上来看还是从数量或质量方面上来看都具有相当高的成就，其建筑艺术主要体现在石窟的两种建筑形式及其演变的过程上，同时也体现在石窟的建筑构造上。前文内容中提到的毗诃罗式石窟和支提窟在千年演变中都各自发展成具有完整性空间的建筑，无论从建筑形式还是空间感方面都能符合各自的功能需求，几千年的历史沉淀在建筑上诠释着静谧、庄严的佛国世界。

　　保存下来的数量众多的石窟从最初的原始形式到后来的成熟形制都有体现，似乎在向世人展示它们的成长过程，让我们对这些石窟有了更多的了解，像是见证着它们的长大、成熟。贡迪维蒂的石窟（图 3-64），让人感受到石窟初期的质朴与希望；而如卡拉第 8 号窟那样的成熟形制的石窟，令人感受更多的则是震撼。

　　石窟的建造虽然大多采用简单的减法在山体上开凿一个个空间，但是在开凿过程中，除了预留必需的使用空间外，还注重石窟的建筑构造形式。从一开始的模仿木结构的梁架结构形式（图3-65）到后来的带穹顶的内部空间形式，从简易的方形柱或圆形柱到后来的预留柱头或增加雕刻

图 3-65 模仿木构建筑的梁架

图 3-64 早期石窟群

的柱子形式（图3-66），体现了石窟建筑艺术的
发展与进步。

　　石窟的建筑艺术体现在石窟内的每个部位，
包括窟内的建筑空间、柱子、梁架、穹顶、支提、
门、窗、壁龛等，这些建筑艺术大多与雕刻艺术和
绘画艺术等装饰艺术结合，使得印度石窟丰富多彩，
带给人心灵的震撼。

　　2. 石窟雕刻艺术及绘画艺术

　　印度石窟的雕刻艺术、绘画艺术等装饰艺术
都是在建筑艺术的基础上发展起来的。在早期的
装饰艺术中，多采用几何形式或线条等（图3-67、
图3-68），而后期装饰题材则越来越丰富，形式
也更多变，尤其是在佛像产生之后，石窟的雕刻艺
术和绘画等装饰艺术更是达到了辉煌时刻。各种
佛像以不同的形式、不同的姿态出现在石窟内的
各个角落，如支提窟内的佛雕像（图3-69）、墙

图3-67 几何形式的柱子

图3-66 形式多样的柱子

图3-68 雕刻装饰的柱身

图 3-69 支提窟内的佛陀

壁上的佛雕像（图 3-70）、柱头上的佛雕像（图 3-71）、天花板上的彩绘（图 3-72）等。这些精美的雕刻艺术及绘画艺术等装饰艺术强有力地征服了人们的眼球。

图 3-70 墙壁上的佛雕像

图 3-71 柱头上的佛雕像

3.5 阿育王石柱

3.5.1 阿育王石柱的由来与基本形式

石柱是古代印度佛教建筑中除窣堵坡、寺庙以及石窟外另一种构筑物，以单体耸立的形式存在。石柱常被称为"阿育王石柱"或者"阿育王赦令柱"，顾名思义，石柱与阿育王有着密切的联系。阿育王皈依佛门之后便大力弘扬佛教。为了能将佛法弘扬到各地去，也为了使更多人瞻仰，阿育王亲自从华氏城出发，到与佛陀释迦牟尼有关的圣地去朝拜，并于所到之处命人树立起石柱，将铭文刻在石柱周身。铭文的内容为佛陀释迦牟尼的生平事迹以及佛法铭言，这便是石柱的由来。这种独立的石柱作为佛教的标志物在一定的时期内影响着很多人，也在一定程度上将佛教广为传播，只可惜，现存的石柱不多。

阿育王石柱除了周身刻有铭文外，还有些石柱上刻着涡卷、马、公牛和大象等图案和雕像（图 3-73、图 3-74），这些图案和雕像可能跟波斯文化有关。石柱顶部通常是圆雕的动物形象，如鹿野

图 3-72 天花板上的彩绘

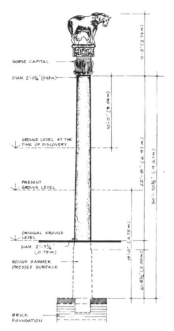

图 3-73 马柱头阿育王石柱立面

图 3-74 吠舍离的阿育王石柱

苑的石柱顶部则是狮子。

3.5.2　鹿野苑的阿育王石柱

鹿野苑的阿育王石柱（图 3-75）是所有石柱中最闻名的一尊。虽然它仅 2 米高且形式较拘谨，显得矮小而不够气派，然而其制作之精细以及独特的表面光洁度（被称为"孔雀抛光术"）却使它闻名于世，成为早期佛教的一件稀世珍品（已作为印度国徽中的图案）。它的柱头由三个不同的部分组成：柱子的顶板下是一个带凹槽的鼓状物，顶板上用浮雕刻着四个小法轮，四法轮间隔着象、马、牛、狮四只浮雕动物，顶上的主要部分雕着四只背对背的狮子。现存的柱形并不完整，因为按原设计，在四个狮子的背上还应驮有一个巨大的法轮。

鹿野苑阿育王石柱有其独特的象征意义：石柱是在鹿野苑发现的，鹿野苑为释迦牟尼首次传授佛法、初转法轮的圣地。从现今考古发现以及所存有的实物来看，在早期佛教艺术中，释迦牟尼的形象从来不出现，他的生平事件也是用不同的符号来代表的。光环或轮是古代中东用来表示最伟大的神或智慧的符号，但佛教却用轮来代表法轮，成为佛法的象征符号，并被全世界所接受。

鹿野苑石柱柱顶的四头狮子曾驮着一个巨大的法轮，与顶板上的四个小轮相呼应，象征着佛法至高无上。狮子在世界各地被认为是兽中之王，而释迦牟尼被喻为智者中的狮子，他于四方说教，如狮子的吼声在世界回荡。顶板上的四种动物，在印度自吠陀时期就代表着世界的四个方位，大象代表东方，马代表南方，公牛代表西方，狮子代表北方。四种动物与法轮相间，象征着法的真谛射向世界的四个方向，它们合在一起为处于其上的大法轮——叱咤全宇宙的佛法提供了基础，这表示释迦牟尼佛

图 3-75 鹿野苑的阿育王石柱

印度衰败的节奏。所幸佛教传出天竺之后在亚洲各地得到了不同程度的发展，如今更是溯本逐源，各国僧侣再次远赴印度，这次不是像玄奘那样求取正宗佛法，而是将佛法带入印度，继续弘扬佛法之路。

在这个古老的国度，佛教建筑是印度建筑史上的一个重要组成部分，佛教建筑艺术在这里曾一度达到巅峰，对印度艺术的发展有着深刻的影响，这种影响力一直持续到现在。今天印度的国徽便是阿育王时期佛教重要的构筑物阿育王石柱顶部的四只雄狮塑像，其精美的雕刻艺术和独特的造型让人惊叹。本章从建筑的角度出发，从古印度的佛教谈到佛教建筑，将古印度佛教建筑分为窣堵坡、寺庙、石窟三种类型，分别对其进行详细的论述。

窣堵坡是最早的佛教建筑类型，至今保存最完整的早期窣堵坡是桑契窣堵坡，从平面布局到雕刻艺术都有着超高的艺术价值，也是珍贵的历史研究资料。阿育王曾下令建造八万四千座佛塔来宣扬佛教，并通过这种形式将佛教从古印度地区向外传播，对佛教后期在其他国家的发展有着重要的贡献。

印度地区现存的古老寺庙不多，除石窟寺外大多已是断壁残垣。穆斯林入侵印度时期，伊斯兰教为铲除异教而大肆破坏佛寺。随着佛教的衰败，佛寺也日渐荒废，还有一些仅存的佛寺则被其他宗教信徒占领并改造。

石窟是现在印度保存最完整的佛教建筑类型，为各国学者研究佛史和雕刻艺术成就提供了丰富而珍贵的实物资料。

在长期的发展中，佛教文化与各国本土文化结合，使印度佛教真正地融入各种文化中。佛教建筑也融入各个文化体系中，成为很多国家的一种重要的建筑形式。

法神通广大，遍布寰宇。此外，这四种动物还是一种思想信念的代表和象征，如象象征和平，狮象征威严，马象征胜利，牛象征生活。

这件作品不仅是释迦牟尼向宇宙说法的极妙的象征，同时也可被认为是把阿育王看作一位开明的世界君主的写照（在印度语中被称为"转轮圣王"或"持轮者"，在印度艺术中，"转轮圣王"拥有七种宝贝，其中法力最大的是"闪光轮"）。由此可见，鹿野苑阿育王石柱柱顶还有另外一层象征意义——将阿育王比作尘世间的"转轮圣王"，传播佛法真谛，侍奉神圣的释迦牟尼 [24]。

3.6 本章小结

佛陀释迦牟尼创立佛教以来，佛教便蓬勃发展至今。虽然在其发源地佛教曾一度消失，但如今世界各国的佛教徒纷纷前往这个古老的国度朝圣寻源，助其重新回归佛教本源。古印度时期，佛教在统治者的支持下得到广泛的传播，从吠陀时代开始便顺风顺水。但随着佛陀涅槃，佛教内部出现分歧，各部派分裂开来，虽前期有阿育王这类的君主大力推广，但最终没能止住佛教在古

注　释

1 玄奘，辩机 . 大唐西域记校注 [M]. 北京：中华书局，1985.

2 王贵祥 . 东西方的建筑空间：传统中国与中世纪西方建筑的文化阐释 [M]. 天津：百花文艺出版社，2006.

3 王亚宏 . 印度的宗教建筑 [J]. 亚非纵横，2002（4）.

4 义净，译 . 根本说一切有部毗奈耶杂事 [Z]// 大正律藏：第 23 册 .

5 出自南宋·宗鉴编《释门正统》。

6 玄奘，辩机 . 大唐西域记校注 [M]. 北京：中华书局，1985.

7 孙玉玺 . 圣地寻佛（下）[J]. 世界知识，2006（13）.

8 义净，译 . 根本说一切有部毗奈耶杂事 [Z]// 大正律藏：第 23 册 .

9 玄奘，辩机 . 大唐西域记校注 [M]. 北京：中华书局，1985.

10 王贵祥 . 东西方的建筑空间：传统中国与中世纪西方建筑的文化阐释 [M]. 天津：百花文艺出版社，2006.

11 肖瑶 . 世界古代建筑全集 [M]. 北京：西苑出版社，2010.

12 绕塔仪式：佛教礼仪之一，从古印度时期开始流传至今，后传到中国。通常是按顺时针方向绕塔行走，代表顺从的意思，如果从右往左则是反对的意思。佛教中通过这种仪式表达对佛祖的崇拜敬仰之情，也有消除业障、获得福报等含义。

13 肖瑶 . 世界古代建筑全集 [M]. 北京：西苑出版社，2010.

14 陈志华 . 外国古建筑二十讲 [M]. 北京：生活·读书·新知三联书店，2004.

15 佛寺 [EB/OL].[2016-05-16]. http://baike.baidu.com/item/ 佛寺 .

16 SINGH. Where the Buddha walked：a companion to the Buddhist places of India[M]. India：Indica Books, 2003.

17 玄奘，辩机 . 大唐西域记校注 [M]. 北京：中华书局，1985.

18 犍陀罗又作健驮逻、干匿卫等。意译为香行、香遍、香风等。位于今巴基斯坦西北喀布尔河下游，五河流域之北，今分属巴基斯坦与阿富汗。犍陀罗国的领域经常变迁，公元前 4 世纪马其顿的亚历山大大帝入侵印度次大陆西北部时，它的都城在布色羯逻伐底，约在今天巴基斯坦白沙瓦城东北之处。1 世纪时，贵霜王朝兴起于印度北方，渐次扩张版图，至喀布尔河一带。迦腻色伽王即位时，定都布路沙布逻，就是今天的白沙瓦地区。迦腻色伽王去世后，国势逐渐衰微，至寄多罗王，西迁至薄罗城，王子留守东方。

19 王贵祥 . 东西方的建筑空间：传统中国与中世纪西方建筑的文化阐释 [M]. 天津：百花文艺出版社，2006.

20 萧默 . 敦煌建筑研究 [M]. 北京：机械工业出版社，2003.

21 王其钧 . 外国古建筑史 [M]. 武汉：武汉大学出版社，2010.

22 陈志华 . 外国古建筑二十讲 [M]. 北京：生活·读书·新知三联书店，2004.

23 李珉 . 论印度的早期佛教建筑及雕刻艺术 [J]. 南亚研究季刊，2005（1）.

24 李珉 . 论印度的早期佛教建筑及雕刻艺术 [J]. 南亚研究季刊，2005（1）.

图片来源

图 3-1 露天讲法，图片来源：http://hi.baidu.com

图 3-2 祇园精舍遗址，图片来源：王锡惠摄

图 3-3 当地民居（一），图片来源：王锡惠摄

图 3-4 当地民居（二），图片来源：王锡惠摄

图 3-5 窣堵坡内部结构，图片来源：根据网络资源绘制

图 3-6 桑契窣堵坡，图片来源：刘畅摄

图 3-7 拘尸那迦火葬塔，图片来源：汪永平摄

图 3-8 印度早期浮雕中的菩提树，图片来源：王贵祥 . 东西方的建筑空间：传统中国与中世纪西方建筑的文化阐释 [M]. 天津：百花文艺出版社，2006

图 3-9 桑契窣堵坡栏杆门浮雕《带菩提树冠的窣堵坡》，图片来源：王贵祥 . 东西方的建筑空间：传统中国与中世纪西方建筑的文化阐释 [M]. 天津：百花文艺出版社，2006

图 3-10 印度原始窣堵坡形式，图片来源：王贵祥 . 东西方的建筑空间：传统中国与中世纪图片建筑的文化阐释 [M]. 天津：百花文艺出版社，2006

图 3-11 窣堵坡到中国塔的演变，图片来源：王贵祥 . 东西方的建筑空间：传统中国与中世纪西方建筑的文化阐释 [M]. 天津：百花文艺出版社，2006

图 3-12 桑契遗址总平面，图片来源：阿巴尼斯 . 古印度：从起源至公元 13 世纪 [M]. 刘青，张洁，陈西帆，等译 . 北京：中国水利水电出版社，2006

图 3-13 桑契窣堵坡平面和立面，图片来源：阿巴尼斯 . 古印度：从起源至公元 13 世纪 [M]. 刘青，张洁，陈西帆，等译 . 北京：中国水利水电出版社，2006

图 3-14 桑契窣堵坡，图片来源：汪永平摄

图 3-15 桑契窣堵坡头及以上部分，图片来源：汪永平摄

图 3-16 桑契窣堵坡的礼拜道，图片来源：刘畅摄

图 3-17 精美雕刻（一），图片来源：刘畅摄

图 3-18 精美雕刻（二），图片来源：刘畅摄

图 3-19 精美雕刻（三），图片来源：刘畅摄

图 3-20 桑契陀兰那，图片来源：刘畅摄

图 3-21 中国牌坊，图片来源：汪永平摄

图 3-22 日本鸟居，图片来源：汪敏摄

图 3-23 树神药叉女雕像，图片来源：刘畅摄

4 印度耆那教建筑

耆那教寺庙建筑的起源与发展

耆那教寺庙建筑的时代特征

耆那教寺庙的建筑特点

4.1　耆那教寺庙建筑的起源与发展

　　耆那教与佛教都孕育自公元前 6 世纪至前 5 世纪的沙门思潮。那时的印度正处于列国时期，各地纷起的战争与对抗开始冲击更早时形成的价值观和制度。代表旧势力的婆罗门阶层固守婆罗门至上、祭祀万能、吠陀天启三大原则；而代表新兴势力的沙门思潮则要求打破婆罗门阶层在宗教、文化、思想、政治等方面的垄断地位。人们不断提出新的宗教和哲学以期恢复社会秩序，或者通过静思冥想、神秘主义和其他超脱出世的手段来逃避世间的纷争。在这种社会背景下，耆那教思想应运而生。

　　耆那教徒们讲求苦行修身，通过放弃现世的享乐出家受戒，严格遵守教义和戒律来达到超脱出世、全知全能的理想状态。所以早期的耆那教并没有营建永久性的宗教场所和建筑设施，相反，教徒们还劝说人们主动放弃房屋、财富和世俗生活去深山中修行。创建了耆那教的大雄也曾衣不遮体，云游乞食于西孟加拉地区。

　　到了公元前 3 世纪，印度绝大部分地区都进入了大一统的孔雀王朝时期。王朝最伟大的统治者是开国皇帝之孙，被称为"无忧王"的阿育王。阿育王把佛教定为国教，并同时鼓励耆那教的发展。考古发掘出的石柱上记载有铭文"善见王（即阿育王的尊称）即位十三年，赠此窟与阿什斐伽（即后来的耆那教天衣派前身）"。在其即位 28 年所立的石柱上刻有铭文"善见王已命理教专吏，敬视僧伽（即佛教徒），并及婆罗门、尼健陀（即大雄一派）、阿什斐伽，实及其他出家各宗"[1]。这个时期的耆那教寺庙建筑主要为建在山林深处的石窟寺（图 4-1）和提供给僧侣休息的棚舍。

　　阿育王之后，孔雀王朝日渐衰弱。这片孕育

了各种宗教文明的土地再次陷入群雄割据的乱世，直至 3 世纪才又出现了大一统的笈多王朝。笈多时期被认为是印度古典文化的巅峰，其间宗教、文学、艺术、哲学、科学全面繁荣，百家争鸣。笈多时期融合了外来文化和自身的传统文化，被称为古典艺术的黄金时期。在笈多时代产生了一大批宗教艺术精品，在建筑形制、雕刻式样、绘画风格等方面形成了完整的审美标准和创作规范，并开始使用加工过的石材来建造寺庙，开创了印度古代宗教建筑的新纪元。但因为印度的王朝并不注重修史立书，外界了解这段历史主要是通过中国僧人法显的游记。法显于 5 世纪初到达印度，以求取佛教真经。在游历各地的 6 年中，他详细地记录了当时的所见所闻，描绘了一个富饶而拥

图 4-1　耆那教石窟寺

有灿烂文明的国度。其中法显还特别提到很多地方都建有由私人捐助的帮穷人免费看病的医院，虽然无法确定这是不是由耆那教徒所建，但以其宗教思想推测这却有可能。有史以来多有其教徒捐建医院的记载，甚至在今天都有由耆那教徒所建的为动物免费看病的医院。关于耆那教寺庙的起源与发展记载不详，然而从零散记载中也可想见，从公元前 3 世纪至公元 6 世纪前后，耆那教宗教建筑应该已有一定发展。从孔雀王朝至笈多时代的这段古典时期可以看作耆那教寺庙建筑的萌芽期。

6 世纪中叶，笈多王朝由于受到嚈哒人的入侵而崩溃。印度再次形成了由地方王国各治的局面。这些游牧民族并没能建立起一个统一的帝国，在政治混乱了一段时期之后于 7 世纪初由本土势力再次实现统一，即为戒日王时期。戒日王同阿育王一样，也支持佛教和耆那教的发展。在此期间玄奘来到了印度，写下了著名的《大唐西域记》。从《大唐西域记》的部分记载中我们可以看出，当时的耆那教已经具备了一定规模，而各地也都有大量所谓"天祠"的宗教建筑。据《佛学大词典》记载，"天祠"译自梵语"deva-kula"，是大自在天等天部诸神之所的意思，为一种源自印度教的敬神场所。由于现今的考古发掘尚未发现此时期大型的耆那教寺庙建筑，可见玄奘所提到的"天祠"很可能只是一种临时性的简单宗教设施或者是一些小型的寺庙。总之，至 7 世纪耆那教寺庙建筑已经粗具规模，并有了很大的发展。

7 世纪初，在伊斯兰教崛起并横扫中东和北非时，印度并不在其征伐范围之内，但印度的富足早已被阿拉伯人所垂涎[2]。8 世纪，随着印度河下游的信德省（Sindh）被阿拉伯军队攻占，标志着漫长混战的中世纪拉开了帷幕。此后这片富饶的土地便饱受异族蹂躏，直至 1526 年才建立了大一统的伊斯兰莫卧儿王朝。数百年的战乱刺激了各个地区不同的文化发展与互相交融。

8 世纪前后，耆那教在古吉拉特邦、拉贾斯坦邦和部分印度南部地区因为得到地方统治者的支持而快速地发展起来。由于僧侣们常年行走在外，一边乞讨，一边布道，需要有地方作为停留和休息的场所，于是便有当地信众出资为他们建造耆那教寺庙和僧舍等各种辅助设施，以便僧侣们停歇并讲授宗教知识。最初耆那教寺庙主要模仿印度教神庙的建筑形式，或是直接占用印度教废弃的寺庙，只是两者所供奉的偶像不同而已。前者以建于奥西昂（Osian）的玛哈维拉庙（Mahavira Temple）为典型代表，而直接利用废弃的印度教寺庙的例子则有建于亨比（Hampi）的哈玛库塔庙（Hemakuta Temple）。随着宗教的发展，耆那教寺庙日渐发展出适应自身宗教理念的建筑形式，如以连续小圣龛作为围廊的院落空间和四面开门的圣室形式。南印度地区因为未受战乱影响，一直独立发展，与北地少有联系。8—12 世纪是耆那教寺庙建筑发展的黄金时期，在古吉拉特邦和拉贾斯坦邦地区形成了众多信仰耆那教的小王国，由王室倾全国之力建造了许多闻名于世的寺庙建筑，如建于拉贾斯坦邦阿布山（Mount Abu）的迪尔瓦拉寺庙群（Dilwara Temples，图 4-2）。

至 13 世纪时，随着突厥人在德里建立了伊斯兰苏丹国，伊斯兰教势力逐渐登上政治舞台。在大城市里穆斯林为了维持自己的宗教地位，残酷镇压一切异教，肆意驱逐和屠杀印度教、佛教、耆那教僧侣，并拆毁他们的寺庙来建设清真寺。在伊斯兰统治势力不断扩张的时期，大城市的耆那教寺庙建设几乎停止，新的耆那教寺庙被迫建造在非伊斯兰统治区或被破坏可能性很小的边远地区，建造规模远不如前。但也遗留了一批以拉那克普（Ranakpur）的阿迪那塔庙（Adinatha Temple，图 4-3）、萨图嘉亚寺庙城（Satrunjaya Temple City，图 4-4）为代表的著名寺庙建筑。等到形成了大一统的伊斯兰王朝，对待其他宗教的态度开始有所缓和。统治者意识到杀尽占印度总人口大多数的印度教徒显然是不实际的，便在强令其缴纳异教徒税的基础上给予其一定的宗教自由，这时耆那教便依附于印度教继续发展，而遗憾的是佛教未能做到。这个时期的耆那教寺庙不可避免地融合了伊斯兰建筑风格，如

位于中央邦（Madhya Pradesh）的索娜吉瑞寺庙城（Sonagiri Temple City）。

18 世纪后，印度成为英国的殖民地。寺庙不再有被穆斯林摧毁的威胁，僧侣的人身安全也得到保证。于是，耆那教开始慢慢恢复生机，在重要城市不断出现新建的寺庙。这段时期寺庙的风格主要有两种：一种为古典复兴式，工匠们从过去的寺庙中获取灵感，并结合了新的技术和工艺。如艾哈迈达巴德（Ahmedabad）的杜哈玛那塔庙（Dhamanatha Temple，图 4-5）。另一种为折中主义风格，主要集中在受西方影响比较多的沿海商业城市，如建于加尔各答（Calcutta）的希塔兰那塔庙（Shitalanatha Temple）。1950 年，随着民族独立，印度进入了共和国时代。在印度许多地区建有新的耆那教寺庙，或大或小，风格

图 4-2 迪尔瓦拉寺庙群

图 4-3 拉那克普的阿迪那塔庙

图 4-4 萨图嘉亚寺庙城

图 4-5 艾哈迈达巴德的杜哈玛那塔庙

不一。虽然没有中世纪时的寺庙精致华丽，但无论布局形式还是建筑造型，这些寺庙都比过去更加自由，且尚未形成固定模式。

4.2 耆那教寺庙建筑的时代特征

4.2.1 早期的石窟寺建筑

作为一个相对小众的宗教，早期的耆那教寺庙建筑发展比较缓慢，相比于印度教和佛教建筑要逊色很多。公元前 3 世纪孔雀王朝的建立至公元 6 世纪末笈多时代的终结这段时间可以算作耆那教寺庙建筑发展的早期。因耆那教提倡苦行，僧侣多结成队伍，四处云游乞讨或在深山修行，且教派尚未得到统治者的倾力资助，所以早期的耆那教并不具备建造大型寺庙的条件，也没有这种需求。就现存的寺庙建筑、考古发掘和相关文献来看，在 7 世纪末以前都没有建在地面的大型耆那教寺庙，其寺庙建筑主要为开凿在山间的石窟寺。

石窟寺是依山凿出的寺庙和修行地，最早由出家的僧人建造。虔诚的僧侣为寻求真理和最终解脱，放弃了世俗生活而前往深山中修行。对他们而言，在山岩上开凿石窟比在山间营造寺庙更容易，所以早期石窟寺颇为盛行。最初僧侣们往往使用天然石窟作为修行场所，后来由于技术水平的提高和宗教活动的需要，开始在山体上开凿大型石窟寺。早在公元前 2 世纪就开凿有耆那教石窟，并多和印度教或佛教石窟建在一处。石窟形式与印度教或佛教类似而规模稍小，主要为用于宗教活动的支提窟和僧人修行的精舍窟两种。

（1）居那加德石窟寺

居那加德石窟寺（Junagadh Caves），开凿于 2—4 世纪。居那加德（Junagadh）位于西印度古吉拉特邦的西部，辖内的吉尔纳尔（Girnar）山脊为耆那教和印度教共同的著名圣地[3]。

石窟寺共有三个主要石窟，全部位于居那加德城堡内，一处为耆那教石窟，其余两处都为佛教石窟。其中耆那教石窟最为古老，于 2 世纪建成，在以后的两个世纪内又逐步建成了两座佛教石窟。它们的形式都很简单，只是在岩壁上凿出简单的柱厅，约有 5 米进深，室内并不宽敞。窟内没有偶像的雕刻，有些洞壁上雕了些简单的纹理，除此以外，再无其他。由此推测这些都是早期僧侣们用于修行的精舍窟（图 4-6）。

（2）埃洛拉石窟群

埃洛拉石窟群（Ellora Caves）为世界文化遗产，建于 4—11 世纪，在遮娄其王朝至罗湿陀罗拘陀王朝时期逐步加建而成。埃洛拉石窟群

图 4-6 居那加德耆那教石窟寺

坐落于印度中部马哈拉施特拉邦（Maharashtra Pradesh）的重要城市奥兰加巴德（Aurangabad）西北约30千米处。石窟群坐东朝西，南北绵亘约2千米，34座石窟依次排布在萨雅迪利山的陡峭岩壁上。共有12座佛教石窟、17座印度教石窟和5座耆那教石窟，其中佛教与耆那教石窟为早期建造，印度教石窟建造时期稍晚。

从最南端算起，第1至12窟是佛教石窟，有用于宗教活动的支提窟和僧侣修行的精舍窟两种形式，其中第10窟为支提窟，其余都是精舍窟。其中最著名的是第10窟。石窟两壁都有从山体上直接雕出的4米高石柱，柱顶之间雕出横梁，梁中央雕有持花侍女像。窟内的窣堵坡约8米高，直径约4米，四周都雕有精美的佛像。

中部的第13至第29窟为印度教石窟，主要供奉湿婆和毗湿奴。其中第16窟又是整个埃洛拉石窟群中最让人惊叹的一座，又被称作"凯拉撒神庙"（Kailasa Temple，图4-7）。这座壮丽而神奇的建筑始建于8世纪，奇特的是，它并不是在山体上凿出的洞窟，而是把一整块巨石雕凿成了一座神庙的样式，相传是由古印度拉什特拉库塔国王克利希那一世为纪念战争胜利，发动了7 000多名劳力，前后耗时150多年才最终完成。凯拉撒神庙代表了印度岩凿神庙的最高水平。

位于石窟群北端的第30窟至34窟为耆那教石窟。其中第30和第31窟建成较晚，第30窟是一座岩凿式寺庙，为晚期仿照凯拉撒神庙而建，但在规模上不及前者（图4-8）。第32至第34窟为早期修建的石窟（图4-9）。早期的耆那教石窟仿照佛教石窟形式而建，但规模上不及前者。虽然体量上相对较小，但它们的室内装饰却是最精致华丽的。石窟内多雕刻有祖师像，表达耆那教刻苦修行、战胜自我的苦修精神，门廊内的洞

图 4-7 第 16 窟凯拉撒神庙

图 4-8 耆那教第 30 窟

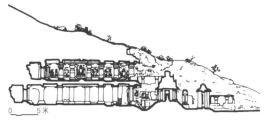

图 4-9a 耆那教第 32 窟剖面

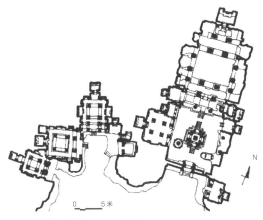

图 4-9b 耆那教第 32 至 34 窟平面

图 4-9c 耆那教第 32
至 34 窟外景

壁上还绘有壁画（图 4-10）。

第 32 窟规模最大，雕刻最为精致。在石窟
寺前有一院落，院子中央是一座从山体上雕出的
圣坛。圣坛四面对称，上有一体雕出的石顶，坛
内四面供奉有大雄雕像，寓意大雄向四面八方宣
讲教义（图 4-11）。这种形式的圣坛是典型的耆
那教样式，10 世纪以后，在位于西印度地区的寺
庙中非常流行，但位置已经移到寺庙圣室的中央。
石窟寺为方形平面，在有双层列柱的大殿内，供
奉有一尊高达 17 米、坐在莲花台上的大雄雕像。
而二层的石柱与一层风格不同：一层多为方柱且
无太多雕刻，显得较为朴实，二层石柱多有八角
形抹角并遍布雕刻，远比一层华丽。由此笔者推
测二者可能于不同时代雕刻而成。

三种宗教在这里汇聚，同放异彩、和谐共生。
各自的僧侣和朝圣者们互不影响，埃洛拉石窟群
成为一处香火不断的著名宗教圣地。开明自由的
宗教态度在现今似已不复存在，但宏伟壮丽的石

图 4-10 耆那教第 34
窟中的祖师雕刻

窟寺却作为文化遗产和艺术宝库留存了下来，其复杂的建筑技巧和精美的古代艺术让人赞叹不已。

（3）巴达米石窟群

巴达米石窟群（Badami Caves）开凿于6世纪，位于印度南部卡纳塔克邦（Karnataka Pradesh）的小镇巴达米。6—8世纪时巴达米曾经作为卡纳塔克邦的首府。

巴达米石窟群共有4个石窟，依次在一座砂岩山丘上凿出，前3个石窟为印度教石窟寺，最后一处为耆那教石窟寺（图4-12）。4处石窟寺的形式很简单，都由最外部的门廊、中部的柱厅和最后的密室组成，均为一层。其中门廊两端雕有表现神灵或偶像的大型雕刻；进入柱厅，石柱上大多遍布雕刻；位于石窟寺最深处的密室内供

图 4-11 耆那教第 32 窟中的圣坛

图 4-12 巴达米石窟群

奉有各自的偶像。3 处印度教石窟寺是南印度最早的印度教石窟，其中前 2 处供奉湿婆大神，而规模最大的第三窟则献给了毗湿奴（图 4-13）。

耆那教石窟寺与前 3 处石窟寺相比规模最小，形式模仿印度教石窟，但却更为细致精巧（图 4-14）。室内墙壁上、石柱上多雕刻绵密的植物纹理，以弥补人物形象单一的不足。窟内雕刻的偶像都是裸体的祖师和先贤，雕刻形式较为刻板，只有立像和坐像两种：立像巍然矗立，上手下垂，目视远方，双手双腿都缠满藤蔓；坐像则为双手叠于小腹处的打坐姿势。耆那教石窟相较于人物雕刻繁多、热闹欢快的印度教石窟，多了一种神秘庄重的宗教色彩（图 4-15）。

由此可见，虽然耆那教反对印度教的某些教义，但事实上它们彼此都持相对宽容的态度。各自的僧侣们平时都生活在一处，大家各拜各神，

图 4-13 巴达米石窟群平面

相安无事，并不互相排斥。这也体现了耆那教的折中性和适应性。

由以上实例可以看出，从孔雀王朝至笈多时代是耆那教寺庙建筑发展的萌芽期。寺庙形式多为仿照印度教和佛教石窟建筑而建的石窟寺，虽然尚未形成自身形制，但已粗具规模。耆那教偶像雕刻比较单一，一般只有坐像和立像两种形式且人物表现雷同，不如印度教和佛教神像丰富多彩。在这些石窟寺中已经出现了完整的祖师石刻，这些雕刻形象在千百年中从未改变，一直延续至

图 4-14 巴达米石窟群
耆那教石窟外景

图 4-15a 耆那教石窟内的祖师雕刻

4-15b 耆那教石窟门廊

今。更加难能可贵的是，一些石窟中已经出现了耆那教寺庙特有形式的早期萌芽，如在埃洛拉石窟群第 32 窟中有四面开敞式的圣坛。再有，耆那教寺庙重视细部装饰、善于创造豪华室内空间的特色也在这时显现出来，如在巴达米石窟群中耆那教石窟是最为精致华丽的。总而言之，这段时间是耆那教艺术勃兴的萌芽期。耆那教寺庙在印度教和佛教宗教建筑的基础上，对自身的寺庙建筑形式进行探索，形成了耆那教寺庙建筑的雏形，并确立了自身的发展方向，为中世纪耆那教寺庙建筑发展的黄金时代奠定了基础[4]。

（4）乌达亚吉里和肯德吉里石窟

乌达亚吉里和肯德吉里石窟（Udayagiri and Khandagiri Caves）位于布巴内什瓦尔（Bhubaneshwar）东部两座紧邻的岩石山丘上，是当时的国王迦罗卫罗（Kharavela）为耆那教苦修行者建造的隐居和修行处，开凿年代大约为公元前 1 世纪。

在被阿育王打败后，卡林加王国失去了声望。但在公元前 1 世纪，卡林加王国的国王迦罗卫罗将恒河平原到南印度划入他的统治区域，就是现在的布巴内什瓦尔东部，并将斯苏帕尔伽赫（Sisupalgarh）作为它的首都。国王的成就被刻在象窟的墓志铭中，即今天乌达亚吉里编号为第 14 石窟的崖壁上。墓志铭指出他信仰耆那教，致力于切割岩石，开凿石窟寺庙。该石窟寺庙距离布巴内什瓦尔 6 千米，是耆那教历史上留下的最早的建筑遗迹。

两座山上的石窟叫莉娜（Lena，意为寓所），其中乌达亚吉里山上有 18 个石窟（图 4-16），肯德吉里山上有 15 个洞窟。第一个开凿的石窟叫女王的洞穴（Rani Gumpha），从公元前 1 世纪开始使用。洞窟建筑对外开敞，依山势上下两层，

图 4-16 乌达亚吉里石窟全景

图 4-17a 从山上看第一窟

图 4-17b 底层走廊

底层是拱券装饰的门廊，上层是粗大的石柱外廊，内部形成的空间满足宗教活动和僧侣生活的需求，改变了耆那教长期以来居无定所的状况，可以称之为石窟的寺院（图 4-17a、图 4-17b、图 4-17c）。建筑的细部处理体现了早期石窟建筑的艺术特色，每一处入口都是拱形装饰，门边和券顶有人物和动物雕塑，类似桑契窣堵坡的陀兰那雕刻手法，表现了当时人们日常生活和农耕、狩猎、战争等场景，刻画细腻（图 4-18a、图 4-18b、图 4-18c）。在山顶的平台还保存着早期的圆形寺庙或用于祭祀的建筑遗迹（图 4-19）。

位于乌达亚吉里对面的肯德吉里的山顶有一座耆那教寺庙，建于 19 世纪，香火旺盛，非耆那教教徒不能进入。在寺庙周围还有几座小的石窟，规模不及乌达亚吉里石窟，开凿时间也相对较晚（图 4-20）。10—11 世纪这里仍有石窟开凿和圣像

图 4-17c 洞窟外景

图 4-18a 门边人物雕像

图 4-18b 门券装饰

图 4-18c 内廊浮雕

图 4-19 圆形建筑遗址

图 4-20 从乌达亚吉里石窟看对面肯德吉里寺庙和石窟

雕刻，但此后，奥里萨邦（Orisha Pradesh）再也没有建造过耆那教石窟或耆那教寺庙，和佛教一样在这里销声匿迹。

布巴内什瓦尔是印度奥里萨邦首府，历史上属于羯陵伽王国，羯陵伽王国在阿育王在位时的孔雀王朝时期是南印度最强大的国家，公元前261年羯陵伽王国面对阿育王的征服，进行了极其勇敢和最顽强的抵抗，战争惨烈，空前未有，此事在阿育王碑铭第十三有记载。阿育王对此深深悔恨，促成他从此改变用战争杀戮来征服民众的做法，转而以推行佛教立国、民心教化的方法来统治国家。

唐代玄奘法师在印度访问学习时曾来到此地，他在《大唐西域记》中记载了羯陵伽国"周

五千里，国大都城周二十里。……少信正法，多尊外道，……天祠百余所，异道甚众，多是尼乾之徒也"。玄奘所说的尼乾之徒指的正是耆那教教徒，由此可见耆那教在当地的影响已有相当长的历史，印度最早期的耆那教石窟寺庙建造在这里且由国王下令来建设便不足为奇。后来，耆那教寺庙建造的出资方式发生了根本的改变，主要由商人出资。

4.2.2　中世纪的建设辉煌

对于印度中世纪的划分有多种观点，主要有从8世纪初阿拉伯军队的入侵至13世纪突厥人在德里建立伊斯兰国和从8世纪初至1526年建立莫卧儿帝国两种。因在13世纪时伊斯兰统治势力尚在扩张和推进，德里苏丹国并没有统一印度大部分领土，而信仰耆那教的主要地区在莫卧儿王朝前并没有被伊斯兰统治者征服，在其寺庙建筑上未体现出明显的伊斯兰建筑风格影响，所以本书即以著名学者罗兹·墨菲编写的《亚洲史》中的观点进行划分，将从8世纪初至1526年莫卧儿帝国的建立作为印度的中世纪，这段时期是耆那教寺庙建筑建设的黄金时期[5]。

8—12世纪，耆那教得到了拉贾斯坦邦和古吉拉特邦许多小王国的大力支持，在有些王国甚至被确立为国教。而在未受到战乱影响的南印度地区，耆那教仍然有条不紊地继续发展。由于得到地区统治者的赞助，这些地区的耆那教势力开始快速发展，大量精美华丽的耆那教寺庙如雨后春笋般涌现出来。初期建造的寺庙主要模仿印度教神庙建筑，后期则逐步形成了自己的特有形式。从13世纪开始，随着伊斯兰势力的持续扩张，耆那教发展逐渐衰弱，由穆斯林控制的大城市不再兴建大型耆那教寺庙。在伊斯兰统治区，统治者

对一切异教信仰者施行高压政策，如不变更信仰则被驱逐或残忍屠杀。统治区内的异教寺庙被悉数毁坏，或拆毁后作为建造伊斯兰清真寺的材料。13—16世纪初，耆那教寺庙主要集中在未被伊斯兰统治者征服的王国和位于边远地区的耆那教圣地。在未被伊斯兰统治者征服的王国仍建有少量精美的寺庙，这些寺庙达到了极高的建筑水平，如拉那克普的阿迪那塔庙；而在位于深山的圣地则出现了寺庙城这一让人震惊的建筑奇观，如成百上千座寺庙集中建于一地的萨图嘉亚寺庙城。

（1）玛哈维拉庙

奥西昂是拉贾斯坦邦西部地区的一座古城，位于焦特布尔（Jodhpur）西南约60千米，这座边远的小城以建于一座小山上的众多古代寺庙而闻名。从8世纪开始这里就逐渐建造了一批印度教和耆那教寺庙，早先建造的是印度教神庙，耆那教寺庙模仿印度教神庙而建，因而建成时期稍晚一些。在11世纪时，奥西昂寺庙群的发展达到顶峰，当时这里共建有12座印度教和耆那教寺庙，后屡经战火，多数寺庙遭到毁坏，现只余4座。

玛哈维拉庙（Mahavira Temple）是奥西昂耆那教寺庙中最大的一座，建于8—11世纪，并献给第二十四代祖师即大雄，音译为玛哈维拉。寺庙曾毁于战火，后又多次重建。这座耆那教寺庙仿照奥西昂的印度教寺庙形式（图4-21）建造，建筑风格上为早期的北部地区印度教神庙风格。寺庙由圣室和一个开敞式的柱厅组成，圣室顶部建有高耸的锡卡拉（Sikhara）式尖顶。早期的耆那教寺庙较为古朴，并没有太多华丽的雕刻，柱厅内的石柱和天花上只有一些简单的线脚和祖师浮雕。在建成时，寺庙的锡卡拉屋顶与邻近的印度教神庙一模一样，现在所看到的是毁坏后重建的样式（图4-22）。

图4-21 奥西昂的印度教神庙

图4-22 玛哈维拉庙

（2）哈玛库塔庙

亨比古城是位于南印度卡纳塔克邦的一处世界文化遗产。古城是14—16世纪时曾经统治了整个南印度地区的印度教王国维查耶纳伽尔（Vijayanagar）帝国的首都。亨比古城原本位于栋格珀德拉河（Tungabhadra River）南岸，是在一块原本只有岩石的荒地上人为建立起来的庞大城市。后来由于伊斯兰教势力的入侵和破坏，现在已经成为一片废墟。古城面积为26平方千米，有40多处印度教寺院的历史遗址散布其中，它们是古城最主要的古迹。这些历史遗址和周围荒凉的巨型岩石群融合在一起，使得亨比古城充满了不同寻常的魅力。

哈玛库塔庙（Hemakuta Temple）是位于

古城边缘的一座小型耆那教寺庙遗迹。寺庙最先是印度教徒供奉湿婆的神庙，后来逐渐荒废，耆那教教徒就将神庙重新改造，雕刻上了耆那教祖师的浮雕，将其作为他们自己的寺庙。这座寺庙的建造年代约在 10 世纪，是耆那教早期直接使用废弃的印度教神庙作为自身寺庙的典型实例。寺庙为早期的南印度地区印度教神庙风格，平面布局上由 3 个方形柱厅组成，每个柱厅顶部都建有高耸的尖顶。寺庙内的墙壁、立柱和天花上都较为朴实，没有什么雕刻，原先的耆那教教徒们也只是在柱厅中摆放小型的祖师造像用以膜拜而已（图 4-23 ）。

（3）阿吉塔那塔庙

位于古吉拉特邦塔那加（Taranga）的阿吉塔那塔庙（Ajitanatha Temple）由皈依了耆那教的当地统治者建造。寺庙建于 11 世纪初，并献给第二代祖师阿吉塔那塔，这座寺庙代表了初期石构耆那教寺庙的建筑风格（图 4-24a、图 4-24b）。

寺庙仿照当时的印度教神庙形式而建，平面由圣室和一个曼陀罗式柱厅组成，柱厅之前又有一小厅。整体较为封闭，不如后期寺庙开敞，也没有后期寺庙比较常见的围廊。无论是寺庙外部的雕刻还是寺内石柱和天花上的石刻都非常细致

图 4-24a 塔那加阿吉塔那塔庙

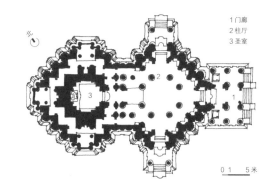

1 门廊
2 柱厅
3 圣室

0 1   5 米

图 4-24b 塔那加阿吉塔那塔庙平面

精美，但并没有形成自身的风格特点，而更接近于印度教神庙的雕刻风格，以致如果不进入寺内看到供奉的祖师雕像，仅从外表看很容易就会把它误认为印度教神庙[6]。

（4）阿布山迪尔瓦拉寺庙群

位于海拔 1 220 米，阿拉瓦利山最高峰阿布山上的耆那教迪尔瓦拉寺庙群，是拉贾斯坦邦著名的耆那教朝圣中心。在 11 世纪以前，阿布山主要是印度教中湿婆派的朝圣中心，自 11 世纪起这里逐步修建了 5 座著名的耆那教寺庙，从而成为耆那教的重要圣地。

迪尔瓦拉寺庙群共由 5 座相互独立的寺庙组成，它们并没有经过统一规划，而是在 11—15 世纪逐步增建而成（图 4-25）。寺庙由白色大理石建成，神庙内外雕刻繁密，墙壁、门框、柱子、天花、尖顶上都遍布精细的雕刻和装饰，让观者眼花

图 4-23 哈玛库塔庙

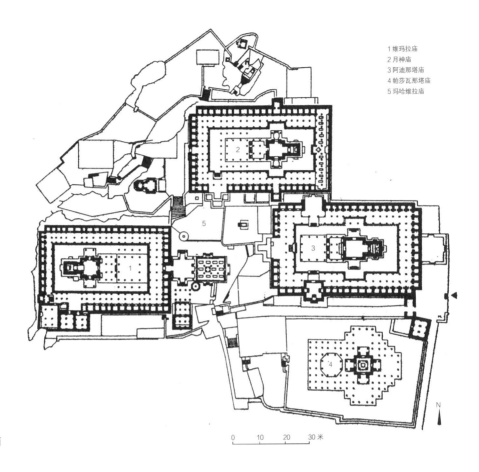

1 维玛拉庙
2 月神庙
3 阿迪那塔庙
4 帕莎瓦那塔庙
5 玛哈维拉庙

图 4-25 迪尔瓦拉寺庙群平面

0　10　20　30 米

缭乱。柱头和柱身上雕满耆那教和印度教中的传说人物、神兽、男女神侍、皇室成员、翩翩起舞的歌女、手持刀剑的勇士等各种形象，甚至找遍整座寺庙都没有一个重复的样式。寺庙群创造出一种富丽堂皇而又欢快自由的彼岸图景，表现了古代工匠非凡的艺术创造力和精湛的工艺水平。

①维玛拉庙

维玛拉庙（Vimala Vasahi, Vasahi 即梵语中的 Vasati，是寺庙的意思）于 1032 年由当地公国的君主维玛拉·沙哈（Vimala Sah）发动了1 500 名工匠和 1 200 名劳力历时 14 年建成。维玛拉·沙哈早年在残酷的王位争夺中残忍杀害了自己的兄弟和一批敌对的官吏，双手沾满了手足的鲜血，成为国王后更是凶残嗜杀，无情地铲除一切持异见者。中年后他日趋悔过自己犯下的滔天罪行，在当地耆那教僧侣的影响下皈依了耆那

教，并倾全国之力在圣地阿布山建造了维玛拉庙，以期洗刷自己的罪孽。寺庙通体由纯白色的大理石建成，这些石材由国王委派专门的官吏从王国西面的采石场精挑细选后运往圣地。维玛拉庙在模仿印度教神庙的基础上积极摸索耆那教自身寺庙建筑的建设道路，寺庙建成后便轰动一时，被其他地区的耆那教寺庙争相模仿，而阿布山也逐渐成为耆那教徒的朝圣中心。维玛拉庙开创了耆那教寺庙的常见形式，由外及内由门廊、前厅、主厅、圣室组成，并围有一圈小圣龛形成围廊。在 12 世纪中叶，维玛拉·沙哈的后代为彰显家族的荣耀又倾力重修了寺庙，更换了寺庙内的大理石装饰，并在原来寺庙入口的前端加建了一个柱厅，由此便形成了现在看到的样子（图 4-26）。

从进入维玛拉庙精美的大门起，便来到了这个用洁白的大理石构筑的梦幻而圣洁的世界，这

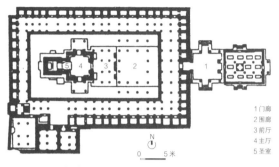

图 4-26 维玛拉庙平面

1 门廊
2 围廊
3 前厅
4 主厅
5 圣室

N
0 5 米

种仿佛能够洗涤心灵的净土景象带给人以巨大的震撼和迷醉。由大门向前是寺庙的前厅，两边则是由小圣龛组成的围廊，廊子每4根柱子便支承一个小穹顶来增大空间，小穹顶内有雕刻或彩绘。小圣龛则使用锡卡拉式尖顶，每龛大小一致，朝向院子开门。门框都是一式的构图，边框上雕满细密的图案，门槛正中雕有一只吐水的蛤蟆状神兽。龛内则供奉祖师雕像，每龛都是如此。进入

前厅，石柱上、横梁上满是细致雕刻，柱子之间有遍布纹理的弓形大理石装饰。头顶上的大穹顶更是这种夸张变形的中心，穹顶支承在八根石柱上，由外圈向中心雕出层层叠叠的图案，越往中心越是绵密，外圈上围有一圈神侍雕塑，穹顶中心处则是由大理石雕成的犹如吊灯形式的莲花。抬头仰望，不禁使人目眩神迷，这些精美的雕刻表现出彼岸净土的圣洁和威严（图4-27）。前厅往前是相对简单些的主厅，用以连接圣室。圣室四面开门，象征先贤向四面八方讲授教义，最后端以一密室收尾，圣室内的方形圣坛供奉先贤雕像，每一面都有塑像对着圣室开着的门。圣室使用高耸的锡卡拉式尖顶，是整个寺庙最高的部分，突出了圣室在寺庙中的核心地位。

② 月神庙

月神庙（Luna Vasahi，图4-28）于13世

图 4-27 维玛拉庙前厅

图 4-28 月神庙前厅

纪初仿照维玛拉庙而建，规模比前者略小，但寺庙的雕刻和细部装饰都更加华贵。建造它的是当时著名的布拉戈维特家族，其地位相当于意大利的美第奇家族。他们信仰耆那教，在王国内世代经商，积累了大量的财富，并掌控着与外界的贸易和当地的市场。13 世纪后布拉戈维特家族逐步涉足政治，家族要员多出任王国的重要官职。布拉戈维特家族也曾出资修建其他地方的多座寺庙和设施，他们的乐善好施为时人所称颂。月神庙最初由家族中的一位要员为纪念他已故的兄长而建，并献给第二十二代祖师尼密那塔。14 世纪初寺庙被伊斯兰教势力毁坏，14 世纪中叶由当地富商出资重建。建筑风格上与先前一致，并未受到伊斯兰风格影响（图 4-29）。

尽管月神庙在面积、建筑高度和穹顶跨度上都比维玛拉庙要小，但它在绘画、雕刻和细部设计

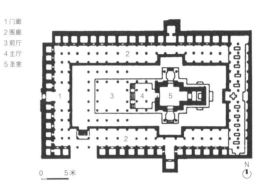

1 门廊
2 围廊
3 前厅
4 主厅
5 圣室

0 5米

图 4-29 月神庙平面

方面更具巧思，也更显精美细致。在这里建筑与艺术、现实生活与精神世界得到了完美地结合，月神庙是迪尔瓦拉寺庙群中最华丽精美的一座寺庙。

③ 阿迪那塔庙

位于月神庙南面并与维玛拉庙相对的是建于14 世纪初至 15 世纪中叶的阿迪那塔庙（图 4-30）。该寺由居住在艾哈迈达巴德的富商筹建，同样是仿照维玛拉庙形制建造，寺庙由门廊、围廊、前厅、

图 4-30 阿迪那塔庙前厅

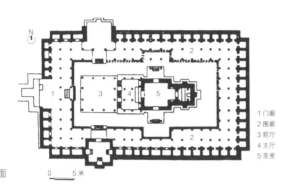

图 4-31 阿迪那塔庙平面

1 门廊
2 围廊
3 前厅
4 主厅
5 圣室

寺庙平面为十字形,主入口朝西,西面的柱厅比其余三面都要大些,由此形成了一个长边十字。西面为矩形柱厅,其余三面做曼陀罗式平面(图4-32、图4-33)。十字中心设圣室,四面开门,每面都供奉有白色大理石雕成的帕莎瓦那塔塑像。与前几座寺庙不同的是,帕莎瓦那塔庙是一座楼

主厅和圣室组成(图4-31)。但或许是由于战乱的影响,不及建于它之前的2座寺庙精美,部分主厅和走廊的柱子都没有雕刻,柱子间的弓形大理石装饰也不多,似乎并未完成。

④ 帕莎瓦那塔庙

帕莎瓦那塔庙(Parshvanatha Temple)位于阿迪那塔庙南面,于15世纪中叶由当地富商出资建成,以此献给第二十三代祖师帕莎瓦那塔。

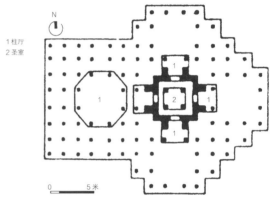

1 柱厅
2 圣室

图 4-32 帕莎瓦那塔庙平面

图 4-33 帕莎瓦那塔庙

阁式寺庙，且四面开敞，没有院墙和围廊。寺庙共有三层，一层四面都为柱厅，二、三层环绕圣室建有外廊，各层都供奉有祖师雕像。另外，不知是否由于财力不足，这座寺庙并没有使用白色大理石为建材，而是使用当地的砂岩建成，并在外表面刷上白色灰浆。雕刻和细部装饰都不及前几座寺庙精彩，穹顶内部的雕刻也过于简单。

⑤ 玛哈维拉庙

圣地内最晚建成的是献给大雄的玛哈维拉庙，筹建者不详。这是一座简单的小型寺庙，甚至不能称其为寺庙，只是一间供奉大雄塑像的小房间。据传于 15 世纪晚期建成，并在 18 世纪由某位著名画匠在墙壁上绘制了大雄的彩画，以此来弥补没有雕刻的不足。

窥一斑而见全豹，从这一影响深远的耆那教著名圣地来看，由维玛拉庙的精彩登场到月神庙的发展巅峰再到后期的逐渐衰落，也暗合了耆那教的发展历程。通过观察与分析作为其宗教文化载体的寺庙建筑，便能从茫茫洪流中探究这一宗教文化的来龙去脉与历史演进。

（5）阿迪那塔庙

位于拉贾斯坦邦拉那克普的阿迪那塔庙代表了耆那教寺庙建筑的最高水平，而拉那克普这座城市也因这一极其美丽的寺庙而举世闻名（图4-34）。寺庙建成于 15 世纪中叶，又被称为"千柱寺"，由当时极具天分的建筑师迪帕卡（Depaka）设计建造，并献给初代祖师阿迪那塔[7]。阿迪那塔庙仿照圣地阿布山的维玛拉庙和帕莎瓦那塔庙而建，共有 3 层，并在其基础上继续发展，寺庙内外都异常精美，建筑内外完美融合，给人以极大的震撼。它拥有在印度其他寺庙所无法感受到的明亮而华丽的豪华室内空间，这一庞大的建筑宛

图 4-34 拉那克普的阿迪那塔庙

如一件璀璨的艺术品。如果没有坚定的信念和审美意识，这样的杰作就不会实现。

阿迪那塔庙通体由白色大理石砌筑而成，坐落于60米×62米的基座上，与阿布山的帕莎瓦那塔庙一样，主入口也设在西面。基地东高西低，站在寺庙入口前的广场上看，洁白的寺庙巍峨耸立，连绵的锡卡拉尖顶一字排开，与其说是寺庙倒不如说是一座梦幻的城堡。

在登上一长段阶梯，穿过雕刻精美的大门后，便进入了这座美轮美奂的建筑。与印象中寺庙带给人庄重、威严、阴沉感觉不同的是，这座寺庙开敞而明亮，唤起人们对彼岸净土的无限遐想。建筑之美无法形容，但觉若世上果真有净土，这便是了。寺庙为十字形平面，四面基本对称，西面略长。十字的中心为圣室，圣室四面开门，各面都供奉有阿迪那塔的塑像。圣室之外是4个主厅，连接主厅的为4个前厅，各前厅之间又伸出一小柱厅彼此相连，连接处建一小圣龛。各厅互可通达，都有华丽的穹顶。前厅再外则是围廊，廊内为覆有锡卡拉尖顶的小圣龛彼此相连，围廊四角与两前厅之间留出小庭院作采光之用（图4-35）。

寺庙内圣龛的门框上、各厅的石柱和柱头上、弓形大理石装饰上、架在石柱上的石梁上、天花上、穹顶上都满布细密雕刻，层层叠叠，富丽堂皇。石柱上都有表现神话传说或世俗生活的雕刻，据说没有两根石柱是完全相同的。穹顶通过支承在石梁上的短柱高高架起，光线从这些间隙和庭院被引入室内，流动的光影凸显出寺庙内交织的空间和精细的雕刻。穹顶作为净土世界的象征被着重表述，从最外沿凶恶的侍神到最中心下垂的莲花无不被精心雕琢。从脚下的地砖到头顶的天花和穹顶，都使用洁白的大理石，在阳光的映照下显得那么的纯洁与神圣，应和着环绕圣龛诵经的

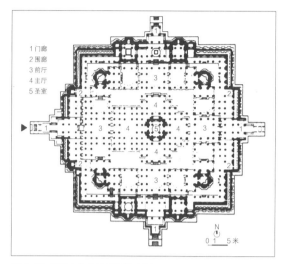

图4-35 拉那克普的阿迪那塔庙平面

僧侣，营造出一种浓郁的宗教氛围和奇幻色彩（图4-36a、图4-36b）。

图4-36a 精美的石柱

图 4-36b 前厅内的穹顶

4.2.3 伊斯兰统治时期的沉寂

16世纪初，中亚突厥人由阿富汗入侵印度，并建立了统治印度的莫卧儿王朝。帝国最伟大的统治者阿克巴（Akbar）是开创了这一王朝的巴布尔（Barbour）之孙。他曾试图融合突厥、波斯和印度文化，创建一个真正的印度帝国，而不是又一次异族的征服。但遗憾的是，他的继任者显然对此无太大兴趣，更愿意沉湎于宫廷享乐和血腥的征战[8]。

辉煌的巅峰之后便是无声的沉沦。在代表耆那教寺庙建筑最辉煌时期的拉那克普阿迪那塔庙之后，传统风格的耆那教寺庙建筑便走到了尽头。此后的寺庙建筑无论在建筑巧思或是雕刻技艺上都没能超越前者。除与北部没有太多联系的南方外，北部地区的耆那教寺庙逐渐受到伊斯兰建筑风格的影响。由于匠人们多被驱逐迫害或被强制要求遵从伊斯兰建筑风格，中世纪的那种精巧华丽的雕刻工艺逐渐失传，寺庙规模也大不如前了。

（1）索娜吉瑞寺庙城

在印度中央邦的索娜吉瑞有一座仿照萨图嘉亚的寺庙城（图4-37）。城中共有84座耆那教寺庙，但大部分都是建于近代。最早的一批寺庙约建于16—17世纪，带有明显的伊斯兰建筑风格。

图4-37 索娜吉瑞寺庙城

每座寺庙外表面都抹上白灰，寺庙内也无太多雕刻。从形式上看，已经不再是北部地区常见的传统耆那教寺庙形式，而更接近于伊斯兰教的清真寺。有些寺庙看起来就像是把象征圣山的锡卡拉立在了一座简单的清真寺上。寺内不再有中世纪时富丽堂皇的室内空间，穹顶、墙面和柱子上也不再有人物雕刻，仅有一些几何形纹理作为细部装饰且较为粗糙[9]。

（2）昌达那塔庙

卡纳塔克邦的巴特卡尔（Bhatkal）地区从14世纪至18世纪初一直处于信仰耆那教的萨里瓦王朝的统治下。17世纪前后在巴特卡尔地区修建了众多耆那教寺庙，献给第八代祖师的昌达那塔庙（Chandranatha Basti，图4-38）是至今保存较为完好的一座。

图4-38 昌达那塔庙

寺庙建于17—18世纪，平面由圣室加一个柱厅组成，圣室为重檐坡屋顶形式，并在四周建有围廊，柱厅只有一层。寺外不建围廊，寺内雕刻不多也较为粗糙，这个地区的耆那教寺庙大抵都是如此。南方耆那教寺庙普遍不如北方豪华精美，相较于北方寺庙注重创造一种纯净神圣的宗教氛围，南方则显得朴实一些[10]。

（3）查图姆卡哈庙

加尔加尔（Karkala）是卡纳塔克邦著名的
耆那教朝圣中心，这里共建有从中世纪至殖民时
期的约 18 座耆那教寺庙。卡纳塔克邦第二高的巴
霍巴利巨像（约 13 米）也建在距加尔加尔市中心
1 千米的一座小山上。巨像脚下即是建于 16 世纪
晚期、献给第十二代祖师查图姆卡哈的查图姆卡
哈庙（Chaturmukha Basti，图 4-39）。

寺庙建在一座火山岩质的小山丘上，平面为
曼陀罗形（亚字形平面），四面对称，圣室位于
平面中心，四面设门。圣室中心又设方形圣坛，
每面供奉有 3 尊祖师塑像，雕像由当地产的黑色
花岗岩制成。围绕圣室是一圈回廊，并由落在地
面的石柱支撑起覆盖回廊的石屋顶（图 4-40）。
倾斜的屋面是由黑色花岗岩石板拼合而成，圣室
之上为石板拼合的平屋顶。寺庙内外无太多雕刻，
整个寺庙透露出一种难以言说的古朴神秘之感。

综上所述，伊斯兰统治时期是耆那教寺庙建
筑的衰落期。由于统治者皈依了伊斯兰教，他们
都极力维护自身的宗教地位，排斥打击一切异端，
醉心于建造伊斯兰清真寺、宫殿和陵墓。这段时
期耆那教发展陷于停滞，依附于人数远多于自己
的印度教艰难度日，能够生存下来已属不易，更
不必说去建造引人注目的大型寺庙了。在这种形
势下北部地区自然没有大型寺庙出现，而耆那教
寺庙的建造便主要集中在一些南部信仰印度教的
小国家，不再有中世纪时的辉煌。

4.2.4 殖民时期的复兴

18 世纪初，英国东印度公司利用已经具有的
优势，使用和平接管、军事打击和与地区统治者
签署条约等手段逐步取得了印度次大陆约一半地
域的统治权。在其后的百余年间不断巩固渗透成

图 4-39 查图姆卡哈庙

为印度实质上的主宰。进入了 19 世纪，印度的大
部分地区成为英国的殖民地。在重要城市里耆那
教寺庙再也没有了被穆斯林摧毁的威胁，僧侣的
传教活动也受到当局的一定保护。于是，耆那教
又开始慢慢恢复了生机，白衣、天衣两派进行了
各自的宗教改革，以适应这个新的时代。由城市

图 4-40 查图姆卡哈庙
外廊内景

富商发起的新一轮寺庙建设在以艾哈迈达巴德、加尔各答为代表的重要殖民城镇如火如荼地展开。

（1）杜哈玛那塔庙

在古吉拉特邦重镇艾哈迈达巴德建造的一大批耆那教寺庙中，最大、最著名的一座当属杜哈玛那塔庙（Dharmanatha Temple），由当地的富商哈利辛格筹资建造，并献给第十五代祖师杜哈玛那塔（图4-41）。

寺庙于1848年建成，为古典复兴式。杜哈玛那塔庙并没有使用像拉那克普的阿迪那塔庙那种十字形布局，而是回归到中世纪早期的"Garbhagriha + Mandapa"即"圣室＋柱厅"的形式。在主体寺庙外围是由带锡卡拉式尖顶圣龛围成的外廊，正对柱厅有华丽的大门（图4-42）。入口大门和寺内大量使用的尖券体现了伊斯兰建

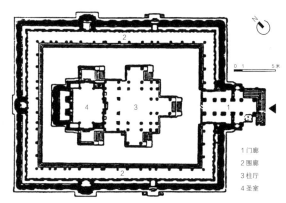

1 门廊
2 围廊
3 柱厅
4 圣室

图4-42 杜哈玛那塔庙平面

筑的影响，寺庙内很好地恢复了中世纪传统耆那教寺庙细致精美的雕刻技艺，柱子、拱券、穹顶、圣龛都密布着层叠的雕刻。中世纪时遍布精致雕刻、中央为一吊灯状莲花的华丽穹顶也得以恢复。豪华的大厅内信徒们席地而坐，跟随僧侣诵念着经文。

图4-41 杜哈玛那塔庙
主体寺庙

（2）希塔兰那塔庙

位于著名商业城市加尔各答的希塔兰那塔庙（Shitalanatha Temple）是由一名珠宝商人捐赠，并献给第十代祖师希塔兰那塔的一座折中主义风格耆那教寺庙，于 1867 年建成。

这是一座混合了多种建筑风格的寺庙，走过寺庙，首先跃入眼帘的是它结合了伊斯兰风格的欧式门廊，之后便是传统风格的锡卡拉式尖顶。整个寺庙坐落在一个意大利式的花园上。在这里莫卧儿王朝时期的伊斯兰风格、意大利的巴洛克风格和传统的印度神庙风格融合在一起。寺庙内并不用传统的华丽雕刻来装饰，而是造了富贵华丽的镜厅。以希塔兰那塔庙为代表的折中主义寺庙形式代表了殖民时期的一种寺庙建筑风格（图4-43）。

从 1950 年至今，印度脱离了英国的殖民统治，开始更加关注自身的历史，从传统文化中获取民族尊严和自信。古老的耆那教获得新生，并用现今的新思想重新诠释着古老的教义。耆那教在印度国内的发展呈星火燎原之势，并开始向世界范围传播。在印度各地都新建了众多耆那教寺庙，这些寺庙虽不及中世纪时那么豪华精美、做工精细，但建筑思想却更加开放，寺庙形式也更加自由（表4-1）。

图 4-43 希塔兰那塔庙

表 4-1　耆那教寺庙建筑时代特征汇总表

时代划分	发展阶段	建筑背景	建造方式	建筑风格
孔雀王朝与笈多时代 （前 3—6 世纪末）	萌芽期	模仿佛教和印度教石窟建筑	石窟式，岩凿式，石砌式	朴实浑厚
中世纪 （8—16 世纪初）	黄金期	最初模仿印度教神庙建筑形式，随后逐渐形成了自身寺庙建筑风格	石窟式，岩凿式，石砌式	古典庄重
伊斯兰统治时期 （16—18 世纪末）	衰落期	受到伊斯兰建筑风格的影响	石砌式，砖木结构（南部地区）	风格杂糅
殖民时期 （19 世纪初—20 世纪）	复兴期	模仿中世纪寺庙，同时受到西方折中主义建筑风格影响	石砌式，砖砌式	古典复兴与折中主义
共和国时期 （1950 年至今）	新生期	模仿各个时期的寺庙形式，并自由多变	石砌式，砖砌式，钢筋混凝土，木结构	多元化趋势

4.3　耆那教寺庙的建筑特点

耆那教寺庙建筑是耆那教思想的载体，也是教徒们参加宗教活动的聚集地。在印度西北部地区的古吉拉特邦和拉贾斯坦邦，耆那教寺庙也常被称作"Derasar"，而在包括马哈拉施特拉邦在内的印度南部地区则多被人们称为"Basti"。它们都是源自梵文"Vasati"，意义为连接神灵和僧侣的住所。耆那教寺庙式样繁多，以温迪亚山脉为界，北部地区的寺庙形式又与南部完全不同。我们知道，耆那教的白衣派主要活动于印度北部，而天衣派则主要集中在印度南部。北部地区的耆那教寺庙要远比南部地区豪华精美、富丽堂皇，而在寺庙的规模上也要比南部地区大很多。

就寺庙的空间布局来说，一座耆那教寺庙通常由圣室、主厅、前厅和门廊四部分组成。有时因为寺庙规模差异，对这四部分各有侧重，或主厅、前厅并成一处，或干脆不建门廊。但基本形式都是源自"圣室+柱厅"的印度传统寺庙建筑形式。北部地区的大型耆那教寺庙在主体建筑的四周又围有一圈小圣龛，各龛对内开门，形成一个院落式的空间布局形式。圣龛造型相似，龛内供奉祖师雕像。各圣龛一一相连，覆有小型锡卡拉式尖顶。从院墙外看去，小锡卡拉式尖顶一字排开，非常壮观，这也成为北部地区甚至是耆那教寺庙的一个典型特征（图 4-44a、图 4-44b）。

北部地区寺庙的前厅和主厅多使用穹顶，一般来说前厅的穹顶要小些，也有简单地只使用平顶的；而主厅穹顶更大，雕刻也更加细致，但有些寺庙也有两者颠倒的情况。穹顶内部的藻井是寺庙雕刻最为突出的地方，各寺表现手法类似而规模大小有异。藻井精雕细琢，浮雕、圆雕和透雕层层相叠，极其华丽。寺庙穹顶的外部常常雕出布满小穹顶或锥形小尖顶的式样（图 4-45）。寺庙的核心部分为最神圣的圣室，其内设有圣坛，坛上供奉祖师雕像。圣室被称为"Garbhagriha"，原本指子宫，故又被称为子宫室。"Garbhagriha"在印度教神庙中特指供奉神像的阴暗密室，耆那教用它指自己更具开放氛围的圣室。圣室通常四面开门，寓意先贤向四面八方讲授教义，最前端

图 4-44a 小圣龛外侧

图 4-45 穹顶外部的尖顶装饰

连接主厅，最后端则以一密室收尾。这一核心区域通常不允许非耆那教徒进入，僧侣们也只有在沐浴后并穿上法袍才能入内。在北部地区，圣室多使用锡卡拉尖顶，外观为高耸的尖塔形屋顶，锡卡拉是山峰的意思，象征神灵居住的圣山（图4-46）。寺庙内的石柱和圣坛上都雕满了表现祖师形象和各种夜叉、神侍的精美雕刻。

耆那教寺庙的细部装饰大多极尽繁复细致之能事。由于信徒多为富豪商贾，他们往往对寺庙倾其所有并视为无上荣耀，所以有些地区的耆那教寺庙甚至比皇室的印度教寺庙更加华丽，这些耆那教寺庙用令人眼花缭乱的雕刻和多种多样的空间创造出一种奇幻夸张、充满活力的总体形象。而这种由圣室、主厅、前厅和门廊四部分构成的建筑形式显然受到了印度教神庙建筑（图4-47）的影响，粗略一看确实很难区分彼此。而四周围

图 4-44b 小圣龛内侧

图 4-46 圣室顶部高耸的锡卡拉

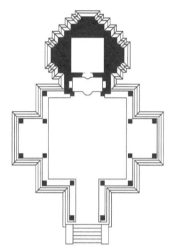

图 4-47 典型的印度教神庙平面

被称为"玛那斯坦哈"（Manastambha）的纪念柱，这也成为印度南部地区耆那教寺庙建筑的明显特征（图 4-48）。

诚然，耆那教无论是与印度主流宗教印度教或是与成为世界级宗教的佛教相比，都是一个相

有小圣龛的建筑形式又很类似佛教寺庙中的僧舍。从某种角度讲，耆那教寺庙的建筑形式是在吸纳了印度教和佛教寺庙特点的基础上发展起来的。

而在印度南部地区的耆那教寺庙大多使用木结构，各厅都用坡屋顶，只是圣室的屋顶略高一些或做成重檐的样式。在面临阿拉伯海的西海岸地区，那里的耆那教寺庙主要受到泰米尔纳德邦传统建筑的影响，又与其他各邦多有不同，多使用人字形屋顶。此外，南部寺庙一般只简单地围有一圈院墙，没有北部寺庙壮观的带锡卡拉式尖顶的小圣龛。也有的寺庙并不建造屋舍，而只是建一院子围起中间的圣人巴霍巴利巨像，这种形式在南方较为常见，被称为"贝杜"（Petu）。此外，南部地区寺庙内外的雕刻普遍不及北部精致华丽、精雕细琢，有些甚至看起来还十分粗糙。与北部不同的是，在南方寺庙前往往都立有一根

图 4-48 "玛那斯坦哈"纪念柱

对小众的宗教，与印度的其他宗教建筑相比，不管何处的耆那教寺庙仍具有其独特的辨识性。首先，耆那教寺庙的圣室通常比其他宗教建筑更加开敞，这与印度教神庙的封闭式圣室形成了鲜明对比。耆那教寺庙的圣室通常四面开敞，象征祖师圣训教谕四方；而在印度教寺庙中圣室是神明的居所，隐秘而神圣，所以通常封闭而压抑。其次，耆那教寺庙的内部空间和室内装饰是印度所有的宗教建筑中最为豪华精美的，那些富丽堂皇而又庄重神圣的柱厅让人永难忘怀。最后，在一些院落式布局的耆那教寺庙中所使用的小圣龛式围廊是耆那教寺庙建筑所独有的，小圣龛上的锡卡拉式尖顶延绵排开，异常壮观。耆那教寺庙外观也更具气势，与其说是寺庙倒不如说是一座雄伟的要塞。这甚至成为耆那教寺庙带给人的最直观印象和最典型特征。

耆那教寺庙不仅承载了宣扬教义和进行宗教活动的重任，还常常出资建造附属于寺庙的学校和房屋。学校聘请专业的老师教育附近的孩子，使他们获得社会生活的技能，宗教领袖也在学校传授宗教知识和哲学思想。在南印度卡纳塔克邦的穆德比德比（Mudabidri）就有一条称为耆那路的主要道路，道路穿过当地的耆那教社区，路两旁建有多座寺庙，这些寺庙出资在社区中建造了附属于寺庙的学校，从而为附近的儿童提供了良好的教育资源。由此可见，耆那教寺庙不但是其宗教思想的物质载体，更在社会生活中发挥了商会、学校、慈善机构等多种功效。寺庙扎根于普通民众的日常生活，成为他们不可或缺的一部分。也正是如此，耆那教才保持了长久的生命力，一直延续至今。

4.3.1　选址与布局

1. 选址

（1）城镇寺庙选址

耆那教寺庙建筑作为信仰者献给祖师的礼物，并不仅仅是信仰者纪念先贤或是僧侣宣讲教义的宗教场所，同时也在普通大众的社会生活中发挥着多种职能，扮演着商会、医院和公益机构等多种社会角色。寺庙本就多由富裕的居家信众捐建或由社区教团集资建造，在宗教用途之外又有多种社会职能，与当地群众的日常生活联系紧密。因此，与佛教寺庙追求安宁澄静、超凡出世、刻意远离普通大众的选址观念相异，耆那教寺庙由于它的种种特点，也出于贴近居家信众的需要，往往选择建造在人声鼎沸的城市和乡镇中。

通常这些寺庙选址于城镇的主要道路两旁或建在交叉路口，这么做既可以方便信徒到达，又能起到地区标志性建筑物的作用，从而有助于提高自身的影响力，吸引更多的潜在信仰者。例如杰伊瑟尔梅尔耆那教寺庙群就是这类寺庙的典型代表。

杰伊瑟尔梅尔城堡（Jaisalmer Fort）坐落在拉贾斯坦邦西面沙漠城市杰伊瑟尔梅尔的核心地区。它既是一个巨大的防御工事，同时也是珍贵的世界文化遗产。城堡始建于 1156 年，该地区正值拉杰普特人所建王朝的拉瓦尔·杰伊瑟尔（Rawal Jaisal）皇帝掌权，因此得名"杰伊瑟尔梅尔城堡"。城堡历经无数征战仍屹立于茫茫的塔尔沙漠之中：白天时，由巨大的黄色砂岩建成的城堡好似一头黄褐色的雄狮；夕阳西落时，在落日的余晖中它又闪现着金色的光芒，因此杰伊瑟尔梅尔城堡常被称为"金堡"。中世纪时期，这座城市在与波斯、阿拉伯、埃及和非洲的贸易

图 4-49 杰伊瑟尔梅尔耆那教寺庙区位

中发挥了重要作用。13 世纪时皈依了伊斯兰教的突厥人曾一度攻占了杰伊瑟尔梅尔城堡，并占领了长达 9 年。虽然入侵者最终被驱逐，但城堡并未摆脱被异族统治的命运，1541 年时又再次被伊斯兰教入侵者——莫卧儿皇帝胡马雍攻占，并一直持续至殖民时期。随着英国殖民统治时代的到来、海上贸易的持续增长和孟买港地位的上升，杰伊瑟尔梅尔的商业重镇地位快速下滑。在印度独立、印巴分治后，古代贸易路线更是被完全封闭，从而彻底改变了这座城市的命运。

现今杰伊瑟尔梅尔成为世界知名的旅游城市，城堡里约有 4 000 多常住人口，而且主要为

印度教徒和耆那教徒，他们大多是原先城堡里原住民的后裔。杰伊瑟尔梅尔城堡内的西南部分主要为耆那聚居区，其他区域为印度教聚居区。宫殿位于城堡的中心区域，宫殿南面为王宫广场，紧邻宫殿的西面就是皇室的印度教神庙。耆那教寺庙群共由 6 座相互连接的寺庙组成，分别建于从 15 世纪早期至 16 世纪中叶的不同时期。寺庙群选址于耆那教社区的中心位置，分布于社区主要道路两旁，而这条道路也是社区直抵王宫广场的唯一道路（图 4-49）。由此可见，寺庙群已经成为社区的核心和代表性建筑。庄重神圣的寺庙完全融入喧嚣热闹的居民区之中，豪华精美的石头艺术品更是信仰者们的归宿和骄傲，成为居民们日常生活中不可或缺的一部分（图 4-50）。

杰伊瑟尔梅尔耆那教寺庙群共由 6 座耆那教寺庙组成，每座寺庙都是献给二十四祖师中的一位的，并以其名号命名，代表了拉贾斯坦邦西部地区耆那教寺庙的最高建筑水平（图 4-51）。统治杰伊瑟尔梅尔的王公家族原本都信仰印度教，但是由于信仰耆那教的商人们掌控着与西亚贸易的商道和本地的市场，他们在社会生活中往往能够施加强有力的经济控制力。而当地的耆那教团

图 4-50 杰伊瑟尔梅尔城堡

图 4-51 杰伊瑟尔梅尔
耆那教寺庙群

甚至比王室更加富足，更具影响力。这也导致了
在斋沙默尔的耆那教寺庙比王室的印度教寺庙更
加富丽堂皇，这种情况在印度其他地区是非常少
见的。

6 座耆那教寺庙均由当地一种黄褐色石材建
成，从古至今屡经修缮，因此现今建筑组群仍保
存完好，石构件和细部装饰都相对完整。每座寺
庙基本仍是由圣室、主厅、前厅和门廊四部分组
成。从寺庙精美的门廊往内是豪华的前厅和主厅，
主厅连接圣室，圣室使用曼陀罗形平面，四面开
门位于中心轴线的最后端。各寺对主厅或前厅各
有侧重，但主厅的穹顶往往更加华丽。在这 6 座
耆那教寺庙中，2 座寺庙建有小圣龛式围廊，2 座
寺庙只有围廊不设小圣龛，2 座寺庙只建院墙没
有围廊（图 4-52）。有趣的是其中一座寺庙还作
为当时的图书馆使用，并建有存放文件的地下室，

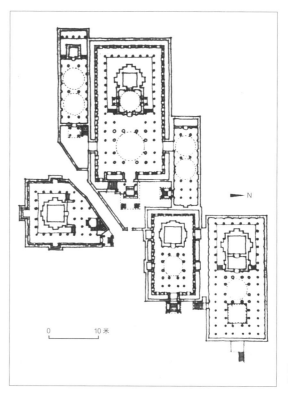

图 4-52 杰伊瑟尔梅尔
耆那教寺庙群平面

图 4-53 高大威严的寺庙外墙

圣室一直延伸至地下层并供奉祖师神。不过现在已经用于摆放祖师雕像。可见在当时耆那教寺庙并不只有宗教场所一个用途，而是在社会生活中扮演着多种角色。

与拉贾斯坦邦其他地区耆那教寺庙建筑不同的是，这里的寺庙门廊前都有一道架在石柱上的弓形装饰作为门券。此外寺庙也多为两层，因此从大厅往上看穹顶显得更加高耸，寺庙从外面看也显得更加高大（图 4-53）。这种形式主要是受到 10—13 世纪古吉拉特邦耆那教寺庙建筑形式的影响。由此也可以推测，在中世纪这个地区相对于拉贾斯坦邦的腹地，更多地受到来自古吉拉特邦耆那教王国的影响。

进入寺庙，室内的雕刻都与拉那克普的阿迪那塔庙类似，到处满布层层叠叠的细密雕刻（图 4-54a、图 4-54b、图 4-54c）。石柱上都雕刻

图 4-54a 主厅顶部的藻井

图 4-54b 主厅二层走廊

图 4-54c 主厅一层内景

着从印度教和佛教中吸纳的神侍、翩翩起舞的歌女、骑着大象的勇士和作战的士兵。每根石柱四面的人物都不相同，石柱之间也无重复，让人啧啧称奇。或许是因为材料所限，无法像大理石一样表现出纯净的宗教意象，这里有些寺庙的穹顶做了彩绘，五彩斑斓，倒另有一番欢乐自在的情怀。

贴近普通民众、建于城市或社区的城镇寺庙是耆那教寺庙最常见的选址方式。后来由于伊斯兰教势力的排挤，建于城镇的寺庙多被拆毁，于是寺庙建设的选址重心便逐步向建于圣地或深山的山林寺庙倾斜。殖民时期耆那教在一些大城市获得了安全稳定的发展环境，于是城镇寺庙重新繁荣起来，例如建于艾哈迈达巴德的杜哈玛那塔庙和建于加尔各答的希塔兰那塔庙等都属于这种类型。到了现代，耆那教影响力日趋提高，城镇寺庙成为新建寺庙的主流。

（2）山林寺庙选址

在古印度的神话传说中，世界的中心为须弥山（梵语为 Sumeru），又常被译为"苏迷卢山""妙高山"等。以须弥山为中心的世界被无际的苦海环绕，海上又有四大部洲和八小部洲。须弥山的山顶居住着神灵，山的四面都由金刚守护。这种古朴的信仰被耆那教所吸收，在其寺庙建筑中就大都建有象征着神山须弥山的锡卡拉式尖顶。耆那教因此孕育出独特的山体崇拜思想，认为巍峨的高山充满了无穷的力量和智慧。耆那教教徒本也有回归自然、提倡在深山野岭修行的倾向。这一方面是由于他们认为现世是充满苦难的，回归自然原始的生活是脱离现世痛苦的最佳途径；另一方面，他们相信因果轮回，而脱俗出世、禁欲修身、积善行德则会超脱轮回。于是，负有盛名的名山大川就成为狂热信仰者和苦行僧们的理想去处以及追随者心目中的圣地。耆那教信众十分热衷于前往他们的圣山、圣地朝圣，认为这些地方具有超凡的神力。这些圣山、圣地常被他们称为"提尔塔"（Tirtha），意为"涉水的地方"，即从现世通往永恒世界的通道。现今各地的圣山、圣地多为其教先贤修行得道之地。

受这些思想的影响，很多耆那教寺庙都选址于著名的宗教圣地。此外，这些圣地本身就很著名，有些圣地有数种宗教聚集，自古以来就香火旺盛。将寺庙建在圣地不仅出于修行者和朝圣者的需要，也有利于进一步提高其宗教影响力。选址于宗教圣地的山林寺庙，或建在圣山之顶，或建于林木环绕、景色优美的胜地。前者如萨图嘉亚寺庙城（图4-55）和吉尔纳尔寺庙城（Girnar Temple City）等；后者则以阿布山迪尔瓦拉寺庙群和拉那克普的阿迪那塔庙为代表。

萨图嘉亚寺庙城位于距古吉拉特邦重镇帕提

图 4-55 萨图嘉亚寺庙城区位

塔那以东 2 千米处，是耆那教最神圣也是最重要的圣地和朝圣中心（图4-56）。寺庙城建在圣山萨图嘉亚山顶，传说初代祖师阿迪那塔曾在此山修行布道。寺庙城由 3 个互相连通的城堡组成，城内共有大大小小、高低错落的耆那教寺庙 863 座。城堡内除了寺庙也再无其他任何建筑。朝圣

图 4-56 萨图嘉亚寺庙城

的僧侣和信徒们清晨开始登山，到傍晚时分圣城
关闭后，再沿原路返回山下的僧舍，周而复始。
当雨季来临时，因为台阶湿滑，不便攀登，圣城
便不再接待朝圣者，这四个月城内就空无一人，
俨然一座不沾人间烟火的世外桃源。

　　去圣城朝拜必须从山脚开始攀登，要经过 3 600
多级宽大的石阶才能来到圣城脚下，而下山也只
此一条道路。据最新统计，这座从山脚到山顶高
差不过 1 000 多米的圣山上，已建有超过 800 座
寺庙（图 4-57）。寺庙由个人或者家族捐献，用
以献给二十四位祖师中的一位。圣城内最早的寺
庙建于 12 世纪，此后香火不断，延续至今。耆那
教徒们在各个时代都会不断地修复、重建和扩建
他们的寺庙，所以考证寺庙的具体年代十分困难。
可以确定的是，在中世纪这里确实有很多寺庙，
但并没有现今这么繁荣；16 世纪中叶，这里经过
了大规模的修复和重建，而大约一半的寺庙可能
建于近代（图 4-58）。

　　城内寺庙的形式都大体类似，为印度西北部
地区耆那教寺庙风格，规模大些的寺庙仍由圣室、
前厅、主厅、门廊组成，有些建有围廊，规模小
些的就只有圣室和一个前厅。这些都是锡卡拉式
寺庙，圣室的锡卡拉式尖顶是整座寺庙的视线中
心。与印度教寺庙不同的是，耆那教寺庙的圣室
大部分都是四面开门的，比印度教寺庙的圣室要
大些。精致些的寺庙仍是遍布雕刻，精雕细琢；
简陋点的只做些粗浅石刻。无论规模大小还是精
美程度，各寺庙间都有一定差异，但这并不影响
朝圣者们的热情，只要是耆那教寺庙，无论体量
大小，信徒们都是一致的虔诚和敬重。

　　耆那教徒们把寺庙集中建在山顶，并形成了
寺庙城这种独特的形式，这种独特的建筑形式在
印度其他山峰上也有，例如在古吉拉特邦居那加

图 4-57 萨图嘉亚寺
城平面

图 4-58a 萨图嘉亚寺
庙城内造型各异的耆那
教寺庙一

图 4-58b 萨图嘉亚寺庙城内造型各异的耆那教寺庙二

德以东 6 千米的圣山吉尔纳尔山上就建有与萨图嘉亚类似的寺庙城。据传说，第二十三代祖师帕莎瓦那塔曾在吉尔纳尔山修行布道，因此吉尔纳尔山成为耆那教的著名圣地。吉尔纳尔寺庙城建于 12—19 世纪，是耆那教最难到达的圣地，如果攀登萨图嘉亚的 3 500 多级台阶已经让人双腿发软，那么在吉尔纳尔寺庙城还得再多走 1 000 多步才能完成（图 4-59）。

吉尔纳尔寺庙城由 10 座耆那教寺庙组成，这座寺庙城不及萨图嘉亚寺庙城规模宏大。这座寺庙城与萨图嘉亚寺庙城，都为印度西北部耆那教寺庙风格，形式相近而规模有异。由于吉尔纳尔山位于降水较少的半沙漠地区，当地石材又多为疏松多空的粗砂岩，因此使用粗砂岩建造的寺庙风化特别严重。为适应当地自然条件，这里寺

庙的穹顶外部施涂彩绘以抵御风雨侵蚀。20 世纪初，这里又使用一种新的方法来保护寺庙，即用白色小瓷砖贴满外墙和穹顶，并镶嵌色彩鲜艳的彩色瓷砖，远远看去这竟有些像安东尼奥·高迪所作的古埃尔公园了（图 4-60）。

这里最古老的寺庙是 12 世纪初建成的尼密那塔庙（Neminatha Temple），寺庙宏伟壮丽，并建有围廊（图 4-61）。而最著名的寺庙当属建于 13 世纪早期，献给第二十三代祖师的帕莎瓦那塔庙，这座寺庙的特殊之处是在它的前厅两侧各建有一座带穹顶的曼陀罗式柱厅，2 个曼陀罗柱厅和圣室的锡卡拉式尖顶象征着传说中的三大圣山。据说朝圣者只要围绕着这"三座圣山"诵念经文，便能在来年一帆风顺（图 4-62）。

总之，印度中世纪是耆那教寺庙建筑发展的

图 4-59 吉尔纳尔寺庙均

图 4-60 吉尔纳尔寺庙穹顶上的马赛克拼贴

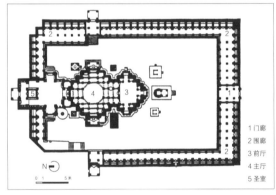

1 门廊
2 围廊
3 前厅
4 主厅
5 圣室

图 4-61 尼密那塔庙平面

黄金时期。在地方统治者的支持下，宗教与王权相结合，建造了一大批耆那教寺庙建筑。同时耆那教寺庙为了吸引更多的信徒，不再局限于单体式的寺庙，出现了规模宏大的寺庙群布局方式，并与耆那教的宗教观相结合，创造了圣洁壮丽的室内观感。耆那教寺庙逐步摆脱了印度教神庙的影响，确立了自身的独特寺庙建筑形式。它们以宏大的规模、富丽华贵的室内空间、极具张力的建筑造型，孕育出浓厚的宗教氛围。此外，建筑内外装饰着题材多样、雕刻精致的各种几何花纹图案和人物雕像。到了中世纪中晚期，雕刻的重要性甚至超过了寺庙本身。因此，中世纪的耆那

教寺庙建筑，无论是建筑技术还是雕刻艺术都达到了巅峰水平。

而另一类山林寺庙的出现则是由于伊斯兰教势力的排挤和驱赶，耆那教徒只能忍耐或是将寺庙建在被破坏可能性较小的深山野岭，这是一种对强权的无奈逃避。建成于 15 世纪末的拉卡那庙（Lakhena Temple）就属于这种类型。寺庙位于拉贾斯坦邦与古吉拉特邦交界的深山之中，靠近现已废弃的小城阿巴哈普尔（Abhapur）。寺庙由圣室、主厅、前厅和门廊组成。圣室并没有四面设门，显得相对封闭。主厅用以连接圣室和前厅，也并不开敞，只在两旁设有花窗。前厅现

今损坏较为严重，天花以上部分都已经损毁，只遗留有石柱。

如今这类寺庙位于深山，因交通不便，年久失修，多已被废弃，逐步退出了历史舞台，只是作为一种历史遗迹被人们铭记，讲述着过往沉浮。选址于圣地的寺庙因周边环境优美且多位于如今的著名风景区，便逐渐繁荣起来，同时也成为现今耆那教寺庙建筑选址的另一潮流趋势。如阿布山地区建有拉贾斯坦邦唯一的山地度假村，拉那克普更是著名的度假胜地。这些寺庙与当地旅游业相结合，除了作为宗教朝圣中心，更成为远近

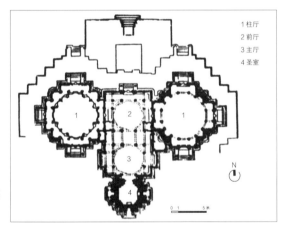

4-62 吉尔纳尔寺庙城的帕莎瓦那塔庙平面

1 柱厅
2 前厅
3 主厅
4 圣室

闻名的旅游景点。寺前往往人山人海，进寺参观也要排起长队。如拉那克普的阿迪那塔庙只在中午12点至下午5点的5个小时内对游客开放，早晨则只有僧侣和信众可以进入。游客参观寺庙必须遵守诸多要求，例如不允许穿戴皮革制品，进寺必须穿上法袍赤足参观等，其核心部分不允许游客拍照。尽管如此，游客仍是络绎不绝，足见其知名度。

（3）宫殿寺庙选址

8—12世纪，耆那教在拉贾斯坦邦和古吉拉特邦影响力日盛，教派和宗教团体发展迅猛，渗透到社会的各个阶层。在宗教大师和富商团体的

努力下，耆那教逐渐被地区统治者接受，并得到了他们的大力支持与赞助。部分地区统治者皈依了耆那教，甚至形成了信仰耆那教的国家。这一时期拉贾斯坦邦和古吉拉特邦地区的耆那教已经具备了广泛的社会基础，又有富商团体的经济影响力作为其坚强后盾，地区统治者们为了巩固自身的统治，开始纷纷将地区统治与宗教活动结合起来。两者相辅相成，耆那教由于得到了地区统治者的推崇，宗教地位大大提高，自身发展也更为迅速。这段时期是耆那教发展的黄金时代，大批精美壮观的耆那教寺庙建筑就建于这段时期。一些地区的当地统治者为了显示王国的雄厚实力，提高民众的凝聚力，出资兴建了大量耆那教寺庙建筑。国王们为了方便宗教活动，将寺庙建在王宫中，甚至把寺庙与宫殿相结合，将两者合二为一，创造了一种全新的寺庙建筑形式。遗憾的是，在伊斯兰教势力侵入后，这类寺庙大多连同宫殿被一并摧毁，至今少有遗存。

幸运的是，在拉贾斯坦邦距离杰伊瑟尔梅尔5千米左右的阿玛撒格尔（Amar Sagar）现存一座建于王宫内的耆那教寺庙。寺庙约建于13—14世纪，20世纪时大规模重建，近年又进行了修缮。王宫位于古城遗址中部，紧邻一天然湖泊（图4-63）。城市环绕湖泊展开，湖边建有蓄水池和水井，离水井不远处现仍有一些居民房屋和一座

图4-63 阿玛撒格尔宫殿寺庙区位

小型耆那教寺庙，其年代不详，附近居民偶尔会来此处汲水。遗址范围内的古迹除了重建的宫殿外都已不复存在，这座遗址离耆那教古都罗德鲁瓦（Lodruva）不远，在废墟中零星散布着耆那教纪念柱，推测这里在中世纪时曾为一个耆那教小王国。

寺庙建于王宫的一角，从宫外就能看到它高耸的锡卡拉式尖顶。这座耆那教寺庙结合了印度传统寺庙建筑风格和拉杰普特宫殿建筑风格，平面布局上为圣室和一个前厅相组合的形式（图4-64）。圣室四面开门，每面均供奉有祖师塑像，前厅中央仍是一个极其华丽的穹顶，其外侧的门廊则更多地体现了宫殿建筑的特点。寺庙共有两层，二层连通屋顶平台，由错落的台阶可以通达王宫的其他房间。寺庙和宫殿由产自当地的黄褐色砂岩建造，内外均满布细密雕刻。除圣室外壁有少量表现神侍的雕刻外，其余石刻都是绵密的

植物纹样和几何花纹，层层堆砌，让人眼花缭乱（图4-65a、图4-65b、图4-65c）。

2.布局

耆那教寺庙并不提供给僧侣长期居住，而是纯粹作为信众和教派进行宗教活动的公共空间，并担负多种社会职能。其寺庙建筑类型多种多样，规模大小也各有不同。建于各地的寺庙为了应对不同的场地并受到物质投入、技术条件等客观限制，常常使用灵活多样的布局模式和相应的空间类型，表现出很强的环境适应能力。依据寺庙的规模和寺庙与周边建筑环境的关系，大致可将寺庙划分为三种布局模式：适应于小型寺庙的点式布局（单体建筑）、适应于中型寺庙的线式布局和适应于大型寺庙的院落式布局。

（1）点式布局（单体建筑）

小型的耆那教寺庙在建筑布局上采用插入周边环境的单体建筑，多利用小块空地建造，类型

图 4-64 阿玛撒格尔宫殿寺庙

图 4-65b 阿玛撒格尔宫殿寺庙主厅内景

图 4-65c 阿玛撒格尔宫殿寺庙圣室

图 4-65a 阿玛撒格尔
宫殿寺庙入口

简单，空间紧凑。寺庙通常只由圣室和门廊组成，一般圣室较为封闭，建有象征圣山的锡卡拉式尖顶，其内供奉祖师神。整体看来则更接近于一个规格高些的圣龛。稍大些的也有在圣室前再加建一个前厅，形成圣室加一个小柱厅的布局，前厅多只做平屋顶，精致些的也起穹顶。这一类小型寺庙多见于圣地寺庙城和小的耆那教社区中，主要由并不十分富裕的信徒捐建。虽然在占地面积和建筑高度上往往不及周边寺庙和其他建筑，但也正是由于其造型小巧、布局紧凑，反而更能适应复杂地形，寺庙的造型也更加灵活自由。

耆那教最著名圣地萨图嘉亚寺庙城中就有许多这种点式布局的小型寺庙，它们大部分由信仰耆那教的家庭或个人捐建，多数建于近代（图4-66）。建在三座寺庙间空地上的小寺庙是点式布局的寺庙建筑中最简单的一种形式（图4-67）。

图 4-66 萨图嘉亚寺庙城内点式布局的耆那教寺庙

寺庙由圣室和门廊组成，圣室和门廊都建在一个带台阶的基座上，基座约 1 米高，略有收分。圣室为曼陀罗形平面，较为封闭，只对着门廊开有一小门，其余各面只在外墙面上象征性地雕出壁龛。墙面上都雕刻精细的神侍和几何图案，小门上方则雕出一出檐很小的屋檐做构图上的划分，屋檐以上为象征圣山的锡卡拉式尖顶，主塔四面又雕出众星拱月状的多个小塔，塔顶均无太多雕

图 4-67 最简单的耆那教单体建筑寺庙

刻，比下部略为简约。门廊由四根石柱支承，正中建有一小穹顶，屋顶四角都雕有神兽。穹顶内有些植物花纹和几何图案，但不及圣室雕刻精致。

在寺庙城最南边靠近城墙处有一座与此类似但略为精致些的小型寺庙（图4-68）。这座寺庙由圣室和小柱厅两部分组成，建在曼陀罗形的基座上。圣室造型与先前类似，下部为封闭的房间，

图 4-68 带有小柱厅的耆那教寺庙

上部为象征圣山的锡卡拉式尖顶。与先前只建一简单门廊的寺庙不同的是，这座寺庙使用了曼陀罗形的小柱厅，造型显得更加精致。这种寺庙属于简单的点式布局寺庙，但比先前那种更为精致。

在临近崖边的平地上建有一连体式的小型寺庙（图4-69），由两个圣室和两个门厅合为一体，中央做一分割，两边相互独立。这座寺庙整体较封闭，只在门厅开有一门，由此入内可达圣室。寺庙坐落在一小台基上，入口两端各有一尊护门神侍。门厅和圣室外墙面连成一体，墙面上雕出壁龛和壁柱并雕刻了几何花纹和人物图案。门框往上以雕出的屋檐做分割，屋檐向上是圣室的锡卡拉式尖顶和门厅的尖顶，都雕有精美的细部装饰。这种连体式的小型寺庙可以看作以最简单形式的寺庙作为基本造型进行的组合和重构。除了合二为一的，还有多个联排的形式。以简单造型

图 4-69 并联布局的耆那教寺庙

为基础、在规模上进行组合堆砌的方式，在造型上比单一的圣室加门廊形式更加富有张力，但仍属于圣室加其附属部分的简单布局形式。

组合和重构的方式则更加高级，不再局限于对基本造型数量上的堆砌，而对其进行空间上的叠加和重构，由此便产生了更贴近耆那教教义的十字形平面布局。可以将其看作 4 个基本造型以圣室为中心相互叠加组合。这种形式的寺庙往往是四面对称的，圣室四面设门，圣室前为附属的门廊或柱厅。为了突出圣室的核心地位，只能在空间上进行强调。后又出现了多层的十字形寺庙，并随着层数的增加向中心的圣室逐步收缩，以凸显出圣室的核心地位，让人们在远处就能看到突出的圣室，而不被附属部分遮挡。

萨图嘉亚寺庙城内的一座寺庙就是如此。寺庙为十字形平面，中心为圣室，四面为门廊。主入口朝西，因而西面略长。寺庙共有两层，建在不足 2 米高的台基上。现经改造，一层将南北两面的门廊与中心圣室连通，形成一长条形的圣室。二层圣室仍四面开门，除西面建有精美的门廊外，其余各面都向圣室收缩，只象征性地建一小门廊。圣室上为高耸的锡卡拉式尖顶，西面门廊则用穹顶，穹顶外雕满层层叠叠的小尖顶（图 4-70）。

综上所述，点式布局的耆那教寺庙因体量较小、建造简单、成本较低，在耆那教寺庙建筑里占有很大比重。它们对建造场地没有太高要求，多利用空地建造，见缝插针，灵活机动，适应性强，寺庙内的室内空间也因此呈现出紧凑的点式空间。正是由于这些特点，所以这类寺庙往往在空间布局上最为多样，建筑造型丰富多彩。虽不及中大

图 4-70 十字形点式布局的耆那教寺庙

型寺庙壮观，但却自由多变，更显亲切。

（2）线式布局

中型的耆那教寺庙体量较大，对建筑场地有一定的要求。中型的耆那教寺庙常常建在城市主要道路两旁的开阔地上或建在香火繁盛的圣地内，单独成寺或临近其他中大型寺庙建造，形成寺庙建筑群，其建筑布局在周边环境中呈长条矩形的线式布局。这类寺庙沿轴线由外至内通常由门廊、前厅、主厅和圣室组成。圣室用于供奉祖师神，主厅和前厅主要用于宗教活动，有些寺庙主厅也陈列祖师雕像，僧侣只在前厅宣讲布道。这是耆那教寺庙较为常见的布局形式。中型耆那教寺庙体量较大，建筑造型类似，不及点式布局的小型寺庙丰富多彩。

选址于圣地拉那克普的帕莎瓦那塔庙就属于

图 4-71a 线式布局的拉那克普帕莎瓦那塔庙区位

稍小些的中型耆那教寺庙。帕莎瓦那塔庙邻近拉那克普闻名于世的阿迪那塔庙建造，建在它西面的一块平地上，主入口朝北面。寺庙建于 15 世纪，献给耆那教第二十三代祖师帕莎瓦那塔（图 4-71a、图 4-71b）。这座寺庙由圣室、主厅和

图 4-71b 拉那克普帕莎瓦那塔庙外景

前厅三部分组成，建在一个约 1 米高的基座上，通体使用白色大理石砌筑。圣室为曼陀罗形平面，相对封闭，只对主厅设门，室内供奉有帕莎瓦那塔的雕像（图 4-72）。外壁雕满细致的图案和神侍，并在各面都雕有精美的壁龛。象征圣山的锡卡拉式尖顶也异常精美，锡卡拉造型的小尖顶从四面拱簇着中心的塔顶，每个锡卡拉上都遍布细密的装饰图案，顶部是一个带尖顶的法轮。主厅也为曼陀罗形平面，起到承接圣室并连接前厅的作用。外壁延续了圣室外壁的构图，厅中央建一穹顶。穹顶内相对简单，只雕有几何形和法轮式的同心圆造型，越往中心，法轮越窄越密，表现了很强的飞升之感，极富动态。前厅是一个方形的柱厅，四面开敞，只使用平屋面并不起穹顶，四周有一圈挑檐，顶上是一周墙垛。屋顶由 4 米 ×4 米的柱网支承，石柱较为简洁，屋顶的天花上雕刻有

一些几何纹样和祖师形象。这座建在拉那克普的帕莎瓦那塔庙是中小型耆那教寺庙建筑中的佼佼者。寺庙布局紧凑、造型精致、装饰精美，通体洁白无瑕，无声地传达着圣洁典雅的宗教气氛，创造了一种让人充满遐想的彼岸世界图景。

建于奇陶加尔城堡（Chittaurgarh Fort）内的耆那教寺庙与拉那克普的帕莎瓦那塔庙类似，但与帕莎瓦那塔庙独自成寺不同的是奇陶加尔的 3 座中型耆那教寺庙建在一处，形成了一个小型的耆那教寺庙群。奇陶加尔城堡是拉贾斯坦邦最富传奇色彩的城堡。历史上曾经有成千上万的拉杰普特人，三次以血与火在这里铭刻下忠贞不渝的殉节精神，留给后人一段无比悲壮的记忆。首次屠城与殉节发生在 1303 年，传说统治德里的帕坦苏丹，垂涎奇陶加尔王公妻子帕德米妮的绝世美貌，带领大军围攻古堡。面对强敌，饥饿绝

图 4-72 帕莎瓦那塔庙相对封闭的圣室和主厅

望的拉杰普特人燃起火堆，帕德米妮和所有皇廷
中的女人穿上用于婚礼的纱丽，在她们丈夫的注
视下投身火海；男人们则披上猩红的长袍，在前
额抹上神圣的火灰，骑马冲向战场厮杀。1535 年，
占领了古吉拉特邦的伊斯兰统治者为了拓展疆域
再一次围攻古堡。据估计，有大约 13 000 名拉
杰普特女人和 32 000 名拉杰普特勇士在战争中
死去。城堡最后一次血战发生在 1568 年，莫卧儿
王朝的阿克巴大帝围攻古堡，女人们又一次殉节，
而 8 000 名身着猩红长袍的勇士则冲向战场赴死。
这次失利后，幸存的拉杰普特人都逃到了距奇陶
加尔不远的乌代布尔（Udaipur），并在那里建
造了一座新都城。1616 年，莫卧儿王朝把奇陶加
尔还给了拉杰普特人，但他们没有再迁居回来。

　　奇陶加尔城堡内的三座耆那教寺庙建在一条
主要道路旁的高地上，约建于 13—15 世纪（图

图 4-73 奇陶加尔耆那教寺庙群入口

4-73）。寺庙群呈品字形排布，两座稍小的寺庙
在后，稍大些的在前。最前端环绕稍大寺庙建有
半段围廊，正中建有精美的门廊，围廊内为一一
相连的小圣龛（图 4-74a、图 4-74b）。圣龛都
用锡卡拉式尖顶，站在道路上抬头看去非常壮观。
三座寺庙都采用与拉那克普的帕莎瓦那塔庙一致
的布局模式，建筑造型也非常相似。寺庙由圣室、

图 4-74a 奇陶加尔带
有半圈围廊的稍大寺庙

图 4-74b 奇陶加尔耆
那教寺庙稍小的一座

主厅和前厅三部分组成，建在一个约 1 米高的基座上，使用白色石材建成。圣室为曼陀罗形平面，相对封闭，只对主厅设门。外壁雕有少量神侍，各面都雕有壁龛。圣室使用锡卡拉式尖顶，顶部是一个带尖顶的法轮。主厅也为曼陀罗形平面，厅中央建一穹顶，穹顶内雕刻有层叠的装饰图案。两座稍小寺庙的前厅都为一个方形的柱厅，四面开敞，只使用平屋面并不起穹顶，四周有一圈挑檐，顶上是一周墙垛并环绕主厅。其中一座寺庙的前厅只有两排柱进深，因此略显局促；另一座仍为四排柱。稍大的一座寺庙的前厅也用穹顶，穹顶内的石柱和天花上都雕刻着精美的装饰图案。前厅通过前端的门廊与两旁围廊相连，虽然不及大型寺庙形制完备，倒也威严庄重。

由这些实例可以看出，线式布局的中型耆那教寺庙通常都是沿轴线依次排布圣室、主厅和前厅，规模稍大些的也建有门廊。它们的布局相对于点式已经较为固定，因此建筑造型比较类似，只在地区之间有些许差异。与更贴合耆那教教义的开敞式圣室不同，这一类寺庙的圣室较为封闭。外观通常与印度教神庙非常相似，以至于只能通过寺庙外壁的雕刻和所供奉的神才能区分彼此，而并没有发展出在更多的大型寺庙中体现出的耆那教自身寺庙的建筑特点。

（3）院落式布局

大型的耆那教寺庙常选址在城镇或圣地的重要位置建造，凌驾于周边建筑之上，呈院落式布局，并建造围墙与周边建筑相隔开，表现为院落式空间组合。寺庙一般都与其他中大型寺庙建在一处，形成耆那教寺庙群，并在组群中占据着统领地位。这类大型寺庙或寺庙群不仅仅是宗教活动的中心，更在社会文化生活中担任着多种角色，以强大的控制力和感召力辐射周边地区。耆那教现存的大型寺庙不多，但它们都极为壮观华丽，更多地体现了耆那教寺庙有别于其他宗教建筑的自身特征，代表了耆那教寺庙建筑的最高水平。大型寺庙最显著的特征就是在主体寺庙外围环绕以连续的小圣龛，形成一个对内开敞的院落。圣龛对主体寺庙开门，其内供奉祖师神。所有圣龛都使用高耸的锡卡拉式尖顶，在寺庙外看去就形成了连排的锡卡拉尖顶，这种威严壮丽的构图方式极具识别性，与其说是寺庙倒不如说更像一座戒备森严的堡垒。为了方便信徒们膜拜祖师神，多向内延伸出柱廊，常与主体寺庙的门廊连成一体，彼此通达形成一个诵经祈福的参拜回路。通常，主体寺庙沿中央轴线由外至内依次为：门廊、前厅、主厅和圣室。这与中型寺庙的布局模式很相似，但与其不同的是大型寺庙中的圣室往往更具开敞氛围，也比中型寺庙的圣室更大。在中型寺庙中圣室多为一个封闭的房间，只对主厅设门；但大型寺庙的圣室大多四面设门，寓意祖师的圣训远扬四方。圣室的最前端依然连接主厅，最后端则收缩成一个供奉祖师神的密室。此外，院落式布局的大型寺庙建设往往倾注了大量人力物力，比起中小型耆那教寺庙更加精美华丽。寺庙内外都精雕细琢，拥有着印度其他宗教建筑无法比拟的豪华室内空间，细部装饰更是让人眼花缭乱。

前文介绍过的维玛拉庙就属于这类院落式布局的大型寺庙。寺庙建于 11 世纪初，在吸收了当时各地耆那教寺庙建筑特点的基础上，开创了院落式寺庙的基本形式，并首先使用白色大理石来建造圣室的殿宇。维玛拉庙一经落成便轰动一时，被各地的耆那教寺庙争相模仿。迪尔瓦拉寺庙群内的月神庙（建于 13 世纪初）和阿迪那塔庙（建于 14 世纪初—15 世纪中叶）也都受其影响，模

仿它建造。斋沙默尔耆那教寺庙群中建于 15 世纪初至 16 世纪中叶的两座大型寺庙也都属于这类院落式布局。

院落式布局的寺庙建筑中最杰出的代表当属拉那克普的阿迪那塔庙，该寺庙代表了耆那教寺庙建筑的最高水平（图 4-75）。因在前文已有对该寺庙的介绍，此处只对该寺的布局模式和空间类型作具体分析。据阿迪那塔庙的碑文记载，迪帕卡曾宣称他将建造一座基于经典的雄伟寺庙。从建成的寺庙来看，他所指的经典无疑是阿布山的维玛拉庙了，而在建筑造型上则主要采用了十字形的帕莎瓦那塔庙的思路，拉那克普的阿迪那塔庙是在融合了两者的基础上被设计建造的。寺庙的中心是圣室，圣室四面设门。每个方向都建主厅连接圣室。主厅之外是四个前厅，并通过门廊与回廊相连。各前厅之间再建一小柱厅彼此相连，连接处建一梅花形圣龛，位于四个方向的梅花形圣龛呼应中央圣室，形成所谓的"五圣坛风格"（five shrined type）。这种形式表达了印度传统的宇宙观，也常见于印度教和佛教建筑，如佛教寺庙中的金刚宝座塔。寺庙在围廊四角与两前厅之间留出小庭院做采光之用，有效地避免了因为体量过大而造成的内部空间过于昏暗的弊端。

图 4-75 院落式布局的阿迪那塔庙

最终，中央圣室、主厅、前厅、围廊和梅花形圣龛组合在一起，以"十字形"和"五圣坛"相叠加，构成了一个完整的寺庙（图 4-76）。

在印度教神庙建筑中，圣室又称"子宫室"，意味着神的居所，蕴含着威严肃杀的宗教神秘气氛，这就决定了它必然是一个相对封闭的空间。而圣室又是整个寺庙的核心，其他使用空间必然要配合其中心地位而建造。因此，印度教寺庙规模的扩大只会在轴线上增加柱厅的面积或数量，圣室和柱厅都有明确的对应关系。一个规模再庞大的印度教寺庙都可以拆分成多个圣室加柱厅的线性排布，因为其圣室是无法向四面发散的，所以一个面状的印度教寺庙其实是由许多寺庙线性排布相加而成的。换句话说，大型的寺庙一般有多个圣室，这样才能构成其庞大的规模和宏伟的体量。而耆那教的十字形寺庙则采用另外一种组合方式。寺庙在横向上通过增加柱厅的面积和数量来扩大体量，竖向上则通过增加层数并逐层收缩来凸显圣室的核心地位。耆那教是无神论的宗教，信徒们相信只要借助自身修行便可得到解脱，无需借助外界神力。成熟的耆那教寺庙，其圣室因要符合教义都是相对开敞的，因此，耆那教寺庙的圣室可以向四个方向延伸，在建筑形式上仍采用传统的圣室加柱厅模式，形成以圣室为中心的 4 条线性排布。一个面状的耆那教寺庙可以只有一个圣室，也只有这种布局模式才与耆那教教义最贴切，属于其特有的建筑形式。这种建造寺庙的理想方案，不仅提供了扩大寺庙规模的绝佳思路，同时也更加符合教义，体现了自身宗教特点并极具美感，可与任一种古代伟大的建筑媲美。但可惜的是，由于伊斯兰教势力的入侵，耆那教寺庙建筑模式淹没了不成正比的力量对比和无奈的屈服之中，始终没能继续发展下去，拉那克

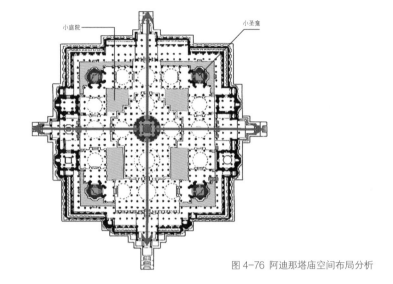

图 4-76 阿迪那塔庙空间布局分析

普的阿迪那塔庙也因曲高难和而成为绝唱，让人扼腕叹息。

综上所述，院落式布局形式主要应用于大型的耆那教寺庙建筑，空间类型为院落组合，且已形成相对固定的建筑模式。除了少数十字形排布的寺庙外，其余寺庙在组织排布和建筑造型方面都很类似，少有变化。但也正是在大型寺庙上才能更多地体现出自身的宗教建筑特点，相比中小型寺庙更有识别性。

4.3.2 类型与架构

1. 类型

（1）锡卡拉式寺庙

锡卡拉的本意是山峰，后来逐渐出现了一种模仿山体造型的塔形构筑物，并大量使用在宗教建筑上，成为印度独有的一种传统建筑形式。在耆那教寺庙建筑中锡卡拉象征着圣山，大多建在寺庙的圣室或圣龛顶部。高耸的锡卡拉作为寺庙建筑垂直方向上的延伸，蕴含了神圣的宗教寓意，充满了向上飞升的动势。锡卡拉式尖顶截面多为

"亚"字形或方形，由下往上逐渐收缩，正投形外轮廓线呈现为一柔和的曲线，整体造型类似竹笋或玉米。塔顶表面常雕刻线脚、几何纹理和细部装饰，顶部以一法轮形式的圆饼状盖石收尾。锡卡拉式尖顶最早可能源自先民用以遮蔽神龛或祭坛的临时构筑物，后逐渐被赋予宗教寓意，形成了一种被广泛接受的建筑形式，并使用砖石建造成为寺庙建筑的一部分（图4-77）。这种建筑形式最早在印度教神庙建筑中大量使用，后被耆那教寺庙建筑吸收，并在细部装饰方面加入了一些自身宗教的元素。

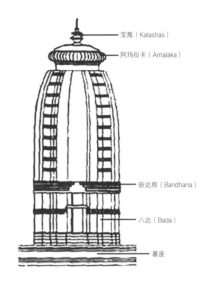

图4-77 锡卡拉式寺庙立面

锡卡拉式耆那教寺庙流行于印度北部地区和南部个别城镇，集中在拉贾斯坦邦、古吉拉特邦和中央邦部分地区，是耆那教寺庙最主要的一种建筑类型。这些地区的寺庙虽然在形式和造型上都有一定的差异，但它们的共同特点是在圣室上建有高耸的锡卡拉式尖顶，并作为建筑的制高点统领全局。人们在很远的地方就可以看到寺庙高高耸立的锡卡拉，锡卡拉不仅吸引着周边的潜在信众，而且成为各地区的标志性建筑物。这些寺庙的锡卡拉式尖顶多为10—13世纪流行于印度中西部地区的色诃里式。10—13世纪是印度中西部地区耆那教蓬勃发展的黄金时期，而广泛吸收并使用当时的流行样式与该地区耆那教寺庙建筑的发展相符合。色诃里式锡卡拉尖顶截面为"亚"字形，往上逐渐收缩，顶部为一个法轮状盖石。在位于中央的主体锡卡拉四面还雕刻有造型相似的小锡卡拉。四周的众多小锡卡拉层层叠叠，簇拥着中心的主塔，造型充满动感，非常壮观（图4-78）。锡卡拉塔身上都雕刻着精美的纹理和凸出的线脚，有些更加精致，还在四面雕出壁龛。与同时期印度教神庙的锡卡拉式塔顶相比，除了塔身四周表现神的雕刻不同外，耆那教寺庙的锡

图4-78 色诃里式锡卡拉尖顶

卡拉常常在塔身与法轮的交接处的四面雕刻双手作托举状的人物造型，这一造型也常被雕刻在寺庙内石柱的柱头上（图4-79）。

寺庙的锡卡拉都建在圣室上，因此锡卡拉在寺庙中的位置分为末端式和中心式两种。前者即锡卡拉位于主体建筑序列的最后端，这也由圣室在建筑布局中的位置决定。参观者进入寺庙后，由门廊至华美的前厅、主厅，最后到达最神圣的圣室。沿着中央轴线，各个房间的等级逐步提高，有一种渐入佳境式的观感和体验。递增的模式体现在寺庙外部，则表现为由前端至末端建筑高度的逐步增加。由低矮的门廊到前厅、主厅的穹顶，最后则是高高耸立的锡卡拉，层次分明而又和谐统一。主体锡卡拉位于全寺中心的中心式则是对应着圣室位于寺庙中心的十字形寺庙布局，是耆那教寺庙所特有的形式。在印度教神庙中虽然也有少数锡卡拉建在中央位置的寺庙，但由于印度教神庙建筑中圣室的封闭性，它不可能在多个方向直接连接柱厅。因此在平面构成上锡卡拉并不处于神庙的几何中心，而是必然要偏于一边。

总而言之，主要流行于北部的锡卡拉式寺庙是耆那教寺庙建筑中最主要的类型。这类寺庙在圣室上建有高耸的锡卡拉式尖顶，作为统领全寺的构图中心。锡卡拉这一高大壮观的造型，极具神秘庄重的宗教气氛和厚实稳重的雕塑感。人造的"山峰"拔地而起，充满了向上飞升的动势，寄托了广大信众的美好愿景。

（2）纪念塔式寺庙

纪念塔是耆那教寺庙建筑中非常独特的一种建筑类型，塔式寺庙纪念性强，巍峨耸立的石塔凌驾于周围建筑之上，远远望去蔚为壮观。建造塔形建筑往往比在平地上搭建寺庙更加费时费力，也更为困难，所以这种寺庙形式并不普遍。在印

图 4-79 双手托举状人物雕刻

度北部地区，塔式寺庙多为5~7层，且能上人，顶部是一个宽敞的观景厅。纪念塔外壁四面都雕刻有精美的祖师神，其间以绵密的几何图案作为装饰。在印度南部地区，纪念塔的形式则演变简化为一种称为"玛那斯坦哈"的纪念柱。因为建造一根纪念柱要远比建造一座纪念塔容易，所以这种简化形式在印度南部得到了广泛的运用，几乎每座耆那教寺庙的入口前都要立上一根纪念柱。

在拉贾斯坦邦的奇陶加尔城堡里现存一座非常壮观的纪念塔。这座纪念塔建于13世纪，由当时的王公出资建造，并献给初代祖师阿迪那塔（图4-80）。塔高24米，共有7层，由当地产的石材建造。塔身截面为"亚"字形，下部较为敦实，上部略有收分，最顶层则建一个四面出挑的观景

厅。纪念塔第 2 层的外壁四面都雕刻着有精美的圣龛，龛内供奉着阿迪那塔的圣像，圣龛两旁则雕刻着作为护卫的神侍（图 4-81）。其余各层也都雕刻着祖师神和一些神侍，其间装饰以精美的花纹图案。

观景厅四面出挑，平台的石柱之间装饰以华丽的弓形装饰物。塔内雕刻不如外壁细致，只在石柱和石梁上有一些华丽的装饰图案。在城堡内还有一座建于 15 世纪、供奉毗湿奴的印度教纪念塔。此塔仿照耆那教纪念塔而建，总高 36 米，共有 9 层，用于纪念王公在与伊斯兰教入侵者之间的战争中取得的胜利（图 4-82）。在奇陶加尔城堡，我们再次看到了耆那教与印度教建筑并存的现象，城堡的王公本是信仰印度教的，但对耆那教宗派却持有相当宽容的态度。两种宗教都没有驱逐彼此，宗教自由得到了最大限度的保障。宽容自由的文化

图 4-81 奇陶加尔耆那教纪念塔塔身上精美的圣龛

图 4-80 奇陶加尔耆那教纪念塔

图 4-82 奇陶加尔印度教纪念塔

环境和伊斯兰教势力入侵的时代背景，使得两座纪念塔更加稀有和珍贵。

古吉拉特邦的艾哈迈达巴德有一座类似的纪念塔，此塔于英国殖民时期由当地富商出资建造。纪念塔仍运用曼陀罗图形设计平面，通体由石材建造。造型上主要仿照了中世纪时的纪念塔形式。塔身外壁上也雕刻着祖师神和精美的装饰，塔内供奉祖师圣像。这座石塔的造型与先前的纪念塔相比显得有些单调呆板，塔内外的雕刻也远不如早期精致（图4-83）。

（3）巴斯蒂式寺庙

在印度南部地区，寺庙通常被称作巴斯蒂（Basti），"Basti"源自梵文"Vasati"，是指连接神灵和僧侣的住所。此处用其特指南部地区那些使用坡屋顶、与北部地区有很大差异的耆那教寺庙建筑形式，实际上是一种多檐式寺庙建筑。巴斯蒂式寺庙是印度南部地区最流行的一种耆那教寺庙类型，通常寺庙都建在一个砖石台基上，使用石柱或木柱，其上为木结构的坡屋顶。平面布局从外至内，主要仍然为门廊、前厅、主厅和圣室，只是在门廊前大多立有一根高耸的纪念柱。这些使用坡屋顶和木结构的寺庙与北方地区砖石结构寺庙的建筑风格完全不同，更像尼泊尔和斯里兰卡的寺庙建筑。这大概归因于印度南部地区湿润多雨，与内陆地区干燥少雨的气候条件不同，在气候上更加接近于尼泊尔和斯里兰卡，在相似的气候条件影响下便产生了相似的建筑风格。印度南部地区潮湿多雨且虫蚁滋生，砖石台基可以起到防潮的作用，石质的柱子也可以防潮和防蛀，使用坡度很大的屋顶则有利于在雨季时快速地排水。寺庙形式在外部为了适应当地环境做出了些许变化，但在本质上仍然体现了耆那教的宗教思想，这一点与北部地区的寺庙是一致的，同时也反映了耆那教无与伦比的适应性。

位于卡纳塔克邦耆那教城镇穆德比德里（Mudabidri）的昌达那塔庙（Chandranatha Basti）就是这种寺庙形式的典型代表。穆德比德里是一座主要从事农业生产的小镇，居民历来大多信仰耆那教，因此逐渐形成了一座著名的耆那教城镇。城中共有建于不同时期的耆那教寺庙18座，各座寺庙外观基本类似。其中最大的一座就是建于15世纪初、献给第八代祖师昌达那塔的昌达那塔庙[11]（图4-84）。进入矩形的院墙，首先是一根16米高的石质纪念柱，柱顶雕刻着护卫神侍。纪念柱后就是主体寺庙。寺庙整体建在一个约1米高的基座上，并建有外廊，基座做成须弥座的形式，并雕刻了表现战斗和狩猎场景的浮雕（图4-85）。寺庙最前端是一个精致的曼陀罗式

图4-83 艾哈迈达巴德耆那教纪念塔

图 4-84 穆德比德里的
昌达那塔庙

柱厅，台阶两旁还放置了两尊象征力量的石象。
石柱造型古朴，并有印度南部地区常见的八角形
抹角，部分石柱上还雕刻着神侍和大象图案。屋
顶共有两层，第一层为石质屋面，在其顶上再建
了一层木屋架。屋面通过斜撑向外挑出，并有倾
斜的栅格窗，屋顶装饰着鎏金锥形装饰物。这种
屋顶与尼泊尔比较常见的木结构寺庙的屋顶形式
非常类似。紧连着曼陀罗式柱厅的是另外两间小
些的柱厅，在它们的天花上都雕刻着类似北部地
区寺庙的那种极为华丽的藻井，但不及北部地区
豪华，这是由南部教派反对过度装饰的宗教思想
所决定的（图4-86）。寺庙的圣室位于轴线的最
末端，高出之前的各个柱厅，以突出圣室的核心
地位。寺庙在外部看来共有三层，但内部实际上
并不做分割，高耸的室内空间是为了摆放高大的
昌达那塔立像。圣室共有三层屋面，第一层仍为
石屋面，其上两层为与先前类似的木结构屋面。

图 4-85 基座上表现狩猎场景的浮雕

图 4-86 寺庙柱厅内的藻井

（4）贝杜式寺庙

贝杜（Petu）式寺庙是印度南部地区较为常见的一种耆那教寺庙类型。贝杜并不建造大型房屋，一般只是在场地中央建造一座巨型的圣人巴霍巴利雕像，围绕巨像建一些辅助设施和简单的厅舍。大型的贝杜在印度南部地区共有 5 处，而一般民居常常将其简化，在自家院中建造一座圣坛并供奉巴霍巴利雕像，就好似一座小型的贝杜。印度南部地区的耆那教徒大多属于天衣派，贝杜这种建筑形式的出现主要是受到了天衣派宗教思想的影响。天衣派在南部地区又被称为严谨教派，他们提倡并坚持更加严格地遵守大雄的教谕。天衣派的僧侣被要求放弃一切世俗生活，不能结婚生子，不能拥有物质财富，只能乞讨为生，必须不断地从一城镇步行到另一个城镇寻求施舍并讲布教义。他们认为如果僧侣一旦在一个地方定居下来，就会不可避免地被世俗化，会去积累财富，变得功利，从而违背了最初的教义，也达不到最终灵魂解脱的目的。最能说明天衣派苛求教义的事例莫过于南方天衣派宗教大师巴哈那巴胡（Bhadrabahu）游历北方教区时的言论，他曾公开指责白衣派僧侣穿着衣服是对教义的不敬和宗教腐败的标志。客观上讲，南方气候终年温和湿润，僧侣们裸体修行自然并无大碍，但在北部地区冬季气温较低，强求僧侣裸体似乎不太现实[12]。

正是在天衣派思想的影响下，南部地区的耆那教寺庙大多朴实简单，反对过度装饰，普遍不及北部寺庙豪华精美。贝杜这种寺庙形式并不是为了让僧侣定居下来，而只是作为其短暂的停留地，并作为一种纪念物在精神上鼓舞信徒。建于卡纳塔克邦耆那教朝圣中心加尔加尔的贝杜寺就是这种寺庙形式的典型代表（图 4-87）。寺庙建于 14 世纪，建造在一座岩山顶部的平地上，并从

图 4-87 加尔加尔耆那教贝杜寺

山脚下凿出 400 多级台阶通达山顶。登上山顶后，首先映入眼帘的就是在院墙外就能看到的巴霍巴利巨像。巨像由白色石材雕刻而成，共 13 米高，安置在一座方形圣坛上。南部的圣人巴霍巴利塑像都是一式的造型，全都赤身裸体，并摆出双手下垂、目视远方的姿势。圣人的胳膊和大腿缠满藤蔓，脚下的圣坛则象征巴霍巴利修行时所站的蚁穴，寓意着巴霍巴利完全战胜了自我，获得了伟大的胜利。寺庙入口处立有一根不高的石质纪念柱，柱顶端坐着护法神侍（图 4-88），这种石柱在北部地区的印度教神庙中很常见。进入寺门，巨像前是一根高耸的旗杆，巨像后建有一些提供给僧人休息的简单屋舍，除此以外再无其他。

（5）瞿布罗式寺庙

瞿布罗（Gopura）式寺庙（图 4-89）主要见于印度南部地区，其流行程度远不及巴斯蒂式

和贝杜式。瞿布罗原意是楼门，指楼阁式的高大城门。从字面上可以看出这一类寺庙的典型特点就是拥有一个楼阁式的高大楼门。瞿布罗式寺庙原本是南方印度教神庙的典型形式，寺庙入口处的楼门为全寺的表现重点。楼门高高耸立，基座正中开有寺庙的大门。早期整个楼门使用石材建造，因此不能建得太高，一般只建 3~5 层；后期只有基座使用石材，上层建筑使用砖块砌筑，其外涂抹灰浆，并逐层收缩。每层都遍布泥塑，塑像多为大仙、力神或者代表世俗生活的国王和武士。为了防潮并起到装饰作用，基座以上部分都绘有油彩，色泽艳丽。因为使用了砖砌、泥塑的建筑方式，后期楼门的体量往往能做得很大，一般都能做到 10 层以上，远远望去非常壮观。

在南印度部分地区，耆那教徒模仿当地的印度教神庙形式修建自己的寺庙，于是就出现了瞿布罗式的耆那教寺庙。这类寺庙数量不多，且并未摆脱印度教神庙建筑的影响，在造型和布局上没有体现太多自身宗教的建筑特点，只有在雕刻和塑像上才能分辨彼此。在临近马德拉斯邦（Madras Pradesh，今泰米尔纳德邦）首府的甘吉布勒姆（Kanchipuram）建有一座这种类型的耆那教寺庙（图 4-90）。寺庙始建于 12 世纪，后在 17 世纪时进行了大规模修缮。入口处的楼门是整座寺庙的表现中心，人们在刚进入小镇时就能远远望见寺庙高耸的楼门，走到近处更加被它的高大壮观所折服。楼门共有 11 层，最下面两层为石材建成的基座，正中位置开有约 7 米高的大门。基座往上是由砖块砌筑的楼阁式造型，共有 9 层，逐层收缩，每层外部都为泥塑的屋舍和神侍造型，楼门顶部建有圆拱形的屋顶。每一层正中位置都开有小门，层高也逐层降低，它利用透视原理的手法使得楼门看起来更具有高耸入云的

图 4-88 加尔加尔贝杜寺入口处的纪念柱

图 4-89 印度教瞿布罗式神庙

图 4-90 甘吉布勒姆耆那教寺庙

气势。除了石材建成的基座外，楼门的其他部分为了防潮都做了粉刷。进入寺庙为2个简单的柱厅，大厅中央开有中庭。相比该地区印度教的矍布罗式神庙，整个寺庙除了门楼的装饰简单很多、部分反映宗教题材的人物雕刻和所供奉的神不同外，其他并无太多区别。

2. 架构

虽然耆那教寺庙建筑具有多种多样的建筑类型和丰富多彩的造型艺术，但长久以来建筑学界和艺术史家们似乎对其缺乏足够的重视。这种现象除了因为耆那教派相对于印度其他宗教人数不多且自身活动较为低调之外，还有其他一些客观原因。一方面，如果单独地比较某一处雕刻或人物造像，耆那教寺庙建筑不如印度教和佛教建筑的雕塑精致生动，其祖师造像更是造型雷同，乏善可陈。因此，在微观上看，它并不出众，难以引起人们的关注。另一方面，在耆那教寺庙中包括锡卡拉在内的大部分建筑元素都源自印度教神庙建筑，虽然在漫长的岁月中对其进行了一定的改良和发展，但仍然相对缺乏能彰显自身特色的建筑形式，因而在宏观上其寺庙建筑不能引起足够重视。诚然，耆那教寺庙建筑存在着薄弱环节，然而其寺庙建筑取得的独特价值却在于它的"一体化"。为了阐明这一点，笔者将抽象的耆那教寺庙建筑分解为四种架构，分别为宗教寓意、雕塑体系、内向空间和框架结构。这四种基本架构完美地融合在同一座寺庙中，互为依托、相辅相成。

（1）宗教寓意

提到耆那教寺庙的宗教寓意，首先跃入脑海的就是锡卡拉式寺庙中高耸壮丽的锡卡拉尖顶，这一造型深入人心，已经成为其寺庙建筑的典型形象。锡卡拉通常建在寺庙圣室和神龛的顶部，象征着位于宇宙中心的圣山，带给信众神圣的力量，作为寺庙建筑最醒目的竖向构图，强调了作为寺庙核心的圣室的位置和重要地位。象征圣山的锡卡拉尖顶让人印象深刻，但主要流行于印度北部和南方局部地区，就整个印度次大陆的耆那教寺庙建筑来说，锡卡拉并非普遍使用的象征手法，在更广泛范围内使用的则是在寺庙的平面设计中体现的曼达拉图形。

曼陀罗在梵语中本意指圆形，国内相关专著常意译为"坛城""轮圆具足"等。曼陀罗是佛教和印度教中常见的宗教图案和平面图形，象征着宇宙的缩影。而"Mandala"这个词中"Manda"有本质、本源的意思，"la"是后缀，指包含、包容，代表了包含世间一切真理的宗教含义。最基本的图案是一个具有中心点的圆形，并在四边开方形门。曼陀罗最早应该来源于印度本土的一些宗教思想和宇宙观，后来主要被佛教和印度教吸收并得到了进一步发展，演化出多种图形和应用。曼陀罗最初用于绘制一些具有宗教象征的图案，僧人们依此把修行用的土台建造成曼陀罗的形式。后来这种图形被宗教建筑广泛采用，形成了多种固定的平面格局。柬埔寨的吴哥窟，印度尼西亚的婆罗浮屠，很多藏传佛教建筑如大昭寺、桑耶寺、托林寺以及白居寺塔等著名建筑都按曼陀罗的格局设计建造。在耆那教寺庙建筑中主要吸收了印度教中关于曼陀罗的宗教思想和建筑形式，寺庙的圣室和柱厅多依据曼陀罗图形来设计平面，以象征自身宗教蕴含了世间的一切真理（图4-91）。如上文提及的建于拉贾斯坦邦耆那教圣地拉那克普的帕莎瓦那塔庙就是使用曼陀罗图形进行寺庙平面设计的典型实例。寺庙建于13世纪初，在前厅的两旁又建有2个供奉圣坛的柱厅，是造型非常特殊的耆那教寺庙。它的圣室和柱厅均使用曼陀罗形平面，建筑造型充满动势、富于张力，也象征了无穷的智慧和力量（图 4-92）。

除此以外，依据曼陀罗图形进行的寺庙设计还体现在寺庙的空间布局上。这种设计主要依据的是一种被称为帕拉马萨伊卡曼陀罗（Paramashayika Mandala）的正方形曼陀罗（图4-93）。帕拉马萨伊卡曼陀罗本是来源于印度教，它共被分为 81 个小正方形，每边各有 9 个。曼陀罗最中心的 9 个小正方形代表创造神梵天，象征着永恒和真实。中心区域四面各自代表印度教中的主要神灵，等级略低于居于核心的梵天大神。再向外，四周剩余的小正方形则各自代表其余大小神灵。这种反映印度教宇宙观的模型被耆那教吸收后，用于其寺庙建筑的空间规划，并主要体现在十字形的寺庙布局上。曼陀罗正中由 9 个正方形构成的核心区域被用于安置寺庙最重要的圣室，紧邻核心区域的外围部分则作为连接圣室的主厅，然后再依次向外排布前厅和门廊，四周则围以回廊。耆那教最著名的拉那克普阿迪那塔庙就是体现这种空间规划的最典型实例（图 4-94）。这种最早在印度教中产生的曼陀罗模型没有在印度教神庙建筑中进行广泛的实践，却在耆那教寺庙建筑中结出了果实，着实让人感叹。

（2）雕塑体系

在大部分印度教神庙建筑中，雕刻是整座寺庙的精髓，因为神庙本就是建来供奉某些特定的神灵的，是神在人间的居所。在湿婆神庙中，雕刻的主题是表达湿婆的英明神武和世人对他的崇拜，主要造型多为湿婆大神施法显灵的身姿或接受各路神侍朝觐的场景。同样，在毗湿奴神庙中也大抵如此，只是换了主体对象罢了。雕刻作品本身就是其宗教文化的最直观表达，因此成为不懂梵文的广大中下层信众的活经书。广大信众也相信一座神庙对大神的雕刻越是生动形象，居住

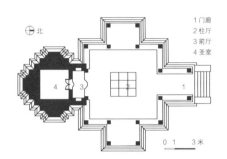

1 门廊
2 柱厅
3 前厅
4 圣室

0 1 3 米

图 4-91 源于曼陀罗图形的圣室和柱厅平面

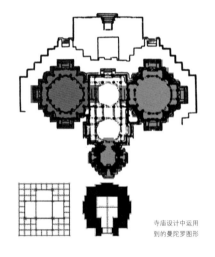

寺庙设计中运用到的曼陀罗图形

图 4-92 帕莎瓦那塔庙曼陀罗图形应用示意

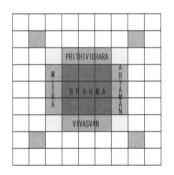

图 4-93 帕拉马萨伊卡曼陀罗

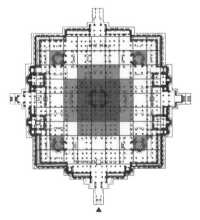

图 4-94 阿迪那塔庙应用帕拉马萨伊卡曼陀罗图形示意

图 4-95 印度教神庙中居核心地位的神灵雕刻

图 4-96 耆那教寺庙起装饰作用的人物雕刻

在神界的神灵就越容易降临于此，这座神庙也就越灵验。因此，在印度教神庙中往往遍布精美细致的大神雕刻，讲述大神的传奇故事，而雕刻作品的精致程度也成为评价一座神庙优劣的主要标准（图 4-95）。到了中世纪，雕刻作品的重要程度甚至超过了印度教神庙建筑本身，成为最重要的建筑元素。神庙的雕刻成了人们最关注的焦点，散布四处的精美雕刻分散了信众的注意力，神庙最核心的圣室却缺少足够的吸引力。整座神庙的结构显得非常松散，缺乏凝聚力。

如果单独比较某一处的雕刻，耆那教寺庙的雕刻作品在丰富程度和精美程度上常常不如印度教神庙，在神的雕像上也远不如佛教寺庙造型丰富、生动传神。然而在耆那教寺庙建筑中，它的雕塑并不具备独立价值，相反，它们更多地体现了其整体价值。寺庙所有的雕刻构成了一个有机的整体，服务于整个建筑空间。耆那教寺庙本身就是一件大型的雕塑作品，一个层次分明的雕塑体系。众所周知，耆那教原本就是一个信仰无神论的宗教。虽然寺庙逐渐引入了祖师神进行崇拜，但耆那教的祖师无论是传说人物还是历史人物都是实实在在的人类，他们既没有三头六臂，也不会腾云驾雾。耆那教寺庙的雕刻作品大多表现祖师冥想坐禅，虽然也吸纳了不少异教的神侍形象，但始终不及印度教雕刻那样充满神话色彩。这一宗教特质决定了耆那教寺庙不会像印度教神庙那样里里外外都遍布表现神话传说的雕刻。耆那教寺庙繁复华丽的雕刻相对于印度教神庙中雕刻的叙事作用，更多地是起到纯粹的装饰功能，服务于整座寺庙空间（图 4-96）。寺庙中从门廊至各个柱厅的细部装饰，从遍布几何纹理的石梁柱到富丽堂皇的穹顶藻井，无一不是为了衬托和拱卫最核心的圣室（图 4-97），也只有圣室才会放置

图 4-97 装饰性雕刻用
以烘托圣室的核心地位

规格最高、体量最大的祖师神。正是由于整个雕塑体系的共同作用，寺庙具有明确的向心性，由外至内层次分明，结构也显得非常紧凑。

（3）内向空间

耆那教寺庙建筑的空间内向性与印度次大陆上的其他宗教建筑显著不同，却有些类似中东的伊斯兰教建筑。绝大部分耆那教寺庙尤其是那些具有重要地位的寺庙，通常隐藏在城市肌理之中，它们与周围建筑相融合，并不具备引人注目的外观。但人们一旦走进寺庙，便会被它豪华富丽而又纯净圣洁的内部空间深深吸引。大型的院落式寺庙尤其如此，不仅建筑外部拥有富于动感的造型和精美的雕刻，建筑内部也都精雕细琢，甚至比寺庙外部更加华丽。

在这一点上耆那教寺庙与印度教神庙形成了鲜明的对比。如果说耆那教寺庙具有一种谦逊的空间内向性，那么印度教神庙则表现为一种张扬的空间外向性。印度教神庙多标新立异，务求在周围建筑中突出自己，以彰显其教派的雄厚实力。神庙体量宏大，造型极具动势，塔顶高耸入云。建筑外壁遍布精致的雕刻和让人眼花缭乱的细部装饰。寺庙内部空间往往让人压抑，室内装饰相对于神庙的外观简洁单调（图4-98）。

造成这种差异的原因除了宗教实力的强弱有别外，更多的是受到了各自宗教思想的影响。印度教神庙是服务于"神"的建筑，人们建造起壮丽的神庙是为了祈求神灵的庇佑，神庙首先作为神在人间的居所，人在其内顶礼膜拜以取悦神灵、祈求赐福。神庙外观越是宏伟壮丽，便越能取悦神灵，也就越灵验。而神庙内则是提供给神明休憩的居所，因此必须向人们传达神的威严。为创造神秘庄严的宗教氛围，大多数印度教神庙在外面看虽然具备雄伟的体量，但进入寺庙却没有与

图4-98 印度教神庙阴暗压抑的柱厅

之对应的内部空间，殿堂内都阴暗潮湿，非常压抑。

耆那教寺庙都是为"人"而存在的，更具人文精神。首先，耆那教并不信仰神，所供奉的祖师是人类，不具有神力；其次，耆那教训导教徒刻苦修身、一心向善，积极引导人性，并不宣扬高深莫测的玄秘。耆那教寺庙本身作为一个提供给僧侣和教徒进行宗教教育和活动的公共空间，必须适用（图4-99）。因此，与印度教神庙建筑相反，耆那教寺庙在印度的诸多宗教建筑中创造了最为富丽堂皇的内部空间。它的内在一般都符合它的外观，甚至要比外观更加让人惊叹。耆那教寺庙受到积极引导人性的宗教思想影响，因此它的室内空间相比其他宗教建筑更具开放氛围，

图 4-99 耆那教寺庙宽
敞明亮的柱厅

宽敞明亮，让人心情愉悦。总而言之，耆那教寺庙多具备内向空间的特质，外观并无太多惊奇之处，但内部空间却富丽堂皇而又神圣庄重，生动形象地表现了安详富足的彼岸世界图景。

（4）框架结构

耆那教寺庙建筑的框架结构也让人印象深刻。各地的耆那教寺庙都使用梁柱体系，绝大多数是由石材加工成的石梁、石柱。石柱立在柱础上，柱身之上连接柱头，柱头上支承横梁，再由横梁支承穹顶或屋顶。这种结构体系有些类似古希腊的石构神庙，又很像中国和日本的木构建筑，似乎完美地融合了两者，却又能看出现代建筑结构体系的影子。耆那教寺庙的各个柱厅、圣室和围廊都使用这种梁柱体系（图4-100）。柱子样式众多，各地区、各寺庙都不相同。石柱上多雕

刻造型繁多的神侍形象，甚至同一座寺庙中也找不到完全一样的两种图案。横梁、天花和穹顶密布精美华丽的花纹和图案。

除此之外，耆那教寺庙中的框架结构还是膜式装饰和流动空间的完美结合。寺庙中无论内外大多精心雕琢了繁复细致的几何纹理、人物雕刻和细部装饰物，而通常又以内部空间更为出众。这些雕刻都以石柱、石梁、墙体和穹顶等作为载体，北部地区的寺庙中比较常见的弓形装饰物则被安置在两根石柱之间。雕刻和装饰物构成了一层华丽的表皮，附着在寺庙建筑的结构体系上，笔者将这种雕刻与结构体系的耦合关系概括为膜式装饰。寺庙建筑最基本的框架结构是其灵与骨，而精美绵密的雕刻和装饰则是其血与肉（图4-101）。

在框架结构体系中最吸引人的是充满动态和

图4-100 层次分明的结构体系

图 4-101 包裹着结构体系的细
部装饰

朦胧美的流动空间。首先，寺庙内外通过绵密装饰的包裹，模糊了体量间的界限以及内外的区别和空间上的限定，使得整个空间充满了活力。其次，在院落式寺庙中，柱厅和围廊常常做开敞式的处理，彼此互通，联系紧密。在以拉那克普的阿迪那塔庙为代表的十字形布局的寺庙中，更是把这种流动空间做到了极致。寺庙内部空间均互相开放，平面布局自由，没有被限定死的流线。光线也从采光口和庭院被引入室内，流动的光影便成为最好的画笔，凸显出寺庙内交织流动的空间。

4.4　本章小结

耆那教是起源于古代印度的一种古老而独具特色的宗教，有其独立的宗教信仰和哲学。其教诞生自公元前 6 世纪初，比佛教还要更早一些。耆、佛两教本是同源，都起源于反对婆罗门教的沙门思潮。两教在与婆罗门教长期的斗争与融合中逐渐发展：佛教最终发展成为一个世界性的宗教，但在印度本土却大起大落，最终归于消亡；而耆那教虽然影响力远不及佛教，但在印度本土却一直绵延至今，并逐渐向世界范围传播。正有这悠久的历史和广博的积淀才造就了独具特色的耆那教寺庙建筑。

耆那教徒们讲求苦行修身，通过放弃现世的享乐、出家受戒、严格遵守教义和戒律来达到超脱出世、全知全能的理想状态。早期的耆那教并没有营建大型的宗教场所和建筑设施，此期的建筑活动主要集中于建于深山的石窟寺。8 世纪至 12 世纪是耆那教寺庙建筑发展的黄金时期。这段时间，耆那教在古吉拉特邦、拉贾斯坦邦和部分印度南部地区由于地方统治者的支持得到了快速的发展。最初耆那教寺庙主要模仿印度教神庙的

建筑形式，或是直接占用印度教废弃的寺庙。随后伴随着宗教的发展，耆那教寺庙日渐发展出适应自身宗教理念的建筑形式和纷繁多样的建筑类型。至 13 世纪时，伊斯兰教势力逐渐登上政治舞台。在伊斯兰统治势力不断扩张的时期，大城市的寺庙建设几乎停止，新的寺庙被迫建造在非伊斯兰统治区或被破坏可能性很小的边远地区，建造规模远不如前。18 世纪后，印度成为英国的殖民地。寺庙不再有被穆斯林摧毁的威胁，僧侣的人身安全也得到了保证。于是，耆那教开始慢慢恢复生机，在重要城市不断出现新建的寺庙。这段时期寺庙的风格主要有两种：一种为古典复兴式，工匠们从过去的寺庙中获取灵感，并结合新的技术和工艺；另一种为折中主义风格，主要集中在受西方影响比较多的沿海商业城市。1950 年，随着国家独立，印度进入了共和国时代。在对传统文化的日渐重视中，在印度许多地区都兴建了大量新的耆那教寺庙，或大或小，风格不一。虽然没有中世纪时的寺庙精致华丽，但无论布局形式还是建筑造型都比过去更加自由。

注　释

1 汤用彤. 印度哲学史略 [M]. 上海：上海古籍出版社，2005.

2 墨菲. 亚洲史 [M]. 黄磷，译. 北京：人民出版社，2004.

3 KAMIYA. The guide to the architecture of the Indian subcontinent [M]. Tokyo：Toto Shuppan, 1996.

4 阿巴尼斯. 古印度：从起源至公元13世纪[M]. 刘青，张洁，陈西帆，等译. 北京：中国水利水电出版社，2006.

5 墨菲. 亚洲史 [M]. 黄磷，译. 海口：海南出版社，2004.

6 KAMIYA. The guide to the architecture of the Indian subcontinent [M]. Tokyo：Toto Shuppan, 1996.

7 阿巴尼斯. 古印度：从起源至公元13世纪[M]. 刘青，张洁，陈西帆，等译. 北京：中国水利水电出版社，2006.

8 墨菲. 亚洲史 [M]. 黄磷，译. 海口：海南出版社，2004.

9 KAMIYA. The guide to the architecture of the Indian subcontinent [M]. Tokyo：Toto Shuppan, 1996.

10 KAMIYA. The guide to the architecture of the Indian subcontinent [M]. Tokyo：Toto Shuppan, 1996.

11 MICHELL. Architecture and art of southern India [M]. Cambridge：Cambridge University Press, 1995.

12 宫静. 耆那教的教义、历史与现状 [J]. 南亚研究，1987（10）.

图片来源

图 4-1 耆那教石窟寺，图片来源：汪永平摄

图 4-2 迪尔瓦拉寺庙群，图片来源：芦兴池摄

图 4-3 拉那克普的阿迪那塔庙，图片来源：芦兴池摄

图 4-4 萨图嘉亚寺庙城，图片来源：芦兴池摄

图 4-5 艾哈迈达巴德的杜哈玛那塔庙，图片来源：芦兴池摄

图 4-6 居那加德耆那教石窟寺，图片来源：汪永平摄

图 4-7 第 16 窟凯拉撒神庙，图片来源：王濛桥摄

图 4-8 耆那教第 30 窟，图片来源：王濛桥摄

图 4-9a 耆那教第 32 窟剖面，底图来源：KAMIYA. The guide to the architecture of the Indian subcontinent [M]. Tokyo：Toto Shuppan Press, 1996

图 4-9b 耆那教第 32 至 34 窟平面，底图来源：KAMIYA. The guide to the architecture of the Indian subcontitent [M]. Tokyo：Toto shuppan Press, 1996

图 4-9c 耆那教第 32 至 34 窟外景，图片来源：王濛桥摄

图 4-10 耆那教第 34 窟中的祖师雕刻，图片来源：王濛桥摄

图 4-11 耆那教第 32 窟中的圣坛，图片来源：王濛桥摄

图 4-12 巴达米石窟群，图片来源：芦兴池摄

图 4-13 巴达米石窟群平面，底图来源：KAMIYA. The guide to the architecture of the Indian subcontinent [M]. Tokyo：Toto Shuppan Press, 1996

图 4-14 巴达米石窟群耆那教石窟外景，图片来源：芦兴池摄

图 4-15a 耆那教石窟内的祖师雕刻，图片来源：芦兴池摄

图 4-15b 耆那教石窟门廊，图片来源：芦兴池摄

图 4-16 乌达亚吉里石窟全景，图片来源：汪永平摄

图 4-17a 从山上看第一窟，图片来源：汪永平摄

图 4-17b 底层走廊，图片来源：汪永平摄

图 4-17c 洞窟外景，图片来源：汪永平摄

图 4-18a 门边人物雕像，图片来源：汪永平摄

图 4-18b 门券装饰，图片来源：汪永平摄

图 4-18c 内廊浮雕，图片来源：汪永平摄

图 4-19 圆形建筑遗址，图片来源：汪永平摄

图 4-20 从乌达亚吉里石窟看对面肯德吉里寺庙和石窟，图片来源：汪永平摄

图 4-21 奥西昂的印度教神庙，图片来源：KAMIYA. The guide to the architecture of the Indian subcontitent [M]. Tokyo：Toto Shuppan Press, 1996

图 4-22 玛哈维拉庙，图片来源：KAMIYA. The guide to the architecture of the Indian subcontitent [M]. Tokyo：Toto shuppan Press, 1996

图 4-23 哈玛库塔庙，图片来源：MICHELL. Architecture and art of southern India [M]. Cambridge：Cambridge University Press, 1995

图 4-24a 塔那加阿吉塔那塔庙，图片来源：KAMIYA. The guide to the architecture of the Indian subcontitent [M]. Tokyo：Toto Shuppan Press, 1996

图 4-24b 塔那加阿吉塔那塔庙平面，底图来源：KAMIYA. The guide to the architecture of the Indian subcontitent [M]. Tokyo：Toto shuppan Press, 1996

图 4-25 迪尔瓦拉寺庙群平面，底图来源：阿巴尼斯. 古印度：从起源至公元13世纪 [M]. 刘青，张洁，陈西帆，等译. 北京：中国水利水电出版社，2006

图 4-26 维玛拉庙平面，底图来源：阿巴尼斯. 古印度：从起源至公元13世纪 [M]. 刘青，张洁，陈西帆，等译. 北京：中国水利水电出版社，2006

图 4-27 维玛拉庙前厅，图片来源：由当地寺庙提供

图 4-28 月神庙前厅，图片来源：由当地寺庙提供的图片资料

图 4-29 月神庙平面，底图来源：阿巴尼斯. 古印度：从起源至公元13世纪 [M]. 刘青，张洁，陈西帆，等译. 北京：中国水利水电出版社，2006

图 4-30 阿迪那塔庙前厅，图片来源：由当地寺庙提供的图片资料

图 4-31 阿迪那塔庙平面，底图来源：阿巴尼斯. 古印度：从起源至公元13世纪 [M]. 刘青，张洁，陈西帆，等译. 北京：中国水利水电出版社，2006

图 4-32 帕莎瓦那塔庙平面，底图来源：阿巴尼斯. 古印度：从起源至公元13世纪 [M]. 刘青，张洁，陈西帆，等译. 北京：中国水利水电出版社，2006

图 4-33 帕莎瓦那塔庙，图片来源：芦兴池摄

图 4-34 拉那克普的阿迪那塔庙，图片来源：芦兴池摄

图 4-35 拉那克普的阿迪那塔庙平面，底图来源：KAMIYA. The guide to the Architecture of the Indian Subcontitent [M]. Tokyo：Toto Shuppan Press, 1996

图 4-36a 精美的石柱，图片来源：芦兴池摄

图 4-36b 前厅内的穹顶，图片来源：芦兴池摄

图 4-37 索娜吉瑞寺庙城，图片来源：汪永平摄

图 4-38 昌达那塔庙，图片来源：KAMIYA. The guide tho the achitecture of the Indian subcontitent [M]. Tokyo：Toto Shuppan Press, 1996

图 4-39 查图姆卡哈庙，图片来源：芦兴池摄

图 4-40 查图姆卡哈庙外廊内景，图片来源：芦兴池摄

图 4-41 杜哈玛那塔庙主体寺庙，图片来源：芦兴池摄

图4-42 杜哈玛那塔庙平面，底图来源：KAMIYA. The guide to the architecture of the Indian subcontitent [M]. Tokyo：Toto Shuppan Press，1996

图4-43 希塔兰那塔庙，图片来源：芦兴池摄

图4-44a 小圣龛外侧，图片来源：芦兴池摄

图4-44b 小圣龛内侧，图片来源：芦兴池摄

图4-45 穹顶外部的尖顶装饰，图片来源：芦兴池摄

图4-46 圣室顶部高耸的锡卡拉，图片来源：芦兴池摄

图4-47 典型的印度教神庙平面，图片来源：KAMIYA. The guide to the architecture of the Indian subcontitent [M]. Tokyo：Toto Shuppan Press，1996

图4-48 "玛那斯坦哈"纪念柱，图片来源：芦兴池摄

图4-49 杰伊瑟尔梅尔耆那寺庙区位，底图来源：谷歌地球

图4-50 杰伊瑟尔梅尔城堡，图片来源：http://en.wikipedia.org/

图4-51 杰伊瑟尔梅尔耆那寺庙群，图片来源：芦兴池摄

图4-52 杰伊瑟尔梅尔耆那寺庙群平面，底图来源：KAMIYA. The guide to the architecture of the Indian subcontitent [M]. Tokyo：Toto Shuppan Press，1996

图4-53 高大威严的寺庙外墙，图片来源：芦兴池摄

图4-54a 主厅顶部藻井，图片来源：芦兴池摄

图4-54b 主厅二层走廊，图片来源：芦兴池摄

图4-54c 主厅一层内景，图片来源：芦兴池摄

图4-55 萨图嘉亚寺庙城区位，底图来源：谷歌地球

图4-56 萨图嘉亚寺庙城，图片来源：芦兴池摄

图4-57 萨图嘉亚寺庙城平面，底图来源：KAMIYA. The guide to the architecture of the Indian subcontitent [M]. Tokyo：Toto Shuppan Press，1996

图4-58a 萨图嘉亚寺庙城内造型各异的耆那教寺庙一，图片来源：芦兴池摄

图4-58b 萨图嘉亚寺庙城内造型各异的耆那教寺庙二，图片来源：芦兴池摄

图4-59 吉尔纳尔寺庙城，图片来源：http://en.wikipedia.org/

图4-60 吉尔纳尔寺庙穹顶上的马赛克拼贴，图片来源：http://en.wikipedia.org/

图4-61 尼密那塔庙平面，底图来源：KAMIYA. The guide to the architecture of the Indian subcontitent [M]. Tokyo：Toto Shuppan Press，1996

图4-62 吉尔纳尔寺庙城中的帕莎瓦那塔庙平面，底图来源：KAMIYA. The guide to the Architecture of the Indian Subcontitent [M]. Tokyo：Toto Shuppan Press，1996

图4-63 阿玛撒格尔宫殿寺庙区位，底图来源：谷歌地球

图4-64 阿玛撒格尔宫殿寺庙，图片来源：芦兴池摄

图4-65a 阿玛撒格尔宫殿寺庙入口，图片来源：芦兴池摄

图4-65b 阿玛撒格尔宫殿寺庙主厅内景，图片来源：芦兴池摄

图4-65c 阿玛撒格尔宫殿寺庙圣室，图片来源：芦兴池摄

图4-66 萨图嘉亚寺庙城内点式布局的耆那教寺庙，底图来源：谷歌地球

图4-67 最简单的耆那教单体建筑寺庙，图片来源：芦兴池摄

图4-68 带有小柱厅的耆那教寺庙，图片来源：芦兴池摄

图4-69 并联布局的耆那教寺庙，图片来源：芦兴池摄

图4-70 十字形点式布局的耆那教寺庙，图片来源：芦兴池摄

图4-71a 线式布局的拉那克普帕莎瓦那塔庙区位，底图来源：谷歌地球

图4-71b 拉那克普帕莎瓦那塔庙外景，图片来源：芦兴池摄

图4-72 帕莎瓦那塔庙相对封闭的圣室和主厅，图片来源：芦兴池摄

图4-73 奇陶加尔耆那教寺庙群入口，图片来源：芦兴池摄

图4-74a 奇陶加尔带有半圈围廊的稍大寺庙，图片来源：芦兴池摄

图4-74b 奇陶加尔耆那教寺庙稍小的一座，图片来源：芦兴池摄

图4-75 院落式布局的阿迪那塔庙，底图来源：谷歌地球

图4-76 阿迪那塔庙空间布局分析，底图来源：KAMIYA. The guide to the architecture of the Indian subcontitent [M]. Tokyo：Toto Shuppan Press，1996

图4-77 锡卡拉式寺庙立面，图片来源：邹德侬，戴路. 印度现代建筑 [M]. 郑州：河南科学技术出版社，2002

图4-78 色诃里式锡卡拉尖顶，图片来源：芦兴池摄

图4-79 双手托举状人物雕刻，图片来源：芦兴池摄

图4-80 奇陶加尔耆那教纪念塔，图片来源：芦兴池摄

图4-81 奇陶加尔耆那教纪念塔塔身上精美的圣龛，图片来源：芦兴池摄

图4-82 奇陶加尔印度教纪念塔，图片来源：芦兴池摄

图4-83 艾哈迈达巴德耆那教纪念塔，图片来源：芦兴池摄

图4-84 穆德比德里的昌达那塔庙，图片来源：芦兴池摄

图4-85 基座上表现狩猎场景的浮雕，图片来源：芦兴池摄

图4-86 寺庙柱厅内的藻井，图片来源：芦兴池摄

图4-87 加尔加尔耆那教贝杜寺，图片来源：芦兴池摄

图4-88 加尔加尔贝杜寺入口处的纪念柱，图片来源：芦兴池摄

图4-89 印度教瞿布罗式神庙，图片来源：芦兴池摄

图4-90 甘吉布勒姆耆那教寺庙，图片来源：芦兴池摄

图4-91 源于曼陀罗图形的圣室和柱厅平面，底图来源：邹德侬，戴路. 印度现代建筑 [M]. 郑州：河南科学技术出版社，2002

图4-92 帕莎瓦那塔庙曼陀罗图形应用示意，底图来源：KAMIYA. The guide to the architecture of the Indian subcontitent [M]. Tokyo：Toto Shuppan Press，1996

图4-93 帕拉马萨伊卡曼陀罗，图片来源：ALBANESE. Architecture in India[M]. New Delhi：OM Book Service，2000

图4-94 阿迪那塔庙应用帕拉马萨伊卡曼陀罗图形示意，底图来源：KAMIYA. The guide to the architecture of the Indian subcontitent [M]. Tokyo：Toto Shuppan Press，1996

图4-95 印度教神庙中居核心地位的神灵雕刻，图片来源：芦兴池摄

图4-96 耆那教寺庙起装饰作用的人物雕刻，图片来源：芦兴池摄

图4-97 装饰性雕刻用以烘托圣室的核心地位，图片来源：芦兴池摄

图4-98 印度教神庙阴暗压抑的柱厅，图片来源：芦兴池摄

图4-99 耆那教寺庙宽敞明亮的柱厅，图片来源：芦兴池摄

图4-100 层次分明的结构体系，图片来源：芦兴池摄

图4-101 包裹着结构体系的细部装饰，图片来源：芦兴池摄

5

印度印度教神庙建筑

印度教神庙建筑概况

印度教神庙建筑的选址与布局

印度教神庙建筑特征

5.1 印度教神庙建筑概况

5.1.1 印度教神庙建筑的起源和发展

印度教前身婆罗门教的宗教仪式以杀牲祭祀为主，其信徒通常围绕自然中的树木、坟冢、巨石、祭坛举行宗教仪式，认为神灵普遍蕴藏在这些质朴的自然构筑物中。其完整的宗教团体并未形成，因此早期的婆罗门教不要求有永久性的宗教建筑设施用来举行宗教祭祀活动或组织宗教团体。

4 世纪初，随着印度第一个封建帝国笈多王朝的建立，印度开始进入笈多时代。笈多时代是印度古代宗教、哲学、艺术、文学及科学等文化全面繁盛的时期，笈多王朝在吸收之前贵霜王朝具有外来色彩的文化的同时，更注重弘扬印度本土的传统文化，创造自身的文化艺术传统，把印度古典文化推向了高峰，因此被誉为印度古典艺术的黄金时代。在此期间产生了大量的宗教艺术精品，在绘画的风格、雕刻的样式、建筑的形制等方面都确立了印度古典主义的审美意象和创作规范，并且首次采用加工过的石材来建造宗教建筑，开启了印度古代建筑的新纪元。总体而言，笈多时代的艺术风格正处于从明快朴素向繁复夸张演变的过程中，它既不像早期王朝那样质朴刻板，又不同于中世纪那样繁复喧嚣，而是文质彬彬、神形兼备 [1]。

笈多王朝后期，佛教开始衰弱，印度古老的婆罗门教被再次提倡，并逐渐开始向印度教转化，宗教理论体系逐渐完备。此时的封建国王们为了提高自身的地位，强调自身统治的合理性，大多信奉婆罗门教，尤其崇拜毗湿奴，认为他是王朝的守护神，并且开始为宗教神灵建造永久性的神庙建筑。因此，笈多王朝时期通常被认为是印度

教神庙建筑的萌芽期。

笈多王朝于 6 世纪中叶灭亡，笈多王朝后期，印度北部由戒日王统治。7 世纪末，阿拉伯人开始入侵印度，他们结束了戒日王的统治，使印度再次陷入封建割据状态，战乱不断。8 世纪初，阿拉伯人占领了当时的印度信德，预示着印度开始进入中世纪时期。

中世纪的印度，佛教开始衰落，宗教大师商羯罗在理论和实践两方面对婆罗门教进行了改革，同时吸收佛教、耆那教的沙门思想，将婆罗门教演化为宗教理论体系更加完备的印度教。印度教更能满足封建战乱时期人们的各种需要，社会各个阶层的民众都能在印度教中找到各自的归宿，因此在印度大肆传播开来，并居于统治地位。国王利用宗教来维护个人的统治，宗教则利用王权来提升自己在宗教界中的地位。因此象征着国王权力的印度教神庙建筑开始在印度各地兴建，神庙建筑在展示王国实力的同时，也吸引了大量的信徒，无形中增强了国家的凝聚力。在此期间建造的印度教神庙无论在技术领域还是在宗教象征领域都达到了高峰，因此，印度中世纪通常被认为是印度教神庙建筑的黄金期（图 5-1）。

13 世纪初，随着突厥人库特卜·乌德·丁·艾巴克在德里建立苏丹国，印度开始进入伊斯兰统治时期。

在伊斯兰统治时期的印度，佛教基本灭亡，印度教在外来的伊斯兰教冲击下开始变得衰落。伊斯兰诸王们统治了印度北部和中部，他们都信奉伊斯兰教，信奉真主安拉，反对偶像崇拜，冲

图 5-1 气势宏伟的印
度教神庙建筑

击了印度教的种姓制度和偶像崇拜，对印度宗教文化思想产生了深远的影响。他们不再像先前的封建国王一样热衷于建造大型的印度教神庙建筑，转而大肆兴建具有伊斯兰特色的城堡、宫殿和陵墓。他们甚至不惜拆毁已有的印度教神庙，将其材料用来建造大型的清真寺。因此，伊斯兰统治时期，印度的北部和中部几乎停止了印度教神庙的建造活动，而只有印度南部未被穆斯林侵占的维查耶纳伽尔王朝和纳亚卡王朝（Nayaka Dynasty）充当了印度教传统文化最后的守护者（图5-2）。他们依然崇尚印度教，并继续建造着印度教神庙建筑。此时的神庙无论在建筑技艺还是在宗教气息营造方面，都无法与中世纪的神庙建筑相比，是整个印度教神庙建造活动的尾声。因此，印度伊斯兰统治时期通常被认为是印度教神庙建筑的衰亡期。

图 5-2 维查纳伽王朝印度教神庙遗址鸟瞰

5.1.2 印度教神庙建筑的属性

1. 印度教神庙建筑的精神属性

气势雄伟的印度教神庙被认为是神灵在人间的居所，同时它也是印度教宇宙哲学的图示。一座印度教神庙通常由圣室、前厅、柱厅、门廊四部分组成。圣室，原意为胎室或子宫，隐喻着宇宙生命的胚胎，是整座神庙最神圣的地方。在毗

湿奴神庙的圣室内往往供奉着毗湿奴的神像或者化相，在湿婆神庙的圣室内通常供奉着湿婆神的象征物林伽或林伽与尤尼的结合物，象征着宇宙的生命力或者男女结合创造的无穷活力（图5-3）。圣室上方通常是一个高耸的塔状屋顶，被称为锡卡拉。锡卡拉原意为山峰，象征着神灵居住的宇宙之山弥卢山或者凯拉萨山。它高耸入云，统领着整座神庙，向四周宣誓着神灵的存在（图5-4）。柱厅，原意为飞车，是神灵巡行宇宙的车乘，柱厅上方与圣室一样，设有向上升起的屋顶。通常，印度教神庙采用坚固的石材建造，从周边的建筑群中脱颖而出，象征着神圣与永恒。在印度中世纪时，各地的国王为了强调统治的合法性，将王权与宗教结合，印度教神庙作为国家实力的象征开始在印度各地兴建，在增强国家凝聚力的同时也维护了封建国王的统治。

此外，印度教神庙的细部装饰非常丰富，甚至极尽所能，建筑的台基、柱子、墙壁、天花、屋顶到处都是雕刻，整座神庙就像是一件巨大的雕刻作品。各种男女神灵、翩翩起舞的少女、可爱的大象、浩荡的战马、侏儒、恶魔、花草图案、节日庆典、宗教史诗、战争场面，甚至性爱雕刻，所有的这些都在宣扬正义善行，揭露可怕的罪孽[2]。同时，神庙通过神灵的各种怪异雕像，如半男半女、

图 5-3 林伽与尤尼

图 5-4 印度教神庙尾部高耸的锡卡拉

半人半兽、多面多臂来象征宇宙神奇旺盛的生命力，营造一种欢快热闹的宗教气息，向民众宣扬了一种积极向上、热爱生活的入世态度（图5-5）。

因此，印度教与佛教不同：佛教宣扬的是一种出世的生活态度，佛教徒追求的是宁静平和的生活氛围和宗教气息，其宗教艺术作品往往表现出一种耐人寻味的内敛深沉气质；而印度教却试图以强烈的视觉效果来宣扬神灵的威仪，注重营造热闹欢快的宗教气氛。因此印度教神庙常利用建筑体块的错落、起伏的外轮廓、多样的空间和繁复的细部装饰来营造一种奇特夸张、充满动态的总体形象，以象征宇宙无穷的活力，表达了对印度教神灵的无比崇拜。

2. 印度教神庙建筑的现实属性

印度教神庙作为神灵的居所，不单是信徒朝拜神灵的宗教场所，同时也是印度民众社会文化活动的中心。它常占据重要的位置，利用巨大的体量和超人的尺度高耸于周围环境，使得四周与它相关的场所都染上神圣崇高的气息。许多村庄

图 5-5 印度教神庙外墙上的细部雕刻

和城镇常常以神庙为中心，向四周延伸扩散。因此，印度教神庙的影响已超越了纯粹的精神和宗教范畴，成为普通民众日常生活中不可或缺的一部分，在印度现实社会中扮演着多种角色（图5-6）。

封建国王除了会出资兴建印度教神庙建筑、展示国家实力外，还会给神庙中的婆罗门祭司布施大量的土地和金钱，有的甚至将神庙附近村镇的税收直接赠予他们，以使婆罗门们更好地为自己服务。此外，神庙还会从商人、普通大众手中接受大量的慷慨馈赠，所以印度教神庙非常富有，婆罗门祭司是一个大财主。通常，手头拮据的农民会向神庙借钱，用来渡过难关，同时神庙也乐于将剩余资金借贷给王国核心地带的农村，用以发展农业，因此印度教神庙在现实社会中扮演了"人民银行"的角色。此外，神庙由于经常要举行各种宗教活动来祭祀神灵，因此需要大量的神职人员，包括祭司、僧侣、学者、乐师、舞女、会计等等，神庙给普通民众提供了一定的就业机会，确保了他们的生计。

有人曾这样形容印度的节日：一年有365天，印度人有366天都在过节，其中绝大部分是宗教节日。在一些重大的印度教节日期间，普通民众都会前往附近的神庙欢聚庆祝一场，有的节日甚至持续好几天，因此，许多商人都会慕名而来，进行商品交易，使得盛大的宗教集会变成一个热闹非凡的"商品交易会"。在此期间，民众也会在神庙中举办音乐会、舞会等娱乐活动，不管是穷人还是富人都可以参加，既活跃宗教气氛，又营造了一种与神共舞的生活场景，无形中拉近了民众与神灵的距离。同时，有的学者甚至利用节日集会来辩经说道，以博得众人的喝彩和认可。

印度教神庙不仅负责宣告神灵的启示、传播宗教知识，还负责教授科学文化知识。有的神庙

图5-6 印度教神庙中的朝拜活动

设有附属的学校，学校聘有专门的老师教授学生听、说、读各种文、理、哲文化知识。此外，地方长老和酋长们还会利用印度神庙神圣肃穆的宗教气氛，在神庙中开会讨论各种重大的乡镇事务，举行地方性的选举，甚至裁决民众之间的个人利益争端，使得这些日常事务染上神谕的色彩，从而能更好地安抚众人，因此印度神庙又类似一个"国家政府机构"。

由此可见，印度教神庙除了扮演神灵居所的角色外，还充当着银行、学校、政府等多种社会角色，以满足社会的各种现实需求，是印度社会不可或缺的一部分。同时，它深深地扎根在印度广大民众之间，与他们的日常生活非常贴近，并且同印度教一样完全融入人民的心中。

5.1.3 印度教神庙建筑的时代特征

1. 笈多时代的印度教神庙建筑

4 世纪初, 旃陀罗笈多在孔雀王朝的旧都华氏城登基, 建立了印度第一个封建帝国笈多王朝, 预示着印度开始进入笈多王朝时期。印度艺术史上的笈多王朝时期通常被认为是从 4 世纪初笈多王朝建立开始, 到 7 世纪末阿拉伯人入侵印度、结束戒日王在印度北部统治的约 4 个世纪[3]。

（1）十化身神庙

十化身神庙（Dashavatara Temple）位于中央邦的代奥格尔（Deogarh）, 建于 5 世纪末, 是笈多王朝时期最重要的毗湿奴神庙。神庙由方形的台基和神殿两部分组成（图 5-7）, 方形基座最初可能源于婆罗门教的祭坛形式, 四边各设有台阶可以通达上方, 台基的四边刻有讲述印度史诗《罗摩衍那》的条形雕饰带, 并且在四角建有四座小型的神殿。台基的中央是一座边长 5 米左右的方形神殿, 三面实墙上各设有一壁龛, 内部镶嵌着表现毗湿奴神话故事的雕刻石板。门设在神殿西面, 信徒可以进到内部方形圣室, 门框四周设有精美的细部装饰。神殿四周有一圈挑檐, 应是后期神庙门廊的雏形, 同时上方出现了高耸的锡卡拉, 笔者认为这种高耸的锡卡拉最初与印度教的山崇拜和生殖崇拜有关, 不过现在已经损坏。整体而言, 十化身神庙的这种大小神殿群体的组合、高耸的锡卡拉, 都表明了印度教特有的神庙建筑风格慢慢形成, 同时确立了自身发展的方向（图 5-8）。

值得注意的是, 神殿南侧墙壁神龛中的雕刻嵌板表现了印度教创世纪的故事。毗湿奴躺在大蛇阿南身上漂浮于宇宙之海, 他头戴皇冠, 身挂花环, 闭目沉睡, 四肢自然伸屈, 温顺的妻子拉克希米在他脚边给他按摩。一朵莲花从他肚脐上方升起, 从中诞生了梵天神, 梵天坐在莲花上开始创造世界。梵天两侧是骑象的因陀罗、骑孔雀的塞犍陀、骑公牛的湿婆和帕尔瓦蒂以及一个飞天[4]。整幅雕刻作品预示着印度教强调繁复、追求动态、夸张怪异的艺术风格开始形成, 摒弃了先前古典主义宁静肃穆的基调（图 5-9）。

6 世纪, 统治印度北部的笈多王朝开始走向衰亡, 印度北部的沙伊罗巴瓦人、中部的遮娄其人和南部的帕拉瓦人开始崛起, 分别在奥里萨邦（Orissa Pradesh）的布巴内什瓦尔、卡纳塔克邦的艾霍莱和泰米尔纳德邦的甘吉布勒姆建立了各自的王朝。他们都信奉印度教, 崇拜湿婆和毗湿奴, 建造了大量的印度教神庙建筑。

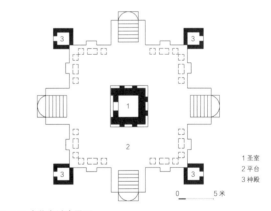

1 圣室
2 平台
3 神殿

0   5 米

图 5-7 十化身神庙平面

0   5 米

图 5-8 十化身神庙复原图

185

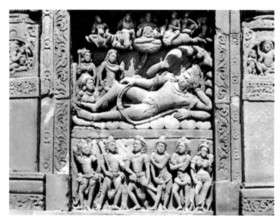

图 5-9 神龛内的毗湿奴雕像

（2）持斧罗摩神庙

持 斧 罗 摩 神 庙（Parasurameshvara
Temple）位于奥里萨邦的布巴内什瓦尔，建于 7
世纪沙伊罗巴瓦王朝（Shailodbhava Dynasty）
统治时期，是布巴内什瓦尔最古老的印度教神庙
建筑。神庙建造在下沉的庭院中，由圣室、前厅
和庭院中的石柱三部分构成，全部采用砂岩建造
（图 5-10）。圣室和前厅建造于低矮的基座上，
前厅呈长方形，低矮封闭，墙壁四周布满雕刻，
题材多为花草、动物图案和神灵雕像。双层屋顶，
采用石板搭建，利用中间的错落采光，使前厅显
得非常厚重。其形式应该源于周边的民居建筑，
并利用墙身上的细部雕刻与它们区别开来。圣室

图 5-10 持斧罗摩神庙

位于前厅的后部，圣室三面外墙利用矩形的凸出设有壁龛，内部是神灵的雕像。圣室上方是高耸的锡卡拉，呈玉米状，布满横向的线脚，同时，每个面的中间都设有上下贯通的条状凸出物，与下方的壁龛相连，上面装饰着马蹄形的窗龛，里面是各种神灵的人物雕像，形象夸张怪异，富于动感和张力。锡卡拉上方冠有一圆饼状的盖石，上面竖立着三叉戟，作为湿婆神庙的象征。锡卡拉总体上显得过于粗胖，缺乏后期神庙屋顶高耸入云的动感。庭院中的圆形石柱则是湿婆神的象征物林伽，寓意着神灵的权威。

实际上，持斧罗摩神庙玉米状的锡卡拉是后期印度北部印度教神庙建筑屋顶形式的一个原型，它为北部印度教神庙以后的发展确立了方向。

（3）杜尔迦神庙

杜尔迦神庙（Durga Temple）位于卡纳塔克邦的艾霍莱，建于7世纪遮娄其王朝（Chalukya Dynasty）统治时期，据说最初是用来供奉毗湿奴的，后来才供奉湿婆的妻子杜尔迦女神。这是一座独一无二的印度教早期神庙建筑，其平面形制来源于佛教的支提窟。整座神庙由中间的主殿和外围的一圈柱廊构成，采用砂岩建造，耸立在台基上方（图5-11）。主殿由门廊、柱厅和圣室三部分构成，特别的是在圣室后方设有一半圆形的回廊，并与柱厅相连。同佛教的支提窟相比，此处只是将支提窟后部的半球型的窣堵坡换成一个前方后圆的圣室空间，其他的空间构成几乎完全相同。主殿的入口门廊位于东侧，共有4根柱子，柱子上方装饰着各种人物雕刻和几何图案，非常精致。柱厅为长方形，共有8根柱子，四周是实墙，墙壁上凿有带几何花纹图案的窗洞。圣室位于柱厅的后部，在与柱厅相接的一侧设门，内部黑暗封闭，供奉着林伽与尤尼。圣室上方设有一高耸

的锡卡拉屋顶，锡卡拉从上到下装饰着许多马蹄形的窗龛，在每个窗龛中都刻有一个神灵的脸部形象，生动形象。在主殿的外围还绕有一圈柱廊，将整个主殿围在里面，不过与主殿相比，柱廊的地坪面和屋顶高度都要比它低，在增加神庙内外层次的同时，又使得空间更加丰富（图5-12）。

（4）巴达米石窟神庙

笈多王朝时期的遮娄其人除了建造石砌的印度教神庙建筑外，还探索了石窟式的神庙建筑。巴达米石窟神庙（Badami Cave Temples）位于遮娄其王朝的第二都城巴达米（Badami），开凿于6—7世纪期间，共有大小4个窟，其中1～3号窟属于印度教，4号窟属于耆那教。4个石窟形制较为简洁，源于佛教的精舍窟，供奉毗湿奴的3号窟是其典型代表。

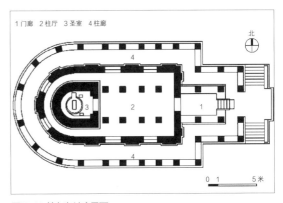

图5-11 杜尔迦神庙平面

图5-12 杜尔迦神庙

3 号窟坐南朝北，从前到后由门廊、柱厅和圣室三部分构成，中轴对称（图 5-13）。门廊平面呈长方形，面宽大，进深短，立面被 6 根立柱分为 7 个开间。方形立柱从上到下被横向的线脚分成三段，显得粗壮有力，表面装饰着几何花草图案和神龛，内部是神灵和动物雕像，精致美观；顶部柱头四周设有斜梁，表面雕刻着成组的神灵和花草图案，生动形象。门廊东西两壁刻着大型的毗湿奴雕像，东壁表现的是毗湿奴端坐在大蛇阿南身上，造型动态夸张（图 5-14），门廊顶部的天花由横梁分割，上方装饰着几何图案和神灵雕像。门廊前方还凿有一段台基，通过台阶与室外的院落相连，东西两侧装饰着毗湿奴雕像，讲述着不同的宗教故事，强化了入口的宗教气息。台基表面雕刻着一排神龛，细致精美。柱厅利用 4 根八边形的立柱与门廊隔开，平面呈长方形，与佛教精舍窟不同的是，东西两侧未开凿耳室，内部共有 14 根方形的立柱围合出一个开敞的礼拜空间。方形圣室利用台阶与柱厅相连，内部供奉着林伽与尤尼。

（5）五战车神庙

五战车神庙（Pancha Rathas Temple）位于帕拉瓦王朝（Pallava Dynasty）的第二海滨都城默哈伯利布勒姆（Mahabalipuram），建于 7 世纪中叶，梵语"ratha"原意为马车或战车，在节日庆典中特指神灵乘坐的神车。五战车神庙是一个建筑组群，共有大小 5 座神庙，它们都是从整块岩石中雕凿出来的，并以史诗《摩诃婆罗多》中的人物命名。黑公主神庙（Draupadi Ratha）、阿周那神庙（Arjuna Ratha）、怖军神庙（Bhima Ratha）和法王神庙（Dharmaraja Temple）从北到南排成一线，无种 - 偕天神庙（Nakula-Sahadeva Ratha）独立位于西侧[5]，

神庙间点缀着狮子、大象和公牛的雕像（图 5-15）。

北边的黑公主神庙和阿周那神庙建于同一基座上，黑公主神庙平面呈方形，中间凿有一圣室，采用仿木结构的四坡屋顶，线条柔和，在转折处设有几何状的花纹图案，外墙上刻各种人物形象。阿周那神庙由圣室和门廊两部分构成，方形圣室上方的锡卡拉呈角锥形，共两层，每层都装饰着盔帽形的小殿，并在檐口处排列着马蹄形的神龛，顶部冠有一个八角形的盖石，其实像阿周那神庙这种角锥形的锡卡拉正是后期印度南部神庙建筑

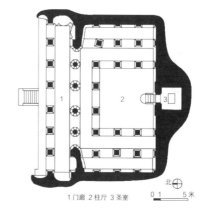

1 门廊 2 柱厅 3 圣室　　　0 1　　　5 米　　　图 5-13 巴达米石窟 3 号

图 5-14 巴达米石窟 3 号窟门廊空间

屋顶形式的原型。怖军神庙规模最大，平面呈长方形，在四周凿有一圈柱廊，中间是实体，类似一个环形的展览空间，两坡顶，与佛教支提窟的圆拱形顶棚类似。法王神庙几乎是一件实体雕塑作品，没有内部空间，只在四周墙壁上凿有壁龛，里面是各种神灵的雕像，上方的屋顶与阿周那神庙一样，都为角锥形，三层。西侧的无种－偕天神庙平面与佛教的支提窟一样，尾部呈半圆形，不过神庙在前部凿有方形的圣室和小型的门廊，两层屋顶，上方冠有圆筒形的盖石屋顶（图5-16）。

像五战车神庙这种采用岩凿方式建造的早期印度教神庙建筑，通常注重细部雕刻，建筑被当作雕塑作品来创造，内部空间非常简单，有的甚至没有。因此，五战车神庙可以被认为是印度南部早期印度教神庙建筑的实验品，而阿周那神庙和法王神庙角锥形的锡卡拉确立了南部印度教神庙建筑的发展趋势。

（6）瓦拉哈石窟神庙

帕拉瓦人在默哈伯利布勒姆建造岩凿式神庙建筑的同时，也探索了许多石窟式神庙建筑。

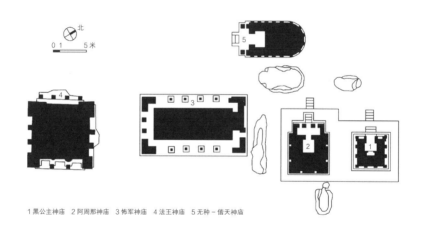

图 5-15 五战车神庙平面   1 黑公主神庙　2 阿周那神庙　3 怖军神庙　4 法王神庙　5 无种－偕天神庙

图 5-16 五战车神庙

它们形制较为简单，宗教气息淡薄，注重人物雕刻，著名的瓦拉哈石窟神庙（Varaha Cave Temple）是其典型的代表。

瓦拉哈实际上是指野猪，它是毗湿奴的一个化身。瓦拉哈神庙凿于 7 世纪末，坐东朝西，由柱厅和圣室两部分构成，形制简单，体量较小（图 5-17）。柱厅平面呈长方形，立面被 2 根八角形的立柱分成 3 开间，立柱底部雕凿着狮子，显得生动可爱；立柱顶部由方形和多边形的截面构成，使得纤细的立柱稳定许多；立柱上方是弧形的挑檐，表面排列着马蹄形的窗龛，上方是雕刻着 3 个车篷形的小神殿，表面装饰着几何图案和神龛，其间排列着线脚和马蹄形的神龛，精致美观（图 5-18）。柱厅四壁布满雕刻，都是结合宗教故事

的大型神灵雕像。北壁表现的是毗湿奴化身野猪瓦拉哈拯救大地女神普弥于宇宙之海的宗教典故；南壁表现的是毗湿奴化身侏儒瓦摩纳（Vamana）向魔王巴利（Bali）要回天、空、地三界地方；东壁北侧表现了女神拉克希米，南侧是站在莲花上的杜尔迦女神。柱厅四壁的神像上方都设有一圈弧形的挑檐与顶部的天花相接，表面装饰着马

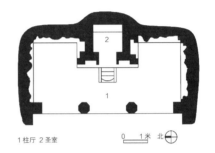

1 柱厅 2 圣室   0　1米　北 ⊕

图 5-17 瓦拉哈石窟神庙平面

图 5-18 瓦拉哈石窟神

蹄形的神龛。方形圣室单侧设门，通过台阶与柱厅相连，立面拐角处装饰着壁柱和马蹄形的神龛，入口左右两侧雕有两个门神。

综上所述，笈多王朝时期是印度教神庙建筑的萌芽期，神庙最初可能直接模仿婆罗门教的祭坛或佛教的石窟建筑改造而成，形制尚未完备，造型简单，但已粗具规模。首先，神庙的建筑类型比较多样，在建造方式和建筑材料方面进行了许多尝试，出现了石砌式、砖砌式[6]、石窟式和岩凿式多种建筑类型。其次，神庙强调自身的体量，注重外部形象，内部空间比较简单，缺乏神秘的宗教气息，但出现了像杜尔迦神庙那样将建筑空间同宗教仪轨结合的优秀例子，印度教自身特有的神庙建筑空间尚未形成。再次，神庙十分注重细部装饰，神灵们通常结合各自的宗教故事以人物雕像的形式出现在神庙中，造型往往奇特夸张，强调动感和张力，体现了印度教艺术追求新奇怪异的风格特点，同时建筑也往往利用这些神灵雕像来宣告自身的属性，而本身作为印度教神庙的宗教特征并不明显。最后，不同的地区探索了不同的建筑风格，确立了今后各自的发展方向。总体而言，笈多时代是印度教艺术开始勃兴的时代，印度教在佛教建筑的基础上对自身的神庙建筑形式进行了多方面的尝试，形成了印度教神庙建筑的雏形，确立了今后自身的发展方向，为中世纪印度教神庙建筑的黄金时代拉开了序幕。

2. 印度中世纪的印度教神庙建筑

8世纪初阿拉伯人攻占当时的印度信德预示着印度开始进入中世纪时期。印度艺术史上的中世纪通常被认为是从8世纪初阿拉伯人侵占信德到13世纪初突厥人在德里建立苏丹国统治印度北部和恒河流域的约5个世纪时期[7]。

（1）穆克台斯瓦尔神庙

进入中世纪，原先统治北部奥里萨邦的沙伊罗巴瓦王朝很快被索马瓦姆什王朝（Somavamshi Dynasty）取代，其继承了沙伊罗巴瓦王朝建造印度教神庙的传统，并探索了许多新形式，布巴内什瓦尔的穆克泰什瓦尔神庙（Mukteshwar Temple）是其间较为典型的例子（图5-19）。穆克泰什瓦尔神庙建于10世纪，由圣室和前厅两部分构成，采用红色砂岩建造，底部是一个低矮的平台，平台四周设有一圈用于祭祀活动的石质栏杆，上面装饰着马蹄形的神龛。平台西侧入口处建有一个圆形的拱门，是神庙的入口标志，装饰着各种人物雕像和花纹图案，精致优雅。前厅呈方形，内部没有柱子，由四周厚重的墙体支撑上方的屋顶。装

图5-19 穆克泰什瓦尔神庙

饰精美的入口门廊位于西侧，其余两侧墙壁设有类似门廊一样的窗廊，三者强化了前厅十字形的平面构图，并且上方设有马蹄形的屋顶，顶部装饰着动物雕像。值得注意的是前厅的屋顶，它并未采用类似持斧罗摩神庙一样的双层平屋顶，而是采用层层叠加的板岩，逐层渐收，简洁大方，呈金字塔状，使厚重的前厅轻盈许多。圣室通过走道与柱厅相连，外墙设有神龛。与持斧罗摩神庙一样采用玉

米状的锡卡拉,细部装饰精美。

总体而言,穆克泰什瓦尔神庙小巧玲珑,显得十分精致,比例尺度匀称协调,细部装饰精美,开创了金字塔式的前厅屋顶形式,空间类型变得多样,主次分明,被认为是奥里萨邦中期神庙建筑的代表,并确立了当地神庙建筑的风格。

（2）拉克希玛纳神庙

10世纪,原先隶属于普拉蒂哈拉王朝(Pratihara Dynasty)的昌德拉人开始独立,并在中央邦的克久拉霍(Khajuraho)建立了自己的王朝,成为印度北部一股强大的势力。克久拉霍以神庙之城著称,相传昌德拉王朝(Chandela Dynasty)的国王们在此建造了大量的印度教神庙建筑,并创造了一种新的神庙建筑风格,它们个性鲜明,精致美观,是中世纪北部神庙建筑的杰出代表。

拉克希玛纳神庙(Lakshmana Temple)位于中央邦的克久拉霍,建于10世纪,是一座毗湿奴神庙建筑。神庙坐西朝东,耸立在宽大的矩形平台上,平台四角各有一座小型神庙,与中央的主体神殿构成了一个建筑群体(图5-20)。主殿由门廊、前厅、柱厅、圣室及圣室四周的回廊五部分构成,平面呈双十字形,建造在高大的基座上。从前到后,神庙体量越来越大,高度也越来越高,凸显了尾部圣室的重要地位。门廊和前厅紧紧相连呈"T"字形,四周设有一圈围栏,通透开敞,门廊上方设有涡卷形装饰性过梁,细部雕刻精美,凸显了神庙的入口。柱厅呈长方形,两侧各向外凸出一阳台,强化了柱厅十字形平面构图,中间的4根柱子支撑着上方圆形的天花藻井,柱子上方装饰着神灵及人物雕像,强化了礼拜空间的神圣性。圣室呈方形,一侧设门与柱厅相连,内部供奉着毗湿奴神像,较为封闭。圣室外围设有一圈回廊,两端与柱厅连接,用于印度教绕行的宗

图 5-20 拉克希玛纳神庙主殿

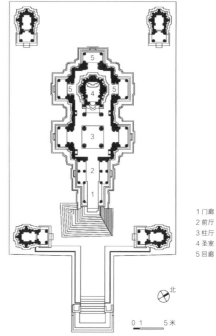

1 门廊
2 前厅
3 柱厅
4 圣室
5 回廊

北

0 1   5米

图 5-21 拉克希玛纳神庙平面

教仪式,回廊同柱厅一样,利用三面侧墙上凸出的阳台构成了神庙第二个十字平面,增大了神庙尾部的体量(图5-21)。

从立面上看,神庙高大的台基布满了横向的线脚和神龛,表面设有神龛,简洁大方,整体上提升了神庙的高度。中部的神庙墙壁装饰着大量的人物雕像,多为丰乳肥臀的美丽少女,表现了她们欢快的舞蹈和性爱场景。神庙屋顶从前到后

逐层升高，尾部圣室上方的锡卡拉呈竹笋状，布满各种线脚，呈蜂窝状，四周簇拥着等比例缩小的小锡卡拉。它们层层重叠，逐层减少，强化锡卡拉高耸入云的动感。而门廊、前厅和柱厅都采用逐层渐收的金字塔形屋顶，上方装饰着神龛和人物塑像。平台四角四座小神庙都由圣室、前厅和门廊三部分构成，与主体神庙一样采用竹笋状的锡卡拉，装饰精美，无形中增强了整座神庙的气势（图5-22）。

（3）维鲁帕克沙神庙

中世纪早期，印度中部的遮娄其人和南部的帕拉瓦人依然扮演着重要的角色，遮娄其人为了争夺印度南部的霸权，与帕拉瓦人成为宿敌。他们世代相仇，连年征战，耗尽国家实力的同时也加强了中部和南部的艺术交流。因此，8世纪遮娄其王朝在第三座都城帕塔达卡尔（Pattadakal）建造的几座大型印度教神庙建筑融合了许多南部神庙建筑风格。

维鲁帕克沙神庙（Virupaksha Temple）位于卡纳塔克邦的帕塔达卡尔，建于8世纪中叶，由当时的遮娄其王妃下令建造，用来纪念她们的丈夫在南部的甘吉布勒姆打败帕拉瓦人。维鲁帕克沙神庙的一条铭文说明建筑师萨尔瓦西迪（Sarvasiddi）来自南方，熟悉无数的建筑形式[8]。神庙建造在十字形的院落中，坐西朝东，由门廊、柱厅、圣室和回廊四部分组成，耸立在饰有动物雕像的基座上（图5-23）。柱厅三边开门，各设有一门廊，门廊两侧的栏杆上雕刻着马蹄形神龛，

图 5-22 拉克希玛纳神庙平台一角的小神庙

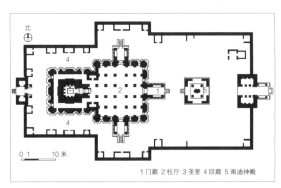

图 5-23 维鲁帕克沙神庙平面

1 门廊 2 柱厅 3 圣室 4 回廊 5 南迪神殿

图 5-24 维鲁帕克沙神庙外墙上的细部装饰

图 5-25 维鲁帕克沙神庙中的南迪神殿

上方是一圈圆弧形的挑檐，精致美观。柱厅呈方形，共有 16 根柱子，上面装饰着讲述印度教史诗故事的浮雕。四周墙壁凿有装饰着几何花纹图案的窗洞，外墙由仿木结构的壁柱分割，中间镶嵌着神龛，里面是各种神灵的雕像，利用柱头托梁与上方的弧形挑檐相接。柱厅采用平屋顶，四周女儿墙上排列着马蹄形的神龛及各种神灵雕像，高低起伏。方形圣室，通过走道与柱厅相连，中间摆放着林伽与尤尼，四壁凿有神龛，上方是一个三层角锥形的锡卡拉，每层都装饰着神龛、人物雕像、壁柱和挑檐，顶部冠有圆饼状的盖石。回廊两端各设有一个神龛，里面是象鼻神伽内什和难近母杜尔迦的雕像。外墙与柱厅一样设有窗户，装饰着壁柱和神龛（图 5-24）。神庙前面还有一座南迪神殿，方形平面，内部的 4 根立柱中间摆放着黑色的神牛南迪雕像，生动逼真，体现了遮娄其人高超的雕刻能力（图 5-25）。围墙前后两端设门，四周设有多个面向内院的神龛，强化了院落空间的宗教气息。

总体而言，维鲁帕克沙神庙继承了遮娄其王朝早期神庙宽大的柱厅、封闭的圣室和用于宗教仪式的回廊空间，又采用了在南部五战车神庙中出现过的角锥形锡卡拉、马蹄形神龛、仿木的壁柱和弧形的挑檐等元素，融合了印度南北两种神庙建筑风格，是中世纪印度中部神庙的典型代表（图 5-26）。

（4）象岛石窟神庙

8 世纪中叶，原先隶属于遮娄其王朝的封臣罗湿陀罗拘陀人开始崛起，他们建立罗湿陀罗拘陀王朝（Rashtrakuta Dynasty），取代了遮娄其王朝的霸主地位，统治印度中部 200 多年，不过之后很快又被遮娄其人征服。其间罗湿陀罗拘陀人建造了著名的象岛石窟神庙和凯拉萨神庙，在印度艺术史上享有极高的地位。

象岛石窟神庙（Elephanta Cave Temples）位于孟买港的象岛上，共有大小 7 座石窟，凿于 5—8 世纪期间。其中最为著名的是 1 号窟，建于罗湿陀罗拘陀王朝统治时期，是一座湿婆石窟神庙。

1 号窟湿婆神庙坐南朝北，由主殿、东殿、西殿和东、西庭院五部分构成（图 5-27）。主殿

5-26 维鲁帕克沙神庙

体量最大，平面呈十字形，由圣室、柱厅和门廊构成，北部门廊是神庙的入口，立面由2根粗壮的方形立柱分割，表面装饰着线脚和几何图案，东西两侧分别是瑜伽王湿婆和舞王湿婆的巨型雕像，造型动态夸张。东部门廊与东院相连，南北两壁装饰着神灵雕像。西部门廊与西院相连，其南壁表现的是湿婆和帕尔瓦蒂结婚的场景。而著名的三面湿婆相位于柱厅的南壁（图5-28），与入口门廊构成了一条南北轴线。三面湿婆相中间的脸庞显得十分冷漠，象征着绝对永恒；而左肩是一个充满女性气息的脸庞，象征着活力和能量；右肩则是一个恐怖的男性脸庞，寓意着毁灭和黑暗。圣室位于柱厅的西部，是一个方形的小室，四边设门，内部供奉着大型的林伽与尤尼，门洞两侧则是巨型的门神雕像，显得十分威严（图5-29）。此外，柱厅顶部天花凿有横梁，强化了

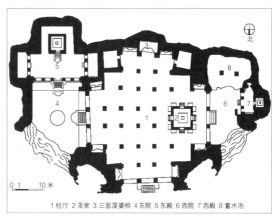

1 柱厅 2 圣室 3 三面湿婆相 4 东院 5 东殿 6 西院 7 西殿 8 蓄水池

图5-27 象岛石窟1号窟平面

柱厅的东西轴线。

整体而言，象岛的湿婆石窟神庙与笈多王朝时期的巴达米石窟神庙和瓦拉哈石窟神庙相比，空间变得丰富多样，凸显了圣室空间的神圣地位（图5-30），与宗教仪轨结合，不再模仿佛教的石窟寺，确立了印度教自身的石窟神庙建筑形式，

图 5-28 象岛石窟 1 号窟中的三面湿婆相

图 5-29 象岛石窟 1 号窟柱厅中的圣室

并将神灵雕刻艺术发挥到了极致。

（5）凯拉萨神庙

建于 8 世纪末的凯拉萨神庙（Kailasha Temple）位于马哈拉施特拉邦（Maharashtra Pradesh）的埃洛拉石窟中，被称为 16 号窟，它实际上是一座从山岩峭壁中整体开凿出来的独立式神庙建筑，采用"减法"的建造方式，被认为是一件伟大的雕塑作品。凯拉萨神庙是以帕塔达卡尔的维鲁帕克沙神庙为原型建造的，它坐东朝西，由门楼、南迪神殿和主体神殿三部分构成（图 5-31）。门楼平面呈十字形，两层高，平屋顶，与两侧的山体相连围合出一个院落空间，隔断了人间和神界，表面装饰着壁柱和巨大的神灵雕像。南迪神殿位于门楼和主殿中间，方形平面，底下是一层高的台基，表面设有神龛，里面都是描述宗教故事的神灵雕像，造型动态夸张。二层摆放着神牛南迪的塑像，外墙

图 5-30 象岛石窟 1 号窟东殿中的圣室

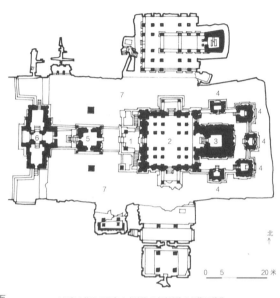

图5-31 凯拉萨神庙平面

1门廊 2柱厅 3圣室 4小神殿 5南迪神殿 6门楼 7院落

壁柱上刻有飞天人物，上方是平屋顶。南迪神殿利用天桥与前面的门楼和后部的主殿相连，两侧院落中各有一根象征湿婆权力的石柱和大象。

主体神殿与南迪神殿一样，竖立在高大的基座上，基座被横向的线脚分成三段，中段雕刻着成排的等身大象和狮子，生动逼真（图5-32）。主殿由门廊、柱厅、圣室和圣室四周的五座小神殿构成。柱厅呈方形，内部共有16根柱子，两侧凸有阳台，上方是略微凸起的平屋顶，屋顶四周装饰着成排的神龛和各种雕像。圣室黑暗封闭，内部供奉着林伽与尤尼，与柱厅相连。顶部是一个巨大的四层角锥形锡卡拉，其顶部冠有一盔帽形的盖石，从下到上装饰着精美的神龛和雕像，显得精致华丽。圣室后部设有5座小神殿，围绕室外绕行的礼拜道布置。它们都由单个圣室构成，外墙上雕刻着壁柱和神龛，采用角锥形的锡卡拉。

图5-32 凯拉萨神庙主殿底部台基的大象雕刻

此外在神庙两侧的山体中凿有多个石窟式配殿和一圈围绕院落的柱廊，强化庭院宗教气息的同时，又构成了一个十字形的平面。据说凯拉萨神庙建成以后，曾将上方的锡卡拉涂成白色，象征湿婆居住的凯拉萨雪山（图 5-33）。

（6）布里哈迪斯瓦拉神庙

9 世纪，随着南部帕拉瓦王朝的覆灭，朱罗王朝（Chola Dynasty）成了中世纪后期印度南部最大的王朝，朱罗人不仅控制了印度南部，而且还击败了中部的遮娄其人，势力曾扩展到北部的恒河流域。朱罗国王多崇拜湿婆，在其统治期间修建了大量的印度教神庙建筑。11 世纪，国王罗阇罗阇一世（Rajaraja Ⅰ）在都城泰米尔纳德邦的坦贾武尔（Thanjavur）建造了布里哈迪斯瓦拉神庙（Brihadishvara Temple），俗称坦贾

图 5-33a 凯拉萨神庙院落空间

武尔大塔，以纪念挥师北进战胜遮娄其人。布里哈迪斯瓦拉神庙是一个院落式的神庙建筑组群，神庙坐西朝东，大门位于矩形院落的东部，矩形平面，两层高，外墙表面装饰着壁柱和神龛。上方是逐层递收的平屋顶，表面装饰着马蹄形的神龛和各种神灵雕像，顶部冠有圆筒形的盖石。南

图 5-33b 凯拉萨神庙

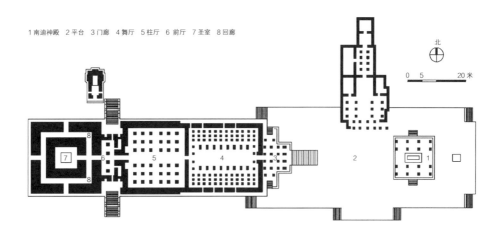

1 南迪神殿 2 平台 3 门廊 4 舞厅 5 柱厅 6 前厅 7 圣室 8 回廊

北

0   5   20 米

图 5-34 布里哈迪斯瓦拉神庙平面

迪神殿位于大门和主体神殿的中间，建造在宽大的矩形平台上，平面呈方形，开敞通透，中间摆放着神牛塑像（图 5-34）。

　　布里哈迪斯瓦拉神庙的主体神殿由门廊、舞厅、柱厅、前厅、圣室和回廊六部分组成，耸立在高大的基座上。前厅通过台阶与前方的大平台相连，

图 5-35 布里哈迪斯瓦拉神庙入口门廊

平面呈"T"字形，开敞通透，上方平屋顶四周设有一圈圆弧形的挑檐（图 5-35）。舞厅呈长方形，中间由柱子围合出一个长方形空间，两侧外墙设有窗洞，表面装饰壁柱和神龛，平屋顶。方形柱厅内部共有 36 根立柱，柱厅尾部三层高，以与后部高耸的锡卡拉形成过渡。柱厅通过细长的前厅与后方的圣室相连，前厅左右两侧设门，通过台阶与室外庭院连接，外墙与柱厅一样装饰着壁柱和神龛。圣室为方形，回廊内壁设有神龛，四边设门，外壁被横向的线脚分为上、下两层，上面排列着壁柱和神龛，上方是一个高耸的角锥形锡卡拉，布满水平线脚，弱化了锡卡拉高耸入云的感觉，顶部是一个巨大的盔帽形盖石（图 5-36）。

　　（7）切纳克萨瓦神庙

　　11 世纪，印度中部的遮娄其王朝开始衰弱，

图 5-36 布里哈迪斯瓦拉神庙

原先的臣属霍伊萨拉人开始崛起，在卡纳塔克邦的比鲁尔（Birur）建立了自己的王朝，控制了卡纳塔克邦的南部。统治期间，霍伊萨拉人在比鲁尔、赫莱比德（Halebid）和苏摩纳特普尔（Somanathapura）三座古城中建造了大量的神庙，并且开创了一种新的印度教神庙建筑形式。位于比鲁尔的切纳克萨瓦神庙（Chennakesava Temple）是霍伊萨拉王朝（Hoysala Dynasty）最好的神庙建筑之一，建于12世纪（图5-37）。神庙坐西朝东，位于院落的中间，从前到后由门廊、前厅、柱厅和圣室四部分构成，耸立在基座上（图5-38）。基座底下建有一锯齿形的平台，用于印度教围绕神庙绕行的宗教仪轨，台阶两侧装饰着角锥形的神龛，雕刻精美。神庙基座由横向的线条划分，装饰着神龛和几何花纹图案。门廊平面

呈长方形，两侧设有栏杆，上方是圆形的立柱，从上到下布满线脚，饱满圆润，柱子上方的托梁处装饰着向外倾斜的女性雕像，显得美丽动人。柱子中间镶嵌着凿有几何形窗洞的石墙，上面雕刻着各种神灵，但显得过于繁复，给人拥挤的感觉。

柱厅平面呈十字形，内部的立柱从上到下由不同的截面构成，多为圆饼状和锯齿状，它们同上方的横梁一样，雕刻着各种神灵和精美的图案（图5-39）。柱厅两侧设门，通过台阶与平台相连。柱厅通过前厅与后部的圣室相连，圣室呈方形，内部设壁柱。与其他神庙不同的是，圣室的外墙为了争取更多的雕刻面积而被塑造成锯齿形，再在三边各设一个神龛，总体上构成了一个星形的平面构图。外墙表面由上下贯通的大型壁柱分割，被横向的线脚分成三段，中间装饰着神龛。此外，

图5-37 切纳克萨瓦神

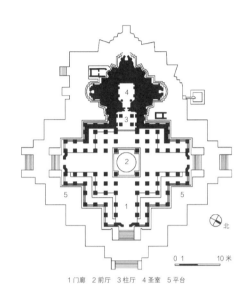

图 5-38 切纳克萨瓦神庙平面

0 1   10 米

1 门廊 2 前厅 3 柱厅 4 圣室 5 平台

图 5-39 切纳克萨瓦神庙柱厅内的立柱

圣室上方未采用高耸的锡卡拉，与柱厅和门廊一样，采用平屋顶。因此，神庙总体上给人一种低矮厚重的感觉，与遮娄其王朝早期神庙建筑风格类似。

综上所述，印度中世纪是印度教神庙建筑的黄金期，各地的封建国王都崇尚印度教，将王权与宗教结合，建造了大量的印度教神庙建筑，呈现争奇斗艳、百花齐放的局面，中世纪的印度教艺术被推向了高潮。神庙的建造方式已经成熟，除了普遍的石砌式和石窟式神庙建筑外，还建造了被誉为中世纪奇迹的凯拉萨岩凿式神庙建筑，体现了中世纪高超的神庙建造技艺。总体上确立

了印度北部和南部两种印度教神庙建筑风格。封建诸侯间的战争促进了南北建筑文化的交流，各地的封建国王在吸收外来文化的同时，结合本国的宗教文化传统创造了适合自己的神庙建筑类型。它们风格独特，个性鲜明，具有浓厚的地域特色。

印度教神庙为了吸引更多的信徒，满足大型的宗教活动，不再局限于单体式的建筑布局方式，出现了群体式和院落式的建筑布局方式。它们规模宏大，装饰精美，并与印度教的宇宙观和生命观结合，创造了神圣崇高的视觉感受。此时的神庙不再模仿佛教建筑，确立了印度教自身特有的神庙建筑体系，宗教属性特征明显。它们通常规模庞大，空间丰富多样，建筑造型动态夸张，并与宗教仪轨结合，具有浓厚的宗教气息。此外，中世纪的印度教神庙延续了笈多王朝时期注重细部装饰的特点，建筑内外装饰着各种几何花纹图案和神灵雕像。它们题材多样，造型多变，体现了印度教艺术繁复、动态、怪异的风格特点。到了中世纪后期，雕刻甚至超越了神庙建筑本身的重要性。因此，中世纪的印度教神庙建筑，无论是建筑技艺还是雕刻技艺都达到了顶峰。

3. 伊斯兰统治时期的印度教神庙建筑

13 世纪初，突厥人库特卜·乌德·丁·艾巴克在德里建立苏丹国，统治了印度北部和恒河流域，预示着印度开始进入伊斯兰统治时期。印度的伊斯兰统治时期通常被认为是从 13 世纪初建立苏丹国到 19 世纪初英国人战胜马拉塔人开始进行殖民统治的约 6 个世纪时期[9]。

（1）戈纳勒格太阳神庙

印度伊斯兰统治时期，穆斯林征服了各地的封建王朝，统治了印度北部和中部。此时，只有东恒伽王朝（Eastern Ganga Dynasty）依然维护着在印度东北部奥里萨邦的统治，直到

16 世纪，奥里萨邦才被并入伊斯兰的版图。在此期间，东恒伽王朝的国王在奥里萨邦戈纳勒格（Konarak）建造了一座太阳神庙，供奉印度教的太阳神苏利耶。戈纳勒格太阳神庙（Konarak Sun Temple）位于矩形院落的中间，建于 13 世纪中叶。神庙坐西朝东，由舞殿、柱厅和圣室三部分组成，延续了奥里萨邦的神庙建筑传统（图5-40、图5-41）。舞殿建造在高大的平台上，平台类似一个方形的祭坛，表面布满线脚和神龛，四边各设一部台阶，其中东部台阶两侧设有一对高大的动物雕像，表现着后腿直立的狮子趴在一头大象身上，而大象似乎正在撕咬着恶魔，形象生动。舞殿平面呈方形，位于平台中央，四边设门，通过台阶与平台相连。内部共有4根粗壮的立柱，表面布满线脚与雕像。

后方的柱厅和圣室与舞殿脱开，被设想成一辆巨大的"战车"，底部高大的台基两侧共设有 24 个浮雕车轮，象征着一天24 小时，柱厅正门台阶两侧刻着 7 匹骏马，代表太阳的 7 道光线，它们彷佛正拉着战车前行。柱厅呈方形，三侧设门，通过台阶与庭院相连，内设4根立柱，外墙与台基一样，由线脚和壁柱分割，中间设有神龛。柱厅上方是一个角锥形屋顶，被横向的板岩分为三层，从下到上逐层递收。柱厅通过细长的走道与圣室相连，圣室平面呈方形，顶部高耸的锡卡拉已塌陷，外墙表面装饰着神龛和壁柱。圣室四周围绕着三个方形的小神殿，内部供奉着三尊太阳神的雕像，分别代表清晨、正午和黄昏的阳光，不过都已损坏。此外，矩形院落中还建有多座小型的神庙和大型的动物

图 5-40 戈纳勒格太阳
神庙的柱厅

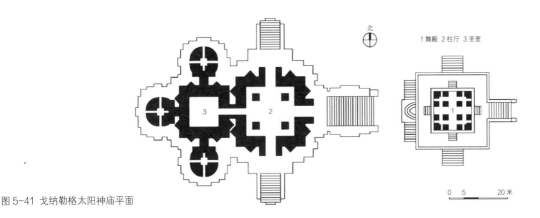

图 5-41 戈纳勒格太阳神庙平面

雕像，与戈纳勒格太阳神庙一样，具有浓厚的地域特色（图 5-42）。

（2）维塔拉神庙

14 世纪中叶，霍伊萨拉王朝的两个封臣在卡纳塔克邦的亨比（Hampi）建立了维查耶纳伽尔王朝，统治了整个南部地区。维查耶纳伽尔国王都是虔诚的印度教徒，修建了许多印度教神庙建筑，且开创了一种新的神庙建筑风格，注重对神庙院门的营建，并在伊斯兰建筑影响下，开始引入柱廊和大型的柱厅空间，为印度南部后期印度教神庙建筑确立了发展方向。16 世纪在亨比建造

的维塔拉神庙（Vittala Temple）是维查耶纳伽尔神庙典型的代表。

维塔拉神庙是一个院落式神庙建筑组群，坐西朝东，主殿位于院落的中间，从前到后由舞殿、柱厅、前厅、圣室和回廊五部分构成，耸立在高大的台基上（图 5-43）。舞殿平面呈十字形，开敞通透，内部共有 56 根立柱，围合出 4 个开敞空间。内部的立柱通常是一个柱子组群，粗壮的中心柱身四周围绕着许多纤细的小柱，并结合各种神灵、动物的雕像，它们由整块花岗岩雕凿而成，非常精致华丽。上方平屋顶四周设有一圈弧形的

图 5-42 戈纳勒格太阳神庙

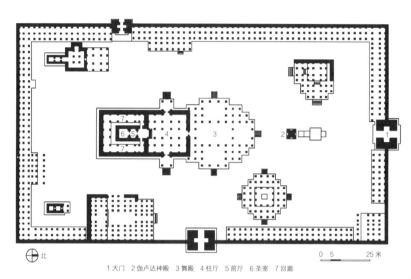

1 大门　2 伽卢达神殿　3 舞殿　4 柱厅　5 前厅　6 圣室　7 回廊

0　5　25 米

北

图 5-43 维塔拉神庙平面

挑檐，装饰着角锥形的小神殿。柱厅平面为方形，两侧设门，直通室外，内部 16 根立柱支撑上方的平屋顶，外墙由壁柱和神龛分割。柱厅通过走道与前厅相连，方形圣室，四周设有一圈回廊，顶部是一个高耸的角锥形锡卡拉，细部装饰精美。

　　主殿前方建有一座类似战车一样的神殿，供奉着毗湿奴的坐骑金翅鸟迦楼罗（图 5-44）。神殿由整块岩石雕凿而出，平面呈方形，竖立在高高的台基上，台基两侧凿有四个车轮，前方台阶两侧设有一对大象，似乎正拉着神殿行走，生动形象，给整座神庙增添了不少趣味。神庙四周建有一圈矩形的围廊，院门平面呈长方形，中间设门洞，外墙表面装饰着壁柱和神龛（图 5-45），上方是一个由横向线脚分割的多层四锥形屋顶，采用砖块建造，从下到上沿着长边逐层内收。这种建于院门上的四锥形屋顶被称为瞿布罗（Gopura），是后期南部印度教神庙建筑最醒目的构件。在矩形院落中还建有多座小型的神殿和柱厅（图 5-46）。

　　（3）米纳克希神庙

　　16 世纪，印度中部的穆斯林攻占了维查耶纳伽尔王朝的都城亨比，维查耶纳伽尔王朝几乎覆灭，但王朝的封臣纷纷拥兵自立，在南部建立了许多印度教小王国，史称纳亚卡王朝[10]。纳亚卡王朝继承了维查耶纳伽尔王朝的印度教神庙建筑传统，将院门上方的瞿布罗、多重的柱廊和柱厅推向了顶峰。位于泰米尔纳德邦马杜赖（Madurai）的米纳克希神庙（Meenakshi Amman Temple）是纳亚卡王朝印度教神庙的典型代表。神庙最早建于 9 世纪，17 世纪纳亚卡王朝将其扩建，它是印度南部最后也是最著名的印度教神庙巨作，内部供奉着湿婆和米纳克希（Meenakshi）。

　　米纳克希神庙与维塔拉神庙一样，是一座院落式的神庙建筑，不同的是神庙的建筑密度非常大，建筑几乎覆盖了整个院落。神庙坐西朝东，主要由入口门廊、千柱殿、湿婆神殿、米纳克希神殿和百合池五部分构成，四周建有一圈方形的围墙（图 5-47）。围墙四边各建有一座院门，上方是多层的瞿布罗。瞿布罗高耸入云，是整座神庙的标志，其表面装饰着各种塑像，包括印度教男女诸神、王国贵族、平民百姓、动物和怪兽等等。

图 5-44 维塔拉神庙中的迦楼罗神殿

图 5-45 维塔拉神庙院门上的瞿布罗

图 5-46 维塔拉神庙院落空间

雕像簇拥在一起，密密麻麻地排列着，显得世俗艳丽（图 5-48）。入口门廊呈长方形，将东部院门与湿婆神殿相连，北部是号称千柱殿的柱厅，内部密密麻麻地排列着方形的立柱，顶部是一个巨大的平屋顶，显得沉稳厚重。

　　湿婆神殿类似一座小型的神庙，最外围是一圈矩形的围墙，四边各设有一院门，中间的湿婆神殿由柱厅、前厅和圣室三部分构成，四周围绕着多重柱廊，与前方的入口门廊相连。柱厅呈长方形，两侧设门，通过方形的前厅与后部的圣室相连。圣室平面为长方形，上方冠有一角锥形的锡卡拉，顶部是鎏金的盔帽形盖石（图 5-49）。

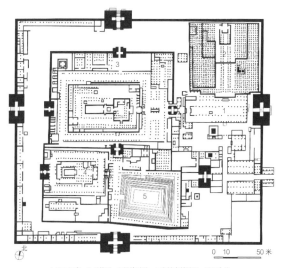

1 入口门廊　2 千柱殿　3 湿婆神殿　4 米纳克希神殿　5 百合池

图 5-47 米纳克希神庙平面

205

湿婆神殿南部是米纳克希神殿，神殿坐西朝东，呈长方形平面，由门廊、柱厅、圣室和回廊构成，四周围有一圈柱廊。柱廊前后两端的院门上方设有高耸的瞿布罗。百合池位于米纳克希神殿的前部，是一个设有台阶的矩形水池，倒映着旁边高大的瞿布罗，四周建有一圈柱廊。神庙院落中还建有许多小型的柱厅和神殿，它们利用柱廊互相联系在一起，给人紧凑拥挤的感觉。米纳克希神庙每月都举行宗教庆典活动，众多信徒都会前来朝拜供奉，这里可谓社会文化活动的中心（图 5-50）。

综上所述，印度伊斯兰统治时期是印度教神庙建筑的衰退期，伊斯兰诸王都信奉伊斯兰教，热衷于建造城堡、宫殿、陵墓和清真寺，穆斯林统治的印度北部和中部，除了奥里萨邦外，基本上不再继续建造大型的印度教神庙建筑。因此，印度伊斯兰统治时期建造的神庙多集中在南部。

南部的印度教神庙延续了石砌和岩凿两种神庙建造传统，出现了小巧精致的迦楼罗神殿，但基本上不再建造像凯拉萨神庙这种大型的岩凿巨构。南印度诸王通常在已有神庙的基础上，对其加建扩充，形成了许多大型的院落式神庙建筑组群，体现了印度伊斯兰统治时期神庙建筑只能借助日益扩大的围墙、庭院及院门上方日益增高的瞿布罗来抵御伊斯兰文化的入侵。同时，神庙受到伊斯兰建筑的影响，开始建造柱廊和巨大的柱厅，热衷于细部装饰，甚至极尽所能，并且引入色彩，造成了眼花缭乱的视觉感受，与中世纪那些动态夸张、富含张力的雕刻风格相比，院门瞿布罗上密密麻麻的男女诸神显得过于浮夸，给人虚张声势的感觉，预示着印度教文化开始走向衰弱。此外，神庙借助大型的宗教活动来吸引信徒，淡化了神庙的宗教气息，生活气息开始变得浓厚。

图 5-48 米纳克希神庙院门上方高耸的瞿布罗

图 5-49 米纳克希神庙湿婆神殿上方的平屋顶

图 5-50 米纳克希神庙

4. 现代的印度教神庙建筑

1950 年，随着印度共和国的建立，印度开始进入现代共和国时期。现代的印度摆脱了英国的殖民统治，开始弘扬自身的传统文化，古老的印度教再次被提倡，并建造了许多印度教神庙建筑。

笔者在拉贾斯坦邦斋浦尔（Jaipur）琥珀堡（Amber Fort）调研期间，发现古城内建有多座

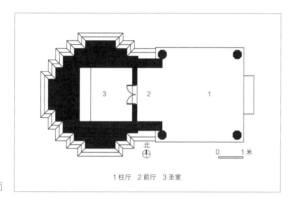

5-51 伽内什神庙平面

1 柱厅　2 前厅　3 圣室

图 5-52 伽内什神庙尾部的锡卡拉

现代的印度教神庙建筑。其中伽内什神庙是较为典型的代表。

（1）伽内什神庙

伽内什神庙（Ganesh Temple）是一座小型的印度教神庙建筑，供奉着象鼻神伽内什。神庙坐西朝东，建造在路边的院落里，体量较小，由圣室、前厅和柱厅三部分构成，耸立在低矮的台基上，全部采用钢筋混凝土建造（图 5-51）。柱厅平面呈方形，开敞通透，中间摆放着花草，四周共有 4 根八角形的立柱，立柱从上到下由线脚分割，呈三段式，立柱之间装饰具有伊斯兰建筑风格的马蹄形拱券，从上到下被刷成白色。柱厅底部的台基表面贴着白色的大理石，上方是一个圆拱形的屋顶，被刷成米黄色，表面装饰着横向的线脚，粗犷简洁。圣室呈方形，单侧设门与前厅相连，内部供奉着伽内什神像，四壁贴满白色的大理石，不再显得封闭黑暗，宗教气息较为淡薄。圣室外墙拐角处设有角柱，从上到下由横向的线脚分割，表面装饰着几何图案，较为简单。圣室上方是高耸的锡卡拉，四周簇拥着等比例缩小的小锡卡拉。它们从上到下层层重叠，逐层减小，强化了主锡卡拉奔腾向上的动势，表面装饰着线脚和几何图案，与柱厅上方的圆形屋顶一样，从上到下被刷成米黄色（图 5-52）。但与中世纪神庙上方细部装饰精美繁复的锡卡拉相比显得粗糙简单，比例和尺度不够协调，体现了现代印度教神庙建筑一味地模仿中世纪的神庙建筑，几乎没有创新。

（2）布赫卡兰湿婆神庙

布赫卡兰湿婆神庙（Buchkalan Shiva Temple）位于拉贾斯坦邦焦特布尔（Jodhpur）的布赫卡兰（Buchkalan）小镇，建造在路边高大的平台上，从前到后由门廊、前厅、柱厅和圣

室四部分构成。其中门廊采用红色的砂岩建造，而后部的前厅、柱厅和圣室则采用钢筋混凝土建造，应是在原先神庙的基础上重建的（图 5-53）。

门廊平面呈"T"字形，下方设有台阶与街道相连，左右两侧设有一对钢筋混凝土大象，内部的方形立柱表面雕刻着线脚和几何花纹图案，精致美观。门廊顶部是圆形的天花藻井，精美繁复，上方耸立着三个"洋葱头"屋顶，简洁大方。前厅平面呈方形，开敞通透，采用平屋顶。内部的方形立柱从上到下布满彩画，五光十色，多为几何花草图案，给人眼花缭乱的感觉。顶部的天花装饰着彩画（图 5-54）。柱厅平面呈方形，左右两侧各设有一个方形的阳台，一侧设门与前厅相连，内部与前厅一样，从上到下装饰着五光十色的彩画，多为几何图案。柱厅顶部是一个圆形的天花藻井，四周装饰着彩色的飞天人物和花草

图案，显得世俗艳丽，上方是一个圆拱形的屋顶，较为简洁（图 5-55）。圣室平面呈方形，单侧设门与柱厅相连，黑暗封闭，内部供奉着林伽与尤尼。圣室外墙拐角处设有角柱，由横向的线脚分割，表面饰有彩画。圣室上方是高耸的锡卡拉式尖顶，从上到下被刷成白色，表面装饰着线脚和神龛，显得简洁大方。

图 5-53 布赫卡兰湿婆神庙

图 5-54 布赫卡兰湿婆神庙前厅

208

总体而言，布赫卡兰湿婆神庙延续了中世纪神庙建筑的基本形制，注重细部装饰，多采用几何花图案的彩画和洋葱头屋顶，深受伊斯兰建筑的影响。

综上所述，现代的印度教神庙建筑多模仿印度中世纪的神庙建造，体量较小，平面形制简单，宗教气息淡薄，而且多采用钢筋混凝土建造。神

图 5-55 布赫卡兰湿婆神庙柱厅

庙注重细部装饰，常采用几何花草图案的彩画，五光十色，显得世俗艳丽，同时融合了许多伊斯兰建筑元素。与之前的神庙建筑相比，几乎没有创新，整体处于探索阶段。

印度教神庙建筑被认为是神灵在人间的居所，同时也是印度教宇宙哲学的图示，神庙建筑常常利用各种宗教图示和符号象征向信徒传达宗教教义和宗教意象，并与宇宙图示和神灵世界取得联系。除此之外，印度教神庙在扮演神灵人间居所的同时，还扮演着银行、商品交易会和政府机构等多种社会角色，是印度社会不可或缺的一部分（表 5-1）。

5.2 印度教神庙建筑的选址与布局

印度教神庙建筑作为诸神在人间的居所，不

表 5-1 印度教神庙建筑时代特征汇总表

时代划分	发展阶段	建筑形式	建造方式	建筑风格	吸引信徒方式
笈多王朝时期（4—7世纪）	萌芽期	模仿佛教石窟寺和祭坛	石砌式、砖砌式、岩凿式、石窟式	均质单一，质朴简单	神灵雕刻
中世纪（8—12世纪）	黄金期	形成了印度教自身的宗教建筑形式	石砌式、石窟式、岩凿式	丰富多样，动态夸张	建筑本身
伊斯兰统治时期（13—19世纪）	衰退期	受到伊斯兰建筑风格影响	石砌式、砖砌式、岩凿式	拥挤混乱，繁复、浮夸	宗教活动
现代印度共和国时期（20—21世纪）	探索期	模仿中世纪的神庙建筑，融合伊斯兰建筑元素	钢筋混凝土	简洁质朴，动态多样	建筑本身

单是信徒朝拜礼神的宗教场所，同时也是社会生活和文化活动的中心，扮演着银行、商品交易会和政府机构等多种社会角色，是印度人民日常生活不可分割的一部分，它的存在往往影响着周围的一切。因此，与佛教寺院那种追求宁静肃穆、远离普通民众的选址观念不同，印度教神庙为了满足各种不同的社会需求，常常选择建造在人口聚集的乡村、城市中，贴近普通民众，利用热闹喧嚣的宗教气息吸引信徒。此外，印度教神庙为了适应不同的建造场地，常采用不同的布局模式，灵活多变，体现了印度教积极入世的宗教理念。

5.2.1 神庙的选址

1. 乡村神庙

6 世纪，随着笈多王朝的覆灭，印度开始陷入封建割据局面，维护种姓制度的婆罗门教无法

满足战乱时期普通民众的精神需求，成了众矢之的，并在印度各地出现了许多大规模的宗教改革运动，形成了以崇拜湿婆和毗湿奴为中心的教派团体，预示着婆罗门教开始向印度教转化。据说湿婆派前后共有 63 名大师，毗湿奴派共有 12 名，其中很多都与首陀罗种姓有关，7 世纪的湿婆派大师善陀罗摩蒂（Sundramurtti）曾同首陀罗女子爱恋，毗湿奴派大师提鲁玛利萨（Tirumalisai）是由一个首陀罗抚养长大的 [11]。由此可见，印度教早期的信徒多来自底层民众。印度绝大部分村民都信奉印度教，因此，印度教神庙建筑常常建造在底层民众聚居的乡村附近。笔者在调研期间共发现两种乡村神庙类型：一种是神庙作为乡村的附属而存在，神庙建于村落的附近；另一种是神庙作为乡村的主体而存在，村落围绕神庙而建。

印度北部拉贾斯坦邦焦特布尔郊区的湿婆和帕尔瓦蒂神庙（Shiva & Parvati Temple）就属于第一种乡村神庙类型，属于村落的附属。湿婆和帕尔瓦蒂神庙位于乡村旁边的田野中，建于中世纪早期，由湿婆神庙、帕尔瓦蒂神庙和祭坛三部分构成，全部采用红色砂岩建造。湿婆神庙坐西朝东，由圣室和门廊两部分组成，耸立在平台的上方。平台呈方形，东侧设有台阶，采用宽大的条石砌筑。门廊与圣室相连，开敞通透，内部设有两根粗壮的立柱，从上到下分成三段，顶端雕刻着象征旺盛生命力的花草图案（图 5-56）。柱子上方的托梁呈十字形，四周向上卷起，由横向的线脚分割，表达建造逻辑的同时，又创造了轻盈的视觉感觉。门廊上方是圆拱形的屋顶，四周设有一圈挑檐。圣室位于平台的中央，平面呈方形，内部供奉着湿婆的象征物林伽，单侧设门与柱厅相连，门框四周装饰着精美的几何图案和神灵雕像。外墙由横向的线脚分割，三面侧墙各

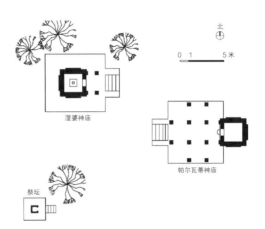

图 5-56 湿婆和帕尔瓦蒂神庙平面

设有一个细部雕刻精美的神龛。内部是神灵的雕塑，人物造型粗犷简洁。圣室上方是高耸的锡卡拉，表面布满各种线脚和马蹄形的窗龛，顶部是圆饼状的盖石（图 5-57）。

帕尔瓦蒂神庙坐东朝西，与湿婆神庙平行相对布置，由柱厅和圣室两部分构成，体量较大。柱厅平面呈十字形，建造在方形的平台上，开敞通透，内部共有 12 根立柱，柱子从下到上分为不同的截面，柱厅顶部的方形天花装饰着线脚和几何花纹图案，上方的屋顶已坍塌。圣室呈方形，与柱厅相连，门框四周雕刻着花草图案和宗教神灵，三面外墙与湿婆神庙一样设有精美的神龛，圣室上方的锡卡拉已损坏（图 5-58）。祭坛位于神庙的南侧，尺度较小，平面呈方形，四周刻着一

图 5-57 田野中的湿婆

图 5-58 田野中的帕尔
瓦蒂神庙

图 5-59 艾格灵伽神庙区位

排花纹图案,台阶位于东侧,中央是一个小型的神龛。总体而言,湿婆和帕尔瓦蒂神庙风格统一,造型简单,细部装饰朴实无华,蕴含着一股原始纯粹的张力,给人浑厚健硕的感觉,矗立在一望无垠的田野中,显得特别动人,是中世纪早期印度教神庙建筑的代表。

拉贾斯坦邦乌代布尔(Udaipur)城北的艾格灵伽神庙(Eklingji Temple)是第二种乡村神庙的代表,整个艾格灵伽村都围绕它而建。艾格灵伽神庙是一个大型的神庙建筑组群,建于山脚下,背山临路,围墙内部密密麻麻地排列着大小108 座神庙(图 5-59,图 5-60)。神庙的建造年代跨度较长,初建于 8 世纪,止于 15 世纪,包含多个历史时期的印度教神庙建筑类型,类似一

图 5-60 艾格灵伽神庙

座神庙建筑博物馆。其中绝大部分神庙都由乌代布尔的王公出资兴建，并且神庙内还建有专为王室服务的宫殿建筑，它们无形中增强了整座神庙的体量。因此，艾格灵伽神庙无论在宗教领域还是政治领域都具有极高的地位。整个艾格灵伽村以艾格灵伽神庙为中心，沿公路线性发展，呈现一种"单中心线性"布局模式，越是靠近神庙的地方，民居布置得越密集，反映了乡村民众对神庙的无比崇拜和敬仰。神庙利用其巨大的体量和尺度，统领着整个村落的同时，也构成了普通民众日常生活的主旨。

2. 城市神庙

印度教与佛教不同，佛教徒们追求的是宁静平和的宗教理想，因此，佛教寺院为了营造宁静肃穆的宗教气息，常选择建造在城郊的山林里，远离喧嚣繁杂的城市环境，表现为出世的宗教态度。而印度教徒向往的是动态夸张的宗教理念，追求热闹喧嚣的宗教气氛，因此，印度神庙多选择建造在人口集中的城市中，它不仅仅是信徒朝拜神灵的宗教场所，同时也是社会文化活动的中心，扮演着多种社会角色，体现了印度教贴近普通民众、融于日常生活的入世宗教态度。《大唐西域记》记载：婆罗疤斯国都城中"有天祠百余所，外道万余人，并多宗事大自在天，或断发，或椎髻，露形无服，涂身以灰，精勤苦行，求出生死"[12]。由此可见，早在笈多王朝后期，印度的一些城市中已聚集着大量的印度教徒，并建有大量的印度教神庙建筑。

笔者在调研期间发现，城市神庙常建造在城市道路两侧或临近水源的地方。宗教建筑选择在城市道路附近修建，是一种普遍的选址规律，方便信徒前来朝拜的同时，又能起到地标作用，提升自身的地位，吸引众多的信徒。乌代布尔著名的贾格

迪什神庙（Jagdish Temple）和杰加特·湿罗玛尼伽神庙（Jagat Shiromani Ji Temple）就建造在通往城市宫殿的道路西侧，它们紧邻城市宫殿，每天都有大量的信徒前来朝拜，热闹非凡，是乌代布尔城市生活的中心（图5-61）。杰加特·湿罗玛尼伽神庙坐西朝东，位于城市宫殿的大门入口处，建于19世纪，是一个品字形的院落式神庙建筑组群，由中央的主体神庙和三个中庭式回廊建筑组成。神庙建造在高大的平台上，通过台阶与道路相连，前方设有一个长方形的院落式过渡空间，院落利用台阶与主体神庙和两侧的回廊建筑连接（图5-62）。

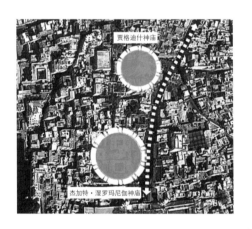

图 5-61 贾格迪什和杰加特·湿罗玛尼伽神庙区位

杰加特·湿罗玛尼伽主体神庙由门廊、柱厅和圣室三部分构成，全部采用白色大理石建造，底部的台基由横向的线脚划分，四周排列着精美的侏儒、马和大象雕像。门廊设有4根立柱，顶部托梁处装饰着飞天雕像，两侧设有栏杆，上方是一个圆形的天花藻井（图5-63）。柱厅平面呈十字形，四周设有栏杆，与门廊相连，栏杆表面布满几何花纹图案和舞女雕像，表现了欢快的歌舞场景，柱厅顶部是圆形的天花藻井，上方是金字塔形屋顶。方形圣室内部供奉着神像，单侧设门与柱厅相连，外墙拐角处装饰着壁柱，从下到上由横向的线脚分割，其间布满各种几何花纹图

图 5-62 杰加特·湿罗马尼伽神庙前方的院落空间

图 5-63 杰加特·湿罗马尼伽神庙门廊上方的细部装饰

案和舞女雕像，精致美观。圣室上方是高耸入云的竹笋状锡卡拉。

此外，主体神庙左右两侧和尾部各建有一个带中庭的回廊建筑，笔者认为，它们是后来加建的，都采用平屋顶。尾部的回廊建筑类似附属用房，供神庙的祭司使用。两侧的回廊建筑实际上是两座小型的神殿，内部设有圣室，而中间的中庭则类似神庙的柱厅，是信徒礼拜的场所。

印度教的宗教典籍《梨俱吠陀》这样写道："在天、地、神和阿修罗之前，水最初怀着什么样的胚胎，在那胎中可以看到宇宙的一切诸神。水最初确实怀着胚胎，其中集聚着宇宙间的一切

天神。"[13] 在印度教宗教理念中，水是生命的象征，诸神和世界都是从水中诞生的，同时水也被认为是男性的符号，代表着生殖与繁盛。印度教理想的朝拜仪式往往始于象征生命的圣水，水可以净化心灵，创造再生之道。因此，作为净化心灵场所的印度教神庙建筑常常选择建在水边，面水而建。

拉贾斯坦邦的布什格尔（Pushkar）是印度教徒心目中的圣城，它是一座古老的城市，围绕城中的圣湖而建（图5-64）。城里曾建有大量的印度教神庙建筑，但绝大多数都被穆斯林摧毁，现在城里众多的神庙和神龛都是后期新建的，年

图 5-64 围湖而建的布什格尔城

代并不久远，并且带有明显的伊斯兰建筑风格。它们大多布置在圣湖四周，面湖而建（图5-65）。圣湖四周建有一圈宽大的台阶，将神庙与湖面相

图 5-65 布什格尔湖边的神龛

连，印度教信徒在进入神庙朝拜前都会来到湖边净身沐浴，然后将湖中的圣水带到岸边的神龛中，或者带进神庙中的圣室，将圣水浇灌在象征着湿婆神的林伽上。有的信徒甚至还会将鲜花投进湖里，用来供奉水中的诸神。由此可见，在印度教宗教仪式中，水自始至终都扮演着重要的角色，甚至整个城市都围绕圣水而建。

3. 山林神庙

早在吠陀文化时期，印度的先民就习惯将自然界中的一些无法理解的现象与事物人神化，加以崇拜，产生许多与自然山川有关的神上灵。后来，印度教吸收婆罗门教和佛教的宗教思想，形成自己的宇宙观，认为世界是一个中心陆地，被分为天堂和地狱，须弥山位于陆地的中央，是世界的轴心，也是众神的集聚之地，是众神之山[14]。由此可见，印度教不仅崇拜水，还崇拜山，认为山上居住着众多的神灵。梵天和毗湿奴被认为居住在须弥山上，湿婆和他的众多妻子居住在凯拉萨山上。因此，许多印度教神庙常常选择建造在高高的山顶上或者建造在环境优美的山林里面。

日德纳吉山位于圣城布什格尔的西南部，是周边最高的山丘，从山顶可以俯瞰整个布什格尔。著名的莎维德丽神庙（Savitri Temple）就建在日德纳吉山的山顶上（图 5-66），与城里的梵天神庙遥遥相望。莎维德丽神庙供奉的是梵天神的妻子莎维德丽（Savitri），重建于 17 世纪，由门廊、柱厅和圣室三部分构成，耸立在低矮的台基上。门廊和柱厅四周不设栏杆，开敞通透，立柱和顶部的天花都被刷成蓝色，细部装饰简洁大方，柱厅上方是红色的圆拱形屋顶。方形圣室上方设有高耸的竹笋状锡卡拉，被刷成红色，装饰着线脚和几何花纹图案，质朴简洁。站在布什格尔城里仰望日德纳吉山，立于山顶的莎维德丽神庙脱颖

而出，给人独占鳌头的感觉（图 5-67），显得特别神圣崇高，无形中提升了莎维德丽女神在人们心中的地位。

中国的一些佛教寺院，大多选择建在城郊的山林里，远离繁杂喧嚣城市，在保证佛门清净的前提下，又能利用景色怡人的自然风光吸引城里的信徒前来朝拜。纯粹的宗教朝拜与城市郊游活动结合，使宗教活动更好地融于民众生活，表现其亲近随和的一面。同样，印度教也喜欢将神庙建造在山林里，充分利用自然风光，营造轻松愉悦的园林式宗教建筑气息。将印度教神庙建筑建造在自然山林里，也是一种较常见的选址模式。

图 5-66 莎维德丽神庙区位

图 5-67 日德纳吉山顶上的莎维德丽神庙

乌代布尔艾格灵伽村的东部有一个大型的自然湖泊，临近村落的沿岸建有一个院落式的神庙建筑群。从总体布局来看，神庙背山面水，群山环绕，自然景色非常优美，加上位于乡村，前来朝拜的信徒不是很多，显得宁静而悠闲。整座神庙建筑组群由 4 座小型神庙和配套附属用房构成，

图 5-68 艾格灵伽神庙
群区位

分散布置（图 5-68）。南部的三座神庙靠得较近，其中两座东西向布置，一座南北向布置，北部的另一座神庙较独立，东西向布置，建在靠近路口的地方起引导作用，将西侧路上的信徒吸引过来，再通过石质的铺地，将他们导向南部的神庙组群。4 座神庙建于同一时期，建筑体量和风格都很相似，采用灰白色的岩石建造，平面都呈三段式，由门廊、柱厅和圣室三部分构成，建造在低矮的台基上（图 5-69）。门廊和柱厅开敞通透，四周设有栏杆，表面刻有线脚和几何花纹图案，柱厅上方都是圆拱形的屋顶。方形圣室上方都采用竹笋状的锡卡拉，四周簇拥着等比例缩小的小型锡卡拉，细部装饰简洁大方，顶部都是双层圆饼状的盖石。神庙南侧的院落铺满硬质的石块，通过宽大的石质踏步与湖面相连，信徒进入神庙前都会来到湖边净身沐浴。在阳光的照耀下，银白色的湖水与石质台阶及神庙融为一体，显得神圣而纯洁。配套附属用房全部建在场地南部，都是院落式或中庭式的平屋顶建筑，起界定场地的作用，应该是供祭司使用的。

笔者认为，最初这个神庙建筑组群与艾格灵

图 5-69 开敞通透的艾
格灵伽神庙

伽神庙应该是一体的，两者通过一片树林联系，类似艾格灵伽神庙的"后花园"。信徒在艾格灵伽神庙里举行完神圣肃穆的宗教仪式后，便来到这组被群山和湖泊环绕的园林式神庙群里，亲近自然，放松心灵，回归现实生活，这体现出印度教亲切随和的一面（图 5-70）。

4. 宫殿神庙

8 世纪，印度教得益于宗教大师商羯罗的改革和完善，建立了一套完备的宗教理论体系，宗教思想变得愈加抽象思辨。印度教开始大肆传播开来，深入社会的各个阶层，不仅得到了社会底层民众的信奉，还获得了王室的推崇。封建国王为了强调自身统治的合理性，提高自己的地位，开始将王权与宗教结合。封建国王们为了展示国家的实力，增强国民的凝聚力，在城里出资兴建大量的印度教神庙建筑。有的国王为了方便日常

的宗教朝拜，甚至直接将神庙建造在宫殿城堡里，或者建在城堡附近。

印度著名的梅兰加尔古堡位于拉贾斯坦邦的焦特布尔，15 世纪由久德哈王公（Rao Jodha）兴建，在城堡南部城墙的拐角处建有一座名叫查蒙达·玛塔吉的印度教神庙建筑（图 5-71），里面供奉着湿婆的妻子查蒙达（Chamunda）。据说查蒙达是久德哈王公最喜欢的印度教神灵，也是焦特布尔市民最热爱的印度教女神，15 世纪兴建梅兰加尔古堡时专门为其建造了一座神庙建筑，便于王室朝拜。查蒙达·玛塔吉神庙（Chamunda Mataji Temple）建于城墙拐角处，由柱厅和圣室两部分组成，与梅兰加尔古堡一样，全部采用红色的砂岩建造。柱厅呈方形，地面铺砌着白色的大理石，四周不设栏杆，开敞通透。立柱从下到上由不同的截面构成，细致精美，柱厅上方是

图 5-70 山林中的艾格灵伽神庙群

圆拱形屋顶，被刷成白色，表面装饰着线脚和花纹图案。方形圣室上方是高耸的竹笋状锡卡拉，挂着画有三叉戟的彩旗，顶部竖立着金属宝瓶。锡卡拉与柱厅屋顶一样被刷成白色，象征着诸神居住的雪山，从红色的城堡建筑群中脱颖而出，非常显眼（图5-72）。

　　著名的琥珀堡位于拉贾斯坦邦的斋浦尔，16世纪由当时的王公拉贾·曼·辛格（Raja Man Singh）兴建。17世纪时，辛格王公的王妃在琥珀堡北面的山脚下，出资建造了一座名为杰加特·湿罗玛尼伽的印度教神庙建筑（图5-73），以纪念他们逝去的儿子杰加特·辛格（Jagat Singh）。杰加特·湿罗玛尼伽神庙由主体神庙、牌坊和入口庭院三部分组成，总体布局因地制宜，主体神庙与牌坊建在高台上，通过高大的台阶与入口庭院相连。入口庭院平面呈不规则状，内部

图5-72 查蒙达·玛塔吉神庙区位

图5-73 杰加特·湿罗玛尼伽神庙区位

图5-71 城墙一角的查蒙达·玛塔吉神庙

图5-74 杰加特·湿罗玛尼伽神庙

设有一口巨大的水井。牌坊位于台阶的端部，两侧设有一对大象，采用白色大理石建造，左右两根方形立柱由横向的线脚划分，其间雕刻着神灵和舞女，立柱顶部设一个小型的竹笋状锡卡拉，横梁中间耸立着一座小亭子。主体神庙体量很大，坐南朝北，由圣室、前厅、柱厅和毗湿奴神殿四部分构成，耸立在高大的台基上（图5-74）。柱

厅平面呈十字形，两层通高，二层环有一圈走道，顶部圆拱形的天花上绘有大量描绘生活场景的壁画，色彩艳丽，细致精美。柱厅外墙由竖向的壁柱和横向的挑檐分割，壁柱之间设有窗龛，雕刻着精美几何花草图案。柱厅通过前厅与圣室相连，前厅两侧装饰着神龛和众多舞女雕像。方形圣室内部供奉着神像，外墙拐角处设有角柱，从下到

上层层叠加，细部装饰精美，圣室上方是高耸入云的竹笋状锡卡拉，大方简洁。

毗湿奴神殿位于主体神庙前方，通过天桥与主体神庙相连，神殿平面呈方形，开敞通透，共有 4 根立柱，表面刻着线、几何图案和人物雕像，上方设有雕刻精美的曲拱形过梁。神殿中间是一个小型石质神龛，内部供奉着毗湿奴的雕像，神龛上方是竹笋状的锡卡拉。神殿上方的屋顶呈金字塔形。由于杰加特·湿罗玛尼伽神庙建于印度伊斯兰统治时期，因此，整座神庙带有浓厚的伊斯兰建筑气息，除了主体神庙的圣室部分外，更像是一座宫殿建筑，体现了印度教神庙伊斯兰化的一面（图 5-75）。

5.2.2　神庙的布局

印度教神庙建筑形式多样，造型丰富，大小不一，布局方式也各不相同，城市中的神庙针对不同的建造场地，常采用不同的布局模式，灵活多变，因地制宜，体现了印度教积极向上的宗教理念。笔者根据神庙不同的规模和体量将其分为：小型神庙、中型神庙和大型神庙三种类型，并从神庙与周边建筑环境之间的关系角度，分析总结出小型、中型和大型神庙三种不同的布局模式，分别为：点状、线状和面状。

1. 点状布局模式

小型印度教神庙通常由单个圣室或者圣室和门廊两部分构成，造型简洁，体量较小，在城市建筑群中呈现点状的布局模式。在城市中，这种小型神庙数量很多，常建在城市街边的角落里，给人一种隐于市的感觉，通常只有附近的市民知晓，前来朝拜。从神庙与周边建筑的关系来看，应是先有周边建筑后有神庙，人们利用建筑旁边多余的场地建造神庙，神庙像是"挤"进去的一样，布局紧凑，无论在规模、体量还是高度方面都臣

图 5-75　琥珀堡脚下的杰加特·湿罗玛尼伽神庙

服于周边建筑。但正是由于小型神庙规模不大，其建筑布局方式灵活多样，便于在拥挤杂乱的城市环境中建造。

乌代布尔皮丘拉湖旁卡德门边上的印度教神庙是点状布局模式的典型代表。神庙规模很小，由单个圣室构成，建造在低矮的台基上，全部采用石材建造，从上到下被刷成淡蓝色。圣室平面呈方形，一侧设门，直通室外，内部供奉着湿婆的象征物林伽与尤尼，外墙拐角处设有壁柱，表面装饰着线脚和几何图案，较为简洁。圣室上方是竹笋状的锡卡拉，四周簇拥着等比例缩小的锡卡拉，表面设有神龛和线脚，质朴大方，顶部是圆饼状的盖石。神庙与旁边高大精美的卡德门相比，显得非常不起眼。每天清晨，前来皮丘拉湖洗衣服的妇女都会进入神庙朝拜（图5-76）。

此外，有的小型印度教神庙甚至直接建造在市民家中的庭院里，类似一座私人神庙，与院落中的其他建筑融合在一起，具有很强的日常生活气息（图5-77）。笔者在斋浦尔琥珀堡调研期间就发现一座小型神庙直接建造在路旁的一户市民家中，神庙耸立在一层楼高的平台上，正对院落大门，是整户人家的入口标志。神庙由圣室、前厅和柱厅三部分组成，圣室呈方形，与前厅相连，内部供奉着神灵雕像，外墙表面刻有线脚，较为简洁。圣室上方是竹笋状的锡卡拉，表面装饰着线脚和神龛，质朴大方，顶部是圆饼状的盖石，锡卡拉从上到下被刷成米黄色，以与周边的建筑融为一体。柱厅平面呈方形，开敞通透，四根立柱之间装饰着马蹄形拱券，上方是米黄色的圆拱形屋顶，表面装饰着线脚。神庙的柱厅实际上是家庭的起居室，里面布置着大量的花卉，在阳光的照耀下，气氛显得轻快愉悦（图5-78）。由此可见，印度教已深深地融入市民心中，是人们日

图5-76 卡德门旁的印度教神庙

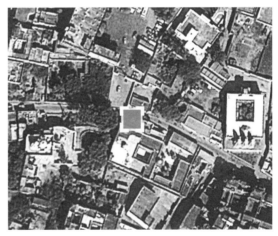

图5-77 点状布局的印度教神庙

常生活中不可或缺的一部分。

小型神庙由于体量较小，造型简洁，便于建造，因此对建造的场地要求不高，布局具有很强的灵活性。因此，可将小型神庙的这种点状布局特点总结为"见缝插针"。

图 5-78 居民庭院中的
印度教神庙

2. 线状布局模式

中型印度教神庙通常由圣室、前厅、柱厅、门廊四部分构成，有的还会在主体神庙前设置一座小型的神殿，从前到后依次排列，这是印度教神庙最为常见的组合方式。其建筑体量较大，造型丰富，在城市建筑群中呈现线状的布局模式。中型神庙对建造场地有一定的要求，常建在城市道路两侧或道路的交叉口，与道路构成一种垂直关系，具有一定的标识作用，便于周边的信徒前来朝拜。从神庙与周边建筑的关系来看，神庙与周边建筑差不多是同时规划建造的，两者地位相当，在建筑规模和高度方面都很相似，但中型神庙常常利用场地高差、围墙、院落等特定的布局方式，与周边拥挤杂乱的建筑环境脱开，给自己营造了一个整洁有序的宗教环境。

斋浦尔琥珀堡内的拉克希米·纳拉扬神庙（Laxmi Narayan Temple）位于城市道路的交叉口，建造在一个一层高的大平台上，平台四周设有一圈绕行的街巷。街巷界定神庙边界的同时，又使神庙与周边杂乱的建筑脱开，同时神庙利用平台提升了自己的高度，从城市建筑群中脱颖而出，吸引着众多市民前来朝拜（图5-79）。拉克

希米·纳拉扬神庙建于16世纪初，坐南朝北，由主体神庙和神殿两部分构成。主体神庙由门廊、柱厅、前厅和圣室四部分组成，建造在布满线脚的台基上（图5-80）。门廊平面呈方形，两侧设有立柱和栏杆，顶部是圆形的天花藻井，上方是逐层递收的金字塔形屋顶。柱厅平面呈十字形，开敞通透，四周设有一圈栏杆与门廊相连，表面雕刻着线脚和几何图案，柱子顶部托梁处装饰着人物雕像。柱厅顶部是圆形的天花藻井，细部装饰精美，上方是金字塔形屋顶。柱厅通过前厅与圣室相连，前厅两侧设有神龛和人物雕像。

方形圣室单侧设门与前厅相连，门框四周装饰着精美的人物雕像和几何花纹图案，外墙拐角处设有角柱，由横向的线脚分割，装饰着神龛和人物雕像，圣室上方是高耸的竹笋状锡卡拉，简洁大方。神殿独立在主体神庙的前方，类似一座亭子，建造在台基上。神殿平面呈方形，四周设有4根立柱，开敞通透，上方是圆拱形的屋顶，四周设一圈挑檐，细部装饰简洁质朴。神庙一侧剩余的平台部分类似于入口广场，可用于宗教集会等活动，无形中增强了神庙的气势（图5-81）。

中型神庙体量较大，造型丰富多样，且要求

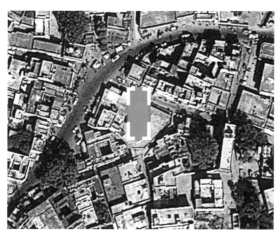

图5-79 线状布局的拉克希米·纳拉扬神庙

1 门廊　2 柱厅　3 前厅　4 圣室　5 神殿

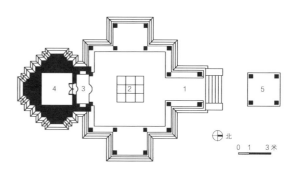

图5-80 拉克希米·纳拉扬神庙平面

图 5-81 拉克希米·纳
拉扬神庙

有一定的标识性,因此对建造场地有一定的要求,常位于城市道路的两侧,并利用绕行的街巷、场地高差或者院落与周边拥挤杂乱的城市环境脱开,创造了整洁有序的外部宗教环境。因此,可将中型神庙的这种线状布局特点总结为"独善其身"。

3. 面状布局模式

大型神庙与小型神庙的布局模式完全相反,大型神庙不仅仅是信徒朝拜神灵的宗教场所,同时也城市社会文化活动的中心,整个城市的市民都会前来朝拜,在市民心中有极高的地位。大型神庙通常是一个神庙建筑组群,并用围墙或柱廊围合起来,构成一个大型的院落式神庙建筑组群,在城市建筑环境中呈现面状的布局模式。从神庙与周边建筑的关系看,先有神庙,后有周边建筑,神庙是整个区域的中心,统领着整个场地,周边建筑无论是在体量、高度还是精美程度上都臣服

于它。大型神庙由于对建造场地有很高的要求,通常占据交通便利的道路交叉口,尤其是院落式的大型神庙,建造时要求有很大的用地面积,因此大型的印度教神庙在每个城市通常只有1~2座。

贾格纳神庙(Jagannath Temple)位于奥里萨邦的布里(Puri),建于12世纪,是一座院落式的神庙建筑,平面呈方形,由围墙和柱廊围合而成,拥有内外两重院落,四边设门(图5-82)。神庙位于院落中央,入口设于东部,从前到后依次为献祭厅、舞厅、前厅和圣室,构成一个线性的空间序列。献祭厅,平面为方形,四边开门,内部不设立柱,由四周厚重的墙体支撑上方白色的金字塔形屋顶。舞厅紧靠献祭厅,方形平面,两侧墙壁设有窗户,中间是立柱,与其他空间相比,舞厅面积最大,上方为逐层渐收的平屋顶。前厅通过走道与舞厅相连,方形平面,两边设门,利

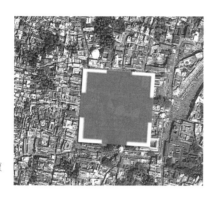

图 5-82 面状布局的贾格纳神庙

用台阶与院落相连，采用逐层渐收的金字塔形屋顶，并与前面的舞厅和献祭厅一样，被刷成白色，象征着神圣的雪山（图 5-83）。圣室黑暗封闭，内部供奉着神像，上方是玉米状锡卡拉，居高临下，统领着整座神庙，上面布满横向的线脚，除了矩形的肋状凸出外，还在转折处装饰了方形的扶柱，

上下贯通，强化了锡卡拉向上升腾的动态。顶部是圆形的白色盖石，上方耸立着金属宝轮。除此之外，圣室的三面外墙处各设一小型的神殿，增加体量的同时又凸显了锡卡拉的高大（图 5-84）。

大型神庙通常是一个城市的社会文化中心，城里的信徒都会前来朝拜，具有极高的宗教地位，常以建筑组群或院落的方式出现，体量巨大，造型动态丰富，细部装饰繁复精美，对建造场地有很高的要求。与周边建筑相比，大型神庙无论是在规模、高度和精美程度上都占有绝对的优势，能够统领整个场地，使得周边建筑都臣服于它。因此，可将大型神庙这种面状布局特点总结为"独占鳌头"（表 5-2）。

5.3 印度教神庙建筑特征

印度教神庙建筑是印度教文化的物质载体，与印度教宗教文化一样，无论是作为组织机构还是建筑本身都是印度文化自身的产物。它们造型丰富多变，建筑空间构成方式多种多样，各不相同，细部装饰精美繁复，并结合印度教的宇宙观和宗教教义，与宇宙图示和神灵世界取得了联系，蕴含着无数的宗教象征符号，体现了印度教宗教文化多样、一贯、包容的特性。

图 5-83 贾格纳神庙上方白色金字塔形屋顶

表 5-2 印度教神庙建筑布局特点一览表

神庙规模	神庙构成	布局模式	布局特点
小型神庙	圣室 / 圣室、门廊	点状	见缝插针
中型神庙	圣室、前厅、柱厅、门廊	线状	独善其身
大型神庙	神庙建筑组群、围墙（柱廊）	面状	独占鳌头

图 5-84 贾格纳神庙

5.3.1 分类

印度教神庙建筑类型多样，造型丰富，根据神庙不同的建筑特征有不同的分类方法。印度教神庙按照不同的建造方式可分为：石砌式神庙、岩凿式神庙和石窟式神庙；根据神庙供奉的神灵可分为：毗湿奴神庙、湿婆神庙、梵天神庙、太阳神庙、诃里诃罗（Harihara）神庙和南迪神庙等等。此外，有的印度建筑史著作常常根据神庙不同的地理位置将其分为：南方的达罗毗荼式和北方的那伽罗（Nagara）式，其实这种按地理位置划分的方法并不合理，因为印度中世纪时，许多北方的神庙直接模仿南方的神庙而建，而北方的那伽罗式神庙同样出现在南方，因此，达罗毗荼和那伽罗这两个词更偏向于不同的种族含义，只是指出了印度南部和北部各自形成的神庙建筑风格。笔者更倾向于按照印度教神庙圣室上方高耸的屋顶形式来划分，可以将其分为四种：曲拱形的锡卡拉（又名希卡罗）式神庙、角锥形的维摩那（Vimana）式神庙、四锥形的瞿布罗式神庙和混合式神庙[15]。

1. 锡卡拉式神庙

锡卡拉原意为山峰，在这里特指印度教神庙圣室上方高耸入云的塔状屋顶，象征众神居住的宇宙之山。锡卡拉式屋顶呈曲拱形，与玉米和竹笋的造型类似，表面通常装饰着线脚和凸出，顶上盖有一块被称为阿摩洛迦（Amalaka）的圆饼形冠状盖石，而竖立在阿摩洛迦上方的金属罐形装饰是神庙主供神的标志，宝轮象征着毗湿奴，三叉戟则代表湿婆。印度建筑历史学家认为，这种曲拱形的锡卡拉可能源于古代用以遮蔽吠陀祭坛的竹制建筑，阿摩洛迦就是那块压在顶上稳固结构的大石头[16]，而表面的线脚与凸出物则与锡

卡拉采用砖石的砌筑方式有关，使得在方形的基座上升起的锡卡拉柔和地过渡到圆形的顶部，形成了弯曲柔和的整体造型（图5-85）。

通常，某种共同的建筑语言形成之后，就会出现大量的风格变体，锡卡拉式尖顶由于比例关系、线脚形式、组合方式、细部装饰和雕刻手法的不同，造成千差万别的设计感受。锡卡拉式尖顶又可细分为拉蒂那（Latina）、色诃里（Sekhari）和布米迦（Bhumija）三种主要的形式（图5-86）。

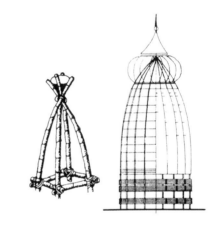

图5-85 锡卡拉式尖顶的起源

拉蒂那式　　色诃里式　　布米迦式

图5-86 锡卡拉式尖顶三种不同的形式

（1）拉蒂那式

拉蒂那式神庙最早可以追溯到笈多王朝时期卡纳塔克邦艾霍莱的杜尔迦神庙和奥里萨邦布巴内什瓦尔的持斧罗摩神庙，8—10世纪期间，盛行于印度的西部[17]。拉蒂那是一种单独的屋顶样式，整体造型与玉米类似，底层平面通常为方形，

四周设有矩形的凸出，上下贯通呈肋状，强化了屋顶垂直向上的动势。拉蒂那从上到下由横向的线脚分割，每一层代表不同的神祇宫殿，表面通常装饰着马蹄形的窗龛和几何花纹图案，显得精致美观，顶部冠有圆饼状的阿摩洛迦盖石。有的拉蒂那式屋顶还会在转角处排列一组缩小的拉蒂那，它们从下到上层层叠加，构成了一条垂直向上的曲线。

奥里萨邦布巴内什瓦尔的林伽罗阇神庙（Lingaraja Temple）是拉蒂那式神庙最成熟的代表，它是一个院落式的神庙建筑组群，主体神庙圣室上方的曲拱形拉蒂那高达 45 米[18]，细部装饰精美，顶部是圆饼状的阿摩洛迦盖石，上方耸立着金属三叉戟，拉蒂那高耸入云，给人粗壮浑厚的视觉感受（图 5-87）。

（2）色诃里式

色诃里式神庙出现在 10 世纪的印度西部和中部，成为那个地区几个世纪以来主导的神庙建筑类型[19]，中央邦克久拉霍的坎达里亚·摩诃提婆神庙（Kandariya Mahadeva Temple）是其最成熟的代表（图 5-88）。色诃里是一种组合式的尖顶样式，整体造型与竹笋类似，底层平面呈锯齿形，与拉蒂那相同，表面设有上下贯通的肋状凸出，表面雕刻着线脚和几何图案，呈蜂窝状，顶部是圆饼状的阿摩洛迦盖石。中央主体色诃里四周簇拥着等比例缩小的色诃里，它们从下到上，层层重叠，逐层递减，强化了色诃里奔腾向上的动势，并与中央的主体色诃里一样，细部装饰精致美观。从概念上说，色诃里式屋顶是一种沿着主要轴线复制自身的形式。坎达里亚·摩诃提婆神庙圣室上方的竹笋状色诃里高达 31 米，挺拔向上，四周簇拥着 84 座小色诃里，显得层峦叠嶂、群峰磅礴[20]。

图 5-87 林伽罗阇神庙的拉蒂那式尖顶

图 5-88 坎达里亚·摩诃提婆神庙的色诃里式尖顶

图 5-89 乌代湿婆神
庙的布米迦式尖顶

（3）布米迦式

布米迦式神庙起源于 11 世纪的印度中部，没有色诃里那样流行，类似于一种地方神庙建筑风格。与色诃里式一样，布米迦式尖顶可以视为拉蒂那式的一种发展。底层平面呈圆形或星形，在保留中央拉蒂那的基础上，在平面拐角处设有上下贯通的凸棱状垂带，从下向上逐渐向内收缩，表面通常装饰着线脚和几何花纹图案。在宽大的垂带之间设排列着等比例缩小的布米迦，从下到上，逐层叠加，细部装饰精致华丽，顶部是圆饼状的阿摩洛迦盖石。与拉蒂那和色诃里式尖顶相比，布米迦式尖顶显得硬朗坚实，但缺少一种奔腾向上的动势。

中央邦乌代布尔的乌代湿婆神庙（Udayeshvara Temple）是布米迦式神庙最早、最华丽的实例，建于 11 世纪，圣室上方的布米迦底部是一个 32 角形的平面[21]，细部装饰精细华丽，创造了浑厚有力的视觉感受（图 5-89）。

总体而言，锡卡拉式尖顶具有一种坚实而独立的雕塑感，内部蕴含着一股强烈的张力，向四周发散开来。巨大的锡卡拉拔地而起，高耸入云，极具奔腾向上的动势，表现了印度教特有的艺术想象力，似乎带有原始生殖崇拜的影子。

2. 维摩那式神庙

维摩那原意为宫殿，在这里特指印度教神庙建筑圣室上方角锥形或棱柱形的屋顶，其雏形最早可以追溯到笈多王朝时期默哈伯利布勒姆五战车神庙中的法王神庙，而维摩那式神庙真正成形于 8 世纪左右，盛行于印度南部和中部，著名的凯拉萨岩凿式神庙巨构就是这一时期的代表作品。

虽然维摩那式神庙的形式变化很多，但通常都基于一个方形的底层平面，向上升起一个阶梯状的角锥形屋顶，从下到上层层重叠，逐层缩小。

维摩那四周装饰着成排的小型神殿，位于拐角。神殿平面多呈方形，上方冠有一个盔帽形的屋顶；中间的神殿平面呈长方形，顶部是圆筒形的拱顶，上方排列着小型的宝瓶饰，造成了繁缛富丽、节奏变幻的视觉效果。在维摩那屋顶的檐口处通常设有马蹄形的窗龛，内部多为神灵的雕像，并与上方的小型神殿一样规则地排列着，在丰富细部装饰的同时，也寓意着维摩那是神灵的寓所，而屋顶的顶部则是一块多边形的盖石。不过，后期由于建造者和信徒过于追求其规模的宏大，使得维摩那式神庙变得越来越笨重。

泰米尔纳德邦坦贾武尔的布里哈迪斯瓦拉神庙的维摩那式神庙是其最典型的代表。布里哈迪斯瓦拉神庙建于 12 世纪，是一座院落式的神庙建筑，主体神庙圣室上方的维摩那屋顶共有 15 层，高达 61 米，顶部的多边形盖石重达 80 吨[22]，但由于屋顶体量过大，缺少奔腾向上的动势（图 5-90）。所以，尽管维摩那式神庙建筑曾经遍布整个印度，但最终变得越来越没有生气。

3. 瞿布罗式神庙

瞿布罗原意为门塔，实际上指的是神庙院门上方高耸的四锥形尖顶，其原形最早可以追溯到笈多王朝时期默哈伯利布勒姆五战车神庙中的无种 - 偕天神庙，成形于 13 世纪，是伊斯兰统治时期印度南部神庙最醒目的构建。瞿布罗式尖顶通常采用砖木泥灰等较轻的材料建造，底层为长方形平面，从下到上沿着长边逐层内收，在立面上构成了一条柔和的曲线，表面布满各种线脚和人物雕像，繁复杂乱。瞿布罗顶部是圆筒形的条状盖石，上方通常是一排宝瓶装饰。最初的瞿布罗作为神庙的院门形式非常简单，后来随着高度和体量的不断增加，其高度甚至超越了神庙圣室上方的尖顶，造成了喧宾夺主的效果，成了整座神庙的标志。

　　瞿布罗式尖顶的起源跟维摩那式尖顶有一定的联系。在印度南部，若尖顶底部的平面呈方形，那么屋顶多采用维摩那式，在顶部冠以多边形的盖石；若底部平面为长方形，屋顶多采用瞿布罗式，顶部置以圆筒形的条状盖石。泰米尔纳德邦马杜赖的米纳克希神庙是瞿布罗式神庙的代表作。四周院门上方的瞿布罗高达 46 米，表面装饰着五光十色的塑像，包括印度教男女诸神、王国贵族、平民百姓、动物和怪兽等等，从上到下密密麻麻地排列着，造成了眼花缭乱的视觉感受，显得世俗艳丽 [23]（图 5-91）。

　　各国建筑发展史似乎有一个通例：“某种建筑，当它发展到烂熟期但还没有找到新的出路以前，总会经历一段只在细部上大做文章的时期。经过这个阶段，这种建筑要么找到新的发展契机，要么只好死亡。”[24] 总体而言，瞿布罗式神庙与前面的锡卡拉式、维摩那式神庙相比，几乎没有什么创新，细部装饰过于繁复杂乱，虽然体量和尺度很大，但缺少挺拔向上的动势，体现了印度伊斯兰统治时期印度教艺术开始走向衰落。

　　4. 混合式神庙

　　印度教神庙建筑除按照圣室上方的尖顶形式分为锡卡拉式、维摩那式和瞿布罗式神庙三种外，还出现了一种混合式的神庙建筑。混合式尖顶常常通过综合其他屋顶的组合方式与造型元素，混合出一种新的尖顶形式。譬如，建于 12 世纪位于卡纳塔克邦的索摩湿婆神庙（Someshvara Temple）没有使用一处锡卡拉式尖顶的细部，却按照锡卡拉方式来排列维摩那元素。在印度北方，锡卡拉的几种形式可能会混在一起出现，建于 15 世纪位于拉贾斯坦邦的拉那克普太阳神庙（Ranakpur Sun Temple，图 5-92）就混合了

图 5-90 布里哈迪斯瓦拉神庙的维摩那式尖顶

图 5-91 米纳克希神庙的瞿布罗式尖顶

图 5-92 拉那克普太阳
神庙的混合式尖顶

色诃里和布米迦两种屋顶形式，中央高耸入云的布米迦四周簇拥着小型的色诃里，它们从下到上层层重叠，细部装饰精美繁复。

无论是何种类型的印度教神庙建筑，整体上都表现出一种动态而夸张的风格，建筑轮廓起伏多变，空间丰富多样，常利用巨大的体量和繁复的细部装饰给人带来强烈的视觉冲击效果，类似西方古典的巴洛克建筑风格。印度教的这种强调动态、富于变化的建筑风格与印度的佛教那种强调和谐稳定、追求宁静肃穆的建筑风格完全两样，代表了入世和出世两种不同的宗教价值体系。

5.3.2 空间类型

意大利著名的建筑历史学家布鲁诺·赛维（Bruno Zevi）认为：“空间——空的部分——应当是建筑的主角，这毕竟是合乎规律的；建筑不单是艺术，它不仅是对生活认识的一种反映而已，也不仅是生活方式的写照而已；建筑是生活环境，是我们的生活展现的舞台。”[25] 印度教庙建筑作为神灵在人间的居所，是信徒举行朝拜仪式的宗教场所，同时也是展示印度教宗教生活的舞台。印度教神庙建筑为了满足不同的宗教仪式要求，营造不同的宗教气息，在建造时常常采用不同的空间组合方式，从只有单个圣室的点式空间到由圣室、柱厅和门廊三部分构成的多段式空间，从通过围廊形成的中庭式空间到利用神庙建筑组群构成的院落式空间，空间组合方式丰富多样，灵活多变，体现了印度教文化多样、包容的特性。

1. 点式空间

点式空间是指由单个圣室或由圣室和门厅两部分组成的印度教神庙建筑空间类型，这是一种较为原始简单的神庙空间构成，笈多王朝时期的

印度教神庙建筑多采用这种空间构成方式。

圣室，亦称子宫、胎室，隐喻宇宙和生命的胚胎，是印度教神庙建筑最基本的空间构成元素，也是最为神圣的地方，内部供奉神灵雕像或者神灵的象征物，属于神灵的空间。圣室平面多呈方形，单侧设门，其余三面都是厚重的实墙，内墙表面通常没有细部装饰，内部空间封闭黑暗，营造了一种神秘的宗教气息，信徒通常可以进到圣室内部进行朝拜。圣室入口门框四周通常布满各种人物雕像和几何花纹图案，精致美观，与圣室中央简洁的林伽形成了对比，外墙表面通常设有神龛。圣室下方通常是低矮的台基或平台，上方则是高耸入云的塔状屋顶，北方多为锡卡拉式，南方多为维摩那式，细部装饰精致美观，象征着众神居住的宇宙之山。前文中北方邦代奥格尔的十化身神庙就是这种由单个圣室空间构成的神庙建筑代表。此外，有的神庙还会在圣室前增设一个门厅，类似一个灰空间，是神灵空间与世俗空间的过渡，同时也是信徒朝拜神灵的地方。

默哈伯利布勒姆的海岸神庙（Shore Temple）是点式空间构成的神庙建筑的代表（图5-93），建于7世纪，是一个小型的神庙建筑组群，由大小3座神殿和一圈围墙构成，并以当时的国王罗阇辛哈（Rajasimha）的各种称号命名。东殿坐西朝东，由圣室和门厅构成，圣室平面呈方形，内部供奉着林伽和神灵雕像。东侧设门与门厅相接，朝向大海，外墙表面装饰着壁柱和神灵雕像，精致美观。圣室上方是高耸的4层角锥形维摩那，表面装饰着盔帽形和车篷形的小神殿，檐口四周排列着马蹄形的窗龛，顶部是多边形的盖石，整体造型粗犷有力。东殿南、北、东三面设有一圈高大的围墙，与东殿一样，表面装饰着壁柱和神像，顶部是一排车篷形的小神殿，丰富了神庙的外部

图 5-93 海岸神庙

空间。中殿坐西朝东，由圣室和门厅两部分构成。圣室平面呈长方形，内部雕刻着毗湿奴卧像，外墙表面装饰着神像。圣室上方是平屋顶，檐口上方排列着各种小型神殿。西殿是一座湿婆神庙，由圣室和门厅构成，坐东朝西，与东部的中殿连成一体，造型与东殿类似，只是体量较小。圣室上方是3层角锥形维摩那，与东殿的维摩那遥相呼应，强化了屋顶奔腾向上的动势（图 5-94）。

整体而言，这种只有单个圣室或圣室与门厅构成的点式空间神庙建筑，内部空间较为简单，空间层次不够，缺乏用于信徒集会礼拜的大型开敞空间，未能给印度教丰富多样的宗教仪式活动提供必要的空间，而且神庙建筑体量较小，造型风格简洁粗犷。因此作为一座印度教神庙建筑而言，无论是在宗教气息的营造方面，还是在建筑规模和精美程度方面都是不够的，同时，这种由圣室构成的点式空间又是任何一种类型的神庙不可或缺的部分，因此可将其看成印度教神庙建筑空间的雏形（图 5-95）。

2. 多段式空间

在由圣室和门厅两部分构成的点式空间印度教神庙基础上，在门厅前方增设一个柱厅和一个门廊。这样，门廊、柱厅、前厅（门厅）和圣室从前到后依次排列，形成了一个线性的多段式神庙空间组合，这是印度教神庙建筑最为成熟，也是最为普遍的一种空间构成方式。

在多段式空间构成的神庙建筑中，原先构成点状空间的门厅变成前厅，作为圣室与柱厅之间的一个过渡空间，将圣室与柱厅相连。前厅面积较小，平面多为长方形，面阔与圣室相当，进深较短，两侧墙上设有神龛和人物雕像，精致美观，前厅通常与圣室共用一个高耸的塔形屋顶。柱厅象征着神灵巡行宇宙的坐骑，通常是整个神庙中

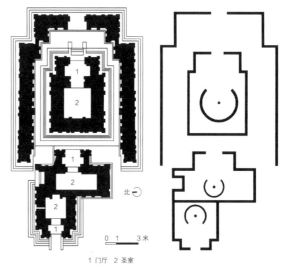

图 5-94 海岸神庙平面

图 5-95 海岸神庙点状空间构成示意

最大的空间，是信徒们集会礼拜的场所，有的甚至两层通高。在印度南部神庙建筑中，柱厅平面多呈方形，中间排列着规则的立柱，四周通常是实墙；在北部神庙中，柱厅多为十字形，四周设有立柱和栏杆，并延伸到门廊两侧，空间明亮通透，与黑暗封闭的圣室空间形成对比。柱厅顶部设有圆形的天花藻井，上方布满线脚和几何花纹图案，上方通常是一个金字塔形的屋顶。门廊与柱厅相接，类似一个引导空间，开敞通透，前方是入口台阶，两侧是立柱和栏杆，顶部是天花藻井。

拉贾斯坦邦乌代布尔的毗湿奴和拉克希米神庙（Vishnu & Laxmi Temple）是这种多段式空间构成的神庙建筑代表（图 5-96）。神庙建造在城市道路旁的高地上，通过宽大的台阶与道路相连，坐西朝东，由门廊、柱厅、前厅和圣室四部分构成，建造在台基上。台基由横向的线脚划分，上方装饰着几何花纹图案。门廊平面呈长方形，开敞通透，共有4根立柱，柱子从下到上由不同的截面构成，柱子顶部和上方的十字形托梁处雕刻着线脚和花草图案，精致美观。门廊两侧是栏杆，细部装饰简洁大方，顶部是方形的天花藻井。

图 5-96 毗湿奴和拉克希米神庙

柱厅平面呈十字形，四周设有一圈八边形的立柱和栏杆，与门廊相接，开敞通透。顶部是圆形的天花藻井，装饰着线脚，质朴简洁，上方与门廊一样都采用圆拱形的屋顶。柱厅通过前厅与圣室相连，前厅两侧设有神龛，内部是神灵雕像，强化了前厅的宗教气息。方形圣室内部供奉着毗湿奴和拉克希米的神像，单侧设门，门框四周布满几何花纹图案和神庙雕像，精美繁复。圣室上方是高耸的锡卡拉，细部装饰简洁大方。

整体而言，这种由圣室、前厅、柱厅和门廊四部分构成的多段式空间神庙建筑与只有圣室和门厅两部分构成的神庙相比，内部空间开始变得丰富多样，通过引入柱厅给信徒们提供了一个集会礼拜的大空间，满足了印度教丰富多样的宗教活动需求（图 5-97）。原先的门厅成了柱厅与圣室之间的过渡空间，并在神庙入口处增设了门廊，

作为引导空间。这样，引导空间（门廊）、礼拜空间（柱厅）、过渡空间（前厅）、神灵空间（圣室），四者从前到后依次排列，形成了一个完美的线性宗教建筑空间序列，凸显了线性序列末端圣室的神圣地位，营造了浓厚的宗教气息（图 5-98、图 5-99）。此外，神庙体量较大，在总体造型上，圣室和前厅围合封闭，柱厅和门廊开敞通透，造型虚实结合，屋顶高度从前到后依次递增，造成了挺拔向上的动感，使得神庙轻盈许多。

印度教与佛教一样，都存在着顺时针绕神像或者神灵象征物行进的宗教仪轨，称为 Pradakshina[26]。环绕神像行进的路径寓意信徒漫长曲折的修行道路，环绕一周意味着从人界上升到神界，宗教觉悟可以得到提高。之所以采用顺时针方向绕行，是为了与太阳从东到西的行进轨迹保持一致，使得神像始终位于信徒的右侧，在

图 5-97 毗湿奴和拉克希米神庙柱厅

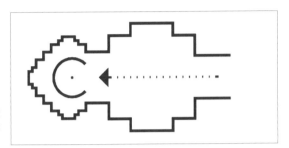

图 5-98 毗湿奴和拉克希米神庙多段式空间构成示意

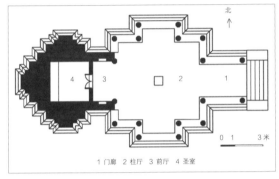

北 ↑

1 门廊 2 柱厅 3 前厅 4 圣室

图 5-99 毗湿奴和拉克希米神庙平面

圣室共用一个高耸的色诃里。信徒穿过门廊和前厅，进入柱厅朝拜神灵后，便从左侧进入环形礼拜道绕圣室行进一周，再从右侧出来回到柱厅，在神庙内完成一系列的宗教仪式。

整体而言，多段式空间结合环形礼拜道构成的神庙建筑，在由门廊、柱厅、前厅和圣室构成的多段式空间基础上，在圣室四周设置了一个绕行的回廊，围绕圣室形成一个环形的向心空间，使得原先处于线性序列末端的圣室空间，多了一个处于向心空间中心的维度，既增加了神灵空间的层次，又凸显了圣室的中心地位。同时，将顺时针绕神像或者神灵象征物行进的宗教仪轨引入神庙内部，使原先单一线性的宗教仪轨变得多样，神庙空间与宗教仪轨完美结合，形成一种最为经典的印度教神庙建筑空间构成方式（图5-101、图5-102）。

3. 中庭式空间

印度教神庙建筑不仅是信徒朝拜神灵的场所，同时也是一个社会文化活动中心，有的神庙为了扩大自身的体量，开始引入中庭和回廊空间，构成一种中庭式的神庙建筑，以满足更多的宗教活动需求。中庭式神庙在由门廊、柱厅、前厅和圣室构成的多段式空间神庙基础上，在门

印度"右"象征着吉祥与正确。因此，一些重大的印度教神庙建筑常在圣室四周设有一圈回廊式的礼拜道，用来举行这种绕行的宗教仪轨。这种将印度教神庙建筑空间与宗教仪轨结合的例子最早可以追溯到笈多王朝时期卡纳塔克邦的杜尔迦神庙，其形制来源于佛教的石窟建筑。

中央邦克久拉霍的坎达里亚·摩诃提婆神庙（Kandariya Mahadeva Temple）就是这种多段式空间结合环形回廊构成的神庙建筑代表（图5-100），由门廊、前厅、柱厅、圣室及礼拜道五部分构成，耸立在高大的台基上，平面呈双十字形。门廊平面呈方形，两侧是立柱和栏杆，开敞通透。前厅平面呈长方形，是举行歌舞表演的空间，内部共有12根立柱，四周设有栏杆与门廊相连。柱厅呈方形，中间4根立柱与上方的圆形藻井相连，两侧设有凸出的阳台。圣室平面呈方形，单侧设门与柱厅相连，内部供奉着林伽与尤尼。圣室四周设有一圈环形的礼拜道，两端与柱厅相连，三面侧墙各设有一个凸出的阳台，礼拜道与

图 5-100 坎达里亚·摩诃提婆神庙

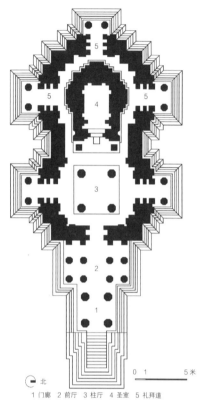

1 门廊　2 前厅　3 柱厅　4 圣室　5 礼拜道

图 5-101 坎达里亚·摩诃提婆神庙平面

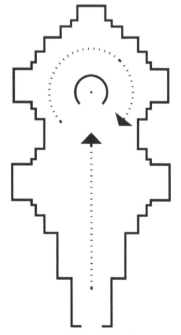

图 5-102 坎达里亚·摩诃提婆神庙多段式和环状空间构成示意

廊和柱厅之间增设一个"U"字形的围廊空间，将柱厅围在中间，并在柱厅前方形成一个中庭空间。柱厅在原来十字形平面的基础上扩张成方形，体量变大，并在圆形的天花藻井下方放置祭坛，柱厅由原先的礼拜空间变成神灵空间。柱厅与圣室直接相连，不设前厅，圣室空间由原来的单个扩展成多个，面阔与柱厅相当，圣室上方则是高耸的塔形屋顶。这种中庭式神庙建筑多出现在印度伊斯兰统治时期的印度北部。

拉贾斯坦邦斋浦尔的湿婆神庙（Shiva Temple）是中庭式神庙建筑的代表。神庙坐西朝东，由门廊、回廊、中庭、柱厅和圣室五部分构成，建造在一层高的大平台上。门廊为方形，两侧设有台阶，4 根立柱上方的托梁处装饰着精美的人物雕像，四周设有一圈挑檐。回廊呈"U"形，是信徒修行和交流的场所。回廊外围是实墙，内侧开敞通透，利用中庭采光，上方是平屋顶。中庭呈长方形，中间种有花草树木，营造了轻松愉悦的日常生活气息（图 5-103）。柱厅呈方形，单侧设门与中庭相连，内部黑暗封闭，上方是圆形的天花藻井，精致美观，中间方形的祭坛供奉着湿婆的神像和林伽。柱厅后部是 3 个横向排列

图 5-103 斋浦尔湿婆神庙中庭

图 5-104 斋浦尔湿婆
神庙尾部的锡卡拉

的圣室，三者互相贯通，面阔与柱厅相当，内部
三个林伽对应着上方三个锡卡拉屋顶，高耸的锡
卡拉是整座神庙的标志（图5-104）。

　　整体而言，中庭式印度教神庙建筑结合了室
内（圣室与柱厅）、室外（中庭）和半室外（回廊）

三种不同类型的空间，将原先只能举行宗教仪式
的神庙变成了一个既能举行宗教仪式，又能进行
宗教修行的场所（图5-105、图5-106）。通过
引入中庭空间，建筑体量开始变大，功能变得多样，
类似一个小型的宗教学院或者机构。神庙淡化了

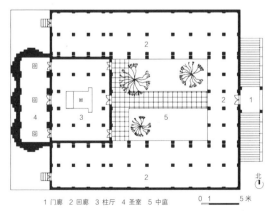

1 门廊　2 回廊　3 柱厅　4 圣室　5 中庭

图 5-105 斋浦尔湿婆神庙平面

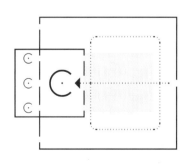

图 5-106 斋浦尔湿婆神庙中庭式空间构成示意

图 5-107 贾格迪什神庙

圣室的宗教气息，利用圣室上方高耸的锡卡拉作为整个神庙的标志，将原先属于礼拜空间的柱厅变成宗教气息浓厚的神灵空间，信徒可以进到内部朝拜，近距离地与神灵接触。回廊围绕中庭布置，是信徒修行和交流的场所，并通过宽敞明亮的中庭空间将绿色和阳光引入其中，淡化了印度教神庙建筑黑暗神秘的宗教氛围，为信徒营造了一种轻松愉悦的学习氛围。

4. 院落式空间

城市中大型的印度教神庙通常是一个院落式的神庙建筑组群，其布局多源于印度教的曼陀罗图形。平面为长方形，中轴对称，主体神庙位于轴线中央，常常采用多段式的空间组合方式，建于高大的台基上，体量很大，细部装饰精美繁复，象征着宇宙的须弥山。平面四角通常各建有一座小型神庙，一般由圣室或圣室和门廊构成，体量不大，与中间的主体神庙在体量上形成对比，凸显了主体神庙的地位。沿平面四周建有一圈柱廊或围墙，将大小神庙围在中间，形成一种院落式的神庙建筑空间，并利用巨大的院落空间来举行盛大的宗教活动。此外，还有一种院落式印度教神庙，与前者不同的是，只在院落中间建造一座大体量的神庙建筑，利用入口处高大的门楼作为神庙的标志。

乌代布尔著名的贾格迪什神庙是院落式神庙建筑的典型代表（图 5-107），建于 17 世纪，是乌代布尔最大的印度教神庙建筑，建造在一个两层楼高的矩形大平台上，共有大小五座神庙。矩形平台通过高大的台阶与街道相连，主体神庙坐西朝东，位于院落的中央，采用白色的大理石建造，体量最大，象征世界的中心须弥山，由圣室、前厅、柱厅、门廊和毗湿奴神殿五部分组成。台基由横向的线脚划分，从上到下排列各种动物

雕像，精致美观。门廊平面呈长方形，两层高，两侧设有栏杆和立柱，二层顶部是圆形的天花藻井，上方是金字塔形的屋顶。柱厅平面呈十字形，两层通高，栏杆外表面细部装饰精美，中间雕刻着一排翩翩起舞的少女，表现了欢快热闹的歌舞场景。柱厅顶部是圆形的天花藻井，上方是金字塔形屋顶。柱厅通过前厅与圣室相连，圣室平面呈方形，内部供奉着毗湿奴的神像，单侧设门，外墙拐角处设有角柱，由横向的线脚划分，中间装饰着人物雕像，上方是高耸的竹笋状锡卡拉，细部装饰精美繁复。毗湿奴神殿独立于主体神庙的前方，建造在细部装饰精美的台基上，通过台阶与院落相连。平面呈方形，四周设有栏杆。4 根雕刻精美的立柱支撑着上方圆拱形的屋顶，内部供奉着毗湿奴的铜像。此外，矩形平台四角各设有一座小型的神庙，它们都由圣室和门廊两部分组成，采用竹笋状的锡卡拉，细部装饰精美繁复（图 5-108）。

整体而言，院落式的神庙不再利用神庙内部黑暗神秘的宗教氛围来影响民众，而是通过神庙建筑自身的体量和精美程度来吸引信徒。神庙主体建筑被视为神灵的象征物，居于院落中心，得到全方位的展示，建筑本身的宗教地位已经超越了位于圣室内的神像（图 5-109）。同时，利用神庙四周的柱廊或围墙将人界与神界隔开，形成一种院落式的神灵空间，使得院落中的信徒能够近距离地与神灵接触，在阳光下环绕神庙举行各种宗教活动，淡化了神庙原先黑暗神秘的宗教气息，营造了一种热闹愉悦的日常生活氛围。印度教神庙不再仅仅是神灵的居所，而是民众日常生活的一部分（图 5-110）。

由此可见，最初的印度神庙建筑多采用点式的空间构成方式，内部空间简洁单一，宗教气息

图 5-108　贾格迪什神庙的院落空间

图 5-109　宏伟的贾格迪什神庙

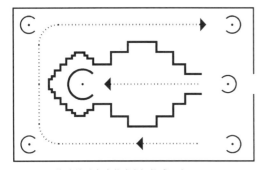

图 5-110　贾格迪什神庙院落式空间构成示意

淡薄，而这种空间又是任何一座神庙不可或缺的部分，因此点式空间是印度教神庙空间构成的雏形。通过引入柱厅和门廊空间，原先的点式神庙建筑空间变成了多段式空间，内部空间开始变得丰富多样，满足了印度教丰富多样的宗教活动需

求，营造了浓厚的宗教气氛，成为印度教神庙建筑最为成熟和普遍的空间构成方式。并与印度教顺时针绕行的宗教仪轨结合，增加了神灵空间层次的同时，又凸显了圣室的中心地位，形成了印度教神庙建筑最为经典的空间构成方式。此外，神庙为了满足更多社会文化活动需求，开始引入中庭空间，甚至通过建筑组群形成院落式的神庙空间，通过神庙建筑自身的体量和精美程度来吸引信徒，淡化了神庙黑暗神秘的宗教气息，营造了欢快愉悦的生活气息。

5.3.3　宗教意象

印度教神灵创造的世界，通常是一个完整统一的结构，蕴含着和谐、秩序、比例和匀称，宇宙的秩序、和谐、理性使人联想到神灵的至高至大、至善至美，于是由对世界结构的精巧、完美、秩序的惊叹与赞美转化为对造物主的信仰与绝对的信赖[27]。印度教神庙建筑是诸神在人间的居所，同时也是印度教宇宙空间的图示，神庙往往通过各种宗教图示和符号象征向信徒传达宗教教义和宗教意象。因此，印度教神庙建筑不仅是信徒朝拜神灵的地方，其本身也成了崇拜之物，并围绕"中心"和"方向"两个宗教意象与诸神世界建立联系，将印度教和谐、理性、秩序的宇宙世界和宗教教义表达出来。

1. 中心

印度建筑的基本主题就是对中心的表现，这一主题对于建筑和城市规划都是同样适用的，每一座神庙都是一个宇宙轴心、一个神圣的中心，它是天、地甚至冥世的交会点[28]。印度教神庙建筑的中心意象首先在建筑的外部造型上表现出来。

印度教神庙建筑尽管外表精美繁复，但基本样式却非常简单质朴，从下到上通常采用三段式的建筑造型。底部是高耸的台基；中间是殿身，虚实结合；顶部是高耸的塔形屋顶，从前到后依次升高。虽然神庙圣室上方的塔形屋顶有锡卡拉、维摩那和瞿布罗等多种不同的形式，但它们都象征着印度教诸神居住的宇宙之山弥卢山，被视为宇宙的中心（图5-111）。印度北部的锡卡拉为了在有限的方形外墙上安排更多的神灵雕像，常利用方形的凸出，创造更多的雕刻空间，通过竖向的线条强化了屋顶高耸入云的动势，增强了锡

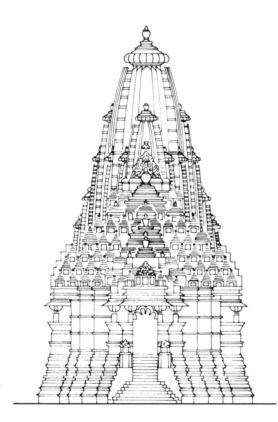

图5-111 坎达里亚·摩诃提婆神庙立面

卡拉宇宙之山的意象。有的塔形屋顶常在主体锡卡拉四周设置等比例缩小的小锡卡拉，它们簇拥在主体锡卡拉四周，从下到上层层重叠，逐层减少，细部装饰精美，强化了塔形屋顶宇宙中心的象征意义，创造了奔腾向上的动势。而印度南部

印度教神庙建筑的维摩那和瞿布罗式屋顶通常呈四锥形，从下到上逐层递收，高耸入云，表面布满各种神灵雕像和马蹄形的神龛，与锡卡拉一样，象征着诸神居住的宇宙之山。

中心的意象除了利用神庙上方的宇宙之山来表现外，还体现在神庙建筑的内部。每一座印度教神庙建筑都有一个安放神像的方形密闭小室，被称为圣室，寓意着宇宙和生命的胚胎。在湿婆神庙的圣室中通常安放着林伽与尤尼，圣室内部通常光滑整洁，细部装饰多集中在入口门框四周，是整座神庙最为神圣的地方，属于神灵的空间。圣室的平面形制来源于印度教的曼陀罗图形（图5-112）。

曼陀罗的意思是含藏宇宙本体者[29]。曼陀罗是一个与中心、方向相关的宗教图形，有方形、圆形和方圆相接等多种不同的形式。方形的曼陀罗代表着精确和永恒，是印度教神庙建筑首选的形式，象征着阳性、秩序和绝对。印度教的神庙建筑常常按照方形的原人曼陀罗（Vastu Purusha Mandala，又可译为梵天实在曼陀罗"）建造。原人曼陀罗从图案上看由一个位于方向对角线上的原人构成，原人身上的每个部分都对应着一个方形的小格，与印度教的宇宙观有关。原人曼陀罗的中心是原人的肚脐部位，通常是神庙建筑圣室空间所在，象征宇宙生命力的林伽与尤

图5-112 源于曼陀罗图形的圣室平面类型

尼就位于肚脐的上方，寓意着圣室空间蕴含着无穷的生殖能力，类似一个"种子"空间（图5-113）。而圣室上方通常是一个高耸的塔形屋顶，象征着世界的中心弥卢山，与底部圣室中间的林伽构成了一条从下到上的宇宙之轴，寓意着无限能量（图5-114）。

总体而言，印度教神庙建筑基于曼陀罗图形建造，着眼于空间由四周向中心聚集，中央空间一般挺拔向上，寓意宇宙的中心弥卢山，中间蕴藏着宇宙生生不息的创造力。因此，曼陀罗实际上是象征宇宙中心的弥卢山的平面化图形，代表着印度教"梵我同一"的哲学观念[30]。

此外，基于曼陀罗图形建造的印度教神庙建筑，对中心的象征还表现在神庙建筑的群体

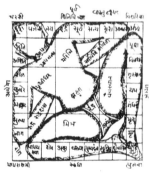
图5-113 原人曼陀罗

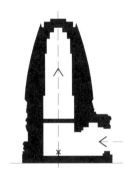
图5-114 圣室中的宇宙之轴

布局中。帕拉马萨伊卡曼陀罗（Paramashayika Mandala）是原人曼陀罗的一种变体，平面呈方形，内部被分成81个方格，代表阳性，是印度教神庙建筑群体布局平面中常用的曼陀罗图形之一。帕拉马萨伊卡曼陀罗中间的9个小方格是印度教创造之神梵天的位置，象征着实质与永恒。梵天的东边是祖先神（Aryaman），代表侠义，掌管着世界的荣誉、规则和社会的规范；南方是太阳神（Vivasvan），代表辉煌，掌管习俗、道德和法律；西面是昼神（Mitra），代表朋友，掌管太

阳；在北方是地母波哩提毗陀罗（Prithividhara），与地球、土壤相关。四周剩余的方格代表着印度教其他神灵，由周边的天界行星护卫着[31]。实际上，帕拉马萨伊卡曼陀罗是一个印度教宇宙世界的模型，中央梵天的位置代表世界的中心，同时也是主体神庙建筑的所在，梵天周边的8个区域代表宇宙世界的8个基本部分，通常是附属神庙的位置（图5-115）。

印控克什米尔地区阿凡提普（Awantipur）的阿凡提斯瓦米神庙（Avantiswamin Temple）和阿凡提斯瓦拉神庙（Avantisvara Temple）是基于帕拉马萨伊卡曼陀罗图形建造的神庙建筑代表，虽然曾遭到穆斯林的损毁，但其建筑布局方式仍然清晰可见（图5-116）。

阿凡提斯瓦米神庙建于9世纪，坐东朝西，是一座院落式的神庙建筑组群，由围廊、院门、主体神殿和院落中的小神殿五部分构成，全部采用石材建造。从复原图上看，围廊呈矩形，内外两侧设有立柱，四角和中间点缀着小型的神殿。院门位于门廊的东部，平面呈长方形，体量较大，四周设有门廊，顶部具有当地民居建筑风格的双层四坡顶。主体神庙位于院落的中央，建造在高大的方形平台上，通过东部的台阶与院落相连，神庙底部是十字形的台基，中间是一个方形的圣室空间，四周设有门廊，顶部是四坡顶。整体造型和体量与院门类似，象征着世界的中心。矩形

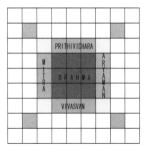
图5-115 帕拉马萨伊卡曼陀罗

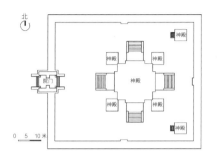

图 5-116 阿凡提斯瓦拉神庙平面

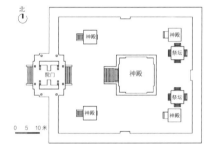

图 5-117 阿凡提斯瓦米神庙平面

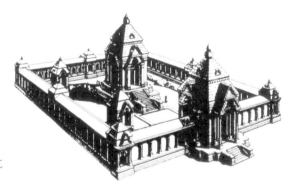

图 5-118 阿凡提斯瓦米神庙复原

院落四角各设有一座小型的神殿，造型和形制与主体神庙类似，只是体量较小，护卫着中央的主体神殿（图 5-117、图 5-118）。

阿凡提斯瓦拉神庙的形制与阿凡提斯瓦米神庙类似，同样建于 9 世纪，坐东朝西，是一座矩形的院落式神庙建筑。与阿凡提斯瓦米神庙不同的是，院落中央的主体神庙是一个建筑组群，主体神殿建造在高大的十字形平台上，四边设有台阶与院落相连。十字形平台的四角各设有一个方形的小神殿，簇拥在主体神殿四周，象征神灵的

聚集之所，在丰富神庙空间的同时，又寓意了印度教的宇宙世界。这种神庙建筑布局方式最早可以追溯到笈多王朝时期北方邦代奥格尔的十化身神庙。

2. 方向

与印度教神庙建筑中心意象相关的是方向。空间的方向和位置是空间的基本属性之一，是人们对空间的基本感知和认识，作为空间艺术的建筑，与方位朝向有着密不可分的关系[32]。从古至今，人们始终保持着这种方向和位置意识，并不断赋予其象征意义。特别是在宗教建筑中，空间的方向和位置通常具有浓厚的宗教象征意蕴。作为神灵空间的印度教神庙建筑，其蕴含的宗教教义和意象常表现在神庙建筑的朝向和围绕神像顺时针绕行的仪轨两方面。

印度教神庙建筑作为人神接触对话的场所，其方位和朝向常常带有浓厚的宗教意象，多采用坐西朝东的布局方式，即神庙的入口门廊位于东部，圣室位于西部。通常，印度教信徒会穿过明亮开敞的门廊空间，进入灰暗的柱厅空间，来到前厅，站在黑暗封闭的圣室门前举行朝拜仪式。这种从开敞明亮到灰暗再到黑暗封闭的空间序列代表从阳性走向阴性，寓意着从太阳、精子、光明和精神走向月亮、卵子、黑暗和物质。与欧洲的教堂建筑正好相反，欧洲教堂的入口位于西部，圣坛位于东部，寓意着从阴性走向阳性。值得一提的是，有的印度教神庙建筑为了与印度教的水崇拜结合，而选择面水而建，有的甚至直接在神庙前方建造一个人工水池。在印度教宗教理念中，水是生命的象征，诸神和世界都是从水中诞生的，同时水也被认为是男性的符号，代表着生殖与繁盛。印度教理想的朝拜仪式往往始于象征生命的圣水，水可以净化心灵，创造再生之道。

古吉拉特邦的莫德拉太阳神庙（Modhera Sun Temple）是这种印度教神庙建筑朝向意象的典型代表。神庙坐西朝东，从前到后由水池、拱门、集会厅和主体神殿四部分构成（图5-119）。主体神殿由门廊、柱厅、圣室和回廊组成，平面呈双十字形；集会厅位于主体神殿的前部，平面呈十字形，四周设有栏杆，开敞通透；拱门介于集会厅和水池中间，通过台阶与下方用于宗教沐浴仪式的水池相连；水池平面呈矩形，四周设有逐层下降的石质护堤，上面建有大量的台阶和神龛，显得坚固美观。每年在春分和秋分时，冉冉升起的太阳光首先照在水面上，然后穿过拱门、集会厅、柱厅，最后来到圣室，照亮了内部的神像[33]。

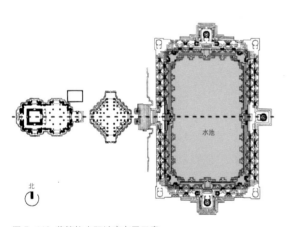

图 5-119 莫德拉太阳神庙布局示意

此外，印度教神庙建筑蕴含的宗教意象还表现在顺时针绕神像或者神灵象征物行进的宗教仪轨中。环绕神像行进的路径寓意信徒漫长曲折的修行道路，环绕一周意味着从人界上升到神界，宗教觉悟可以得到提高。之所以采用顺时针方向绕行，是为了与太阳从东到西的行进轨迹保持一致，使得神像始终位于信徒的右侧。因此，有的印度教神庙建筑常在圣室四周设有一圈回廊式的礼拜道，用来举行这种绕行的宗教仪轨。在一些大型的神庙建筑中，甚至将这种环形的宗教仪轨

延伸到神庙外部的平台上或院落中，构成内外双重绕行仪轨，在传达宗教教义的同时，又凸显了神庙建筑中心的位置（图5-120）。

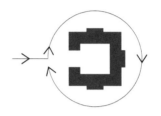

图 5-120 顺时针绕行的宗教仪轨

总体而言，印度教神庙建筑围绕中心的宗教意象，通过建筑的外部造型、平面形制和群体布局等方式，在神庙建筑与印度教宇宙图示和神灵世界之间建立了联系，赋予了神庙建筑神圣而强大的能量和围绕方向的宗教意象，利用神庙建筑的朝向和环形的宗教仪轨，传达印度教的教义和文化。

5.3.4 细部装饰

《宋高僧传·含光传》在谈到华文和梵文的文风时说："秦人好略""天竺好繁"[34]，印度人民似乎天生就有一种爱好繁复装饰的艺术作风。据说建于公元前2世纪的桑契大塔周边的四个塔门就出自当时的象牙雕刻师之手，塔门表面装饰着各种人物、动物雕像和几何花草图案，从下到上密密麻麻地排列着，几乎不留一点空隙。而作为神灵居所的印度教神庙建筑更是乐此不疲，甚至极尽所能。印度教神庙建筑内外通常布满各种精美繁复的细部装饰和神灵雕像，它们造型多变、动态夸张、新奇怪异，体现了印度教追求热闹欢快、崇尚生命活力的艺术风格特征，使得神庙建筑表面充满动态并产生了丰富的光影效果，类似欧洲的巴洛克建筑艺术风格。同时，印度教神庙建筑利用这些充满隐喻和象征色彩的细部装饰超越了建筑本身，成了众神的象征以及信徒朝拜的对象。

1. 装饰手法

印度教神庙建筑常常因为其表面精美繁复的细部雕刻和内部狭小的空间,而被称为雕塑作品,而非建筑[35]。印度教神庙建筑由于多采用坚固的石材建造,因此建筑表面的细部装饰多采用雕刻的手法来表现,有的神庙甚至直接采用岩凿的方式建造,譬如著名的凯拉萨神庙就是直接从整块岩石中雕凿出来的。这种雕刻手法在建筑装饰中具体表现为圆雕和浮雕,而与印度教神庙建筑联系更紧密的是浮雕,其中宗教神灵和动物多采用高浮雕的方式表现(图5-121),具有一定的视觉体量,强调了装饰本身的重要性。几何花纹图案多采用浅浮雕的方式表现,丰富装饰效果的同时,又衬托了神灵和动物的形象。而圆雕的方式则通常用来表现大象、狮子等大型的动物,它们常与主体神庙建筑脱开,被置于神庙屋顶上方或神庙入口附近,多以点缀的方式出现(图5-122)。此外,印度中世纪时,各地的封建王国结合当地的宗教文化传统,确立了各自不同的建筑雕刻风格,总体上呈现一片争奇斗艳的景象。

整个宗教世界,从心灵的最高品质到最孤立的自然事物,在绘画世界中都能找到位置,任何一个可以指引到心灵因素的宗教教义都可以通过绘画使它们与信徒的思想情感联系在一起[36]。印度教与佛教一样,同样存在着绘画的装饰手法,其在神庙建筑中通常表现为室外的彩绘和室内的壁画(图5-123)。室外彩绘多集中在神庙圣室上方高耸的塔状屋顶上,用来寓意众神居住的宇宙之山,而在印度伊斯兰统治时期,这种彩绘装饰手法在南部神庙院门上方高耸的瞿布罗上达到了顶峰。室内壁画多位于神庙内部的天花上,实际上并不多见。总之,印度教的绘画艺术是对印度教神庙建筑细部装饰的一种强有力补充。

图 5-121 神庙立柱上的高浮雕人物

图 5-122 神庙入口处的圆雕大象

图 5-123 神庙天花上的彩绘

此外,印度伊斯兰统治时期,南部神庙院门上方高耸的瞿布罗为了减轻自身的重量,常采用砖木灰泥等轻质疏松材料建造,因此,上方装饰的各种人物雕像多采用灰塑的方式塑造，并结合彩画造成了五光十色的视觉感受。由此可见，印度教神庙建筑的细部装饰手法主要有雕刻、绘画和灰塑三种。

2. 装饰题材

印度教神庙建筑的艺术装饰题材丰富多样，从神圣的宗教神灵到世俗的普通民众，从动态夸张的动物造型到几何形的花草图案，从大型的宗教史诗场面到普通民众的日常生活场景，它们都被转化成雕刻和绘画，用来装饰诸神在人间的居所。

印度教的装饰题材多来源于印度教的神话故事，印度教的宗教典籍《摩诃婆罗多》《罗摩衍那》和《往事书》三大史诗巨著讲述了大量的神话故事和史诗场面，建构了一个庞大而又多样的印度教诸神体系，并确定了以梵天、毗湿奴和湿婆为主的三神一体崇拜。印度教史诗场面和神话故事通常以群组雕刻出现在神庙建筑中，类似一幅大型的"连环画"（图5-124）。而三大主神又有各种不同的化身和变相，譬如毗湿奴就有十种主要的化相，并对应着不同的宗教故事。同时，他们又有各自的配偶、子女和坐骑，它们通常以家庭组合的方式出现在神庙建筑中，并在无数神奇的宗教故事中充当着各种角色，表现出不同的爱恨情仇。此外，印度教神灵世界除了三大主神外，还有许许多多的其他神灵，代表着不同的神话故事，他们都是印度教神庙建筑装饰题材的重要来源（图5-125）。

印度人自古珍爱动物，动物在神话故事、寓意、诗歌、戏剧和艺术中扮演着重要的角色，按照印度人的轮回观念，动物被看作与人类同宗的兄弟[37]。而在印度教神灵世界中，有许多神都跟动物有关，譬如毗湿奴有野猪瓦拉哈、灵鱼马特

图5-124 神庙上的《罗摩衍那》史诗雕刻

图5-125 神庙上的神灵雕像

斯亚、人狮那罗辛哈等多种动物化相，并寓意着不同的神话故事。同时，印度教主要的神灵都配有各种动物坐骑：梵天的坐骑是神鹅汉斯，毗湿奴的坐骑是金翅鸟迦楼罗，湿婆的坐骑是神牛南迪。此外，大象、马、牛、狮子等大型动物也是印度教艺术装饰题材重要的组成部分，它们多以雕刻的方式出现在印度教神庙建筑中（图5-126）。

与动物题材相对应的植物题材，多以几何花纹图案的形象出现，并以浅浮雕的方式来装饰印度教神庙建筑（图5-127）。在印度文化中，植物花草象征着生命、活力和丰收，与印度教崇尚生命活力艺术特征相符。值得一提的是，在伊斯兰文化入侵印度之前，神庙细部装饰以人物和动物雕像为主，植物花草题材在神庙建筑细部装饰中的比重并不多，但到了印度伊斯兰统治时期，由于伊斯兰教反对偶像崇拜，因此神庙的人物装

图5-126 神庙上的动物雕像

图5-127 神庙立柱上的几何、花草图案

饰题材比重降低，开始以几何形的植物花草图案为主（图5-128）。

此外，许多大型的印度教神庙建筑多由封建国王出资兴建，因此，封建国王、神庙赞助者的形象也常常出现在神庙的装饰题材中。同时，许多神庙的建造常常跟国家的重大政治事件有关，譬如，卡纳塔克邦帕塔达卡尔的维鲁帕克沙神庙就是由遮娄其王国的王妃们下令建造的，用来纪念她们的丈夫在南部的甘吉布勒姆打败帕拉瓦人，因此许多大型的战争场面、节日庆典甚至国王的加冕仪式都被转化成细部雕刻，用来丰富神庙建筑的细部装饰。值得一提的是，在印度中世纪神秘主义的影响下，中央邦克久拉霍的神庙建筑的装饰题材多来自男女交欢的性爱场景。实际上这种性爱场面是一种"性爱的隐喻"。印度坦多罗教（Tantrism）宇宙论

认为，人体是宇宙的缩影，宇宙生命是男性活力湿婆与女性活力沙克蒂（Shakti）结合的产物，因此男女交媾意味着宇宙两极的合一[38]，体现了印度教文化多样、包容的一面（图5-129）。

3. 装饰部位

印度教神庙建筑通常由门廊、柱厅、前厅和圣室四部分构成，建造在高大的台基上，神庙建筑的各部分常布满各种细部装饰，并且装饰题材和装饰部位各不相同，代表不同的宗教象征意义。

（1）台基

印度教神庙建筑的底部通常设有一个高大的台基，多采用石材建造，是一个实体，没有内部空间，因此，细部装饰多集中在台基的外表四周。台基通常由横向的线脚分割，被分成多层，从下到上逐层内收，表面通常排列着侏儒、马、大象和有角动物的雕像（图5-130）。侏儒位于顶部，体量较小，密密麻麻排列着，多表现为欢快的歌舞场面和丰收庆典场景。马位于侏儒的下方，它们神态各异，形象生动，多表现为奔跑行走的场面。马的下方是大象，它们一个接一个地排列着，生动可爱。值得一提的是，在著名的凯拉萨神庙中，大象则以等身的形象排列在台基四周，似乎正拖着神庙行走。有角动物排列在大象的底部，多表

图5-128 神庙中的几何、花草图案绘画

图 5-129 克久拉霍神
庙中的性爱雕刻

图 5-130 神庙台基处
的细部雕刻

现为凶恶的形象，而台基的底部通常雕刻着几何花纹图案。

此外，有的印度教神庙建筑还在底部的台基四周凿有多对圆形的浮雕车轮，将神庙隐喻成神灵巡行世界的战车。譬如，戈纳勒格太阳神庙底部的台基两侧就设有24个浮雕车轮，象征着一天24小时，被认为是印度教文化的象征（图5-131）。每个车轮直径达3米，中间共有16根辐条，8根宽辐条中间都有一个圆形的神龛，里面雕刻着正在修炼的男女诸神和恣意交欢的爱侣，寓意着苦行和纵欲两个极端在人生的轮回中流转[39]。

（2）门廊

门廊是神庙建筑的入口引导空间，平面多为方形，开敞通透，其细部装饰多集中在两侧的栏杆和立柱上。栏杆外表面通常由横向的线脚划分，顶部是台面，下方雕刻着几何图案。中部由竖向的线脚划分，上方通常排列人物雕像，多为少女形象。她们神态各异，动态夸张，表现了热闹欢快的歌舞场景，雕像与雕像之间排列着竖向的几何图案。栏杆底部则是各不相同的几何花纹图案，与上方的人物雕像一一对应（图5-132）。立柱的顶部通常由不同的截面构成，表面布满各种线脚和几何花纹图案，象征着繁盛的生命力。柱子上方的托梁多为十字形，被打造成弧形，与上方的横梁构成了完美的过渡，托梁底部则设有各种飞天人物造型，他们奔腾向上，使得托梁轻盈许多。在北方的印度教神庙建筑中，门廊左右两侧的立柱之间通常设有一根曲线形的过梁，细部装饰精美繁复，强化了神庙的入口空间（图5-133）。门廊顶部为圆形或方形的天花藻井，中间是一个精美的垂花，上方是金字塔形的屋顶，表面布满横向的线脚和凸出物，从下到上由逐层递收的板岩构成，有的甚至呈鱼鳞状。顶部则是一个宝瓶饰，

图5-131 戈纳勒格太阳神庙的车轮雕刻

图5-132 门廊栏杆表面的舞女雕刻

图5-133 门廊顶部的细部装饰

屋顶四周装饰着线脚和神龛。底部是一圈挑檐，四角点缀着动物雕像。在南部神庙建筑中，门廊四周往往不设栏杆，顶部多为平屋顶，设有一圈弧形的挑檐，四周排列着马蹄形的神龛，极具动感。

（3）柱厅

柱厅是信徒集会礼拜的地方，是整个神庙建筑最大的空间，其细部装饰多集中在内部的立柱

和顶部的天花上。印度北部的神庙建筑的柱厅平面多为十字形，四周是立柱和栏杆，通透开敞。柱厅四周的栏杆与门廊相连，表面装饰着人物雕像和几何花草图案。立柱多为三段式，底部多为方形，由横向的线脚分割，表面雕刻着花纹图案和神灵雕像；中部通常由不同的截面构成；顶部多为圆形或者八角形，细部装饰精美繁复，上方的托梁四周排列着飞天人物（图 5-134）。柱厅顶部是圆形的天花藻井，与底部地面的方形凸出对应，强化了柱厅的中心部位。圆形藻井从下到上逐层向中心内收，表面布满各种精美的线脚和几何花纹图案，四周点缀着飞天人物造型，顶部是一个精美的垂花（图 5-135）。柱厅上方是一个金字塔形或圆拱形的屋顶，表面布满横向的线脚和凸出，从下到上逐层内收，汇集到顶部的宝瓶底部。印度南部的印度教神庙平面多为方形，内部规则排列的立柱支撑着上方的平屋顶，四周通常是实墙，且凿有布满几何图案的窗户，外墙由仿木结构的壁柱分割，底部通常装饰着动物雕像，并且利用柱头托梁与上方的弧形挑檐相接。壁柱之间镶嵌着神龛，里面是各种神灵的雕像。内部的立柱与北部神庙建筑一样，从上到下由不同的截面构成，细部装饰精美而繁复，柱厅顶部的女儿墙四周设有马蹄形的神龛。值得一提的是，印度伊斯兰统治时期的维查耶纳伽尔人开创了一种新的组合式的立柱形式，粗壮的中心柱身四周围绕着众多纤细的小柱，并且结合各种神灵、动物的雕像，它们由整块花岗岩雕凿而成，显得精致而华丽（图 5-136）。

（4）圣室

前厅位于圣室与柱厅的中间，属于过渡空间，左右两面侧墙上凿有神龛，细部装饰精美，强化了圣室的宗教气息。圣室通常是一个黑暗封闭的

图 5-134 柱厅立柱上的细部装饰

图 5-135 南部神庙柱厅的圆形藻井装饰

方形小室，单侧设门，与前厅相连，内部通常供奉神像或神灵的象征物，是整个神庙最神圣的地方，属于神灵的空间，其细部装饰主要集中在入口门洞四周、外墙表面和上方高耸的塔形屋顶处。圣室内部通常光滑整洁，几乎没有装饰，体现了神灵空间的纯粹，细部装饰多集中在入口门洞的门框四周，上方布满各种线脚、神灵雕像和几何

图 5-136 南部神庙柱
厅的立柱装饰

花纹图案，精美繁复，与圣室中央简洁的林伽形成了强烈的对比（图 5-137）。圣室四周通常设有一圈环形的礼拜道，并在两侧设有装饰性的壁柱和神像。在北部印度教神庙建筑中，礼拜道外墙的拐角处装饰着方形的角柱，它们由横向的线脚划分，从上到下层层重叠，表面布满各种人物雕像。圣室上方通常是一个锡卡拉式尖顶，象征众神居住的宇宙之山，表面装饰着线脚和神龛，四周通常簇拥着小锡卡拉。它们层层重叠，逐层减少，增强了锡卡拉高耸入云的动势。顶部是一个圆饼状的盖石（图 5-138）。在南部印度教神庙建筑中，环形礼拜道四周外墙通常装饰着壁柱和神灵雕像，有的神庙为了创造更多的雕刻空间，甚至将外墙设计成锯齿形。圣室上方通常是一个角锥形的维摩那，呈阶梯状，从下到上层层重叠，逐层内收，四周通常排列着盔帽形和车篷形的神龛，顶部是一个多边形的盖石。

5.4　本章小结

4 世纪初，随着笈多王朝的建立，印度开始进入笈多王朝时期。笈多王朝是印度教神庙建筑的萌芽期，此时的神庙建筑多模仿婆罗门教早期的祭坛和石窟式佛教建筑而建，体量不大，空间比较单一，神庙注重细部装饰，宗教神灵通常结合各自的神话故事以人物雕像的形式出现在神庙建筑中。

8 世纪初，印度进入中世纪时期。中世纪被认为是印度教神庙的黄金期，此时的印度教神庙不再模仿佛教建筑，确立了印度教自身的神庙建筑类型，属性特征明显，常以建筑组群或院落的方式出现，丰富多样，并创造了凯拉萨岩凿式神庙巨构，体现了高超的建造技艺。印度教神庙延

图 5-137 圣室门框四周的装饰

续了笈多王朝时期注重细部装饰的特点，并且将其推向了顶峰。

13 世纪初，突厥人在德里建立了苏丹国，开启了印度伊斯兰统治时期。伊斯兰统治时期是印度教神庙的衰退期，此时建造的神庙多集中在未被穆斯林侵占的南部，创造了许多大型的院落式神庙建筑组群，热衷于建造高耸的瞿布罗，并在伊斯兰建筑的影响下建造了大量的柱廊和柱厅。

在宏观层面，本书将印度教神庙的选址类型总结为：乡村、城市、山林、宫殿神庙四种，四种类型的印度教神庙各有特点。在中观层面，本书根据印度教神庙建筑的规模将其分成三个等级：小型、中型和大型神庙，并依据它们与周边建筑的关系，分析总结出三者各自的布局特点。

印度教装饰艺术的题材多来自印度的宗教史诗、神话故事、神灵谱系、各种动物形象和植物图案，甚至包括大型的战争场面和节日庆典场景，通过雕刻、绘画、灰塑等方式将它们转化为印度教神庙建筑的细部装饰，运用在台基、门廊、柱厅和圣室部位，寓意着不同的宗教含义，使得印度教神庙建筑超越建筑本身，转化为诸神的象征。

图 5-138 圣室外墙表
面的细部装饰

注 释

1 王镛. 印度美术 [M]. 北京: 中国人民大学出版社, 2010.
2 昌德拉, 尹建新, 刘丰收. 印度寺庙及其文化艺术（一）[J]. 西藏艺术研究, 1992（4）.
3 王镛. 印度美术 [M]. 北京: 中国人民大学出版社, 2010.
4 王镛. 印度美术 [M]. 北京: 中国人民大学出版社, 2010.
5 萧默. 天竺建筑行纪 [M]. 北京: 生活·读书·新知三联书店, 2007.
6 印度北方邦坎普尔（Kanpur）的比塔尔冈有一座建于笈多王朝时期的砖砌式印度教神庙建筑。
7 王镛. 印度美术 [M]. 北京: 中国人民大学出版社, 2010.
8 王镛. 印度美术 [M]. 北京: 中国人民大学出版社, 2010.
9 王镛. 印度美术 [M]. 北京: 中国人民大学出版社, 2010.
10 王镛. 印度美术 [M]. 北京: 中国人民大学出版社, 2010.
11 周庆基. 印度教的兴起与发展 [J]. 历史教学, 1984（9）.
12 周庆基. 印度教的兴起与发展 [J]. 历史教学, 1984（9）.
13 谢小英. 神灵的故事: 东南亚宗教建筑 [M]. 南京: 东南大学出版社, 2008.
14 莫海量, 李鸣, 张琳. 王权的印记: 东南亚宫殿建筑 [M]. 南京: 东南大学出版社, 2008.
15 布萨利. 东方建筑 [M]. 单军, 赵焱, 译. 北京: 中国建筑工业出版社, 1999.
16 萧默. 天竺建筑行纪 [M]. 北京: 生活·读书·新知三联书店, 2007.
17 克鲁克香克. 弗莱彻建筑史 [M. 郑时龄, 支文军, 卢永毅, 等译. 北京: 知识产权出版社, 2011.
18 萧默. 天竺建筑行纪 [M]. 北京: 生活·读书·新知三联书店, 2007.
19 克鲁克香克. 弗莱彻建筑史 [M]. 郑时龄, 支文军, 卢永毅, 等译. 北京: 知识产权出版社, 2011.
20 王镛. 印度美术 [M]. 北京: 中国人民大学出版社, 2010.
21 克鲁克香克. 弗莱彻建筑史 [M]. 郑时龄, 支文军, 卢永毅, 等译. 北京: 知识产权出版社, 2011.
22 萧默. 天竺建筑行纪 [M]. 北京: 生活·读书·新知三联书店, 2007.
23 王镛. 印度美术 [M]. 北京: 中国人民大学出版社, 2010.
24 萧默. 天竺建筑行纪 [M]. 北京: 生活·读书·新知三联书店, 2007.
25 赛维. 建筑空间论: 如何品评建筑 [M]. 张似赞, 译. 北京: 中国建筑工业出版社, 2005.
26 MICHELL. The Hindu temple:an introduction to its meaning and forms [M]. Chicago: The University of Chicago Press, 1988.
27 谢小英. 神灵的故事: 东南亚宗教建筑 [M]. 南京: 东南大学出版社, 2008.
28 布萨利. 东方建筑 [M]. 单军, 赵焱, 译. 北京: 中国建筑工业出版社, 1999.
29 谢小英. 神灵的故事: 东南亚宗教建筑 [M]. 南京: 东南大学出版社, 2008.
30 单军. 新"天竺取经": 印度古代建筑的理念与形式 [J]. 世界建筑, 1999（8）.
31 谢小英. 神灵的故事: 东南亚宗教建筑 [M]. 南京: 东南大学出版社, 2008.
32 谢小英. 神灵的故事: 东南亚宗教建筑 [M]. 南京: 东南大学出版社, 2008.
33 阿巴尼斯. 古印度: 从起源至公元 13 世纪 [M]. 刘青, 张洁, 陈西帆, 等译. 北京: 中国水利水电出版社, 2006.
34 萧默. 天竺建筑行纪 [M]. 北京: 生活·读书·新知三联书店, 2007.
35 单军. 新"天竺取经": 印度古代建筑的理念与形式 [J]. 世界建筑, 1999（8）.
36 谢小英. 神灵的故事: 东南亚宗教建筑 [M]. 南京: 东南大学出版社, 2008.
37 王镛. 印度美术 [M]. 北京: 中国人民大学出版社, 2010.
38 王镛. 印度美术史话 [M]. 北京: 人民美术出版社, 1999.
39 王镛. 印度美术史话 [M]. 北京: 人民美术出版社, 1999.

图片来源

图 5-1 气势宏伟的印度教神庙建筑，图片来源：沈亚军摄

图 5-2 维查纳伽王朝印度教神庙遗址鸟瞰，图片来源：汪永平摄

图 5-3 林伽与尤尼，图片来源：http://commons.wikimedia.org

图 5-4 印度教神庙尾部高耸的锡卡拉，图片来源：沈亚军摄

图 5-5 印度教神庙外墙上的细部雕刻，图片来源：沈亚军摄

图 5-6 印度教神庙中的朝拜活动，图片来源：沈亚军摄

图 5-7 十化身神庙平面，底图来源：HOEK, KOLLF, OORT. Ritual, state and history in South Asia: essays in honour of J.C. Heesterman[M].Leiden: Brill Academic Publishers, 1992

图 5-8 十化身神庙复原图，图片来源：HOEK, KOLLF, OORT. Ritual, State and History in South Asia: Essays in Honour of J.C. Heesterman[M].Leiden: Brill Academic Publishers, 1992

图 5-9 神龛内的毗湿奴雕像，图片来源：王镛. 印度美术史 [M]. 北京：中国人民大学出版社, 2010

图 5-10 持斧罗摩神庙，图片来源：阿巴尼斯. 古印度：从起源至公元 13 世纪 [M]. 刘青，张洁，陈西帆，等译. 北京：中国水利水电出版社, 2006

图 5-11 杜尔迦神庙平面，底图来源：阿巴尼斯. 古印度：从起源至公元 13 世纪 [M]. 刘青，张洁，陈西帆，等译. 北京：中国水利水电出版社, 2006

图 5-12 杜尔迦神庙，图片来源：阿巴尼斯. 古印度：从起源至公元 13 世纪 [M]. 刘青，张洁，陈西帆，等译. 北京：中国水利水电出版社, 2006

图 5-13 巴达米石窟 3 号窟平面，图片来源：BURGESS, FERGUSSON. The cave temples of India[M]. Cambridge: Cambridge University Press, 1880

图 5-14 巴达米石窟 3 号窟门廊空间，图片来源：克雷文. 印度艺术简史 [M]. 王镛，方广羊，陈聿东，译. 北京：中国人民大学出版社, 2003

图 5-15 五战车神庙平面，底图来源：http://commons.wikimedia.org

图 5-16 五战车神庙，图片来源：http://commons.wikimedia.org

图 5-17 瓦拉哈石窟神庙平面，底图来源：BURGESS, FERGUSSON. The cave temples of India[M]. London: Cambridge University Press, 1880

图 5-18 瓦拉哈石窟神庙，图片来源：http://commons.wikimedia.org

图 5-19 穆克泰什瓦尔神庙，图片来源：王镛. 印度美术 [M]. 北京：中国人民大学出版社, 2010

图 5-20 拉克希玛纳神庙主殿，图片来源：MICHELL. The Hindu temple: an introduction to its meaning and forms[M]. Chicago: The University of Chicago Press, 1988

图 5-21 拉克希玛纳神庙平面，底图来源：MICHELL. The Hindu temple: an introduction to Its meaning and forms[M]. Chicago: The University of Chicago Press, 1988

图 5-22 拉克希玛纳神庙平台一角的小神庙，图片来源：ALBANESE. Architecture in India[M]. New Delhi: OM Book Service, 2000

图 5-23 维鲁帕克沙神庙平面，底图来源：MICHELL. The Hindu temple: an introduction to its meaning and forms[M]. Chicago: The University of Chicago Press, 1988

图 5-24 维鲁帕克沙神庙外墙上的细部装饰，图片来源：阿巴尼斯. 古印度：从起源至公元 13 世纪 [M]. 刘青，张洁，陈西帆，等译. 北京：中国水利水电出版社, 2006

图 5-25 维鲁帕克沙神庙中的南迪神殿，图片来源：http://commons.wikimedia.org

图 5-26 维鲁帕克沙神庙，图片来源：http://commons.wikimedia.org

图 5-27 象岛石窟 1 号窟平面，图片来源：王濛桥测

图 5-28 象岛石窟 1 号窟中的三面湿婆相，图片来源：沈亚军摄

图 5-29 象岛石窟 1 号窟柱厅中的圣室，图片来源：沈亚军摄

图 5-30 象岛石窟 1 号窟东殿中的圣室，图片来源：沈亚军摄

图 5-31 凯拉萨神庙平面，底图来源：布萨利. 东方建筑 [M]. 单军，赵焱，译. 北京：中国建筑工业出版社, 1999

图 5-32 凯拉萨神庙主殿底部台基的大象雕刻，图片来源：沈亚军摄

图 5-33a 凯拉萨神庙，图片来源：沈亚军摄

图 5-33b 凯拉萨神庙院落空间，图片来源：沈亚军摄

图 5-34 布里哈迪斯瓦拉神庙平面，底图来源：阿巴尼斯. 古印度：从起源至公元 13 世纪 [M]. 刘青，张洁，陈西帆，等译. 北京：中国水利水电出版社, 2006

图 5-35 布里哈迪斯瓦拉神庙入口门廊，图片来源：阿巴尼斯. 古印度：从起源至公元 13 世纪 [M]. 刘青，张洁，陈西帆，等译. 北京：中国水利水电出版社, 2006

图 5-36 布里哈迪斯瓦拉神庙，图片来源：http://commons.wikimedia.org

图 5-37 切纳克萨瓦神庙，图片来源：阿巴尼斯. 古印度：从起源至公元 13 世纪 [M]. 刘青，张洁，陈西帆，等译. 北京：中国水利水电出版社, 2006

图 5-38 切纳克萨瓦神庙平面，底图来源：阿巴尼斯. 古印度：从起源至公元 13 世纪 [M]. 刘青，张洁，陈西帆，等译. 北京：中国水利水电出版社, 2006

图 5-39 切纳克萨瓦神庙柱厅内的立柱，图片来源：http://commons.wikimedia.org

图 5-40 戈纳勒格太阳神庙的柱厅，图片来源：ALBANESE. Architecture in India[M]. New Delhi: OM Book Service，2000

图 5-41 戈纳勒格太阳神庙平面，底图来源：GROVER. Masterpieces of traditional Indian architecture[M]. New Delhi: Roli Books Pvt Ltd，2008

图 5-42 戈纳勒格太阳神庙，图片来源：ALBANESE. Architecture in India[M]. New Delhi: OM Book Service，2000

图 5-43 维塔拉神庙平面，底图来源：汪永平摄

图 5-44 维塔拉神庙中的迦楼罗神殿，图片来源：汪永平摄

图 5-45 维塔拉神庙院门上的瞿布罗，图片来源：汪永平摄

图 5-46 维塔拉神庙院落空间，图片来源：汪永平摄

图 5-47 米纳克希神庙平面，底图来源：GROVER. Masterpieces of traditional Indian architecture[M]. New Delhi: Roli Books Pvt Ltd，2008

图 5-48 米纳克希神庙院门上方高耸的瞿布罗，图片来源：GROVER. Masterpieces of traditional Indian architecture[M]. New Delhi: Roli Books Pvt Ltd，2008

图 5-49 米纳克希神庙湿婆神殿上方的平屋顶，图片来源：布萨利. 东方建筑 [M]. 单军，赵焱，译. 北京：中国建筑工业出版社，1999

图 5-50 米纳克希神庙，图片来源：布萨利. 东方建筑 [M]. 单军，赵焱，译. 北京：中国建筑工业出版社，1999

图 5-51 伽内什神庙平面，图片来源：沈亚军绘

图 5-52 伽内什神庙尾部的锡卡拉，图片来源：沈亚军摄

图 5-53 布赫卡兰湿婆神庙，图片来源：沈亚军摄

图 5-54 布赫卡兰湿婆神庙前厅，图片来源：沈亚军摄

图 5-55 布赫卡兰湿婆神庙柱厅，图片来源：沈亚军摄

图 5-56 湿婆和帕尔瓦蒂神庙平面，图片来源：沈亚军绘

图 5-57 田野中的湿婆神庙，图片来源：沈亚军摄

图 5-58 田野中的帕尔瓦蒂神庙，图片来源：沈亚军摄

图 5-59 艾格灵伽神庙区位，图片来源：沈亚军根据 Google Earth 绘

图 5-60 艾格灵伽神庙，图片来源：沈亚军摄

图 5-61 贾格迪什和杰加特·湿罗玛尼伽神庙区位，图片来源：沈亚军根据 Google Earth 绘

图 5-62 杰加特·湿罗玛尼伽神庙前方的院落空间，图片来源：王濛桥摄

图 5-63 杰加特·湿罗玛尼伽神庙门廊上方的细部装饰，图片来源：王濛桥摄

图 5-64 围湖而建的布什格尔城，图片来源：沈亚军根据 Google Earth 绘

图 5-65 布什格尔湖边的神龛，图片来源：沈亚军摄

图 5-66 莎维德丽神庙区位，图片来源：沈亚军根据 Google Earth 绘

图 5-67 日德纳吉山山顶上的莎维德丽神庙，图片来源：http://en.wikipedia.org

图 5-68 艾格林伽神庙群区位，图片来源：沈亚军根据 Google Earth 绘

图 5-69 开敞通透的艾格林伽神庙，图片来源：沈亚军摄

图 5-70 山林中的艾格灵伽神庙群，图片来源：沈亚军摄

图 5-71 城墙一角的查蒙达·玛塔吉神庙，图片来源：沈亚军摄

图 5-72 查蒙达·玛塔吉神庙区位，图片来源：沈亚军根据 Google Earth 绘

图 5-73 杰加特·湿罗玛尼伽神庙区位，图片来源：沈亚军根据 Google Earth 绘

图 5-74 杰加特·湿罗玛尼伽神庙，图片来源：沈亚军摄

图 5-75 琥珀堡脚下的杰加特·湿罗玛尼伽神庙，图片来源：沈亚军摄

图 5-76 卡德门旁的印度教神庙，图片来源：沈亚军摄

图 5-77 点状布局的印度教神庙，图片来源：沈亚军根据 Google Earth 绘

图 5-78 居民庭院中的印度教神庙，图片来源：沈亚军摄

图 5-79 线状布局的拉克希米·纳拉扬神庙，图片来源：沈亚军根据 Google Earth 绘

图 5-80 拉克希米·纳拉扬神庙平面，图片来源：沈亚军绘

图 5-81 拉克希米·纳拉扬神庙，图片来源：沈亚军摄

图 5-82 面状布局的贾格纳神庙，图片来源：沈亚军根据 Google Earth 绘

图 5-83 贾格纳神庙上方白色金字塔形屋顶，图片来源：http://commons.wikimedia.org

图 5-84 贾格纳神庙，图片来源：http://commons.wikimedia.org

图 5-85 锡卡拉式尖顶的起源，图片来源：萧默. 天竺建筑行纪 [M]. 北京：生活·读书·新知三联书店，2007

图 5-86 锡卡拉式尖顶三种不同的形式，图片来源：ALBANESE. Architecture in India[M]. New Delhi: OM Book Service，2000

图 5-87 林迦罗阇神庙的拉蒂那式尖顶，图片来源：克雷文. 印度艺术简史 [M]. 王镛，方广羊，陈聿东，译. 北京：中国人民大学出版社，2003

图 5-88 坎达里亚·摩诃提婆神庙的色诃里式尖顶，图片来源：GROVER. Masterpieces of traditional Indian architecture[M]. New Delhi: Roli Books Pvt Ltd，2008

图 5-89 乌代湿婆神庙的布米迦式尖顶，图片来源：http://www.icpress.cn

图 5-90 布里哈迪斯瓦拉神庙的维摩那式尖顶，图片来源：http://commons.wikimedia.org

图 5-91 米纳克希神庙的瞿布罗式尖顶，图片来源：MICHELL. The Hindu temple: an introduction to its meaning and forms[M]. Chicago: The University of Chicago Press，1988

图 5-92 拉那克普太阳神庙的混合式尖顶，图片来源：沈

亚军摄

图 5-93 海岸神庙，图片来源：阿巴尼斯．古印度：从起源至公元 13 世纪 [M]. 刘青，张洁，陈西帆，等译．北京：中国水利水电出版社，2006

图 5-94 海岸神庙平面，底图来源：阿巴尼斯．古印度：从起源至公元 13 世纪 [M]. 刘青，张洁，陈西帆，等译．北京：中国水利水电出版社，2006

图 5-95 海岸神庙点状空间构成示意，图片来源：沈亚军绘

图 5-96 毗湿奴与拉克希米神庙，图片来源：沈亚军摄

图 5-97 毗湿奴与拉克希米神庙柱厅，图片来源：王濛桥摄

图 5-98 毗湿奴与拉克希米神庙多段式空间构成示意，图片来源：沈亚军绘

图 5-99 毗湿奴与拉克希米神庙平面，图片来源：沈亚军绘

图 5-100 坎达里亚·摩诃提婆神庙，图片来源：克雷文．印度艺术简史 [M]. 王镛，方广羊，陈聿东，译．北京：中国人民大学出版社，2003

图 5-101 坎达里亚·摩诃提婆神庙平面，底图来源：阿巴尼斯．古印度：从起源至公元 13 世纪 [M]. 刘青，张洁，陈西帆，等译．北京：中国水利水电出版社，2006

图 5-102 坎达里亚·摩诃提婆神庙多段式和环状空间构成示意，图片来源：沈亚军绘

图 5-103 湿斋浦尔婆神庙中庭，图片来源：沈亚军摄

图 5-104 斋浦尔湿婆神庙尾部的锡卡拉，图片来源：沈亚军摄

图 5-105 斋浦尔湿婆神庙平面，图片来源：沈亚军绘

图 5-106 斋浦尔湿婆神庙中庭式空间构成示意，图片来源：沈亚军绘

图 5-107 贾格迪什神庙，图片来源：沈亚军摄

图 5-108 贾格迪什神庙的院落空间，图片来源：沈亚军摄

图 5-109 宏伟的贾格迪什神庙，图片来源：沈亚军摄

图 5-110 贾格迪什神庙院落式空间构成示意，图片来源：沈亚军绘

图 5-111 坎达里亚·摩诃提婆神庙立面，图片来源：布萨利．东方建筑 [M]. 单军，赵焱，译．北京：中国建筑工业出版社，1999

图 5-112 源于曼陀罗图形的圣室平面类型，底图来源：邹德侬，戴路．印度现代建筑 [M]. 郑州：河南科学技术出版社，2002

图 5-113 原人曼陀罗，图片来源：MICHELL. The Hindu temple：an introduction to its meaning and forms[M]. Chicago：The University of Chicago Press，1988

图 5-114 圣室中的宇宙之轴，底图来源：MICHELL. The Hindu temple：an introduction to its meaning and forms[M]. Chicago：The University of Chicago Press，1988

图 5-115 帕拉马萨伊卡曼陀罗，底图来源：ALBANESE. Architecture in India[M]. New Delhi：OM Book Service，2000

图 5-116 阿凡提斯瓦拉神庙平面，图片来源：沈亚军绘

图 5-117 阿凡提斯瓦米神庙平面，图片来源：沈亚军绘

图 5-118 阿凡提斯瓦米神庙复原，图片来源：邹德侬，戴路．印度现代建筑 [M]. 郑州：河南科学技术出版社，2002

图 5-119 莫德拉太阳神庙布局示意，底图来源：阿巴尼斯．古印度：从起源至公元 13 世纪 [M]. 刘青，张洁，陈西帆，等译．北京：中国水利水电出版社，2006

图 5-120 顺时针绕行的宗教仪轨，底图来源：MICHELL. The Hindu temple：an introduction to its meaning and forms[M]. Chicago：The University of Chicago Press，1988

图 5-121 神庙立柱上的高浮雕人物，图片来源：陈潇摄

图 5-122 神庙入口处的圆雕大象，图片来源：沈亚军摄

图 5-123 神庙天花上的彩绘，图片来源：汪永平摄

图 5-124 神庙上的《罗摩衍那》史诗雕刻，图片来源：沈亚军摄

图 5-125 神庙上的神灵雕像，图片来源：沈亚军摄

图 5-126 神庙上的动物雕像，图片来源：沈亚军摄

图 5-127 神庙立柱上的几何、花草图案，图片来源：沈亚军摄

图 5-128 神庙中的几何、花草图案绘画，图片来源：陈潇摄

图 5-129 克久拉霍神庙中的性爱雕刻，图片来源：http://commons.wikimedia.org

图 5-130 神庙台基处的细部雕刻，图片来源：沈亚军摄

图 5-131 戈纳勒格太阳神庙的车轮雕刻，图片来源：http://commons.wikimedia.org

图 5-132 门廊栏杆表面的舞女雕刻，图片来源：沈亚军摄

图 5-133 门廊顶部的细部装饰，图片来源：沈亚军摄

图 5-134 柱厅立柱上的细部装饰，图片来源：沈亚军摄

图 5-135 南部神庙柱厅的圆形藻井装饰，图片来源：沈亚军摄

图 5-136 南部神庙柱厅的立柱装饰，图片来源：汪永平摄

图 5-137 圣室门框四周的装饰，图片来源：陈潇摄

图 5-138 圣室外墙表面的细部装饰，图片来源：沈亚军摄

6 印度伊斯兰时期城市建设

德里苏丹时期的城市沿革

莫卧儿帝国时期城市与建筑的沿革

印度伊斯兰时期城市实例

6.1 德里苏丹时期的城市沿革

12 世纪末，马哈茂德的继承者对印度北部地区进行了更加系统化的军事征服，努力将该区域划为穆斯林的统治之下。到了 13 世纪初，他们征服了印度北部绝大多数的印度教王国，在此基础上建立伊斯兰政权国家，史称德里苏丹国。德里被苏丹确定为国家的首都，此处是从旁遮普地区通往恒河流域的重要军事地域。德里苏丹国以德里为中心持续统治了印度北部长达 3 个世纪之久，直到 1526 年新的征服者建立莫卧儿帝国为止，期间经历了五个连续的王朝，分别是：奴隶王朝时期（Slave Dynasty，1206—1290）、卡尔吉王朝时期（Khilji Dynasty，1290—1320）、图格拉克王朝时期（Tughluq Dynasty，1320—1414）、萨伊德王朝时期（Sayyid Dynasty，1414—1451）和洛迪王朝时期（Lodi Dynasty，1451—1526）。

6.1.1 奴隶王朝时期

库特卜·乌德·丁·艾巴克于 13 世纪初在德里开启了德里苏丹国的历史，建立了印度史上第一个正式的伊斯兰政权，也真正意义上掀开了印度伊斯兰时期城市与建筑的历程。库特卜·乌德·丁·艾巴克在作为副官之前是古尔王国的一名军事奴隶，因此他所掌权的德里苏丹国的早期王朝被称为"奴隶王朝"[1]。

艾巴克自立为王之后，做的第一件事便是在德里的南部建造一座属于自己的都城——梅赫劳利城（Mehrauli，图 6-1）。他摧毁了当地众多的印度教神庙，并在印度教神庙遗址上建造库瓦特·乌尔·伊斯兰清真寺[2]（Quwwat-ul-Islam Mosque）。这座清真寺使用了原印

度教神庙的构件修建而成，形式完全遵循伊斯兰教教义的要求，柱身被加高，原柱柱身上的人物以及动物图案被清除干净，添加了阿拉伯样式的花纹和书法雕刻的图案。艾巴克还在阿杰梅尔（Ajmer）修建了另外一座大型的清真寺——阿亥·丁·卡·江普拉清真寺（Arhai-din-ka-jompra Masjid）。这座清真寺同库瓦特·乌尔·伊斯兰清真寺形制类似，也用周边印度教神庙的构件搭建而成，但规模是库瓦特·乌尔·伊斯兰清真寺的两倍。后期，艾巴克在阿亥·丁·卡·江普拉清真寺前加建了一座带有 7 道拱门的纪念性立面屏门（图 6-2），又在库瓦特·乌尔·伊斯兰清

图 6-1 德里梅赫劳利城区域图

图 6-2 阿亥·丁·卡·江普拉清真寺屏门

6-3 奴隶王朝时期控制范围

6-4 德里伊勒图特什陵入口

6-5 德里伊勒图特什陵室内

真寺附近修建了一座大型的纪念碑——库特卜高塔（Qutb Minar）。库特卜高塔是一座高大的胜利之塔，塔身上雕刻了许多《古兰经》中的句子，向全印度彰显着伊斯兰教的力量，将真主的庇护延伸至东方和西方。1236年，这座巨大的纪念碑由艾巴克的女婿、王位继承人伊勒图特米什（Iltutmish）修建完成。伊勒图特米什在掌权期间对恒河平原加强了控制，努力将先辈们已经征服的印度北部地区领土治理成为一个共同体。至去世之时，他已然将北印度建设成为一个强大的国家（图6-3）。

伊勒图特米什负责建造了自己的陵墓，除清真寺外，陵墓作为另一种非印度教本土的建筑形式被伊斯兰文明带进印度。伊斯兰教传入印度之前，印度本土的印度教徒和佛教徒都采取火葬的安葬形式，陵墓建筑并不为人们所知晓。伊勒图特米什的这座陵墓位于库瓦特·乌尔·伊斯兰清真寺礼拜殿殿墙外，方形平面，有三个入口（图6-4），面朝西方的一侧为礼拜墙。陵墓中央为衣冠冢，真正的墓穴位于建筑下方，墓穴入口在北向。建筑的屋顶原覆有一座叠涩而成的穹顶（Dome），承托在叠涩而成的穹隅[3]（Pendentive）之上，如今已不复存在。陵墓附有精致的小型拱廊及栏杆柱式，内部的墙壁上刻满繁杂的铭文、图案。陵墓白色的大理石衣冠冢与周边红色砂岩的建筑内部形成巧妙的对比，完美而统一，是德里苏丹国初期建筑形式的典型代表（图6-5）。

奴隶王朝的后期，统治者在德里附近受到印度教徒叛乱的威胁，无心建造有代表性的建筑，但这期间有一座陵墓在印度伊斯兰建筑的发展史上具有里程碑式意义。这座陵墓由名叫基亚苏·丁·巴尔班（Ghiyasuddin Balban）的苏丹为自己而建，现位于德里梅赫劳利考古遗址公园（Mehrauli Archaeological Park）内。陵墓主体的结构已被破坏得很严重了（图6-6），穹顶也不翼而飞，但是从断壁残垣中仍可发现，正是

图6-6 基亚苏·丁·巴尔班陵

在这座建筑之中，建筑师第一次将楔形石块砌筑成了真正意义上的拱券（Arch）引进印度[4]，也是从这座建筑起印度的土地上出现了真正的穹顶。

6.1.2 卡尔吉王朝时期

奴隶王朝之后，卡尔吉王朝一反前朝对于当地人的疏远，吸收了许多印度穆斯林进入政府高层中，进一步巩固德里苏丹国的基础。与此同时，从突厥而来的卡尔吉王朝的统治者阿拉丁·卡尔吉（Alauddin Khilji）开始扩充国家军队，向周边地区发动大规模的征服战争：向西深入拉贾斯

坦邦附近的沙漠区域和古吉拉特邦，向南则第一次进入德干地区，甚至深入到南印度的马杜赖。统治者将德里苏丹国渐渐推向权力的巅峰（图6-7），并坚信皇权凌驾于贵族阶层之上，卡尔吉也因此被称为历史上"第二个亚历山大"[5]。

一系列的战争使得德里苏丹国的领土范围迅速扩大，而征服过程中掠夺而来的金银财宝被用于建造新城。新城命名为西里堡（Siri Fort），选址于梅赫劳利城的东北方（图6-8）。卡尔吉将西里堡作为强有力的后盾，进一步开展扩大领土的行动。卡尔吉对库瓦特·乌尔·伊斯兰清真寺的大规模扩建计划也在紧锣密鼓地筹划之

图6-7 卡尔吉王朝时期的控制范围

图6-8 德里西里堡区域

中。这一计划包含修建一座比库特卜高塔还要高出一倍的阿莱高塔（Alai Minar）以及整座清真寺南部的一座主入口——阿莱·达瓦扎（Alai Darwaza）。阿莱高塔只建造了一个底座，始终没有完工（图6-9），值得庆幸的是，阿莱·达

图6-9 未完工的阿莱高塔

图6-10 阿莱·达瓦扎

图6-11 德里图格拉卡巴德区域图

瓦扎精彩地展现了卡尔吉王朝时期应有的建筑风采（图6-10）。这座入口建筑平面呈方形，三个外立面上大量使用白色大理石与红色砂岩雕刻的精美装饰。立面划分为上下两层，上层为装饰性的小窗，下层为有实用功能的大窗，窗内添加一层几何形状的镂空窗格，起到通风、美观的作用。建筑装饰设计上的连贯性以及主入口马蹄状的拱券上带有的矛尖凸出，表明该建筑出自土耳其塞尔柱（Seljuk）地区的建筑师之手，而建筑的总体样式和雕刻细节说明了这是一座土生土长的受到伊斯兰风格影响的印度建筑。巨大的凸出式的入口将库特卜建筑群的庄严、雄伟提升了一个等级，以至于到了莫卧儿帝国时期，这些建筑特色依然被统治者继承采纳。

6.1.3 图格拉克王朝时期

1320年代，基亚苏·丁·图格拉克（Ghiyasuddin Tughluq）借卡尔吉王朝内部勾心斗角之际夺取了政权，开始了德里苏丹国的第三个时期——图格拉克王朝。上位之后的图格拉克在距离库特卜高塔东南方向5千米的砂岩山顶上建造了一座规模宏大的城堡——图格拉卡巴德（Tughluqabad，图6-11）。由于这座城堡建于山顶，水资源的获取相对困难，因此当城堡建成后，图格拉克立即命令当地的工人日夜赶工，在城堡的附近修建一座大型的水库。基亚苏·丁·图格拉克在位期间，喜爱用一种比卡尔吉王朝更加质朴、明快的建筑样式进行营造。这种样式以砖块砌筑，墙体厚重且略微倾斜，墙体之间用水平的联系梁支撑，拱券之下加类似的过梁。其代表性的建筑是图格拉克本人的陵墓。基亚苏·丁·图格拉克陵墓位于新建城堡附近，外围修建小型的防御工事。陵墓主体呈方形圆顶，墙身向内侧斜倾，

三面开门，门上饰以白色的大理石板，并起到过梁的作用。顶部的穹顶从一座八角形的基座上建造起来，外部镶上白色的大理石。建筑整体典雅而庄重（图6-12）。

德里苏丹国在基亚苏·丁·图格拉克的儿子穆罕默德·宾·图格拉克（Muhammad bin Tughluq）的统治下达到历史上最强盛的时期。穆罕默德·宾·图格拉克是一位博学多才的君主，也是一位能征善战的将军，但他的许多行径残酷到令人发指，是一位极具传奇色彩的帝王。在他统治时期，疆域范围一直延伸到印度更加南部的地区（图6-13）。德里苏丹国在发展至巅峰之后急转直下：1334年马杜赖的总督宣布独立，自称"马巴尔苏丹"，四年后孟加拉如法炮制，1346年南印度的维查耶纳伽尔帝国成立，而1347年印度中部巴哈曼尼苏丹国成立[6]。印度这些古老的政治中心地区又一次活跃在历史的舞台上。

1351年，菲罗兹·沙阿·图格拉克（Firoz Shah Tughluq）继承王位。这位皇帝治国的手段没有先人那般强硬，他将大部分的时间都用在国家的建设上，维护了德里苏丹国在政治上的稳定。菲罗兹·沙阿·图格拉克上位之后在图格拉卡巴德的北部、亚穆纳河（Yamuna River）岸边建造了自己的城堡——菲罗扎巴德[7]（Ferozabad，图6-14），又建造了清真寺、花园、浴室等众多公共建筑。菲罗兹·沙阿·图格拉克还略带创新地修建了一座巴拉达里[8]（Baradari）式建筑——菲罗兹沙阿科特拉（Feroze Shah Kotla），这是现存最早的印度式伊斯兰宫殿[9]。这座宫殿以一根从附近遗址迁移来的阿育王石柱为制高点，呈三层金字塔状的建筑形式，一层平面最大，三层平面最小，与法塔赫布尔西格里堡（Fatehpur Sikri Fort）内的潘奇宫殿（Panch Mahal）的形制相像，

图6-12 基亚苏·丁·图格拉克陵

图6-13 穆罕默德·宾·图格拉克统治时期的控制范围

图6-14 德里菲罗扎巴德区域图

图 6-15 菲罗兹沙阿科特拉

1 德里
2 江布尔
3 古尔
4 比德尔
5 维查耶纳伽尔

1398年的印度

帖木儿入侵路线 ---▷---▷
德里苏丹国(反抗区) ////

0 300 千米

图 6-16 1398 年德里苏丹国实际控制范围

掠夺了大量的金银财宝，屠杀了众多的穆斯林以及印度教徒，将整个德里变成一座坟墓。帖木儿的侵略给德里苏丹的统治最后一击，在享受了首都的荣誉近 200 年之后，德里降为省会 [10]。

6.1.4 萨伊德王朝时期和洛迪王朝时期

1414 年，帖木儿封予的木尔坦地区的总督萨伊德·希兹尔·汗（Sayid Khizr Khan）控制了德里地区，建立了萨伊德王朝。在统治德里苏丹国期间，萨伊德·希兹尔·汗常年对帖木儿进行朝贡，以表衷心。他所掌控的实际领土范围较图格拉克王朝时期已经大大缩减，只余德里周边恒河—亚穆纳河之间的地区以及旁遮普、木尔坦和信德等封地。在他统治时期，突厥贵族们都有自己的封地和相对的独立性，萨伊德无法对他们做过多的干涉，因而未能享有相应的皇权，也未能树立起皇家的威望。德里苏丹国如此般换了几代苏丹依旧没有起色。1451 年，来自阿富汗的旁遮普总督巴鲁尔·洛迪（Bahlul Lodi）领兵造反，夺取了德里，建立了洛迪王朝。巴鲁尔·洛迪在位期间，德里苏丹国基本恢复了以前的国力，收复了瓜廖尔（Gwalior）、江布尔（Jaunpur）等地区。他的儿子希坎达尔·洛迪（Sikandar Lodi）即位后执行铁腕政策，将首都迁至阿格拉，在继续增强国力的同时大力促进科学、艺术的发展，使得伊斯兰文化同印度文化在多个方面都有了更好的融合。

1495 年，希坎达尔·洛迪在阿格拉附近修建了一座单层的巴拉达里（图 6-17）。这座建筑平面呈方形，中轴对称，四边的中央入口上方以及建筑的四角各有一个卡垂（Chhatri）[11] 升起，整体对外完全开敞（图 6-18）。至莫卧儿帝国时期的 1623 年，贾汉吉尔将母亲安葬在这里，他对

室内空气流通，是夏日避暑的绝佳圣地（图 6-15）。这一建筑实例说明穆斯林征服者根据印度当地的气候环境，创造出更加适合居住的建筑形式，他们营造的建筑在渐渐吸收印度本土建筑的部分特征的同时持续地进行着改进。

图格拉克王朝末期，中亚的征服者帖木儿对印度进行了毁灭性的入侵（图 6-16）。他们从喀布尔出发，一路向东南方向进军，先后摧毁了木尔坦及旁遮普地区，最终于 1398 年攻占首都德里，

图 6-17 希坎达尔·洛迪修建的巴拉达里

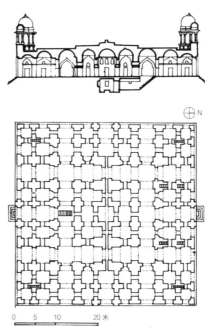

图 6-18 希坎达尔·洛迪修建的巴拉达里剖面、平面

这座建筑进行符合莫卧儿审美的细部装饰，但没有改变原有的建筑结构。

这时期的统治者们都比较偏爱的陵墓形式平面为八边形，带穹顶，建筑外侧由八边形的门廊进行联系，为前来环绕陵墓进行仪式活动的人们提供庇护，外围还会再围合一圈方形或者八边形的围墙。其最典型的建筑实例是 1548 年建成的苏尔王朝（Sur Dynasty）伊萨汗·尼亚兹陵（Isa Khan Niyazi Tomb，图 6-19）。这座陵墓位于后来莫卧儿帝国时期修建的胡马雍陵（Humayun's Tomb）附近，虽然两座陵墓建成时间前后间隔不超过 30 年，但建筑样式却大相径庭。

图 6-19 伊萨汗·尼亚兹陵

最后一任洛迪王朝的统治者——易卜拉欣·洛迪（Ibrahim Lodhi）在位时，试图用更强硬的手段来维持自己的统治地位，可惜遭到贵族和苏丹们的顽强反抗。贵族和苏丹们联合一位强有力的外援，即开创莫卧儿帝国时期的伟人巴布尔，最终推翻了洛迪王朝的统治。

6.2 莫卧儿帝国时期城市与建筑的沿革

强大的莫卧儿帝国共持续统治 181 年（1526—1707），先后经历巴布尔统治时期（1526—1530）、胡马雍统治时期（1530—1556）、阿克巴统治时期（1556—1605）、贾汉吉尔统治时期（1605—1627）、沙·贾汉统治时期（Shah Jahan，1628—1658）、奥朗则布统治时期（1658—1707）六个王朝，是已知世界史上最大的中央集权制国家之一。至 17 世纪晚期，莫卧儿帝国统治着印度次大陆的大部分地区（320 万平方千米）的 1 亿 ~1.5 亿人口，可以与莫卧儿皇帝拥有的疆土和臣民比肩的，唯有与其同时代的中国大明皇帝统治下的疆土和臣民 [12]。

6.2.1 巴布尔统治时期和胡马雍统治时期

莫卧儿帝国的开国皇帝巴布尔是具有蒙古血统的突厥人，他是帖木儿的直系后裔，母亲是成吉思汗的远亲。巴布尔既受到波斯文化的熏陶，也受到北方强敌乌兹别克人尚武精神的影响，可谓文武兼修 [13]。1526 年，一直驻扎在阿富汗喀布尔的巴布尔挥兵向德里进攻，在帕尼帕特战役中以 12 000 人的精锐部队战胜了洛迪王朝易卜拉欣的 10 万大军，顺利坐上王位，夺取了德里苏丹国的领地，建立了莫卧儿帝国（图 6-20）。攻下德

图 6-20 巴布尔入侵前的印度

里后，巴布尔派他的儿子胡马雍攻打前朝洛迪的都城阿格拉，将其夺取过来，并将新的都城安置在那里。

巴布尔在巩固政治地位的同时进行了一些营造活动，建造水井、花园和清真寺，除此之外没有其他留存下来的建筑。在回忆录中巴布尔这样描述自己的建筑抱负：喜爱和谐对称的建筑品质，喜爱流水、花园以及举行盛宴的地方，帝王的宝座设在露天华丽的地毯上，并覆以装饰丰富的华盖 [14]。巴布尔生前分别在喀布尔以及阿格拉建造过属于自己的花园，阿格拉的花园叫作拉姆巴格（Ram Bagh），至今仍留存在亚穆纳河岸边（图6-21）。拉姆巴格是目前最古老的印度莫卧儿式花园，于 1528 年建造，采用典型的波斯花园的布局形式，内部由水渠和人行道进行分割，代表着伊斯兰理想的天堂花园。虽然这座花园后来被重新翻建，但是布局仍维持原样。这座花园反映了巴布尔的建筑理想。

图 6-21 阿格拉的拉姆巴格卫星图

图 6-22 德里的舍尔嘎堡区域图

1530 年 12 月，一生戎马的巴布尔在终于可以享受自己奋斗成果的时候去世了，距离建造完成拉姆巴格仅两年的时间。巴布尔的遗体在拉姆巴格短暂停留之后被运回喀布尔，安葬在生前最爱的山麓花园之中。百年之后，莫卧儿皇帝沙·贾汉在此建造了一座清真寺以纪念这位伟大的开国皇帝。

1530 年巴布尔死后，他的儿子胡马雍继承王位，时年 23 岁。当时国家的局势可谓内忧外患，莫卧儿帝国面临着生死存亡。位于印度东方的独立的苏丹王国孟加拉，联合具有领袖才能的舍尔沙[15]（Sher Shah），分别于 1539 年、1540 年两次挫败胡马雍。胡马雍在战败后落荒而逃，过着颠沛流离的逃亡生活，这一逃就是 15 年。

1539 年年底，舍尔沙在击败胡马雍后自立为王，建立苏尔王朝政权。舍尔沙将政权中心定在德里，重建了行政机构，并将之前胡马雍建造的城堡摧毁，在其基础上建设属于自己的城堡——舍尔嘎堡（Shergarh Fort），史称德里的第六座城堡（图 6-22）。这座城堡位于德里苏丹国图格拉克王朝菲罗兹巴德城堡的南部，具有一定规模，但如今几乎只余空壳，除了两扇城门、一圈围墙外仅有一座清真寺可以向世人彰显

这座城堡昔日的辉煌。清真寺名为奇拉·伊·库纳清真寺（Qila-i-Kuhna Mosque，图 6-23a），由舍尔沙在 1541 年建于城堡之内，作为城堡内的贾玛清真寺使用，是早期莫卧儿建筑风格的典型实例。虽然建筑的体量一般，但很有气势，色彩运用大胆，装饰细节做得也很精美（图 6-23b），甚至有人认为，莫卧儿帝国中期的许多建筑都可以从舍尔嘎堡内杰出的清真寺上找到影子。舍尔沙在比哈尔邦的瑟瑟拉姆（Sasaram）为自己建造的陵墓，它是胡马雍统治时期最耀眼的建筑（图 6-24）。整座陵墓像一幅水墨画般坐落在湖水中央，浸透着淳朴、安宁的美感。可以看出，胡马雍时期城市与建筑的发展中贡献最大的就是舍尔沙，正是他的建设活动为印度莫卧儿时期的建筑奠定了良好的基础。

图 6-23a 舍尔嘎堡内的奇拉·伊·库纳清真寺

图 6-23b 舍尔嘎堡内
的奇拉·伊·库纳清真
寺室内

图 6-24 舍尔沙陵主体

1555 年，舍尔沙去世后的第二年，胡马雍在波斯军队的帮助下从喀布尔出发，打败当时不堪一击的苏尔军队，带着妻子和儿子阿克巴回到德里，重新掌握了帝国的统治权。然而，他和他的父亲同样命运不济。1556 年胡马雍从德里藏书楼的楼梯上摔了下来并不治身亡，享年 48 岁，匆匆结束了命运坎坷的一生。

6.2.2 阿克巴统治时期

1556 年，年仅 13 岁的少年阿克巴继承了父亲胡马雍的王位，成为莫卧儿帝国时期第三位统治者。正是在他的统治期间，印度莫卧儿时期建筑营造的春天到来了。

即位时的阿克巴面临着 1530 年父亲继承王位时同样的困境，历史是何其的相似。幸运的是，阿克巴有一位才能出众的摄政王辅佐，在他的指引和帮助下，阿克巴成长为一位英明的皇帝，并巩固了莫卧儿帝国在印度北部的地位。当阿克巴亲政时，莫卧儿的版图范围西至旁遮普和恒河流域，东至孟加拉国苏丹领地的边境，南达瓜廖尔附近。经过一系列的征战，阿克巴征服吞并了马尔瓦及其南部地区、孟加拉国的苏丹领地，对印度教及其教徒采取怀柔政策，基本统一了印度。在政权渐渐稳定时，阿克巴开始了莫卧儿帝国伟大的建设活动。

阿克巴在位期间首先修建了父亲的陵墓，23 岁时和他的母亲一起共同主持胡马雍陵的建造。胡马雍陵由红色砂岩和白色大理石建成，选址于红色砂岩的高台之上，建筑风格采用波斯式，八角形墓室平面、双重穹顶结构，同时融合了一些印度教的艺术风格在其中（图 6-25）。胡马雍陵开创性地将莫卧儿人钟爱的园林艺术与陵墓这种建筑形式完美地结合在一起，为沙·贾汉统治时期建造的泰姬·玛哈尔陵墓提供了原形。

在修建父亲胡马雍陵的同时，阿克巴也在紧锣密鼓地筹备将他的资产转移至阿格拉，并着手在那里建造新的城堡，即阿格拉堡（Agra Fort）。阿克巴用了八年的时间将城堡的防御工事修建完成。在城堡快完工时，苏菲圣人萨利姆·奇什蒂（Salim Chishti）预言阿克巴将与他拉杰普特的妻子在西格里生下儿子，也就是后来王朝的继承人贾汉吉尔。预言实现后，阿克巴草草地结

图 6-25 胡马雍陵主体

束了阿格拉堡的工程，全身心地投入法塔赫布尔西格里堡的建造中去，仅用三年时间就将城堡大致建好，速度迅猛。阿克巴立即迁都于西格里，一边使用一边继续扩建（图 6-26）。法塔赫布尔西格里堡全部用红色砂岩建造，内部包含了宫殿、亭阁、陵墓、清真寺、水池等众多工艺精湛

的建筑物，融合了伊斯兰教与印度教的元素。特别是城堡中私人会客大厅内部的中央巨柱，在建造过程中应用多种宗教建筑元素于一体，较好地反映了阿克巴支持的宗教融合精神（图6-27）。1585年，由于缺乏生活用水，阿克巴放弃了西格里的都城，转移至拉合尔（Lahore），并成功地将莫卧儿帝国的权力施加于整个印度西北地区。阿克巴在拉合尔同样修建了防御性的城堡——拉合尔堡（Lahore Fort），以便更好地防御来自西北边界的入侵。皇室的主要成员包括阿克巴的母亲仍然居住在西格里，阿克巴的儿子贾汉吉尔也于1619年在西格里居住了一段时日。

至1585年，阿克巴关于莫卧儿帝国政治威严的建筑营造活动基本告一段落，转而要求各省的总督将相关的莫卧儿帝国风格的营造工程继续下去，如孟加拉和江布尔等地。1599年，为了更好地牵制德干地区，阿克巴将自己晚年的生活地迁回阿格拉，一直居住到1605年去世，其王位

图6-27 法塔赫布尔西格里堡私人会客大厅中央巨柱

图6-26 法塔赫布尔西各里堡内景

由贾汉吉尔继承。此时，莫卧儿帝国已经成为印度次大陆上首屈一指的国家。

6.2.3 贾汉吉尔统治时期

17世纪是世界历史上的一个重要时期，很多国家正值盛世之时，印度也不例外。相比于前1000年，这一时期印度的社会和政治环境更为安定、繁荣，文学、建筑、音乐、绘画等艺术形式也都达到一个崭新的高度。

贾汉吉尔是阿克巴的长子，原名萨利姆（Salim），继承王位之后，他将自己的名字改成贾汉吉尔，意思是"世界的征服者"。他没有父亲的雄才大略，但是一位称职的领袖。贾汉吉尔延续父亲怀柔的政治策略，加强了与拉杰普特人的同盟关系，收复乌代布尔（Udaipur）地区，并继续向德干高原以及印度南部施压。在位期间，贾汉吉尔对波斯美人努尔·贾汉（Nur Jahan）一见钟情，娶之为妻，她的到来为莫卧儿皇宫引入了更多的波斯文化。由于贾汉吉尔的身体欠佳，从1613年开始，莫卧儿帝国的政权实际上由皇后努尔·贾汉掌控长达14年之久，她的父亲也成为帝国的首相。在努尔·贾汉执政期间，她女性独有的审美品位给贾汉吉尔时期的建筑风格带来了积极的影响。

贾汉吉尔在统治期间，没有建造新的都城，而将阿格拉作为帝国的中心。贾汉吉尔营造的第一座建筑是父亲的陵墓——阿克巴陵（Akbar's Tomb）。阿克巴陵位于阿格拉西北的锡根德拉（Sikandra），是标准的莫卧儿式陵园，建筑与花园里的喷泉、水渠、草地和谐地安排在一起，相映成趣，较好地隐喻了伊斯兰教中天堂的概念[16]。

贾汉吉尔在位时，国家的财政收入有很大一部分来自贸易往来，因此在从孟加拉至旁遮普地

图6-28 商队旅馆

区的商业路线上，贾汉吉尔建造了大量旅馆、水井、塔楼等建筑，方便商人途中使用（图6-28）。贾汉吉尔对建筑强烈的兴趣促使他规划了4座美轮美奂的露天花园——夏利马尔花园（Shalimar Bagh）、阿查巴尔花园（Achabal Bagh）、弗纳格花园（Vernag Bagh）和尼沙特花园（Nishat Bagh）。尽管这些花园规模宏大，但其样式和图案展现出令人心醉的精致优雅和错落有致，对于流水、池塘、凉亭、遮阴树以及花草灌木栽种的应用都独具匠心，甚至在今日仍堪称典范[17]。

1627年，贾汉吉尔在访问克什米尔途中病重身亡，努尔·贾汉随即退位。退位之后，努尔·贾汉在阿格拉城堡的河对岸主持修建了一座精美的陵墓——伊蒂默德·乌德·道拉陵（Tomb of Itmad-ud-Daulah）以纪念自己的双亲。这座陵墓主体用大量的白色大理石、宝石及半宝石修建而成，从远处看好似一个象牙材质的珠宝盒，异常华美。它的建造标志着莫卧儿帝国建筑最为奢华的时期开始了。

总体看来，贾汉吉尔统治时期营造的建筑虽然在数量上不及阿克巴时期，但在质量上却略胜一筹，他所在的时代正好见证了莫卧儿建筑由前代王朝雄浑的风格向后期王朝精致优美的风格转型，因此功不可没。

6.2.4 沙·贾汉统治时期

1628 年初，莫卧儿帝国第五任皇帝沙·贾汉即位，这位印度次大陆上最重要的统治者控制了广袤的土地、强大的军事力量以及巨大的财富。在其统治印度的 30 年内，莫卧儿帝国的政权力量和艺术文明达到顶峰，他所统治的时代被誉为印度文明最为繁荣的黄金时代。他以强硬的扩张策略征服了德干地区的艾哈迈德讷格尔，并加强了对其他两个相邻的穆斯林王国——比贾布尔和戈尔康达的征伐。

即位之后，沙·贾汉开始在阿格拉城堡内进行翻建和增建，用镶嵌半宝石的白色大理石建筑取代原有的红色砂岩建筑，建造了阿格拉城堡内部精美的公众接见大厅、珍珠清真寺（Moti Masjid）以及河岸边的八角塔（Musamman Burj）。沙·贾汉还为心爱的皇后泰姬·玛哈尔在亚穆纳河边修建了世界上最美的一座陵墓——泰姬·玛哈尔陵，以纪念两人忠贞不渝的伟大爱情。

1648 年，厌倦了阿格拉的沙·贾汉率领全部皇室成员和军队将首都迁至德里，在原德里苏丹国图格拉克王朝时期的菲罗扎巴德城堡内部，修建了一座属于自己时代的城堡——沙贾汉纳巴德（Shahjahanabad，图 6-29），史称德里第七城，也就是今天印度的旧德里。这座新城于 1659 年建成，位于亚穆纳河西岸，四周由城墙环绕。沙·贾汉在新城的东侧建造了一座全新的城堡——红堡（Red Fort），在红堡内部建造了精美绝伦的莫卧儿宫殿建筑群，在红堡不远处修建了一座巨大的清真寺——德里贾玛清真寺（Jama Masjid, Delhi）。此外，沙·贾汉还扩建了拉合尔城堡，在拉合尔古城的东面兴建瓦齐尔汗清真寺（Wazir Khan Masjid），并于 1641—1642 年将之前父亲在克什米尔建造的夏利马尔花园进行了扩建。

莫卧儿统治者都是杰出的建筑师，沙·贾汉是他们之中尤为卓越的一位。沙·贾汉统治前一百年安定的政治环境和繁荣的经济发展，使得莫卧儿帝国成为当时最为富裕的国度之一，正是这样的时代背景，才使得沙·贾汉尽情享受着建筑营造的乐趣。

6.2.5 奥朗则布统治时期

奥朗则布是莫卧儿帝国最后一位皇帝，1658 年，在废除了父亲沙·贾汉的统治权、杀害自己的兄长后，奥朗则布于阿格拉即位。奥朗则布是一位极为虔诚的正统穆斯林，他将自己看作穆斯林君主的典范，认为坚持伊斯兰教至上是一位穆斯林君主应尽的职责，尽可能多地让非穆斯林改宗伊斯兰教是其最终目的。在他统治的 48 年里，他执行了一系列的反对印度教的国家政策，将大部分的时间都耗用在征战上。他去世时，已然将莫卧儿政权的版图再次延伸到印度次大陆的最南端。

奥朗则布本人并不热爱建筑和艺术，在他统治期间，莫卧儿帝国的建筑营造活动开始走下坡路。

图 6-29 德里的沙贾汉纳巴德区域图

图 6-30 拉合尔的巴德
沙希清真寺

他不仅对建造城堡宫殿不感兴趣，还下令将先辈们
不辞辛苦创造出来的建筑精品上有关异教的建构全
部摧毁。在为数不多的建筑营造活动中，奥朗则布
摒弃了奢华的装饰，将建筑回归本源，使用低廉的
材料、简单的工艺，尽显一名伊斯兰教清教徒的
偏执和冷漠。

　　奥朗则布统治期间的主要营造活动有拉合尔
巴德沙希清真寺（Badshahi Mosque，图6-30）
和他为妻子在奥兰加巴德（Aurangabad）修建
的拉比亚陵（Rabia's Tomb，图6-31）。前者
和莫卧儿时期其他清真寺相比显得呆板、拘谨，
后者虽仿照前人的泰姬·玛哈尔陵修建，但所使
用的材质、建筑设计的比例、施工的工艺都不可
与之同日而语，被人们嘲笑地称为"穷人的泰姬·玛
哈尔陵"。

图 6-31 奥兰加巴德的
拉比亚陵

　　1707 年，奥朗则布去世，此后莫卧儿帝国渐
渐解体，莫卧儿帝国伟大的建筑营造也就此终结。
奥朗则布死的时候是一个失败者，事实上是印度
统一的牺牲者，他所希望建立起来的统一政权并
不是先人阿克巴预见的民族国家的统一，而是伊
斯兰教国家的统一，即一个少数的征服民族对印
度的统治[18]。

6.3 印度伊斯兰时期城市实例

6.3.1 大型城市

1. 德里

德里（Delhi）的全称为德里国家首都辖区，字面意思为"门槛"，位于印度北部，恒河最大支流亚穆纳河的西岸，是仅次于孟买的印度第二大城市，城市面积 1 483 平方千米，城市人口 1 678.7 万人（2015 年）。德里的北边是喜马拉雅山脉，西面是印度河流域，东面是广阔的恒河流域，自然成为东西交通的咽喉、兵家必争之地。作为全国的政治中心，德里这一城市最主要的职能便是管理整个国家，同时也是著名的"金三角"旅游线路中的一座城市。首都德里分为旧城和新城两个部分，新德里位于老城区的南部，是一座较为年轻的城市，于 1911 年开始建造，建筑部分于 1931 年完工，与旧城隔着一座德里门。新旧德里同在一片土地上，可是两者之间的贫富和环境却有着天壤之别（图 6-32）。

德里有着非常悠久的历史，是数个帝国的首都，最早的建筑遗迹可以追溯到公元前 300 年的孔雀王朝时期。12 世纪末，库特人·乌德·丁·艾巴克攻占德里，并于 13 世纪初建立了印度第一个正式的伊斯兰政权。从 1206 年起，德里进入了德里苏丹国时期，先后经历了奴隶王朝时期（1206—1290）、卡尔吉王朝时期（1290—1320）、图格拉克王朝时期（1320—1414）、萨伊德王朝时期（1414—1451）、洛迪王朝时期（1451—1526）。1526 年，巴布尔入侵印度经帕尼帕特战役击溃德里洛迪王朝的阿富汗军队，建立莫卧儿帝国，进入莫卧儿帝国时期，先后经历了巴布尔统治时期（1526—1530）、胡马雍统治时期（1530—

图 6-32 德里地图

1556）、阿克巴统治时期（1556—1605）、贾汉吉尔统治时期（1605—1627）、沙·贾汉统治时期（1628—1658）、奥朗则布统治时期（1658—1707）。在此之后，德里渐渐被英国东印度公司掌控。

从德里苏丹国开始到莫卧儿帝国灭亡，统治者在自己掌权期间先后分别在德里构筑了 7 座不同的城市，史称"德里七城"（图 6-33）。

第一城为拉皮瑟拉城（Qila Rai Pithora），由 12 世纪印度兆汉王朝的国王普里特维拉贾·兆汗（Prithviraj Chauhan）从 8 世纪的拉尔科特城（Lal Kot）扩建而来。第二城为梅赫劳利城，是库特卜·乌德·丁·艾巴克开创印度伊斯兰政权时建立的，这座城市将之前印度教的城市夷为平地，用废墟上的石材建造了雄伟的清真寺和库特卜高塔，正是从这座城市开始，印度正式进入伊斯兰统治时期。第三城为西里堡,是在卡尔吉王朝时期由阿拉丁·卡尔吉在梅赫劳利城的东北部建造的新首都,其中修建了皇家水池给整个王城供水。第四城为图格拉卡巴德,是在德里苏丹国期间,由图格拉克王朝的基亚苏·丁·图格拉克夺取政权的建立的。第五城为菲罗扎巴德,城址位于亚穆纳河边,由图格拉克王朝的第三代苏丹菲罗兹·沙阿·图格拉克新建。第六城为舍尔嘎堡,是阿富汗苏尔王朝的舍尔沙打败胡马雍后在德里建造的新都城。最后一城为沙贾汉纳巴德,即今天德里的旧城(图 6-34),是在莫卧儿帝国的鼎盛时期由君主沙·贾汉新建的。沙贾汗纳巴德是一座精心设计的宫廷城市,内部的城堡——红堡位于亚穆纳河边,城堡外围有一圈高大的红色砂岩城墙(图 6-35)。城堡西南方的小山丘上伫立着一座雄伟的贾玛清真寺,其规模之大使其成为和城堡比肩而立的标志性建筑。城堡西侧的拉合尔门向外延伸出一条建有拱廊的宽敞街道,两侧排列着 1 500 多家店铺,这是当时的一条主要干道。沙·贾汉统治时期,两岸绿树成荫的运河穿过街道形成广场,晚上美丽的月色映照水面生成动人的景色,因此被美誉为月光广场(Chandni Chowk),这条街道则被誉为“月光街”。街道的尽头矗立着一座建于 17 世纪中叶的法塔赫布里清真寺(Fatehpuri Masjid),其得名于沙·贾汉的一位王妃。另一条主干道则由城堡的德里门向南延伸,有 1 000 多米长,两侧也分布了商业以及清真寺、旅馆、公共浴室等建筑。沙贾汉纳巴德城的其余部分被运河和中央大道分割成由贵族、清真寺、花园构成的街区。每天,伊斯兰世俗和宗教生活的公共活动都在这座大城市的市集、浴室、旅馆、花园和清真寺中进行着,使得这座城市好似一个伟大的帝国跳动着的心脏[19]。

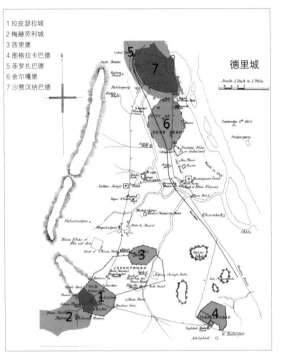

1 拉皮瑟拉城
2 梅赫劳利城
3 西里堡
4 图格拉卡巴德
5 菲罗扎巴德
6 舍尔嘎堡
7 沙贾汉纳巴德

德里城

图 6-33 德里七城分布

现如今,在上述的这 7 座城市之中,只有最后一城维持并发展了下来,其他的城堡都已成为废墟或者被保护起来作为遗址公园。沙贾汉纳巴德是现在德里旧城的所在,很多居民依然生活在其中。几百年来,沙贾汉纳巴德经历了很大的变化,一些老建筑被拆除或根据商业功能重新分割,商业已经渗透进巷弄内街(图 6-36)。

德里留下了许多伊斯兰统治时期的精美建筑遗迹,让世人一起见证着德里这座古老城市的历史与伟大。红褐色砂石建造的德里红堡、雄伟的德里贾玛清真寺、莫卧儿时期第二任皇帝胡马雍的陵墓等等,这些遗迹集中体现了伊斯兰建筑风格在德里地区产生的深远影响。

2. 阿格拉

阿格拉是印度北方邦西南部的一座古老的旅游城市,以古迹著称,拥有伟大的艺术成就,流传着刻骨铭心的爱情故事。阿格拉位于亚穆纳河西岸,距德里约 200 千米,城市人口 176 万人(2015

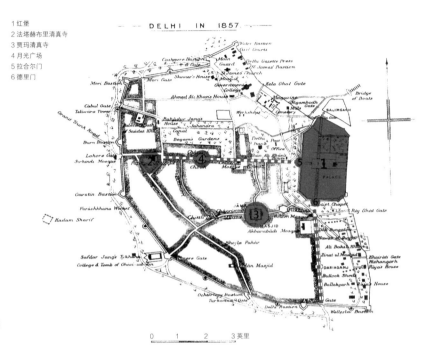

1 红堡
2 法塔赫布里清真寺
3 贾玛清真寺
4 月光广场
5 拉合尔门
6 德里门

图 6-34 沙贾汉纳巴德
平面

图 6-35 沙贾汉纳巴德
鸟瞰

图 6-36 德里旧城内的
住宅区

年），使用语言为印地语和乌尔都语，是著名的"金三角"旅游线路城市之一。1526—1658 年期间，阿格拉始终是莫卧儿帝国的都城（图 6-37）。

　　苏丹希坎达尔·洛迪是第一位把首都从德里迁至阿格拉的皇帝。1517 年洛迪去世后，他的儿子易卜拉欣·洛迪又在阿格拉掌权 9 年，直至 1526 年在帕尼帕特战役中被击败。随着莫卧儿帝国的到来，阿格拉进入了黄金时期。作为莫卧儿帝国的创始者，巴布尔皇帝在亚穆纳河河岸建造了第一个正式的波斯式花园。阿格拉渐渐成为当时的文化、艺术、商业及宗教中心，许多重要的堡垒、陵墓都建于这一时期。1648 年，沙·贾汉在德里新建了沙贾汉纳巴德后将首都迁回德里，十年之后他的儿子奥朗则布在阿格拉即位。

　　莫卧儿帝国时期，统治者们在阿格拉进行了大量的建筑活动，这其中最重要的是举世闻名的泰姬·玛哈尔陵。这座陵墓是由莫卧儿王朝第五代皇帝沙·贾汉建造的，见证了他和他的妻子忠贞不渝的爱情故事。整座陵园里面富含光塔、水池、花园，陵墓主体为白色大理石建造。位于亚穆纳河大转弯处的除了泰姬·玛哈尔陵，还有莫卧儿帝国的皇宫阿格拉堡，两座建筑相隔 2 千米，在不同的位置俯瞰着河水。这两座建筑与坐落于阿格拉西南方向 35 千米的山上、由莫卧儿帝国第三任国王阿克巴建造的法塔赫布尔西格里堡一起，被联合国教科文组织评定为世界文化遗产。除此以外，阿格拉还有阿克巴陵和伊蒂默德·乌德·道拉陵等古迹，都体现出了伊斯兰统治时期建筑艺术的水平。

3. 斋浦尔

斋浦尔（Jaipur）是印度北部拉贾斯坦邦的首府，也是拉贾斯坦邦最大的城市，还是一座旅游古城以及珠宝贸易中心，位于新德里西南 225 千米处，城市人口 305 万人（2015 年），使用语言是拉贾斯坦语和印地语。整个城市的平面依据棋盘方格式规划，城市内部到处充斥着粉红色的建筑，体现了印度本土建筑艺术与伊斯兰风格建筑融合的美感，因此也被人们称作"粉红之城"，是著名的"金三角"旅游线路城市之一（图 6-38）。斋浦尔和德里一样，也分为了新、旧两个城区，那些粉红色的历史建筑都被很好地保存在旧城之内，围合旧城的城墙上面开有若干座城门，十字交叉的路网将宫殿环绕在了城市中央。

斋浦尔建立于 1727 年，由 300 年前莫卧儿皇帝奥朗则布最重要的廷臣萨瓦伊·杰伊·辛格二世（Sawai Jai Singh Ⅱ）规划修建，时至今日，斋浦尔仍是印度最美丽的城市之一。这座城市不同寻常之处在于它有规律的城市道路体系及排水系统。整座城市由纵横宽 34 米的街道分割成六个 800 米见方的区域，每个区域再由路网进一步细分。每个街区都有规定好的专属行业，充满了大大小小的市

1 阿格拉堡
2 泰姬·玛哈尔陵
3 法塔赫布尔西格里堡方向

图 6-37 阿格拉地图

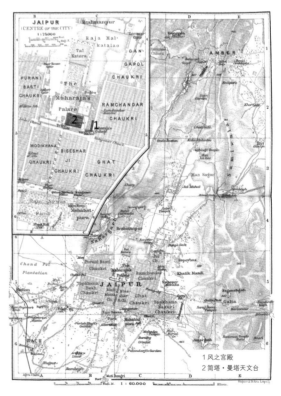

1 风之宫殿
2 简塔·曼塔天文台

图 6-38 斋浦尔地图

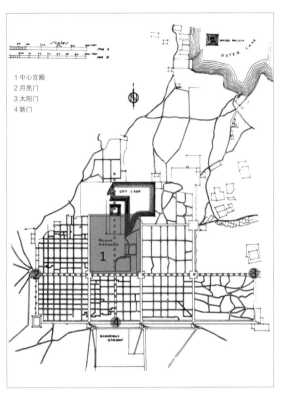

1 中心宫殿
2 月亮门
3 太阳门
4 新门

图6-39 斋浦尔城市规划分析

集。六个区域中有五个围绕在中心宫殿的东面、南面、西面，而第六个则直接面向东方（图6-39）。王宫南面的东西向大道被称为王道，王道的东城门叫作太阳门，对应的西城门叫作月亮门。与王道垂直的是一条从王宫南面中央门通向南面新门的主要通道，这条道路是在后期的建设过程中加建的，向北面延伸，经过王宫的宫廷寺院、莫卧儿庭院，一直抵达到北面蓄水池的中央，成为整个规划的中央轴线[20]。

1782年，对天文学异常热衷的萨瓦伊·杰伊·辛格二世下令打造了五座天象观测站，位于斋浦尔的这座简塔·曼塔天文台（Jantar Mantar）观测站现如今成为印度国内留存最完好，也是规模最大的古天文台（图6-40），其内部建造有各式各样神奇的天文观测建筑。2010年简塔·曼塔天文台被联合国教科文组织列入《世界

图6-40 简塔·曼塔天文台

图 6-41 风之宫殿

遗产名录》。1876 年，原本并没有那么特别的斋浦尔，为了欢迎英国威尔斯王子的到访，将所有的房子都刷成代表着热情好客的传统颜色——粉色，并覆以白色的纹案，使得整座城市焕然一新，这也就是斋浦尔"粉红之城"名字的由来。如今斋浦尔的法律中明文规定，旧城中所有的居民都必须保持房屋的外墙为粉色。

作为一座用心规划的古老城市，其优美的建筑遗迹被较好地保存了下来。旧城中心的城市宫殿把风之宫殿（Hawa Mahal）建筑群、宫殿花园及一片小湖都包含其中，建筑主体融合了拉贾斯坦和莫卧儿的建筑风格。风之宫殿是斋浦尔最具特色的地标性建筑，整个五层楼的结构像一座巨大的蜂巢拔地而起，立面上大大小小的窗户是为让王室中的女性成员观赏到街景和市井生活而设的（图 6-41）。琥珀堡（Amber Fort，图 6-42）位于距离斋浦尔北方 11 千米的一座山坡林地上，是拉杰普特建筑的杰出代表。城堡入口处还挖掘了一个大型的人工湖，城堡内部由皇家宫殿构成，

由浅黄色和粉红色的砂岩以及白色的大理石砌筑而成，分为四个主要的区域，每个区域都有独立的庭院。老虎堡则位于旧城西北方的山上，和其他两座城堡一起形成了斋浦尔的防御圈，站在城堡山可以鸟瞰整座粉红之城。

4. 艾哈迈达巴德

艾哈迈达巴德是印度中北部古吉拉特邦的首府，位于萨巴尔马蒂河（Sabarmati River）河畔，是印度第五大城市，也是印度重要的经济和工业中心。城市面积 93 平方千米，城市人口 352 万人（2015 年），使用语言为古吉拉特语和印地语。郑和下西洋时该城市被译作"阿拨巴丹"。整座城市被萨巴尔马蒂河分成了东、西两个相对独立的地区：河的东岸是老城区的所在，包括了巴哈达古城和后来英国殖民时期留下的火车站、邮局等殖民建筑；河的西岸设有比较现代的行政区域、居住小区、商场、教育机构等。东、西两岸由九座大桥连接。

艾哈迈达巴德及其周边地区自 11 世纪以

图 6-42 琥珀堡

来就已经有人居住了，当时被称作阿莎瓦尔
（Ashaval），后来由古吉拉特邦控制（图6-43）。
德里苏丹国时期，德里的苏丹掌握这座城市的控
制权直至14世纪末。15世纪初期，当地的统治
者从德里苏丹国的掌控中独立了出来，建立了自
己的控制区域，并于1411年进行了新城的建设，
将之命名为艾哈迈达巴德。之后这座城市进行了
大量的建设和扩张，加强了城市外围的防御体系。
其间也被其他的统治者短期占领过，在莫卧儿帝
国崛起之后，艾哈迈达巴德才被阿克巴长久地控
制下来，并作为莫卧儿帝国最为繁华的贸易中心
之一而存在着。19世纪初莫卧儿帝国衰败之后，
英国东印度公司接管了这座城市。

　　在历史悠久的艾哈迈达巴德城区中有着众
多的历史遗迹，比如艾哈迈达巴德最有名的清
真寺之一——希德赛义德清真寺（Sidi Saiyad
Mosque）。希德赛义德清真寺建于1573年，平
面形制呈弧形，在侧面和后面的拱门上都雕刻着
异常精美的迦利（Jali）[21]的格子窗（图6-44），
令人为之神往。还有艾哈迈达巴德最为辉煌的清
真寺——贾玛清真寺。这座清真寺由黄砂岩建成，
内部主礼拜堂内矗立着260多根石柱支撑着屋顶，
祷告时仪式感很强（图6-45）。此外更是有像达
达·哈里尔阶梯井这样奇特的集日常生活、社交
和宗教功能为一体的建筑，内部结构复杂，同样
有密集的石柱，仪式感强，细部的雕刻尤为精美，
包含伊斯兰教的图案、印度教符号和耆那教神像
等众多题材。

　　5. 海得拉巴

　　海得拉巴（Hyderabad）是印度南部的一座
城市，安得拉邦（Andhra Pradesh）的首府，也
是印度的第四大城市。它处于德干高原的中央地
带，克里希纳河（Krishna River）的支流穆西河

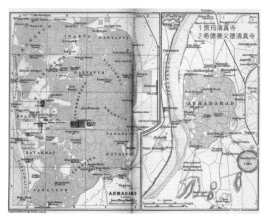

图 6-43 艾哈迈达巴德
地图

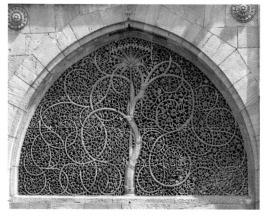

图 6-44 希德赛义德清
真寺精美的格子窗

（Musi River）从城市中间流淌而过。海得拉巴
的城市面积为220平方千米，城市人口为345万
人（2015年），使用语言为泰卢固语和乌尔都语，
当地居民以印度教徒居多。这座城市有着整齐的
城市规划，以其悠久的历史和古老的建筑、清真寺、
庙宇而闻名，是古代伊斯兰风格建筑与城市的奇
迹，被誉为"印度的伊斯坦布尔"（图6-46）。
海得拉巴在历史上就以珍珠和钻石的交易中心闻
名，如今它依旧享受着"珍珠之城"的美誉，城
市里很多古老的集贸市场已开放了几个世纪之久。

　　海得拉巴有着400多年的历史，于1591年
由库特卜·沙希王朝（Qutb Shahi Dynasty）
第五任苏丹穆罕默德·库里·库特卜·沙阿
（Muhammad Quli Qutb Shah）在穆西河东岸

图 6-45 艾哈迈达巴德
贾玛清真寺室内

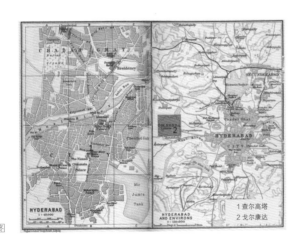

图 6-46 海得拉巴地图

建立。当时的首都戈尔康达（Golkonda）由于缺水这一难题，在 16 世纪末期被苏丹放弃，新的都城迁址穆西河畔，海得拉巴由此建立。1687 年 9 月，戈尔康达苏丹国遭遇莫卧儿皇帝奥朗则布长达一年之久的围困与攻击，后被莫卧儿帝国占领。与此同时省会由戈尔康达搬迁至距离海得拉巴西北部 550 千米的奥兰加巴德，之后海得拉巴的统治者由德里的莫卧儿行政机构任命为总督。1724 年，海得拉巴时任总督阿西夫·扎哈（Asif Jah）乘莫卧儿帝国权力衰落之际，宣布海得拉巴独立并自封苏丹，开始了尼扎姆王朝（Nizam Dynasty）的统治。1769 年，海得拉巴被正式确定为尼扎姆王朝的首都。随着伊斯兰教文化的逐渐深入，海得拉巴成为艺术、文化和学术的中心以及印度伊斯兰教的中心。海得拉巴的统治者比较重视教育，在位期间曾营造了许多建筑工程，这些建筑充分展示了当地印度文化与伊斯兰文化之间较好的交融。

在库特卜·沙希和尼扎姆时代建造起来的建筑遗产充分展示了印度-伊斯兰建筑的特色，它深受中世纪、莫卧儿时期和欧洲建筑形式的影响。2012 年，印度政府把第一个"印度最佳遗产城市"奖颁给了海得拉巴。海得拉巴代表性的伊斯兰时期建筑有查尔高塔(图6-47)和库特卜·沙希陵(图6-48)，其中查尔高塔已经成为海得拉巴这座城市的象征。查尔高塔坐落于城市的中心，整体呈正方体结构，边长 20 米，四面巨大的拱门正对着街道，同时在每个边角上各耸立着一座高 56 米的尖塔，甚是壮观，因此它也被称作"东方凯旋门"。

目前海得拉巴现存最古老的库特卜·夏希时期的建筑结构是戈尔康达堡（Golconda Fort）。这座城堡建造于 16 世纪，距离海得拉巴西部 11 千米（图 6-49）。城堡建造于一座高 120 米的花岗岩山上，四周环绕着由巨大砖石建造的有雉堞的城墙。城堡的外围还有两道防御的城墙体系，巨大的城门嵌满钢钉，用以对付战争中的大象。城堡内部还有完整的供水设施及高级的传声设备，让城堡内的君王成为战争中长期的赢家。

6. 拉合尔

拉合尔是当今巴基斯坦旁遮普省的省会，位于印度河的上游平原，靠近印度的边境以及锡克教城市阿姆利则（Amritsar），人口 1 005 万（2015 年），是世界上人口最密集的城市之一，也是巴基斯坦的第二大城市，仅次于卡拉奇（Karachi）。由于拉合尔有许多花园和建筑都可以追溯到莫卧儿帝国时期，因此也被人们称为"莫卧儿的城市花园"（图 6-50）。拉合尔作为巴基斯坦的灵魂城市已然有近 2 000 年的历史了，对于当地人而言，如果游客到过巴基斯坦却没有去过拉合尔，这是完全无法理解的。

拉合尔建城于 1 世纪。我国的高僧玄奘法师

图 6-47 海得拉巴的查尔高塔

图 6-48 库特卜·沙希

曾于 630 年在印度游学的过程中访问过拉合尔，并在他的著作中称这座城市为"伟大的婆罗门教城市"，这也成为历史上对这座城市最早的记载。10 世纪末期，伊斯兰政权首次统治了拉合尔，之后拉合尔成为沙希王国的首都，到了 12 世纪，它又成为伽色尼王国的首都。伽色尼王国灭亡后，拉合尔被德里苏丹国征服，在库特卜·乌德·丁·艾

图 6-49 戈尔康达堡

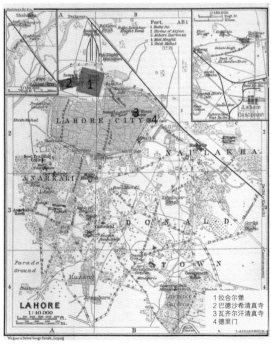

图 6-50 拉合尔地图

巴克统治期间，拉合尔被称作"印度的伽色尼"（Ghaznavid of India）。16 世纪初期，巴布尔大

帝开创了莫卧儿帝国，其统治范围也囊括了现在的拉合尔。拉合尔正式开启在历史上的黄金时期，一度成为印度西部建筑、文化以及手工艺的中心，并奠定了作为"城市花园"的基础。18 世纪中叶，拉合尔的建筑、花园与艺术达到辉煌的巅峰，拉合尔城堡、巴德沙希清真寺等众多著名建筑现都已被列入联合国教科文组织的《世界遗产名录》。

和德里一样，拉合尔如今的城市也由老城区与新城区共同组成。老城区位于北部，是阿克巴在位时建造的，由红色的砖石砌成的高达 7 米的围墙围合，高耸的城墙外还有一圈护城河围绕，形成防御体系。蜿蜒的城墙共开有 14 座城门，其中面朝德里方向的大门被命名为"德里门"（图 6-51），相对应的在德里老城中面向拉合尔的城门也被命名为"拉合尔门"，单从这一点就可以感受到这两座古老城市间的历史渊源。

拉合尔老城的西北角为拉合尔堡,是莫卧儿王朝时期城堡建筑的典型实例。虽然城堡内有的建筑在战争的洗礼下已然不复存在,但遗存下来的宫殿、花园都向人们展示了当年拉合尔的魅力所在。巴德沙希清真寺(图6-52)紧邻拉合尔堡西侧,这座清真寺的规模很庞大,可以容纳下10万人同时进行祷告,由巨大的广场和建筑主体构成,堪称"拉合尔的贾玛清真寺",也是世界上

图 6-51 拉合尔德里门

图 6-52 拉合尔的巴德沙希清真寺立面

最大的清真寺之一。巴德沙希清真寺由第六任莫卧儿皇帝奥朗则布于1671年开始修建,1673年修建完成,采用典型的莫卧儿时期的建筑风格。瓦齐尔汗清真寺位于拉合尔城内的东边,由沙·贾汉修建,被称为"拉合尔面颊上的一颗痣",以其表面精美的彩色瓷砖饰面而闻名。

6.3.2 中小型城市

1. 曼杜

曼杜(Mandu)位于印度的中央邦的讷尔默达平原,在马恩达沃(Mandav)[22]境内,处于温迪亚山脉的延长线上,海拔633米,距离马尔瓦王国的首都塔尔(Dhar)35千米。曼杜曾是马尔瓦地区西部一座军事意义上的堡垒小镇,北部的马尔瓦高原和南部的讷尔默达河谷成为曼杜城天然的防御屏障(图6-53),现如今该城已然荒废,只有一些历史遗迹还散落在星罗棋布的丛林之中。

曼杜建于6世纪,8—13世纪由印度教王朝统治。1304年被德里的穆斯林统治者征服。1401年,当帖木儿的军队占领德里时,马尔瓦地区的统治者乘机成立古尔王朝,王朝的统治者将自己的全部资本从首都塔尔搬至曼杜,开启了曼杜的黄金时代。在莫卧儿帝国时代,虽然曼杜被阿克巴收入领土范围之中,但依旧保持了相当程度上的独立性。后来由于统治者们又将全部的重心转移回了塔尔,曼杜从那时起渐渐没落了。

曼杜自身的战略位置和天然的防御能力,注定了其在历史上具有重要地位。作为军事小镇,曼杜利用自身的地形特点构建了一座形状复杂的城堡,城市周边绵延37千米的城墙以及其中修建的12道城门展示了其强大的防御能力。曼杜内部由北向南沿主轴线两侧分布着大量14世纪建造的宫殿、清真寺、陵墓和耆那教的寺庙(图6-54):最北部的城门地区包含城门本身及两座古老的阶梯井(图6-55a、图6-55b)。向南建筑物较为密集的区域为核心宫殿,其中就含有著名的摇摆宫——英多拉宫殿(Hindola Mahal)及亲水的游乐宫殿——雅扎宫殿(Jahaz Mahal,图6-56)。雅扎宫殿位于两座人工湖泊之间,建筑主体两层,

图 6-53 曼杜城卫星图

图 6-54 曼杜城重点建筑的分布

1 北部城门区域 2 核心宫殿区域 3 贾玛清真寺建筑群 4 湖边宫殿区域 5 南部城堡区域

图 6-55a 曼杜城北部阶梯井上部

图 6-55b 曼杜城北部阶梯井下部

远远看去像是一只漂浮在水中的船，轻松活泼。莫卧儿帝国第四任国王贾汉吉尔和第五任国王沙·贾汉都喜欢在此度假，因此这座亲水宫殿成为曼杜颇有名气的建筑遗迹之一。再往南是以贾玛清真寺为核心的建筑群，该区域包含古瑞王朝第二任国王候尚·沙阿的陵墓（图 6-57）以及贾玛清真寺、阿什拉菲宫殿（Ashrafi Mahal）。候尚·沙阿陵是印度第一座完全由大理石材质建成的陵墓，功能明确，有着精致匀称的穹顶以及较为繁复的大理石砖块的砌筑工艺，体现出国王的故乡阿富汗地区的建筑风格。再往南就是湖边的宫殿群以及南部的城堡区域（图 6-58）。整体看来曼杜城的建筑风格偏简约，不太强调细部的装饰艺术，往往通过厚重的墙体及刚毅的结构来凸显伊斯兰建筑的力量。曼杜地区的建筑风格后来被划入马尔瓦风格，其众多的建筑艺术精品清晰地体现出印度教和伊斯兰教文化间的相互渗透。

2. 比德尔

比德尔是一座位于印度卡纳塔克邦东北部山顶上的城市，处于德干高原的中心地带，在德里苏丹国时期，先后被卡尔吉王朝和图格拉克王朝统治（图 6-59）。1347 年，德干地区的巴哈曼尼苏丹国建立，比德尔距离王国的首都古尔伯加100 千米。当时巴哈曼尼苏丹国与南部的维查耶纳伽尔王国进行了长久的战争，直到 1428 年比德尔因政治需要成为巴哈曼尼的新首都才有了不一样的发展。成为新首都之后，比德尔不论是在政治上还是宗教上都繁荣了起来。统治者艾哈迈德·沙阿一世（Ahamad Shah I）下令重新修建比德尔堡（Bidar Fort），新建美丽的马哈茂德·加万宗教学校、贾玛清真寺以及波斯风格的宫殿、花园等，令整座城市面貌一新。到了沙·贾汉统治时期，比德尔正式成为莫卧儿帝国的一部分。

图 6-56 雅扎宫殿

图 6-57 候尚·沙阿陵

比德尔城明显是经过一番规划才进行建造的，分为南、北两大部分。北部不太规则的纺锤形区域为皇家的城堡区，内部靠南面一侧修建了宫殿建筑群。整个城堡区域由厚重的城墙和一圈战壕围绕着，共有六个出入口，独立且安全。南部接近六边形的区域为城市的居民区，两条主要的城市干道呈十字形交叉分布，东西主干道长1

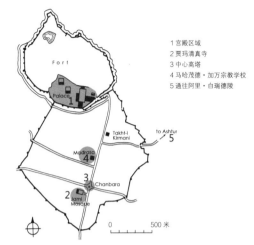

1 宫殿区域
2 贾玛清真寺
3 中心高塔
4 马哈茂德·加万宗教学校
5 通往阿里·白瑞德陵

图 6-59 比德尔平面

图 6-58 曼杜南部城堡

300 米，南北主干道长 1 650 米，十字的交点上竖立着一座 24 米高的圆柱形高塔（图 6-60），高塔内部有螺旋的楼梯可以到达塔顶，起到军事上瞭望的作用，后期在高塔的顶部加装了一座时钟。城区被两条主干道和两条次级干道划分成大小不等的六片区域供百姓居住。城区的外侧和城堡一样由一圈厚实的城墙作为保障，也有六个出入口，最北边的一个出入口与城堡相联系，建造了一系列的三座城门。

城区的中央高塔附近安排了贾玛清真寺和宗教学校供居民日常使用，其中马哈茂德·加万宗教学校尤为特殊，在印度伊斯兰时期的建筑实例中很是少见（图 6-61）。这座宗教学校由马哈茂德·加万建于 1472 年，整座学校占地 4 000 多平方米，坐落于一处较高的基础之上，中央为一方形的公共空间，四周的建筑将图书馆、报告厅、

宿舍、清真寺等功能都包含进去，空间之大足够众多学生及老师一起生活和学习（图 6-62）。可惜该建筑后来因战事而被部分毁坏，整个东南角的结构都已消失不见，如今只能从遗存的四分之三的结构以及建筑表面的彩色釉面砖来想象它完整的样子了。

图 6-60 比德尔居住区中心高塔

图 6-61 马哈茂德·加
万宗教学校

城区内的两条次干道，一条朝西，一条朝东。朝西的那条出了城门往外 3 千米是阿里·白瑞德的陵墓——这是一座沙希王朝于 1579 年建成的陵墓。该陵墓的主体四面开门，是一较为开敞的结构，上部支撑一座精心建造的球状穹顶（图6-63）。朝东的次干道出城门不远就可以抵达一个叫作阿诗图（Ashtur）的小村庄，那里是巴哈曼尼王国王室们的安葬之地，名为巴哈曼尼陵墓群（Bahmani Tombs，图 6-64、图 6-65）。一共有八位巴哈曼尼王朝的苏丹埋葬于此，周边一些小体量的陵墓则为王室成员的陵墓，这也是德里苏丹国时期不多见的具有代表性的群体陵墓之一。

3. 古尔

古尔是西孟加拉邦北部的一座小城镇，位于印度与孟加拉国的边界附近，恒河以东的平原上，

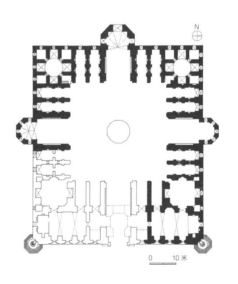

图 6-62 马哈茂德·加
万宗教学校平面

平均海拔 22 米，距离北部的马尔达（Malda）12千米。古尔曾被称为拉罕娜缇（Lakhnauti），是一个印度教王国的首都，在孟加拉地区较为繁华。1198 年，古尔被入侵的穆斯林征服，接着被德里苏丹国接管。大约 1350 年，孟加拉地区建

图 6-63 阿里·白瑞德陵

图 6-64 巴哈曼尼陵墓群卫星图

立了自己独立的苏丹王国，并将政治中心安置在潘杜阿。1420 年左右，在伊利亚斯·沙希王朝（Iliyas Shahi Dynasty）的掌管下，古尔成为首都，并重新繁荣起来。到了莫卧儿帝国统治时期，莫卧儿帝国同苏尔王朝的统治者们为了争夺古尔

而展开军事行动，1575 年一场大规模的鼠疫终结之后，莫卧儿帝国的阿克巴大帝将古尔收入囊中。古尔有许多 15 世纪末到 16 世纪早期建造的清真寺，如今依旧存在着。由于孟加拉地区地处冲积平原，石头和砖块等建筑材料比较匮乏，因此大

6-65 巴哈曼尼陵墓群

多数建筑物的墙体都比较粗犷地裸露在外，装饰也不算多。

古尔小镇如今已然湮没在树林与湖泊之中，只能通过一些历史遗留下来的人造痕迹大致推断古尔的范围（图6-66）。古尔呈南北走向，选址在帕格拉河东岸一片水资源充沛的地方。城镇最北端的中部是达希尔达瓦扎（Dakhil Darwaza），即城镇的北大门（图6-67），修建于15世纪，如城堡一般雄伟，通过它往北可以到达城外的巴拉索纳清真寺（Bara Sona Masjid）。城门本身是由红色的墙砖砌筑而成的，未受损坏前的高度可以达到20米。城门中央有一条长约35米的高大隧道，两头为拱形入口。城门主体的两侧还各有一座五层十二边形收分的高塔，与主体共同构成北大门。

城外的巴拉索纳清真寺（图6-68）建于1526年，也被称为大金顶清真寺（Big Golden

图 6-66 古尔卫星图

图 6-67 达希尔达瓦扎

图 6-68 巴拉索纳清真寺

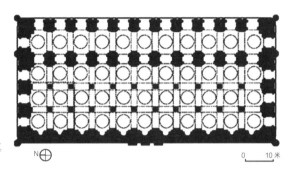

图 6-69 巴拉索纳清真
寺平面

N⊕   0   10米

图 6-70 巴拉索纳清真
寺外东大门

Mosque）。巴拉索纳清真寺平面为矩形，11 开间，4 跨进深（图 6-69），目前西侧的礼拜墙已经被毁坏，只剩下东面带拱门的走廊，面向清真寺东面的一片湖泊。清真寺主体外部还设有北、东、南三座大门，为主体建筑增强了导入的仪式感，目前北门和东门还完好地存在着（图 6-70）。古尔地区的清真寺具有共性：直接由独立的礼拜殿构成，殿外不单独设置庭院，较为简洁。

古尔的东侧有一座约 26 米高的高塔，名为菲罗兹高塔（Firoz Minar），是由菲罗兹·沙阿·图格拉克于 1486 年建造的胜利之塔（图 6-71）。菲罗兹高塔塔身共五层，下三层为多边形平面，上两层为圆形平面，建于一处小山坡上，站在塔顶可以将整座城镇尽收眼底。城镇的东南角还有一片建筑较为集中的区域，分布了一座清真寺、一座陵墓以及城镇的东大门。除此之外，还有一些建筑遗存散落在城镇的角落（图 6-72），等待者有心人的发现。

4. 江布尔

江布尔是一座位于印度北方邦东南角的城市，被流经的戈默蒂河（Gomati River）一分为二（图 6-73），距离东南方向的瓦拉纳西 60 千米。江布尔的历史可追溯到 11 世纪，但被戈默蒂河引发的洪水冲得一干二净。1359 年，德里苏

图 6-71 菲罗兹高塔

图 6-72 古尔城内的建筑遗存

丹国的苏丹菲罗兹·沙阿·图格拉克决定在此修
建一座江上的防御型城市，在城市内部的沿江地
带建造了许多防御性的堡垒，用以对抗下游的孟
加拉苏丹王国。1393 年，江布尔的总督宣布独
立，成立了沙尔齐王朝（Sharqi Dynasty）。在
他掌权期间，江布尔一度成为印度北方邦的军事
强国，并多次给德里苏丹国造成有力的威胁。在
帖木儿的军队洗劫德里之后，易卜拉欣·沙阿担
任江布尔总督一职并即刻宣布独立。在他的治理
下，江布尔日益繁荣，最终取代了德里成为当时
印度伊斯兰文化的中心。这一时期，江布尔渐渐
形成了自己独具一格的建筑风格，兴建了许多具
有当地特色的清真寺、宫殿、宗教学校等建筑。
然而好景不长，1493 年，洛迪王朝的苏丹大举
进军江布尔，夺取政权的同时也摧毁了当地大多
数的建筑。幸运的是，在这场浩劫中，阿塔拉清
真寺（Atala Masjid）、江布尔贾玛清真寺（图

图 6-73 江布尔卫星图

6-74a、图 6-74b）以及拉尔·达瓦扎清真寺（Lal
Darwaza Masjid，图 6-75）等建筑都较好地遗
留下来。这些清真寺具有江布尔地区独特的建筑
风格，使用了将印度教的传统文化与穆斯林文化
相结合的纯粹的设计要素。之后，江布尔一直平
稳地掌握在莫卧儿帝国的手中。1568 年，阿克
巴大帝下令在戈默蒂河上建造沙希大桥（Shahi
Bridge），用来解决城市内过河不便的问题。
大桥由阿富汗的建筑师阿夫扎尔·阿里（Afzal
Ali）设计，历时四年后才建造完成，后来被人们

图 6-74a 江布尔贾玛
清真寺内景

图 6-74b 江布尔贾玛清真寺

图 6-75 江布尔拉尔·达瓦扎清真寺

认为是最能彰显江布尔莫卧儿风格结构的桥梁，成为江布尔的标志性建筑（图 6-76）。夏希大桥东端不远处有一座小型的城堡建筑群，名为江布尔城堡。江布尔堡是在图格拉克时期建造的，现存的城堡由较为完好的城墙包围着，并且有一座炮楼屹立在城堡内，充分显示了建筑群原本的雄姿。城堡的主入口在东侧，城门是一面带有拱门的高大墙壁，两侧有塔楼，并附有浅浅的伊旺，如当地独特的清真寺主殿入口一般，但规模更加宏大（图 6-77）。至于城堡内的宫殿建筑，现已所剩无几。

5. 法塔赫布尔西格里

法塔赫布尔西格里位于阿格拉西南方 37 千米处，其名字来自一个叫作西格里的村庄，法塔赫布尔意为"胜利之城"。为纪念阿克巴于 1573 年攻下古吉拉特，同时为了庆祝他的儿子，即未来的贾汉吉尔在此出生，阿克巴开始在此建

图 6-76 江布尔沙希大桥

图 6-77 江布尔堡东门

造新城，把首都从阿格拉迁来，并将此地称为法塔赫布尔西格里。1571—1585 年，此地一直作为阿克巴统治的首都而得到持续的建设（图 6-78）。

1 德里门　2 拉尔门　3 阿格拉门　4 比尔巴门　5 昌丹派门　6 瓜廖尔门　7 特拉门　8 楚门
9 阿杰梅尔门　10 法塔赫布尔西格里堡　11 法塔赫布尔西格里贾玛清真寺
图 6-78 法塔赫布尔西格里卫星图

新城位于原西格里村庄附近。阿克巴积极投入新城的建设之中，打算用许多精致复杂的宫廷建筑和众多的公众观演建筑把这里建成整个国家的礼仪文化中心。皇室城堡的所在地位于城市中心偏西，建在一条长长的岩石山脊上以示雄伟，同时也可以俯瞰西北部挖凿的一片人工湖。人工湖边城市的西端还设立了一座八角形巴拉达里，

用来欣赏湖光山色（该湖现已消失）。皇室城堡以南的低凹处是普通居民的居住区。城市的北、东、南三面由 11 千米长的"U"字形城墙环绕。城墙宽 2.5 米，上面可以供守卫与弓箭手自由通行。城墙上总共开了九座城门，按照顺时针方向分别是：德里门（Delhi Gate）、拉尔门（Lal Gate）、阿格拉门（Agra Gate，图 6-79）、比尔巴门（Birbal Gate，也叫作太阳门）、昌丹派门（Chandanpal Gate，也叫作月亮门）、瓜廖尔门（Gwalior Gate）、特拉门（Tehra Gate）、楚门（Chor Gate）及阿杰梅尔门（Ajmere Gate）。九座城门对应八个不同的方位，如今除了楚门，其余八座城门都还存在。城市的主要干道为一条东北—西南方向的道路，从阿格拉门进，从特拉门出。在进入阿格拉门不远处有一条通往山上的岔路通向法塔赫布尔西格里堡。如今，除了平行于干道多了条铁路外，整座城市的格局同 400 多年前并无两样，这对于城市历史研究者来说实在是太幸运了。

法塔赫布尔西格里是一座大型的皇城，它的建筑和广场在很大程度上反映了阿克巴对于建筑和设计的热衷，在这里，阿克巴满足了那些代表了帖木儿王朝风格的开创性的美学冲动[23]。在他的规划下，这座城市不仅仅是贵族的行宫，它还包含了清真寺、宫殿、浴室、旅社、集市、花园、学校、工坊等多种功能的建筑形式，大部分建筑由当地产的红色砂岩作为主要的建筑材料，整体的规划设计遵从一定的气候、地质地形条件，最终它成为一座集经济、政治、居住于一体的中型城镇。1585 年，迫于水源问题得不到解决和政治上不稳定等多重因素，阿克巴最终放弃了法塔赫布尔西格里转而前往拉合尔。

图6-79 法塔赫布尔西
克里的阿格拉门

6.4　本章小结

　　本章通过对多个典型的印度伊斯兰统治时期不同规模的城市的了解，可以看出伊斯兰对印度的入侵明显是以印度西北部为主，然后渐渐往中部及南部进行的。一次次的入侵和统治都对该地区城市和民众产生了深远的影响，其中包含城市、建筑、艺术、宗教、技术、教育等多个方面。

　　于城市而言，城市布局的改变、旧都的毁灭、新城的建立、防御系统的巩固，都是统治者们施加的影响。而拆除在统治者看来有违统治阶级利益的宗教建筑，新建清真寺、陵墓、城堡、宫殿、花园、住宅等这一系列饱含着强烈伊斯兰风格的建筑，对

于该地区人民的生活方式和建筑风格都是入侵式的影响。

　　与此同时，印度本土的建筑也在吸收着伊斯兰风格以及伊斯兰建筑技术、材料、装饰上的一些特点，渐渐地产生了本土化的非常具有地方特色的印度—伊斯兰式建筑类型，对于此后印度建筑与城市发展的方向都是不可磨灭的一笔。

注 释

1 "奴隶王朝"也称为"马穆鲁克王朝"（Mamluk Dynasty）或"古拉姆王朝"（Ghulam Dynasty）。

2 "库瓦特·乌尔"是"伊斯兰的威力"之意。

3 穹隅，为球面三角形结构（角部拱肩），用于连接其下的二次结构和圆顶的圆形部分。

4 霍格. 伊斯兰建筑 [M]. 杨昌鸣，陈欣欣，凌珀，译. 北京: 中国建筑工业出版社，1999.

5 海特斯坦，德利乌斯. 伊斯兰: 艺术与建筑 [M]. 中铁二院工程集团有限责任公司，译. 北京: 中国铁道出版社，2012.

6 库尔克，罗特蒙特. 印度史 [M]. 王立新，周红江，译. 北京: 中国青年出版社，2008.

7 此处的菲罗扎巴德为德里内的一座古城，并非印度北方邦的菲罗扎巴德市。

8 指一种方形的建筑形式，四周由柱廊围合，每面有 3 道门，共 12 道门。这种建筑形式通风性能及观赏性能好，常用于表演、展示，如琥珀堡内的巴拉达里，也有八角形的变体。

9 霍格. 伊斯兰建筑 [M]. 杨昌鸣，陈欣欣，凌珀，译. 北京: 中国建筑工业出版社，1999.

10 潘尼迦. 印度简史 [M]. 简宁，译. 北京: 新世界出版社，2014.

11 Chhatri，印地语，指雨伞或树冠。卡垂是一种被架于高处的用于展示的圆顶形印度教建筑类型，起源于拉贾斯坦，为纪念国王和皇室成员而建，后慢慢发展成为装饰性的亭阁，在莫卧儿帝国建筑中普遍使用。

12 理查兹. 新编剑桥印度史: 莫卧儿帝国 [M]. 王立新，译. 昆明: 云南人民出版社，2014.

13 库尔克，罗特蒙特. 印度史 [M]. 王立新，周红江，译. 北京: 中国青年出版社，2008.

14 海特斯坦，德利乌斯. 伊斯兰: 艺术与建筑 [M]. 中铁二院工程集团有限责任公司，译. 北京: 中国铁道出版社，2012.

15 也翻译为"舍尔汗"。"沙"为波斯语，"汗"为蒙古语，都是皇帝之意。

16 海特斯坦，德利乌斯. 伊斯兰: 艺术与建筑 [M]. 中铁二院工程集团有限责任公司，译. 北京: 中国铁道出版社，2012.

17 理查兹. 新编剑桥印度史: 莫卧儿帝国 [M]. 王立新，译. 昆明: 云南人民出版社，2014.

18 潘尼迦. 印度简史 [M]. 简宁，译. 北京: 新世界出版社，2014.

19 理查兹. 新编剑桥印度史: 莫卧儿帝国 [M]. 王立新，译. 昆明: 云南人民出版社，2014.

20 布野修司. 亚洲城市建筑史 [M]. 胡惠琴，沈瑶，译. 北京: 中国建筑工业出版社，2010.

21 迦利，指穿孔或格子状的镂空石质屏墙，常与运用书法或几何图案的装饰性图案构建连用。这种手法常见于印度伊斯兰建筑之中，用于希望空气流动不受阻碍但需要私密性的空间。

22 马恩达沃，当时叫作"Shadiabad"，"喜悦之城"（The city of joy）之意。

23 理查兹. 新编剑桥印度史: 莫卧儿帝国 [M]. 王立新，译. 昆明: 云南人民出版社，2014.

图片来源

图 6-1 德里梅赫劳利城区域图，图片来源: Parth Sadaria 绘

图 6-2 阿亥·丁·卡·江普拉清真寺屏门，图片来源: Vizoy 摄

图 6-3 奴隶王朝时期的控制范围，图片来源: http://homepages.rootsweb.ancestry.com/~poyntz/India/maps.html

图 6-4 德里伊勒图特米什陵入口，图片来源: 沈丹摄

图 6-5 德里伊勒图特米什陵室内，图片来源: 沈丹摄

图 6-6 基亚苏·丁·巴尔班陵，图片来源: 维基百科

图 6-7 卡尔吉王朝时期的控制范围，图片来源: 王杰忞根据维基百科资料绘

图 6-8 德里西里堡区域图，图片来源: Parth Sadaria 绘

图 6-9 未完工的阿莱高塔，图片来源: 沈丹摄

图 6-10 阿莱·达瓦扎，图片来源: 汪永平摄

图 6-11 德里图格拉卡巴德区域图，图片来源: Parth Sadaria 绘

图 6-12 基亚苏·丁·图格拉克陵，图片来源: 汪永平摄

图 6-13 穆罕默德·宾·图格拉克统治时期的控制范围，图片来源: http://homepages.rootsweb.ancestry.com/~poyntz/India/maps.html

图 6-14 德里菲罗扎巴德区域图，图片来源: Parth Sadaria 绘

图 6-15 菲罗兹沙阿科特拉，图片来源: 维基百科

图 6-16 1398 年德里苏丹国实际控制范围，图片来源: http://homepages.rootsweb.ancestry.com/~poyntz/India/maps.html

图 6-17 希坎达尔·洛迪修建的巴拉达里，图片来源: 维基百科

图 6-18 希坎达尔·洛迪修建的巴拉达里剖面、平面，图片来源: 霍格. 伊斯兰建筑 [M]. 杨昌鸣，陈欣欣，凌珀，译. 北京: 中国建筑工业出版社，1999

图 6-19 伊萨汗·尼亚兹陵，图片来源: 王杰忞摄

图 6-20 巴布尔入侵前的印度，图片来源: http://homepages.rootsweb.ancestry.com/~poyntz/India/maps.html

图 6-21 阿格拉的拉姆巴格卫星图，图片来源: 王杰忞根据谷歌地球资料绘

图 6-22 德里的舍尔嘎堡区域图，图片来源: Parth Sadaria 绘

图 6-23a 舍尔嘎堡内的奇拉·伊·库纳清真寺，图片来源: 汪永平摄

图 6-23b 舍尔嘎堡内的奇拉·伊·库纳清真寺室内，图片来源: 汪永平摄

图 6-24 舍尔沙陵主体，图片来源: 维基百科

图 6-25 胡马雍陵主体，图片来源: 王杰忞摄

图 6-26 法塔赫布尔西克里堡内景，图片来源: 王杰忞摄

图 6-27 法塔赫布尔西格里堡私人会客大厅中央巨柱，图片来源: 王杰忞摄

图 6-28 商队旅馆，图片来源: 海特斯坦，德利乌斯. 伊斯兰

艺术与建筑 [M]. 中铁二院工程集团有限责任公司，译. 北京：中国铁道出版社，2012

图 6-29 德里沙贾汉纳巴德区域图，图片来源：Parth Sadaria 绘

图 6-30 拉合尔的巴德沙希清真寺，图片来源：维基百科

图 6-31 奥兰加巴德的拉比亚陵，图片来源：维基百科

图 6-32 德里地图，图片来源：http://homepages.rootsweb.ancestry.com/~poyntz/India/maps.html

图 6-33 德里七城分布图，图片来源：王杰忞根据 THAKUR. The seven cities of Delhi[M]. New Delhi：Aryan Books Interational，2005 绘

图 6-34 沙贾汉纳巴德平面，图片来源：王杰忞根据 THAKUR. The seven cities of Delhi[M]. New Delhi：Aryan Books Interational，2005 绘

图 6-35 沙贾汉纳巴德鸟瞰，图片来源：RAO，纪雁，沙永杰. 印度德里城市规划与发展 [J]. 上海城市规划，2014（1）

图 6-36 德里旧城内的住宅区，图片来源：维基百科

图 6-37 阿格拉地图，图片来源：http://homepages.rootsweb.ancestry.com/~poyntz/India/maps.html

图 6-38 斋浦尔地图，图片来源：http://homepages.rootsweb.ancestry.com/~poyntz/India/maps.html

图 6-39 斋浦尔城市规划分析，图片来源：Indian Architecture

图 6-40 简塔·曼塔天文台，图片来源：王杰忞摄

图 6-41 风之宫殿，图片来源：王杰忞摄

图 6-42 琥珀堡，图片来源：王杰忞摄

图 6-43 艾哈迈达巴德地图，图片来源：http://homepages.rootsweb.ancestry.com/~poyntz/India/maps.html

图 6-44 希德赛义德清真寺精美的格子窗，图片来源：维基百科

图 6-45 艾哈迈达巴德贾玛清真寺室内，图片来源：Raveesh Vyas 摄

图 6-46 海得拉巴地图，图片来源：http://homepages.rootsweb.ancestry.com/~poyntz/India/maps.html

图 6-47 海得拉巴的查尔高塔，图片来源：汪永平摄

图 6-48 库特卜·沙希陵，图片来源：维基百科

图 6-49 戈尔康达堡，图片来源：维基百科

图 6-50 拉合尔地图，图片来源：http://homepages.rootsweb.ancestry.com/~poyntz/India/maps.html

图 6-51 拉合尔德里门，图片来源：JanGasior 摄

图 6-52 拉合尔的巴德沙希清真寺立面，图片来源：维基百科

图 6-53 曼杜城卫星图，图片来源：王杰忞根据谷歌地球资料绘

图 6-54 曼杜城重点建筑的分布，图片来源：维基百科

图 6-55a 曼杜城北部阶梯井上部，图片来源：汪永平摄

图 6-55b 曼杜城北部阶梯井下部，图片来源：汪永平摄

图 6-56 雅扎宫殿，图片来源：汪永平摄

图 6-57 候尚·沙阿陵，图片来源：汪永平摄

图 6-58 曼杜南部城堡，图片来源：汪永平摄

图 6-59 比德尔平面，图片来源：王杰忞根据 MICHELL，ZEBROWSKI. The new Cambridge history of India：architecture and art of the Deccan sultanates[M]. Cambridge：Cambridge University Press，1999 绘

图 6-60 比德尔居住区中心高塔，图片来源：Freewheeliing 摄

图 6-61 马哈茂德·加万宗教学校，图片来源：Ar. M. Ali 摄

图 6-62 马哈茂德·加万宗教学校平面，图片来源：Muhammad Osman Ansari 绘

图 6-63 阿里·白瑞德陵，图片来源：Shamim Javed 摄

图 6-64 巴哈曼尼陵墓群卫星图，图片来源：王杰忞根据谷歌地球资料绘

图 6-65 巴哈曼尼陵墓群，图片来源：Ravivarma 摄

图 6-66 古尔卫星图，图片来源：王杰忞根据谷歌地球资料绘

图 6-67 达希尔达瓦扎，图片来源：Research and Information Centre for Asian Studies

图 6-68 巴拉索纳清真寺，图片来源：Milusiddique 摄

图 6-69 巴拉索纳清真寺平面，图片来源：National Encyclopedia of Bangladesh

图 6-70 巴拉索纳清真寺外东大门，图片来源：Research and Information Centre for Asian Studies

图 6-71 菲罗兹高塔，图片来源：维基百科

图 6-72 古尔城内的建筑遗存，图片来源：Amartyarej 摄

图 6-73 江布尔卫星图，图片来源：王杰忞根据谷歌地球资料绘

图 6-74a 江布尔贾玛清真寺内景，图片来源：汪永平摄

图 6-74b 江布尔贾玛清真寺，图片来源：汪永平摄

图 6-75 江布尔拉·达瓦清真寺，图片来源：John A. Williams and Caroline Williams 摄

图 6-76 江布尔沙希大桥，图片来源：汪永平摄

图 6-77 江布尔堡东门，图片来源：汪永平摄

图 6-78 法塔赫布尔西格里卫星图，图片来源：王杰忞根据谷歌地球资料绘

图 6-79 法塔赫布尔西格里的阿格拉门，图片来源：王杰忞摄

7 印度伊斯兰建筑类型与实例

城堡宫殿
清真寺
陵墓
阶梯井
园林艺术

7.1 城堡宫殿

伊斯兰政权在印度崛起之后，开始了各式各样的营造活动，其中最为重要的是城堡宫殿类建筑，因为有了它们才可以守卫自己的政权集团。这些城堡大多建造于易守难攻的高山之上或江河之滨，四周修建高大厚重的城墙及塔楼、碉堡等防御体系。城墙之外往往挖凿护城河，河上通过可升降的吊桥予以通行，建于高山上的城堡周边的护城河常常深不见底，好似悬崖峭壁一般。

城堡是一种综合性的建筑群，其内部通常分割成公共和私密两大区域，公共区域用于接见来宾、使臣或是倾听民意，私密区域则为君主及其家属居住的地方，还会配以私人花园以及清真寺、浴室、宫殿等公共建筑供皇宫贵族们使用。

7.1.1 英多拉宫殿

英多拉宫殿，意译为"摇摆宫"，是一座大型的议会厅，位于曼杜城遗址内，由杜尚·沙阿

于 1425 年修建。英多拉宫殿的墙体非常厚实且有斜度，倾斜 23 度左右，看上去就像一座摇摆着的城堡，因而得名。整体建筑平面呈 T 字形，南北向的主殿是先建造的，横向的部分是后加建的（图7-1、图 7-2）。主殿长 36 米、宽 20 米、高 12 米，从外观看是两层，实则内部通高。长边每侧有六个内凹的拱门及拱窗，短边有三个，正中间的一个为主入口。主殿内部为一个长 29.5 米、宽 8.2 米、高 10.7 米的空间，其中轴线上依次排列五座由尖拱支起的平屋顶，平屋顶下遗留插有木梁的凹槽，只是木梁早已没了踪迹。

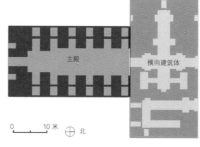

0   10 米   北

图 7-1 英多拉宫殿平面

图 7-2 英多拉宫殿

横向建筑体和主殿的大小相仿，只是它的内部实际有两层，部分二楼的窗户采用飘窗的形式。底层主体为一十字形的画廊，在短边处开口与主殿连接，东侧还有一小部分空间为单独的通道，供进出使用。二层由一纵、一横两个房间构成，纵向房间被两排柱子分割成三条廊道，站在二层可以通过一个开放的拱门俯瞰一层主殿。

英多拉宫殿体现了马尔瓦地区在伊斯兰时期的建筑风格：简约、大胆、匀称，以极少的装饰来衬托建筑大胆的体量，建筑内部的尖拱则体现出马尔瓦风格如何受到德里风格的影响。在德干的瓦朗加尔堡（Warangal Fort）有一座与英多拉宫殿差不多的建筑——库沙宫殿（Khush Mahal），只是规模小一些，且主殿的中央多了一蓄水池，可能出自同一位建筑师之手（图7-3）。

7.1.2 道拉塔巴德堡

道拉塔巴德堡位于马哈拉施特拉邦奥兰加巴德西北16千米处，是一座14世纪的堡垒城市，一直作为德干地区战略防卫重地而存在着。从1327年开始，它便成为图格拉克王朝的首都，由穆罕默德·宾·图格拉克所统治，后于1633年被莫卧儿帝国占领。道拉塔巴德堡以一系列的防御方式而闻名，是印度中世纪城堡建筑的代表。然而由于后期保护不当，这座昔日辉煌一时的首都如今已退化成依赖游客生存的小村庄，城堡内部也只剩断壁残垣了。

道拉塔巴德堡由四部分防御构成（图7-4）。第一部分是核心的宫殿区域，坐落于一座高约200米的锥形山上，山坡较矮的地方被统统开凿以提高防御能力，垂直高度至少达到50米，下面就是深深的护城河。第二部分是一小片巩固防御的区域，沿山势的东侧斜坡围合起来，城墙按一层、局部两层来建造，守护着上山的唯一通道，其内

图 7-3 库沙宫殿内部

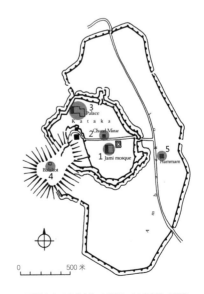

1 贾玛清真寺 2 昌德高塔 3 宫殿区 4 山顶宫殿 5 浴室

图 7-4 道拉塔巴德堡平面

部含有赤坭宫殿（Chini Mahal）、皇家住宅（Royal Residence）、炮塔及含有许多密道的内部空间。第三部分从北、东、西三侧把山围合起来，城墙按两层、局部三层建造，内部包含贾玛清真寺、昌德高塔、一座只剩遗迹的宫殿及水池、水井等建筑物，中间有一条主路通往第二部分的城门（图7-5）。第四部分从北、东、南三侧把第三部分包围起来，城墙为一层，也是最外一道，内部是居民居住的地方，一条由北至南的主路贯穿这个区域，中央有岔路通往第三部分的城门。整座城堡由三重城墙、一条护城河、一座山峰构成，建筑材料选用当地坚固的岩石，易守难攻，固若金汤。

宫殿由宽敞的大厅、庭院和凉亭构成。昌德高塔高30.5米，是一座胜利之塔，由阿拉·乌德·丁·沙阿·巴哈曼尼于1435年为庆祝攻克这座城堡而建。塔身四层，中间由三个类似德里库特卜高塔的阳台分层（图7-6）。可以想见，当穆斯林从德里征服到德干高原时，他们已经形成在当地建造清真寺和纪念碑的习惯了。高塔的底部是周围带有拱门的建筑空间，外面有一小广场，广场位于东侧，高塔位于西侧，据此推测在清真寺还没有建成时昌德高塔充当了小型清真寺的角色。

城堡内的贾玛清真寺由原先的印度教寺庙转化而来，西侧是一条长长的祈祷室，中央为一大广场，其他三面由印度教遗留下的柱子围合而成。不管是柱子的柱头和柱础，还是室内天花的内侧，或是米哈拉布（Mihrab）内印度教的女神雕像（图7-7）都遗留着印度教存在过的痕迹。清真寺外围建了矮矮的砖墙，北侧和南侧各有一个小门洞进入，东侧则为一座带有拱门及穹顶的入口，东入口外不远处为一座大水池。整座建筑呈现了道拉塔巴德城堡的历史，也是穆斯林早期在德干高

图 7-5 道拉塔巴德堡第二部分的城门

图 7-6 道拉塔巴德堡昌德高塔

图 7-7 道拉塔巴德堡贾玛清真寺室内

原留下的珍贵建筑实例之一。

赤坭宫殿（图7-8）位于第二部分北端，是一座两层的建筑。建筑的二层有两个房间，开有拱形窗洞。由于墙面上曾经镶嵌过产自中国的黄色和蓝色珐琅瓷砖，因此该建筑也被当地人称为"中国宫殿"。如今只有一部分瓷砖还残留在墙面上，整个屋顶则已经坍塌。赤坭宫殿曾作为皇室的监狱使用，1687—1700年，库特卜·沙希王

图 7-8 道拉塔巴德堡
赤坭宫殿

朝最后的统治者阿布·哈桑（Abul-Hasan）被莫卧儿皇帝奥朗则布关押在这里。

皇家住宅（图 7-9）位于赤坭宫殿的对面，四周由高墙围合，可经由北侧的拱门进入内部庭院，周边为三合院，每边都由拱形门廊与庭院相接。皇家住宅的墙壁上残存着雕花木梁和支架等一些构造细节，灰泥天花板上镶嵌着刻有几何图形和

阿拉伯花纹的带形和圆形雕饰板，用石膏砖块砌成几何样式的漏窗等建筑元素是成熟的巴哈曼尼风格（Bahmani Style）的标志。

山顶宫殿（图 7-10）结构两层，面朝东北方向，由一方形体块和一八边形的塔构成。建筑平面采用了网格生成的设计方式，体现了一定的比例尺度与设计美感。一层中央为 14.5 米见方的开放庭院，四周由若干房间围合。塔的二层为一圈外廊，外露的五个侧面各开有三个拱形窗口，建筑外部东侧有直跑楼梯通向二层（图 7-11）。整座建筑除塔的二层及屋顶上的城垛涂抹白色石膏外，其余都由深棕色的石块砌成。山顶宫殿使用了许多莫卧儿时期建筑的设计元素（莫卧儿风格和德干地区风格都受到德里苏丹国风格的影响），如拱门比例纤细，房屋平面的布置沿中心开放式庭院而展开，建筑表面施以白石膏抹面，

图 7-9 道拉塔巴德堡
皇家住宅

图 7-10 道拉塔巴德堡山顶宫殿

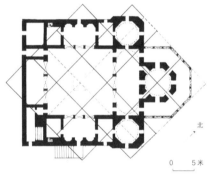

北

0   5 米

图 7-11 道拉塔巴德堡山顶宫殿平面

建筑主体包含八角塔等。山顶宫殿也被称为巴拉达里，因位于山顶，其回廊给人们提供了一处可以很好地欣赏四周平原丘陵以及城内壮丽景色之地，适合皇宫贵族在此聚会。建筑内部的中央庭院为娱乐活动提供了一个很好的场所，周围的房间被赋予寝宫、观演厅、休息室等不同功能。这座宫殿还有着强烈的政治意义，途经道拉塔巴德的人们远远地就可以看见象征着帝国权威的壮观建筑矗立在高高的山顶之上。

7.1.3 比德尔堡

比德尔堡位于印度卡纳塔克邦的比德尔市，1428 年比德尔成为巴哈曼尼王朝新首都之后由君王艾哈迈德·沙阿一世下令重新修建。从 1347 年

巴哈曼尼苏丹国在德干的土地上立国开始，王国的建筑就受到巴基斯坦以及伊朗地区建筑风格的长期影响，比德尔堡也不例外。城堡内不仅建造了精美的花园、清真寺、宫殿，还具有创新意识地引进一套水管理的体系及结构。城堡长轴为 1.21 千米，短轴为 0.8 千米，周围修建了总计 4.1 千米长的坚固城墙（图 7-12）。如今城堡已然荒废了漫长的岁月，但其城墙、城门、碉楼依旧保存较好，这对于研究德干地区的城堡建筑具有很高的价值。

城堡的主体位于城区的北部，可从城堡东南角的主门进入城区。这个入口由一系列的三座城门组成，非常壮观。中间的一座城门叫作莎尔扎门（Sharza Gate），平面呈方形，顶部覆以穹顶，体量庞大。城门主体四周带有多边形的阳台，起到瞭望作用。城门下部有着巨大的拱门，为军队的进出提供保障（图 7-13）。

图 7-12 比德尔堡卫星图

图 7-13 比德尔堡主入

进入城堡之后左手边是阮金宫殿（Rangin Mahal，图7-14、图7-15）。这座宫殿由阿里·沙阿·白瑞德主持建造，因为外墙面使用不同颜色的瓷砖拼贴而成，也被称为"有色宫殿"。宫殿的外侧有一个带水池的小型庭院，若站在庭院中向宫殿看去，会让人觉得宫殿并不起眼，然而当走进宫殿内，人们就会有意外的收获。阮金宫殿内部的墙壁上绘满了融合印度教与伊斯兰教艺术特色的装饰画，地面上镶嵌着丰富多彩的马赛克和瓷砖饰片，大厅内部的木质柱头上雕刻着华丽的雕花，天花板更装饰着被誉为"珍珠之母"的马赛克。种种细节，都反映了巴哈曼尼王国统治者超前的艺术品位以及对建筑营造活动的热爱。

穿过阮金宫殿，前方是一座不太规则的L形花园，花园包裹着一座清真寺及其前广场。这是一座叫作索尔康巴的清真寺（Solah Khamba

Mosque），建于1424年，融合了本土的建筑形式和中亚的装饰特点，是巴哈曼尼建筑风格的典型代表。建筑平面矩形，进深五跨，东面的正立面有15个大小相当的拱门[1]（图7-16），礼拜大厅的上方由鼓座支撑起一个大型穹顶，其间的

图7-15 阮金宫殿大厅天花

图7-14 阮金宫殿内部庭院

图 7-16 索尔康巴清真寺东立面

过渡部分则采用了帖木儿的构架形式。穹顶跨越了三个跨度的开间和进深，其南北两侧各有 5 列对应跨度的小穹顶构成完整的屋面，雄伟且富有韵律（图 7-17）。穹顶覆盖着一个八边形的主祈祷室，朝西的方向放置了简单的礼拜墙和宣讲台。礼拜大厅内部则由众多粗壮的圆形石柱支撑，形成具有强烈仪式感的空间，柱子的顶部还贴有简单的箔片作为装饰，这种做法是从中世纪的南亚地区传过来的，在印度地区极为罕见（图 7-18）。

索尔康巴清真寺的西面是巴哈曼尼苏丹国用于私人会见的塔克特宫殿（Takht Mahal，图 7-19）以及用于会见公众的大厅迪万·伊·艾姆（Diwan-i-Aam，图 7-20），可惜的是，这些昔日雄伟壮阔的宫殿类建筑现在只剩下基座以及一些残存的片段了。

图 7-17 索尔康巴清真寺屋顶

图 7-18 索尔康巴清真寺内部柱式

图 7-19 塔克特宫殿遗存

图 7-20 迪万·伊·艾玛遗存

7.1.4　法塔赫布尔西格里堡

法塔赫布尔西格里堡由莫卧儿皇帝阿克巴于 1569 年开始建造，是印度伊斯兰建筑的典型代表，并成为其完全成熟的标志。法塔赫布尔西格里堡的典型特征在于它并不像之前 300 多年那样多半是波斯或者中亚式建筑的再现，而是采用兼收并蓄、宽容折中的处理手法，融合了印度本地的非伊斯兰传统元素[2]。1571 年主体部分完工后，阿克巴便将莫卧儿的首都迁至这里，直到 1585 年因为水源问题得不到解决，无奈最终将它舍弃。在这 14 年期间，阿克巴一直在规划和建设着他那宏伟的城堡，包括一系列皇家宫殿、清真寺、后宫、

法院、私人会客大厅等建筑，并对整体的建筑风格施加了决定性的影响。一系列的发展加上其短暂曲折的命运使得法塔赫布尔西格里堡没有太多被使用过的痕迹，成为印度保存最为完好的莫卧儿时期建筑之一。

宫殿坐落于长 3 千米、宽 1 千米的岩石山脊上，西北朝向一片古代的湖泊（现在已完全干涸）。建造宫殿的工匠来自古吉拉特邦和孟加拉邦等多个地区，建造材料取自当地开采的红砂岩，建筑元素融合了印度教、耆那教、伊斯兰教样式。宫殿大致分为三部分：入口集市和造币厂、中央宫殿主体和旅社、贾玛清真寺。整座宫殿以希兰高

塔（Hiran Minar）作为等腰三角形的顶点引领建筑群落的布局（图7-21），以贾玛清真寺的南门布兰德·达瓦扎（Buland Darwaza）上的卡垂作为制高点引领城市的天际线。

希兰高塔（图7-22）位于宫殿边缘，靠近人工湖，是一座表面布满了石质凸起尖刺的高塔，有两层底座，第一层方形，第二层八边形，塔内有旋转楼梯直通顶部的卡垂。这种形制的塔起源于伊朗，被用于指示起点和里程标识，后来在莫卧儿时期由表面光滑的尖刺形式的高塔代替，多见于印度和巴基斯坦的西北部地区。希兰高塔和附近的象门（Elephant Gate）一起表达了对阿克巴作为一位明君能够治理好国家的美好愿景。

宫殿东北角的迪万·伊·艾姆，也就是公众会见大厅，是统治者会见市民的场所。长方形

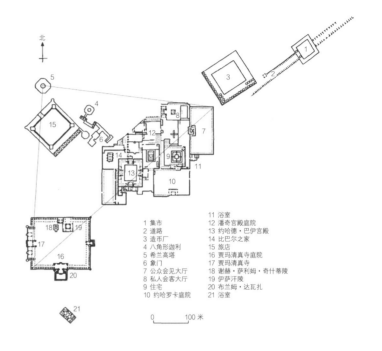

1 集市	11 浴室
2 道路	12 潘奇宫殿庭院
3 造币厂	13 约哈德·巴伊宫殿
4 八角形迦利	14 比尔巴之家
5 希兰高塔	15 旅店
6 象门	16 贾玛清真寺庭院
7 公众会见大厅	17 贾玛清真寺
8 私人会客大厅	18 谢赫·萨利姆·奇什蒂陵
9 住宅	19 伊萨汗陵
10 约哈罗卡庭院	20 布兰德·达瓦扎
	21 浴室

0 ——— 100 米

图7-21 法塔赫布尔西格里堡平面

图7-22 希兰高塔

的用地大部分都是开阔的草地，仅在西侧有一座架高的梁式建筑，由红色砂岩建造，五开间，四坡顶（图7-23），面向东面的庭院。建筑的坐落位置暗示着人民对于阿克巴的朝拜就如同朝拜真主一般，要面朝西方。

公众会见大厅的西面紧挨着一个宽阔的内部广场，广场的北端是迪万·伊·哈斯（Diwan-i-Khas），即私人会客大厅（图7-24）。它坐落于一片小广场的中央，是一座完全对称的方形建筑，由红色砂岩建成，体量不大，但是构造奇特。建筑内部中央有一根雕饰丰富的巨柱：下部柱础截面为方形，装饰着耆那教装饰纹样；中部截面为八边形，装饰着伊斯兰教装饰纹样；夸张的柱头是一圈印度教的蛇形托梁，共36个。柱子上部支撑着一个圆形平台，平台通过四座天桥与建筑四角连接，同时与四周的环形走道交会，共同构成建筑的二层（图7-25）。二层四周有一圈由托

图 7-23 公众会见大厅

图 7-24 私人会客大厅

梁支撑的环状游廊，围以带有迦利的栏杆，既美观又安全。建筑顶部四角各有一个卡垂，增加了立面的美感。

内部广场的南端是一个以方形水池为中心的建筑空间。水池中央有一方平台，通过水边的四

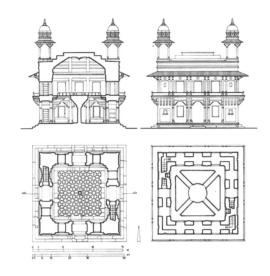

图 7-25 私人会客大厅平面、立面、剖面

条通道通行，平台四周围绕着迦利式的栏杆，平台上摆放着方形棋盘，为皇宫贵族提供了休憩、交流的空间。水池后方是阿克巴及王室的住所，再往后穿过一片庭院就是阿克巴的办公地约哈罗卡（Jharoka）[3]，它的南面沿街一侧开有大窗，阿克巴就是在这里采纳民众的建议或处理民众的投诉。

水池西侧的一面宫墙是整座宫殿办公区与生活区的分界线，过宫墙便来到了曾那纳（Zenana），即后宫。后宫是整座宫殿建筑装饰最为精彩的地方，有着丰富的雕刻和精美的壁画，其中最具装饰性的宫殿是苏那拉·马坎（Sunahra Makan），内部的彩画不仅有抽象几何图案，甚至还有形象生动的动物图案（图 7-26）。

图 7-26 动物图案彩画

后宫区的核心名为约德哈·巴伊宫殿（Jodh Bai's Palace），由阿克巴为其第二位拉杰普特的王后建造。这是一个长方形中轴对称的封闭空间，长 106.7 米，宽 71.7 米，四角有突出的穹顶，外墙高 10.7 米。宫殿中央为庭院，由东侧的一个单独入口进出。出入口立面略微凸出，也是完全中轴对称的，左右各一个卡垂、一个阳台、一个伊旺（图 7-27）。庭院四周被拱形游廊围合，每边的中央有一座两层楼高的建筑，都是对立的部

图 7-27 约德哈·巴伊宫殿的入口立面

分，楼顶各附两个卡垂，由楼梯上至二层。从建筑壁龛的设计、螺旋形支架的形式以及柱子的形状中可以看出印度教神庙建筑对其产生的影响。

比巴尔之家（Birbal's House）坐落在后宫的西北角，是阿克巴最喜欢的部长的房子。这是一座两重檐的建筑：一层由四个房间和两个门廊构成，二层由两个房间及有迦利包围的阳台组成，屋顶有两个圆形的穹顶以保持室内凉爽。一层的檐口下以夸张的蛇形托梁支撑，这种托梁在法塔赫布尔西格里堡的建筑中很常见。建筑主体为红色，屋顶为白色，配色经典，建筑内部装饰着精美的壁龛和雕刻。

后宫的东北角还坐落着一座显眼的建筑，即潘奇宫殿（Panch Mahal，图 7-28）。整体来看，这座建筑就是一栋大型的巴拉达里，一共五层。每一层都向东南角逐步退让，直到顶层为一座大圆顶的卡垂。每层都整齐地排列着雕刻复杂的廊柱，一共有 176 根之多。上面四层柱廊都有迦利式的栏杆及遮阳的倾斜石板屋檐，可以用来眺望宫内的景色。这座建筑是为宫殿里的女性游玩而建造的。

7.1.5 拉合尔堡

拉合尔堡位于巴基斯坦第二大城市拉合尔

图 7-28 潘奇宫殿

从那时起一直到 1605 年，历代莫卧儿帝国的统治者都定期扩建拉合尔堡（图 7-29），给城堡内部添置林林总总的游园、水景，君主沙·贾汉就是其中贡献最大的一位。他将原来城堡内外的红色砂岩构筑物改造成精美的大理石材料，还为城堡增添炮台等防御性构造，使得拉合尔堡整体上更加宏伟。1981 年，拉合尔堡同夏利马尔花园一起被正式列入《世界遗产名录》。

拉合尔堡的基本设计原则同德里红堡以及阿格拉堡相类似，南北长 380 米，东西长 470 米。城堡南部有庞大的公共庭院及公众会见大厅（图 7-30），城堡北面则为较私密一些的居住空间和活动小花园，有条件的地方加入了水景。整座拉合尔堡有两个出入口，一个位于西侧，名为阿姆吉瑞门（Alamgiri Gate），由奥朗则布建造，联系着城堡与其西侧的巴德沙希清真寺。另一座城门位于东侧，名为清真寺大门（Masjidi Gate），由阿克巴大帝建造。由于历史原因，清真寺大门已经永久性地关闭了，阿姆吉瑞门成为整座城堡的主入口（图 7-31）。

从主入口进入城堡后，正前方是拉合尔堡内

老城的西北角，当地人称之为沙希奇拉（Shahi Qila）。城堡始建于 1021 年的伽色尼王朝时代，1526 年莫卧儿帝国第三任君主阿克巴将首都迁到拉合尔后，开始重修拉合尔堡。新的城堡是在原有城堡的结构基础上通过一系列的加固措施修建而成的，具有很强的防御能力，以抵御外敌的侵略。

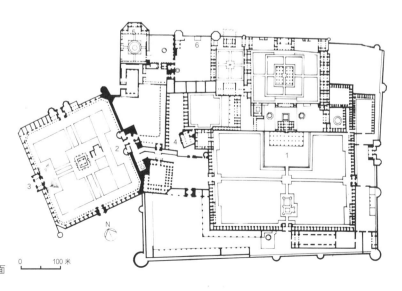

1 公众会见大厅
2 阿姆吉瑞门
3 巴德沙希清真寺
4 珍珠清真寺
5 舍西宫殿
6 纳乌拉克哈凉亭

0 100 米

图 7-29 拉合尔堡平面

图 7-30 公众会见大厅

的清真寺——珍珠清真寺。这座清真寺由沙·贾汉皇帝主持建造，通体由白色大理石修建，曾经用作皇室后宫的私人住宅，室内营造出的宁静气氛很适合人们在此隐居（图 7-32）。位于主入口左手边的建筑叫做佘西宫殿（Sheesh Mahal），建于 1631—1632 年，也由沙·贾汉建造。佘西宫殿平面呈半八角形，建筑主体由白色大理石建成（图 7-33）。建筑的内部用复杂的镜面镶嵌工艺以及不同颜色的水晶玻璃共同装饰，营造出一种闪闪发光的效果，佘西宫殿因此也被称为"镜宫"。拱形的天花板上绘制了丰富的壁画并施以镀金，地面由浅色的几何图案面砖拼贴，入口柱式上柱头与柱础的雕刻同样尽善尽美，使得整个宫殿内部都洋溢着奢华的气氛（图 7-34）。在阿格拉堡和琥珀堡内都有采用同样装饰手法的宫殿。佘西宫殿的东面是一个小型的合院空间，主体建筑为一个造型别致的小凉亭，叫做纳乌拉克

图 7-31 拉合尔堡阿姆吉瑞门

图 7-32 珍珠清真寺内部

哈凉亭（Naulakha Pavilion）。这座凉亭约建于1633年，由沙·贾汉修建，虽然体量小，竟耗资90万卢比。它的特别之处在于，凉亭顶部建造了特别巨大的曲面拱形屋顶。这是一种由印度东部的孟加拉地区传来的屋顶形式，不仅造型华丽，还利于雨水的排放（图7-35）。

凉亭的内部极尽奢华，墙壁上镶嵌着宝石和银制的纹样，并使用上釉的瓷砖和马赛克来装饰门拱、制作外墙面装饰用的花卉图案。此外，在纳乌拉克哈凉亭背后的城墙上，沙·贾汉还别出心裁地要求工匠们用精美的瓷砖拼贴了一面6 000多平方米的艺术墙，集动物、植物、人像、小型壁龛、几何图案等各种装饰元素于一体（图7-36）。装饰的繁复程度已然不是一般城堡可以相媲美了，只能用"惊叹"二字形容。

图7-33 佘西宫殿立面

图7-34 佘西宫殿内部

图7-35 纳乌拉克哈凉亭

图7-36 拉合尔堡精美的艺术墙

7.1.6 阿格拉堡

阿格拉堡，又名阿格拉红堡，位于阿格拉的中心地带、亚穆纳河的西岸，距离东面的泰姬·玛哈尔陵只有 2.5 千米，是莫卧儿帝国的权力中心。这是一座巨大的城堡，像是一座有着围墙的城市。阿格拉城堡的历史可以追溯至 11 世纪，德里苏丹国的洛迪王朝时期，统治者第一次将首都迁至阿格拉并进驻阿格拉堡内。1565 年，莫卧儿皇帝阿克巴将他的资产全部搬到阿格拉，并开始在原有基础上建造属于自己王朝的城堡，他雇用 4 000 名工匠、耗时 8 年才将城堡大致修建完成。阿克巴和贾汉吉尔先后都为这座城堡做出了巨大努力，到了沙·贾汉统治时期，沙·贾汉继续完善着前人的建设成果，并最终将阿格拉堡建造成一座无与伦比的皇家都城。高峻的城墙由先辈阿克巴和贾汉吉尔所建，全部使用红砂石砌造；沙·贾汉即位后，在城堡的内部又添置了一些宫殿类的建筑，最终使其成型。雄伟的阿格拉堡有着 2.5 千米长的城墙体系，拥有众多建筑，并将传统的印度建筑风格和伊斯兰建筑风格进行了较好的统一。

阿格拉堡平面接近半圆形（图 7-37），南北长约 760 米，东西宽约 530 米，有两处主要的出入口。一处是南面的拉合尔门[4]，一处是西侧的德里门（图 7-38）。伟大的德里门面朝城堡西侧的城市，建造于 1568 年，肩负着守卫城堡安全的重任，被认为是阿克巴时期最伟大的四座城门之一。德里门整体呈红色，局部点缀了一些白色的大理石。德里门前有木质吊桥，用来连通被护城河分隔的城堡内外。德里门连接着一座矩形的瓮城，在此需要转 90 度才能进入象门，由于空间狭小不利于进攻，因此大大增强了整座城门体系的

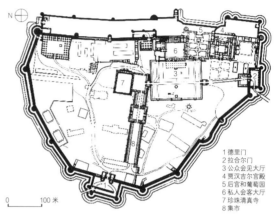

1 德里门
2 拉合尔门
3 公众会见大厅
4 贾汉吉尔宫殿
5 后宫和葡萄园
6 私人会客大厅
7 珍珠清真寺
8 集市

0   100 米

图 7-37 阿格拉堡平面

防御能力。

通过象门后就进入了城堡内部，其右手边是一座大型的莫卧儿花园，供城堡内的贵族们使用。径直向前就到了沙·贾汉统治期间都会在城堡内部建造的珍珠清真寺（图 7-39），拉合尔堡和德里红堡内的珍珠清真寺规模小一些，阿格拉堡内的是最大、最好的一座。它建于 1648 年，位于公众会见大厅的北部，完全用白色大理石建造而成。清真寺礼拜大殿位于西侧，其余三边为回廊，中央是一方型的庭院，庭院中心是一个大理石的喷泉。礼拜大殿的正立面为七个连续的波纹状拱门，屋顶上对应七个小型的装饰性卡垂，卡垂后面是三个升起的大型鳞茎状穹顶，增强了整座清真寺的美感。拱门上方挑出宽大檐口，对立面起到一定的保护作用。这些建造细节不仅成为沙·贾汉时期的建筑特色，而且成就了这座清新淡雅的清真寺"世界上最美的私人寺院"之名。

珍珠清真寺的对面是阿格拉堡大型的公众会见大厅（图 7-40）。公众会见大厅建于 1.25 米高的红色砂岩基座上，主体为白色，三面开敞，内部共有 48 根精心雕刻的支柱支撑起单层屋顶。大厅前方是一个大型的集散广场，供前来觐见的民众使用。每当有重大节庆活动，大厅也可以转

图 7-38 阿格拉堡的德里门

图 7-39 阿格拉堡的珍珠清真寺

图 7-40 阿格拉堡的公众接见大厅

换成大型的节日舞台供民众使用，很是方便。1635年3月，沙·贾汉在阿格拉堡的一次盛大的朝见大会上在此登上价值连城的孔雀宝座。著名的孔雀宝座由娴熟的工匠历时7年打造，耗用1 000万卢比的钻石和宝石进行装饰，华美至极[5]。

　　公众会见大厅的后方一直到拉合尔门的沿河地段是较为私密的生活区，其中包含后宫、葡萄园、贾汉吉尔宫殿、阿克巴宫殿以及沙·贾汉的休憩之所。后宫靠近城堡边缘的地方有一座建造于1637年的八角塔（图7-41），原本是为皇后泰姬·玛哈尔建造的，这里可以欣赏到美丽的沿河风光。八角塔的护墙板上雕刻着精致的植物纹样，与泰姬·玛哈尔陵的细部较为接近，护板上镶嵌有半宝石，十分华丽。沙·贾汉在晚年时被自己的儿子囚禁于此，只能终日凝望远方妻子的陵墓——泰姬·玛哈尔陵。

图 7-41 阿格拉堡的八角塔

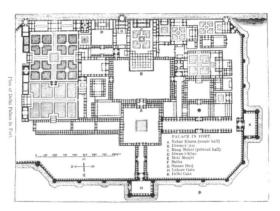

图 7-42 德里红堡平面

堡被列入《世界遗产名录》。

红堡的正门位于城堡西侧，名为拉合尔门，因其开门方向指向远方的拉合尔而得名（图 7-43）。拉合尔门前有类似中国城门中瓮城的区域，用于战时防御。整座城门高约 33 米，红色砂岩材质，下部开有大型拱门，门身有一片片的装饰面板，顶部是一排火焰状的城垛及由 7 个

7.1.7 红堡

红堡位于德里老城的东侧、亚穆纳河的西岸，于 1638 年沙·贾汉计划从阿格拉迁都德里时建造，1648 年完工，是德里在历史上新建的最后一座城堡，正式命名为沙贾汉纳巴德，因城墙全部以红色的砂石砌筑而得名"红堡"（图 7-42）。红堡城墙高达 18 米，双重红砂石结构，延绵 2 千米。红堡南北长 970 米，东西宽 490 米，占地面积约为我国紫禁城面积的一半。城堡内部的宫殿根据伊斯兰风格宫殿原型进行设计规划，每一座亭阁都包含莫卧儿时期的建筑元素在内，同时充分融合帖木儿、波斯以及印度当地的传统元素。红堡本身较为新颖的建筑风格以及园林景观的设计对之后德里、拉贾斯坦、旁遮普等地区的建筑与园林的发展都产生了深远的影响。2007 年，德里红

图 7-43 红堡的拉合尔

白色小型卡垂构成的空廊，空廊两侧各有一座细细的高塔，这些构成了整座城门的轮廓线。进入拉合尔门是一条长达 144 米的名为查哈塔市集（Chhatta Chowk）的通道，商铺分布在宽敞的通道两侧，上面覆以一排排高大的拱形屋顶，充满了序列感。市集的尽头是一个开敞的庭院，庭院平面尺寸为 160 米 ×110 米，皇家乐队演奏音乐的鼓乐厅（Naubat Khana）正位于庭院末端的中央处，这里也是人们进入宫殿前下车马的地方（图 7-44）。

穿过鼓乐厅正式进入城堡的宫殿部分。首先看到的是正前方开阔的草坪后的公众会见大厅。该建筑为矩形平面，长 160 米，宽 130 米，三面开敞，内部排满了廊柱。波纹状连续拱券的红色砂岩外立面配以上方单层的白色屋顶，显得轻盈又有力量。顶部两端还建有卡垂，打破了单调的

天际线（图 7-45）。统治者在这里倾听百姓的声音。公众会见大厅中央有一处凸出的白色大理石制造的高台，上覆孟加拉式的曲面屋顶，并镶嵌华丽的彩石纹理，高台后是一面由五彩斑斓的石头拼贴成的墙壁，中间开有石门，由此进出公众会见大厅（图 7-46）。

红堡的私人会客大厅位于公众会见大厅的东北方向不远处，用于会见臣子和宾客。该建筑体量不大，是一座 27.4 米 ×20.4 米的单层亭台式宫殿，开间 5 跨，进深 3 跨加 2 个小跨。形式和公众会见大厅相似，但材质均为白色大理石，室内外装饰得富丽堂皇，屋顶上四角各放置了一座白色的卡垂。所有的列柱、拱门上都装饰着玛瑙、碧玉、红玉髓等彩色宝石镶嵌的百合、玫瑰、罂粟等花卉图案，室内天花的雕花上曾经覆有银箔。大厅中央的大理石台基上曾经摆放过价值连城的

图 7-44 红堡的鼓乐厅

图 7-45 红堡的公众会见大厅

图 7-46 公众会见大厅的中央高台

孔雀宝座[6]。虽然被入侵者掠夺数次，但该建筑如今依旧气派非凡（如图 7-47）。

图 7-47 红堡的私人会客大厅

除了这些重要的建筑以外，还有诸如浴室、后宫、镜宫等附属建筑。它们与私人会客大厅连成一条直线，分布在红堡靠近亚穆纳河的一侧。这些建筑都由白色大理石建造，并镶嵌着五颜六色的彩石。此外，同拉合尔堡一样，红堡之内也有一座自己的珍珠清真寺。这座清真寺位于浴室的西侧，由奥朗则布于 1659 年修建，通体纯白，开间 3 跨，进深 2 跨，屋顶覆以 3 座球形穹顶。礼拜大殿坐落在高于中央院落的平台之上，庭院中心有一方沐浴用的喷泉（图 7-48）。

图 7-48 红堡的珍珠清真寺

7.2 清真寺

清真寺[7]，字面意思是"跪拜之地"，即穆斯林跪拜真主，进行默祷和礼拜的地方。对一位穆斯林而言，任何可以用于朝拜的地方都是清真寺，即使它只是一座临时性的建筑。清真寺作为一种独立的建筑形式在伊斯兰教创立一个世纪之后出现，拥有独特的建筑特点和技术形式。寺内没有明确的崇拜对象，只供信徒聚集在一起。世界上的清真寺以圣地麦加为中心发散出去。在每一座城镇或城市中都设置一个主要的清真寺，名为贾玛清真寺。贾玛清真寺为该地区所有的男性于每周五前来集体朝拜而设置，因此也被称为"星期五清真寺"。随着人口的增长及穆斯林队伍的壮大，每座城市出现了大量规模较小的清真寺供人们日常使用。除了最主要的每日朝拜的功能外，清真寺还有一些附加功能，如宣告法令法规，教儿童学习《古兰经》以及为死者举行特殊仪式。

最初的清真寺建筑要求简单，只需一个足够容纳前来朝拜的人们的空间，例如一堵墙、一个单独的小广场。后来渐渐地增加了一些其他功能，如在朝向麦加朝拜的墙上的祈祷壁龛米哈拉布、为伊玛目[8]提供讲经布道的讲台敏拜尔（Minbar）、每天为了号召信徒们进行朝拜的宣礼塔（Minaret）、只为开斋节和宰牲节设立的祈祷之处（Idgah）等，清真寺的形式也随着这些功能需求渐渐丰富了起来。

位于果阿邦（Goa Pradesh）的纳马扎尬清真寺（Namazgah Mosque）是清真寺原型最好的说明（图 7-49），它由一个封闭空间和礼拜墙构成，米哈拉布、敏拜尔、低矮的锥形宣礼塔也一应俱全，为附近的居民提供了良好的礼拜场所。

到了 7 世纪末，清真寺的功能和形式已经基本形成，它具有如下特点：

礼拜殿（Prayer Hall）：有足够大的空间供信徒们使用，多柱式结构，可以根据需要进一步扩大。顶部由穹隆顶覆盖，象征着天堂和天空。

米哈拉布：礼拜殿的一侧朝向圣地麦加方向的墙壁名为朝拜墙（Qibla Wall），米哈拉布是朝拜墙上一中空的壁龛空间，供奉着先知。米哈拉布为礼拜殿内部装饰性最强的地方，作用在于指示麦加的方向。

敏拜尔：为伊玛目宣读经文、发布公告、讲道的地方，设置于米哈拉布的右侧。敏拜尔的历史可以追溯到伊斯兰教初始的先知时期，最初为只

图 7-49 果阿邦纳马扎尬清真寺

有三级的高高的凳子，比较简陋。随后发展成为十级的顶部带有座位的小亭子，上覆有华盖，周边有石质或者木质的雕刻装饰，异常精美。

中心庭院（Sahn）：清真寺唯一的外部空间，联系周围的拱廊和礼拜殿。庭院中心或者一侧设有喷泉，供信徒们礼拜前清洁身体。喷泉不只具有仪式上的重要性，同时还给整座清真寺提供纯净的氛围。

宣礼塔：号召信徒进行一日五次礼拜的地方，内部设有楼梯供宣礼员登上塔尖，是清真寺内部重要的结构构件之一。宣礼塔使宣礼员的声音传遍城镇各处，同时也方便人们最直观地发现清真

寺所在，中国称宣礼塔为邦克楼。

中东地区的清真寺不论规模大小，基本都采用一种形制：以庭院为中心，四周被大致相同地分为由拱廊或者柱廊建造的空间，进深差别不大。当清真寺在印度大陆出现发展后，这一形制发生了变化。中心庭院不变，四周空间的划分有了不同，主要的礼拜殿被强调出来，进深大且雄伟，其余三边建成次要的廊道来使用。

因麦加位于印度大陆的西部，因此印度清真寺绝大多数以东侧为主入口，西侧为礼拜殿，中心围合成一个开放空间，且往往将东侧的入口做得异常宏大，以达到与其他入口区分的目的。对于一些小型清真寺，印度当地采用取消中心庭院的做法，由东侧入口的小前院直接连接长方形的祈祷室，简洁明了。

7.2.1 库瓦特·乌尔·伊斯兰清真寺

库瓦特·乌尔·伊斯兰清真寺属于德里地区风格，字面意思为"伊斯兰的力量"，位于新德里南郊 15 千米外的库特卜建筑群（Qutb Complex）内，是德里第一座清真寺，由拉合尔古尔王朝的苏丹库特卜·乌德·丁·艾巴克于 1192 年攻下德里后的第二年建造。建筑选址在原德里最大的印度教庙宇群内，据说这里曾经有 27 座大大小小的印度教神庙。规模庞大的库特卜建筑群就建在印度教庙宇群遗址上，其修筑材料大部分从被毁坏的印度教庙宇的遗存中收集而来。库特卜建筑群有内外三层围墙构成三重院落空间（图 7-50）：第一重院落空间为清真寺，第二重是库特卜高塔所在的院落，第三重是一直没能完工的阿莱高塔所在的院落。建筑群的主入口位于第三重院落的南侧，被称为阿莱·达瓦扎。主入口为方形平面，由红色砂岩构成，配以白色的大

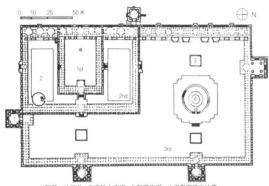

1 阿莱·达瓦扎 2 库特卜高塔 3 阿莱高塔 4 伊勒图特米什墓

图 7-50 库瓦特·乌尔·伊斯兰清真寺平面

理石镶嵌作为装饰，立面中央开拱门通廊，顶部覆有半圆形穹顶，是印度第一座采用标准的伊斯兰建筑结构与装饰原则建造的建筑，具有里程碑的意义。

　　整座清真寺建造在一座被摧毁的印度教寺庙的底座上，坐西朝东，建筑平面由原来的底座扩大至 50 米 × 70 米，内庭院的尺寸为 35 米 × 47 米，被一圈回廊包围起来。东侧入口的回廊进深 3 跨，南北两侧的回廊进深两跨。回廊的柱子同样取自印度教寺庙，为了取得理想的高度，工匠们将两根柱子叠置起来。西侧的圣殿（礼拜殿）进深 5 跨，平面的单位进深与开间的尺寸更大，空间更开阔，承重结构上支撑着一系列共 5 个内凹的拱形屋顶，中间为大拱。礼拜殿前的广场中心矗立着一根 4 世纪建造的铁柱（图 7-51a、图 7-51b），高约 7 米，至今保存基本完好，只是铁柱顶部的金翅鸟已然损毁。1199 年，在礼拜殿与广场之间，工匠们用华丽的浮雕装饰建造了一座有五个洋葱头形拱券构成的砂岩屏墙（图 7-52）。屏墙高 16.7 米、宽 61 米、厚 2.8 米，其拱券还不是真正意义上的拱，为叠涩而成。由此可见这些建筑形式是印度教泥瓦匠们在外力的施压下委曲求全的产物。中央的大拱券高 15 米，跨度 7 米，两侧的 4 个拱券高 6

图 7-51a 广场中心铁柱

米，其上分别有一个天窗形式的小拱券（现已毁坏），主要起装饰作用。拱券顶部的"S 形曲线"

图 7-51b 广场中心铁柱局部

图 7-52 砂岩屏墙

由印度佛教建筑鹿野苑佛塔拱门上的曲线发展而来。浮雕包含印度教的圆形花饰、佛教的波状花纹、伊斯兰教的库法体（Kufic）和纳斯赫体（Naskhi）文字组成的书法图案，集中体现了不同教派的艺术特色，也格外彰显伊斯兰的力量。

在清真寺的东南角还有一座精美的纪念建筑——库特卜高塔（图 7-53），这是一座胜利之塔，字面上是"记功柱"之意，塔身上的铭文密麻麻地记录着它所承担的历史功绩，将伊斯兰的精神在印度的土地上散播开来。库特卜高塔是新王朝权力的象征，与库瓦特·乌尔·伊斯兰清真寺同年开始建造，由红色和黄色相间的砂岩及大理石仿造贾玛清真寺宣礼塔的形式建造而成。塔高 72.5 米，塔身平面为极为复杂的星形，其复杂之处在于：一层平面以圆弧棱与方角棱相间，二层平面全部为弧形棱，三层平面全部为直角棱，四层平面为光滑的圆形，五层平面下部为光滑圆形，上部为圆弧棱，由此可见一斑。塔身底部直径为 14.3 米，经内部 379 级螺旋踏步到达塔顶后直径缩小至 2.5 米。塔身分为五层，下三层为纯砂岩建成，上两层采用砂岩与大理石材质，层与层之间由钟乳状梁托支撑的上部带栏杆的阳台隔开。塔身所有的雕刻均为伊斯兰文字及花纹，不再有印度教与佛教建筑元素的痕迹。整座塔渐渐向

图 7-53 库特卜高塔

上收分，有很强烈的高耸感和韵律感，坐落在清真寺东入口边，和主入口形成极具艺术感的不对称构图。库特卜高塔所在的第二重院落由左、右两个狭长型院落构成，按穆斯林的习俗在每个广场中央都放置了水池，广场的西端同样有连拱屏墙，屏墙后面是覆盖着穹顶的祈祷室。

7.2.2 阿塔拉清真寺

阿塔拉清真寺属于江布尔风格，位于江布尔主城区西1千米处，由沙姆斯·乌德·丁·易卜拉欣（Shams-ud-Din Ibrahim）于1408年建造完成，建筑初期的基础是30年前由菲罗兹·沙阿·图格拉克打下的。这座清真寺也建在一座印度教寺庙的遗址上，原寺庙名为阿塔拉·德维（Atala Devi），新建的清真寺沿用了之前寺庙的名称。虽然这是一座由穆斯林统治者建造的清真寺，但在它身上体现出诸多印度建筑风格的影响，为以后江布尔地区清真寺的建造提供了参考原形。

阿塔拉清真寺的平面呈方形（图7-54），外尺寸86米见方，中心庭院尺寸59米见方，四

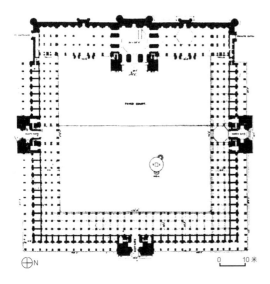

图7-54 阿塔拉清真寺平面

周的进深等距为14米，与德里苏丹地区清真寺的平面不同。庭院北、东、南三面为回廊，进深五跨，除北侧和南侧入口中央为两层贯通的大空间，覆穹顶，其余部分的回廊都是两层的，东侧主入口无穹顶。回廊一层的沿街走廊里为游客及商人提供住宿的空间。礼拜殿中央立面是一个高耸的塔桥状屏门（图7-55），25米高，18.3米宽，中间是一个很浅的伊旺，包含了礼拜殿的入口及照亮礼拜殿的窗户。两个塔桥状的屏门结构被缩小后放置在中央立面两侧，与中央立面一起撑起了主立面共同的旋律。礼拜殿内的部是一个长12米、宽10米的大厅，上覆一大型的半圆形穹顶。两边有耳堂，耳堂各有一小穹顶。礼拜大厅内部西侧墙面有三个并排的米哈拉布及一个敏拜尔，大厅的上方四角由四个内角拱（Squinch）将方形平面划分成八边形，再由支架组成一个十六边形的支撑结构来撑起上部的穹顶，可谓是艺术与技术的巧妙结合。

清真寺内部的穹顶高19米，由一圈圈石材堆叠而成，表面施一层水泥使其形状更丰满。耳室为多柱式结构，中央有一个八角形的底座支起一个较小的穹顶。在两侧耳室的尽头建造了夹层，楼上用镂空的石质屏门为前来做礼拜的穆斯林妇女提供单独的空间，这是很大的进步。西侧墙外的沿街立面，由于内部是大的祈祷空间，不易跟随功能而做得美观，因此建造者在平面每个对应穹顶的开间处都做了凸起，每个凸起的两角又添加锥形的角楼，从而解决了这一问题（图7-56）。

7.2.3 曼杜贾玛清真寺

曼杜贾玛清真寺（Jama Masjid, Mandu）属于马尔瓦风格，由候尚·沙阿开始建造，后于1440年由马哈茂德一世完成，位于曼杜城的北部

图 7-55 阿塔拉清真寺礼拜殿

有四个小型的装饰顶，和方形的入口立面一起构成和谐的比例，同时也颇具气势，这是受到了大马士革大清真寺的启发。走上大台阶穿过入口门厅就是清真寺的中心庭院。中心庭院 54 米见方，四边被连续的廊道包围，每条廊道都整齐地排列着 11 个拱门，庭院中央为联系入口门厅与礼拜殿的道路，两侧做了大面积绿化（图 7-59）。

南北两侧柱廊进深三跨，东部入口柱廊进深两跨，西部的礼拜殿进深五跨。现存的清真寺南北两侧都有不同程度的损坏，廊道不再完整。除了礼拜殿屋顶上的三个较庞大的穹顶外，其他每一跨开间与进深之间都均匀地分布着筒状的圆顶，共有 158 个之多，比艾哈迈达巴德贾玛清真寺还要夸张。

图 7-56 阿塔拉清真寺南侧沿街立面

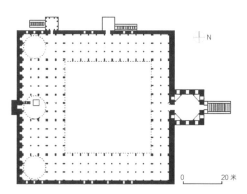

图 7-57 曼杜贾玛清真寺平面

中央地带。整座清真寺平面中主体为边长 96 米的正方形，东侧突出一个 24 米见方的正方形入口（图 7-57），入口外连接一部大台阶。清真寺北侧还有两个小的入口，分别为毛拉和妇女专用。曼杜贾玛清真寺最特别之处在于整座建筑坐落在一座高台之上，高台底座的前面部分是由拱廊组成的一个个房间，可以作为客店给前来朝拜的信徒们使用（图 7-58）。入口门厅的顶部覆有三个与庭院对面礼拜殿屋顶上相同的大穹顶，四个角上还

图 7-58 曼杜贾玛清真寺入口

图 7-59 曼杜贾玛清真寺中央庭院

图 7-60 曼杜贾玛清真寺内的米哈拉布

清真寺的设计总体上给人以庄重、宁静之感，不太注重建筑外部的装饰，但也不草率，建筑内部特别是礼拜殿米哈拉布和敏拜尔的装饰做得很到位（图7-60），虽然颜色和材料相对比较收敛，但是雕刻细节精致、典雅，值得慢慢品味。

7.2.4 艾哈迈达巴德贾玛清真寺

艾哈迈达巴德贾玛清真寺属于古吉拉特风格，位于城区的中心地带，由艾哈迈德·沙阿于1424年建成。这座清真寺被认为是印度西部建筑水平较高的一座，全部由黄色的砂岩建造而成，其精华都集中于礼拜殿。

礼拜殿外的中心庭院尺寸为85.0米×73.3米，以石板铺地，庭院西侧为礼拜殿，其余三侧为柱廊，并各有一个出入口。建筑师将洋葱头拱状屏门和多柱式门廊两种方式结合到一起，塑造了礼拜殿的正立面。屏门位于中央，门廊位于两侧（图7-61、图7-62）。两种元素的并置使立面产生了强烈的虚实对比，轻快的光影洒进幽深的柱廊之间，营造了静谧神圣的氛围。屏门的中央拱券两侧各有一粗壮的桥墩型柱子，雕刻精美。其上原本有一对高耸的宣礼塔，后因1819年发生的地震被破坏，现已消失（图7-63）。两座较小的拱门被置于屏门左右。透过中央的拱门，可以从阴影中看见锯齿状的造型拱从内部细的柱廊间映衬出来。

礼拜殿的平面是一个70.0米×31.7米的矩形，平面上紧密地排列着约300根修长的柱子，柱距控制在1.7米左右。所有的柱子被平均地分布在礼拜殿平面内，并按照一定的规律支撑起了屋顶5列3排共15个穹顶，每个穹顶周围还有4个小穹顶。从天空俯瞰，艾哈迈达巴德贾玛清真寺极具创意。礼拜殿正中大穹顶所覆盖的空间被分割成三层，第一层为方形平面，第二层为方形

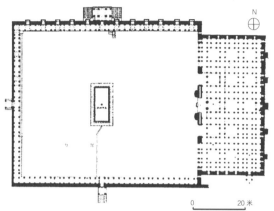

图7-61 艾哈迈达巴德贾玛清真寺平面

图7-62 艾哈迈达巴德贾玛清真寺礼拜殿立面

图7-63 艾哈迈达巴德贾玛清真寺光塔复原图

环状平面，第三层为一圈八边形游廊，顶上覆以大穹顶（图7-64）。左右两侧被分割成两层，再侧边的柱廊为一层。

艾哈迈达巴德贾玛清真寺总的来说主要受到印度教建筑的影响，不管是庭院周边环形游廊

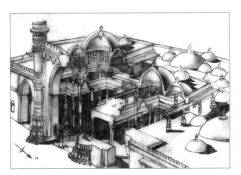

图 7-64 艾哈迈达巴德贾玛清真寺剖透视

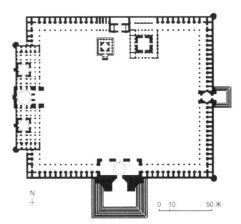

图 7-65 法塔赫布尔西格里贾玛清真寺平面

图 7-66 法塔赫布尔西格里贾玛清真寺礼拜殿立面

的柱子还是礼拜殿入口两侧光塔上错综复杂的雕刻，甚至是礼拜殿内部上方的锯齿状构件，都来源于印度教建筑形式。艾哈迈达巴德贾玛清真寺是印度教与伊斯兰教文化相互融合的产物，同时也体现出艾哈迈德·沙阿对于不同宗教建筑的包容性和审美情趣。

7.2.5　法塔赫布尔西格里贾玛清真寺

法塔赫布尔西格里贾玛清真寺（Jama Masjid, Fatehpur Sikri）位于法塔赫布尔西格里堡建筑群的西南角，由阿克巴于 1571 年建成，是印度现存较大的清真寺。整体为传统的清真寺形制，平面为 180.7 米 × 146.0 米的矩形，内部有一个巨大的中心庭院，西侧为礼拜殿，其余三侧包以回廊（图 7-65）。起初建造时有北门、东门、南门三个入口，现只有东门与南门保留下来。从清真寺的布局及装饰来看，综合体现了伊斯兰教、印度教以及耆那教的建筑风格。整体建筑形制与古吉拉特邦、北方邦的江布尔地区类似，这与阿克巴同时期占领过两地有关。

礼拜殿的外立面（图 7-66）由中间的山墙和两翼的柱状拱廊构成，山墙中央是一方大型的伊旺，不论是山墙顶部还是拱廊顶部都有大量的印度教建筑装饰性卡垂成排地出现，打破了原本

单调的建筑轮廓线。礼拜殿的中央大殿顶部有一个圆形主穹顶，两侧还有一对较小的穹顶加以陪衬。方形的中央大殿由一主两次入口与外部庭院联系，两翼拱廊同步拱门与大殿连接。在西端的墙上有装饰精美的对应入口的一主两次米哈拉布，以及一座简洁的三级敏拜尔，梁架结构与拱结构相辅相成、相得益彰。

清真寺的南侧是一座巨型的门楼建筑，名为布兰德·达瓦扎（Buland Darwaza，图 7-67）。这座通往清真寺的大门是为了纪念阿克巴的战功在清真寺修建完成之后加建上去的，由红色和浅黄色砂岩砌筑，用白色与黑色大理石进行装饰。建筑高达 54 米，面宽 43 米，进深 41 米，门前的大台阶垂直高度 14 米，异常雄伟，屋顶上以大小不一的成排的卡垂装饰立面。这座门楼建筑可

图 7-67 法塔赫布尔西格里贾玛清真寺布
兰德·达瓦扎

以分为两个部分：一是正面高大的屏门及巨大的伊旺，一是屏门后方低矮的与清真寺庭院相联系的空间。正面的屏门整体是弧形的，由中间的正立面和两边的侧立面构成，平面类似八边形的一半。屏门正立面面宽 28.7 米，大部分表面为洋葱形的拱门，内部为拱顶，拱门外部还有多重的框形装饰线脚及书写伊斯兰碑文的边框。内部的半穹顶由 5 个不同角度的立面垂直延伸到地面，拱顶与立面之间通过内角拱很好地进行了过渡。侧立面轴线对称，从上到下为三段式划分，上下开有伊旺，中间为一排三个拱形窗洞，立面的顶部用穿孔的城垛形栏杆和小尖塔搭配卡垂。屏门后方部分则做得比较低调，由三个拱门连接庭院，立面采用了和两翼拱廊相同的处理手法，使它们自然地连接在了一起。

在中央广场的北侧还有红色砂岩建造的伊斯兰可汗墓（lsa Khan Tomb）及白色大理石建造的萨利姆·奇什蒂陵（图 7-68）。萨利姆·奇什

圈精致雕刻的大理石迦利围绕，陵墓位于墓室的正中，上方由半圆形的穹顶覆盖，地面为黑色与黄色的大理石拼成的几何马赛克图案饰面，无处不显露着高贵、纯净的氛围。建筑的外立面嵌着迦利式的雕窗，每块迦利面板都包含极为复杂的几何图案雕刻，样式丰富。门拱的拱肩上有莲花状（Padma）的图案[9]，倾斜的大理石屋檐覆盖了建筑周围一圈，由若干古吉拉特风格的 S 形仿木构梁托支撑，并与雕有几何与花卉图案的迦利石板结合在一起，造型十分优美（图 7-69）。

图 7-69 S 形的仿木构梁托支撑

图 7-68 法塔赫布尔西格里萨利姆·奇什蒂陵

蒂陵建成于 1581 年，占据整座清真寺比较核心的位置，面对布兰德·达瓦扎，坐落在 1 米高的底座上，供奉着苏菲圣人萨利姆·奇什蒂。这座陵墓的主体风格是古吉拉特式陵墓，掺杂了印度教、耆那教、伊斯兰教的建筑元素。主墓室由一

7.2.6 拉合尔瓦齐尔汗清真寺

拉合尔瓦齐尔汗清真寺位于拉合尔古城的东部，是一座城市次中心地带历史悠久的清真寺，距离拉合尔城的德里门仅 260 米，由沙·贾汉于

1634 年修建，被誉为"拉合尔面颊上的一颗痣"，以其表面精美的彩色瓷砖饰面而闻名。建造者将旁遮普地区能收集到的砖块、釉面砖、灰泥等建筑材料都运用到这座清真寺上，并在与德里门以及集市之间创造了舒适而整体的外部环境。

瓦齐尔汗清真寺的平面呈一个大的四边形，主入口位于东侧，礼拜殿位于西侧，中央庭院为 52 米 ×38 米的矩形平面（图 7-70），中心偏入口一侧设有一方形的水池。庭院四角各设置一座 36 米高的宣礼塔，顶部有一圈阳台及卡垂，内部由旋转楼梯直达顶部。主入口由于进深较深的缘故，现已结合门口的公共空间成为集市的一部分，

该区域的南北两端各设了一个小型出入口供人们使用。在清真寺中央庭院下埋藏了赛义德·穆罕默德·伊沙克（Syed Muhammad Ishaq）的陵墓，可以通过中央庭院内的专门楼梯通道进入墓室，现已成为清真寺的一部分（图 7-71）。西侧的礼拜殿开间五跨，进深一跨，屋顶由五个比正常鳞茎状穹顶扁一些的穹顶覆盖，中心的穹顶比两侧尺寸更大一些。

瓦齐尔汗清真寺主要的建筑与艺术特点在于建筑室内和室外丰富的表面装饰。建筑的外表面除了本身的砖墙和石膏抹面外，还镶嵌大量的彩色釉面瓷砖，瓷砖上精美的图案描绘了植物、《古兰经》的书法作品以及圣训的诗句（图 7-72）。墙面上浅浅的壁龛中都镶嵌了釉面马赛克装饰，用带有一层黄色薄涂的无光红砖作为边框。几何图形依然存在，更多的是装在瓶中的自然主义的花束或独立的植物[10]。建筑内部的装饰则是在原本黄色砂岩的基础上添加大量的装饰性彩绘，题材多以植物、几何图案为主，炫彩夺目（图 7-73）。

目前，由于长期受到雨水的侵蚀，各种不恰当的商业活动泛滥，瓦齐尔汗清真寺已经遭到严重的破坏，当地政府近年来开始对其开展保护性的维修工作。

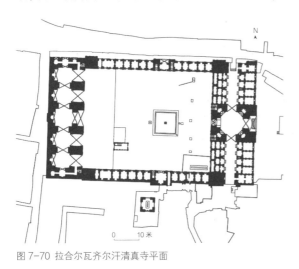

图 7-70 拉合尔瓦齐尔汗清真寺平面

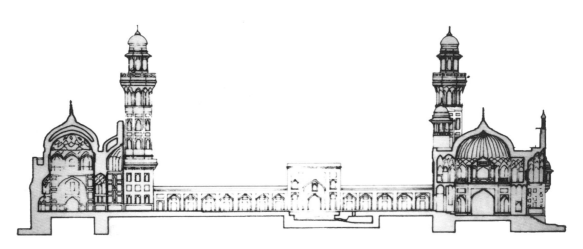

图 7-71 拉合尔瓦齐尔汗清真寺剖面

图 7-72 拉合尔瓦齐尔汗清真寺主入口立面

图 7-73 拉合尔瓦齐尔汗清真寺祈祷殿室内

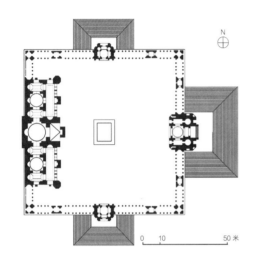

图图 7-74 德里贾玛清真寺平面

图 7-75 德里贾玛清真寺主入口

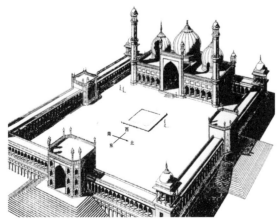

图 7-76 德里贾玛清真寺全景

7.2.7 德里贾玛清真寺

德里贾玛清真寺位于德里的老城区内，距离东侧的红堡只有500米，是印度现存较大的清真寺之一。德里贾玛清真寺从1644年开始营造，由莫卧儿皇帝沙·贾汉主持修建，耗时十多年，有5 000多名建筑工人参与施工，花费近1亿卢比，最终造就了这一座伟大的建筑。德里贾玛清真寺最多可容纳25 000人同时进行礼拜活动。

德里贾玛清真寺的形制与阿格拉的清真寺形制类似（图7-74），选址于一座高地之上，为方形平面，有东、南、北三个出入口，每个出入口都设有高大的台阶，营造出高高在上之感。主入口在东面，采用红色砂岩材质，人们须踏上35级台阶之后可以看见雄伟的大门全貌（图7-75）。大门像一座坚实的要塞一般仁立着，人们从它脚下经过时显得如此渺小。穿过大门之后，可见西侧的礼拜大殿以及它前面硕大的中心广场。中心广场110米见方，四个转角各有一座由白色大理石叠成的礼拜塔，每层都有阳台和大厅，顶部是八角凉亭。广场的正中间有一个方形的水池，供人们礼拜前清洁之用。三边连续的柱廊一直通向伟岸的礼拜大殿，由于清真寺抬高而建，因此柱廊的两侧都较为开敞而不需要将外侧用围墙封闭，带来更多的舒适性（图7-76）。

礼拜大殿面阔60米，进深26米，正中间是一个巨大的伊旺，中央开着拱门通往室内。伊旺的顶部有着两根尖细的柱塔，相对应的礼拜殿的南北尽头各矗立一座43米高的宣礼塔，丰富了立面效果。与法塔赫布尔西格里贾玛清真寺相同，德里贾玛清真寺的礼拜殿也有三座大型的鳞茎状穹顶，采用白色大理石材质，中间大、两边小，表面有竖状条纹，顶部还有刹杆刺出，最高处离地近 30 米，高耸而壮丽（图 7-77）。

清真寺的门楼以及周围的柱廊部分都采用红色砂岩材质，需要重点装饰的部位则用白色大理石。礼拜大殿的材质和其他部分不同，以白色大理石为主、红色砂岩为辅，不同质感、色泽的材质以不同的对比效果组合在一起，和谐得体地呈现在人们眼前。

德里贾玛清真寺是城市中规模最大的一座清真寺，每到周五做礼拜时，这里都聚集了众多的教徒，庄重无比。随着时代的发展，这座清真寺逐渐成为一个非常重要的社交与集会的公共场所，甚至吸引了附近的市集来这里进行交易，充满了强烈的生活气息，真正成为百姓日常生活中不可缺少的一部分。

图 7-77 德里贾玛清真寺礼拜大殿立面

7.3 陵墓

在伊斯兰教早期，教徒们的陵墓很朴素地埋在地下，不允许有任何装饰，更不要说建造一座建筑来作为陵墓使用了。随着教义的发展和建造技术的进步，地上的陵墓建筑开始出现并发展起来，统治者们往往在其在位期间就构思或者建造属于自己的陵墓。死者通常被埋于地下或者地下室内，墓室的地面上则用棺材形状的衣冠冢覆盖。在陵墓发展的过程中，印度当地的工匠们将学会

的砌筑拱券以及修建穹顶的技术应用在陵墓建筑的修建之中。

在建造初期，陵墓体型较小，采用的最普遍的形式是在方形的墓室平面上覆以圆形的穹顶，各地陵墓的唯一区别在于尺寸不同。随着建筑形式的发展，渐渐地出现了由 12 根柱子支撑的结构形式以及八边形的陵墓空间，虽然实例不多，但很有代表性。1540 年，精美大气的舍尔沙陵建在一方人工湖之中，它即采用八边形的平面形式。除了平面形状的改变之外，墓室的外侧开始用一圈走廊包围起来，这种形式在印度伊斯兰时期的陵墓中很常见。随着形式的发展，墓室主体功能变得愈加复杂，从初期单一的墓室空间发展成后来的各种房间、通道穿插组成的复杂空间。在此过程中，古吉拉特地区出现了陵墓上方的穹顶被走廊环绕的特殊形式。到了莫卧儿帝国时期，陵墓的形式更加复杂了，通常还会将陵墓主体与周围的园林融合起来，作为一整个陵墓空间来处理。有的皇家陵墓更不惜花费大量的人力、物力，极尽奢华，以供后人祭奠。陵墓建筑在反映帝国强大、君主政绩突出的同时也体现出当时建造技艺的高超，而印度伊斯兰时期的陵墓建筑已然成为当今世界上陵墓建筑宝库的重要来源。

7.3.1 果尔·古姆巴斯陵

果尔·古姆巴斯陵（Gol Gumbaz Mausoleum，图 7-78）位于印度卡纳塔克邦比贾布尔的东北角，是穆罕默德·阿迪尔·沙阿二世（Muhammad Adil Shah II）的陵墓，由达布尔（Dabul）的著名建筑师雅库（Yaqut）建于 1659 年。这座陵墓是那个时期建造的最大的单室墓，比罗马的万神庙还要大，虽然看上去构造异常简单，但其结构体系可以称得上德干高原上最

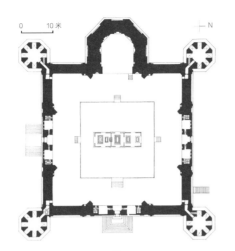

图 7-78 果尔·古姆巴斯陵平面

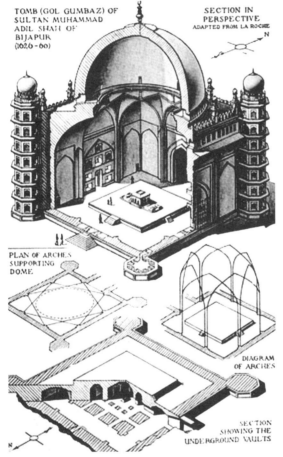

TOMB (GOL GUMBAZ) OF SULTAN MUHAMMAD ADIL SHAH OF BIJAPUR (1626-60)

SECTION IN PERSPECTIVE
ADAPTED FROM LA ROCHE

PLAN OF ARCHES SUPPORTING DOME.

DIAGRAM OF ARCHES

SECTION SHOWING THE UNDERGROUND VAULTS

图 7-79 果尔·古姆巴斯陵剖透视分析

图 7-80 果尔·古姆巴斯陵的叶状装饰结构

伟大的形式。

从外观上看，这座陵墓就是一个简单但巨大的立方体，边长 47.5 米。立方体的四条垂直于地面的边各与一座覆盖着半圆形穹顶的塔楼连接，每个塔楼高七层，每层都有一圈通透的走廊。建筑各元素的比例十分协调，特别是立方体本身与其上覆盖的巨大穹顶。立方体四面的附属檐口由密集的支架支撑起来，檐口上是一排小小的装饰性拱廊，起到增加立面细节的作用，最上面的巨大城齿和尖顶恰到好处地美化了人视角度的建筑天际线。立方体的东、南、西三面各有三个凹进的拱门，正中间拱门的底部中央为供人们进出的正常尺度的门洞。大穹顶的直径为 37.9 米，是伊斯兰世界最大的穹顶[11]。

陵墓内部中央大厅是一个 42.5 米见方的空间，中央有方形高台，上有华盖。高台上放着穆罕默德·阿迪尔·沙阿二世及其家属的衣冠冢，真正的遗体埋藏在正下方的墓穴中，可以由西侧的楼梯进入。大厅内最具建筑特色的是巨大的穹顶支撑体系，四面内墙正中有四个尖拱，四角各有一个内角拱，联系起来就是一个由八个尖拱形成的支撑体系（图 7-79）。这个支撑体系上架着由八个穹隅交叉形成的一座帆拱，最终再由帆拱撑起圆形穹隆顶。在巨大的穹顶与立方体相交处，用一圈叶状的装饰结构包裹，使得交接处被很好地隐藏起来（图 7-80）。穹隆顶的侧推力由四面石墙及四角的塔楼共同承担，在结构上做到稳定的效果，其内部表面抹以普通水泥。穹隆顶的鼓坐上开了六个小窗口，人们可以从塔楼上至屋顶，再通过这些小窗口进入鼓座的内部。鼓座内部形成一条环形廊道，结构声学上的作用使其成为一圈"回音壁"（Whispering Gallery），连细小的声音都可以在回音壁的另一端听到。

7.3.2 胡马雍陵

胡马雍陵位于德里的东南部，由胡马雍第一任妻子贝加·贝古穆（Bega Begum）委托建筑师米拉克·米尔扎·吉亚斯（Mirak Mirza Ghiyas）于 1565 年开始建造，最终于 1572 年建成，阿克巴当时 23 岁，和母亲共同完成了陵墓的主持建造工作。由于建筑师来自波斯，因此陵墓的设计在一定程度上受到了帖木儿风格的影响。胡马雍陵是莫卧儿帝国建造的第一座具有代表性的建筑，也是目前为止德里保存最好的莫卧儿帝国的遗迹之一，1993 年被列入《世界遗产名录》。

整座陵墓群包括胡马雍自己的陵墓、其父亲巴布尔的陵墓以及伊斯兰可汗陵，主入口在西侧（图 7-81）。陵墓的主体胡马雍陵建造于一座宽敞的带围墙的方形花园之内，围墙的每边中央都

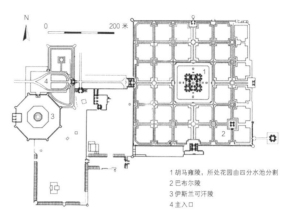

1 胡马雍陵，所处花园由四分水池分割
2 巴布尔陵
3 伊斯兰可汗陵
4 主入口

图 7-81 胡马雍陵平面

建有一座庄重的入口建筑，西侧为主入口，略带弧形（图 7-82）。整座花园被横竖两条中轴线分为 4 片大的查哈·巴格（Chahar Bagh）[12]，每片大的查哈·巴格又被水渠划分成 9 个相同大小的小花园，共 36 个。每个小花园的四角都与其他小花园共同形成一个节点，合计 48 个（图 7-83a、图 7-83b）。在强烈的几何图形的模式下，整座

图 7-82 胡马雍陵外部
西入口立面

图 7-83a 胡马雍陵花园的水渠节点远景

图 7-83b 胡马雍陵花园的水渠节点近景

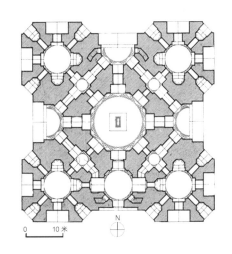

图 7-84 胡马雍陵主体平面

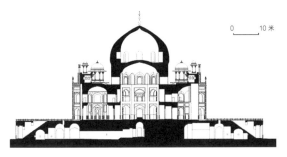

图 7-85 胡马雍陵主体剖面

花园成为有序、和谐的整体。胡马雍陵建造在中央四个小花园拼成的查哈·巴格之上，平台高度为 7.3 米，95 米见方，由红色砂岩建成。平台四边的中央都有通向平台的出入口，出入口左右两侧各有 8 个伊旺，每个伊旺包含一扇木门和一扇石质漏窗，有的伊旺前还放着石棺。平台中央坐落着陵墓主体，平面整体呈一个边长 52 米的正方形样式，由四角的 4 个八边形与中心 45 度旋转的正方形结合而成（图 7-84）。主入口在南侧，需通过一扇巨大的屏门进入墓室。墓室内部错综复杂，由按照几何图形设计的走廊联系。墓室的中央放置胡马雍的衣冠冢，其余各个角落的副室安放家族成员的大理石石棺。墓室的顶部是一座大型的贴有白色大理石面砖的鳞茎状穹顶，建筑总高度为 42.7 米，穹顶采用双重的复合式结构（图 7-85），继承了波斯的伊斯兰建筑传统。

陵墓主体四个立面的形象大致相同，都由中央的一个大型伊旺配上两侧两个小型伊旺构成（图 7-86），但只有南面的浅伊旺才是真正可以进出的出入口，其余三面只是装饰性的屏墙而已。顶部的巨形穹顶以及周边散落的印度传统风格的小型卡垂构成立面的天际线，侧边顶部 16 座小型的光塔则起到点缀作用。整座建筑都采用红色砂岩搭配白色大理石材质，在周边绿意葱葱的大型陵墓花园的映衬下，显得既庄重肃静又美丽动人。

胡马雍陵与泰姬·玛哈尔陵有些相似，不论是陵墓花园、尖拱门，还是双层的复合式穹顶结构的设计，胡马雍陵都为后来建造的泰姬·玛哈尔陵提供了原型。胡马雍陵以红色砂岩为主建造，圆顶比较低沉，色彩和结构相较于以白色大理石为主建造的泰姬·玛哈尔陵显得更加浑厚、凝重。可以这样说，胡马雍陵是泰姬·玛哈尔陵的粗胚，泰姬·玛哈尔陵则是胡马雍陵的纯化[13]。

图 7-86 胡马雍陵主体立面

7.3.3 阿克巴陵

  阿克巴陵作为莫卧儿皇帝阿克巴最后的安息之地，位于阿格拉西北方约 10 千米的锡根德拉，由贾汉吉尔于 1605 年开始修建，是贾汉吉尔统治时期首个较为重要的营造项目。建筑最初由工匠按照自己的意图建造成单层样式，阿克巴在晚年视察工程进展时要求将其拆除重建，最终于 1613 年完工。

  阿克巴陵的设计完全按照莫卧儿皇家陵墓的传统，将陵墓主体安放在一座大型花园的中央，主体之外的花园只是简单地划分成四片，并没有像之前胡马雍陵做得那么精致。花园的四面都有一个出入口，其中南大门为主要出入口。南大门是一座以红色砂岩与白色大理石镶嵌建造的门楼，整体看来好像纪念碑般竖立在陵墓的正前方。大门中央开有一个大型伊旺式的拱门，上部覆平顶

和四个装饰卡垂，两侧各有上下两个稍小的伊旺式门廊，顶部依旧覆平顶并开创性地增加了四座白色的光塔，这是印度陵墓建筑首次采用的样式（图 7-87）。门上精心的装饰图案展现了贾汉吉尔时期对于建筑风格的一种追求，在红色砂岩的墙壁上，以细碎的黑、白、灰三色大理石镶嵌成复杂绚丽的纹案，精彩至极（图 7-88）。

  陵墓的主体高 30 米，采用由底层到顶层渐渐收合的五层楼的形式，构图方式如同金字塔（图 7-89）。下面四层由红色砂岩材质建成，最上一层采用白色大理石材质。建筑一层建在边长为 97 米的平台之上，四边开有一系列的拱门，正中央各有一座巨大的伊旺式屏门，风格与南大门较为接近。一层内部是一圈相连的游廊，顶部还附有一排三开间的凉亭和两根细长的光塔形构件。建筑二到四层为开敞式的列柱游廊，顶部覆以平顶及成排的装饰性卡垂，颇有法塔赫布尔西格里堡

图 7-87 阿克巴陵南大门立面

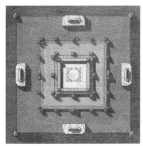

图 7-88 阿克巴陵前面装饰　图 7-89 阿克巴陵主体平面

图 7-90 阿克巴陵主体立面

的美好场景："美丽的住宅坐落在代表永恒的幸福花园之中，高耸的房屋一层一层地建造起来，房屋下流淌着欢乐的河流。"[14]

阿克巴陵可以称得上是莫卧儿帝国建筑史上一次巨大的尝试。整座陵墓建筑没有一座穹顶，这对于一座伊斯兰时期诞生的建筑而言是难以置信的存在。不论是陵园主入口四座白色大理石的光塔所体现出来的空灵，还是建筑表面小型石料

图 7-91 阿克巴陵主体剖面

镶嵌工艺体现出来的精美，都在某种程度上为后来泰姬·玛哈尔陵的建造提供了先导。如果说胡马雍陵是阿克巴时代建筑的雄伟前奏，那么阿克巴陵就是阿克巴时代建筑的华丽尾声[15]。

7.3.4　伊蒂默德·乌德·道拉陵

伊蒂默德·乌德·道拉陵紧邻亚穆纳河的东岸，位于阿格拉城堡的对面，距离泰姬·玛哈尔陵的直线距离有 2.4 千米。这座陵墓是贾汉吉尔的妻子努尔·贾汉于 1622—1628 年为其父母亲修建的，她的父亲（也就是贾汉吉尔的岳父）曾经是御前大臣，被封为"伊蒂默德·乌德·道拉"。

伊蒂默德·乌德·道拉陵是印度土地上第一座用白色大理石完全取代红色砂岩的陵墓建筑，由于其白色的材质像象牙一般，因此被人们亲切地称为"珠宝盒"，也被认为是泰姬·玛哈尔陵的前身。陵墓的主体坐落于一个方形的四分花园

内潘奇宫殿的意味（图 7-90）。最顶部为一层露台，四周由白色大理石材质的带有迦利的石板围合起来，露台的中央放置着阿克巴的衣冠冢，石棺上刻着阿克巴大帝的名字，真正的棺木同样深深地埋藏在建筑的地下（图 7-91）。据推测，最初陵墓最顶层设计有穹顶包围的室内空间来保护制作精湛的衣冠冢，但如今只余一个露台。阿克巴陵的设计很容易让人联想到《古兰经》里描绘

之上（图 7-92），花园由水渠和人行道划分成规
则的几何图案，东、南、西、北各有一个出入口，
其中东面的为主要的大门，同阿克巴陵的南大门
较为接近，只是少了顶部四座白色大理石的光塔
（图 7-93）。东门外由一条笔直的道路连接陵园
外围与城市干道，两侧也各有一个花园。

　　四分花园的中央是一个红色砂岩的基座，基
座高约 1 米，45 米见方，白色大理石建造的陵墓
主体就坐落在基座上。陵墓平面呈方形，边长为
21 米，四边中间都有拱门可以进入建筑内部。四
角各有一座八边形平面的白色大理石塔楼。每座
塔楼高约 13 米，顶部覆以圆形卡垂。中央的建筑
分为中轴对称的上下两层结构，下层平面被划分成
9 个部分，中央的大厅被周围 8 个房间环绕着（图
7-94）。上层的中央是一个由下层中央大厅的部
分升上去的亭台，顶部覆有一个类似珠宝盒盖的四
方的车篷形拱顶。周边用带有迦利的栏杆围合，与
四角的塔楼衔接。底层的中央大厅放置着皇后努
尔·贾汉父亲和母亲的两尊大理石石棺，大厅的四
周用精致的大理石迦利屏风半遮了起来，让部分光
线可以透过屏风投射进来，营造出安静肃穆的氛围
（图 7-95）。大厅的地板上镶嵌着阿拉伯的装饰
图案，远远看上去就像铺了一层精致的地毯。

　　整座建筑都由白色的大理石建成，好似清真
寺又好似楼阁。陵墓立面由檐口的托梁一分为二，
下部较为敦实，上部较为轻盈，同时又通过下部
花格窗以及上层楼阁的花格屏墙将立面很好地统
一起来。立面上屋檐下的托梁、上层楼阁的车篷
形拱顶以及四角光塔上透空的卡垂造型等元素都
源自传统的印度教建筑，这些元素配合源自伊斯
兰的彩石镶嵌工艺装饰的精美墙面（图 7-96）以
及拱门、伊旺等细节，使得原本高低错落有致的
立面更加精致与端庄。

图 7-92 伊蒂默德·乌
德·道拉陵卫星图

图 7-93 伊蒂默德·乌
德·道拉陵东大门立面

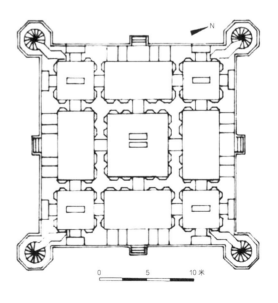

0　　　5　　　10 米

图 7-94 伊蒂默德·乌
德·道拉陵主体平面

图7-95 伊蒂默德·乌德·道拉陵主体立面

伊蒂默德·乌德·道拉陵不仅开创了完全采用白色大理石建造陵墓主体建筑的辉煌篇章，同时也第一次将卡垂的造型置于八角形塔楼，形成端庄美丽的光塔形式，这些都是技术上的重大革新。同时，建筑风格也由前代统治者追求的雄浑奇拔向精致典雅迈进了一大步，为其后沙·贾汉时期的建筑形式提供了很好的参考样本。

图7-96 伊蒂默德·乌德·道拉陵主体墙面装饰细部

7.3.5 泰姬·玛哈尔陵

泰姬·玛哈尔陵位于阿格拉城的东面、亚穆纳河的南岸，距离西方的阿格拉城堡15千米。1612年，莫卧儿皇帝沙·贾汉迎娶了美丽的波斯王后泰姬·玛哈尔[16]，两人感情甚笃，相濡以沫。1631年，泰姬·玛哈尔在生第14个孩子时不幸发生意外离开了人世，年仅39岁。临终之时，她请求沙·贾汉为她修建一座世界上最为壮美的陵墓，用来纪念他们不朽的爱情。沙·贾汉深爱着他的妻子，为了实现妻子的临终遗愿，他耗费了500万卢比，雇用2万名工匠，历时22年，终于在亚穆纳河岸边完成了完全由白色的大理石建成的伟大建筑（图7-97）。他还打算在河的对岸修建一座体量相当但由黑色大理石建造的陵墓，作为自己的安息之所（图7-98），然而由于时局的变迁，他的愿望未能实现，也在世界建筑史上留下了一大遗憾。1983年，泰姬·玛哈尔陵正式被联合国教科文组织列入《世界遗产名录》，它也被广泛地认为是印度土地上穆斯林艺术的瑰宝。

这座伟大陵墓的建筑设计师是来自拉合尔的波斯人艾哈迈德·拉霍里（Ahmad Lahori）。他不仅是一位天才的建筑师，还特别擅长数学、天文学、几何学，是沙·贾汉宫廷内的首席建筑师。他联合当时著名的书法家、金饰匠、珠宝匠等一起，将泰姬·玛哈尔陵建造成为伟大的犹如天国花园一般的存在。泰姬·玛哈尔陵建筑群整体呈坐北朝南的矩形平面，由门前集市、前厅、四分花园、陵墓主体以及河对岸的月光花园五部分构成。人们往往将泰姬·玛哈尔陵描述成位于整座陵墓的边缘，但如果将月光花园考虑进来，则这座陵墓即介于"二园"之间，亚穆纳河从中穿流而过，所以亚穆纳河也是陵园规划的一部分。这是一个

图 7-97 泰姬·玛哈尔
陵主体

颇具雄心的大型规划，令人难以想象，这里更像
是《古兰经》愿景具体化的河畔天堂乐园。

　　陵墓由三部分构成一个长 580 米、宽 300 米
的矩形平面（图 7-99）。前厅位于整座建筑群的
最南端，是从喧闹的城市街道进入陵园主体的过
渡空间，有南、东、西三面朝向城市的大门以及
位于北面的陵园主入口，前厅内安置了沙·贾汉
其他妻子的陵墓。由边门进入前厅后，便会被北
面红色砂岩建造的陵园主入口吸引。在不大的前
厅空间中突然有一座巨大而精致的门楼竖立在眼
前，给人的震撼可想而知。陵园主入口中央巨大
的伊旺及顶部一排小型的装饰卡垂让人联想到莫
卧儿帝国早期的建筑样式，红色砂岩的材质上用
大理石雕刻出了精美的书法作品和生动的花卉图
案，伊旺内部的天花板和墙壁上也绘制了精致的

几何图案（图 7-100）。穿过陵园主入口后就可
以看到壮观的泰姬·玛哈尔陵主体建筑通体白色
地矗立于高台之上，视线很难再向别处集中。陵
墓主体和大门之间是一个巨大的波斯式四分花园，
300 米见方，由景观水池和人行道合并的横竖两
条轴线将花园一分为四，每个花园又被人行道路
划分成更小的四个小花园。花园的正中央是一个
大理石材质的平台，水渠中的水便从中流淌出来，

图 7-98 黑白泰姬·
哈尔陵假想图

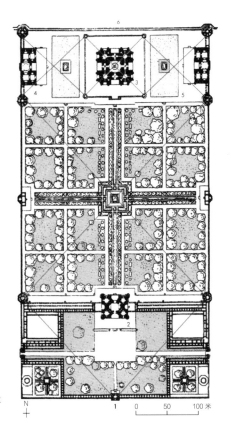

图 7-99 泰姬·玛哈尔陵平面

样放置在四分花园的正中央，而是创造性地放置于中央轴线末端一座 95 米见方、7 米高的白色大理石平台之上，俯视着亚穆纳河。平台的四角各矗立一座 42 米高的圆形光塔，与平台中央 57 米高的陵墓主体形成完美的立面构图。陵墓主体的平面是边长 58 米的抹角方形（图 7-101），中央的八角形空间用来放置泰姬·玛哈尔的衣冠冢，周围被八个精心设计的房间所包围。这是一种典型的"八乐园"（Hasht Bihisht）平面布局模式（图 7-102），源自波斯。八个房间代表着伊斯兰世界八个级别的天堂，分散在主体建筑周围，将中心的房间紧紧包围烘托出来。这种布局模式与印度教曼陀罗模式有着异曲同工之处，类似的布局在胡马雍陵主体墓室中也出现过。胡马雍陵的平面形式生成的外观有融合八角体的明显痕迹，但在泰姬·玛哈尔陵上，八角体则被置于同一条线上，产生更为一致的立面[17]。衣冠冢的正下方

源源地流向象征着伊甸园中的四条河流。花园的西侧是带沐浴水池的客房，东侧是带有水池的清真寺。泰姬·玛哈尔陵四分花园的出现将莫卧儿帝国的陵墓花园造诣推向了极致。

　　泰姬·玛哈尔陵主体并不像前代陵墓布局那

图 7-100 泰姬·玛哈尔陵前厅北大门

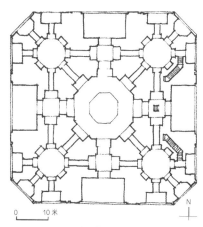

图 7-101 泰姬·玛哈尔陵主体平面

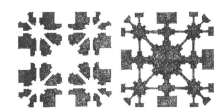

图 7-102 八乐园平面布局模式分析

为真正的墓室所在（图 7-103），可由隔壁房间的通道进入。墓室由一座巨大的双重鳞茎状穹顶覆盖，穹顶上覆一圈莲花状的华盖，华盖上装饰一个伊斯兰特征的铜质尖顶（图 7-104），所有的构件都做得精巧细致。

陵墓主体的平台四角各安置一幢白色大理石建造的光塔，光塔本是清真寺建筑的必备元素，但在此处同阿克巴陵墓主入口上的四幢光塔一样，只做装饰用途。四幢光塔在建造上采用了视觉矫正的手法，向外侧略微倾斜，以减少因体量过大而引起的视觉误差，使其看上去是笔直的。平台的西侧是一座小型清真寺，东侧也对称地建造了一座同体量的建筑，用作朝圣者的客房。这两座附属建筑都由红色砂岩建造，用以搭配陵墓，但又不会喧宾夺主。

泰姬·玛哈尔陵的总体布局运用了简单的比例构图方法，达到精准的几何构造之美。前厅部分的庭院由两个横向的正方形构成，陵园中央的四分花园为四个正方形，总尺寸正好是前厅花园的两倍。末端陵园主体平台的平面也是正方形，其边长正好等于整个陵园宽度的三分之一。从陵墓立面来看，陵墓主体由两座光塔和底部平台构成的图形接近两个正方形，中央伊旺所在的矩形屏墙的高度差不多是主体宽度的一半，屏门两侧的高度也正好是不带抹角的陵墓主体的一半（图 7-105）。在简单又奇特的比例关系中，泰姬·玛哈尔陵建筑群达到了高度明确的有机性[18]。

泰姬·玛哈尔陵的设计在总体上强调几何学构成的均衡、数学计算的精密、光学效应的变化以及宇宙学图解的清晰；在审美情趣上，追求华贵的简洁、静穆的辉煌、水晶般的纯净以及女性式的柔美。特别是陵墓的主体白色大理石建筑的形象，倒映在四分花园清澈的水池之中，宛如一

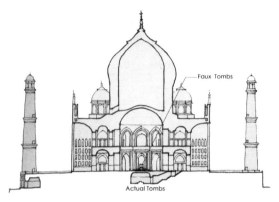

图 7-103 泰姬·玛哈尔陵主体剖面

图 7-104 泰姬·玛哈尔陵主体穹顶细部

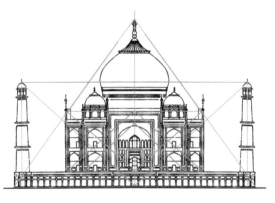

图 7-105 泰姬·玛哈尔陵主立面分析

朵洁白的荷花，亭亭玉立，光影交辉，仿佛梦幻的仙境，因此赢得了"白色的奇迹""白色大理石交响乐""大理石之梦"等无数赞誉[19]。

7.4 阶梯井

阶梯井[20]也称为"阶梯池塘"，建于5—19世纪，是一种为人们提供饮用水，满足人们洗涤、沐浴需求的日常建筑。这种建筑形式常见于印度西部，特别是古吉拉特邦等半干旱地区，历史上共建造了约120座阶梯井。阶梯井的最大垂直深度不仅要确保可以挖到地下水，还要考虑到当地随季节变化的降雨量不至于将整个阶梯井淹没。阶梯井由印度教徒最先发明建造，后来在伊斯兰统治时期融合了许多伊斯兰的装饰元素在其中。阶梯井内部所有精美的装饰艺术都反映了浓郁的当地生活氛围和宗教文化，是一种非常特别的建筑形式。

7.4.1 达达·哈里尔阶梯井

达达·哈里尔阶梯井（图7-106）位于艾哈迈达巴德的东北，和西侧的清真寺、达达·哈里尔陵共同构成一个建筑组群。达达·哈里尔阶梯井由伊斯兰政权的王妃达达·哈里尔下令建造，目的在于为游客和朝圣的人们提供阴凉和饮用水。

这座阶梯井于1499年建成，井深20米，共有两口井。圆形井作为水井用，八边形井底部为方形层叠而落的水池，似漏斗状，平时供人们洗涤、沐浴用，两个井口都毫无遮盖地向天空敞开。除了东西两端的亭子和井口边缘露在外面，建筑的其他结构都建在地面以下（图7-107）。

达达·哈里尔阶梯井平面为42米×6米的矩形，从入口处开始往下走三段大台阶可以到达底部。台阶与台阶间的休息平台由柱廊构成，第

图7-106 达达·哈里尔阶梯井

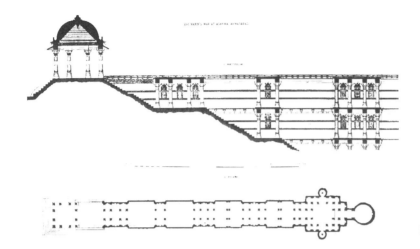

图 7-107 达达·哈里尔阶梯井平面、剖面

一层休息平台为一层柱廊，第二层休息平台为两层柱廊，第三层休息平台为三层柱廊，依此类推至第五层，有着强烈的序列感。每层柱廊两壁都雕刻着精美的壁龛，柱廊围合成的小空间像是一个小露台，安静、凉爽，给人们提供了适宜的纳凉休憩之处。八边形垂直水井的两侧各建有一个狭小的旋转楼梯，可直达地面，也可与水井内不同的平台联系（图 7-108）。同一水平面的两个柱廊由墙壁两侧延伸出来的踏板联系起来，不过踏板很窄，人走在上面略感惊险。整座阶梯井由五层柱廊组成的重柱式系统支撑起来，展现了强烈的建筑力量之美，每一根柱子、每一个柱头、每一片墙面和栏杆都或多或少地进行精雕细刻，华美至极。装饰内容包括伊斯兰建筑装饰的花草主题、印度教的符号和耆那教的神像雕刻，前者与后两者达成很好的融合（图 7-109），这一切

图 7-108 达达·哈里尔阶梯井内的旋转楼梯

图 7-109 达达·哈里尔阶梯井内的壁龛雕刻

要归功于开明的穆斯林国王白·哈里尔。

达达·哈里尔阶梯井通体由砂岩材质建成，五层深度，每层都为人们提供了足够宽敞的聚会空间。建筑沿东西向的中轴线建造，入口在东侧，是典型的横梁与过梁穿插而成的印度结构形式。当炎热的夏季来临时，井内的温度要比外界低5℃左右，因此在炎热的夏季人们更喜爱停留在井内做礼拜或者闲聊。达达·哈里尔阶梯井前后花费了10万多卢比，有着复杂的地下结构和精妙繁冗的雕刻装饰，无怪乎人们称之为地下宫殿。

7.4.2 阿达拉杰阶梯井

阿达拉杰阶梯井（Adalaj Stepwell）位于艾哈迈达巴德北部19千米外的一座名叫阿达拉杰的村庄边缘，沿南北中轴线建造，由穆斯林国王马哈茂德·布尬达为未婚妻拉尼·露培吧建造，于1499年完成。和达达·哈里尔阶梯井相同，建造水井的主要目的是给游客和朝圣者以及当地居民提供方便。这座阶梯井是印度西北部规模最大的一座（图7-110），建造耗尽了村庄当时的人力、财力，换来了人们在炎炎夏日的阴凉。

阶梯井总长度达到了80米，主体井深度达30米，位于北侧。阶梯井的入口在南侧，有三个（图7-111）。由东、西、南三面的阶梯向下是一个位于地平面以下3米的八边形舞厅，其上无顶，光线充足（图7-112）。沿中轴线一直向下便可到达位于地下五层的井底。先到达一座方形漏斗状水池，中心圆形，其上是四层八边形的柱廊，给人们留出足够的聚会空间（图7-113）。再通过洋葱头状的拱券门便可以到达圆形水井。这座阶梯井的地下构造十分复杂，内部装饰与雕刻异常精美，内壁的雕刻还加入了当地生活中的一些场景，如日常女性在搅拌牛奶、自我打扮的形象，

图7-110 阿达拉杰阶梯井

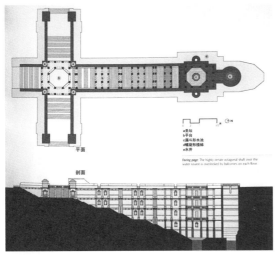

图7-111 阿达拉杰阶梯井平面、剖面

图7-112 阿达拉杰阶梯井入口处八边形舞厅

以及女性在欢乐地起舞或者演奏乐器的场景，国王则在高处俯瞰着这些活动。雕刻使阶梯井更加贴近生活（图7-114）。

图7-113 阿达拉杰阶梯井室内八边形柱廊

图7-114 阿达拉杰阶梯井室内装饰

7.5　园林艺术

印度伊斯兰统治时期特别是莫卧儿帝国统治时期是印度园林艺术发展的高潮。在伊斯兰文明进入印度之前，印度的土地上已经产生了造园艺术，体现为印度教风格。印度教与水有着密不可分的联系，古时印度教宫殿与庭院都是一同建造的，庭院之中总有水这一主要构成要素。水常常被贮放在水池中，水池给庭院空间带来清凉舒适的环境，同时也作为沐浴、净身等宗教活动的浴池。当伊斯兰文明进入印度之后，成熟的波斯式花园也传入印度（图7-115），被当朝统治者接纳并发扬光大。波斯式花园诞生于炎热缺水的地区，

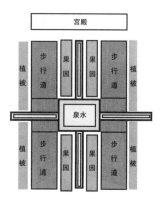

图7-115 波斯花园布局形式

在贫瘠的环境中，人们渴望创造出较为封闭的、有植物和流水存在的花园。在宗教因素的影响作用下，产生了新的园林样式：矩形平面，较为规整，花园被十字形的泉水分为四片，院内种植果树或其他植物，端部建有宫殿，遇到山地地形时，建造成台阶形的跌落样式。总体来看，波斯的造园与印度教风格的园林有一些共通之处，都是特定气候、宗教、生活习惯影响下的产物。

印度伊斯兰时期的园林艺术有三个主要特征：（1）园林周围有墙体围绕；（2）采用几何形的布局形式；（3）园林内有十字形水渠。此外，

凉亭也是印度伊斯兰园林中不可或缺的要素，兼备装饰意义和实用功能，除了可以装点景色，还可供人们纳凉，远离酷暑的侵袭。印度伊斯兰时期的园林经过波斯式花园与印度当地的园林艺术相互融合之后形成两种类型：一种是陵墓性花园，墓室主体常位于园林的中央，如胡马雍陵；另一种是游乐性花园，在这种花园中水体占很重要的比重，多采取跌水和喷泉等动态形式，如夏利马尔花园（Shalimar Garden）。

7.5.1 天堂花园

天堂花园就是伊斯兰教的天堂，是唯一的真神安拉为虔诚的教徒们建造的。

《古兰经》对天堂花园进行了细致的描述：那里"同天地一样广阔"，"沟渠里泉水潺潺"，花园里生长着"没有荆棘而郁郁葱葱的树林"，树上"簇簇拥拥的水果压低了枝头"，还有"身着华服的有福之人躺在铺有厚实织锦的卧榻之上"。花园里分布着多条泉流，流淌着清水、牛奶、蜂蜜和葡萄酒。泉水清香扑鼻，夹杂着樟脑或生姜的味道，而混有葡萄酒的泉水，会由"青春永驻的男孩"和"大眼睛的纯洁女孩"亲手送给虔诚的信徒们（图7-116）[21]。

《古兰经》中的这些描述对于穆斯林的园林艺术有着强烈的指导意义，特别是书中提到的四条河流完全反映在波斯园林的规划中，水、牛奶、蜂蜜和葡萄酒的四条河流对于伊斯兰各国的造园艺术产生重要影响，从西班牙到印度，所有典型的伊斯兰园林都被十字形的水渠划分成四个部分。水渠交汇的中央处由地下的水源供水，源源不断地涌出泉水，向水渠的四个方向流淌开去，每个方向都各自代表了一条河流。从经文之中还能推断出成荫的树林、流淌的河水以及外墙、装饰华

美的建筑物等元素的存在，这些都为伊斯兰园林的形成增色不少。

伊斯兰文化受到波斯文化的强烈影响，一般认为伊斯兰的造园艺术基本上传自波斯，从英国维多利亚博物馆馆藏的一块波斯大花园的地毯图案中可以得到佐证（图7-117）。地毯呈长方形，边缘由有规律的阔叶树、灌木、针叶树相间织成。花园被四条河流划分为四个部分，每个部分大小

图7-116 四分花园

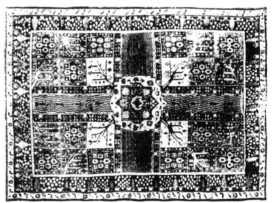

图7-117 波斯地毯

都相等，又被细分为六个小块，每个小块都由交错变换的方形和圆形相结合的花床和悬铃木花卉图案构成。地毯的中央同样采用方形和圆形结合设计，依次由花、叶、茎的变化构成精美的图案，宛如一座小型的花坛[22]。

总的说来，在《古兰经》中，花园与天堂之间的关系是非常明确的，并且规定得很详细。花园中一般有水并且种满植物，象征了在严酷世界里的安逸生活。印度伊斯兰时期的园林布局谨遵《古兰经》中的形式：在一个被围起来的四边形土地上，两条垂直的河流从中间将其划分为四块，有时每一块又被再次分为更小的四块或九块，地块上种植着草坪或是植物。这种形式在整个印度传播开来。

7.5.2　陵墓性花园

印度伊斯兰时期的陵墓性花园由莫卧儿帝国统治者开创，巴布尔是在园林中兴建陵墓的第一位皇帝。虽然巴布尔的陵墓最后被迁至喀布尔，但他最先的陵墓拉姆园已经向这个方向考虑了。从巴布尔的儿子胡马雍开始，印度莫卧儿历代皇帝都非常重视未离世父亲陵墓的建造，陵墓性花园因此而更加成熟。

莫卧儿帝国皇帝的陵园大多建造在印度河平原以及恒河平原上地势平坦的地带，陵园样式按照《古兰经》的描述，建造成四分花园，原本天堂花园中放置中央水池及喷泉的地方，大多换成陵墓的主体建筑。当皇帝去世之后，这里就成为通往天堂的入口，将人间和天国连接起来，陵墓的主人可以从此处顺利地去往天堂花园。四分花园由于尺寸过于庞大而又细分成更小的四块或九块，彼此之间用水渠和人行道进行联系。从空中鸟瞰整座陵园，每一个陵园的四分之一又成为一个微缩的陵园整体，形成了一种递归式的空间分隔方式[23]。

由于陵墓性花园的规模较单纯的伊斯兰园林要大很多，花园的水渠数量和总的供水量也急剧增加。为了解决这一问题，设计师们在总体规划不变的基础上将所有的水渠都做得更窄更浅，从而减少总用水量。同时还在水渠的两侧做了较宽并微微抬高的堤道，以便从视觉上明显地标志出水渠的网格构成，从而保持原先的建造效果。

印度莫卧儿帝国最典型的陵墓性花园位于德里胡马雍陵以及阿格拉的泰姬·玛哈尔陵中。

1. 胡马雍陵花园

德里胡马雍陵内部的陵墓性花园位于整座陵墓的中央地带，呈正方形（图 7-118），500 米见方。陵墓的主体建筑置于陵园的中央高台之上，前后左右的四条水渠轴线将陵园分成同等大小的四个查哈·巴格，每个查哈·巴格又被更细小的水渠划分成了九个大小相等的小花园，花园里铺设了草坪，种上了树木，使得整座陵园看上去既井然有序又生机盎然（图 7-119）。

陵墓的主体占用了陵园中心的四个小花园的面积，以它为中心发散出去的四条水渠让人联想到《古兰经》中的四条河流。中央高台上红色砂岩的陵墓主体配上顶部白色大理石的巨大穹顶，显得端庄肃穆，成为陵园之中的焦点所在，再加上周边的流水、植物，俨然一幅天堂花园的景象。如今，衬托陵墓主体的花园已经成为一片不毛之地，果树、绿茵都消失殆尽，仅剩水渠、喷泉保持了原有的模样，不免显露出荒凉之色。这座陵园作为印度伊斯兰时期早期的陵墓性花园有着重要的意义，它的设计手法在若干年之后的泰姬·玛哈尔陵花园中仍有所体现。

2. 泰姬·玛哈尔陵花园

泰姬·玛哈尔陵内部的陵墓性花园位于整座

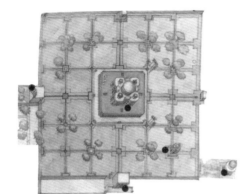

图 7-118 胡马雍陵花园轴测

图 7-119 胡马雍陵花园内景

陵墓的中央地带，300 米见方，是一方形的整体（图7-120）。和其他的陵墓性花园相比，其最大的特色在于花园部分忠实地还原了伊斯兰花园在《古兰经》中描述的景象。设计师突破了伊斯兰陵墓性花园的向心格局[24]，将陵墓主体向北挪至了亚穆纳河河边，也就是陵园的最北端。这样设计的好处：一是将陵园部分合成一个整体，在陵园中央布置喷泉水池；二是让陵墓主体建于河边的高台之上，可以俯瞰亚穆纳河，并形成一定的景观作用，使得天空成为泰姬·玛哈尔陵主体的唯一背景（图7-121）。

十字交叉的甬道将陵园内部的花园分割成四个相等的查哈·巴格，每个查哈·巴格内部又被十字相交的人行道分割成四个花园。园林的中心是一方水池，水池的中央为喷泉，喷泉涌出的泉水经过四条甬道中间的水渠流向园林各个角落，组成一个流动的水系。水渠周边有着下沉式的草

图 7-120 泰姬·玛哈尔陵花园内景

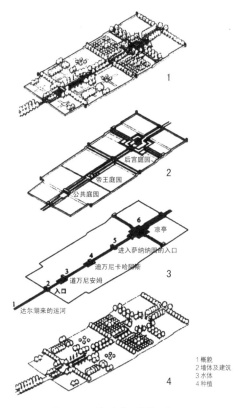

图 7-121 泰姬·玛哈尔陵花园结构分析

坪，并种植灌木，形成中央轴线（图 7-122）。轴线的末端就是典雅圣洁的陵墓主体部分，从园林到陵墓主体都采用中轴对称的布局形式。站在陵园的南入口看陵园另一端的陵墓主体的景观构图被无数游人记录了下来，而站在陵墓主体的高台之上回望入口时，被水渠和人行道整齐切割的园林则展现出伊斯兰园林无与伦比的几何之美。

图 7-122 泰姬·玛哈尔陵花园内水渠及下沉式草坪

7.5.3 游乐性花园

与陵墓性花园不同，印度伊斯兰时期的游乐性花园多建于河流流域或者溪谷之中，这些地区依山靠湖，地势相对较陡。建在这种地理环境中的花园自然不像平原地区那般平坦，而根据地势形成台地式园林。泉水或者溪流源头位于这类园林的最高处，水流顺应着事先设计好的流线，通过水渠缓缓跌落下来，最终汇聚到花园低地势的另一头。地势低的一端往往与河流或是湖泊相衔接，使得园林中流淌下来的水流可以注入其中。游乐性花园巧妙利用地形，将山体、园林、流水三者融为一体。

在游乐性花园中，静态的水景很少出现，取而代之的是喷泉、跌水、小型瀑布等流动的水景，流水叮咚的声响充斥花园的角角落落，让人们更加有亲近自然的感受。地势高差的存在，还为前来参观的游人提供了更好的角度观赏花园以及周边群山湖泊的景色。

游乐性花园出现于印度莫卧儿帝国时期，其最具代表性的作品是克什米尔的夏利马尔花园和尼沙特花园（Nishat Garden）。

1. 夏利马尔花园

夏利马尔[25] 花园位于斯利那加（Srinagar），由莫卧儿帝国皇帝贾汉吉尔于 1619 年建造，至今较为完好地保留了下来。整座园林坐北朝南，四周群山环抱，北侧地势高，与山坡相连，南侧地势低，与达尔湖（Dal Lake）相接。园林主体按照高差的不同分为三个部分：南侧与湖泊相连的部分为公共庭院，中央为帝王庭院，北侧与山坡相连的是供王妃和女眷使用的后宫庭院。三个部分由中轴线上的水渠穿越而过，每个部分在水渠上方都设一个凉亭作为景观节点（图 7-123）。

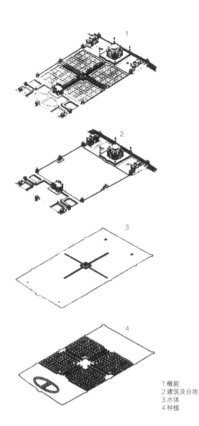

1 概貌
2 建筑及台地
3 水体
4 种植

图 7-123 夏利马尔花
园结构分析

最外侧的是经常向外开放的公共庭院，这里
除了有公众会见大厅，还有皇帝经常坐在那里当
众演讲的巴拉达里。中央庭院比公共庭院稍宽，
由两个低矮的露台组成，中间建有私人会客大厅，
皇帝在这里与朝廷的官员们洽谈公事。虽然如今
作为私人会客大厅的建筑已不复存在，但石台基
和喷泉之中的平台还留有一些遗迹。最里面的后
宫庭院是三个庭院中最精彩的一个，庭院的中央
至今还矗立着沙·贾汉后来建造的黑色大理石凉
亭，晶莹的碧水在光亮的大理石上闪闪地发着光
芒（图 7-124）[26]。

2. 尼沙特花园

尼沙特花园位于夏利马尔花园的南边不远
处，坐落于达尔湖的东岸，由努尔·贾汉的兄弟
建造。这座游乐性花园在样式和规模上都与夏利
马尔花园类似，源于同样的建造蓝图，也同样建

图 7-124 后宫庭园中
的黑色大理石凉亭

造于贾汉吉尔统治时期。不同的是，尼沙特花园并不是一座皇家园林，没有像夏利马尔花园那样的空间礼仪层次，整座花园只有两个部分：低处的快乐乐园和高处的萨纳纳园（图7-125）[27]。

尼沙特花园的入口处有一座巴拉达里，穿过它就来到黄金带台地。黄金带台地由12层台地组成，对应于黄道的12个标志。流水从最高处的萨纳纳园湍流直下，经过12道台地之后汇入达尔湖（图7-126）。花园的跌水台地之所以有12层之多，主要归因于尼沙特花园的选址。它坐落的地形要比夏利马尔花园陡峭得多，为了让高处的河水顺利流进湖中，台地的数量相应多了。尼沙特花园的中央水渠和每一座水池内都设有喷泉，喷泉有的呈直线形布局，有的呈组团的梅花式布局。当所有的喷泉一起喷水时，整个庭院都充满了生机。

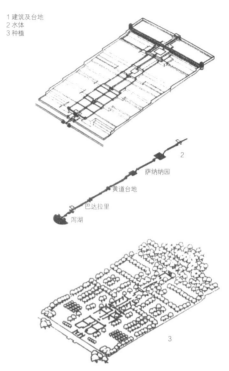

1 建筑及台地
2 水体
3 种植

萨纳纳园
黄道台地
巴达拉里
泻湖

图 7-125 尼沙特花园结构分析

图 7-126 尼沙特花园中的跌水

7.6　本章小结

季羡林先生曾经这般描述自己对印度的理解："现在我们谈印度，至少要看两个成分，一个是雅利安，另一个是穆斯林……这两个成分实际上也形成了印度文化的两个特征：前者深刻而糊涂，后者清晰而浅显。"不可否认，印度伊斯兰时期的城市与建筑着实让人们大开眼界。当两个都特别热爱装饰、热爱建筑营造的民族结合在一起的时候，他们的力量不容小觑，伊斯兰文明对印度文明的多元化起到了巨大的作用。

从 13 世纪起，伊斯兰教建筑逐渐在北印度许多城市出现。印度伊斯兰教建筑主要包括清真寺、陵墓、城堡与宫殿，多采用红色砂岩和白色大理石等建筑材料建造，或浑厚古朴，或清新淡雅。印度伊斯兰教建筑在其发展过程中，逐渐吸收印度固有建筑的一些艺术形式，形成了独具特色的印度伊斯兰教建筑风格和造园艺术。莫卧儿帝国时期，是印度伊斯兰教建筑硕果累累的阶段。大量建筑艺术杰作在这一时期问世，写下印度乃至世界建筑史上辉煌的篇章。

在莫卧儿帝国寿终正寝之后，印度建筑在近两个世纪的漫长岁月中处于停滞和衰落状态。然而，莫卧儿帝国时期形成的建筑风格，对后世的影响深远。

作为建筑中精品的宗教建筑，在某种程度上是最能体现当时建筑文化水平的。宗教建筑是文化遗产中的一个重要组成部分。在印度伊斯兰建筑中，不仅反映出宗教的教义和文化，更反映了丰富的地方色彩和地方民族特色，这样的珍品是属于全人类共同的文化财富。它们所体现的智慧和创造力与任何历史时期的艺术不同，且有很多被列为世界文物、艺术珍品。保护宗教建筑不仅是宗教教徒的责任，更是整个社会的责任。

近年来，印度新的宗教建筑，既要继续发展印度的地方和民族特色，也要反映时代特征，符合现代要求。印度现在的很多新建筑，采用现代的建造手法，在某些材料或者布局上则与古建筑相似，在充分体现现代艺术的同时保留了历史的氛围，这也许是现代宗教建筑的一个趋势。总之，伊斯兰艺术为印度的多元文化作出了巨大的贡献。

注 释

1 索尔康巴清真寺的名字 Solah Khamba 就是 16 根支柱的意思，可能就来源于组成 15 个拱门所用的 16 根支柱。

2 萧默 . 华彩乐章：古代西方与伊斯兰建筑 [M]. 北京：机械工业出版社，2007.

3 约哈罗卡，指建筑外墙上凸起的有顶的阳台。起源于印度中世纪国王在宫殿内部可以和市民面对面交流的一个场所，后来这一习惯被莫卧儿帝国传承下来，每天的会面至少一次。胡马雍在位期间在约哈罗卡的下方安置了一面鼓，使上访者来时能引起他的注意。

4 拉合尔门也普遍被称为阿玛尔·辛格门（Amar Singh Gate）。

5 孔雀宝座在 1739 年被波斯的入侵者搬运出印度时毁坏。

6 王镛 . 印度美术史话 [M]. 北京：人民美术出版社，1999.

7 Mosque 为清真寺的英文，Masjid 为阿拉伯文，两者在意义上无差异。

8 伊玛目指公共礼拜时候的领拜人，也可指穆斯林大众的最高领导人，与哈里发相当。

9 Padma，莲花、圣莲之意，是一种古老的印度教象征，代表生长，在印度教庙宇中它出现的地方意味着是重要场所，后成为莫卧儿时期普遍的重要装饰性图案之一。

10 霍格 . 伊斯兰建筑 [M]. 杨昌鸣，陈欣欣，凌珀，译 . 北京：中国建筑工业出版社，1999.

11 PETERSEN.Dictionary of Islamic architecture[M]. London：Routledge，1996.

12 查哈·巴格是一种波斯式花园的布置形式，一个四边形的花园被人行道或者水渠分成四个小部分，象征着天国中的四条河流将花园四等分。

13 王镛 . 印度美术史话 [M]. 北京：人民美术出版社，1999.

14 海特斯坦，德利乌斯 . 伊斯兰：艺术与建筑 [M]. 中铁二院工程集团有限责任公司，译 . 北京：中国铁道出版社，2012.

15 王镛 . 印度美术史话 [M]. 北京：人民美术出版社，1999.

16 意思是"宫廷的皇冠"。

17 提洛森 . 泰姬陵 [M]. 邱春煌，译 . 北京：清华大学出版社，2012.

18 萧默 . 天竺建筑行纪 [M]. 北京：生活·读书·新知三联书店，2007.

19 王镛 . 印度美术史话 [M]. 北京：人民美术出版社，1999.

20 阶梯井在古吉拉特当地叫作"Vav"，在印度其他地方也被称作"Baoli"。

21 海特斯坦，德利乌斯 . 伊斯兰：艺术与建筑 [M]. 中铁二院工程集团有限责任公司，译 . 北京：中国铁道出版社，2012.

22 杨滨章 . 外国园林史 [M]. 哈尔滨：东北林业大学出版社，2003.

23 莫尔，米歇尔，图布尔 . 看风景 [M]. 李斯，译 . 哈尔滨：北方文艺出版社，2012.

24 郭风平，方建斌 . 中外园林史 [M]. 北京：中国建筑工业出版社，2005.

25 在梵语中，"夏利马尔"指"爱的居所"。

26 洪琳燕 . 印度传统伊斯兰造园艺术赏析及启示 [J]. 北京林业大学学报（社会科学版），2007（9）.

27 莫尔，米歇尔，图布尔 . 看风景 [M]. 李斯，译 . 哈尔滨：北方文艺出版社，2012.

图片来源

图7-1 英多拉宫殿平面，图片来源：维基百科

图7-2 英多拉宫殿，图片来源：汪永平摄

图7-3 库沙宫殿内部，图片来源：ASHER. The new Cambridge history of India：architecture of Mughal India[M]. Cambridge：Cambridge University Press, 1992

图7-4 道拉塔巴德城堡平面，图片来源：ASHER. The new cambridge history of India：architecture of Mughal India[M]. Cambridge：Cambridge University Press, 1992

图7-5 道拉塔巴德城堡第二部分的城门，图片来源：Vladimir Shkondin 摄

图7-6 道拉塔巴德城堡昌德高塔，图片来源：Vladimir Shkondin 摄

图7-7 道拉塔巴德城堡贾玛清真寺室内，图片来源：Vladimir Shkondin 摄

图7-8 道拉塔巴德城堡赤坭宫殿，图片来源：Vladimir Shkondin 摄

图7-9 道拉塔巴德城堡皇家住宅，图片来源：ASHER. The new Cambridge history of India：architecture of Mughal India[M]. Cambridge：Cambridge University Press, 1992

图7-10 道拉塔巴德城堡山顶宫殿，图片来源：Vladimir Shkondin 摄

图7-11 道拉塔巴德城堡山顶宫殿平面，图片来源：Carl Lindquist 绘

图7-12 比德尔城堡卫星图，图片来源：根据谷歌地球资料

图7-13 比德尔城堡主入口，图片来源：维基百科

图7-14 阮金宫殿内部庭院，图片来源：维基百科

图7-15 阮金宫殿大厅天花，图片来源：维基百科

图7-16 索尔康巴清真寺东立面，图片来源：Research and Information Centre for Asian Studies

图7-17 索尔康巴清真寺屋顶，图片来源：Research and Information Centre for Asian Studies

图7-18 索尔康巴清真寺内部柱式，图片来源：Research and Information Centre for Asian Studies

图7-19 塔克特宫殿遗存，图片来源：维基百科

图7-20 迪万·伊·艾姆遗存，图片来源：维基百科

图7-21 法塔赫布尔西格里堡平面，图片来源：ASHER. The new Cambridge history of India：architecture of Mughal India[M]. Cambridge：Cambridge University Press, 1992

图7-22 希兰高塔，图片来源：Medvedev 摄

图7-23 公众会见大厅，图片来源：Lucoto 摄

图7-24 私人会客大厅，图片来源：王杰忞摄

图7-25 私人会客大厅平面、立面、剖面，图片来源：http://foundationdezin.blogspot.kr/2013/07/layouts-of-fatehpur-sikri.html

图7-26 动物图案彩画，图片来源：维基媒体

图7-27 约德哈·巴伊宫殿的入口立面，图片来源：王杰忞摄

图7-28 潘奇宫殿，图片来源：王杰忞摄

图7-29 拉合尔堡平面，图片来源：MIT Libraries, Aga Khan Documentation Center

图7-30 公众会见大厅，图片来源：Ijaz Ahmad Mughal 摄

图7-31 拉合尔堡阿姆吉瑞门，图片来源：Takeshi 摄

图7-32 珍珠清真寺内部，图片来源：维基百科

图7-33 佘西宫殿立面，图片来源：维基百科

图7-34 佘西宫殿内部，图片来源：Samina Qureshi 摄

图7-35 纳乌拉克哈凉亭，图片来源：维基百科

图7-36 拉合尔堡精美的艺术墙，图片来源：Samina Qureshi 摄

图7-37 阿格拉堡平面，图片来源：http://www.kamit.jp/02_unesco/13_agra/agr_eng.htm

图7-38 阿格拉堡的德里门，图片来源：汪永平摄

图7-39 阿格拉堡的珍珠清真寺，图片来源：Bourne 摄

图7-40 阿格拉堡的公众会见大厅，图片来源：汪永平摄

图7-41 阿格拉堡的八角塔，图片来源：汪永平摄

图7-42 德里红堡平面，图片来源：Scanned by FWP from CU library copy, 2006

图7-43 红堡的拉合尔门，图片来源：王杰忞摄

图7-44 红堡的鼓乐厅，图片来源：王杰忞摄

图7-45 红堡的公众会见大厅，图片来源：王杰忞摄

图7-46 公众会见大厅的中央高台，图片来源：王杰忞摄

图7-47 红堡的私人会客大厅，图片来源：王杰忞摄

图7-48 红堡的珍珠清真寺，图片来源：维基百科

图7-49 果阿邦纳马扎尬清真寺，图片来源：http://www.akg-images.co.uk/

图7-50 库瓦特·乌尔·伊斯兰清真寺平面，图片来源：霍格. 伊斯兰建筑 [M]. 杨昌鸣，陈欣欣，凌珀，译. 北京：中国建筑工业出版社, 1999

图7-51a 广场中心铁柱，图片来源：沈丹摄

图7-51b 广场中心铁柱局部，图片来源：沈丹摄

图7-52 砂岩屏墙，图片来源：汪永平摄

图7-53 库特卜高塔，图片来源：汪永平摄

图7-54 阿塔拉清真寺平面，图片来源：http://www.oberlin.edu/images/art234/PreM.html

图 7-55 阿塔拉清真寺礼拜殿，图片来源：维基百科

图 7-56 阿塔拉清真寺西侧沿街立面，图片来源：谷歌搜索

图 7-57 曼杜贾玛清真寺平面，图片来源：http://tybarchhistory.weebly.com/jami-masjid-at-mandu.html

图 7-58 曼杜贾玛清真寺入口，图片来源：汪永平摄

图 7-59 曼杜贾玛清真寺中央庭院，图片来源：汪永平摄

图 7-60 曼杜贾玛清真寺内的米哈拉布，图片来源：汪永平摄

图 7-61 艾哈迈达巴德贾玛清真寺平面，图片来源：http://tybarchhistory.weebly.com/jami-masjid-at-ahmedabad.html

图 7-62 艾哈迈达巴德贾玛清真寺礼拜殿立面，图片来源：维基百科

图 7-63 艾哈迈达巴德贾玛清真寺光塔复原图，图片来源：维基百科

图 7-64 艾哈迈达巴德贾玛清真寺剖透视，图片来源：Hemali tanna 绘

图 7-65 法塔赫布尔西格里贾玛清真寺平面，图片来源：Institute of Oriental Culture，University of Tokyo

图 7-66 法塔赫布尔西格里贾玛清真寺礼拜殿立面，图片来源：王杰忞摄

图 7-67 法塔赫布尔西格里贾玛清真寺布兰德·达瓦扎，图片来源：汪永平摄

图 7-68 法塔赫布尔西格里寺萨利姆·奇什蒂陵，图片来源：王杰忞摄

图 7-69 S 形的仿木构梁托支撑，图片来源：谷歌搜索

图 7-70 拉合尔瓦齐尔汗清真寺平面，图片来源：谷歌搜索

图 7-71 拉合尔瓦齐尔汗清真寺剖面，图片来源：霍格. 伊斯兰建筑 [M]. 杨昌鸣，陈欣欣，凌珀，译. 北京：中国建筑工业出版社，1999

图 7-72 拉合尔瓦齐尔汗清真寺主入口立面，图片来源：维基百科

图 7-73 拉合尔瓦齐尔汗清真寺祈祷殿室内，图片来源：谷歌搜索

图 7-74 德里贾玛清真寺平面，图片来源：http://www.oberlin.edu/images/art234/Mrel.html

图 7-75 德里贾玛清真寺主入口，图片来源：汪永平摄

图 7-76 德里贾玛清真寺全景，图片来源：萧默. 天竺建筑行纪 [M]. 北京：生活·读书·新知三联书店，2007

图 7-77 德里贾玛清真寺礼拜大殿立面，图片来源：汪永平摄

图 7-78 果尔·古姆巴斯陵平面，图片来源：ASHER. The new Cambridge history of India: architecture of Mughal India[M]. Cambridge：Cambridge University Press，1992

图 7-79 果尔·古姆巴斯陵剖透视分析，图片来源：http://archnet.org

图 7-80 果尔·古姆巴斯陵的叶状装饰结构，图片来源：谷歌搜索

图 7-81 胡马雍陵平面，图片来源：http://www.oberlin.edu/images/art234/Mrel.html

图 7-82 胡马雍陵外部西入口立面，图片来源：王杰忞摄

图 7-83a 胡马雍陵花园的水渠节点远景，图片来源：王杰忞摄

图 7-83b 胡马雍陵花园的水渠节点近景，图片来源：王杰忞摄

图 7-84 胡马雍陵主体平面，图片来源：http://www.oberlin.edu/images/art234/Mrel.html

图 7-85 胡马雍陵主体剖面，图片来源：Aga Khan Historic Cities Programme

图 7-86 胡马雍陵主体立面，图片来源：王杰忞摄

图 7-87 阿克巴陵南大门立面，图片来源：汪永平摄

图 7-88 阿克巴陵墙面装饰，图片来源：汪永平摄

图 7-89 阿克巴陵主体平面，图片来源：谷歌搜索

图 7-90 阿克巴陵主体立面，图片来源：汪永平摄

图 7-91 阿克巴陵主体剖面，图片来源：谷歌搜索

图 7-92 伊蒂默德·乌德·道拉陵卫星图，图片来源：根据谷歌地球资料

图 7-93 伊蒂默德·乌德·道拉陵东大门立面，图片来源：维基百科

图 7-94 伊蒂默德·乌德·道拉陵主体平面，图片来源：谷歌搜索

图 7-95 伊蒂默德·乌德·道拉陵主体立面，图片来源：维基百科

图 7-96 伊蒂默德·乌德·道拉陵主体墙面装饰细部，图片来源：维基百科

图 7-97 泰姬·玛哈尔陵主体，图片来源：汪永平摄

图 7-98 黑白泰姬·玛哈尔陵假想图，图片来源：提洛森. 泰姬陵 [M]. 邱春煌，译. 北京：清华大学出版社，2012

图 7-99 泰姬·玛哈尔陵平面，图片来源：萧默. 天竺建筑行纪 [M]. 北京：生活·读书·新知三联书店，2007

图 7-100 泰姬·玛哈尔陵前厅北大门，图片来源：王杰忞摄

图 7-101 泰姬·玛哈尔陵主体平面，图片来源：JARZOMBEK, PRAKASH, CHING. A global history of architecture[M]. 2nd ed. Hoboken：John Wiley & Sons, Inc, 2011

图 7-102 八乐园平面布局模式分析，图片来源：CHING,

JARZOMBEK，PRAKASH. A global history of architecture [M]. New York：John Wiley & Sons，Inc，2011

图 7-103 泰姬·玛哈尔陵主体剖面，图片来源：CHING，JARZOMBEK，PRAKASH. A global history of architecture[M]. New York：John Wiley & Sons，Inc，2011

图 7-104 泰姬·玛哈尔陵主体穹顶细部，图片来源：维基百科

图 7-105 泰姬·玛哈尔陵主立面分析，图片来源：萧默 . 天竺建筑行纪 [M]. 北京：生活·读书·新知三联书店，2007

图 7-106 达达·哈里尔阶梯井，图片来源：王杰忞摄

图 7-107 达达·哈里尔阶梯井平面、剖面，图片来源：http://www.allempires.com/

图 7-108 达达·哈里尔阶梯井内的旋转楼梯，图片来源：王杰忞摄

图 7-109 达达·哈里尔阶梯井内的壁龛雕刻，图片来源：王杰忞摄

图 7-110 阿达拉杰阶梯井，图片来源：Research and Information Centre for Asian Studies

图 7-111 阿达拉杰阶梯井平面、剖面，图片来源：Concepts of Space in Traditional Achitecture

图 7-112 阿达拉杰阶梯井入口处八边形舞厅，图片来源：Research and Information Centre for Asian Studies

图 7-113 阿达拉杰阶梯井室内八边形柱廊，图片来源：Research and Information Centre for Asian Studies

图 7-114 阿达拉杰阶梯井室内装饰，图片来源：Research and Information Centre for Asian Studies

图 7-115 波斯花园布局形式，图片来源：王杰忞根据维基百科资料绘

图 7-116 四分花园，图片来源：维基百科

图 7-117 波斯地毯，图片来源：杨滨章 . 外国园林史 [M]. 哈尔滨：东北林业大学出版社，2003

图 7-118 胡马雍陵花园轴测，图片来源：谷歌搜索

图 7-119 胡马雍陵花园内景，图片来源：王杰忞摄

图 7-120 泰姬·玛哈尔陵花园内景，图片来源：汪永平摄

图 7-121 泰姬·玛哈尔陵花园结构分析，图片来源：洪琳燕 . 印度传统伊斯兰造园艺术赏析及启示 [J]. 北京林业大学学报（社会科学版），2007（9）

图 7-122 泰姬·玛哈尔陵花园内水渠及下沉式草坪，图片来源：王杰忞摄

图 7-123 夏利马尔花园结构分析，图片来源：洪琳燕 . 印度传统伊斯兰造园艺术赏析及启示 [J]. 北京林业大学学报（社会科学版），2007（9）

图 7-124 后宫庭园中的黑色大理石凉亭，图片来源：汪永平摄

图 7-125 尼沙特花园结构分析，图片来源：洪琳燕 . 印度传统伊斯兰造园艺术赏析及启示 [J]. 北京林业大学学报（社会科学版），2007（9）

图 7-126 尼沙特花园中的跌水，图片来源：贺玮玮摄

8 印度近代殖民时期城市与建筑

西方列强在印度的早期殖民活动

殖民时期印度城市建设

萨拉丁式的城市空间模型

后期帝国的首都建设

印度殖民时期的建筑实例

印度殖民时期建筑的特色

印度殖民时期建筑的影响

8.1 西方列强在印度的早期殖民活动

8.1.1 葡萄牙及荷兰人早期殖民活动

1498 年，著名葡萄牙航海家瓦斯科·达·伽马（Vasco da Gama）从非洲南端绕行来到印度西海岸喀拉拉邦（Kerala Pradesh）的港口城市卡利卡特（Calicut），这标志了西方殖民势力进入印度的开始。卡利卡特是当时印度西南部地区主要的对外通商口岸，外商云集。达·伽马来到卡利卡特后得到了在此通商的许可，并在返回时带回一船印度特产，获利丰厚，轰动了欧洲。

紧接着，葡萄牙殖民者在位于喀拉拉邦的科钦（Kochi）建立了第一个欧洲贸易据点，而这也标志了印度殖民时代的真正到来。1505 年，葡萄牙国王任命弗郎西斯科·德·阿尔梅达（Francisco de Almeida）作为第一任葡萄牙印度总督，着手建立东方海上殖民帝国。1510 年，阿尔梅达的继任者阿方索·德·阿尔布克尔克（Afonso de Albuquerque）武力征服了一直被穆斯林统治的港口城市果阿（Geo）。葡萄牙人将果阿视为自己位于东半球的首府，并重点设防，甚至安排了一支舰队驻守在那里。这位葡萄牙总督当时还许可了一项政策，允许葡萄牙士兵和水手与当地的印度女孩通婚。这成为后来果阿和亚洲其他葡萄牙殖民地种族混杂的一个最重要的原因。后来，葡萄牙人以印度西海岸为中心，又逐渐在印度东海岸以及隔海相望的斯里兰卡建立了一批殖民据点。

整个 16 世纪，葡萄牙人控制了欧洲经非洲到印度的航线，独占了印度与西方的海上贸易，称霸于印度洋。然而到了 17 世纪，情况发生了变化。葡萄牙人势力渐消，荷兰人闯入香料群岛，渐渐取代了葡萄牙人的地位。荷兰人之后又来到

印度，排挤葡萄牙人的商业空间，抢占他们的地盘。不过葡萄牙人仍保有其在果阿、达曼（Daman）和第乌（Diu）的据点及少数商馆。

荷兰商人 16 世纪末就成立了一些公司到达东方开展贸易。1602 年这些小公司联合成立荷兰东印度公司，由国家授权垄断对东方的贸易。荷兰东印度公司拥有其他贸易公司所没有的诸多特权，如宣战、媾和、修筑要塞等等。荷兰人把自己的重点放在夺占香料群岛、垄断香料贸易上，来印度贸易是第二位的任务。1605 年，经高康达国王同意，荷兰人在东南海岸的默吉利伯德讷姆（Machilipatnam）建立了他们在印度的第一个商馆。和葡萄牙人比较起来，荷兰人在印度主要是扩张贸易，暴力掠夺相对少一些。这是因为：第一，环境不同了，印度已建立莫卧儿帝国，它正在进一步拓展领土；第二，印度南部有比贾布尔及高康达两个大国，分裂局面相对减弱；第三，葡萄牙船只和人员是国家公派的，荷兰则是私人公司经营，公司力量有限，不敢轻易造次；第四，荷兰是新教国家，没有葡萄牙人的那种宗教狂热。

当然，这不是说荷兰人就不进行暴力掠夺了。他们以武力推行胡椒贸易垄断，对一些王公发动战争，其掠夺性不亚于葡萄牙人。荷兰人从孟加拉、比哈尔、古吉拉特和科罗曼德海岸（The Coast of Coromandel）输出生丝、纺织品、动植物油、硝石、大米等，从马拉巴尔海岸输出香料。香料和部分纺织品输往欧洲，其他产品输往香料群岛和附近亚洲国家。17 世纪后半期，荷兰从印度输出的商品总值超过所有其他国家，对印度手工业

的发展起到了明显的刺激作用。

8.1.2　英国东印度公司早期殖民活动

1588 年英国歼灭西班牙无敌舰队，成为海上大国后，极欲冲出大西洋，改变在殖民扩张中的落后地位。荷兰人在东方取得的成功刺激了英国商人，荷兰人在欧洲提高香料价格也惹恼了他们，促使他们下决心直接参与东方贸易与竞争。此时，通往东方的海路已不存在垄断，荷兰人打破葡萄牙人的垄断后自己也无力垄断，这使英国人到东方不存在任何形式的障碍。

早在 1599 年 9 月 24 日，英国伦敦的富商们就开始筹划设立一个专门从事东印度贸易的公司，并将该提议递交给了英国当局。1600 年 12 月 31 日，英国女王伊丽莎白允准，授予公司特许状。公司领导将其定名为"伦敦商人对印度贸易的总裁和公司"。参与申请的 215 名商人、贵族以及市议员等获准为公司成员。利凡特公司的领导托马斯·史密斯成为东印度公司的首任总裁，另外他还是当时的伦敦市议员。得益于特许状的授权，东印度公司拥有了 15 年期限的经济贸易权，范围从埃斯佩兰斯角至麦哲伦海峡。1609 年国王詹姆士一世续延了特许状，并把 15 年期限改为永久性的授予权。

东印度公司一开始并无固定的资本，个家自负盈亏。1612 年起，公司改组为股份公司，有固定资本。最初股东仅限于作为公司创立成员的 215 人，后因资金不足扩大招股，突破了成员的限制，随后又建立了股东大会和董事会。公司除拥有贸易垄断权外，在它成立以后的数十年中，

还逐步从国王那里得到贸易以外的特权。这些渗透到各个角落的诸多特权成为东印度公司殖民扩张的有力武器，其包括但不仅限于以下内容：

第一，对公司内部员工的司法权。1600 年特许状就允许公司制定法律，约束自己的职员，对违犯者可以处以罚款、监禁等处罚。1615 年国王又授权公司可对罪犯判处各种刑罚甚至死刑（要有陪审团的裁决），条件是公司颁布的法律不得违背英国现行法律。授予公司立法、司法权被认为是在远洋贸易情况下保证内部秩序所必需的[1]。

第二，建立要塞、武装防卫、任命官员的权力。1661 年国王查理二世颁发的特许状准许设防和建立武装力量守卫，还规定公司有权任命官员管理要塞，这被认为是保卫商业利益的需要；后又被允许派遣战船、运送弹药、保卫商馆和贸易点，并可任命指挥官。

第三，拥有军队的权力。1669 年特许状规定允许英国的军官和士兵为公司服务，据此，公司建立了最早的军队。1683 年允许招募军队，1686 年允许其建立海军。

第四，1677 年特许状规定允许公司建立铸币厂，铸造印度货币供公司在印度使用。

第五，对非基督教国家宣战媾和的权力，即对东方国家发动侵略战争的权力，这是 1683 年特许状中规定的。

第六，有权自行处理在战争中得到的领土，但国王保留对公司所占领土的最高占有权，这也是 1683 年特许状中规定的。

第七，建立政府和法院，即授予统治权，这

是后来在马德拉斯、孟买等地建立殖民据点后得到的授权（1687 年和 1726 年特许状中规定）。

东印度公司得到这么多贸易以外的权力，就不再是纯商业组织了，而成了一个商业、政治、军事、司法四合一的组织，其特权比荷兰东印度公司得到的还要广泛。这样一个组织正是英国对东方进行殖民侵略所需要的工具。

18 世纪初东印度公司的贸易垄断权不断遭到英国其他商人的强烈指责，他们均要求拥有平等分享利益的机会。东印度公司为维护既得利益便大肆行贿，有时也应政府要求贷款给政府。英国资产阶级革命后，国王颁发的特许状失效，公司需要获得议会的特许状。克伦威尔以公司保证借款给政府作为更换特许状的条件，首开政府强迫公司借款的先例。之后政府要求越来越高，公司无力全部应承。1698 年，议会通过法案，允许能向政府贷款 200 万英镑的个人或团体成立新的对东方贸易的公司。一批商人答应贷款，成立了"英国对东印度贸易公司"。原来的公司按议会规定三年后要解散。后来经过调解，新老两公司决定合并，1708 年成立"英商东印度贸易联合公司"，简称"联合东印度公司"。新公司根据议会 1698 年特许状，要求各种先前由国王授予的特权都被保留。此后，在印度进行持续性扩张、征服、统治的就是联合东印度公司。

东印度公司 1601 年开始派船到东方进行贸易。最初的目标是得到香料，目的地是香料群岛。1608 年"赫克托尔"号船长霍金斯奉公司董事会之命，在由班达群岛返航途中，将船驶到印度西海岸的苏拉特（Surat）上岸，奔赴莫卧儿帝国都城阿格拉晋见皇帝。直到 1609 年霍金斯才被约见，他将英国国王的亲笔书信交给皇帝贾汉吉尔，并在宫廷里居住到 1611 年 11 月。贾汉吉尔有意答应霍金斯的请求，但葡萄牙人从中作梗，霍金斯

一无所获。1612 年东印度公司在第十次航行中派出两艘船去往印度，在苏拉特附近海面遭遇葡萄牙战船并将其击败，至此公司才得到贾汉吉尔允准，于 1613 年在苏拉特设立商馆。这是英国人在莫卧儿帝国境内设立的第一个商馆。此前，东印度公司 1611 年派人来印度南部的高康达国要求通商，经国王允准，在默吉利伯德讷姆建立了商馆。

东印度公司进入印度后，经过调查，认为首要的任务是争取莫卧儿帝国和南印国家统治者允许在印度建立更多商馆。1614 年，公司的船队在苏拉特发现地方统治者不满葡萄牙人的专横，就支持地方统治者打败葡萄牙船队。为感谢东印度公司的行为，莫卧儿皇帝决定将与公司的贸易往来协约化，这对于东印度公司来说是一个千载难逢的好机会。此后公司势力在印度半岛不断扩张，其设立的贸易商馆很快遍布印度东、西沿海口岸及船运发达的内陆地区。

科罗曼德海岸：东印度公司最早在这里设立的商馆为 1626 年的阿尔马冈商馆，当时这里属于南印的高康达国。1639 年，公司在从当地王公那里租来的一块地上建立了圣乔治堡（St. George Fort），代价为每年需支付 600 英镑的租金，而这对于英国人来说是非常划算的买卖。这里发展十分迅速，经济繁荣且具有重要的军事意义，1653 年后这里发展成为马德拉斯市。

孟加拉湾沿岸：1651 年东印度公司得到莫卧儿皇帝沙·贾汉允准在孟加拉胡格利建馆，后又在卡西姆巴扎尔（Kasim Bazar）和比哈尔的巴特那建馆。1658 年，所有孟加拉、奥里萨、比哈尔以及科罗曼德海岸的商馆都被置于圣乔治堡管辖下。1690 年公司在孟加拉胡格利河口的苏塔纳提（Sutanati）建商馆，1698 年在这里建立威廉堡（William Fort），后发展成加尔各答市。原

来由乔治堡管辖的孟加拉、奥里萨及比哈尔的商馆从 1700 年之后全部纳入威廉堡的管理范围。

西部海岸：1668 年东印度公司获得孟买的统治权（孟买原为葡萄牙人侵占，1661 年葡萄牙国王将其作为公主陪嫁礼物赠送给英国国王查理二世，随后英国国王将其转赠给东印度公司）。1687 年以后公司在西海岸的中心由苏拉特迁至孟买，所有位于西海岸的商馆归孟买管辖。

经一步步发展，英国人在印度初步形成了以马德拉斯、孟加拉和孟买三大管区为中心的管理体制，其下各辖一批商馆。在谋取商业特权的同时，东印度公司开始在印度建立设防据点，作为日后扩大侵略的基地。

1680 年代起，东印度公司在指导思想上已明确地把占领领土、建立殖民帝国作为与贸易同等重要的任务。17 世纪，在扩大殖民侵略基地方面的新进展是威廉堡的建立，威廉堡后来发展为加尔各答市：东印度公司在孟加拉内地有一些商馆，但在胡格利河出海口没有，它一直要求在那里设立商馆，直到 1690 年才被允准在苏塔纳提设立商馆。后来公司从当地王公手中买来土地用以修筑威廉堡，这里逐渐形成新的居民区，这就是英国东印度公司的第三个小型殖民地——加尔各答。1735 年加尔各答居民达 10 万人，1744 年孟买居民约 7 万人。

英国东印度公司在英帝国最终成功地征服印度次大陆的过程中有着非常重要的意义，其主要作用可概括为：

（1）扩张大英帝国领土。

（2）殖民掠夺，积累原始商业资本。

（3）侵占印度次大陆这一战略要地，北指阿富汗，南指东南亚，东指中国，使得印度半岛成为英军有力的战略支撑点。

（4）加深殖民化，将殖民地转化成为英国工业品的销售市场，支持了国内资本主义的发展，从而进一步推进了殖民化浪潮。

（5）成功排挤掉了欧洲其他殖民大国。

（6）长期在印度的统治为日后帝国政府的直接统治管理积累了经验。

8.2　殖民时期印度城市建设

工业革命过程中，欧洲在孕育了早期萌芽的资本制生产方式的同时，也不断朝着世界其他地区进行原始资本的积累。这些财富的积累成为西欧强国向产业资本主义转移的原动力。以这些地方为据点建设的城市就是殖民城市。本章论述的对象就是西欧列强在印度统治的殖民城市。早期殖民者葡萄牙人在印度的一些据点除果阿、达曼等其他都被后来的英法占据。荷兰人专注于在香料群岛的贸易，在印度没有实质性的据点。英法殖民者后来居上，专注于同印度的贸易，并想方设法在印度沿岸落脚，继而统治内陆地区。这期间，印度沿岸产生了一大批欧洲殖民地，其中以英国在印度大陆三大管区的首府马德拉斯、孟买及加尔各答后来发展得最好。随着苏伊士运河的开通及蒸汽船的发明，这三个港口城市地位更加凸显。再后来，英国人在印度次大陆开始了铁路系统的建设，马德拉斯、孟买及加尔各答成为由港湾向内陆入侵的枢纽城市，它们进而成为英国统治整个印度次大陆的核心城市。

8.2.1　葡萄牙殖民地果阿城

果阿旧城建于 15 世纪，在毗奢耶那伽罗王朝和巴赫曼尼苏丹国时代是重要的港口城市，在阿迪勒·沙阿王朝是比贾布尔苏丹国的陪都，有护城河围绕，建有王宫、清真寺和庙宇等。

1498 年达·伽马在航行中需要在印度地区找一处中途停靠点，而印度喀拉拉邦的卡利卡特成为他踏上印度次大陆的第一站。日后他转至今日的果阿地区（图 8-1），从而开启了果阿城具有传奇色彩的历史新篇章。在这之前，传统上的从印度到欧洲的陆上香料贸易路线为奥斯曼帝国所中断，而葡萄牙人试图打破这一困局。为了将印度至欧洲的香料贸易控制在自己手中，葡萄牙人将自己的目光停留在了海上，并试图在印度沿海地区设置属于自己的殖民地。在这不久之后，葡萄牙的舰队司令阿尔布克尔克击败当时的领主，于 1510 年成功占领了果阿旧城。有别于葡萄牙在印度沿岸其他的飞地，葡萄牙不仅在果阿屯兵，还期许将果阿建设成一处殖民地及海军基地。统治者破坏了原先的穆斯林城市，仿造里斯本建起了新城市。街道沿地形呈曲线布置形成不规则形状的街区。河港前设副王门和副王官邸，其背后的丘陵上建有广场、大圣堂和修道院等。17 世纪中期南印度的印度帝国崩溃后，果阿失去了重要的贸易对象。之后围绕东南亚贸易的权利竞争愈演愈烈，"黄金的果阿"几度遭受荷兰海军的攻击。此外，因霍乱和疟疾的流行，果阿人口不断减少。1843 年，果阿的首府从果阿旧城（Old Goa）迁往河口地区的果阿新城（Nova-Goa），就是现在的帕纳吉（Panaji）。

在葡萄牙人的干预下，果阿宗教裁判所（1560—1812）颁布了许多命令，其中不乏有迫使当地人信奉天主教的指令[2]。这当然没有得到人们的积极响应，有的人为了躲避直接搬离这里，去往附近的门格洛尔（Mangalore）、卡尔瓦以及卡纳塔克邦地区。后来，其他的西欧列强纷纷来到这里并展开了印度半岛的殖民争夺战。葡萄

图 8-1 果阿区位

牙的大部分印度属地在 16 世纪后被英国及荷兰夺走，而作为剩下的为数不多的属地中最大一个的果阿，得到葡萄牙人的高度重视。他们将这里作为其最重要的海外属地，重点打造，甚至赋予其拥有与里斯本一样的特权地位[3]。为扩大果阿地区葡萄牙人的影响力，殖民统治者鼓励葡萄牙人在这里定居，并允许他们和当地妇女通婚。留下来的这部分已婚男子很快成为果阿的特权等级，他们成为葡萄牙在果阿上层社会中的重要组成部分。果阿的议会随之建立，并成为葡萄牙国王管理这里的重要载体，产生了非常经济的作用。

作为葡属印度的首府和基督教传播的中心，果阿集中了很多教堂和修道院（图 8-2）。在 18 世纪人们弃城而去之前建造的 60 座教堂中，以下

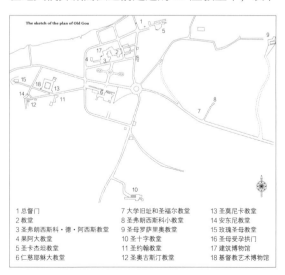

1 总督门	7 大学旧址和圣福尔教堂	13 圣莫尼卡教堂
2 教堂	8 圣弗朗西斯科小教堂	14 安东尼教堂
3 圣弗朗西斯科·德·阿西斯教堂	9 圣母罗萨里奥教堂	15 玫瑰圣母教堂
4 果阿大教堂	10 圣十字教堂	16 圣母受孕拱门
5 圣卡杰坦教堂	11 圣约翰教堂	17 建筑博物馆
6 仁慈耶稣大教堂	12 圣奥古斯汀教堂	18 基督教艺术博物馆

图 8-2 果阿旧城教堂和修道院分布

8-3 尚塔杜尔迦寺院

图 8-4 蒙格什寺院

几座教堂尤为突出：仁慈耶稣大教堂（Basilica of Bom Jesus）、果阿大教堂（Sé Cathedral of Santa Catherine）、圣弗朗西斯科·德·阿西斯教堂（Church of St . Francis de Assisi，现部分作为考古学博物馆）、圣卡杰坦教堂（Church of St. Cajtan）、圣母罗萨里奥教堂（Church of Our Lady of the Rosary）、圣奥古斯汀教堂（Church of St. Angustine，建于 1572 年的一座修道院的唯一遗迹）等等。

值得一提的是位于果阿邦内陆庞达市（Ponda）名为尚塔杜尔迦（Shanta Durga，图 8-3）、纳格什（Nagesh）、蒙格什（Mongeshi，图 8-4）的印度教寺庙都拥有拉丁十字形的平面布局。这里的印度教寺庙有很多借用清真寺布局的例子，也有使用拉丁十字的天主教平面布局方

式，这正是东西文化互相交流、不断融合的结果。

从宗教和历史角度看，果阿旧城的宗教建筑见证了基督教传播到亚洲的历史，有很重要的地位。果阿被誉为"东方罗马"，其古建筑对 16—17 世纪印度的建筑、雕刻和绘画的发展都产生了重要的影响，为曼努埃尔式艺术、巴洛克艺术在亚洲天主教国家的传播提供了有力保障。仁慈耶稣大教堂中的圣方济各·沙勿略墓以及出自乔万尼·巴蒂斯塔·福格尼之手的精美铜像，象征着一个有世界意义的事件，即天主教于近代在亚洲大陆的传播。葡萄牙的殖民时期延续了约 450 年，直至 1961 年被印度用武力夺得其主权。如今，以人均资产值计算，果阿是印度最富裕的一个邦。1986 年，联合国教科文组织决定将果阿教堂和修道院作为世界文化遗产列入《世界遗产名录》。

8.2.2 法国殖民地本地治里

法国曾经连续 4 个世纪拥有相当于苏联领土面积的殖民地帝国。与美洲和非洲相比，亚洲殖民规模较小，是与其他的欧洲诸国尤其是与英国霸权竞争激烈的地区，城市的建造也和英国形成了鲜明的对照。

位于印度东南部的本地治里（Pondicherry，图 8-5）的历史始于 1664 年再度成立的法国皇

图 8-5 本地治里区位

家东印度公司，是 1673 年作为交易据点开发的。正如明确美洲和非洲的探险对确保通向印度的航路有着重大意义一样，印度贸易也是法国殖民地政策主要关注的问题，本地治里是其构想中殖民地领土的中心地。在面对印度洋的沙丘上，与内陆进行交易的本地治里河的河口以北，1683 年正式开始了城市建设。之后城市的范围略有扩大，在与英国对抗加剧的 18 世纪又加筑了城墙，除此以外，城市还是当初的建设形态。

本地治里城市格局的一个最大的特征，是市区常见用垂直路划分出的长方形棋盘格状形态（图 8-6）。法国在其殖民城市中，不光是亚洲诸城市还包括非洲城市，采用棋盘格状规划的很多。越南的胡志明市（旧称西贡）就是另外一个很好的实例（图 8-7）。与之形成鲜明对照的是，英国在亚洲建设的殖民城市，除被称作卡托门托（Cantonment）的军事驻地等地以外，采用棋盘格状规划的很少。可以说本地治里是法国殖民城市中最早定位为棋盘格状传统城市的，这也为其他地区如美洲及大洋洲殖民地的城市建设提供了参考，对后来的城市发展有着十分重要的意义。市区内部建有排水兼防御双重作用的南北流向的水渠。东侧的沙丘部分称"白镇"（White Town），西侧背后的低地称"黑镇"（Black Town），居住区根据人种划分得极为清晰。"白镇"以城堡和教堂为中心，主要由法国人居住区构成；"黑镇"的中心则聚集了市场、广场、小公园、收税署等与交易相关的设施。这是与城市整体以教堂为中心的葡萄牙和西班牙殖民城市最大的不同点，由此可知，法国殖民地政策对商业行为的重视。

1744 年以后，随着与英国霸权斗争的加剧，本地治里几度被占领，尤其是城中心，遭受了多次破坏和复兴。到 1816 年被确定为法国领地时，英国在印度的统治已十分牢固，其对法国的意义也大打折扣。

1947 年印度独立，法国与印度于 1948 年达成协议，由法属印度的人民公投表决定其前途。在各法属印度属地中，金德讷格尔（Chandannagar）在 1952 年直接回归印度并并

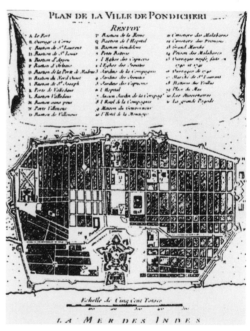

图 8-6　本地治里（1741）

图 8-7　西贡（1942）

图 8-8 马德拉斯
（1908）

图 8-9 孟买（1908）

图 8-10 加尔各答
（1908）

入相邻的邦，而本地治里、加里加尔、雅南及马埃四个地区则以"本地治里"的名义于 1954 年 11 月 1 日加入印度成为一联邦属地，但法国国会至 1963 年方确认与印度签署的相关条约。

目前法语依然是本地治里的常用语言。此外，由于本地治里回归印度时，法国政府允许当地人民选择保留法国国籍或归化印度国籍，因此当地不少泰米尔裔人及其后代至今依然保留法国国籍。法国于本地治里设有领事馆，当地仍有法国文化协会及法国远东学院等机构。在本地治里，每年的法国国庆日（7 月 14 日）会有身穿法国军服的居民举行巡游活动，沿街高唱《马赛曲》，不少屋顶则于当日在印度国旗旁同时悬挂起法国国旗。

8.2.3 英国殖民地城市马德拉斯、孟买及加尔各答

作为过去欧洲和印度共同影响作用下的产物，马德拉斯、孟买及加尔各答三个城市是很独特的。英国殖民者对印度次大陆的影响表现在据点类型的多样性上，据点的各种类型都是根据它们自身初始的环境和随后的进化演变而来。在 17 世纪初英国最开始和印度接触的时期，英国东印度公司像其他欧洲贸易公司一样，在位于海岸和内陆水道旁的印度城市建立据点，并称之为商馆。早期的商馆包括仓库，都是结合商人的住所和其他设施布置的[4]，对印度的城市结构的影响是微弱和短暂的。

英国东印度公司在马德拉斯以及后来在孟买和加尔各答这些相对不发达但方便船运的地方设立了一些驻防的商馆。在英国人强有力的保护下，这些城市出现了众多新的商业机遇。许多印度和其他国家的商人们蜂拥而至，他们在据点的附近安顿下来，于是一种融合的城市模式在这三个地方发展起来了。这三个港口城市成为英国在印度次大陆经济和军事力量的核心城市，也成为后来英国向印度内陆扩张的后方基地（图 8-8~ 图 8-10）。

18 世纪末期及 19 世纪出现了一些其他形式的殖民城市形态。其中最常见的形式是军事驻地及民用居住区[5]，又被称为卡托门托和民用带（Civil Line），一般是在本土的城市中心附近布置但单独管理。而山地驻地可以算另一种新型布置形式，在凉爽的高地上安顿下来对那些在较热的月份里想要好好休息放

松的欧洲人来说很有吸引力。

17 世纪至 18 世纪期间，马德拉斯、孟买和加尔各答有着类似的增长模式。而到了 19 世纪及 20 世纪初期，这三个城市的空间形态发生了各自的平行演化，但有着一个类似的城市形态模式。基本特征就是一个欧式堡垒的"核"，一个用来隔离欧洲人和印度人住区的"开放空地"，一个中央商务区和一个外围的军事及制造业区。受空间地形因素影响，这种特性在各城市的进化略有不同，不过直到 20 世纪初这些特征基本都保存完好。三个城市都拥有西式的中央商务区和相对较低的居住人口密度，这和印度的其他城市比较起来，还是有很大区别的。下面通过一个空间模型来阐明马德拉斯、孟买和加尔各答三个城市因殖民统治的影响而享有的共同形态特征。

8.3 萨拉丁式的城市空间模型

归纳三个港口城市的基本功能构成要素，可以得出一个城市发展的空间形态模型示意图（图 8-11）。其中主要构成要素有：一个毗邻滨水商业区的要塞，一片围绕着要塞的开放空地，被商业区分隔开的欧洲殖民者住区与印度本土居民住区，亚洲居民和亚欧混血居民住区，一个位于印度扇区外围的制造业区域，以及一个在欧洲扇区边缘的较边远的军事区域。这种模式的演化有以下三个主要阶段。

早期阶段是具有防卫功能的商馆和城镇的建立时期。滨水建立的商馆成为城市发展的核心。从一开始，围绕商馆的发展就具有一个双种族的模式，互相独立的欧洲区与印度区，又被称作"白城"与"黑城"，各自有属于自己的商业及住区功能。欧洲区围绕在商馆周边，也具有一定的防

卫功能。后来经过逐步发展，印度区也有了防御措施，如马德拉斯的防御城墙、加尔各答的护城河，而孟买的防御城墙在最初就已经涵盖了印欧城镇。欧洲区通常布置在原始商馆和印度区的南部，这样一方面可以保护停靠的欧洲商船，另一方面可能是出于预留通道直达公海的战略考虑[6]。

中间阶段为外扩时期，主要指 18 世纪中期到末期。城市防卫功能逐步增强、商业机会渐渐增多的必然结果就是城市开始慢慢地向外扩张。马德拉斯和加尔各答这时期的发展要比孟买的发展快很多，孟买直到 19 世纪才逐渐赶了上来。在这个阶段，要塞逐步扩大，并增设了堡垒、壕沟、吊桥等防御工事，根据火枪射程距离预留的开放空地也出现了。印度区在防御城墙内外都快速地扩张，甚至延伸至很靠近滨水区或者要塞的地方。欧洲殖民者建立了新的住宅定居点，而行政功能及商业功能则保留在城堡区。于是一个离核心据点约 3.22~8 千米的被分隔开的市郊住区形成了。和印度区相比，欧洲人的市郊住区人口密度较低，这样一来，殖民者可以让自己和城市中心区保持适当的距离。需要强调的是，早期欧洲城市郊区化在印度发展时，当时的交通方式还是骑马、乘牛车或人力车。

最后一个阶段为之前阶段的各功能元素互相作用直至最终凝结的时期。城市空间形态在 19 世

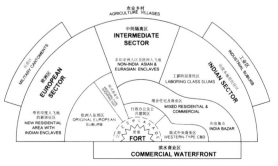

图 8-11　萨拉丁式城市空间形态模型

纪顺利进化，并最终在 20 世纪呈现出具有新特征的完整形式。位于或是毗邻早期英国殖民者定居点的中央商务区，现在仅包括欧洲类型的商业、管理及行政功能。印度区仍保持着商业和住宅两个功能，十分拥挤只能向外不断扩张。位于欧洲人和印度人之间的结构功能区模糊了城市原先简单的二元性。这个区域被那些社会地位居于统治者与被统治者之间的族群占据着，例如帕西人（印度拜火教徒）、各种其他非印度亚裔移民及亚欧混血等等。

城市周边燃煤工业的发展，例如孟买的棉纺厂、靠近加尔各答水路沿线的黄麻工厂等，都是城市扩张的一个主要组成部分。工业大发展使得各城市的印度区及市郊工业区产生了大量租赁住房和棚户区。由于军队和物资转移到主城外的兵营区，位于城堡区的军事功能大大减弱了。

8.3.1 马德拉斯的城市形态演变

马德拉斯位于印度东南部的乌木海岸（即科罗曼德海岸），于 1639 年建立，是三个城市中最早建立的（图 8-12）。作为定居点的核心，圣乔治堡于 1641 年完成[7]。城堡面朝大海，建立在沙滩和两条河交汇处之间的高地上（图 8-13、图 8-14）。这里地形特殊，船舶想要靠岸在离岸约 1.6 千米以外就得抛锚。城堡很快就被英国人的住宅及公共建筑包围起来了。这个内置的区域被称为"白城"，有防御城墙保护着。另外有一个亚洲商人和手工业者的定居点在城堡北侧出现了，并被称为"黑城"。18 世纪期间，印度定居点向北不断扩张，越过了埃格莫尔河（Elambore River），向南发展到了古沃姆河（Kuvam River）的对岸。

在遭受攻击并被法国人占领后，马德拉斯

18 世纪中期发生了重要的形态变化。圣乔治堡被扩大并且加强了防御措施。"黑城"原先靠城堡北侧很近的一部分被拆除，改成开放的空地。"黑城"的居民于是向城市北侧及西侧转移。尽管"黑城"在内陆侧有防御城墙保护，但在沿海一侧什么都没有，朝向"白城"和城堡区的地带也只是空地。同样，在城堡区西南侧两条河的交汇处也只是空地。因此，从内陆地区到有重重防御的英

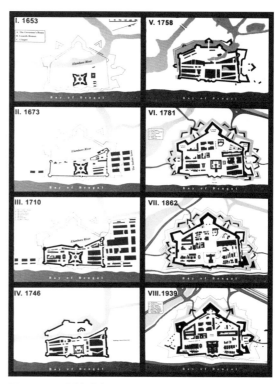

图 8-12 圣乔治堡的发展历程

图 8-13 圣乔治堡模型

图 8-14　圣乔治堡沿海一侧实景

殖民者定居点的通路上，一个军事防御区建立起来了。

　　到 18 世纪末，东印度公司开始牢牢地控制着这片区域。这期间郊区化开始了，以城堡区为核心，以约 4.8~8 千米的半径向外放射形发展。富有的官员和商人离开城堡区，放弃拥堵的滨海奢华公寓，前往市郊购置土地。市郊扩张的首选方向是西侧的瓦皮里（Vepery）和埃格莫尔（Egmore）以及古沃姆河沿岸的农根伯格姆（Nungambakkam）区域。在西南方向位于农根伯格姆和迈拉博雷（Mylapore）之间的乔奇（Choultry）平原地带也是非常不错的选择，带有花园的大房子被大量建造。1800 年之前英国殖民精英们在印度引领的郊区化模式重现了当时在英国本土及欧洲大陆发生的同一现象。

　　19 世纪的上半叶，圣乔治堡和"黑城"的功能发生了一些变化。城堡逐渐从军事管理区变成一个行政管理区。军队则在西南侧距市中心约 12.9 千米的宿营地驻扎。银行、保险及批发贸易的机构搬到了"黑城"。欧洲商品及服务的零售店逐渐汇集，在古沃姆河南侧直到圣托马斯山之间形成了一个商业带。这个转变间接地导致了西南地区在这个城市的地位日益提高，后来这里成为欧洲人新的定居点。许多市郊的农田逐渐用作非农业用途，常住居民渐渐开始依赖城市就业来解决生活问题。

　　在马德拉斯，印度人口大量集中在"黑城"和齐普利坎（Triplicane）。因为这里有本地专业的集市，可以提供本土类型的商品和服务。即便是最富裕的人，无论是印度教徒、穆斯林，还是其他亚洲人、欧亚混血儿、基督徒等，都保持一种强烈偏好，即住在那些有着同种姓、同宗教或是有类似社会背景和语言习惯的同伴们的工作场所附近。

马德拉斯城市发展的下一个阶段发生在 19 世纪下半叶。1858 年东印度公司结束了在印度的统治，印度接下来由英国女王直接统治。"黑城"于 1906 年更名为乔治城，这里的东南角成为关注的焦点。马德拉斯的行政管理功能仍然留在圣乔治堡内或在城堡附近的新建筑里。政府大楼作为总督的官邸，屹立在古沃姆河边山路（Mount Road）的端头处。海关大楼、高等法院、中央邮政和电报大楼、市政大厦和一些银行、报刊大楼则坐落在城堡北侧附近的平坦空地上。建于 1889 年的马德拉斯防波堤，在 1910 年进行了修缮，与之一起纳入改善范围的还有码头、仓储建筑、铁路设施等等。这样形成了一个现代的交通网络体系，将印度半岛广阔的腹地城市与可以进行海外贸易的口岸连接了起来。原先出于战略防御考虑设置的平坦空地则被划分掉，部分直接用作铁路客运站终端建设用地。

在 20 世纪初，马德拉斯城区总面积约 71.5 平方千米，并有直径约 14.5 千米的半圆形临海区（图 8-15）。只占城区面积 9% 的乔治城，人口却占到城市总人数的三分之一。乔治城的最东部区域由于商业中转和运输活动的聚集，人口密度则低于其他地区。除局部地区人口密度略增外，马德拉斯其他地区的人口密度急剧下降。1911 年马德拉斯的平均人口密度约为 75 人／公顷，但在一些周边地区人口密度不到 25 人／公顷。

在殖民统治最后几十年里，马德拉斯的人口构成与孟买和加尔各答相比，男性所占比例较小，异构比较小。1901 年马德拉斯的男女性别比例大约是 100 比 102。有 63% 的人口讲泰米尔语，约 21% 的人口讲泰卢固语，只有 3% 的人口讲英语。

图 8-15　1911 年的马德拉斯

1901 年城市居民里土生土长的人占了 68%，28% 的人口来自马德拉斯辖区的其他地方，只有少于 4% 的人口是印度其他地方或国外出生的[8]。

从 1911 年的人口普查可以看出社会结构的显著特点，因为职业的细分、宗教信仰状况等都包含在人口普查部门的 20 个数据里[9]。整个城市的贸易和金融行业从业率为 17%，但在乔治城和城堡区这一比例高达 29%。公共管理和其他政府部门从业率为 14%，这一比例在乔治城和城堡区、瓦皮里、齐普利坎则高达 20%。在宗教方面，1911 年约 80% 的人口为印度教徒，穆斯林和基督徒各占总人口的 12% 及 8%。穆斯林集中在齐普利坎和靠近港口的乔治城，基督徒主要分布在瓦皮里、埃格莫尔以及坦德贝特（Tondiarpet）。

各功能区域的分化基于原来定居点的核心并一直持续到 20 世纪。殖民精英们的住宅区和工作场所的转换反映了早期的郊区化模式[10]。然而，城市中心区域外围的定居点并不稠密，它们互相被一些空旷的土地隔开，而这些土地有着优美的半乡村式花园景观。

8.3.2 孟买的城市形态演变

孟买是英国人在印度建立的第二个港口城市。孟买位于印度西海岸，原为阿拉伯海上的 7 个小岛。16 世纪初，古吉拉特邦苏丹巴哈杜尔·沙将此地割让给葡萄牙殖民者。1661 年又被作为葡萄牙公主的嫁妆转赠给英国王室，并于 1668 年转租给东印度公司管理，后经不断疏浚和填充，成为半岛。1687 年，英国东印度公司将其总部从苏拉特迁到孟买，这里最终成为孟买管辖区的总部。作为整个城市发展的核心，孟买城堡修建在海岸边，一旁就是天然的深水港口（图 8-16、图 8-17）。城堡的西部是一个被称为"孟买绿地"的区域，围绕在这里的定居点聚集成一个半圆形的混合性商业和住宅小镇。这里后来沿着半圆形的边界设置了防御城墙，城墙设有三个城门。这个拥有防御力量的区域被称为"孟买城堡区"，并且一直沿用至今。防御城墙涵盖范围最初分为两个部分：松散的欧洲组团位于孟买绿地南侧，而拥挤的印

图 8-16　孟买城堡（1827）

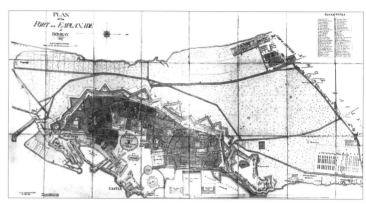

图 8-17　1911 年的孟买

度组团位于绿地北侧。印度组团人口众多，街道两旁茅草住宅一间挨着一间。他们大多来自古吉拉特邦那些临近的商业较发达地区。商业公司鼓励商人定居在这里，主要是为了扩大自己和孟买之间的贸易。商人们的到来也使得这里的宗教呈现出多样性，其中包括印度教徒、穆斯林、耆那教徒和印度拜火教徒等等。

孟买城市形态演化的第二阶段是在 1803 年之后，因为那一年防御城墙内的印度区有部分遭受了火灾。此后，快速增长的印度人口大部分被安置在城堡区以外的一个被称为"本土城"的地方，一个刻意地模仿马德拉斯和加尔各答类似地区的地方。在防御城墙和本土城之间的半径 730 多米的半圆形空间被规划成一个具有防御作用的开放空地。欧洲人的郊区住宅定居点布置在戈拉巴（Golabar）宿营地旁狭窄的半岛上，和城堡区有堤道相连。欧洲郊区化也发生在岛上其他部分。最初是在城堡区北侧几千米之外的伯雷尔（Parel），后来在马拉巴尔山（Malabar Hill），这里的政府大楼也被竖立起来了。19 世纪初孟买岛的其余部分还是大片的乡村，那里有椰子园、果园、稻田、渔塘和村庄等等。

殖民地孟买的城市形态的基本要素主要包括

要塞、开放空地、本土城、宿营地、花园式城郊等。19世纪末，由于人口增长，这些要素发生了进一步的演变，例如：本土城扩大了；在原来海滨的北侧填海造陆并且新建了大量的码头和仓库；桑德赫斯特（Sandhurst）修建的两条铁路线联系起了印度大陆，使得孟买岛成为南北向干线的枢纽城市；在本土城北侧铁路沿线新建了一批棉纺厂。

随着19世纪最后10年经济的繁荣发展，孟买的土地利用矛盾愈演愈烈。因为城堡没有了防御性质，城堡壁垒和城门于1860年代被拆除了。这些地方后来修建了一批地方政府大楼和公共建筑，如秘书处、高等法院、交通大厦和大学等等。城堡区南部和原来的英国人定居点转移至郊区住宅区域，这里被重新开发，大量建造商业大楼和其他公共建筑，并且最终形成一个西式的中央商务区。孟买的绿地被这些商业大楼不断地大量侵占，越来越小。城堡区北部变化相对较小，那些已经成为非常成功的企业家的印度人，尤其是帕西人，仍然居住在这里。同时本土城十分具有地方色彩的商住混合土地利用模式使得人口矛盾不断加剧。1911年，这里的人口密度上升到约1 750人/公顷，这要远远高于同期的马德拉斯和加尔各答。

1911年的人口普查提供的非居住建筑数据在这个城市的很多地方都被使用[11]。有关部门把精力主要放在了城堡区的南部，尽管城堡区北部也有大量办公楼和零售商店。仓储用房在港口前方向北一直延伸到开放空地。零售商店则密集地聚集在开放空地附近的本土城。相比之下，据1901年的人口普查显示，商业活动主要集中在本土城和城堡区北部[12]。伯雷尔和比库拉（Byculla）附近的铁路沿线就有许多的棉纺厂、织造厂和工棚。

孟买的人口数量巨大且种族多样[13]。根据1901年人口普查结果，居民总人数约77.6万人，其中65%为印度教徒，20%为穆斯林，6%为基督徒，6%为印度拜火教徒。作为孟买辖区周边的主导语言，马拉地语无可争辩地成为孟买的第一语言，共有53%的人口讲马拉地语。其次是古吉拉特语，约占26%。印地语或乌尔都语占15%。而以英语作为母语的只有2%的人口。讲马拉地语的印度教徒主要聚居在岛的北部及周边地区，其他族群相对集中地定居在中央区域。在本土城可以发现大量讲马拉地语的印度教徒和讲古吉拉特语或是乌尔都语的穆斯林。城堡区北部主要是帕西人，而南部是那些早先剩下的为数不多讲英语的基督徒居民。城堡区南侧外戈拉巴宿营地成为基督徒及以英语为母语的人的聚集地。讲英语的基督徒居民与在欧洲出生的居民的分布有着密切的联系，这两者之间的关联性在1901年的人口普查统计数据里有着清晰的反映。

20世纪初，孟买的城市空间生态受到政治因素、经济因素以及殖民地空间因素等等的综合影响。至高无上的英国殖民者和与之较亲密的帕西人主要生活在城堡发源地、戈拉巴宿营地以及郊区的马拉巴尔山等地区。印度教徒和穆斯林主要居住在离城堡区不远的本土城。讲第一语言马拉地语的居民是这个城市的劳动阶层，他们居住在码头边、工业厂房里或是孟买岛北部仍保持半乡村性的地区。

8.3.3　加尔各答的城市形态演变

加尔各答是港口城市中最晚建立的，腹地涵盖了富饶、人口众多的孟加拉邦至整个印度北部地区。作为早年英国人在印度雄图霸业的发源地，加尔各答渐渐发展成为三个港口城市中最大的一个。城市基地位于胡格利河（Hugli River）边，尽管需要通过约 145 千米长的河段与孟加拉湾相连，但后期这一选址被证明是非常成功的[14]。

1686—1689 年期间，英国人的工厂主要集中在苏塔纳提，这里发展成当地一个重要的纱线原棉市场。后来苏塔纳提渐渐被遗弃，另外一个工厂区在加尔各答设立，并在 18 世纪末迅速发展。威廉堡建在一个被称为红罐的水库旁边，用来容纳各路商人和他们的货物（图 8-18、图 8-19）。在它周围出现一个由砖泥房子组成的住宅小镇，最初这里由一个木栅栏防御墙保护着。英国人从莫卧儿帝国统治者那里租用胡格利河东岸一片大约 3.2 千米宽、8 千米长的土地，包括戈宾德布尔（Gobindapur）、加尔各答、苏塔纳提村镇的土地。为抵抗马拉地人骑兵的入侵，1742 年一个具有防御性的壕沟被修建起来，并据此限定这些村镇北部及东部的边界范围。加上城市环路和托利河（Tolly River），则共同构成了加尔各答的原始范围雏形（图 8-20）[15]。

1757 年普拉西战役的胜利使得英国人拥有了孟加拉邦，并逐步扩张至整个恒河平原。1773 年，加尔各答市成为东印度公司在南亚次大陆的行政首府。1757 年，威廉堡遭到围攻，防御性略显不足，取而代之的是一个新的堡垒和一个约 5.18 平方千米的被称为练兵场的开放空地。加尔各答城区在旧城堡的附近重建了起来。在红罐旁边竖立起了海关大厦、仓库、公司初级合伙人和员工的住宅、法院、市政厅和教堂等等。水池广场（Tank Square），后被命名为达尔豪西广场，慢慢发展成为英国人所有商务活动的中心。1803 年一个壮丽的政府大楼在开放空地前建立起来，作为总督官邸和东印度公司的行政总部。新威廉堡则只剩军事指挥和战略防御两个功能。其他的军队驻扎在距城堡北部大约 12.9 千米处的巴拉格布尔（Barakpure）宿营地。英国人在 18 世纪最

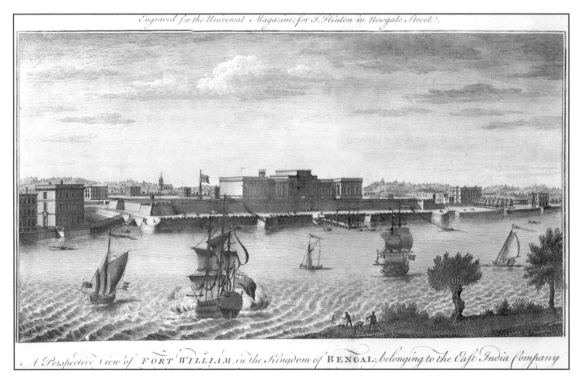

图 8-18　加尔各答威廉堡油画

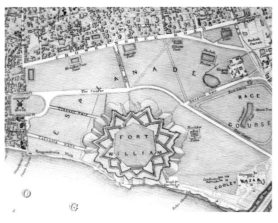

图 8-19　加尔各答威廉堡平面示意（1844）

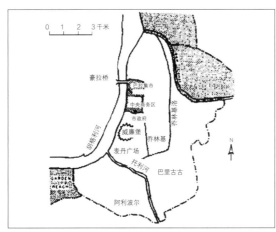

图 8-20　1911 年的加尔各答

里毗邻河道，位于水池广场北侧，是零售及批发的复合体。最初这里的企业家主要是孟加拉布料商人和高利贷者，但在 19 世纪他们逐渐被印度北部商人取代。黄麻作为这个城市最主要的出口货物，高峰时期有大量的临时工被雇佣来从事这个行业 [17]。他们及他们的雇主大都讲北印度语（又称印地语）或者乌尔都语，所以印度斯坦语成为商务语言而不是孟加拉语。另一个可识别的群体生态区位于印度区和欧洲区之间。它反映了这个城市里英裔印度人、葡萄牙人、亚美尼亚人、犹太人、帕西人、中国人和希腊人等等在经济活动和社会行为中的中间角色。

　　1850 年前后的工业革命以及铁路的出现使得出口流量大幅上升。在加尔各答市内及周边地区增添了大量的黄麻工厂。从 1859 年开始，豪拉周边新建了许多黄麻纺织厂，豪拉位于加尔各答河对岸，附近就是铁路干线的终点站。1890 年代加尔各答的航运和码头设施逐步改善，例如位于加尔各答下游约 3.2 千米的基德布尔（Kidderpore）码头工程。城市及其周边地区的人口增长使得加尔各答成为当时印度最大的都市。1901 年的人口普查显示，加尔各答市区及周边的人口达到了约 84.8 万人。

　　20 世纪初期，加尔各答的城市空间模式有着过去强烈的历史印记。一些城市空间如达尔豪西广场周边的中央商务区、威廉堡、练兵场及相邻的欧洲精英们的住宅区乔林基由英国殖民者占据着。1911 年中央商务区的人口密度大约每英亩 50 人（1 英亩 ≈ 0.4 公顷），在乔林基还不到每英亩 40 人 [18]。相反，印度住宅区人口密度很高，巴拉集市的人口密度大约每英亩 280 人。印度区的整个北部和东部地区形成了一个人口密度从每英亩 125 人到每英亩 200 多人的高密

后的几十年里开启了郊区化的进程。最富裕的英国人阶层将相当规模的房子都建在一些边远的农村地区。

　　到 1880 年代达尔豪西广场成为加尔各答整个城市的中央商务区。19 世纪的头几十年乔林基路（Chowringhee Road）和练兵场北侧、东侧的街道已经成为上流社会购物和社交活动的场所。作为具有休闲性质的资产，练兵场后来又不断扩建了一些花园、滨水散步道、马术训练道和一个赛马场。

　　加尔各答的印度扇区包括了环路范围内三分之二的面积和五分之四的人口 [16]。印度人的经济活动主要集中在巴拉（Burra）集市或大市场。这

度带（图 8-21）。在 1911 年，讲英语的居民和基督徒在加尔各答殖民地区的分布是十分明显的（图 8-22、图 8-23）。该区与主居民区接壤，吸引了讲英语的居民、本土基督徒及欧亚混血等。巴里古吉（Ballygunge）和阿利波尔（Alipore）则被欧洲区和混合住宅区不断吞并。周边的其他地方基本由孟加拉人占据着，人口密度相对较适中或较低，这是就业、收入及住房等各种不利因素综合产生的结果。

达尔豪西广场的土地利用性质几乎都是商业、金融服务和政府行政办公等。欧式建筑和生活方式创建了一个比印度其他城市更像伦敦的城市，这里人文气息浓厚，环境和谐优雅。原厂零售店、餐馆、剧院、独家俱乐部及其他欧式休闲建筑主要坐落在朝南通往乔林基的大街上。在加尔各答城南首次设置了市政污水系统、供水系统、街道铺面、街道照明、有轨电车等等，这些资源后来也逐渐扩展至印度区。

工业企业一开始是在英国的资本和管理模式下发展起来的，但在殖民后期越来越多的企业由印度人经营，并且迎来了自身发展的黄金期。可是加尔各答并没有足够的城市空间容纳这些大型建筑物，于是胡格利河东岸的豪拉（Haora）市便成为最佳候补地点，这里有连接着印度北部、中部以及南部的铁路干线和各自的终端站点。豪拉市的制造业发展迅速，种类繁多，涵盖了食品加工、黄麻纺织、化工、造船、重型钢板制造等行业。

8.3.4 萨拉丁式历史街区

作为萨拉丁式贸易商馆中的典型代表，马德拉斯、孟买及加尔各答三个城市的殖民气息非常浓厚，街区上遍布众多优秀的殖民建筑。虽然在殖民

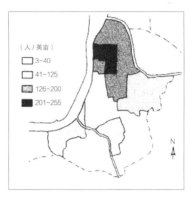

图 8-21 1911 年加尔各答的人口密度分布

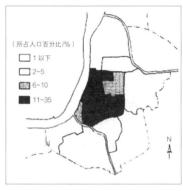

图 8-22 1911 年加尔各答母语为英语者分布

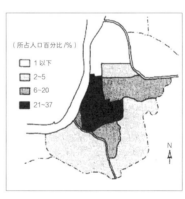

图 8-23 1911 年加尔各答的基督徒分布

时期这三个城市都是由英国人管辖，而且统治的时间周期也大致相同，但是不同的地理条件与社会发展状况导致殖民时期历史街区在各个城市的发展也不尽相同。

1. 马德拉斯内塔吉·苏巴斯·钱德拉·博斯（Netaji Subash Chandra Bose，简称博斯路）历史街区

马德拉斯市圣乔治堡北侧的福特（N. Fort）

路、博斯路以及东西向横跨马德拉斯市区的普纳马利（Poonamallee）国家公路共同组成了市内核心的历史街区范围。其中作为市区商业中心核心道路之一的博斯路的殖民色彩最为典型。博斯路东接拉贾吉路（Rajaji Salai），西至华尔（Wall Tax）街，将众多人口稠密的历史街区与市区商业、办公区域连接起来（图8-24）。

在1640年圣乔治堡建好之后，一座被称为"黑镇"的新小镇在城堡北侧开始生长起来。1746年，法国人入侵马德拉斯并最终攻占了圣乔治堡。1749年，为换回魁北克城（Quebec），法国人根据亚琛（Aix-la-Chapelle）条约，将马德拉斯归还给了英国。此后不久，英国人根据与法国人交战失利中所换来的经验，将"黑镇"

紧挨着圣乔治堡北侧的一部分夷为平地，改为开放空间（Esplanade）并纳入城堡的防御体系。为了在城堡北侧获得足够的军事斡旋空间，1773年英国人沿"黑镇"靠城堡一侧的平坦空地上竖起了13根立柱，并严厉禁止在柱子和堡垒之间用地上所有的建筑活动。不久之后，一个新的"黑镇"在这些支柱北侧诞生。而沿着这排柱子与马德拉斯高等法院，博斯路便慢慢形成了。当初的13根立柱仅有其中的1根被保存了下来，如今被安放在博斯路东侧尽端的帕里大楼（Parry's Building）内。

1895年，博斯路成为马德拉斯市为数不多的通行有轨电车的城市道路。设置在这里的科萨瓦·卡瓦迪（Kothawal Chavadi）蔬菜批发市场规模庞大，蔬菜批发的供应商租用的商铺在高峰时期甚至按小时计价。这个批发市场在1996年被移至柯亚马贝杜（Koyambedu）之前一直是亚洲地区最大的市场之一。博斯路还是马德拉斯市黄金珠宝市场的起源地，这里一直保持着其作为印度第二大黄金市场的地位。众多黄金和珠宝商在这里设立门店，马德拉斯珠宝商和钻石业商会（Madras Jewellers & Diamond Merchants' Association）总部就设在这里。1908年美国还在了这里设置了总领事馆。博斯路上保留了两座建于17世纪的印度教双胞胎寺庙（Sri Chenna Mallikeshwarar 和 Sri Chennakesava Perumal）。当然除宗教建筑外，博斯路两侧分布着其他众多著名的历史建筑，如建于1850年的帕凯亚帕宫（Pachaiyappa's Hall）[19]、马德拉斯高等法院（Madras High Court）、百老汇巴士总站（Broadway Bus Terminus）、圣玛丽英印高级中学（St. Mary's Anglo-Indian Higher Secondary School）等等（图8-25）。

图8-24 马德拉斯历史街区区位

图8-25 马德拉斯博斯路街景

2. 孟买达达拜·瑙罗吉（Dadabhai Naoroji）路
历史街区

孟买城南的城堡区散落着众多历史悠久的建
筑，而这些建筑主要集中在达达拜·瑙罗吉路（简
称 DN 路）、克拉巴（Shahid Bhagat Singh）
路、菲尔·娜里曼路（Veer Nariman Rood,
简称 VN 路）、梅洛（P. D. Mello）路以及玛珞
（Mahapalika Marg）路等街区两侧（图 8-26）。
其中作为孟买城堡核心商务区内的一条南北向
商业大动脉的 DN 路[20] 最为突出，两侧历史建
筑最密集，街区保存完整度最高（图 8-27）。
DN 路北端开始于克劳福德市场（Crawford
Market），中间连接着维多利亚火车站，南端在
弗洛拉喷泉广场（Flora Fountain）结束，是孟
买 CBD 交通系统的神经中枢。整段道路上布满了
建于 19 世纪前后的欧式历史建筑，零星夹杂着一
些现代化的办公楼和商业场所。

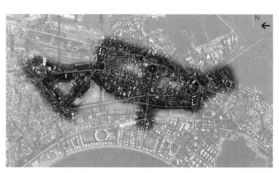

图 8-26　孟买城南历
史街区区位

DN 路前身为霍恩比路（Hornby Road），
当时只是孟买老城堡区内的一条小型街道。1860
年代，老城堡由时任孟买总督巴特尔·弗里尔
（Bartle Frere）下令拆除，以缓解这个城市因
经济日益增长所导致的空间不足问题。霍恩比路
就在这个时期进行了整治并被拓宽形成现在街道
的雏形。在 1885—1919 年经济繁荣时期，霍恩
比路的西侧建成了一大批各式各样精致且雄伟的
建筑。当局出台规定要求沿街建筑的一层必须采
用外廊式以提供人行空间，这也成为街区各类型

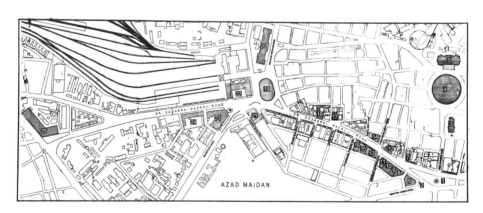

1 弗洛拉喷泉广场 Flora Fountain（Hutatma Chowk）Plaza;
2 达达拜·瑙罗吉雕像 Dr. Dadabhai Naoroji Statue;
3 圣托玛斯大教堂 St.Thomas' Cathedral;
4 霍尼曼街心花园 Horniman Circle Gardens;
5 市政厅 Town Hall;
6 东方大厦 Oriental Building（American Express Bank）;
7 达迪塞特庙 Dadysett Agiary;
8 艾伯特大楼 Albert Building（Sidharth College）;
9 标准大楼 Standard Building;
10 托马斯库克大楼 Thomas Cook Building;
11 JNP 学院 J.N.Petit Institute;
12 瓦特查庙 Vatcha Agiary;
13 吉万公司 Jeevan Udyog（Khadi Gram Udyog）;
14 孟买共同人寿 Bombay Mutual Life Building（Citi Bank）;

15 麦克米兰大楼 Mac Millan's Building（Lawrence & Mayo）;
16 考克斯大楼 Cox Building（Standard Chartered Grindlays
Bank）;
17 旧城堡楼 Old Fort（Handloom）House;
18 JJ 艺术学院 Sir Jamsetjee Jeejebhoy School of Art（Parsi
Panchayat）;
19 讷格尔集市 Nagar Chowk;
20 邮政总局 General Post Office;
21 凯匹特电影院 Capitol Cinema;
22 维多利亚火车站 Victoria Terminus（CST Station）;
23 孟买市议会大楼 Bombay Municipal Corporation Building;
24 印度时代报社大楼 Times of India Building;
25 克劳福德市场 Crawford（Mahatam Jyotiba Phule）Market

图 8-27　孟买 DN 路
街区重要历史建筑分布

图 8-28　孟买 DN 路街景

Authority）举办了一项名为"达达拜·瑙罗吉路遗产街景工程"的保护项目，并在 2004 年斩获著名的"联合国教科文组织亚太区文物古迹保护优异奖"（UNESCO's Asia-Pacific Heritage Award of Merit）。

3. 加尔各答 BBD 贝格历史街区

位于加尔各答市中心西侧、毗邻胡格利河的 BBD 贝格在英国统治时期被称为达尔豪西广

的不同风格建筑立面上为数不多的统一元素（图 8-28）。19 世纪后期这里形成了建筑立面以维多利亚新哥特式、印度—撒拉逊式、新古典主义和爱德华式等为主，沿街一层形成连续的人行拱廊的奇特街景，成为十分罕见的壮丽奇观。

DN 路两侧云集了众多造型严谨、风格迥异的建筑群，功能包括政府办公、银行、保险、文化教育、交通运输、商业及宗教等各种类型。其中不乏许多著名的历史建筑，如维多利亚火车站（Victoria Terminus）、克劳福德市场、孟买市议会大楼（Bombay Municipal Corporation Building）、印度时代报社大楼（Times of India Building）、JJ 艺术学校（Sir Jamsetjee Jeejebhoy School of Art）、JNP 公共图书馆（The J. N. Petit Public Library）、瓦特查庙（Vatcha Agiary，帕西人的火庙）等等（图 8-29、图 8-30）。DN 路独特的地理位置以及近现代在政治经济活动领域对孟买乃至印度的影响，使得整个街区具有十分丰富的文化内涵。

根据 1995 年孟买遗产条例法案，DN 路被认为是一个非常有价值的城市历史街区，评级为 Ⅱ 级历史街区。为了保护并更好地利用这一特有的城市街区景观，孟买城市发展管理局（Mumbai Metropolitan Regional Development

图 8-29　孟买 JJ 艺术学校

图 8-30　瓦特查庙建筑入口门廊细部

场（Dalhousie[21] Square），全 称 为 Benoy-Badal-Dinesh Bagh[22]。达尔豪西广场是南亚地区少数幸存的殖民中心之一。凭借其外围环境及周边历史建筑良好的保存性，这里成为印度最具殖民特色的街区（图 8-31）。

图 8-31　加尔各答 BBD 贝格及周边历史街区区位

在不同时期这里又被称为堡前绿地（The Green before the Fort）及水池广场。这里在殖民时期就是英国人建造的旧堡垒（Old Fort）及白镇（White Town）所在地。18 世纪至 19 世纪，加尔各答是英属印度的首都，而达尔豪西广场则成为这个国家的金融、社会和政治中心。现在这里仍然是印度西孟加拉邦政府的权力中心，同时也是加尔各答的中央商务区（图 8-32）。

许多著名的政府部门、企业及银行总部或是分支机构都设在附近，如作为西孟加拉邦政府秘书处大楼的作家大厦（The Writers' Building）、皇家交易所（Royal Exchange）、邮政总局（General Post Office）、电话公司大楼（Telephone Bhawan）及圣约翰教堂（St. John's Church）等等。据不完全统计，BBD 贝格周边的纳塔吉·苏巴什（Netaji Subash）路更是云集了印度几乎所有的大银行。当地人称这个区域为"Office Para"，意为办公场所聚集地（图 8-33、图 8-34）。每天加尔各答市民中的很大一部分都要来到这里上班。另外离这不远的尼赫鲁路（Ji Nehru Road）也有不少历史建筑，如奥贝罗伊大酒店（The Oberoi Grand Hotel）、印度博物馆（Indian Museum）、乔林基大厦（The Chowringhee Mansions）等等。

圣约翰教堂的院子里有焦伯·查诺克（Job Charnock）的陵墓，据说这个陵墓是加尔各答最古老的砖石建筑。BBD 贝格还拥有来自达尔彭加（Darbhanga）的著名慈善家拉克斯赫斯赫瓦尔·辛格（Lakshmeshwar Singh）王公（1858—1898）的雕像，主体由爱德华·昂斯洛·福特（Edward Onslow Ford）负责雕刻，做工精细。

1911 年印度将首都从加尔各答迁往新德里。

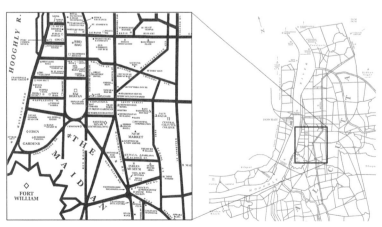

图 8-32　加尔各答 BBD 贝格周边地区历史建筑分布

图 8-33 从 BBD 贝格
东岸看西侧建筑群

随着时间的推移，达尔豪西广场周围的建筑物被人们慢慢淡忘。有几栋两百多年的老建筑正面临被拆除的命运，整个广场的辨识度也正受到来自扶贫开发计划和爆炸性的人口增长所带来的威胁。但在最近，当地保护组织已经开始了区域的恢复和振兴计划。因对该地区"几十年以来的忽视"，BBD 贝格已被列入世界文化遗产基金会（WMF）名下 2004 届及 2006 届世界古迹观察（World

Monuments Watch）名单。在这之后，国际金融服务公司美国运通（American Express）通过世界文化遗产基金会向 BBD 贝格的街区保护及更新提供专项资金。

8.4 后期帝国的首都建设

8.4.1 从加尔各答迁都至新德里

自 19 世纪到 20 世纪初，大英帝国达到鼎盛时期，统治了世界四分之一的陆地。20 世纪初在大英帝国的殖民地同时建设了三个首都——澳大利亚的堪培拉（1901）、南非的斐京（1910）以及印度的新德里（1911）。这 3 个城市的历史背景大相径庭。在堪培拉、悉尼和墨尔本中间规划了宽敞的牧草地，均采用国际竞标中美国建筑师沃尔特·伯里·格里芬（Walter Burley Griffin）的方案。斐京是以逃离了英国统治的布

图 8-34 BBD 贝格附
近的办公建筑

尔人（荷兰殖民入侵者的子孙）1857年所建的棋盘格状城市为蓝本的。对应大英帝国内的其他自治领联邦政府的首都，作为大英帝国的直辖殖民地印度帝国的首都而建的是新德里（图8-35）。

1911年，印度当局宣布了从加尔各答向德里迁都。以加尔各答位置偏僻和气候严酷等为由，迁都论在很早就已经开始了。当局最终选择曾是印度莫卧儿帝国帝都的沙贾汉纳巴德（Shahjahanabad）南部作为规划用地。英国统治时期建设的部分为新德里，沙贾汉纳巴德被称为旧德里。英国人在体验了加尔各答不卫生的低湿地环境之后，十分注意建设选址，尤其重视卫生问题。特别重视防止感染疟疾、适度干燥、让树木得以充分生长等条件。一方面，亚穆纳河和丘陵所包围的三角洲地区，是印度历代王朝都城所在地，是能显示拥有印度次大陆正统权力继承者的场所。向德里的迁都，有对蓬勃发展的印度民族主义实施怀柔政策的意图。另一方面，有舆论认为德里一带是散布着历代王朝遗迹的王权墓场，应规避向那里迁都。实际上，英国对印度的统治从1947年印度、巴基斯坦分离独立开始到新德里完成，只用了16年就终结了。

8.4.2　显示威严的首都规划

把城市设计的不同类型元素结合在一起的企图，首先出现在1911年埃德温·鲁琴斯（Edwin Lutyens）进行的新德里规划中。这个规划的基础，是两条不同的道路系统的结合：一条是随纪念性中心而定的雄伟大道，它以不列颠的新居住区为中心；另一条是现有街道的交通系统。建筑和规划是一种统一趋向的产物，鲁琴斯把城市既有结构组织成仿佛是本来的地理特征。因此，纪念性和画境互相补充，城市

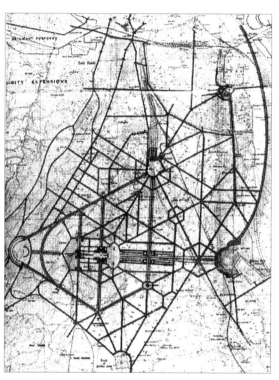

图8-35　新德里规划（德里都市规划委员会最终报告方案，1913）

脉络非常清晰（图8-36）。

印度是不断衰亡的帝国主义统治的最后堡垒，其新都的建设也显示了大英帝国的威严，在当时倾注了英国的全部城市规划技术。以城市规划师温顿（G. S. C. Winton）为委员长，建筑师鲁琴斯、土木工程师布罗迪（J. A. Brodie）等组成的德里都市规划委员会于1912年在英国伦敦成立。城市规划家兰彻斯特（H. V. Lanchester）作为顾问参加，在其带动下当时在南非活动的建筑师赫伯特·贝克（Herbert Baker）也前来作为设计的协助者。旧德里和新德里之间设卫生隔离绿化带，居住划分一开始就意识到按照人种进行。新德里的住宅区规划，明确隔离了印度人和英国人，此外还按照社会和经济阶层详细地规定了居住区的人口密度。英国高级官僚住宅的模式是带有阳台、围合庭院的廊房（Bungalow）式的消夏别墅。这样的人种隔离不仅限于印度，在殖民

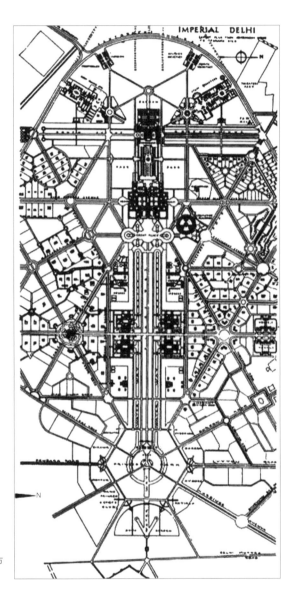

图 8-36 新德里城市主轴线规划

图 8-37 新德里城市主轴线鸟瞰

地模仿了雅典卫城（Acropolis），将大英帝国的威严具象化。与国王大道垂直的是"国民大道" [Greenway，现在被称为贾恩大道（Janpath）]，议会街（Parliament Street）作为商业中心地康诺特广场（Connought Plaza）北边的顶点与国王大道成 60 度角相交，从秘书处大楼到旧德里的贾玛清真寺(1658)，与莫卧儿帝国的王城"红堡"[23]相连。在新德里的规划中巧妙地融入了王朝遗迹，显示出大英帝国作为正统的印度次大陆统治者的地位。

8.4.3　首都的建设者

　　参与设计新德里政府相关建筑的主要建筑师是英国人鲁琴斯[24]（图 8-38）和贝克。鲁琴斯设计了总督府和印度门，贝克则设计了秘书处、议会大厦（贝克还在 1910 年设计了南非比勒陀利亚总督府）。贝克将带有边翼的对称式古典主义建筑引入了新德里的秘书处大楼的设计中。此外，在堪培拉的设计竞赛中获胜的格里芬后来也在印度活动，说明以大英帝国为中心的殖民地间存在着城市规划和建筑专家的竞争。他们与殖民地规

城市规划中基本上都被采用。街道规划强调轴线，由放射状道路几何形构成，以向东缓缓倾斜的"国王大道" [Kingsway，现在被称为拉杰大道（Rajapath）意译为主权大道] 为主轴形成了宏观的巴洛克式城市规划（图 8-37）。国王大道是从总督府(即现在的大统领官邸，建于1929)起，从两栋秘书处大楼（1931 ）中间穿过，至印度门，继而到达王朝遗迹旧堡（Purana Qila）西北角的轴线。总督府和秘书处大楼建在丘陵上，有意识

图 8-38　建筑师鲁琴斯

划密切相关，承担着创造城市景观、将大英帝国的威严具象化的任务。这些建设者们，将宗主国所拥有的城市规划技术、制度、理念输出给殖民地，同时殖民地的经验也被输入宗主国。总督府和秘书处大楼设计中使用了印度产的红、黄砂岩，还配有红砂石。在欧洲国际主义的近代建筑运动百花齐放时，鲁琴斯和贝克在殖民地将印度的撒拉逊样式用到细部，将新古典主义与印度—撒拉逊风格融为一体。新德里城市规划建设始终贯彻了英国人的崇高理想。

8.5　印度殖民时期的建筑实例

印度殖民时期建筑的类型众多，保存质量非常好。殖民时期建筑的分布范围也随着殖民者的脚步从沿海商馆扩散至整个印度半岛。为开展贸易，植根于印度次大陆，欧洲殖民统治者们一开始侧重于城市规划、堡垒工事和教堂建筑。18 世纪后期至 19 世纪，殖民者势力不断增强，为满足统治管理的需要，其建筑的类型也不断增加，涵盖了宗教、行政办公、交通运输、文化教育、商业、纪念等等类型的建筑。

8.5.1　宗教建筑

欧洲殖民者们在印度次大陆站稳脚跟之后，其定居点人口数不断攀升，服务于欧洲人或欧亚混血者的教堂类建筑开始变得重要起来。在定居点，教堂崇高的尖顶主宰了城市的天际线，这满足了殖民者的精神需求。

1. 旧果阿的教堂

果阿被誉为"东方罗马"，其建筑对 16—17 世纪印度的建筑、雕刻和绘画的发展都产生了重要的影响，为曼努埃尔艺术及巴洛克艺术在亚洲天主教国家的传播提供了保障。在 18 世纪人们弃果阿城而去之前建造的 60 座教堂中，有以下几座教堂尤为突出：圣弗朗西斯科·德·阿西斯教堂、圣母罗萨里奥教堂、果阿大教堂、圣卡杰坦教堂、圣奥古斯汀教堂（建于 1572 年的一座修道院中的遗迹）、仁慈耶稣大教堂（全印度最主要的耶稣会修道院，东方第一个印刷所即建于此）等等。1986 年仁慈耶稣大教堂被世界教科文组织列为世界文化遗产。

（1）仁慈耶稣大教堂是果阿老城里最负盛名的教堂，建于 1594 年。教堂平面为十字形（图 8-39），长约 55.7 米，宽约 16.9 米，高约 18.7 米。"Bom"意为神圣的，"Basilica"则是由罗马教廷授予在教会发展过程中拥有特殊地位的大殿的称号。

仁慈耶稣大教堂用红土石块建造，立面上大部分的装饰纹样包括柱式的材料则为花岗岩。教堂的立面装饰是果阿众多教堂里最复杂的，也是独一无二的。立面上精心制作的花岗岩艺术雕花浓缩了巴洛克建筑的艺术特色，西侧的主立面采用了各种类型的柱式，包括罗马、爱奥尼、多立克、科林斯及混合柱式等（图 8-40）。主立面两考古部门小心翼翼地将抹灰层去除掉，使得红土石块裸露出来，因而建筑呈现出现在的红土色。

仁慈耶稣大教堂殿堂内部的马赛克—科斯林式的装饰风格简约迷人，令人印象深刻。天花板为带有精细雕刻的木质结构。大殿为单一形式的正殿，两侧无边廊，唱诗班位于底部。较为平整的内墙壁统一粉刷成白色，墙上共有三排窗户。唱诗班旁的柱子上用拉丁语和葡萄牙语刻着教堂始建于 1594 年 11 月 24 日的献词。主入口两侧设置了祭坛，北侧布置的是圣方济各·沙勿略[25]的雕像，南侧为圣安东尼的雕像。位于东侧的主祭坛为巴洛克式，全部为镀金设计，造型扭曲的立柱支撑着顶部的两个天使。幼年耶稣的雕像被安放在圣依纳爵雕像的基座旁，顶部为一个三位一体的雕像，正中为一个象征太阳的圆形图案，上面同样刻着"I、H、S"三个字母。

仁慈耶稣大教堂保存有历史上最伟大的传教士圣方济各·沙勿略的遗体，而这也是教堂在基督教历史上享有重要地位的原因。沙勿略的墓室是 1696 年由美第奇家族的托斯卡纳大公科西莫三世捐赠的，由 17 世纪佛罗伦萨的雕刻家乔万尼·巴蒂斯塔·福格尼（Giovanni Battista Foggini）花费十年之功才最终完成。保存遗体的棺椁则由纯银制作。另外，在教堂二层的艺术画廊收藏有果阿本地超现实主义画家唐·马丁（Dom Martin）的画作。

（2）果阿大教堂（简称 Se Cathedral），始建于 1562 年，是果阿最古老、最大的教堂，现为印度东部果阿及阿曼罗马天主教管区的主教堂。1510 年葡萄牙印度总督阿尔布克尔克带领葡萄牙人战胜穆斯林军队并夺得果阿，他将这场胜利的荣耀归功于圣凯瑟琳（St. Catherine）。为纪念她，后人在战斗现场附近修建了这座教堂。教堂最终

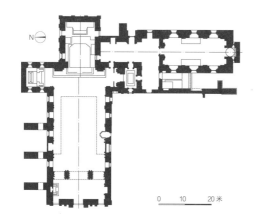

图 8-39　仁慈耶稣大教堂平面

图 8-40　仁慈耶稣大教堂

侧没有用塔楼来配合中间的三角形山花，仅有的一座塔楼被布置在教堂东侧的尾殿处，这在当时来说是很不同寻常的。教堂立面被水平分为四段，最下面一层设有三个出入口，位于中间的主入口最高，顶部设有半圆形的拱券，并在两侧各设置了两根科斯林柱作为装饰。二层设有三个方形窗户，居中的较大一些。三层为三个同样大小的圆窗，呈双螺纹形的涡卷纹样。四层装饰最为考究，中间有石刻字母"I、H、S"，在希腊语里表示耶稣的意思，字母周围环绕着带有翅膀的天使。顶部为一个两侧带翼的三角形山花，这是一种非常经典的模式化主题元素。北立面和东立面原先为白色的抹灰，后来在 1952 年因担心海边盐分较高的抹灰会腐蚀石材，昔日的葡萄牙政府下属的

于 1619 年完工，设计师为安布罗休·阿格艾尔罗斯（ Ambrosio Argueiros ）和朱里奥·西莫（ Julio Simao ）。西莫是菲利普十一世任命的专门负责新建和修复亚洲地区葡萄牙属地防御工事的工程师[26]，果阿老城的总督胜利之门和圣保罗学院的建设也有他的参与。

果阿大教堂主入口朝向一个精心布置的庭院，门前有多级踏步。立面为白色，造型不是很复杂，大门属于葡萄牙曼努埃尔[27]（ Portuguese-Manueline ）风格（图 8-41 ）。拥有三个出入口的主立面是托斯卡纳和多立克的混合体，立面上的门窗洞口和壁龛都带有精美的花岗石边框。位于山墙中间的主入口两侧有四根科林斯柱作装饰，中间的窗户装饰有国家盔甲及盾牌的图案，上部的壁龛布置了圣凯瑟琳的雕像，最顶端为一个三角形的山花（图 8-42 ）。大教堂

平面长 76 米，宽 55 米，东立面为其主入口，包括十字架在内最高处达 35 米。最初教堂有两座塔，其中一座在 1776 年倒塌后因无经费来源就一直没有再重建。幸存下来的塔内放置着 5 个大钟，其中一个银色特别响亮的大钟是果阿邦最大的。

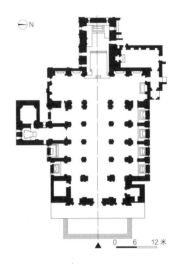

图 8-41　果阿大教堂平面

图 8-42　果阿大教堂

果阿大教堂室内非常宏伟，顶部为通长的拱形天花板。内部空间分为主殿和两侧通道区三大部分，两者之间为一排科林斯柱，柱与柱之间为巨大的拱形结构。拱形开口很高，应该是为了使主殿区更多地吸收从教堂两侧照进来的阳光。微微闪光的巴洛克风格主祭坛非常华丽，两侧是几幅古画，背后的整面墙体为一个巨大的非常精美的镀金雕饰背景墙。横向划分为三开间，竖向为三段式，每个区域内都有许多镀金雕像。黄金涂层于 1896 年进行了翻新处理。主祭坛一旁有六幅雕刻有圣凯瑟琳生活场景的面板，画面栩栩如生。另外，为了使果阿人更加虔诚地皈依天主教，教堂还安放了一个产自 1532 年被沙勿略用过的洗礼池，可谓用心良苦。

（3）圣弗朗西斯科·德·阿西斯教堂在1521 年完工，使用了近百年，其被称为 17 世纪果阿最美的宗教艺术作品[28]。后来因有倒塌的危险被拆除，并于 1661 年开始重建，经费来自天主教徒的自愿捐款。在果阿被征服的那一年，方济各会士们[29]（Franciscans）随阿尔布克尔克一同来到这里，他们可以算是最早来到印度次大陆传教的教徒。这个重建后仍非常华丽的教堂平面长约 58 米，宽约 18.3 米，建筑高四层，立面为全白的托斯卡纳风格。建筑主立面朝西，位于一层中间的大门为曼努埃尔式，门框装饰有水手、皇冠、希腊十字及环状图案等曼努埃尔式特有元素，局部采用蓝色的石块作为建筑材料，现在看来仍觉得非常有特色，可以算作当时比较成功的艺术探索（图 8-43、图 8-44）。因其属于较晚的一种建筑风格，建筑的其他部分并未采用这一风格。二层及三层每层有三个窗户，四层由两侧两个对称的八角形塔楼和中央山花组成。屋顶山花有用花岗岩雕刻的天使圣迈克尔的造型。在教

图 8-43　圣弗朗西斯科·德·阿西斯教堂

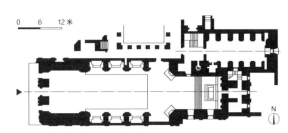

图 8-44　圣弗朗西斯科·德·阿西斯教堂平面

堂东北角位于主教堂和通往圣器收藏室的通道之间加建了一个钟楼，现只有六个小钟安放在里面。

圣弗朗西斯科·德·阿西斯教堂天花板是一个交叉拱形结构，天花和两侧支撑壁挂满了壁画作品。这些壁画有众多造型复杂的花卉图案，采用印度和欧洲的艺术构成元素。内部空间无过道，仅为一个巨大的教堂正殿，两侧内扶壁柱围合形成六个小礼拜堂。扶壁柱上也装饰着做工精细的花卉图案，非常华丽。令人印象深刻的是在中部

有个横跨殿宽的巨型拱门，上部提供了唱诗班工作的空间。教堂主祭坛和祭坛背后的整个东侧墙面都为褪了色的金黄色。神社墙上布满各式图案及花纹，每个壁龛里都布置有雕像。

圣弗朗西斯科·德·阿西斯教堂旁边为考古博物馆，建于1964年，内部展出骨雕刻、石刻及葡萄牙昔日总督的肖像画等。

（4）圣卡杰坦教堂的修建是戴蒂尼会[30]在果阿宗教事业的结晶。教堂外观为古典主义风格，主立面为科林斯式门廊。四根巨大的科林斯柱抬起了沉重的额枋，它们和其他六根柱子共同构成了整个主立面（图8-45）。教堂横向划分为三个层次。底层有三个出入口：两侧的次入口为带有三角形山花的拱形大门；中间的主入口为矩形，上方雕刻着葡萄牙的国徽，壁龛和侧门上方有一排圆形的窗户。中间层为一排带有栏杆的矩形窗户，中间的三个窗户顶部则是巨大的三角形山花。和中间层类似，最上面一层也是一排带有栏杆的窗户，只是窗户类型有矩形也有圆形。根据科蒂诺·德·克罗古恩（Cottineau de Kloguen）的观点，教堂是遵循彼得洛·德拉·瓦莱（Pietro della Valle）和盖梅里·凯瑞里（Gameli Carreri）的建议，按照罗马的圣彼得大教堂（Basilica of St. Peter）及圣安德烈·德拉·瓦莱大教堂（St. Andrea della Valle）的模式修建的。教堂中央带有窗户的鼓座上为一个巨大的带有肋拱的半球形穹顶。屋顶周边并没有小穹顶，取而代之的是双翼的两个钟塔。教堂平面长约36.8米，宽约25米，立面上有四尊巨大的雕像，它们分别为福音传道者圣彼得、圣保罗、圣约翰和圣马修。

圣卡杰坦教堂室内为白色，内部空间被八

图8-45　圣卡杰坦教堂

根立柱分隔为三大部分，分别为中间的主殿区和两侧的通道区，两边的通道区各有三个祭坛（图8-46、图8-47）。每根柱子侧面都绘有希腊十字的标志，中间的四根柱子支撑着上部的穹顶，在顶部成拱券状相互连接，自成一体。环形的穹顶基座内侧写有黑色的座右铭，在自上而下的天光照射下，白底黑字，素雅而又非常有韵味。后殿的天花为拱形，从基座开始分为六个拱肋，并最终相交于顶部中心。拱肋与拱肋之间在顶部设有小窗户，从这些窗洞照进来的光线提高了这

图 8-48　圣托马斯大教堂

个区域的照明度，更增添了主祭坛的神秘感。于1661年建成的圣卡杰坦教堂是唯一的一座平面为希腊十字形，且拥有穹顶及半圆形壁龛的教堂[31]。

圣卡杰坦教堂的西北侧为圣卡杰坦修道院，外观同样为古典主义风格。建筑为两层，主立面中部的门廊一层为四根多立克柱，二层为四根爱奥尼柱，顶部为三角形山花。修道院保存有圣卡杰坦的遗物和一些亲笔签名信。修道院最近进行了整修，目前为圣派厄斯十世修道院（Pastoral Institute of St. Pius Ⅹ）。

2. 孟买圣托马斯大教堂

圣托马斯大教堂（St. Thomas' Cathedral）位于孟买市中心霍尼曼街心花园（Horniman Circle Garden）西侧，1672年按照杰拉尔德·安吉（Gerald Aungie）的命令开始建造，并于

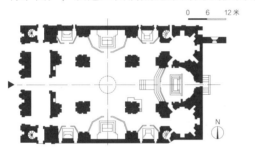

图 8-46　圣卡杰坦教堂平面

图 8-47　圣卡杰坦教堂内景

1718 年完工（图 8-48）。大教堂在建好之前的很长时间里一直停留在地基阶段，当 1714 年英军随军牧师理查德·科布克（Richard Cobbc）来到这里的时候，未完工的教堂内杂草丛生，他只能在城堡区里的一间小屋内为市民讲道。此前教堂的建设委托给一个机构负责，但这个组织并没有启动这个项目。牧师科布克对这一切十分恼火，他称那些人是"不遵守命令且无用的"。在他严词厉色的批评声中，负责项目施工的各部门只好严阵以待，加快节奏，终于在科布克来到这里的四年后将教堂建好。

尽管后期教堂有过几次小改动，但这座建筑仍然被认为缺少特色，没有什么魅力，直到 1836 年成为教区主教堂时加建了高耸的钟塔，整座建筑才变得雄伟起来。教堂平面为简易十字形，建筑采用哥特复兴风格，室内则采用新古典主义风格，主祭坛为中世纪晚期样式。东侧半圆形尾殿外有七根扶壁柱，由圆心向外发散，非常壮观（图 8-49、图 8-50）。内部的柱子上大量运用了铁艺装饰物。教堂侧墙上细长条的窗户横向排列，窗户玻璃上有许多彩绘。其中最著名的为南侧的三幅全身像，圣像高度相同，中间为圣托马斯像，圣加百利（St. Gabriel）像及圣迈克尔（St. Michael）一左一右，刻画非常精细，画面栩栩如生。

凭借其独特的历史，孟买的圣托马斯大教堂成为印度及英国众多的圣托马斯纪念物中最有价值的一个[32]。

3. 加尔各答圣安德鲁教堂

圣安德鲁教堂（St. Andrew's Kirk）位于加尔各答市中心，与著名的作家大厦仅一路之隔。这里是加尔各答首屈一指的苏格兰教堂，教堂内安装有等音风琴，这是以简朴著称的苏格兰教会为数不

图 8-49　圣托马斯大教堂内景

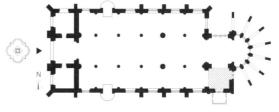

图 8-50　圣托马斯大教堂平面

多的个例（图 8-51）。

1792 年加尔各答老法院被拆除，1815 年教堂就建在了这个地块上（南向前往市中心的道路仍以"Old Court House St."命名），在当地又被称为"Lal Girja"，意为"红教堂"。"Lal Girja"来源于附近的水池广场的水库名——Lal Dighi，因水面倒映着周围几十年来许多的红色砖房而得名。

加尔各答圣安德鲁教堂要比马德拉斯的同名教堂早三年建设。两者风格相似，其造型的源头

均来自伦敦的圣马丁教堂。马德拉斯圣安德鲁教堂于1818年4月6日开工，1821年2月25日完成。室内设计精美绝伦，16根科林斯柱环形排列托起巨大的蓝色圆形穹顶。而加尔各答圣安德鲁教堂在影响力上则要略胜一筹。圣安德鲁教堂看起来非常简洁，但庄严感十足。白色多立克圆柱门廊使得建筑古典意味更为浓厚。

1943年豪拉大桥建成之后，当局计划建设一条新的道路将市中心地区与大桥相连，而圣安德鲁教堂就是这条道路的起点。受第二次世界大战的影响，这条道路直到1950年才正式开通。1971年这条路更名为马哈拉杰（Biplabi Trailokya Maharaj）大道，现在已成为豪拉地区前往加尔各答市中心的主干道。与伦敦的圣克莱门特丹尼斯（St. Clement Danes）教堂一样，圣安德鲁教堂孤零零地站在马哈拉杰大道双向机动车道之间，像是路中间的一个巨大的安全岛，护送着来往的市民。

4. 加尔各答圣约翰教堂

圣约翰教堂（St. John's Church）由建筑师詹姆斯·艾格（James Agg）设计，原型为伦敦圣马丁教堂，是东印度公司在加尔各答成为英属印度的首都之后建成的首批公共建筑。在1847年圣保罗大教堂成为主教堂以前，该教堂一直作为加尔各答市英国教会的主教堂（图8-52）。

圣约翰教堂位于总统府（Raj Bhavan）西北角，于1784年开始建设，1787年完工。工程耗资3万卢比，来源于彩票募集。它是加尔各答目前最古老的教堂，仅次于亚美尼亚教堂和老传道会。教堂用地由索尔巴扎家族（Shovabazar Raj Family）的创始人纳博·基申阁下（Nabo Kishen Bahadur）捐赠，工程由总督沃伦·黑斯廷斯于1784年4月6日举行了奠基仪式。入口

图8-51　圣安德鲁教堂

图8-52　圣约翰教堂室内

处的两块大理石碑清楚地描述了这两个历史事件。

圣约翰教堂为新古典主义的风格，平面呈方形，西侧高耸的石砌尖顶是教堂最鲜明的标志。这座红色的带有时钟的尖顶高约 53 米（与白色的圣安德鲁教堂相比，红色的圣约翰教堂更应该称为"Lal Girja"）。教堂用砖石砌筑而成，所用的石材是 18 世纪后期加尔各答一种非常罕见的材料。这些石头全部来自古尔（Gour）的中世纪遗址[33]，经水路一直运到加尔各答胡格利河岸边。因此建筑又被称为"Pathure Girja"，意为"石教堂"。

建筑主入口为一个庄严的门廊，非常雄伟。地板是罕见的蓝灰色的大理石，同样来自古尔地区。侧立面有上下两层拱窗，开口较大。窗外侧设有木质百叶，在保证室内空气流动的同时可以抵挡炎炎夏日的户外阳光。西入口甚至还设置了

一片巨大的镂空片墙，用于抵挡午后太阳的西晒。室内的柱子在 1811 年进行建筑翻新时由多立克改成了现在更艳丽的科林斯式。主祭坛设计得较为简洁。祭坛背后为深蓝色的地板，顶部为一个半圆形穹顶。祭坛的左边挂着 1787 年的油画《最后的晚餐》，由德裔英国艺术家约翰·佐法尼（Johann Zoffany）创作。祭坛右侧是一个精美的彩色玻璃窗（图 8-53）。教堂的墙壁展示着众多英国军官的塑像及记功牌匾。

5. 加尔各答圣保罗大教堂

圣保罗大教堂（St. Pauls Cathedral，图 8-54）位于加尔各答麦丹公园（Maidan Park）南侧，维多利亚纪念堂东侧。该教堂由主教丹尼尔·威尔逊（Daniel Wilson）于 1839 年发起建设，于 1847 年落成，建成之后一直作为印度北部加尔各答地区英国教会的主教堂。教堂的建设资金

图 8-53 圣约翰教堂

图 8-54 圣保罗大教堂

他于公元 52 年从朱迪亚（Judea）来到印度喀拉拉邦（Kerala Pradesh）传道，不幸的是在公元 72 年被当地人用长矛刺死。罗马教廷对他的功绩给予了高度肯定，认为圣托梅是最先将福音传播到印度次大陆的圣徒，而他的尸体据说就被埋葬在圣托梅大教堂地下的墓穴中。罗马教廷也多次来此瞻仰和册封，最近一次是教皇约翰·保罗二世在 1986 年亲自造访。这座后来由英国建筑师修建的教堂为哥特复兴风格，白色大理石墙面、红色坡顶、彩色玻璃拱窗与高耸的尖塔共同组成了建筑特有的外在形象（图 8-56）。这座颇具特色的建筑现在已成为马德拉斯和麦拉坡罗马天主教管区的主教堂（图 8-57）。教堂一侧还附带一座小型博物馆。

1956 年，教皇派厄斯十二世将此教堂的地位提升至大教堂级别。2006 年 2 月 11 日，印度天

来源于主教威尔逊私人捐款、约翰公司的专项资金、印度国内和海外的捐款。

圣保罗大教堂主入口设在西侧，南北两侧为一系列竖向的扶壁柱。中央的高塔灵感来自坎特伯雷大教堂（Canterbury Cathedral）的哈里钟塔。由于建筑侧面没有长廊，所以进入室内的光线完全依靠彩色玻璃过滤，很有效果。西侧拱窗玻璃上有爱德华·伯恩·琼斯爵士的众多彩绘，全部为经典的拉斐尔前派风格（Pre-Raphaelite Style）。

圣保罗大教堂 60 米高的塔楼在 1897 年的地震中有所损坏，1934 年的地震中损毁更加严重，1938 年，建筑师凯尔（W. I. Kier）仿照坎特伯雷大教堂设计了现在的高约 52 米的塔楼，修缮任务由麦金托什公司负责完成，耗资 7 万卢比。

6. 马德拉斯圣托梅教堂

圣托梅教堂（San Thome Basilica）在天主教历史上占据十分重要的地位。教堂由葡萄牙人建于 1504 年，1893 年进行重建，形成了现在所见到的哥特式风格（图 8-55）。除了历史悠久和造型宏伟以外，这座教堂最引人瞩目的地方与它的名字"圣托梅"（San Thome）有关。南印度的基督教徒们认为，耶稣十二门徒之一的圣托梅在耶稣死后一路向东，到波斯和印度一带传教。

图 8-55 圣托梅教堂

图 8-56 圣托梅教堂的彩色玻璃窗内景

图 8-57 圣托梅教堂内景

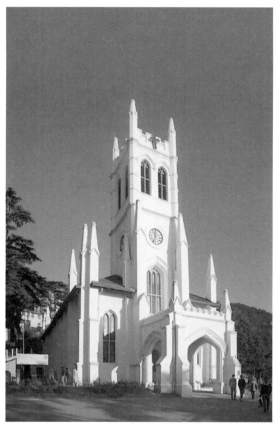

图 8-58 西姆拉基督教堂

主教主教会将这里称为国家圣殿。如今，这座教堂成了印度基督徒们的朝圣中心。

7. 西姆拉基督教堂

西姆拉基督教堂（Shimla Christ Church）是北印度除密拉特圣约翰教堂[34]（St. John's Church, Meerut）外最古老的教堂，由布瓦洛（J. T. Boileau）上校于 1844 年设计，并于 1857 年完工。对于西姆拉这样一个非常英式的小镇来说，这座基督教堂在该地区众多大英圣公会信徒心中的地位是非常崇高的。哥特复兴式的教堂建筑在小镇几千米范围内都可以看见，高耸的尖顶主宰着小镇山脊上的市中心地区，俨然成为这里的地标（图 8-58）。

西姆拉基督教堂塔楼上的时钟是由邓布尔顿

（Dumbleton）上校于 1860 年捐赠的。教堂东侧有五个彩色玻璃装饰窗，分别代表着信念、希望、仁爱、坚毅和谦卑这几种基督徒的美德。教堂主入口处的门廊加建于 1873 年。

8.5.2 行政办公建筑

1. 孟买市政大楼

孟买市政当局为庆祝其地位的提升，在 1888 年维多利亚火车站完工不久之后开始着手准备建造一处新办公大楼（Bombay Municipal Corporation Building）。该项目的设计过程很好地反映出当时孟买建筑风格的演变。之前的 20 多年，这个城市的开拓者们都认为哥特复兴式建筑是印度最卓越的建筑风格，而且还认为这种风格有助于使孟买在整个印度次大陆保持独树一帜。尽管在孟买新古典主义这一建筑风格没有流行开来，但哥特风格受到了来自另一种建筑风格的激烈挑战，那就是印度—撒拉逊风格。

建筑师威廉·弗雷德里克·史蒂文斯（William Frederick Stevens）意识到所遇到的困境，他分析了当时的建筑大环境，决定在他所钦佩的哥特式风格设计中融合进印度教及莫卧儿时期的元素。融合是一个渐进的过程，并最终证明这是一个成功的尝试，它奠定了史蒂文斯在建筑圈内的主导地位。

这个项目最初的方案设计可以追溯至1883年在伦敦进行的一场设计竞赛。建筑师罗伯特·费洛斯·奇泽姆（Robert Fellowes Chisholm）凭借其印度—撒拉逊风格的建筑设计方案夺得头名，其作品正好采用"V"字形的总体布局也被当局采纳。在接下来的几年里，项目开工的计划被提上日程。然而没过多久因市政府认为奇泽姆低估了建设成本被下令叫停。为使该建筑与当局要求的重要性相匹配，奇泽姆请求重新做一个造价较之前更为昂贵的设计，且方案仍保持了印度—撒拉逊风格，他坚信这个方案会成为他事业的转折点，建筑风格积极性的改变会对整座城市的面貌产生重要影响。只可惜，他的这种想法被当局拒绝了，最终奇泽姆的设计作品仅在金奈及巴罗达（Vadodara）等地区获得实现取得了成功。

1888年史蒂文斯创建了自己的公司，投身孟买市政大楼的投标事务中。史蒂文斯的到来立刻使奇泽姆处于劣势。一则史蒂文斯与时任孟买市政公司行政建筑工程师亚当斯（Adams）是挚友，两人还曾一起共事过；二则史蒂文斯与孟买市政公司总裁格拉顿·吉里（Grattan Geary）关系也不错，吉里位于罗纳瓦拉（Lonavala）的私人住

所就是史蒂文斯设计的。这场哥特与印度—撒拉逊的风格之争最终以哥特风格占据上风而告终。

在决定投标前，史蒂文斯对欧洲的新市政厅做了仔细的研究，并受益匪浅。最终他的方案很好地适应了基地复杂的条件，建筑采光通风良好，各种交通流线通畅且互不干扰。他形容这座建筑的风格为："带有东方情结的哥特风格，用它自由的处理方式，成为最适合这个项目的建筑风格。"史蒂文斯的方案或多或少地受到奇泽姆的影响，这可能是因为项目"V"形的基地形状减少了建筑师的选择性。凭借他对当地文化背景和市政当局偏好的了解，史蒂文斯找到广受大众接受的风格与新进风格的平衡点，采取了中立的混合风格。最终他的设计广受好评，并一举中标（图8-59）。

史蒂文斯设计的这栋建筑采用了当时最新的

图8-59　孟买市政大楼

技术。孟买市政大楼设计全面采用电气化,要知道,直至 20 年后电力系统才被引入这个城市的大部分地区。孟买市政大楼的楼板采用混凝土板,使得大楼结构有了一定的防火性能。建筑在屋顶设置了内舱体积为约为 182 000 升的水箱,在提供了水压升降机动力的同时还可用于应急情况下的救火。最终的方案将这块不规则用地的特性发挥到了极致,建筑拐角处被设计成为主立面,最顶端为一个雄伟的穹顶,直面广场,十分壮观。位于克鲁克香克(Cruikshank)街和霍恩比(Hornby)街的两翼裙房增加了大楼的整体性与平衡感,中间则自然构成了一个"V"形的内庭院(图 8-60)。为了确保大楼跟近邻维多利亚火车站比较起来不至于黯然失色,史蒂文斯将大楼的高度设计得比维多利亚火车站高出约 6.1 米。多叶窗、尖拱门及做工精美的雕刻共同构成了整个立面,与对面的维多利亚火车站遥相呼应,相得益彰。虽然维多利亚火车站尖塔式外球状的穹顶看上去要更美观,但从市政大楼前面的广场来看,市政大楼细节丰富的建筑主立面构图很合乎人的尺度,尤其

顶部的穹顶更是增加了建筑的地域特点及人情味。

孟买市政大楼"V"形的尖角处就是建筑主入口位置,穿过门廊可以直接来到中央大厅。通高的大厅内部装饰十分奢华,空间感十足,大厅与四周的走道共同构成了整个中庭,顶部由一个约 29 米高的内穹顶覆盖,这个内穹顶只能从室内才可以看得到。内穹顶的上面为顶端高度达约 71.9 米的外穹顶(图 8-61)。宽敞的大理石主楼梯朝向主入口,将人流直接引上二楼,并连接着通往电梯及通往内部办公室的通道。大楼于 1950 年代至 1960 年代初有过局部扩建,但大部分的办公室至今仍保持着当初建成时的功能,整座建筑仍然是孟买市民最为自豪的建筑物之一。

图 8-60 孟买市政大楼一层平面　　　　图 8-61 孟买市政大楼入口中庭剖面

2. 孟巴及印中铁路局

BB & CI Offices 是 Bombay, Barodo & Central Indian Railway Offices 的缩写，意为孟买、巴罗达及印度中部地区铁路局办公大楼（简称孟巴及印中铁路局，即现在的印度西部铁路局），总部设于孟买（图 8-62）。项目规划用地与教堂之门火车站（Church Gate Station）仅一路之隔，地理条件十分优越，并且当时孟巴及印中铁路局对外部建筑形象及内部办公空间的要求与日俱增，这些都使得该项目的建筑设计任务变得十分复杂。凭借着在维多利亚火车站项目中的出色表现，史蒂文斯一跃成为孟买最受欢迎的建筑师，这也使得他在孟巴及印中铁路局总部项目中毫无对手。加之 1892 年他的大儿子查尔斯·史蒂文斯（Charles Stevens）也加入自己的公司并参与到这个项目的设计中来，最终使得该项目于 1899 年顺利完成。

孟巴及印中铁路局建筑东西两侧居中位置为两个带有门廊的主出入口，人行出入口布置在建筑南北两翼。楼高三层，主体采用玄武岩建造，穹顶、檐口、圆柱及装饰线脚等部位则利用白色博尔本德尔石（Porbandar Stone）修建。建筑的雕塑没有维多利亚火车站或孟买市政大楼的那么精致与复杂，但装饰木制品、铁艺以及家具设

计却达到了一个非常高的标准。建筑平面为稍不规则的"王"字形（图 8-63），平面的几何中心为一个巨大的穹顶，在穹顶的最顶端安放了一个风向标。外立面庄重典雅，左右对称，每个立面的中部均为一片三角尖顶山墙，顶端则为雕刻大师埃德温·罗斯科·穆林斯（Ealwin Roscoe Mullins）雕刻的山花，十分精美（图 8-64）。其中南立面的山墙雕刻描述的是工程艺术，雕刻为一个女性雕像，她左手持齿轮，右手紧握一组列车，形态非常优美。

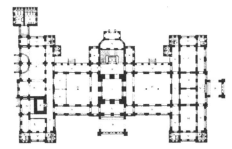

图 8-63　孟巴及印中铁路局一层平面

图 8-62　孟巴及印中铁路局早期手绘图

图 8-64　孟巴及印中铁路局立面细部

室内回廊式的布局形式使得水平流线十分便捷。主楼梯及电梯设置在大厅东侧，其他辅助楼梯则被布置在了走廊的尽头、四周塔楼的角部，从而将不同人流区分开来，保证了大楼的有序运行且提高了工作效率。这样一来，没有主楼梯的中央大厅空间方整通透，远离了上下人流的交叉嘈杂，让人印象深刻，这种一反常态的设计手法反而取得了意想不到的效果。大厅四周的墙体上升至 30.5 米的高度，然后演变成八角形继续上升，经过一次收身后直接与圆形的穹顶相接。这种壮观的穹顶大厅通过将主楼梯置于其背后的做法来保证空间的纯粹性。史蒂文斯将中央大厅作为建筑物最首要的社交场所，这是他非常具有代表性的创新设计手法。为节约室内空间，经过进一步的平面细化设计，史蒂文斯将电梯安放在楼梯井中间，让楼梯梯段围绕在电梯井周围。这无疑是非常成功的，至今我们仍可以看见许多建筑物有类似的做法。还有很多节约空间的手法，如将储水罐布置在穹顶的塔楼内部，并可间接提供电梯的液压动力，将穹顶造型创造的额外两层空间作为档案室等等。

整栋建筑的外观构图严谨，布局对称，而内部其实有很多变化，满足了铁路局下属各职能部门的不同需求。从外立面来看，整体的复杂性及空间的扭曲感使得建筑呈现出印度一撒拉逊风格，同时混合了非常多的哥特元素，如众多的竖向长条形拱窗、尖顶等等。屋顶上的穹顶层层叠加，纯白的颜色使得"洋葱头"屋顶更为突出，整体呈现出一点点印度风。史蒂文斯在风格上的"混合"做法使得该项目获得了成功，也使他自己蜚声印度次大陆。

3. 加尔各答邮政总局

加尔各答邮政总局（General Post Office of Kolkata）位于 BBD 贝格西侧的考埃莱盖特（Koilaghat）街旁，和周围建筑一样，占地 9 578 平方米的邮政总局原址为老威廉堡的一部分。老威廉堡的基础残骸拆除工作主要集中在 1860 年代初，据说当时由于基础采用了特殊的胶合剂（麻与糖蜜混合物），所以拆除过程变得非常困难，最后不得不炸掉。

沃尔特·格兰维尔（Walter Granville）被殖民时期当局聘为专门负责首都主要公共建筑的建筑师，他于 1863 年开始了邮政总局的设计工作。建筑承建商为加尔各答著名建筑企业麦金托什·伯恩公司。建筑于 1864 年开工，耗时 4 年完成，总共耗资 65 万卢比。

加尔各答邮政总局为新古典主义风格，门前宽阔的大理石台阶大气且富有张力，大大提升了整条街道的艺术档次。主入口设在街道交叉口处，拐角处弧形的八柱式门廊与东侧及南侧巨大的科林斯柱门廊相连接，气势非凡。柱廊檐部设有代表"三相神"[35] 的时钟，略外挑以便从街道上更方便地看到时间。建筑外部的角上有四个凸出的体块，功能为楼梯间，后来的印度博物馆也采用了类似的做法。

建筑墙裙为银色烤漆，辅以陶土装饰，使得体型庞大的建筑有一种较轻盈的感觉。白色的墙身结合沿街排列的柱列，韵律十足且尺度宜人。建筑在街道转弯处的立面经过重点设计，正对街道的巨大穹顶高约 68 米，最顶端有一个类似莲花的尖顶。高高耸立的穹顶使得该建筑成为加尔各答市中心的地标（图 8-65）。这座大楼肩负着在孟加拉变幻莫测的天气里保护着来往邮件的重任，银粉漆让穹顶给人一种锋芒毕露的金属感，仿佛那是铸铁建造的房子。

爬上台阶，穿过主入口的弧形柱廊便直接来

图 8-65 加尔各答邮政总局

到了建筑的圆形大厅，这里提供邮票售票、取件及查询等业务。像印度其他大多数公共场所一样，大厅内挤满了想要办事的人，而不同的是，大厅内洒满了从顶部穹顶基座一圈拱窗进入的柔和的光线，营造出一种崇高且神秘的氛围。从东门穿过门廊进入建筑，宽阔的主楼梯会将人们引上二

楼，这里提供的是发件及其他邮件业务。

后来，加尔各答邮政总局周围陆续建造了一些雄伟的建筑，如电话公司大楼、汇丰银行及加尔各答公共事务处等等，这座建筑仍然牢牢地占据着 BBD 贝格（加尔各答市中心地区）的主导地位。从胡格利河的渡轮上沿着并不宽阔的考埃莱盖特街看尽头的邮政总局，有着在泰晤士河上看伦敦圣保罗大教堂一样的特殊意义。

4. 加尔各答高等法院

加尔各答高等法院（High Count of Calcutta，图 8-66）奠基于 1864 年 10 月 5 日，总共耗时 8 年，于 1872 年竣工。高等法院周围的建筑风格迥异，有新秘书处的近代风格，也有国家银行的爱德华风格，有佛塔的传统风格，还有市政厅的新古典主义风格等等。而这座耳目一新的建筑

图 8-66 加尔各答高等法院正立面

在那场肆虐英格兰乃至整个大英帝国的风格之战中采取了折中的态度，建筑师格兰维尔最终采用了哥特复兴风格。建筑的灵感来自比利时伊普尔（Ypres）的著名建筑纺织会馆（Cloth Hall），基本形制采用横向长方形的临街骑楼作为基座，中间的适当位置设置了竖向高耸的塔楼。法兰德斯（Flanders）[36] 的哥特风格的发展主要偏向世俗性质，而不是教会性质，所以尽管和加尔各答当时的建筑风格不怎么协调，但也能够为大众所接受的。哥特式尖拱这种建筑形式就如同早期的伊斯兰风格或者莫卧儿风格一样，由外来统治者带入印度，落地生根，并慢慢地发展壮大。

司法机关的重要性和权威性在加尔各答历史上是非常明显的，尤其是在 18 世纪后，建成之后的加尔各答高等法院更是如此。殖民时期建筑专家菲利普·戴维斯（Philip Davies）称高等法院的立面来源于汉堡市政厅，有趣的是，1854年设计汉堡市政厅的建筑师即设计了孟买大学图书馆的建筑师乔治·吉伯特·斯科特（George Gilbert Scott）。如今，加尔各答高等法院立面上独一无二的纹理及颜色仅仅在印度可以看到，哪怕是在加尔各答，也只有为数不多的哥特式建筑上才有体现。

走近建筑，你会发现整座建筑与周围的环境是如此融洽，它反映了中世纪欧洲文明的舒适感，或许这也是众多英国陪审法官们的帝国主义自豪感的由来。建筑立面以红色为主，局部线脚及塔楼顶端为浅黄色，尖拱窗成组横向排列，形成连续的水平基座，与中间高耸的尖塔楼形成的纵向尺度感形成了鲜明的对比。基座底部横向连续的拱门如同舞台的幕布一般，具有呈现特异声波的功能，时刻准备着宣告真正意义上的盛大的法律条款。

主楼梯带有欧洲中世纪的色调，室内有一个关押审讯犯人的小型监狱。八个法庭中有七个位于一楼，沿南侧一字排开。法庭室内净空较高，为应对这里又闷又热的环境，屋顶上整齐地安装了许多吊扇。员工宿舍位于建筑的东南侧阁楼内，屋顶设有可以通风换气的天窗。这是一种常用的方法，在印度全职员工都需要安排住处，而在用地紧张的市区屋顶阁楼成为不二的选择。具有讽刺意味的是，高等法院中最为简陋的员工宿舍享受到的却是加尔各答最好的城市景观。

造型复杂的塔楼顶部并没有设置时钟，也没有安装彩色玻璃，有的仅仅是一面面镶板。每个面的镶板中心是一个大型的圆形浮雕，像一个车轮，一个象征着印度必然独立的法轮。主入口上方有一个象征着欧洲大教堂的玫瑰窗，窗上位于塔楼中部设有一个巨大的三叶形四瓣组合花窗，外形如同法官的奖章，装饰得独具匠心，非常精美。花窗好比独眼龙的眼睛，监视着窗下每一个进出法院的人（图 8-67）。20 世纪初增建的附楼位于老楼北侧，两者之间有人行天桥相连。

从远处望去，高等法院整齐的立面就像一个巨大的栅栏，一个城市文明守护者，静静地、公正而又高尚地站在那里。毫无疑问，建筑师格兰维尔早就料到帝国首都建筑风格之战的现实与残酷性，他采用哥特复兴就是想为印度其他城市树立一个先例，宣告哥特复兴才是最适合的。庆幸的是，哥特复兴风格在印度半岛西岸港口城市孟买开始慢慢生长。

图 8-67　加尔各答高
等法院立面细部

5. 加尔各答作家大厦

作家大厦（The Writers' Building of Kolkata）正式名称为西孟加拉邦秘书处，实为印度西孟加拉邦的政府大楼，位于该邦首府加尔各答。它起初是作为英国东印度公司文职人员的办公室。

建筑位于圣安德鲁教堂西侧，与之隔路相望，距离邮政总局也不远，设计师是托马斯·林恩（Thomas Lynn）。建筑于 1777 年设计，采用新文艺复兴式样，有一个给人深刻印象的科林斯柱式正立面（图 8-68）。主入口的顶部雕刻着大不列颠雕像，雄伟的三角形山墙上雕刻着密涅瓦（Minerva）[37] 雕像，和帕拉第奥拱门一起，构成了十分严格的新古典主义风格。门廊旁还有一些其他的雕像，其中比较著名的为希腊众神宙斯、赫耳墨斯、雅典娜以及得墨忒耳四座雕像，他们分别代表了正义、商业、科学和农业（图 8-69）。对称式布局，中央门廊、三角形山花以及立面上暴露的红砖表面等等使得建筑有着典型的古希腊罗马的建筑外观。

150 米长的建筑占据了市中心 BBD 贝格区域莱尔·蒂基（Lal Dighi）湖的整个北岸，目前大厦内设有西孟加拉邦政府的多个部门（图 8-70）。这是一幢具有重大政治意义的建筑物，是印度独立运动的纪念碑。这栋楼控制着整个加尔各答，很少有人了解它，因为这里是西孟加拉邦政府的中心，拥有特殊的历史背景。它对加尔各答了如指掌，甚至包括那些连高等法院都不能泄露的尘封记录及"老大哥"德里都未发觉的秘密。建筑的室内空间非常具有特色，管理层办公室装修得舒适且精致。

图 8-68 作家大厦

图 8-69 作家大厦立面上的装饰雕像

图 8-70 沿莱尔·蒂基湖看作家大厦

1821 年建筑的一层及二层增加了一个约 39 米长的挑廊，横向排列的一系列爱奥尼柱每根约 9.8 米高，非常壮观。1889—1906 年加建了附楼，两者之间用钢楼梯连接，一直到最近还在使用当中。

如果诗人米尔扎·加利卜（Mirza Ghalib）说加尔各答有七种建筑语言的话，那么作家大厦肯定就是其中的一种，在一摊杰出而又复杂的政治系统背后将官僚的人性体现得淋漓尽致。和五角大楼比，作家大厦缺少了系统及机密性，但这里更注重自身的政治责任感，更强调自身的神圣使命。作为一座单一的建筑，作家大厦可能超过印度其他同类建筑中的任何一座，包括新德里的建筑在内。

6. 马德拉斯高等法院

1862 年 6 月根据维多利亚女王的授权书，当局在英殖民时期印度三大管区马德拉斯、孟买及加尔各答设立高等法院。在这之前，英国议会已颁布了 1861 年印度《高等法院法》法案。如今，这三座高等法院仍然屹立在城市街头，为整个城市的市民提供着服务。马德拉斯高等法院的管辖范围甚至包括泰米尔纳德邦的本地治里地区。

1857 年叛乱失败后，印度次大陆迎来了英治下的暂时性和平，要塞前的平坦空地变得不再那么重要，取而代之的是一座代表正义的高等法院。建筑于 1892 年建成，由建筑师亨利·欧文（Henry Irwin）及布拉辛顿（J. N. Brassington）设计，为印度—撒拉逊风格建筑的最佳范例。法院位于马德拉斯市商业区附近，毗邻海滩。1914 年 9 月 22 日在第一次世界大战的初期，法院大楼在德军军官埃姆登（S. M. S. Emden）领导的军队的炮轰下有所损毁，这是印度为数不多的在德军攻占战役中损坏的建筑之一。

加尔各答高等法院与商业区之间由普拉卡萨姆路（Prakasam Salai）和拉贾吉路（Rajaji Salai）两条道路隔开。建筑群立面为砖红色，整体颇具特色。伊斯兰式的拱门、洋葱头式的穹顶等建筑元素使得大楼到处充满着莫卧儿时期的建筑感（图 8-71）。

室内彩绘天花板和彩色玻璃门非常精致，走

图 8-71　马德拉斯高等法院

在其间让人流连忘返。法院内设有一座灯塔，这座灯塔作为马德拉斯第三灯塔被使用了近一个世纪。不幸的是由于管理不善，灯塔年久失修。最近，基地内新建了建筑物，建筑师和工程师们试图将这组建筑群整合起来，以满足现在的使用功能。

马德拉斯高等法院是印度最早举办法律报告的地方，这里还是《马德拉斯法律》杂志的发行总部，其第一期可以追溯到 1891 年。如今，这本杂志的影响力及权威性在印度仍然很高。

7. 新德里总统府

19 世纪初，大英帝国决定将其帝国首都转移到德里，并邀请英国建筑师鲁琴斯进行整个城市的规划设计（图 8-72）。鲁琴斯的工作从 1911 年开始，一直持续到 1931 年。19 年后勒·柯布西耶开始了昌迪加尔的城市规划并大获成功，以至于有一段时间鲁琴斯的伟绩慢慢地淡出人们的视线。后来随着现代主义的渐渐衰落，人们开始重新发掘鲁琴斯作品的价值。直到现在，这里仍是主修建筑学的学生们研究的重点。

新德里总统府（Rashtrapati Bhavan）是一座气势雄伟的宫殿式建筑，于 1912 年开工，1929 年建成（图 8-73）。建筑原被称为总督府（Viceroy's House），独立之后才被称为总统府。整座总统府融合了莫卧儿时期和西方的建筑风格。建筑为 4 层，共有 340 间房间，总建筑面积近 19 000 平方米。建筑用近 7 亿块砖头和 85 000 立方米的石材建成，而钢材的用量则很少。该项目的首席工程师为特贾·辛格·马利克（Teja Singh Malik）。

新德里总统府建筑平面为不规则的矩形，主建筑两翼均有附属建筑（图 8-74）。一翼供总督和服务人员使用，另一翼供来访宾客使用。总督使用的一端为四层，并有自己的内庭院。主建筑的中心、位于穹顶正下方的即为非常壮观的觐见大厅，这个大厅在英殖民时期是总督府的正殿。觐见厅上方 33 米的高度上设有一个 2 吨重的巨型吊灯。大厅四角的房间分别为两个国家会客厅、一个国家晚宴厅及一个国家图书馆。西侧还设有一个大型的宴会厅。建筑室内也融入了水景元素，如靠近总督府邸一侧的楼梯旁立有八尊石狮雕像，水从狮嘴里溢出，最终流进六个石盆池。

古典主义的总统府的建筑设计包含了众多印度本土的建筑元素（图 8-75）。例如考虑到水

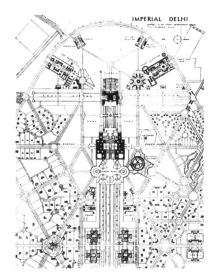

图 8-72　新德里主轴线规划

图 8-73　新德里总统府

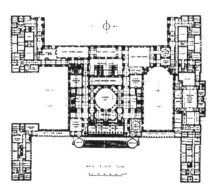

图 8-74　总统府一层平面

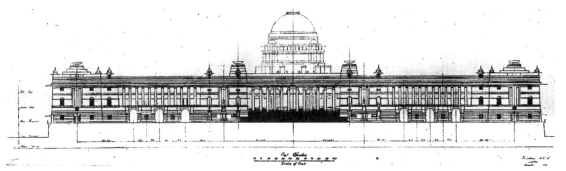

图 8-75　总统府东立面

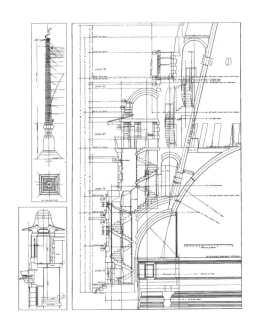

图 8-76 总统府细部大样

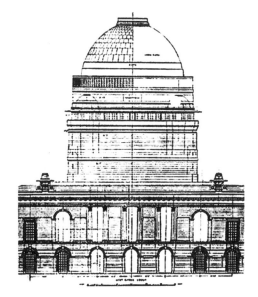

图 8-77 总统府穹顶西立面

图 8-78 总统府草图（鲁琴斯）

景是印度建筑的重要组成部分，设计师在建筑顶部设有几个圆形的石盆池；建筑的门楣处设有横向的通长檐口遮阳板（Chhajja），这种扁平的薄板外挑达 2.4 米，夏季可以用来遮阳，雨季可以用来挡雨；主立面屋顶女儿墙上设有几个八角凉亭（Chhatri），这个类似于德里红堡屋顶瞭望台的设计有助于打破屋顶乏味的横向线条，增加建筑的层次感。挡墙前方设有大象雕塑及眼镜蛇喷泉雕刻品，十分精美。建筑斋浦尔柱基上有英国雕塑家查尔斯·萨金特·贾格尔（Charles Sargeant Jagger）制作的浮雕作品，柱头上雕刻着皇冠（图 8-76）。

当然，这座融合了欧洲及印度建筑文化的建筑也有一些小瑕疵，比如中央穹顶上突出的佛塔式造型风格就被设计得过于欧式（图 8-77）。建筑被称为迦利的格栅用红砂岩制成，灵感来源于拉贾斯坦建筑风格。建筑主立面上设有 12 根不等间距的"德里式"柱子，柱头为印度铃铛形垂饰与叶片的融合，这个想法是从卡纳塔克邦木达比德瑞（Moodabidri）一处耆那教寺庙得到的启发。而鲁琴斯说，总统府穹顶的灵感则来自罗马的万神殿，同时也有桑契窣堵坡的部分影响（图 8-78）。鲁琴斯还在德里成立了工作室并聘请当地的工匠参与项目的建设。

"莫卧儿花园"位于总统府的西侧，非常著名，其莫卧儿式的风格令世界各地的众多学者慕名前来。东西向及南北向的四条水渠将主花园划分成为正方形的网格状。在水渠相交处设有莲花形喷泉。花园融合了莫卧儿和英国的景观风格，并种植了数量繁多的各种花卉。花园每年的 2 月份向公众开放。

总统府正门有一条宽阔而笔直的"国家大道"，直通新德里印度门，气势恢宏。

8. 新德里秘书处大楼

新德里秘书处大楼（Secretariats），是总统府正门前的一组"双胞胎"建筑，由鲁琴斯的建筑师好友贝克设计。印度将首都迁至德里之后，1912 年在德里北部地区新建了一座秘书处大楼。当局的大部分政府部门都从老德里的老秘书处搬到了这里。许多公务员随着各机关从印度遥远的地方一起搬了过来，其中包括了孟加拉和马德拉斯两大管区。老秘书处大楼现在由德里立法议会使用。附近的国会大厦的始建时间要晚很多，因此没有被建在拉杰大道的轴上。国会大厦于 1921 年开工，1927 年落成，同样由著名建筑师贝克设计。秘书处大楼分为两组对称的建筑群，中间隔着拉杰大道。南区设有总理办公室、国防部和对外事务部等部门，北区则主要包括财政部和内政部等部门（图 8-79）。秘书处大楼的灵感来源于由克里斯托弗·雷恩（Christopher Wren）设计的格林威治的皇家海军学院。

随着建筑规划设计工作的进展，鲁琴斯和贝克之间的矛盾不断激化。贝克在总统府门前设计的小山坡违背了鲁琴斯的规划意图，而这严重影响了从印度门沿拉杰大道方向看过来的观感。为避免这种情况，鲁琴斯希望秘书处的建筑高度要低于总统府，而贝克则希望它们具有相同的高度。最终贝克的设计得到了当局的许可，所以现在从印度门朝总统府远远看去，可见的只剩总统府中央的穹顶。

秘书处大楼共 4 层，每层设有约 1 000 间办公室。巨大的内庭院为日后建筑扩展预留了足够空间。和总统府一样，秘书处大楼也用来自拉贾斯坦邦托尔布尔的红砂岩建造。建筑两侧设有两翼附属建筑，端部以柱廊收头（图 8-80）。每层之间设有宽阔的楼梯。横向的建筑女儿墙被一个高耸的穹顶打破，穹顶为八边形鼓座（图 8-81）。

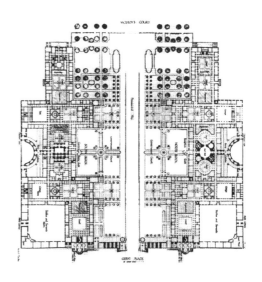

图 8-79　新德里秘书处大楼首层平面

大楼正门前面有四根记功柱，分别由加拿大、澳大利亚、新西兰和南非捐赠。古典式的建筑吸收了来自印度的建筑元素。镂空屏风（Jali）的采用，使得建筑免受印度夏季灼人的阳光和雨季的狂风

图 8-80　新德里秘书处大楼

图 8-81　新德里秘书处大楼穹顶细部

暴雨侵扰。建筑的另一个特点是采用了被称为查特里（Chatri）的本土元素。这个独特的印度圆顶状结构，在远古时代被用来在印度热辣的太阳下为过往的旅客提供遮阴处。在来印度之前的1892—1912年期间，贝克一直在南非工作。他在那里设计了众多优秀的建筑，其中位于南非首都比勒陀利亚（Pretoria）的联邦议会大厦（Union Buildings）最为突出（图8-82）。联邦议会大厦是南非的政府办公大楼，于1908年设计，1910年开始建造，并在1913年完工。和秘书处大楼一样，联邦议会大厦也位于当地的一座低矮的小山顶上（这里被称为"Meintjieskop"）。两者之间在建筑造型上也有许多相似之处，如建筑平面布局上都设有两翼造型，端部都以柱廊收尾，都有一座非常相像的穹顶。不同之处在于联

邦议会大厦两翼之间由半圆形柱廊相连接，而秘书处大楼南北两个区块各自独立，被中间的拉杰大道完全分隔开。另外，两者之间的配色也不同，联邦议会大厦的屋面为坡屋面，且为深红瓦，墙身为砂岩立面；秘书处大楼一层为深红砂岩基座，其余部分用砂岩建造，这与前者正好相反。

9. 西姆拉总督府

西姆拉（Shimla）位于印度北部喜马拉雅山山区，是印度喜马偕尔邦的首府。西姆拉有辉煌的过去。在英国殖民时期，这里成为著名的避暑胜地。1822年，苏格兰公务员查尔斯·肯尼迪建造了西姆拉的第一个英国避暑房屋。19世纪后半叶，该市成为英属印度的夏都。每年中有大约半年时间，英国军人、商人和公务员纷纷搬到这里，因为这里海拔高，天气宜人，很少出现印度低海拔地区的酷热和疾病。现在这里夏季宜人的气候和冬季唯美的雪景对旅游者来说仍非常具有吸引力。在1914年召开的西姆拉会议上，英国与当时西藏地方政府划定了非法的麦克马洪边界线，并没有得到中华民国政府的批准。1972年巴基斯坦与印度在此处签订了《西姆拉协定》，停止了第三次印巴战争。

西姆拉总督府（Shimla Viceregal Lodge）位于西姆拉天文台山上，前身为英国总督的官邸（图8-83）。建筑由工务处的英国建筑师欧文设计，1880年开工建设，1888年完工，首位使用者为总督达弗林（Dufferin）勋爵。总督府在设计之初就考虑了电气化与消防系统。当时将镶蜡水管（Wax-tipped Water Ducts）作为消防管道可谓非常先进的建筑技术。建筑内展出大量的文章和照片，大都可以追溯到英国在印度的统治时期。建筑现被称为Rashtrapati Niwas，1964年后这里变身为西姆拉的高级研究所（IIAS），该机构在印

图8-82　比勒陀利亚联邦议会大厦

图8-83　西姆拉总督府

度文化、宗教、社会科学和自然科学等众多领域有着较为深入的学术研究。

8.5.3 交通运输建筑

1. 孟买维多利亚火车站

维多利亚火车站（Victoria Terminus）是为纪念维多利亚女皇即位 50 周年而得名的，建筑由来自英国本土的著名建筑设计师史蒂文斯设计，是印度孟买一个历史非常悠久的铁路终点站，这里还是中央铁路公司的总部（图 8-84）。该车站从建成至今一直是印度最繁忙的火车站。它是一座宏伟的哥特式建筑，整个外立面上布满了众多精美的石雕，造型上融合了印度莫卧儿建筑的传统风格。1996 年 3 月该车站的官方名称改为贾特拉帕蒂·希瓦吉终点站（Chhatrapati Shivaji Terminus），简称 CST。2004 年 7 月这里被列入《世界遗产名录》。

早期参与众多项目使得建筑师史蒂文斯可以不断完善自己的建筑理念，最终这些积累的经验使得史蒂文斯成为维多利亚火车站的设计者，而这座建筑被称为当时在欧洲影响下印度帝国兴建的最大、最重要的建筑之一（图 8-85）。对很多人而言，独具特色的维多利亚火车站已成为孟买的标志及视觉符号。这座融合东西方建筑文化的火车站建筑是史蒂文斯众多建筑作品中最具有重要意义的。1878 年，在接受维多利亚火车站设计竞标之前，史蒂文斯利用为期 10 个月的休假回到欧洲，研究同时期欧洲重要的铁路总站。斯科特设计的伦敦圣潘克拉斯站（St. Pancras Station，1868—1874 年建设）不久前刚刚落成，而这座建筑成为史蒂文斯一个重要的设计灵感来源。

维多利亚火车站建设周期长达 10 年，这足以说明这座伟大建筑的工程量是多么巨大。当建

筑在 1888 年完工时，项目总开支达到约 260 000 英镑，其建筑高度也是孟买整座城市里最高的。建筑区位十分优越，大楼主立面朝西，前方即为孟买市中心，背后为繁忙的海港及码头，附近为克劳福德批发市场和几个居住区，俨然成为孟买人民商业、公务、教育和司法等各类型生活的中枢转换站。最初这座火车总站专门用来停靠那些往来孟买及印度次大陆内部地区的长途列车，现如今，车站仍服务着每天 2.5 万人次的乘客。尽

图 8-84 维多利亚火车站及周边

图 8-85 维多利亚火车站沿街立面

管存在这种转变，维多利亚火车站仍然是孟买所有公民自豪感的象征，并鲜明地呈现出当年占孟买命运主导地位的铁路工业的发展历史。

维多利亚火车站建筑平面呈"凹"字形，东西形式对称，为典型的维多利亚哥特式风格，并且融合了印度本土建筑文化，如天际线、塔楼、尖拱门以及不规则的平面设计等等，这些细节使得该建筑已接近传统的印度宫廷建筑（图 8-86）。该车站无论是在铁路工程设计方面还是民用工程

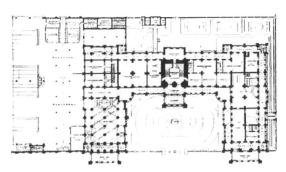

图 8-86　维多利亚火
车站一层平面

形的两翼与主楼围合形成一个景观院落，这里即
火车站办公主入口。两翼建筑有直接开向城市道
路的辅助入口，在其顶部的四角设有巨大的炮塔
用来平衡建筑中央的穹顶。立面上连续的拱门及
尖窗使得建筑外观非常匀称和协调。主入口大门
两侧放置了两种不同的猫科动物，一种为代表英
国的狮子，另一种为象征着印度的老虎(图 8-88)。
主立面上排列着各种雕塑，较大的有描绘创始人、
董事及其他铁路历史发展过程中的重要人物头像，
以及参与印度铁路发展建设工程的工程师肖像等，
较小的有雕工十分精细的孔雀、白鹭、荷花、猴
子及其他各式各样的纹章图案。

设计方面都采用了非常高标准的工程技术。这是
印度史上第一个被认为是将工业革命的技术与哥
特式复兴风格成功融合的案例。月台长约 100.6
米，车棚从建筑向外延伸出约 365.8 米，这种形
式的布置方式决定了建筑群体的基本形状。中央
穹顶基座为八边形肋骨结构，穹顶上仁立着维多
利亚女王的雕塑，高约 4.3 米。她右手高高举过
头顶，手持熊熊燃烧的铜鎏金火炬，左手则手握
翼轮，轻轻放在身体侧边（图 8-87 ）。"凹"字

整个建筑光线充足，通风良好，办公室及
月台区都设有遮阳设施以抵挡炎炎夏日的阳光。
这栋石砌大楼的内部结构在建筑上主要表现为大
量朴实无华的承重支柱塔、拱门及墙墩。售票大

图 8-87　维多利亚火
车站穹顶细部

图 8-88　维多利亚火车站大门处的狮子雕塑

厅内一系列壮观的裸露着的支撑系统是这种传统
而造价不菲的建筑技术最好的诠释。大厅的内部
装饰非常考究，十分精美。地板为无釉彩砖排列
形成的几何及叶片图案。带有拱棱的天花非常华
丽，原本被漆成蓝色及金色，局部为红色，夹杂
着金色的星星（图 8-89 ）。墙壁上镶有琉璃瓷
砖，全部由英国莫氏公司（ Maw & Co. ）制作，

图 8-89　维多利亚火
车站售票大厅顶棚

护壁板顶木条则以巧克力色为底色，上漆红色和浅黄色的叶片，墙裙上方的墙壁内衬白色博尔本德尔石。窗口的装饰物为带有各种设计形式的彩色玻璃板，这种材料呈现出十分柔和的色彩，可以有效抵挡印度炎热时节刺眼的光线，为整个大厅提供一种温和而又平静的氛围。柜台处有黄铜制作的栏杆，部分为被漆成各种颜色的本地木制构件，其中大多由东印度艺术制造公司（East India Art Manufacturing Co.）负责制作。一楼大厅及走廊的那些为内部员工使用的栏杆则为成品铁艺装饰栏杆，扶手材料为法国抛光柚木，栏杆被漆成巧克力棕色、大红色及金黄色。根据史蒂文斯的建议，售票大厅的铭牌被刻在原址内的一块白色的塞奥尼（Seoni）砂岩石上。红色及灰色意大利大理石柱群增添了装饰效果，其他颜色的大理石则被用在了走廊的细节处理上。这是来自项目大理石承包商吉贝罗（Gibello）的想法，这样做的目的是塑造一个拥有雕塑细部及众多材料的多色空间。雕塑的设计则由雕刻大师戈麦斯（Gomez）、JJ艺术学院院长约翰·格里菲斯（John Griffiths）及他的学生们创作。在欧洲文化的影响下，印度本土的工匠们巧妙、精确地完成了各种金属及石材的装饰方案，将这座印度建筑史上的艺术精品由蓝图变为现实。

印度铁路的建设是工程技术实力的象征。早期英国殖民者将孟买与印度半岛广阔而富饶的内陆地区用铁路连接起来，从而奠定了孟买在印度次大陆的经济主导地位。随着苏伊士运河的开通及蒸汽船舶的广泛使用，印度与欧洲大陆的联系更加紧密，而这些是英国在工业革命后期保持其作为世界头号强国的非常重要的原因之一。这一切使得这座车站超越了自我，因为它不仅仅是一座建筑，还是这段历史的一个缩影。

2. 金奈中央火车站

中央火车站（Central Station）是金奈的火车总站，毗邻现在的南方铁路局总部。这里连接着印度半岛的其他重要城市，如新德里、艾哈迈达巴德、班加罗尔、海得拉巴、斋浦尔、加尔各答、勒克瑙、孟买、特里凡得琅等等，该站也是金奈郊区城际铁路系统的枢纽站点。有着138年历史的老中央车站，是金奈最突出的标志性建筑之一。在英国殖民时期，中央车站是印度南部地区的门户，所有人都需经这里才可以前往南部地区。

1873年，为缓解罗亚普兰港湾车站（Royapuram Harbour Station）的运载压力，马德拉斯中央火车站作为其候补车站在帕克镇（Parktown）开建（图8-90）。车站用地是一块原来被称为约翰·佩雷拉花园的开敞地块，原

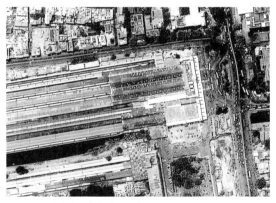

图8-90　金奈中央火车站及周边

属于一个于1660年来到这里定居的葡萄牙商人约翰·佩雷拉。1907年，马德拉斯铁路局将中央车站作为自己的主站点。后来，城市沿着滨海不断向南扩张，罗亚普兰港湾车站不再作为终点站，于是乎所有的列车都驶向了中央车站。1890年成立的马德拉斯和南部马拉塔铁路局（即现在的南方铁路局）从马德拉斯铁路局接手中央车站，并在1922年将其行政总部建在中央车站的旁边，从而使得

中央车站一举成为马德拉斯最重要的火车站。

　　车站地理区位优势明显，周边道路通畅，甚至还有一条普纳马利高速公路经过这里，车站距金奈国际机场约 19 千米。主站与后来建设的郊区城际终点站之间有条被称为白金汉渠的河道，原名科克伦渠（图 8-91）。车站东侧沿华尔街设有次出入口，从这里进站可以直达 1 号月台。如果想要前往郊区城际站台，则需从车站西侧次入口进入。政府总医院及地铁帕克站与中央火车站一路之隔，它们之间有地下通道相连。

　　最初由建筑师乔治·哈丁（George Harding）设计的马德拉斯中央火车站为哥特式复兴风格，有 4 个站台，可以容纳最长 12 节车皮的列车。5 年后，建筑增加了一个"帽子"，那就是车站中央的钟楼，由奇泽姆设计。陆陆续续的改建工程直到 1900 年才得以完工，最终建筑呈现为印度—撒拉逊风格（图 8-92）。建筑整体

图 8-91　从西侧河道看金奈中央火车站（1880）

为对称式布局，四角有高耸的塔楼，立面为砖红色。水平连续的拱窗形成了横向的基座，中央的钟楼高高跃起，形成了一股纵向的紧张感。矩形的钟楼顶端设有旗杆，四面精心布置了时钟。这座时钟很特别，除了整点报时外，每隔 15 分钟也会响一次，或许这是在提醒着赶火车的市民注意时间，不要耽误了出行。

图 8-92　金奈中央火车站

随着城市的不断扩大，人口的不断增长，车站容量也不断地增加，目前车站共有 11 个长途列车月台及 3 个通勤车专用月台。如今，融合了哥特及伊斯兰风格的火车站主楼已经被当局列为文物保护单位。

3. 金奈埃格莫尔火车站

自 1720 年埃格莫尔就成为东印度公司的财产，据说早期这里是英军用来储存弹药的地方。1796 年，这里建成了一座军事化的孤儿院，院长

图 8-93　金奈埃格莫尔火车站及周边

是开创金奈教育体制的安德鲁·贝尔（Andrew Bell），现在的埃格莫尔地区是印度金奈市区最繁忙的街区之一。

埃格莫尔火车站（Egmore Railway Station）是金奈市仅次于中央火车站的第二大火车站，是通往泰米尔纳德邦南部地区、中部地区和喀拉拉邦的客运列车及市内通勤车的终点站（图 8-93）。金奈的第一条铁路线为西线，后来增加了向北的支线，南线铁路于 1859 年开始建设。1890 年，由几家公司合并而来的南方铁路局正式成立，总部在伦敦注册，而后来埃格莫尔火车站成为其在印度分部的总部。

南方铁路局邀请建筑师欧文担任首席工程师，进行埃格莫尔火车站的方案设计。在经过几轮方案修改之后，项目于 1905 年 9 月开始建设，1908 年完工，并于同年 6 月 11 日正式投入使用。车站由班加罗尔的建筑承包商皮莱公司（T. Samynada Pillai）负责建设，工程总耗资约 170 万卢比。落成典礼上，南方铁路局领导激动地向市民宣告："这是一座让马德拉斯所有人值得骄傲的火车站，这座车站比伦敦查林十字火车站（Charing Cross Station）还要大。"（图 8-94）

图 8-94　埃格莫尔火车站街景

埃格莫尔火车站为印度—撒拉逊风格，面宽
91.4 米，进深 21.4 米，共有 11 个月台，月台顶
棚最长处达 750 米。位于东侧的 1~3 号月台较短，
用于停靠短列车。位于穹顶下方的 4~7 号月台为
其主月台，用于停靠长途列车。新建的 10 号和
11 号月台则专门用于停靠城际宽轨通勤车。建筑
在哥特风格基础上融合了伊斯兰建筑的穹顶及廊
道设计，颇具特色，建成以来一直是金奈市的著
名地标之一。车站月台经过特别设计，运载车可
以开到内部月台直达列车车箱旁，非常便于行李
及货物的装载。

4. 加尔各答豪拉火车站

豪拉火车站（Howrah Railway Station）
是印度占地面积最大的火车站，其庞大的规模
和令人惊讶的火车吞吐能力在印度是无与伦
比的。豪拉火车站与锡尔达火车站（Sealdah
Railway Station）、舍利默尔火车站（Shalimar
Railway Station）及加尔各答火车站（Kolkata
Railway Station）一道共同构成加尔各答城市铁
路运输网络。豪拉火车站位于胡格利河的西岸，
与东岸加尔各答市区隔河相望，由加尔各答标志
性构筑物豪拉大桥相连（图 8-95）。

1851 年 6 月 17 日，东方铁路局首席工程师
乔治·特恩布尔（George Turnbull）提交了豪
拉火车站的初步构想。1852 年，当局共收到四份
项目投标书，其费用从 190 000 卢比至 274 526
卢比不等。与竞争对手孟买的维多利亚火车站相
比，豪拉火车站无疑是非常微妙的。1901 年由于
业务量的大幅增加，新建一座车站大楼变得刻不
容缓。新的火车站由英国建筑师哈尔西·里卡多
（Halsey Ricardo）设计，并于 1905 年 12 月 1
日投入使用，这就是现在的豪拉火车站大楼。沿
河立面上多种形式圆形拱门占据着绝对的主导地

图 8-95 加尔各答豪
拉火车站及周边

图 8-96 从胡格利河
上看豪拉火车站

位，这种孟加拉拱门是孟加拉建筑的一个关键元
素。建筑整体立面为砖红色，与河对岸的行政大
楼遥相呼应（图 8-96）。

对于乘客来说，站台与大楼之间巨大的等
候区及站内为转乘客流设计的休息室可谓是十
分人性化。车站甚至设有连接着城市道路与月
台的汽车坡道，接送旅客在这里变得十分便捷，
而这也是印度大多数火车站中少有的设计。这里
是印度豪拉—德里、豪拉—孟买、豪拉—金奈（马
德拉斯）及豪拉—古瓦哈蒂四条铁路干线的终点
站，其重要性可见一斑。

1980 年代豪拉火车站南侧又新建了 8 个站
台，使得车站总站台达到 26 个。从这里出发的列
车服务着西孟加拉邦甚至印度的大部分地区，平
均每天超 600 列的车流量及上百万人次的客流量
使得豪拉火车站成为印度最繁忙的火车站之一。

其中 1~15 号站台为东方铁路公司拥有，16~26 号站台为东南方铁路公司拥有。同时在老办公楼南侧新建了旅客换乘设施。主站分为南北两部分，最初是为了区分普通市民和上层阶级而设。如今，主站南侧为长途列车始发站，北侧的一小部分变成了一个小型纪念堂，用来纪念在第一次世界大战中牺牲的士兵。从这里，来来往往的乘客们可以欣赏到胡格利河对岸加尔各答市区完美而动人的天际线。

8.5.4　文化教育建筑

1. 孟买大学

孟买大学（University of Bombay）创建于 1857 年，是印度历史最悠久、规模最大的三所综合性大学之一。它曾为国家城市发展作出了杰出的贡献，被誉为国家智力和品德的动力之源。圣雄甘地、印度人民党前任领导人阿德瓦尼等均毕业于该校。孟买大学议会厅、图书馆及钟楼构成了朝向贝克湾的最美的一组建筑群，这也是建筑师斯科特最杰出的作品（图 8-97）。孟买大学的建造经费部分来自捐款，较早的有 1863 年瑞迪摩尼爵士捐资 10 万卢比，以及后来众多证券及商品经纪人的捐款。这些捐款几年下来达到 83.9 万卢比，其中大部分被用于修建图书馆及钟楼。

孟买大学的基地为规则的矩形，北侧为秘书大楼，南侧则是高等法院，东侧接市中心，西侧紧邻开阔的大片绿地，优越的区位是孟买大学引以为傲的一件事情（图 8-98）。建筑沿袭了 13 世纪法国装饰主义风格，并刻意参考了欧洲的大学建筑设计。类似教会的外观强调了基督教会在学校改革中的作用。建筑群有花园环绕，营造出的整体氛围非常适合学习或研究。1952 年因教室扩建，按照最初的设计在地块东侧新建了一栋哥

特复兴风格的大楼。工程师默勒希（Molecey）负责项目所需的铁构件工作，并绘制了详细的图纸进行施工。项目的彩色玻璃由伦敦的希顿、巴特勒及贝恩公司（Heaton, Butler & Bayne Ltd.）负责提供，屋面瓦为同样来自伦敦的泰勒瓦片，地砖则为明顿瓷砖。

两层高的图书馆是整个建筑群里平面形式最为复杂的，约 46.3 米长的体块成为高耸的钟楼的水平基座（图 8-99）。位于图书馆西侧中部的钟楼一层拥有巨大的尖拱开口，它也是图书馆主入口的门廊。钟楼基座采用了粗糙但非常精美的库尔勒石（Kurla Stone），局部构筑物采用了博尔本德尔石。图书馆外墙由切割平滑的博尔本德尔石建造。斯科特设计了一个交叉拱式天花的入口大厅，进门

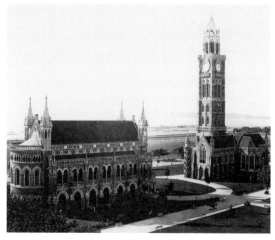

图 8-97　孟买大学建筑群

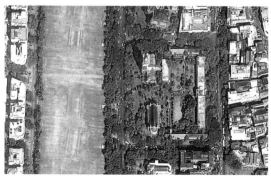

图 8-98　孟买大学周边

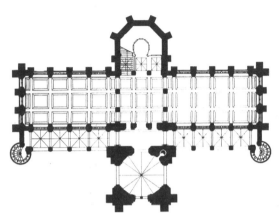

图 8-99　孟买大学图书馆及钟楼首层平面

图 8-100　孟买大学钟楼

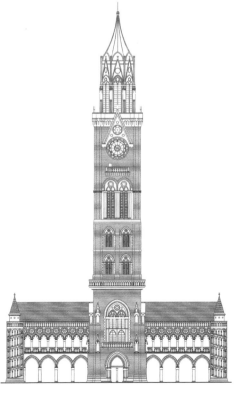

图 8-101　孟买大学图
书馆及钟楼西立面

右侧设有一个大型的接待处，主楼梯就设在前台的
左侧，非常方便。楼梯上空的天花同样为拱形，侧
面为长条的带有精美彩绘的玻璃窗。沿着楼梯缓缓
而上，人们渐渐可以看见两尊头部雕像，一个是荷
马（Homer），另一个是莎士比亚（Shakespeare）。
上了二楼，出现在人们眼前的是空间十分开阔的阅
览室，内部装饰非常考究。阅览室顶部为约 9.8 米
高的由柚木装饰的拱形天花，东西两边为一系列的
长条形尖拱窗，富有韵律的条窗使得整个空间带有
一种早期宗教的威严感及神秘性。

　　钟楼的建造整整花了 9 年的时间，最初它还
有一层重要意义，即献给普列姆昌德·诺伊珊德
（Premchand Roychund）的母亲的礼物。孟买
大学钟楼无论是从细节还是平衡感上都可与伦敦
大本钟（Big Ben）相媲美（图 8-100）。

　　钟楼共 7 层，高约 85.3 米。这个高度使得钟
楼比周围建筑要高出至少约 36.6 米，也使得钟楼
一度成为整座城市最高的建筑物。钟楼四边为代
表着印度西部的 24 个"种姓"的雕塑，与其他形
式的装饰纹样一道，形成了复杂多变的哥特复兴
的立面风格（图 8-101）。顶部的四面钟于 1880
年 2 月开始运作，而建筑的其余部分早在三年前
就已完成。钟的机械装置设置在钟楼第四层，用

图 8-102 从孟买大学议会厅看钟楼

图 8-103 孟买大学议会厅鸟瞰

来显示时间的乳白色玻璃表盘直径约为 3.8 米。得益于安放在表盘后的气体射流装置，夜晚的表盘仍然可以为市民提供准确的时间。钟琴及运行装置经过处理可以发出 16 种不同的音调，由隆德和布洛克利（Lund & Blockley）设计。16 只钟由位于英国莱斯特郡（Leicestershire）的约翰·泰勒公司（John Taylor & Co.）负责制作，其中最大的一只钟重达 3 吨。钟架则由铁路局的海德上将（General Hyde）设计，由韦斯特伍德·贝利公司（Westwood Bailey & Co.）制造。

孟买大学考瓦斯吉·贾汉吉尔（Cowasjee Jehangier）爵士议会厅于 1869 年开始建造，最初被称为孟买大学教务大厅，大楼总共花费 40 万卢比，于 1874 年正式投入使用。议会厅位于图书馆南侧，相距约 30.5 米，平面为不规则的矩形，南侧有如同教堂平面形式的半圆形后殿（图 8-102）。门廊及楼梯被设置在北侧，共同构成了议会厅的主立面，这里与图书馆南北相对，遥相呼应。主屋面为南北向两坡屋面，正好在北立面上形成巨大的三角形山花，两翼为哥特式尖塔（图 8-103）。一层主入口处设有拱廊，二层中央为直径约 6.1 米）的圆形玫瑰窗，并被雕刻精美的装饰柱分隔成 12 等分。玫瑰窗内外两圈，间隔的彩色玻璃上内圈描述的是一年中的 12 个月份，外圈则为黄道十二宫图。下方彩色玻璃上的玫瑰、三叶草和蓟草图案象征着英格兰、爱尔兰及苏格兰。建筑首层大厅及边廊空间尺度较大，设计可容纳近一千人。大楼采用了与图书馆相一致的材料，不同的是楼梯柱子处采用了来自勒德纳吉里（Ratnagiri）的灰色花岗岩，中央走道采用了中国大理石与明顿地砖。建筑外观为复杂而又精致有序的哥特复兴风格，与北侧的邻居形成了互补而又竞争的关系。

孟买大学建筑群共耗时 12 年才完成设计及施工，并建立了孟买建筑专业能力的新标准。由印度本土工匠参与的雕塑方案使得建筑物外观更具观赏性，英国人也为能够得到印度工匠的协助而感到十分庆幸。毕竟拥有长达 3 000 年的精湛石雕技术，这些本土人可以很好很快地理解来自欧洲的哥特风格。

《印度时报》在 1874 年曾这样报道："通过这座建筑文脉可以看出，本地工匠和欧洲同行们一样是善于学习的，建筑形式也在穆斯林文化衰落之后第一次有了灿烂的未来。"

2. 大卫·沙逊图书馆

大卫·沙逊图书馆（David Sassoon Library）是孟买最古老的图书馆，建筑位于弗里尔镇（Frere Town，孟买市中心地区），地理位置十分优越。1847 年，在皇家铸币局及官方船坞工作的技工们需要一处可以容纳工业模具及建筑模型的地方，于是产生了新建一座博物馆的想法。当时他们成立了一个组织，并以一个非常优惠的价格从政府那租了这块土地，租期为 999 年。

大楼由建筑师富勒（Fuller）设计，设计过程中也吸收了来自斯科特和麦克莱兰（Scott & McClelland）公司的代表约翰·坎贝尔（John Campbell）的一些建议。建筑于 1867 年奠基，时任市长弗里尔将这栋大楼命名为沙逊技工研究院。建筑为维多利亚哥特复兴风格，主体于 1870 年完工，而钟楼修建好的时候已经是 1873 年，这是整栋建筑最后完成的部分。尽管洛克伍德·吉卜林（Lockwood Kipling）可能已经为该项目做了一些模型，但本案的室内家具设计、铁艺花纹、地砖图案、书架及石雕的细部完善得益于富勒的助手穆子班（Murzban）。

大卫·沙逊图书管主立面为对称式布局，共三大开间，正中设置主入口，局部三层，顶部为高耸的三角形山墙，两侧角部有互相呼应的尖塔（图 8-104）。沿街为应对印度炎热多雨的气候设置了外廊，并采用了连续的尖拱，尺度宜人，韵律十足。主入口处用尖顶山墙加以突出，非常明显。山墙配有做工精细的雕刻花纹，令人印象深刻。建筑内存放着大卫·沙逊的雕像，这是 1863 年一个犹太人捐资 60 000 卢比建造的。地板的明顿瓷砖及屋面的泰勒瓦片都来自英国。富勒选用库尔勒片砖搭配对比色的勾缝作为饰面材料，实现了低成本的相对平坦的建筑表面。建筑精细的尺度感及用博尔本德尔和瓦赛斯石组合而成的多彩装饰营造出一个非常独特的设计，这使得大卫·沙逊图书馆成为弗里尔镇很吸引人的建筑之一。1997 年整栋建筑迎来了在百年之后的首次整修。

图 8-104　大卫·沙逊图书馆

3. 加尔各答大学

加尔各答大学（University of Kolkata）成立于 1857 年劳德·坎宁（Lord Canning）勋爵担任印度总督时期，是印度的第一所现代型大学。时任英属印度教育部长约翰·弗雷德里克（John Fredrick）提议英国政府仿效伦敦大学设立加尔各答大学，目的是培养统治印度的人才。一开始该计划并未得到批准，最终获准于 1857 年 1 月 24 日。

加尔各答大学早期为一个考试机构，经过不断发展演变成一所知名的综合性大学。1873 年建筑师格兰维尔设计的加尔各答大学理事会大楼正式建成，这是加尔各答大学第一座完全属于自己的教学大楼。大楼为古典主义风格，后因用地紧张，被迫于 1961 年将其拆除。如今，加尔各答大学这个模糊的"校园"由分散在学院街(College Street)附近的众多建筑组成。

总统学院及医学院附属医院是建筑群中的佼佼者。总统学院东西向排列，为学院街上非常醒目的建筑群。主入口处设有一个带有校徽图案的时钟，从主入口进去为一个非常宽敞的庭院，这里安放着 1855 年创立总统学院的大卫·黑尔(David Hare)的雕像，大卫·黑尔对印度的教育事业有着很大的贡献。校园西侧为一排不起眼但令人赞赏的建筑，与外界隔离，环境非常安静。建筑内饰豪华，好似一个按比例缩小的宫殿。1880 年代担任印度教育高级专员的阿图尔·钱德拉·查特吉先生(Atul Chandra Chatterjee)如此评价："校园略显拥挤，不过仍然是一个城市高等教育机构高效利用空间的例子。从其他学校前来的学生也可以在这里上课，使用物理学、地质学和化学合用教室和实验室……"1939 年萨卡(Sarkar)在回忆录里写道："整个校园里我最喜欢的地方是学院图书馆……我更喜欢坐在大厅西侧的窗户旁。在那里，留给我的只有平静，没有什么可以打扰我，除了树上的沙沙作响的树叶。"

早在 1764 年英国东印度公司就成立了印度医疗服务(IMS)，专门服务英属印度时期的欧洲人。IMS 医疗人员在孟买、加尔各答和马德拉斯设立了军事及民用医院，同样，东印度公司的船只和军队里也有他们的身影。加尔各答医学院(CMC)于 1835 年 1 月 28 日建立，是亚洲第一所教授西医的学校。医学院及其附属医院统称为加尔各答大学医学院，目前为印度首屈一指的医学研究机构。

加尔各答大学医学院坐落在校园的西北角，由众多建筑组成(图 8-105)。带有钟楼的行政楼的内部设有校长办公室、报告厅等，其一楼设

图 8-105　加尔各答大学医学院

有学院图书馆，二楼为检测大厅，一旁为学生宿舍及食堂。行政楼前有一块小型的草坪，有时被用作学生的操场。毗邻的建筑为解剖系大楼，设有解剖演讲厅和解剖研究室，中心还设立了医院的太平间。再往前是化学系大楼，建筑内设有化学演讲厅和实验室，还有法医和药理等部门。位于最末端的建筑是病理科楼，内部设置了生理学研究室和血液学实验室，预防和社会医学、病理科研究室及其实验室以及一个巨大的病理学博物馆。病理科楼主楼由伯恩公司负责设计与建造，大楼立面为典型的古典主义风格，左右对称，圆形科林斯柱横向排列形成的门廊构成了立面的主要形式，中间为八柱式门廊，上方为厚实的檐部，居中刻有"Calcutta Medical College"，顶端为三角形山墙。

4. 马德拉斯大学

马德拉斯大学（University of Madras）面朝孟加拉湾，东临被称为世界第二长海滩的马里纳海滩（Marina Beach）。建校以来在教学和研究方面一直保持着很高的标准，并与时俱进，融入当代办学理念。马德拉斯大学以其历史悠久且十分辉煌的学术传统著称，作为当时英国牛津大学的分校，这里秉承了优良的学风，目前发展成为印度的精英学府之一[38]。学院建筑独具特色，为印度—撒拉逊风格建筑的又一代表作品。

1857 年 9 月 5 日马德拉斯大学根据印度立法委员会的授权正式成立，总部设在学院理事会大楼（The Senate House），这是奇泽姆的杰作。大楼于 1873 年对外开放。1935 年新的教学大楼和图书馆在校区北侧的古沃姆河旁建成（图 8-106）。现在的新行政大楼是印度独立后于 1961 年落成的。尖塔、穹顶、拱门、圆柱、红色砖墙、花岗岩基座等等元素组合成几栋雄伟的建筑物，使整个建筑群成为马德拉斯滨海天际线最显著的闪光点（图 8-107）。

理事会大楼沿着马里纳海滩，坐落在瓦拉贾路（Wallajah Road）旁，是早期马德拉斯大学的行政中心。1864 年，马德拉斯当局公开征集理事会大楼的方案，建筑师奇泽姆一举夺标。大楼于 1874 年 4 月开始建设，1879 年完工，被认为是印度—撒拉逊风格建筑中最古老、最优秀的例子。奇泽姆是 19 世纪的英国建筑师，他被认为是印度—撒拉逊风格的先驱之一。早年他的作品多采用文艺复兴和哥特式建筑风格，1871 年开建的印度—撒拉逊式的杰保格宫（Chepauk Palace）标志着其风格的转变。

5. 卡尔萨学院

卡尔萨学院（Khalsa College）成立于 1892

图 8-106 马德拉斯大学及周边

图 8-107 马德拉斯大

年，是一个历史悠久的教育机构，位于印度北部旁遮普邦重镇阿姆利则（Amritsar）。校园占地面积 1.2 平方千米，毗邻阿姆利则至拉合尔[39]的公路，距市中心约 8 千米（图 8-108）。阿姆利则是锡克教的圣城。殖民时期，锡克教学者萌生了在这里建造一所服务于广大锡克教徒和其他旁

图 8-108 卡尔萨学院校区

遮普人民的高等教育机构。卡尔萨学院经费来源于阿姆利则、拉合尔以及旁遮普其他城市的富裕王公和众多锡克教家庭。

　　卡尔萨学院校园主楼于 1892 年奠基，1893 年开课，由著名建筑师巴伊·拉姆·辛格（Bhai Ram Singh）负责设计（图 8-109）。辛格是梅奥设计学院院长，维多利亚勋章（MVO）获得者。建筑融合了英式、莫卧儿及锡克教建筑的风格，是一座典型的印度—撒拉逊风格建筑（图 8-110、图 8-111）。

图 8-111　卡尔萨学院主楼屋顶细部

8-109 卡尔萨学院主楼

图 8-110　卡尔萨学院
主楼主入口

423

卡尔萨学院对印度的自由发展史贡献非常显著，这里诞生了许多著名的自由战士、政要、军队将领、科学家、运动员和学者等。

8.5.5　商业建筑

1. 孟买克劳福德市场

克劳福德市场是南孟买最著名的市场之一，根据孟买第一任市政专员阿瑟·克劳福德（Arthur Crawford）命名。市场位于孟买市中心警察总署对面，维多利亚火车站北侧及 JJ 天桥路口西侧，位置绝佳（图 8-112）。建筑内设有水果、蔬菜和家禽批发的市场。市场的一端是一家大型宠物店，在这里可以找到不同品种的猫、狗和鸟类等等宠物。大部分市场里的店主都会出售进口物品，如食品、化妆品、家居用品及礼品等。

该建筑由英国建筑师威廉·爱默生（William Emerson）设计，于 1869 年建成。印度独立后市场更名为马哈特马·焦提巴·普勒市场（Mahatma Jyotiba Phule Market）。市场用地面积约 22 470 平方米，基地面积约 5 510 平方米。1882 年，电气化得以在这座建筑内实施，这是有记录以来印度第一座整体通电的建筑物。建筑融合了诺曼（Norman）和佛兰德（Flemish）建筑风格，主体用粗抛光的库尔勒石，局部配以伯塞恩（Bassein）红石建造而成（图 8-113）。建筑入口处的印度农民雕刻及内部石质喷泉雕刻由小说家鲁德亚德·吉卜林（Rudyard）的父亲洛克伍德·吉卜林设计。室内设有一个高约 15 米的天窗遮阳篷，采光良好。

2. 孟买泰姬玛哈酒店

泰姬玛哈酒店（Taj Mahal Hotel & Tower）是位于印度孟买中心地带戈拉巴（Colaba）地区的一家有名望的五星级豪华旅馆，拥有 565 个房

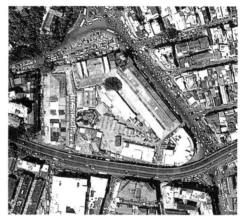

图 8-112　孟买克劳福德市场及周边

图 8-113　孟买克劳福德市场街景

图 8-114　孟买泰姬玛哈酒店及周边

间，毗邻地标印度门（图 8-114）。它隶属泰姬玛哈酒店集团旗下，是具有百年历史的经典建筑，这样的历史使它成为集团的旗舰旅馆。泰姬玛哈酒店包含宫殿式与高塔式的建筑物各一座，分别于不同的时间修建，并且具有完全不同的建筑风格（图 8-115）。

"泰姬玛哈"是阿拉伯语，意为"放置王冠的地方"。它的名字很容易让人联想起著名的"泰姬·玛哈尔陵"，但二者没有任何直接关系。英国殖民时期，贾姆谢特吉·塔塔（1839—1904，印度塔塔集团创始人）和英国朋友到位于现在的泰姬玛哈酒店附近的沃特森（Watson's）酒店喝茶，但因为自己是印度人而被赶出。当时，塔塔已经是非常成功的企业家。经历这次事件后，塔塔就暗下决心要在印度建一座最豪华的酒店。泰

图 8-115　从海上看泰姬玛哈酒店与印度门

8-116　泰姬玛哈酒店

姬玛哈酒店就是他打造出来的精品。

印度—撒拉逊风格的泰姬玛哈酒店的工期达5年，最终于1903年12月16日正式投入使用。印度建筑师西塔拉姆·坎德拉奥·瓦德亚（Sitaram Khanderao Vaidya）及米尔扎（D. N. Mirza）负责建筑早期的设计，而项目最终由英国工程师钱

伯斯（W. A. Chambers）完成。建筑耗资25万英镑，施工方为汉沙艾博工程公司（Khansaheb Sorabji Ruttonji Contractor）。在第一次世界大战期间，酒店被转换成一个600张床位的医院。酒店的圆穹顶采用与埃菲尔铁塔相同的钢铁构件建造，钢材由塔塔公司负责进口。泰姬玛哈酒店是印度第一座安装了蒸汽电梯的酒店，同时还是印度第一座拥有美国进口风机、德制电梯、土耳其浴室及英国管家的酒店。

孟买泰姬玛哈酒店早在一个世纪前的开业之初便被赋予了伟大的气质，雄伟庄严的外观使它成为当时名副其实的地标性建筑。孟买泰姬玛哈酒店融印度北方拉杰普特风格、伊斯兰摩尔风格、欧式佛罗伦斯和英伦爱德华风格于一体，宏伟庄严是其带给所有人的第一印象（图 8-116）。住在泰姬玛哈酒店会发现它与世界同类酒店的差别。它坐落在海边，入口不是面朝大海，而朝向城市。对这个"错误"的解释又有若干个版本，一个比一个离奇。但原因其实非常简单而合理，那就是设计师希望酒店的每一间客房都朝向大海。酒店建筑朝向内陆的"凹"字形设计就是出于对景观性及舒适性的最大化要求，这样午后的微风就不是从港湾直面吹来，而是从背面徐徐而来了。

泰姬玛哈酒店内部富丽堂皇的陈设令入住其中的宾客无不为之倾倒，不计其数的艺术珍品贯穿整个酒店的内部空间，无尽的拱廊亲切典雅，庄重的中央楼梯、硕大的内部空间以及室外透进来的和煦阳光，还有交响乐队的现场演奏等等，每一个细节都将奢华发挥到了极致。

1973年，泰姬玛哈酒店一旁的格林酒店被拆毁，取而代之的是泰姬玛哈酒店新高层塔楼。建筑构图严谨，比例协调，立面为连续的拱窗，颇具印度特色。

作为印度最豪华的五星级大酒店，泰姬玛哈酒店诞生以来，一直深受社会名流的青睐。曾在此下榻的客人包括美国前总统比尔·克林顿、法国前总统雅克·希拉克、英国王储查尔斯王子、"猫王"埃尔维斯·普雷斯利、英国"甲壳虫"乐队、"滚石"乐队主唱米克·贾格等等。世界各国的富商们，更是将入住泰姬玛哈酒店视为财富与地位的象征。2007 年，塔塔集团子公司塔塔钢铁公司收购英国钢铁巨头科勒斯（Corus）集团的签署仪式也在该酒店举行。

3. 新德里康诺特广场

康诺特广场（Connaught Place）坐落于新德里北边，是为欧洲人和富有的印度人所设立的购物中心。广场平面形状像一个巨大的甜甜圈，中央为中心花园（图8-117）。工程于1929年开建，并于1933年完成。广场地区通常缩写为"CP"，是新德里最大的中心商务区，许多印度公司总部设在这里。

这一地区原是郊外的狩猎地点。印度政府的总设计师尼科尔斯（W. H. Nicholls）酝酿为帝国的新首都兴建一个中心商务区，策划建设一座欧洲文艺复兴和古典风格为主的中央广场，但是他在1917年离开印度，帝国首都总规划师鲁琴斯和贝克此时正忙于兴建首都其他大型建筑，于是最终公共工程部（PWD）总设计师罗伯特·托尔·罗赛尔（Robert Tor Russell）完成了这个广场。康诺特广场以维多利亚女王的第三个儿子亚瑟王子（康诺特公爵，1850—1942）命名，其乔治式建筑模仿了英国巴斯的皇家新月。不过皇家新月是半圆形，三层，主要是住宅，而康诺特广场只有两层，几乎是一个完整的圆，底层为商业，二楼为住宅（图8-118）。康诺特广场内圈的官方名称目前为拉吉夫广场（Rajiv Chowk，得名

图 8-117 新德里康诺特广场及周边

于印度前总理拉吉夫·甘地），外圈的官方名称则由联盟内政部长查万（S. B. Chavan）授权更名为英迪拉广场（Indira Chowk）。

康诺特广场目前是新德里最大、最有活力的

图 8-118 康诺特广场街景

商业中心，各栋建筑之间组合成一个十分别致而又独特的市场。这座市场是一座环形建筑，沿着广场巨大的圆圈的周围，建成了连绵不断的低层建筑群，并形成了内、外两层圆圈。外圈面对着环形的大街，内圈一面对着一个直径达600米的圆形大花园。花园内成荫的绿树、如茵的草坪、鲜艳夺目的花朵，构成了一幅绝妙的田园美景。人们可以在这里野餐、休息和纳凉，朋友、亲戚

也可以在这里聚会。市场内外两侧都是装饰得十分漂亮的商店，商店里琳琅满目的各色商品、外国名牌高档消费品、印度传统的工艺美术商品，让人目不暇接，是本国及国外游客购物的天堂。广场建筑群底层沿街设有外廊，整个建筑物里外互通，并且有8条城市道路从这里发散出去。

康诺特广场内环的建筑物，分别从A至F编成6区，外环则分别从G至N编成8区。广场周遭林立着银行、航空公司、饭店、电影院、观光局、邮局、地方特产经销中心、书店以及各式各样的餐厅和商店。2005—2006年，德里地铁在广场的中心公园下方设站，为黄线和蓝线的交换站，使得这里成为德里地铁最大、最繁忙的车站之一。

4.加尔各答大都会大厦

大都会大厦（Metropolitan Building）位于加尔各答乔林基路和贝纳杰（S. N. Banerjee）

路的交叉口。这里原为怀特威·莱德劳（Whiteway Laidlaw）百货，是英国统治印度期间加尔各答市一个非常著名的百货公司。它曾是亚洲最大的百货公司，一至三层为商业，顶楼为办公场所及公寓。印度独立后大都会人寿保险公司（Metropolitan Life Insurance Co.）拥有了这里的所有权，所以加尔各答市民更习惯称之为"大都会大厦"。

大楼靠近萨希德高柱（Shaheed Minar）和加尔各答大酒店（Grand Hotel），始建于1905年。穹顶、钟楼、连续的拱窗和立面上到处都有的精细装饰雕刻，使得建筑整体呈现出一种新巴洛克风格（图8-119）。这种风格在英国殖民期间很好地体现出百货公司的前卫性及时尚感。位于道路交叉口处的大楼角部独具识别性，四层高的建筑上高高地伫立着一座六角凉亭，顶部为一个带有时钟的穹顶。时钟斜45度正对着路口，方便来

图8-119 加尔各答大都会大厦街景

往的市民看时间。建筑一楼为沿街商铺，二楼以上为连续的拱窗，三个一组的拱窗之间由科林斯柱点缀。

1991 年，大都会大厦顶楼发生了一场火灾。在这之后，大都会人寿保险公司接手了这里，但这栋大楼的主要建筑功能仍然是一个商业综合体。略显陈旧的建筑后来进行了整修处理，外立面被刷上白色及金色的油漆，雕刻细部也做了局部的翻新。

8.5.6　纪念建筑

1. 维多利亚纪念堂

维多利亚纪念堂（Victoria Memorial Hall）坐落在加尔各答胡格利河边的麦丹公园内，毗邻尼赫鲁路，是一座专门用来纪念维多利亚女王（1819—1901）的大理石建筑（图 8-120、图 8-121）。纪念堂于 1906 年开工，1921 年建成，现为博物馆，由印度文化部负责管理。

1901 年 1 月，维多利亚女王与世长辞，驻

图 8-120　维多利亚纪念堂及周边

印度总督柯曾勋爵（Lord Curzon）建议建造一座带有花园的博物馆来纪念她。建筑的经费来源于印度及英国政府的拨款，以及私人的捐赠。在项目近百万的经费中有 50 万卢比来自印度王公和普通市民的捐赠，这也是对柯曾勋爵的号召做出的积极响应。建筑奠基于 1906 年 1 月 4 日，威尔士亲王即后来的英王乔治五世亲临典礼现场。1912 年，在纪念馆尚未完工前，乔治五世宣布将印度首都从加尔各答迁到新德里。因此，从更大

图 8-121　维多利亚纪念堂

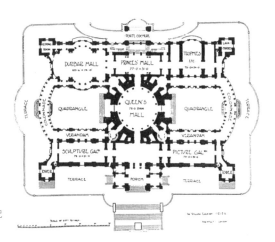

图 8-122 维多利亚纪
念堂一层平面

风格，由加尔各答马丁公司（Messrs Martin &
Co.）负责建设。维多利亚纪念堂融合了英国及
莫卧儿时期的建筑元素，甚至受到了威尼斯、埃
及、德干以及伊斯兰建筑的影响。建筑长约 103
米，宽约 69 米，最高处近 56 米（图 8-122）。
建筑中间穹顶上为一尊 4.9 米高的象征着维多利
亚女王的胜利女神雕像（图 8-123）。穹顶周
围还有代表着艺术、建筑、司法、仁慈的雕像，
而北侧门廊上的雕像则象征着母爱、谨慎和进取
（图 8-124）。尽管实际上爱默生并未刻意参
考泰姬·玛哈尔陵，但维多利亚纪念堂与它之
间确实有着相似之处。两者均用白色马克拉纳[41]
（Makrana）大理石建造，都是用来纪念一位皇后。
在建筑设计上，中央穹顶、四角附属建筑、八角

意义上来讲，维多利亚纪念堂生根于一座省会城
市，而不是首都。

维多利亚纪念堂的建筑师为爱默生[40]，曾任
英国皇家建筑师学会会长。建筑为印度—撒拉逊

图 8-123 维多利亚纪
念堂侧立面

形鼓座、高大的入口、门廊、带有穹顶的角塔等等一些建筑元素，无不表现了维多利亚纪念堂与泰姬·玛哈尔陵之间的某种联系。

纪念馆的花园占地 26 万平方米，由里兹代尔勋爵（Lord Redesdale）和大卫·普兰（David Prain）设计，花园的大门及北侧的桥则由爱默生的助手文森特·杰罗姆·埃施（Vincent Jerome Esch）负责设计。在埃施设计的桥上，有一尊维多利亚铜像，铜像由乔治·弗兰普顿（George Frampton）设计。维多利亚穿着印度之星长袍，面容安详地坐在她的宝座上。纪念馆南侧大门前有爱德华七世的青铜骑马雕像，由伯特拉姆·麦肯勒（Bertram Mackennal）负责设计。花园还安放着几位政要的雕像，如总督本廷克（Bentinck，1828—1835 年建设）、里彭（Ripon，1880—1884 年建设）等等。

维多利亚纪念馆室内大大小小有近 25 个展厅，其中较大的有皇家陈列馆、国家元首画廊、人物肖像馆、中央大厅陈列室、雕塑馆、军械武器陈列馆及加尔各答画廊等等。这里还汇集了托马斯·丹尼尔（1749—1840）及威廉·丹尼尔（1769—1837）的优秀作品。纪念馆内还收藏了众多古玩书籍，如威廉·莎士比亚的作品集及古代阿拉伯民间故事集《一千零一夜》等等。

2. 孟买印度门

孟买印度门（Gateway of India）位于阿波罗码头，正对着孟买湾，毗邻泰姬玛哈酒店，是印度的标志性建筑（图 8-125）。孟买印度门高 26 米，外形酷似法国的凯旋门，是大英帝国"权力和威严"的象征。孟买印度门是为纪念乔治五世和皇后玛丽的访印之行而建，让英王从门下通过，以示孟买是印度的门户。早年，它一直是乘船抵达孟买的游客看到的第一个建筑物，一旁的

图 8-124 维多利亚纪念堂立面上的雕像

码头还是前往世界文化遗产象岛的出发地；现如今印度门成为孟买的象征，也被称为"孟买的泰姬·玛哈尔陵"。现在这里是市政府迎接各国宾客的重要场地，成为印度重要旅游景点之一。

这座印度—撒拉逊式的拱门于 1911 年 3 月 31 日奠基。1914 年建筑师乔治·怀特（George Wittet）的设计得到批准，1915—1919 年进行场地整理，1920 年完成基础，直到 1924 年落成，项目建造过程整整耗时 10 年。工程总造价为 21 万卢比，主要由印度政府承担。孟买印度门最终

图 8-125 孟买印度门

图 8-126　孟买印度门
拱门内景

图 8-127　孟买印度门
拱门细部

于 1924 年 12 月 4 日向公众开放，后来这里成为孟买所在州新州长就任庆典的必经之地。1948 年 2 月 28 日，代表英军的萨默塞特轻步兵第一大队在仪式上从孟买印度门出海回国，标志着英国统治的结束。

这座古吉特拉式建筑，是一座融合印度和波斯文化建筑特色的拱门（图 8-126）。建筑师怀特融合了古罗马凯旋门以及 16 世纪古吉拉特建筑的元素，拱门为穆斯林风格，而装饰则为印度教风格（图 8-127）。建筑材料为黄色玄武岩及混凝土，岩石为就地取材，穿孔屏风板则来自印度城市瓜廖尔（Gwalior）。拱门直径约 15 米，顶尖高为 25 米。拱门两侧为两个大型的礼堂，可容纳近 600 人。

3. 新德里印度门

新德里印度门（India Gate）由英国建筑师鲁琴斯设计，是印度的国家纪念碑，位于新德里的市中心。建筑于 1921 年完工，建成以后成为新德里一个著名的地标，许多重要的道路从这里向外放射出去（图 8-128）。由红色砂岩和花岗岩建成的新德里印度门，最初被称为全印战争纪念馆（All India War Memorial），纪念在第一次世界大战中为英军牺牲的 70 000 名印度士兵。墙壁上还刻有在 1919 年阿富汗战争中丧生的 13 516 名英国及印度士兵的名字。新德里印度门在当地又被称为"小凯旋门"，但它并不是为了纪念胜利或炫耀战绩而建，只是它的整体造型仿造了巴黎的凯旋门（图 8-129）。第一次世界大战中印度未参战，但作为英国的殖民地，有 9 万多的印度人被送上战场为英国作战。当时印度提出参战的条件即是战后宣布印度独立，然而，战争结束后，付出巨大牺牲的印度却并未如约获得独立。为了平抚印度人民的不满情绪，1931 年英国

图 8-128　新德里印度门及周边

政府仿照凯旋门的风格建造了这座印度门，以纪念在第一次世界大战中阵亡的印度将士。

　　整个拱门高 42 米，基座为暗红色巴拉特普尔（Bharatpur）石，檐口刻有象征大英帝国的太阳，拱门上方正中间刻有"INDIA"字样及日期，

左侧刻有"MCM XV"字样，右侧刻有"MCM XX"字样（图 8-130）。印度门的顶端有一个圆形的石盆，那是一盏大油灯。每逢重大节日，盆内便会盛满灯油，在夜空中燃起熊熊的火焰。

　　新德里印度门的基石由康诺特公爵于 1921 年奠基，并在 10 年后由欧文勋爵捐赠给了印度当局。印度独立后，新德里印度门前面广场上的乔治五世雕像被移走，取而代之的是一座印度武装部队无名战士墓，被称为"Amar Jawan Jyoti"，意为"不朽战士的火焰"，象征着这些民族英雄的灵魂可以像火一样永远燎原。新德里印度门整个公园为复杂的六边形，直径约 625 米，占地面积约 306 000 平方米。在每年的 1 月 26 日印度共和国日，这里都会被围得水泄不通，游行队伍从西侧的总统府（Rashtrapati Bhavan）出发，经新德里最宽阔美丽的主干道国王大道，到达东端的印度门。

图 8-129　新德里印度门

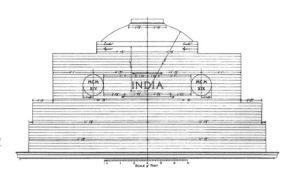

图 8-130　新德里印度
门立面细部

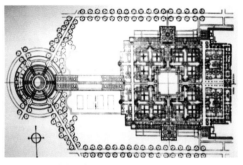

图 8-131　莫卧儿花园总平面

图 8-132　莫卧儿花园鸟瞰

图 8-133　莫卧儿花园内景

8.5.7　园林

1. 新德里莫卧儿花园

莫卧儿花园（Mughal Gardens）位于新德里总统府的背后，包含了莫卧儿帝国和英国的景观风格，并配备了各式各样的花卉（图8-131、图8-132）。莫卧儿花园的主花园由南北及东西方向的两条水道划分成一个正方形网格，水道交叉点为六个莲花形的喷泉（图8-133）。充满活力的喷泉将水喷射到约3.66米的高度，动感十足；而水道内的水流非常缓慢宁静，显得气氛平和：这一动一静形成鲜明对比。水道内倒映着气势宏伟的建筑和傲人的花朵。主花园南北两侧为两个辅园，较主花园的标高要高出一些，形成层层叠落的感觉，结合不同高度的灌木丛的设计，使得整体非常有层次感。主花园西侧为长园，这里是一个玫瑰园，周围设有约3.66米高的围墙。长园正中为一个红砂岩凉亭，设计灵感来自莫卧儿风格。周围的墙壁上种满了各种花卉，如茉莉、黄钟花、玉兰、紫葳、巴拉那穿心莲等等，另外沿着墙壁还种植了中国橘子树。这里还有各式盆景，可以称得上印度最优秀的盆景公园。这座圆形的花园的角落布置了园艺师办公室、小商店等辅助用房。

2. 加尔各答麦丹广场

位于加尔各答市中心的麦丹广场是印度西孟加拉邦最大的城市公园（图8-134、图8-135）。广场由一系列巨大的草坪和众多的活动场地组合而成，其中包括著名的板球场地伊甸园[42]（Eden Gardens）、几个足球场馆和南侧的加尔各答赛马场（Race Course）。

1758年，在普拉西战役决定性的胜利一年之后，英国东印度公司在戈宾德布尔村镇中心开

图 8-134　麦丹广场区位

图 8-135　从麦丹广场看加尔各答市中心

始兴建威廉堡。城堡于 1773 年完成，城堡附近
隔断了乔林基与胡格利河的一大片丛林被清除，
进而发展成为现在的麦丹广场（图 8-136、图
8-137）。最初，麦丹作为军队一个 5 平方千米
的练兵场。远望有几十层的高楼大厦穿云而立，
近观有面积很大的赛马场让人望不到边。当然这
里最抢眼的是位于广场东南部的维多利亚纪念馆，
它是一座完全由白色大理石砌成的正方形建筑，
融合了英国、意大利和印度的建筑风格和雕刻技
艺。维多利亚纪念馆现辟为博物馆，里面陈列着
各种绘画、雕像、历史文献、古代兵器等稀世珍
宝。威廉堡位于麦丹公园的中间部位，这是英国
殖民者当年统治印度的象征，但那红色的威严城
墙却也引人入胜，今天它仍然是一处军营，没有
特殊的安排不能随便进入。离维多利亚纪念馆不
远是印度博物馆，这里展出大量的石刻雕像、史

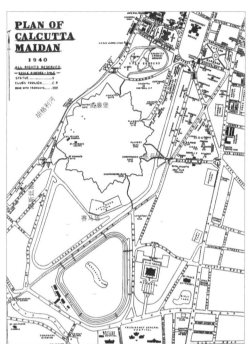

图 8-136　麦丹广场规
划平面（1940）

图 8-137　麦丹广场卫
星地图

前艺术品、货币以及印度的各种动植物标本等。
广场周围还有圣彼得教堂、比尔拉天文馆（Birla
Planetarium）、伊甸园（图 8-138）、邦府大楼、
议会大厦以及高约 50.3 米的萨希德柱（图 8-139），

图 8-138　伊甸园

全部都是值得一观的好去处。萨希德柱建于 1848 年，风格独特，汇集了埃及、叙利亚和土耳其的建筑风格。

图 8-139　萨希德柱

现在的麦丹广场是加尔各答人打板球、踢足球、举行政治集会和呼吸新鲜空气的地方。当太阳在胡格利河上沉落，去麦丹广场悠闲自得地走上一番，那是绝好的享受。

3. 孟买霍尼曼街心花园

坐落在孟买市中心金融街区的霍尼曼街心花园（Horniman Circle Gardens）占地 1 公顷，是孟买市民引以为傲的一座大型街区公园（图 8-140）。环形的公园由众多宏伟的建筑环绕，其中包括政府办公场所以及印度全国首屈一指的各大银行等等。

霍尼曼街心花园始建于 1821 年，但到 1842 年这里仍然杂乱不堪。花园所处的位置曾是 18 世纪孟买城堡的中心地带，当局迫切希望改变这一现状。后来在州长劳德·埃尔芬斯通（Lord Elphinstone）和巴特尔·弗里尔爵士（Sir Bartle Frere）的支持下，警察署署长查尔斯·佛杰特（Charles Forjett）计划将绿地改建成由建筑包围的环形街心花园（图 8-141、图 8-142）。这一建议在 1869 年得以实施，并在三年之后成功实现。建成之后的花园内设有精心布置的人行道，并种植各式各样的树木，中央还布置了一座巨大的装饰性喷泉。随后这里被改称为埃尔芬斯通环（Elphinstone Circle），而花园则被誉为"孟买绿地"（Bombay Green）。这里曾是帕西社区（Parsi Community）最受欢迎的社交场所，在英殖民时期每晚甚至还有乐队在这里表演。

霍尼曼街心花园周边为孟买著名的商业金融街区，包括了许多著名的历史建筑，如孟买老市政厅（Town Hall）、孟买新闻报大楼（The Bombay Samachar Building）、孟买埃尔芬斯通大楼（Elphinstone Building）、布雷迪大楼（Brady House）、老海关大楼（Old Customs House）、圣托马斯教堂（St. Thomas' Cathedral）、英国中东银行（British Bank of the Middle East）、印度储备银行（Reserve Bank of India）等等。

图 8-141　霍尼曼街心花园铁艺大门

图 8-140　霍尼曼街心花园与弗洛拉喷泉广场

　　霍尼曼街心花园向西经 VN 路可直达弗洛拉喷泉广场，在 VN 路上与霍尼曼街心花园一路之隔的是著名的建于 1718 年的圣公会教堂——圣托马斯教堂。弗洛拉喷泉广场始建于 1864 年。"Flora"意为古罗马花之女神，旨在表示"丰富、充裕"的美好祝愿。弗洛拉喷泉广场中央为一座巨大的喷泉池，池上精美的雕塑是由从波特兰进口的石材经精雕细凿而成（图 8-143）。广场周边是众多殖民时期建造的办公楼、银行、高校等建筑。

　　1947 年印度独立之后，霍尼曼街心公园以印度著名纪实性报刊主编本杰明·霍尼曼（Benjamin Horniman）的名字命名，以纪念他在印度独立事业上所作出的贡献。随着时间的推移，公园在

图 8-142　霍尼曼街心花园周边街景

孟买市民心中的地位越来越高，现在这里是一年一度的苏菲派及神秘派音乐狂欢节（Sufi and Mystic Music Festival）举办地，同时也是卡拉·宫达艺术节（Kala Ghoda Arts Festival）会场之一。

4. 孟买空中花园

位于孟买马拉巴尔山山顶西侧的空中花园（Hanging Gardens）又被称为费罗泽萨·梅赫塔（Pherozeshah Mehta）花园，位于卡玛拉·尼赫鲁公园对面（Kamala Nehru Park）。公园于1881年由乌尔哈斯·盖波卡（Ulhas Ghapokar）奠基（图8-144）。公园内布满精心雕琢而成的动物形状的植物（图8-145）。从空中看去，园区内的景观道路可以拼出大写的草书字母"QME"。公园西侧为阿拉伯海，可以欣赏到非常壮观的日落景观。

图8-144　孟买空中花园内景

图8-145　空中花园内动物形状的植物

图8-143　弗洛拉喷泉广场上的雕塑

8.6 印度殖民时期建筑的特色

印度现存的众多殖民时期建筑，无论是项目的选址、立面的设计，还是选用的材料、建筑细部的处理，都形象地反映出当时欧式的建筑文化与艺术。在漫长的岁月里，欧洲与印度本土两种建筑文化不断发生碰撞，有排斥，有吸收，但走到最后的是两者之间的融合。此过程之中，建筑的不断演变就是这一段不可磨灭的历史的缩影。

印度殖民时期的建筑风格多样，其中影响力较大的主要有以下三类：第一类为欧洲建筑师（主要为英国建筑师）早期习惯采用的欧式风格，如新古典主义风格、哥特复兴风格、巴洛克风格、拜占庭风格等等；第二类为融合了欧式风格与印度本土莫卧儿风格的印度—撒拉逊建筑风格；第三类为根据印度特殊的自然条件而产生的外廊式风格。

8.6.1 殖民时期建筑的风格

1. 新古典主义风格

新古典主义风格产生于欧洲 18 世纪中叶的新古典主义运动，其纯粹、理性的建筑形式植根于古希腊及古罗马建筑。在对早期古典主义风格进行移植及改良后，新古典主义风格舍弃了繁杂的装饰线条而将古典主义的建筑惯用的立面分段法则、构造工艺、色彩区分等沿袭下来，并很好地展现出了欧式深厚的传统文化底蕴。

新古典主义风格建筑造型庄重典雅，平面布局规整，立面常为严谨的三段式构图（图8-146）。为增加建筑的庄严厚重感，基座常采用石材装饰；古典五种柱式构成了墙身中段的主要建筑语言，并采用券柱式、叠柱式、柱上券、依柱等多种组合形式，券面与券底均有装饰处理，墙面局部设

图 8-146　孟买市政厅

置壁龛，增加了整体的丰富性及层次感；顶部檐口常用三角形山花装饰，为减轻屋面水平的乏味感，有的还在核心区域设置穹顶或在转角部位布置凉亭等加以装饰。与法国强调古罗马建筑的实体感和坚固性的罗马复兴风格不同，英国的新古典主义以希腊复兴为主，多反映古希腊建筑艺术特色，如同雅典卫城山门形体较简洁、少装饰，或者沿街立面有希腊长廊等。新古典主义的建筑主要为银行、剧院、法院等大型公共建筑及一些博物馆和纪念馆类的建筑。

印度的新古典主义风格建筑包括以下设计元素：

· 柱式（Use of Orders）；

· 比例（Proportion）；

· 对称（Symmetry）；

· 元素的重复，如窗户等（Repetition of Elements such as Windows）；

· 古典建筑的简化（References to Classical Architecture）。

印度新古典主义风格建筑代表如孟买陆海军合作社商店（Army & Navy Cooperative Society Store）、孟买渣打银行（Chartered Bank of India, Australia & China）、孟买市政厅、加尔各答汇丰银行（HSBC）、加尔各答GPO、加尔各答作家大厦、加尔各答铸币局（The Mint）、加尔各答港务局（Port

Commissioner's Office）、加尔各答总督府（Raj Bhavan）、加尔各答国家图书馆（National Library）、加尔各答大学医学院等。

2. 哥特复兴式建筑风格

哥特复兴式风格又称浪漫主义，始于 1740 年代的英格兰。19 世纪初建筑风格的主流是新古典式，但崇尚哥特式建筑风格的人则试图复兴中世纪的建筑形式。欧洲各国经过工业革命的洗礼，社会得到空前发展，而当时的权贵们慢慢对大工业感到厌烦，并开始对城市生活产生抵触情绪，他们试图找回曾经那种自然而又舒适的浪漫生活。于是乎，在这一特殊背景下产生了浪漫复兴运动，并诞生了大量浪漫主义建筑。复兴运动对英国以至欧洲大陆，甚至大洋洲、美洲及印度半岛都产生了重大影响。哥特式的复兴与中世纪精神的兴起有关。在英语文学里，哥特复兴式建筑和古典浪漫主义甚至被视为哥特派小说的主要促进因素之一。

哥特式建筑被普遍认为始于 1140 年的巴黎圣丹尼斯修道院，终结于 16 世纪初亨利七世的威斯敏斯特教堂。复杂的工艺及高耸的体形是哥特式建筑的主要特征。建筑立面常用众多线脚及精致的雕刻装饰，并配以高大斑斓的彩色玻璃窗。标志性的尖拱门、屋顶上繁多的高耸入云的尖顶等等形成了哥特复兴式建筑特有的崇高感、激越性（图 8-147）。凭借其独特的工艺成就，哥特复兴式建筑在建筑史上占据着非常重要的地位。

法国维奥莱·勒·杜克是深具影响力的建筑师，擅长修复建筑。在整个职业生涯，他始终困惑于铁和砖石是否应该结合应用在建筑物中。哥特式建筑复兴初期，铁已在哥特式建筑物中使用。不过，拉斯金和其他复古哥特式支持者认为，铁不应该用于哥特式建筑。随着结合玻璃和铁的水晶宫以及牛津大学博物馆庭院相继建成，并成功以铁表现哥特式风格，在 19 世纪中叶，否定铁的思想开始消退。1863—1872 年间，维奥莱·勒·杜克发表了一些结合铁和砖石的大胆设计想法。虽然这些项目从来没有落实，但影响了几代设计师和建筑师，特别是西班牙安东尼·高迪、英格兰本杰明·巴克纳尔等人。1872 年，哥特复兴在英国已相当成熟，建筑教授查尔斯·洛克·伊斯特莱克出版了《哥特复兴式建筑的历史》。

哥特复兴多用于教会建筑，作为其内部重要装饰的彩色玻璃窗画也应运而生，尤其是哥特式教堂里的彩色镶嵌玻璃画（图 8-148）。立面上一系列竖长的玻璃窗之上讲述了不同圣徒们的故事及传说，不识字的信徒把这种形式的彩画当作他们自己的"圣经"。彩画具有非常强烈的装饰

图 8-147　维多利亚火车站立面上的哥特元素

图 8-148　圣托马斯大教堂内的彩窗

美感，在偏暗的教堂内部能够带给人一种接近天国的神秘气息。随着哥特复兴式建筑影响力的提升，除教会建筑外也有不少世俗建筑采用这一建筑形式。

印度哥特复兴式风格建筑包括以下设计元素：

·尖拱门和尖窗户（Pointed Arches and Windows）；

·不规则的外观（Irregular Appearance）；

·注重竖向感（Vertical Emphasis）；

·材料的多元化（Variety of Materials）；

·丰富的色彩及装饰（Rich Colours and Decoration）。

19世纪末期英帝国殖民地印度诞生了一大批优秀的哥特复兴式建筑。孟买高等法院、孟买大学图书馆及钟楼、孟买威尔森学院（Wilson College）、孟买大学大卫·沙逊图书馆、孟买英属印度海运大厦（British India Steam Navigation Building）、孟买皇家游艇俱乐部住所（Royal Bombay Yacht Club Residential Chambers）、加尔各答高等法院、孟买圣托马斯大教堂、坎亚库马瑞兰瑟姆教堂、阿拉哈巴德诸

圣教堂、加尔各答圣安德鲁教堂、加尔各答圣约翰教堂、加尔各答圣保罗大教堂以及马德拉斯圣托梅教堂等等都是其中比较著名的案例。

3. 印度—撒拉逊建筑风格

在殖民时期，印度建筑发展进入一个历史的拐点。这期间各类型的建筑文化百家争鸣，欧式风格与印度本土的建筑风格特别是莫卧儿风格不断融合，产生了印度特有的折中主义建筑风格。这种独一无二的折中主义样式又被称为印度—撒拉逊建筑风格（Indo-Saracenic Style）。印度—撒拉逊式风格也被称为莫卧儿复兴式、印度—哥特式、莫卧儿—哥特式、新莫卧儿风格，是19世纪后期英国建筑师在印度的建筑风格运动。印度—撒拉逊风格吸收了来自印度本土伊斯兰教及印度教建筑的元素，并与英国维多利亚时代盛行的哥特复兴及新古典主义风格相结合（图8-149）。

早在德里苏丹国及莫卧儿帝国时期之前，印度次大陆的建筑风格就已经开始尝试融入不同地域的建筑风格元素。当时盛行的建筑样式是水平横梁式的，广泛采用梁柱结构。土耳其入侵者引入了波斯特有的弧形风格的拱门和横梁以及其他细部构造。这些元素与印度本土建筑完美结合，并在莫卧儿时期流行开来，特别是拉贾斯坦邦的寺庙及宫殿建筑。后来经过慢慢发展，檐口遮阳板、雕刻丰富图案的托架、阳台、八角凉亭、高塔等等建筑元素成为莫卧儿风格的主要特征（图8-150、图8-151）。

印度—撒拉逊风格来源于莫卧儿帝国第三任皇帝阿克巴大帝的构想，并在沙·贾汉时期得到发扬光大。胡马雍陵、阿克巴陵、泰姬·玛哈尔陵、阿格拉堡及法塔赫布尔西格里堡都是莫卧儿风格建筑的典型实例。其中泰姬·玛哈尔陵是莫卧儿风格的集大成者。沙·贾汉的继任者、清教徒奥

图 8-149　印度—撒拉逊式的卡尔萨学院主立面

图 8-150　卡尔萨学院立面檐口上连续的水平遮阳板

图 8-151　秘书处屋顶上的八角凉亭

朗则布在位期间，莫卧儿风格建筑快速发展的势头有所减缓。

19 世纪初，英国人通过一系列手段将自己的统治范围不断扩大，甚至将衰落的莫卧儿帝国纳入自己的势力范围。1857 年的起义被英军镇压标志着莫卧儿帝国的终结。英国人在印度半岛的直接统治同时带来了建筑的新秩序。在这期间统治者们建造了一批大型的公共建筑。他们将印度本土的建筑文化与欧洲哥特、新古典主义、装饰艺术等风格结合，使得这些庞大的建筑物更"印度"化。加之英国仍然保留了一些地区印度王公的合法性，这批混合了印欧风格的建筑的存在因而不再那么"令人厌烦"。这期间的建筑主要包括铁路、教育及行政建筑等等，它们很好地展现了宗主国的形象和地位，至今仍然发挥着各自的神圣职能。

印度—撒拉逊式风格建筑包括如下设计元素：

· 洋葱（球茎）圆顶 [Onion （Bulbous）Domes]；

· 飞檐（Overhanging Eaves）；

· 尖拱门或扇形拱门（Pointed Arches or Scalloped Arches）；

· 拱形屋顶（Vaulted Roofs）；

· 圆顶亭（Domed Kiosks）；

· 众多小型圆顶（Many Miniature Domes）；

· 八角圆顶凉亭（Domed Chhatris, 图 8-152）；

· 尖塔（Pinnacles）；

· 光塔（来源于清真寺，供报告祈祷时刻的人使用的附属建筑，Towers or Minarets）；

· 后宫窗（伊斯兰教徒女眷的居室所特有的窗户，Harem Windows）；

· 敞亭或孟加拉顶式亭（Open Pavilions or Pavilions with Bangala Roofs）；

· 开放式装饰连拱（Pierced Open Arcading）。

建筑师罗伯特·费洛斯·奇泽姆、查尔斯·曼特、亨利·欧文、威廉·爱默生、乔治·怀特、弗雷德里克·史蒂文斯以及欧美地区许多其他的专业技术人员和工匠们都是印度—撒拉逊风格的坚定拥护者。维多利亚纪念堂、孟买 GPO、孟买印度门、泰姬玛哈酒店、威尔士亲王博物馆、印多尔达利学院（Daly College）、阿姆利则卡尔萨学院、新德里秘书处大楼、迈索尔宫殿、马德拉斯博物馆、勒克瑙火车站、勒克瑙卡尔顿酒店等等都是属于这一类型的代表性建筑。

4. 外廊式建筑风格

外廊（Veranda）是指建筑物外墙前附加的自由空间，也称门廊（Patico）、连廊（Arcade）。这种生活空间，始自希腊神庙古典样式系的建筑，在房屋的正立面都设有开放的列柱空间，不过那只是出于美学的考虑。外廊式（Veranda Style）

图 8-152　八角圆顶凉亭的构成

建筑是英国殖民主义的产物，又被称为殖民样式（Colonial Style），广泛分布于印度半岛、东南亚、东亚、太平洋群岛、大洋洲东南沿岸、非洲的印度洋沿岸、美国南部及加勒比海等地区[43]。

印度半岛大部分地区属于热带季风气候，旱季（3—5 月）与雨季（6—10 月）占据了全年的大部分时间。旱季阳光普照、酷热难当，雨季暴雨连绵、湿热难耐，这与西欧那种温带海洋性的温和湿润气候有很大的不同。而殖民统治者们大都住在以古典主义为主的建筑里，他们很难适应这种交替的折磨。为了抵抗这种酷暑和湿热气候，预防热带疾病的发生，必须要营造一个凉爽舒适的居住环境，于是"外廊"这种形式应运而生。建筑的外廊可以使建筑不受阳光的直射，在拥有充足采光条件的基础上，又保证了建筑良好的通风性能，而且还提供了一定的室内外过渡空间，可谓一举多得（图 8-153）。这种室内外过渡的"灰"空间可以用作喝茶、下棋、聊天或者会客的场所等等。欧洲人特别是英国人发现这种形式非常好用，于是在 18 世纪末 19 世纪初把它带回了英国本土，并随着英帝国的脚步传播到了世界

图 8-153 底层沿街外廊（加尔各答）

各地。欧洲上流社会的富裕阶层将这种形式用在自己的乡郊别墅上，慢慢地，外廊式发展成为西欧各国驻殖民地外交使馆的常用形式。印度境内外廊式建筑颇多，多为一层沿街部分设置，也有多层的外廊布置方式（图 8-154、图 8-155）。外廊形式上有单边、双边及"回"字形等多种平面形制，也有不同形式组合的案例。

图 8-154 外廊式建筑街景（一）

图 8-155 外廊式建筑街景（二）

8.6.2 殖民时期建筑的立面细部特点

印度殖民时期的建筑不仅有很高的历史研究价值，而且还有很高的美学价值，该时期的建筑外立面在细部设计主要表现在建筑的门窗、墙身、屋顶等方面。

1. 建筑门窗特点

殖民时期建筑都带有权力及威严的考量，因此一般对建筑的主入口都加以强调。建筑主入口基本上设在主立面正中位置上，并以巨大的拱形门廊过渡。入口处常设有柱式装饰，主要以券柱式、梁柱式和壁柱式为主。

殖民时期建筑的窗户类型多样，造型形态丰富。窗大多成组排列，讲究秩序。窗户形状有平拱窗、尖窗、半圆形券窗、马蹄形窗、三叶券窗及莫卧儿式窗等。窗间墙常以比例协调的装饰柱及精美的雕刻过渡（图 8-156）。为阻挡室外强烈的阳光，外窗常设有百叶格栅等遮阳装置（图 8-157）。

2. 建筑墙身特点

（1）立面造型

殖民时期的建筑规模宏大，形体各异，但整体而言建筑结构紧凑合理，比例匀称，立面造型经常以连列券柱廊等作装饰，且色彩统一。官式建筑立面构图讲究手法，注重不同材质及虚实的对比，强调建筑的层次性及光影感。宗教类建筑惯用哥特式或哥特复兴式的浪漫主义感强化立面，使建筑显得端庄、和谐、宁静。

（2）建筑外廊

为适应当地特殊的气候环境，更好地开拓殖民地，殖民者采用了外廊式风格。其形式也从单边外廊扩展到双边及多边回廊。这种集遮阳避雨、商业贸易及居住功能于一身的"外廊式"建筑，为人们提供了非常舒适的居住环境（图 8-158、图 8-159）。

图 8-156　建筑窗间墙

图 8-157　建筑百叶外窗

图 8-158　出挑式外廊

图 8-159　嵌入式外廊

图 8-160　金属柱外廊

图 8-161　底层结合商业使用的外廊

印度外廊式建筑体量一般较大，外廊多采用木柱、砖石柱及金属柱。其中木柱外廊多用于早期较小型的建筑上，以居住建筑为主；石柱外廊多为拱券式，形成的光影使建筑空间丰富，以古典主义建筑居多；19 世纪晚期及 20 世纪产生的金属柱外廊多为梁柱式，跨度大，体量轻盈，造型线条相对较简洁，常用于一层的沿街部分（图 8-160）。外廊式建筑也在潜移默化地影响整个印度，在印度大城市商业繁华地段，外廊式建筑成片出现，致使建筑沿街的一层部分形成一整条连续的长廊。除气候因素外，当然还有商业上的考虑。印度人口众多，城市用地非常紧张，在寸土寸金的闹市区，一层沿街商户的门廊成为商家必争之地（图 8-161）。

图 8-162 孔雀石雕

人物形象等居多，受传统莫卧儿风格建筑的影响，印度本土工匠的技艺水平在世界范围内都属于上层（图 8-162、图 8-163）。

（4）建筑时钟

印度殖民时期比较重要的大型公共建筑立面上常设有时钟，以白底圆形居多（图 8-164a、图 8-164b）。设置在街角处建筑上的时钟带给人们的不仅仅是物质层面的时间概念，更是精神层面

图 8-163　几何纹样

（3）装饰雕刻

殖民时期的建筑通常以建筑居于主导地位，而其他的艺术活动，如绘画、雕塑、镶嵌艺术等虽居于附属地位，但这丝毫不影响各种类型的装饰雕刻在建筑中所起到的重要作用。建筑的立面布满各式各样的雕刻品，以植物纹样、动物造型、

图 8-164a　建筑时钟
（一）

图 8-164b　建筑时钟
（二）

图 8-165　维多利亚火车站主立面上的时钟

图 8-166　建筑女儿墙

图 8-167　拱券式屋顶内景

的时间概念，周而复始的时针一圈圈转动，象征着当权者的统治可以长治久安（图 8-165）。

3. 建筑屋面特点

（1）女儿墙

女儿墙作为建筑立面与屋面的衔接部位具有非常重要的作用。殖民时期建筑惯用镂空式女儿墙，强调虚实对比，并配以水平序列的雕刻及角部尖塔装饰（图 8-166）。哥特复兴风格的建筑女儿墙多采用尖塔及三角形装饰，强调高耸的竖向感。

（2）屋面结构

屋面形式多样，大体上可以分为平顶及坡顶两大类，也有平顶与坡顶相结合的例子。印度—撒拉逊式建筑以平顶为主，局部设洋葱头式穹顶，并配以众多的小型装饰穹顶及角部凉亭。哥特复兴风格建筑的主屋面以双坡屋面为主，角部塔楼和装饰尖塔以四坡为主。重要的公共建筑和教堂的坡屋面常常为交叉拱结构，这种结合了罗马拱券和哥特式肋拱的技术在室内具有很好的效果（图 8-167）。

（3）中央穹顶

穹顶可以视作拱的发展。将穹顶沿中心剖开，剖出的平面就是一个拱形。所以穹顶可以看成是一个拱绕着它的垂直中心轴旋转一周而得到。因此穹顶像拱一样有着很大的结构强度，可以不需借助内部结构支撑而达到较大的空间跨度。

殖民统治时期印度各地新建了一系列带有穹顶的建筑，如维多利亚火车站、维多利亚纪念堂、加尔各答 GPO、孟买市议会大楼、孟巴及印中铁路局、孟买泰姬玛哈酒店、马德拉斯高等法院、马德拉斯大学、新德里总统府及秘书处等等。

归纳起来，这些建筑的穹顶可以分为两大类。一类为标准的罗马式半圆形穹顶；另外一类为"洋葱头"式穹顶（图 8-168、图 8-169）。受莫卧

图 8-168　标准半球形穹顶（加尔各答邮政总局）

图 8-170　孟买泰姬玛哈酒店穹顶

图 8-169　"洋葱头"式穹顶

图 8-171　马德拉斯高等法院穹顶

儿风格的影响，洋葱头圆顶成了殖民时期偏印度风格建筑的常见形式。洋葱头圆顶的形状不是严格的半球形，而像一个洋葱头，来源于早期的拜占庭建筑文化。殖民时期的建筑穹顶主要为砖石及混凝土结构。穹顶这种建筑形式有着自身特殊

的文化属性与建筑意义。

·美化装饰作用

穹顶就好比建筑的帽子，可以让建筑整体的造型更丰富。从城市设计角度来说，穹顶可以让建筑从千篇一律的街景中脱颖而出，让空间感十足的建筑成为街区甚至城市的地标（图 8-170、图 8-171）。从室内设计角度来说，穹顶使室内大厅的大空间、高净空成为可能，配上精彩绝伦

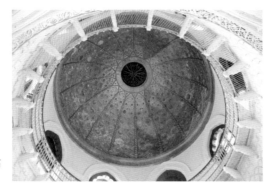

图 8-172　马德拉斯高等法院穹顶内景

图 8-173　果阿圣卡杰坦教堂穹顶内景

的彩绘，室内顿时变得气势非凡（图 8-172）。

·遮阳与采光

体型庞大的建筑内部更需要良好的采光与通风性，将中央大厅的正上方设计成穹顶可以很好地解决这一问题。在穹顶或穹顶基座上设置窗户，一方面可以将自然光线引入室内，另一方面有助于改善通风环境，"烟囱效应"会将室内多余热量带出室外，可谓一举两得（图 8-173）。

·权力地位的象征

殖民统治时期，只有那些比较重要的政府机构或是带有纪念性质的建筑才设有穹顶。统治者为显示其强大的实力和崇高的地位，往往会选择那些位置很显眼的地段建造带有穹顶的建筑（图 8-174）。高高在上的穹顶静静伫立，仿佛是在暗示谁才是这里真正的主人。

图 8-174　不同建筑上的穹顶

8.6.3　新材料和新技术的运用

工业革命是社会生产从手工工场向大机器生产的过渡，是生产技术的根本变革，同时又是一场社会关系的变革。生产方式及建造工艺的发展，以及不断涌现的新材料、新设备和新技术，为近代建筑的发展开辟了广阔的前景。

正是由于这些新技术的广泛应用，建筑才得以突破自身高度与跨度的局限，平面设计和立面形式才更具自由度和变化性。随着 1869 年苏伊士运河的开通及 19 世纪蒸汽船舶的广泛使用，印度次大陆与欧洲及其他地方的联系越来越紧密。欧洲尤其是英国的新材料、新技术可以以最快的速度传播到印度，并迅速发展起来（图 8-175）。这其中，新材料尤其以钢铁、混凝土和玻璃的普遍应用最为突出；新技术则主要为电力照明系统及电梯技术。

1. 钢铁、玻璃和混凝土的普遍运用

在人类历史上，以金属作为建筑建材早在古代就已经开始，但是以钢铁作为建筑结构材料则始于近代。 世界上第一座铸铁桥是 1779 年英国科尔布鲁克代尔厂建造的塞文河桥，由 5 片拱肋组成，跨径 30.7 米，很好地展示了铸铁的优异性能。半透明的小块彩色玻璃则早在拜占庭帝国时期就已经被用在了建筑室内的装饰上。经过不断发展，至 15 世纪后，平板玻璃的制作工艺日趋成熟。到了 19 世纪，人们对于建筑采光的要求越来越高，于是慢慢试图将铁和玻璃两种不同的建筑材料搭配起来使用。得益于西欧工业革命带来的先进生产力，这一技术最早在法国及英国被人们所实现。1829 年，人们将玻璃与铁构件用于法国首都巴黎的旧王宫奥尔良廊上，这一成功案例展示了玻璃与铁的完美特性，并为后来玻璃与铁

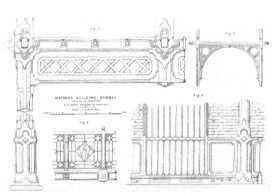

图 8-175　孟买沃森（Watson）大楼钢构件细部

构件的广泛应用奠定了基础。1851 年，为第一届世界博览会所建的英国伦敦水晶宫（The Crystal Palace）则成为铁与玻璃的绝美组合，这座位于海德公园内的庞大建筑是英国工业革命时期的代表性建筑。之后许多新型材料的广泛采用为建筑造型及结构提供了众多新可能。如 19 世纪初英国人制成水硬性石灰等胶凝物质，1855 年转炉炼钢法的诞生致使钢铁的运用得到普及等等。

孟买维多利亚火车站（图 8-176）、金奈中央

图 8-176　维多利亚火车站内景

图 8-177　维多利亚火车站钢结构柱头细部

火车站（图 8-177）、孟买大学（图 8-178）及加尔各答邮政总局等等英帝国殖民地印度的大型公共建筑上很快用上了这些新材料。维多利亚火车站候车厅及月台应用了大量钢结构构件。纤细的钢结构柱保证了视线的贯通性，柱头四角配以精美的铁艺环纹，与同为钢结构的屋面连成一体。屋顶中间设有天窗，白天室内无需任何人工照明。通长的双坡天窗像是一条光带，指引着下方来去匆匆的乘客，并为他们提供了一个安全舒适的乘车环境。金奈中央火车站售票处与候车大厅衔接的地方设置了一系列钢结构双柱，柱头有植物叶片的装饰纹样，柱上为连续的拱门。候车大厅非常宽敞，跨度较大的屋面结构系统的荷载全部落在了两侧砖墙及正中间的一排钢结构柱上。高而细的钢柱间距 6 米左右，对候车的乘客基本没有造成任何使用上的影响。建筑师怀特设计的孟买威尔士亲王博物馆中央巨大的穹顶则是用混凝土建造的。

图 8-178　孟买大学礼堂内部钢构件细部

2. 电力照明系统

19 世纪前，人们用油灯、蜡烛等来照明，这虽然使人类打破黑夜，但仍未能把人类从黑夜的限制中彻底解放出来，而电灯的发明解决了这一难题。电力照明问世以来大大地推动了人类的进步和发展。1850 年，英国人约瑟夫·威尔森·斯旺（Joseph Wilson Swan）开始研究电灯。1878 年，他以真空下用碳丝通电的灯泡获得英国的专利，并开始在英国建立公司，在各家庭安装电灯。但这时的电灯寿命还不长。1879 年 10 月 21 日，美国发明家爱迪生通过长期的反复试验，终于点燃了世界上第一盏有实用价值的电灯，并最终取得碳丝白炽灯的专利权。

为展示自身的先进性，殖民者喜欢把他们的最新技术成果应用到自己的楼宇中。试想在一个依靠油灯、蜡烛照明的国度里，突然出现一座拥有电力照明系统的大楼将会是何等情景？英国建筑师史蒂文斯设计的孟买市政大楼、钱伯斯设计的泰姬玛哈酒店等等在设计之初就考虑到了大楼整体的供电与照明系统。

3. 电梯技术

电梯在建筑上的应用解放了使用者的双脚，并使建筑得以突破高度上的限制，让高层建筑成为可能。19 世纪初，欧美开始用蒸汽机作为升降工具的动力。1845 年，英国人威廉·汤姆逊研制出一台液压驱动的升降机，其驱动的介质是水。尽管升降工具被一代代富有革新精神的工程师们不断改进，但被工业界普遍认可的升降机仍未出现。1852 年，美国人奥的斯在纽约水晶宫举行的世界博览会上展出了自己的安全升降机，并在 1889 年研制成功首台以交流电为动力的升降机。

为便于通行，孟买市政大楼、孟巴及印中铁路局等等在大厅靠近主楼梯附近设置了电梯（图

8-179、图 8-180）。这些早期用于印度建筑上的升降机大都为水压式，因此建筑都需要一个安放升降机水压设备的地方。极富智慧的建筑师们找到了自己的解决办法。史蒂文斯在孟巴及印中铁路局设计中就尝试将储水罐设置在穹顶的夹层里，夹层上方则用作储藏间。这样在解决问题的

图 8-179 老式电梯

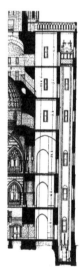

图 8-180 孟买市政大楼电梯剖面

同时增加了使用面积，而且又不影响建筑立面的美观，可谓是一举两得。1903 年建成的泰姬玛哈酒店的电梯则为更加成熟、更加安全的德制蒸汽式升降机。

8.7 印度殖民时期建筑的影响

印度众多镌刻着一个多世纪城市历史的殖民建筑，作为当地极富特色的地标，久为世界所瞩目。历史建筑拥有众多价值，英国学者史蒂文·蒂耶斯德尔（Steven Tiesdsll）在《城市历史街区的复兴》一书中甚至将这些价值归纳为七大类：社会价值、建筑价值、文化价值、城市文脉价值、历史价值、美学价值以及场所感。印度殖民时期众多杰出的历史建筑，很好地反映了 18 世纪后期

至20世纪初世界范围内建筑领域的最高水平。

而受英国帝国主义的影响，印度建筑的影响也从印度国内慢慢扩展到海外。遍布南亚、东南亚、东亚、太平洋群岛、大洋洲东南沿岸、非洲的印度洋沿岸、美国南部及加勒比海等地区的殖民样式建筑就是最好的例子。而在印度次大陆盛极一时的印度—撒拉逊式风格由建筑师们带到了英国本土及英帝国的其他殖民地，如大洋洲及马来半岛等。这些地区众多的印度—撒拉逊式风格建筑表明了这种风格有很不错的适应性，并且证明此类风格的特殊价值。

印度在英帝殖民国时期包括现在的印度、巴基斯坦及孟加拉等地区，故除印度本土外，另两个地方也有众多的印度—撒拉逊式风格建筑。巴基斯坦境内的旁遮普省费萨拉巴德钟塔（Faisalabad Clock Tower）、拉合尔阿奇森学院（Aitchison College）、拉合尔博物馆（Lahore Museum）、旁遮普大学（University of the Punjab）、拉合尔政府大学（Lahore Government College）、卡拉奇港务局总部（Karachi Port Trust Headquarters）、卡拉奇国家表演艺术学院（National Academy of Performing Arts）、卡拉奇市政大楼（Karachi Municipal Corporation Building）、拉合尔圣心大教堂（Sacred Heart Cathedral）、巴哈瓦尔布尔达巴·玛哈尔陵（Darbar Mahal）及努尔·玛哈尔陵（Noor Mahal）、萨迪克·戴恩高中（Sadiq Dane High School）及白沙瓦伊斯兰大学（Islamia College）等等都是这一类的实例。

旁遮普省拉合尔博物馆由出生于旁遮普省的本土建筑师甘加·拉姆（Ganga Ram）设计。建筑于1894年建成，是巴基斯坦最大的博物馆，主要收藏了一些珍贵的佛像、古画、古代首饰、陶瓷艺术品以及军械等等（图8-181）。

8-181 拉合尔博物馆

孟加拉的印度—撒拉逊式建筑也有众多实例，如达卡阿汗·玛伊尔宫（Ahsan Manzil Palace）、达卡大学柯曾礼堂（Curzon Hall）、伦格布尔泰吉海特宫（Tajhat Palace）、迈门辛朔史·洛奇宫（Shoshi Lodge）及纳托尔·拉吉巴里大楼（Natore Rajbari）等等。其中位于首都达卡的阿汗·玛伊尔宫殿最为典型（图8-182）。该建筑始建于 1850 年，1869 年完工，高二层，穹顶顶尖高 27.13 米。1992 年 9 月 20 日这里成为孟加拉国家历史博物馆。

英国本土也有许多印度—撒拉逊风格建筑的例子，如布莱顿皇家宫殿（Royal Pavilion，图8-183）、布莱顿西宫（Western Pavilion，英国建筑师阿蒙·亨利·怀尔兹自宅，图8-184）、森德兰大象茶餐厅（Elephant Tea Rooms）、布莱顿沙逊陵墓（Sassoon Mausoleum）及英格兰格洛斯特郡圣西尼科特宅（Sezincote House）等。

皇家宫殿是英格兰布莱顿的一处皇室住所。建筑共分三个阶段建成。始建于 1787 年的部分为建筑其中一翼，一开始作为威尔士王子的一处海边疗养所。这部分由英国建筑师亨利·哈兰德（Henry Holland）设计，为新古典主义风格。后来建筑师皮特·弗雷德里克·鲁宾逊（Peter Frederick Robinson）设计了增建部分。威廉·珀丹（William Porden）设计了建筑的主体部分，并最终使得建筑呈现出印度—撒拉逊风格。

圣西尼科特宅是位于英格兰格洛斯特郡的一座优美的庄园，由塞缪尔·佩皮斯·科克雷尔（Samuel Pepys Cockerell）于 1805 年设计。庄园为红色砂岩色，是一座典型的莫卧儿复兴式建筑（图8-185）。庄园内的景观由汉弗莱·雷普顿（Humphry Repton）设计，文艺复兴风

图8-182 达卡阿汗·玛伊尔宫

图8-183 布莱顿皇家宫殿

图8-184 布莱顿西宫

图8-185　圣西尼科特宅

Hall）、吉隆坡老高等法院大楼（The Old High Court Building）、吉 隆 坡 火 车 站（Kuala Lumpur Railway Station）、吉 隆 坡 铁 路 局（Railway Administration Building）、吉 隆坡纺织博物馆（Textile Museum）、吉隆坡占美清真寺（Jamek Mosque）、霹雳州瓜拉江沙乌布迪亚清真寺（Ubudiah Mosque）、布城首相府（Perdana Putra）、司 法 殿（The Palace of Justice）以及新加坡苏丹清真寺（Masjid Sultan）等等。

格的花园融入了众多的印度元素。

　　马来半岛作为前英帝国的殖民地，自然气候条件与印度次大陆较为类似，因此出现了一大批印度—撒拉逊式建筑，如吉隆坡阿卜杜勒·沙曼大厦（Sultan Abdul Samad Building）、槟城乔治城的庆典钟塔（Jubilee Clock Tower）、吉 隆 坡 老 市 政 厅（Old Kuala Lumpur Town

　　阿卜杜勒·沙曼大厦（图8-186）位于马来西亚首都吉隆坡独立广场前，得名于当时的雪兰莪州州长阿卜杜勒·沙曼先生。建筑由工程师斯普纳（C. E. Spooner）及建筑师查尔斯·诺曼（A. C. Norman）设计，于1897年投入使用。在英国统治期间，这里又被称为市政厅，是联邦

图8-186　吉隆坡阿卜
杜勒·沙曼大厦

秘书处所在地，包括高等法院在内的众多政府
机构在这里办公。吉隆坡火车站位于胜利大街，
是联邦铁路局的枢纽站点（图8-187）。建筑
于1910年8月1日建成，由工务处首席建筑师
助理英国人亚瑟·贝尼森·哈巴克设计。2007年，
当局决定将老楼作为铁路博物馆重新对公众开
放，未来这里将是吉隆坡一个新的文化中心。

　　另外，在英国殖民地大洋洲也有此类建筑
实例，如澳大利亚墨尔本的集会剧院（Forum
Theatre）就是一个非常好的例子（图8-188）。
集会剧院又被称为国家剧院，位于墨尔本市中心，
由美国建筑师约翰·艾博森（John Eberson）设计。
剧院于1929年2月正式投入使用，可容纳3 371
人，这个数字还创下了当时澳大利亚的最高纪录。

图8-188　墨尔本的集
会剧院

图8-187　吉隆坡火车站

8.8 本章小结

英国人说，18世纪的南印度海岸是世界上最富饶的地方。此后一连串的事件在此展开，并最终导致8 000千米外的一座小岛成为印度这一庞大帝国的主人，并在这一过程中催生了印度的现代化进程。为巩固在印度的地位，英国在印度建立堡垒、筑起坚固的防御墙，其中以马德拉斯的圣乔治堡（St. George Fort）和加尔各答的威廉堡（William Fort）最为突出。另外英国还在印度半岛建立了许多兵站、教堂建筑和政府机构。英治印度在印度漫漫历史长河中仅为匆匆一笔，但就在英国到来之后，印度次大陆在历史上第一次有了"统一"的概念。英国人的殖民剥削客观上造就了一个完整的印度。

在殖民时期，英国人构建了资本主义模式下的生产方式，印度次大陆传统的公社制社会被卷入英国的蒸汽工业时代，社会的方方面面发生了质的变化。印度人常说，英国人只给他们留下了三样东西：英语、议会和铁路。这或许是印度大众对这段殖民历史的调侃，不过英式文化、民主联邦制和连接起整个半岛的铁路网这三者确实是对这一特殊历史的高度概括。而殖民建筑作为欧式文化代表之一，其优美的造型、杰出的工艺等等都是留给印度人民的宝贵财富。

随着西方建筑文化的入侵，印度与西方建筑文化逐步混血，与英国有渊源的殖民地式建筑"廊房"就是其中的代表。后来，随着英国殖民的深入，英国在印度建造的建筑越来越清晰地表现欧洲建筑风格。20世纪初，英国建筑师在建设中开始有意识考虑印度特殊的地理条件，他们的建筑作品开始反映印度人的习俗、文化、生活方式以及复苏的精神。新德里的圣马丁·加里森教堂（St. Martin Garrison Church）、德里的圣斯蒂芬学院（St. Stephen's College）等建筑即是印度人的生活方式融入建筑中的例证，可谓印度现代建筑的先行者。印度独立前，外国现代建筑师在印度的工作以及印度建筑师对现代建筑的认识，为独立后的现代建筑发展做足了准备。愈来愈开放的印度接受了来自国际上更多的实验风格，如装饰艺术运动[44]（Art Deco）、现代主义运动等等。后来有一大批欧美建筑师活跃在印度国内，其中最著名的有国际建筑大师勒·柯布西耶在印度主持的昌迪加尔城市规划等等。而无论是殖民时期经典的欧式建筑，还是处于独立前后的现代印度建筑，都将印度建筑独特的"融合"这一特性很好地传承了下来。

注 释

1 林承节 . 英国东印度公司怎样从商人组织转变为国家政权 [J]. 南亚研究，1988（1）.

2 http://www.wanweibaike. com/wiki- 果阿邦 .

3 http://www.wanweibaike. com/wiki- 果阿邦 .

4 SCHWARTZBERG. A historical atlas of South Asia [M]. Chicago: University of Chicago Press，1978.

5 KING. Colonial urban development: culture，social power and environment [M]. London: Routledge & Kegan Paul，1976.

6 NILSSON. European achitecture in India，1750-1850 [M]. New York: Taplinger Publishing Co.，1969.

7 THIRUNARANAN. The site and situation of Madras，in Madras 1639-1939[M]. Madras: Madras Tercentenary Committee，1939.

8 Census of India 1901，Madras，1902.

9 Census of India 1911，Madras，1912.

10 LEWANDOWSKI. Urban growth and municipal development in the colonial city of Madras，1860-1900[J]. Journal of Asian Studies，1975（34）.

11 Census of India 1911，Bombay，1912.

12 Census of India 1901，Bombay，1902.

13 KOSAMBI. Bombay in transition: the growth and social ecology of a colonial city，1880-1980[M]. Stockholm: Almqvist and Wiksell，1986.

14 MURPHEY. The city in the swamp: aspects of site and early growth of Calcutta[J]. Geographical Journal，1964（130）.

15 Census of India 1901，Calcutta，1902.

16 SINHA. Calcutta in urban history [M]. Calcutta: Firma KLM Pvt，1978.

17 BANERJEE. Calcutta and its hinterland: a study in economic History of India 1833-1900 [M]. Calcutta: Progressive Publishers，1975.

18 Census of India 1911，Vol. VI，Calcutta，1912.

19 根据印度著名慈善家帕凯亚帕·穆德拉尔（Pachaiyappa Mudaliar）而得名。

20 根据印度民族主义领袖达达拜·瑙罗吉（Dadabhai Naoroji）命名。1892 年，达达拜·瑙罗吉成为英国议会第一个亚洲议员。作为印度国大党的创始人之一，他曾三次担任国大党主席。他最显著的贡献是在 1906 年公开表达了对印度独立的要求。印度历史书籍记录了他对印度自由运动所做的贡献以及一些其他的个人成就。在 D.N. 路南端的弗洛拉喷泉广场上还设有达达拜·瑙罗吉的雕像。

21 达尔豪西（Dalhousie），1847—1856 年的印度总督。

22 为纪念贝诺·巴苏（Benoy Basu）、巴达尔·笈多（Badal Gupta）及丹尼斯·笈多（Dinesh Gupta）这三位年轻的印度独立运动分子而命名。1930 年 12 月 8 日，三人在当时的达尔豪西广场北侧的作家大楼将监狱监察长 N. S. 辛普森枪杀，随后他们被当局杀害并最终导致印度人民的反抗运动。

23 红堡（Lal Qila）是莫卧儿帝国时期的皇宫。自沙·贾汉皇帝（Shah Jahan）时代开始，莫卧儿首都自阿格拉迁址于此。红堡属于典型的莫卧儿风格的伊斯兰建筑，位于德里东部老城区，紧邻亚穆纳河，因整个建筑主体呈红褐色而得名红堡。整座城堡是象征莫卧儿帝国强大势力的标志性建筑，自 1639 开始建造，耗费近 10 年的时间才完成。

24 埃德温·鲁琴斯（1869.3.29—1944.1.1），出生并逝于伦敦，是 20 世纪英国建筑师的先导。鲁琴斯从 1885 年到 1887 年在伦敦南肯辛顿艺术学校（South Kensington School of Art）进修建筑学。毕业后，加入了乔治·欧内斯特（George Ernest）及哈罗德·安斯沃恩·佩托（Harold Ainsworth Peto）的建筑室工作，并在那时结识了赫伯特·贝克爵士。

25 圣方济各·沙勿略（St.Francis Xavier）是最早到亚洲传教的传教士之一，曾在印度、马六甲、日本等地传教。天主教会称之为"历史上最伟大的传教士"。他于 1506 年出生在西班牙纳瓦拉省的哈维尔城堡，1552 年因疟疾死于海岛上。随后他的遗体根据遗嘱被运送到果阿。他的圣迹吸引了大批信徒，之后每十年皆举行盛大的仪式供各地朝圣者朝拜。

26 LOBO. Magnificent monuments of old Goa[M]. Panaji: Rajhauns Vitaran，2004.

27 曼努埃尔式（Manueline）是葡萄牙在 15 世纪晚期到 16 世纪中期，因极力发展海权主义而在艺术和建筑上出现的独特的建筑风格，取名自当时执政的国王曼努埃尔一世。其建筑特色在于扭转造型的圆柱、国王纹章和雕饰精细又繁复的窗框，同时运用大自然图像，如在石头上镶嵌贝壳、锚等。

28 LOBO. Magnificent monuments of old Goa[M]. Panaji: Rajhauns Vitaran，2004.

29 方济各会（Franciscan）是天主教托钵修会派别之一。其会士着灰色会服，故亦称"灰衣修士"。方济各会提倡过清贫生活，效忠教宗，重视学术研究和文化教育事业，反对异端，为传扬福音而到处游方。

30 戴蒂尼会（Theatines）由圣卡杰坦（Saint Cajetan）、保罗·康西列瑞（Paolo Consiglieri）、博尼法乔·达·科尔（Bonifacio da Colle）和吉奥瓦里·彼得·卡瑞法（Giovanni Pietro Carafa，后来的教皇保罗四世）创建于意大利阿布鲁齐地区中部城市基耶蒂（Theate）。教会的特别的名称就来源于这个地名。

31 LOBO. Magnificent monuments of old Goa[M]. Panaji：Rajhauns Vitaran，2004.

32 GROSECLOSE. British sculpture and the Company Raj：church monuments and public statuary in Madras，Calcutta，and Bombay to 1858 [M]. Newark：University of Delaware Press，1995.

33 DAS.Gour to St. John's[N]. The Telegraph，2008-05-22.

34 印度密拉特圣约翰教堂始建于 1819 年，1821 年建成，是北印度最古老的教堂。这座教堂创始人是英国的军队牧师亨利·菲舍尔，目前属于北印度教会阿格拉教区。

35 在梵文中原意为"有三种形式"，是印度教里的一个概念，指将宇宙的创造、维持和毁灭的功能分别人性化为创造者梵天、维护者或保护者毗湿奴，以及毁灭者或转化者湿婆。这三位神灵被认为是"印度教的三合一"（The Hindu Triad）或"伟大的三位一体"，或称为"梵天—毗湿奴—湿婆"。

36 法兰德斯（Flanders），中世纪欧洲一伯爵领地，包括现比利时的东佛兰德省和西佛兰德省以及法国北部部分地区。

37 女子名，来源于拉丁语，意为"智慧、技术和发明之女神"。

38 http://wenku.baidu.com/view/4a5d10ed551810a6f-524865f.html.

39 拉合尔（Lahore）是巴基斯坦的文化和艺术中心，有2000 多年历史。1947 年巴基斯坦独立后，拉合尔成为最富裕的旁遮普省的省会，现为巴基斯坦第二大城市和重要的工业中心。拉合尔旧城建于阿克巴时期，由 7 米高的红色砖石城墙围绕，建有 14 座城门，城墙外蜿蜒着护城河。东部朝印度德里方向的城门叫德里门，而德里红堡朝拉合尔方向的正门则取名拉合尔门，昭示了两座城市之间深厚的历史渊源。

40 爱默生是威廉·伯吉斯（William Burges）的学生，是一位出色的建筑理论家。他于 1860 年左右首先来到印度。孟买的克劳福德市场（Crawford Market，1865）、阿拉哈巴德的圣徒大教堂（The All Saints Cathedral，1871）及缪尔学院（Muir College，1873）都是他的作品。后来爱默生还前往古吉拉特包纳加尔（Bhavnagar）王侯国，并参与设计了塔克辛基（Takhtsingji）医院和尼拉姆巴（Nilambagh）大楼等等。在那里，他学会了如何在他的作品里加入印度本土的建筑元素。

41 产自印度西北方靠近巴基斯坦的马克拉纳。这种大理石硬度高，不吸水。沙·贾汉偏爱这种白色大理石，甚至千里迢迢将其运至阿格拉以作为泰姬·玛哈尔陵的主体建筑材料。

42 伊甸园成立于 1864 年，是孟加拉邦板球队及印度超级联赛加尔各答骑士队的主场。伊甸园现为世界上第三大板球体育场，它被公认为是世界上最具代表性的板球场馆之一。

43 关于外廊式建筑的起源，日本学者藤森照信先生提出两种看法：

（1）英国殖民者模仿印度班格（Bungal）地区的土著建筑而形成。17 世纪欧洲各国大举向外扩张之时，"日不落"帝国英国来到了亚洲。为适应热带地区炎热的环境气候，解决自身建筑形式所带来的困境，殖民者在印度的贝尼亚普库尔（Beniapukur）向当地土著学习，模仿班格带有四面廊道的建筑形式，称之为"廊房"（Bungalow）。外廊成为半室内的生活空间，后结合英国建筑样式，形成一种殖民地外廊式建筑。

（2）起源于加勒比海的大安得列斯岛。美洲地区的殖民样式建筑皆由大安得列斯群岛传播开去，此岛原为西班牙殖民地。1756 年英国与西班牙、法国"七年战争"之后，接收西、法在西印度群岛及北美南部的殖民地。英国于 17 世纪在西印度群岛即拥有殖民地，而外廊样式建筑开始流行于 18 世纪，从时间发展过程来看，这种说法也有可能。

基于目前起源于加勒比海的大安得列斯岛的相关文献不多，现一般都以印度起源说为主。

44 装饰艺术运动是一个装饰艺术方面的运动，但同时影响了建筑设计的风格，它的名字来源于 1925 年在巴黎举行的世界博览会。Art Deco 演变自 19 世纪末的新艺术（Art Nouveau）运动，当时的"新艺术"是资产阶级追求感性（如花草动物的形体）与异文化图案（如东方的书法与工艺品）的有机线条。Art Deco 则结合了因工业文化所兴起的机械美学，以较机械式的、几何的、纯粹装饰的线条来表现，如扇形辐射状的太阳光、齿轮或流线形线条、对称简洁的几何构图等等，并以明亮且对比的颜色来彩绘。与"新艺术"强调中世纪的、哥特式的、自然风格的装饰，强调手工艺的美，否定机械化时代特征不同，装饰艺术运动恰恰是要反对古典主义的、自然（特别是有机形态）的、单纯手工艺的趋向，主张机械化的美。因而，装饰艺术风格具有更加积极的时代意义。

图片来源

图 8-1 果阿区位，图片来源：马从祥根据 http://en.wikipedia.org 绘

图 8-2 果阿旧城教堂和修道院分布，图片来源：马从祥根据 LOBO. Magnificent monuments of old Goa[M]. Panaji: Rajhauns Vitaran, 2004 绘

图 8-3 尚塔杜尔迦寺院，图片来源：http://www.google.com

图 8-4 蒙格什寺院，图片来源：http://www.google.com

图 8-5 本地治里区位，底图审图号：GS（2020）4392 号

图 8-6 本地治里（1741），图片来源：布野修司. 亚洲城市建筑史 [M]. 胡惠琴，沈瑶，译. 北京：中国建筑工业出版社，2010

图 8-7 西贡（1942），图片来源：布野修司. 亚洲城市建筑史 [M]. 胡惠琴，沈瑶，译. 北京：中国建筑工业出版社，2010

图 8-8 马德拉斯（1908），图片来源：http://en.wikipedia.org

图 8-9 孟买（1908），图片来源：http://en.wikipedia.org

图 8-10 加尔各答（1908），图片来源：http://en.wikipedia.org

图 8-11 萨拉丁式城市空间形态模型，图片来源：马从祥根据 KOSAMBI, BRUSH. Three colonial port cities in India[J]. Geographical Review, 1988（1）绘

图 8-12 圣乔治堡的发展历程，图片来源：马从祥摄

图 8-13 圣乔治堡模型，图片来源：马从祥摄

图 8-14 圣乔治堡沿海一侧实景，图片来源：马从祥摄

图 8-15 1911 年的马德拉斯，图片来源：马从祥根据 KOSAMBI, BRUSH. Three colonial port cities in India[J]. Geographical Review, 1988（1）绘

图 8-16 孟买城堡（1827），图片来源：LONDON. Bombay gothic[M]. Mumbai: India Book House Pvt Ltd, 2002

图 8-17 1911 年的孟买，图片来源：马从祥根据 KOSAMBI, BRUSH. Three colonial port cities in India[J]. Geographical Review, 1988（1）绘

图 8-18 加尔各答威廉堡油画，图片来源：http://www.google.com

图 8-19 加尔各答威廉堡平面示意（1844），图片来源：http://www.google.com

图 8-20 1911 年的加尔各答，图片来源：马从祥根据 KOSAMBI, BRUSH. Three colonial port cities in India[J]. Geographical Review, 1988（1）绘

图 8-21 1911 年加尔各答的人口密度分布，图片来源：马从祥根据 KOSAMBI, BRUSH. Three colonial port cities in India[J]. Geographical Review, 1988（1）绘

图 8-22 1911 年加尔各答母语为英语者分布，图片来源：马从祥根据 KOSAMBI, BRUSH. Three colonial port cities in India[J]. Geographical Review, 1988（1）绘

图 8-23 1911 年加尔各答的基督徒分布，图片来源：马从祥根据 KOSAMBI, BRUSH. Three colonial port cities in India[J]. Geographical Review, 1988（1）绘

图 8-24 马德拉斯历史街区区位，图片来源：马从祥根据 Google Earth 绘

图 8-25 马德拉斯博斯路街景，图片来源：马从祥摄

图 8-26 孟买城南历史街区区位，图片来源：马从祥根据 Google Earth 绘

图 8-27 孟买 DN 路街区重要历史建筑分布，图片来源：马从祥根据 Google Earth 绘

图 8-28 孟买 DN 路街景，图片来源：马从祥摄

图 8-29 孟买 JJ 艺术学校，图片来源：马从祥摄

图 8-30 瓦特查庙建筑入口门廊细部，图片来源：马从祥摄

图 8-31 加尔各答 BBD 贝格及周边历史街区区位，图片来源：马从祥根据 Google Earth 绘

图 8-32 加尔各答 BBD 贝格周边地区历史建筑分布，图片来源：马从祥根据 *Calcutta's edifice: the buildings of a great city* 绘

图 8-33 从 BBD 贝格东岸看西侧建筑群，图片来源：马从祥摄

图 8-34 BBD 贝格附近的办公建筑，图片来源：马从祥摄

图 8-35 新德里规划（德里都市规划委员会最终报告方案，1913），图片来源：http://www.google.com

图 8-36 新德里城市主轴线规划，图片来源：http://www.google.com

图 8-37 新德里城市主轴线鸟瞰，图片来源：http://www.google.com

图 8-38 建筑师鲁琴斯，图片来源：http://www.google.com

图 8-39 仁慈耶稣大教堂平面，图片来源：马从祥根据 LOBO. Magnificent monuments of old Goa[M]. Panaji: Rajhauns Vitaran, 2004 绘

图 8-40 仁慈耶稣大教堂，图片来源：马从祥摄

图 8-41 果阿大教堂平面，图片来源：马从祥根据 LOBO. Magnificent monuments of old Goa[M]. Panaji: Rajhauns Vitaran, 2004 绘

图 8-42 果阿大教堂，图片来源：马从祥摄

图 8-146 孟买市政厅，图片来源：马从祥摄
图 8-147 维多利亚火车站立面上的哥特元素，图片来源：马从祥摄
图 8-148 圣托马斯大教堂内的彩窗，图片来源：马从祥摄
图 8-149 印度—撒拉逊式的卡尔萨学院主立面，图片来源：王锡惠摄
图 8-150 卡尔萨学院立面檐口上连续的水平遮阳板，图片来源：王锡惠摄
图 8-151 秘书处屋顶上的八角凉亭，图片来源：http://en.wikipedia.org
图 8-152 八角圆顶凉亭的构成，图片来源：http://en.wikipedia.org
图 8-153 底层沿街外廊（加尔各答），图片来源：马从祥摄
图 8-154 外廊式建筑街景（一），图片来源：马从祥摄
图 8-155 外廊式建筑街景（二），图片来源：马从祥摄
图 8-156 建筑窗间墙，图片来源：马从祥摄
图 8-157 建筑百叶外窗，图片来源：马从祥摄
图 8-158 出挑式外廊，图片来源：马从祥摄
图 8-159 嵌入式外廊，图片来源：马从祥摄
图 8-160 金属柱外廊，图片来源：马从祥摄
图 8-161 底层结合商业使用的外廊，图片来源：马从祥摄
图 8-162 孔雀石雕，图片来源：马从祥摄
图 8-163 几何纹样，图片来源：马从祥摄
图 8-164a 建筑时钟（一），图片来源：马从祥摄
图 8-164b 建筑时钟（二），图片来源：马从祥摄
图 8-165 维多利亚火车站主立面上的时钟，图片来源：马从祥摄
图 8-166 建筑女儿墙，图片来源：马从祥摄
图 8-167 拱券式屋顶内景，图片来源：马从祥摄
图 8-168 标准半球形穹顶（加尔各答邮政总局），图片来源：马从祥摄
图 8-169 "洋葱头"式穹顶，图片来源：马从祥摄
图 8-170 孟买泰姬玛哈酒店穹顶，图片来源：马从祥摄
图 8-171 马德拉斯高等法院穹顶，图片来源：马从祥摄
图 8-172 马德拉斯高等法院穹顶内景，图片来源：马从祥摄
图 8-173 果阿圣卡杰坦教堂穹顶内景，图片来源：马从祥摄
图 8-174 不同建筑上的穹顶，图片来源：马从祥摄
图 8-175 孟买沃森（Watson）大楼钢构件细部，图片来源：http://en.wikipedia.org
图 8-176 维多利亚火车站内景，图片来源：马从祥摄
图 8-177 维多利亚火车站钢结构柱头细部，图片来源：马从祥摄

图 8-178 孟买大学礼堂内部钢构件细部，图片来源：LONDON. Bombay gothic[M]. Mumbai：India Book House Pvt Ltd，2002
图 8-179 老式电梯，图片来源：http://en.wikipedia.org
图 8-180 孟买市政大楼电梯剖面，图片来源：LONDON. Bombay gothic[M]. Mumbai：India Book House Pvt Ltd，2002
图 8-181 拉合尔博物馆，图片来源：http://en.wikipedia.org
图 8-182 达卡阿汗·玛伊尔宫，图片来源：http://en.wikipedia.org
图 8-183 布莱顿皇家宫殿，图片来源：http://en.wikipedia.org
图 8-184 布莱顿西宫，图片来源：http://en.wikipedia.org
图 8-185 圣西尼科特宅，图片来源：http://en.wikipedia.org
图 8-186 吉隆坡阿卜杜勒·沙曼大厦，图片来源：http://en.wikipedia.org
图 8-187 吉隆坡火车站，图片来源：http://en.wikipedia.org
图 8-188 墨尔本的集会剧院，图片来源：http://en.wikipedia.org

9 印度现代建筑

印度现代建筑初期

西方现代建筑大师的实践期

印度本土建筑师的探索期

印度现代建筑转变期

寺庙与陵墓

9.1 印度现代建筑初期

9.1.1 独立前的建筑实践

印度在殖民时期大量新建欧洲风格的殖民建筑。对于在印度的英国人来说，欧洲建筑是作为他们在印度大陆上区别于印度社会的一个可见存在，是欧洲社会的身份象征。英国人在城市中心新建大量的建筑，对印度传统建筑模式和构建方法造成了致命的打击。17 世纪中叶，公共工程部（PED）的建立标志着中央集权和标准化的建筑系统形成了，它对印度历史上积累下来的建筑智慧并没有上心，只做出了很少的传承，这更加不利于印度传统建筑模式和技术的发展。1902 年印度政府任命詹姆斯·兰森（James Ransome）为第一个建筑顾问，后来他在英国皇家建筑学会上关于在印度 25 年多的经历的演讲中说："在印度独创性超过了任何东西，我曾经被要求在加尔各答设计古典主义，在孟买设计哥特式，在马德拉斯设计撒拉逊风格，文艺复兴和英国的乡村住宅遍布印度大陆。"[1]可见英国的殖民建筑在印度大行其道，英国在印度维持着帝国主义的建筑观，直到 20 世纪二三十年代都没有受到挑战。

1. 雅各布和印度传统元素

19 世纪最后十年里，英国充满着当时流行的建筑思潮，如哥特复兴、工艺美术运动等。受这些主义的影响，一些英国建筑师开始关注印度地区传统建筑。20 世纪早期，斯文顿·雅各布（Swinton Jacob）对印度建筑产生了一定影响。雅各布认为印度建筑使用元素、细节的组装和构成来服务于结构、意识形态和美学功能，因此对于他来说在逻辑上解读印度建筑，需要的步骤是

图 9-1 雅各布在书中列出的印度传统建筑上的基本要素

把那些组成成分分类或者拆卸。在雅各布的赞助人斋浦尔王公的赞助下，1890 年雅各布出版了六卷书，其中摘取了从 12—17 世纪的南印度建筑上提取的元素（图 9-1）。雅各布的书不是按时间或者地区写的，而是根据建筑功能分卷：石顶盖和基座为第一卷，拱为第二卷等等。在书中，雅各布强调他的实践是完全不带政治色彩的，完全去除了印度的地区起源，而将英国定义的南亚殖民地区建筑定义为"大印度"建筑，作为服务于创造殖民地区身份的象征。

2. 印度—撒拉逊风格

英国钦佩莫卧儿帝国，因为莫卧儿帝国作为外来文化将印度从起源上成功进化演变成现在的综合体，结合了所征服的东南亚的资源和技术。对于英国来说，莫卧儿建筑表达了一定的"古典主义"的朴素。

欧洲人欣赏和理解复杂且具有丰富想象力的印度教建筑和艺术，因此，像莫卧儿帝国的都城法塔赫布尔西格里（图 9-2）这样的遗址成为在

南亚地区工作的英国建筑师重要的灵感资源。莫卧儿建筑被认为结合了印度教和伊斯兰元素，受这些元素启发而建造的建筑称为"印度—撒拉逊风格"，即建筑骨架为欧洲风格，外部点缀印度风格的装饰。

雅各布六卷书的出版，在某种意义上试图推动印度—撒拉逊风格这种独特的建筑形式作为皇家建筑的发展。撒拉逊风格的建筑包括洋葱圆顶、飞檐、尖拱和扇形拱、风亭、光塔[2]、后宫窗[3]等元素。印度—撒拉逊风格肤浅地尝试将欧洲建筑和当地建筑融为一体，尽管撒拉逊风格的建筑有一个印度的外表，但是它们并没有解决任何建筑都需要关注的空间概念和技术标准问题，这些建筑本质上仍然是欧洲或殖民建筑。最初印度—撒拉逊风格所用的装饰风格很多是从雅各布书中拆解出来的元素，因此促使了占重要地位的印度传统文化可以流行起来。建筑师代替了原来印度早期的手艺人传承印度传统文化，印度手工艺和传统建筑技术也在一系列赞助商支持下继续繁荣，银行和商业建筑成为印度—撒拉逊风格建筑的主要客户[4]。尽管印度—撒拉逊风格受到印度当地赞助商青睐，但是它的影响在 1920 年代开始减弱。

3. 撒拉逊风格的突破和新德里规划

事实上，撒拉逊风格是政府强制控制的，

图 9-2　法塔赫布尔西格里堡

这让它难以把建筑从政治学中分离，这个矛盾在1920年新德里城市规划中更为明显。在使用撒拉逊风格的政治压力下，规划新德里的建筑师鲁琴斯通过将必要的西方古典主义和小心挑选的传统模式结合成超越过度简单的撒拉逊风格。在建筑上，鲁琴斯比前人获得了更多成功，他发明了结合古典建筑语言的方式，实现了满足严酷气候条件和获得建筑政治象征意义的平衡。鲁琴斯认为新德里作为"印度的罗马"，运用自己的语言和符号来控制现存的殖民意识形态才是一个合适的表达，因此，应通过从细节到如窣堵坡这种大的印度图案要素的叠加，来实现对印度的文化传达，总统府（President House，图9-3）的设计就使用了窣堵坡的元素。鲁琴斯谴责印度—撒拉逊风格中象征性的主题，他把象征性抽象成自己的建筑设计语言，这个方法论激发了很多在德里做相同类型工作的人和在其他殖民地工作的人。鲁琴斯在新德里的规划和政府的建筑设计为人们所肯定，新德里后来也被称为"鲁琴斯·德"。在与贝克合作之后，他为新德里设计了印度门（图9-4）等标志性建筑。

新德里是一座典型的放射形城市，城市以尼赫鲁广场为中心，街道成辐射状、蛛网式伸向四面八方。建筑群大多集中于市中心，主要政府机构集中在市区从总统府到印度门之间几千米的大道两旁。国会大厦呈大圆盘式，四周围以白色大理石高大圆柱，呈典型的中亚细亚式的建筑风格，但屋檐和柱头的雕饰又全部为印度风格。赫伯特·贝克在两幢秘书处大楼方案中将建筑群设计成中轴对称的，总统府和印度门刚好在中轴线上，中轴线两侧建筑完全相同，并加入了宽大的柱廊、开敞的游廊、大挑檐、镂空石屏风、高窄窗，这些元素都能够适应印度气候，承接微风且避免

图9-3　总统府

图9-4　新德里印度门

眩光。秘书处的风亭也具有典型的印度特色，是法塔赫布尔西格里堡出现过的元素[5]。秘书处的存在不仅增加了印度特色，还打破了单调的水平线，其风亭和建筑中部的圆形穹顶形状类似。在细部处理上，赫伯特·贝克引进了一些印度特色的雕刻，内容一般是自然界的动物或者植物，其中大象出现的频率很高。这些细节的处理受莫卧儿时期建筑的影响较大。穆斯林信奉世间唯一的真主安拉，认为真主本身是无相无形的，而人像是人类自己创作出来的形象，并不值得它的创造者崇拜，所以伊斯兰建筑在雕刻创作上一般有别于印度教以及其他宗教建筑，从不雕刻人物形象。

9.1.2　印度现代建筑开端

印度现代建筑的开端在印度建筑界被认为是

脱离英国殖民统治、印巴分治的 1947 年，而其标志为 1951 年昌迪加尔（Chandigarh）新城的建设。本地治里的戈尔孔德住宅（又名印度教高僧住宅，Golconde Residential Building）被认为是印度的第一座现代建筑[6]。

1. 印度的现代主义建筑社会背景

印度独立后两位最具影响力的领导人——圣雄甘地和尼赫鲁的政治主张对印度的各个领域都有很广泛的影响。甘地热衷于复兴农村，但同时他也承认工业化的重要性，他希望城市和农村形成一种非剥削的关系。尼赫鲁在英国受过教育，强烈主张发展工业化和现代化，向往西方的现代化，他于 1951 年建设现代化新首府昌迪加尔中在全国范围内发起设计竞赛。印度独立后的第一个五年计划期间，印度像所有刚刚新生的国家一样百废待兴，当时的印度一个重要的急于解决的问题就是工业用房和民用住房紧缺。为了尽快恢复国民经济，满足人民的基本生活需要，政府把工作的重心放在了基础工业和重工业的发展上，提倡工业化和现代化。20 世纪中叶在建筑界占主导地位的现代主义建筑思潮所提倡的大胆创造工业化社会的思想刚好和印度当时的国情相契合。第二次世界大战前发展起来的高层建筑是在印度独立之后传到印度的，高层建筑象征着城市化的极速发展，这种象征意义对于第三世界来说有特殊吸引力，所以无论造价多高昂，技术问题多复杂，文化上多不契合，高层建筑依然被看作文明发展的象征。

由于现代技术的发展，空调系统的运用，人们自然地认为可以克服印度当地特有的气候条件，更乐观的想法认为现代化和工业化可以解决印度的所有问题。他们把现代建筑的原则当成了万能的教条，设计出来的建筑也是千篇一律的方盒子。

2. 现代主义建筑实例

摆脱了历史和文化束缚，按照合理设计方法建造的现代主义建筑在印度独立初期有着不俗的表现，自由立面、自由平面、横向长窗等等现代主义元素和方法在印度渐渐出现和使用。美国建筑师安东尼·雷蒙（Antonin Raymond）设计的本地治里的戈尔孔德住宅（图 9-5）和后来的新德里 T B 联合大楼标志着印度建筑进入新时代。

图 9-5 戈尔孔德住宅

戈尔孔德住宅是一栋混凝土住宅，于 1936 年设计，1948 年建成[7]，使用了可移动的柚木板（图 9-6），柚木板起到了很好的通风隔热效果，同时也保护了室内的隐私。

印度建筑师哈比伯·拉曼（Habib Rahman）

图 9-6 戈尔孔德住宅柚木板

图 9-7　加尔各答新秘书处大楼

设计的加尔各答新秘书处大楼（图 9-7）是印度高层建筑的里程碑。印度独立之后，开始建立很多新区，而新区的行政建筑对大空间有很大的需求，新秘书处大楼的设计要求是在离老的秘书处 1 000 米的一块 4 000 平方米的范围内最大限度地利用土地。新秘书处大楼 2 个 14 层的大楼呈"L"形布局，使用的是 6.6 米 ×6.6 米的柱网，建筑基础是钢筋混凝土框架结构，建筑内使用了遮阳板、电梯和消防系统等现代设施[8]。这座建筑后来成为西孟加拉的标志，并且保持印度现代建筑最高纪录长达 10 年之久。另一个新思想的代言人阿克亚特·坎文德（Achyut Kanvinde）带来了功能主义哲学和国际风格手法，设计了艾哈迈达巴德大楼(ATIRA)。杜尔戈·巴吉帕伊（Durga Bajpai）和皮鲁·莫迪（Piloo Mody）在新德里设计了使用预制混凝土梁板、遮阳板以及阳台栏板等结构的国际风的欧贝罗伊饭店。

1951 年昌迪加尔的建设中，柯布西耶为印度的现代建筑树立了一个光辉的典范，昌迪加尔建筑群不仅具有鲜明的现代特征，也使用了处理原始材料的新方法。之后西方的建筑师们陆陆续续来到印度，柯布西耶和路易斯·康等建筑大师在印度大地上设计出了优秀的建筑作品，他们的思想也深深地影响着在印度这片大地上创作的国外和本土的建筑师们。

9.1.3　复古主义

1. 复古主义社会背景

1930 年代已经开始有实质性的转变，民族运动和现代主义的到来，让印度的民族自尊心增强，而在建筑上表现民族自尊感就变得尤为重要。具有明显印度特色的建筑被认为可以表达印度人的自我价值，所以复古主义的建筑为当时的政治所认可。印度独立初期建筑思潮多样化，在现代主义的大趋势下，还有复兴传统的小趋势，这是独立前的印度—撒拉逊风格的延续。其侧重点在于表现能够体现印度的形式，加入印度元素如穹顶、凉亭等，可以称这种建筑为"折中主义"建筑。在现代主义的大趋势下，复古主义学派从伊斯兰建筑中汲取灵感，借取了它们的特色形式加在现代建筑平面和空间上，嫁接出印度和西方合璧的建筑。

能够体现印度特色的建筑在当时首要可以考虑的就是年代最近的莫卧儿时期伊斯兰风格建筑。伊斯兰建筑是印度建筑文化和波斯文化相结合的产物，多用尖拱券、拱门（图 9-8）、圆顶穹隆（图 9-9）、风亭（图 9-10）等元素，材料多用红砂石和大理石，装饰纹样多用植物、几何和文字图案，

图 9-8　拱门（胡马雍

图9-9 圆顶穹隆（泰姬·玛哈尔陵）

图9-10 风亭(红堡)

图9-11 迦利（胡马雍陵）

而装饰形式可分为雕刻式、镂空式以及平面式，镂空式雕刻在古代被称为"迦利"（图9-11），可做窗户、屏风、栏杆和装饰等，体现了印度建筑精湛的雕刻工艺。

2. 建筑实例

复古主义的典型代表是多科特（B. E. Doctor）1955 年设计的新德里阿育王饭店（Ashoka Hotel，图9-12），其进一步发展了

图9-12 阿育王饭店

新德里政府群的混合风格。阿育王饭店是一个多层建筑，运用了伊斯兰建筑的很多元素。比如入口（图 9-13）平面设计成"凸"字形，底层架空，从正面拱券下和两个侧面挑高处都可进入。正面的拱券做成 10 多米高的造型，用镂空石屏风做装饰，拱券顶部为莫卧儿典型的凉亭样式，在建筑的四角都设计有小凉亭（图 9-14）。建筑较多地使用镂空的"迦利"做窗户和细部装饰，增加了建筑的印度特色，部分窗户设计成尖券形，部分为方形，窗户上下都加上装饰条。在色彩上，阿育王饭店模仿印度陵墓使用红砂石的色系，建筑上下边线和窗户上下边线用浅色，建筑主色为米色。

由中央公共工程部建筑师设计的高等法院大楼（The Supreme Court Building，1954—1958 年建设）是新德里国会办公楼的延续。新德里的韦戈亚中心（Vigyan Bhavan）也属于独立后复古主义的建筑，建筑整体为方形体块，平易朴实，入口上部是绿色的大理石构成的佛教建筑特有的拱券，十分显眼，代表了印度特色。

由于受印度分离性文化价值观的影响，印度人很容易就接受了西方现代建筑的思想，甚至过分沉迷于现代建筑而忽略了自身文化传统中的价值。复古主义的存在多多少少在提醒着本土文化传统的存在，但是这一时期的复古主义没有摆脱印度—撒拉逊风格，还只是继承了印度传统建筑显而易见的表面形式，而未关注文化内核，这样的继承只是穿了一层原始的外衣而已。

图 9-13　阿育王饭店入口

图 9-14　阿育王饭店局部

9.2　西方现代建筑大师的实践期

　　印度现代建筑的发展受西方现代建筑师影响很大，可以说印度早期的现代建筑都是外国建筑师带来的。除了早期的安东尼·雷蒙这样的建筑师之外，在 20 世纪五六十年代，西方的建筑大师勒·柯布西耶、路易斯·康、劳里·贝克等建筑大师在印度大地上设计了杰出的建筑，柯布西耶的主要作品是昌迪加尔首府规划及单体设计。昌迪加尔高等法院简洁的外形、撑起的拱廊顶棚形成良好的通风和视觉上的通透，遮阳板达到了遮阳和美观的双重效果；议会大厦牛角形的门廊优美的曲线和具有特色的顶部，让其成为柯布西耶的代表作之一。柯布西耶虽然是现代建筑的领军人物，但其在印度的建筑作品从印度传统建筑中汲取灵感，并和现代建筑融会贯通，成为印度现代建筑的标志。相比于柯布西耶的混凝土建筑，路易斯·康更偏爱砖，他将砖提升到现代建筑语汇的高度，在追求秩序的过程中，创造出印度管理学院宁静而近乎神圣的校园，红砖墙上大开圆形、方形洞口，有利于通风并将光影融入建筑，营造出深邃的空间，形成静谧而光明的氛围。虽然路易斯·康在印度的作品数量并没有勒·柯布西耶多，但印度管理学院这个他最后的作品在印度现代建筑史上具有非常重要的意义，其对于精神世界追求的态度影响了很多印度本土建筑师，红砖材料的选择也经常出现在其他建筑师的作品中。劳里·贝克是植根于印度的伟大建筑师，他的大部分建筑都在印度大陆上，他对符合印度实际的低技术、低造价以及对环境和人文的关怀进行了研究，可以说他的整个建筑设计生涯都在为印度建筑作贡献，最后他加入印度国籍。还有一些外国的建筑师如约瑟夫·艾伦·斯坦因、爱德

华·斯通等在 20 世纪五六十年代的印度进行了创作。因处于印度现代建筑的开端时期，西方现代建筑大师的建筑实践有一些实践性的意味，探索在印度这片古老土地上现代建筑生根的方法，因此这一阶段被称为"西方现代建筑大师的实践期"。

9.2.1　劳里·贝克

1. 生平简介

　　劳里·贝克（Laurie Baker，1917—2007，图 9-15），1917 年 3 月 2 日出生在英国的印度建筑师，以设计低成本建筑、独特空间高利用率和富有美感的建筑闻名。受圣雄甘地的影响，贝克致力于用当地材料设计简单建筑和可持续发展的有机建筑。

图 9-15　劳里·贝克

　　贝克于 1937 年取得伯明翰大学建筑系学位，1938 年成为英国皇家建筑师学会（RIBA）会员，但他并没有正式开始建筑设计生涯。第二次世界大战爆发后，贝克从英国皇家建筑师学会辞职后，作为一名"国际友谊救助组织"的志愿者奔赴中国和缅甸。1943 年，贝克因为受伤而坐船返程英国，在孟买港口的时候碰巧遇到甘地[9]。甘地认为：

"在印度，真正的工作就是为穷人工作，把他们从贫困生活的磨难中解脱出来。"[10]

回到英国几个月后，贝克加入了一个处理麻风病的世界组织，并于 1945 年返回印度，为该组织建造医院和住宅。因为工作的原因，贝克在印度农村亲眼目睹了当地印度人的贫困生活，对此深表同情，看着千万人过着勉强糊口的生活，他越来越厌恶铺张浪费和豪华奢侈。与此同时，贝克也受到当地传统建筑形式和技术的影响，在印度的 60 年里，他先是在喜马拉雅山区生活了 16 年（1948—1963），并从这里开始进行真正的建筑实践活动。刚到印度时，面对陌生的社会环境、恶劣的自然环境和欠发达的经济条件，贝克曾感到过迷茫，因为在这里西方的建筑理论和经验都失去了作用。他说："我面临着从未听说过的建筑材料，如泥巴、红土、牛粪……作为一名英国皇家建筑师学会的会员，我带来了参考书和结构手册，然而到了这里，所有资料都变得像一本本儿童漫画一样好笑。"[11] 后来他和当地人一起生活，通过观察当地人的建造方法来学习当地的技术，当地人也在他的帮助下完成了很多类型多样的建筑，如住宅、教堂、医院和学校等。他不停学习和实践，贝克曾说："喜马拉雅山区的建筑是印度本土建筑很好的例子，简单、高效、廉价……这些住宅代表了数百年来建筑师如何处理当地材料，如何应对当地严酷气候以及如何适应当地生活方式。"1963 年，贝克离开喜马拉雅山的皮特拉加尔，来到印度南部的喀拉拉邦（Kerala Pradesh）。1970 年，他将医疗工作交给朋友后，在喀拉拉邦首府特里凡得琅（Triruvananthapuram）定居。在那里贝克建造了很多建筑，仅特里凡得琅地区就设计建造了 1 000 多座住宅以及 40 座教堂、众多的学校和医院。他从环境中汲取养分，将其融入设计中，设计出植根于印度南部本土的住宅和公共建筑。

1989 年，贝克加入印度国籍，1990 年被授予"莲花士"，这是印度政府公民奖之一，是印度政府颁发的最高荣誉奖，授予在各领域为国家服务的杰出人物。除此之外，贝克 1992 年被授予"联合国环境奖"和"联合国荣誉奖"，1993 年被授予改善人类居住环境的"罗伯特·马修奖"，2006 年获得普利策建筑奖的提名[12]。

2. 创作思想的影响因素

劳里·贝克建筑理念的形成和他早年在英格兰的经历以及后来在印度喜马拉雅山区的经历有密切联系。贝克一生始终遵循着"节约、简朴"的观念，在建筑上也始终追求住宅的经济性、低成本。其创作思想的影响因素包括以下几方面。

（1）贵格会的影响

贝克生于基督徒家庭，受家庭影响，贝克与贵格会信徒紧密联系，并参加贵格会各种活动。贵格会又称教友派或者公谊会，是基督新教的一个派别。该派于 17 世纪由乔治·福克斯成立，因一名早期领袖的号诫"听到上帝的话而发抖"而得名 Quaker，中文意译为"震颤者"，音译贵格会。贵格会反对任何形式的战争和暴力，不尊敬任何人也不要求别人尊敬自己，不起誓，主张任何人之间要像兄弟一样，主张和平主义和宗教自由[13]。贝克从小受贵格会平等、和平的主张影响，在这样的影响下才会在第二次世界大战时期参加"国际友谊救助组织"，并且后来留在经济不发达、物资匮乏的印度，为当地人的建设事业发挥作用。

（2）圣雄甘地的影响

1994 年，和圣雄甘地的相遇可以说是贝克人生的转折点。作为印度民族独立的领袖，甘地深切地关怀印度最普通的人民，他知道作为一个不发达国家的最底层的穷人，需要的不是奢侈宏伟的现代公共建筑，而是最能体现人文关怀的穷人的住宅。他对贝克说："在孟买所看到的一切都不能代表真正的印度，印度的灵魂在农村，在那里你可以施展才华。"[14] 甘地告诉贝克对于印度来说农村的建筑现状比城市更需要思考，不要用在孟买看到的来评价印度，印度的灵魂应该在农村。建造房子所需要的材料要尽可能在方圆8千米之内找到，这样就能减少运费，减少成本。甘地的话深深地感染了贝克，对他今后生活和创作有很大影响。

贝克也非常欣赏和赞同甘地的"非暴力不合作"的主张，甘地的平实质朴和坦率吸引了他。贝克曾说："我认为甘地是我们国家唯一用常识来谈论国家建筑需要的领导人，很多年前他所说的对现在来说更贴切。其中给我留下深刻印象并影响我思想的是一个理想村庄中的理想房屋，这个房屋应该使用能在建筑场地方圆8千米范围内找到的材料建造起来。我承认，作为一名在西方出生成长、接受教育的年轻建筑师，起先，我觉得甘地的思想有些不可思议，遥不可及，并曾说服自己不可能过分地遵循这一理想。但是现在，在我70岁有着40年建筑经验时，我认为甘地每一个字句都是正确的。"[15]

（3）印度文化和环境的影响

贝克在印度60多年，深深植根于印度文化，在印度文化和乡土建筑中汲取养分进行创作。印度有着丰富的乡土建筑实践，然而这些传统实践往往不被重视。贝克从本土建筑中获得灵感源泉，他曾提到他在旅行中注意到，印度乡村建筑所用的材料并不取决于建筑类型，而是取决于当地气候以及当地的材料。他向普通人学习，用大量时间观察普通人的自宅，看到他们用泥、竹子、牛粪等等甚至都不能算建筑材料的物质来建造房屋，这些房屋在贝克看来很廉价简单，但也很漂亮。

3. 对环境和人文的关怀

建筑和环境气候有着密切联系，正是因为全球各地多样性的气候，才有各地多样性的建筑类型。在现代主义建筑出现之前，建筑类型都是和当地气候和本土文化相适应的，建筑在本质上是人类适应自然气候条件的产物。肯尼斯·弗兰姆普敦曾经说过："在深层结构层次上，气候条件决定了文化和其表达方式、习俗、礼仪，在本源上，气候乃神话之源泉。"[16] 在一定层次上，气候决定了建筑的某些基本方面，比如建筑材料、结构方式、屋顶形式、墙体为何以及门窗形式等。

贝克进行建筑实践的地方在印度南部的特里凡得琅。特里凡得琅是印度西南部喀拉拉邦的首府，在马拉巴尔海岸的南部，北距科钦220千米。这里气候炎热、潮湿，年降水量平均为2 400毫米，总面积的1/3为森林。这种气候下"炎热"和"潮湿"成为建筑主要要解决的问题。贝克从印度传统建筑中汲取养分，对建筑做出理性回应，他认为学习当地传统和现代主义原则并不是背道而驰的，他反对对环境漠不关心、不做出回应的建筑师，在他看来建筑师设计500座建筑却每一座都一样是难以想象的。

·砖格窗

贝克非常钟情于手工制砖，他深入学习了当地传统的建造工艺，并尝试了多种砌筑方法，试图找出最经济的一种。他发展了当地穿孔式砖格的做法，在建筑中大量使用穿孔砖格窗取代玻璃窗。这种做法不仅大大降低了造价，而且有利于室内外通风，并减少当地强烈的日照，十分适合喀拉拉地区潮湿、炎热的气候。与此同时，不同砌筑手法形成了不同的图案组合，在空间上塑造了强烈的光影效果（图 9-16）。光在这里成为建筑材料，使贝克的一座座建筑物犹如精美的艺术品，令人流连忘返 [17]，这也几乎成了贝克作品的一个标志。贝克的砖格做法源于古代迦利（图 9-17），迦利是印度传统建筑中一种镂刻墙体或屏风的统称，其最初的形成就是对阳光强烈、天气炎热的气候的回应。迦利在古代只是作为采光和通风的格构窗，一般多由石材雕刻而成。贝克将迦利发展演变，放大了比例，不仅仅将它应用在窗上，还将它应用在墙面上。原本石材的雕刻与喀拉拉地区的砖工艺结合，演变成用砖砌筑成的"迦利"。

　　印度多位于北纬 10° 和 30° 之间，这意味着夏季时间长，内陆相当一部分地区天气炎热。现代主义的建筑平屋顶在印度难以解决诸如排水、室内闷热的问题，因此贝克的建筑大多采用坡屋顶，在旱季阳光曝晒的时候，坡屋顶比平屋顶受晒面积小，比平屋顶的太阳入射角大，所以坡屋顶隔热效果比平屋顶好。除此之外，坡屋顶更容易做成挑檐，宽大的挑檐能够形成深深的阴影而减少曝晒（图 9-18）。坡屋顶的高跨比在 1/6~1/4，相比平屋顶的坡度小于 1/10，在雨季更有利于排水。坡屋顶是印度炎热潮湿气候最真实的写照。除了坡屋顶，贝克在他的建筑屋顶上还会做出三角形的"风斗"。当室内的热空气上升时热空气能够通过屋顶的风斗排出，除此之外风斗还有采光的功能。

　　在印度南部原生态的自然环境中建造房屋，和环境紧密结合成为贝克不得不思考的一个问题。贝克在设计中，注重和周围环境的融合，合理处理人、建筑和自然三者之间的关系，在创造舒适的室内环境的同时又保护了周围的自然环境。贝克建筑实践的地方是喀拉拉邦，而"喀拉拉"本

图 9-16　砖格窗光影效果

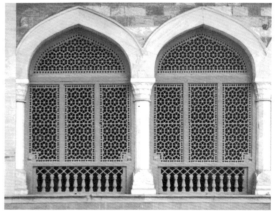

图 9-17　斋浦尔博物馆的迦利

图 9-18　宽厚的挑檐

身的含义就是"椰子之乡",椰子树是当地常见的景观树,同时也成为当地的经济来源。贝克的建筑没有超过椰子树的高度,椰子树成为天然的高度控制线,这也符合喀拉拉邦的传统。如果在岩石多的地带建造建筑,贝克就直接用岩石雕刻台阶。

贝克在做设计的时候时时刻刻为他的客户着想,一开始他的客户是乡村的穷人,随着他的名声渐大,客户范围扩大至国家政府,但是他并没有区别对待。不管他的业主是渔民,是部落,是经济弱势人群,还是高收入人士,他都关注于他们的个性和生活习惯。如在设计里拉·梅隆住宅(House for Leela Menon,图9-19)时,业主是一个寡妇,她和久病不起的老母亲居住在一起。业主希望房子能与一对夫妇一起使用,而这对夫妇居住的地方必须是独立的,但不能分离,当业

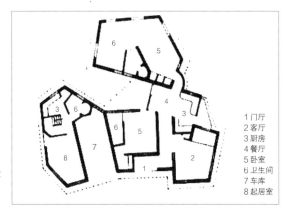

图9-19 里拉·梅隆住宅平面

1 门厅
2 客厅
3 厨房
4 餐厅
5 卧室
6 卫生间
7 车库
8 起居室

主出门拜访和旅游时,这对夫妇可以照料她的母亲。贝克设置的起居室毗邻厨房和餐厅,卧室是分开的但在可听范围内。再如在设计渔人家园时,贝克保留了渔人传统的生活习惯,但提高了卫生标准,每个房屋中间设置了一块矩形的私人场地,供渔人晒网和孩子们玩耍[18]。

作为一名在西方成长并接受教育的非本土建筑师,贝克能够在印度60多年,面对陌生的环境

和不发达的经济条件,对环境做出理性回应,在建造的同时对环境做到保护和利用,创造出和环境相和谐的建筑。贝克作为一名建筑师为穷人和中产阶级服务,体现了崇高的职业道德和强烈的社会责任感。

4. 对低造价、低技术的追求

"经常听到人们形容建筑为'现代的'或者'老式的'。所谓的现代建筑不是时尚而是愚蠢的,因为它昂贵,而且并不考虑当地可见的便宜的材料,或者当地气候环境和用户的实际需求。所谓的老式建筑证明,建筑材料的选择是重要的,因为老式建筑的材料便宜,而且除非其本身短缺,不然不会用尽。这样的材料还可以有效应对像强烈阳光、暴雨、强风和高湿度等多种天气条件。"[19]贝克建造建筑时经常使用廉价并且适合当地气候的材料,这些材料不仅易得而且建造过程不需要高技术,只需要足够的人力就能建造。在印度这样一个经济、技术都匮乏的国家,贝克强调用最少的资金建造最好的房子,他在《降低造价手册》(Houses: How to Reduce Building Costs)中全面地阐述了在建造技术和建造手段上如何减少不必要的浪费,使建造费用降低为原来的1/2或1/3。

贝克认为,相比墙体的强度和坚固程度,泥瓦匠更关心墙体的外观,墙体一般的做法是把平整的大石砌筑在外面,墙里面填筑碎片。而降低造价的方法是用大石头交错重叠放置(图9-20)。对于家居,贝克认为建造完房子后主人可能没有钱买家居用品,所以可以用砖石砌筑成家具(图9-21)。贝克建议砌筑空斗砖的墙体,相比普通的砌筑方法,空斗砖墙不仅能够节省25%的砖石,还可以起到隔热作用,这样的墙体强度并没有减弱(图9-22)。水泥抹面比较昂贵,占建筑物成

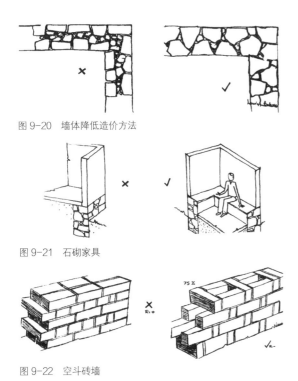

图9-20 墙体降低造价方法

图9-21 石砌家具

图9-22 空斗砖墙

Development），向印度人提供廉价的房屋。该中心提倡使用贝克的建筑语汇，如用空斗墙、不粉饰墙体等，保护环境资源，应用节能材料，尽量减少高能耗材料的使用。贝克用几十年时间摸索低成本的建筑，学习当地传统经验和手工艺技术，善于利用易得的材料，变废为宝，减少建筑上的浪费，贯彻了他一贯的简朴和真实的原则。

图9-23 墙面降低造价方法

本的10%，而且还需要维护。贝克建议墙面不要使用抹灰，这样也可以省去维修费用（图9-23）。对于窗的开启，普通的做法是非常昂贵的。最简单的窗口是由一个垂直的木板上、下插入两个孔洞，以窗扇的中心为轴线转动窗户。这种做法简单、坚固并安全，而且省去了铁件的费用（图9-24）。用钢筋混凝土来跨越开口成本比较大，相比之下，最便宜的做法就是叠涩拱。每一排砖突出下砖约5.7厘米，如此叠涩下去直至在中间会合。这种做法不用模板就能完成，而且叠涩还能做很多造型，相比钢筋混凝土形式活泼[20]（图9-25）。

　　贝克的低成本住宅受到了普通人的广泛欢迎，因为他能够用最少的资金实现他们的建房愿望。1984年，劳里·贝克和经济学家拉杰（K. N. Raj）、钱德达特（T. R. Chandradutt）一起成立"乡村发展科技中心"（COSTFORD, Centre for Science & Technology for Rural

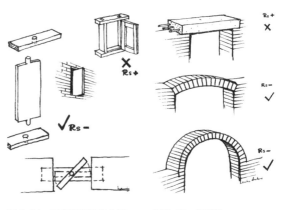

图9-24 窗户降低造价方法　　图9-25 叠涩拱

5. 建筑实例分析

（1）印度咖啡屋（India Coffee House）

　　贝克在特里凡得琅巴士站外建造的一个廉价咖啡屋，充分彰显出他是建筑想象力最自由的建筑师之一。印度咖啡屋（图9-26）这座建筑呈螺旋形，就餐区是一个能上升到两层楼的曲线形坡道，其中间形成了一个包含备餐和商店的服务性功能的区域，整个外墙都是用砖砌成的砖格窗。贝克喜欢用砖格窗，因为砖格窗不仅是天然的装饰，而且适应喀拉拉邦炎热的气候，带动空气流动。这个建筑通过弯曲的墙面使其在明媚的阳光下更凸显肌理。室内内置式的砌筑桌椅做法正是他在《降低造价手册》中提到的，砌筑桌椅为业主降低了造价。印度强烈的阳光透过砖格窗射入，使室内呈现出一种安静祥和的氛围，让置身其中

与朋友聊天、喝咖啡成为一件非常享受的事情。

（2）喀拉拉邦发展研究中心（Centre for Development Studies）

喀拉拉邦发展研究中心（图9-27）是贝克的代表作。建筑坐落在一座小山上，用地面积约3.6公顷，包括行政办公室、图书馆、计算机中心、多功能厅、教室、宿舍和其他一些功能房间（图9-28）。这个地块内，图书馆占统领全局的地位，

图 9-26　印度咖啡屋

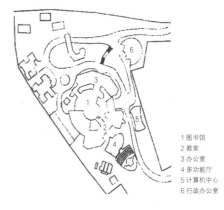

1 图书馆
2 教室
3 办公室
4 多功能厅
5 计算机中心
6 行政办公室

图 9-28　喀拉拉邦发展研究中心平面

图 9-27　喀拉拉邦发展研究中心

图 9-29　罗耀拉教堂

周围围绕着教室和行政楼，中心区外是多功能厅和计算机楼。喀拉拉邦发展研究中心的建筑均运用了砖格墙，将强烈的阳光和急风转化成符合人体舒适度的柔和光线与清风，光影的处理给这个地方蒙上了一丝神秘的色彩。

计算机楼需要严格控制温度、光线和风速，但因为其处在显眼处，所以在风格上需要与附近的建筑形成统一。贝克采用了"双屋墙壁"的做法，外墙采用整体风格上的砖格墙，而内层则用普通的墙体，满足温度和风速两方面的要求[21]。

（3）罗耀拉教堂（Loyola Chapel）

罗耀拉教堂（图9-29）坐落在特里凡得琅市郊的罗耀拉学校里，教堂是校园的一部分。这是一个私人的耶稣会男校，贝克参与设计了其中的一些项目，如宿舍、教室、运动场的储藏室以及集体聚会场所等。教堂的容量被要求达到1 000人。贝克将低技术方面的经验应用到这个建筑的试验上，他选用经济的承重墙和木结构屋顶，并使用交叉支撑墙壁解决热带气候的通风问题，同时利用砖格墙将阳光转化成一种神秘的光影氛围。教堂的中心庭院（图9-30）形成了建筑的中心，庭院里的拱形廊连接了卧室和厨房。西面门廊的特征是用传统的木柱为入口，入口处有一个可以休闲和观看演出的平台[22]。

图9-30　罗耀拉教堂中心庭院

9.2.2　勒·柯布西耶

1. 生平简介

法国建筑师勒·柯布西耶（Le Corbusier，1887—1965，图9-31）是20世纪最重要的几位建筑师之一，是现代建筑运动的激进分子和主将，他被称为"现代建筑的旗手"。他和格罗皮

图9-31　勒·柯布西耶

乌斯、密斯·凡·德·罗并称为现代建筑派或国际形式建筑派的主要代表。尽管柯布西耶从未接受过任何正规的教育，但他受到过很多专家的影响。最初影响他的是著名的建筑大师奥古斯特·佩雷（Auguste Perret），佩雷教会他如何使用钢筋混凝土。1910年，柯布西耶又受到与他一起工作的建筑大师彼得·贝伦斯（Peter Behrens）的影响。但对柯布西耶影响最大的是他经常性的旅行，同时他还从立体油画和着色等工作中得到相当多的启示。柯布西耶大部分的灵感来自雅典卫城（Acropolis），他每天都去帕提农神庙（Parthenon），并从不同的角度进行勾勒。

柯布西耶具有丰富的想象力，他对自然环境的领悟、理想城市的诠释以及对传统的强烈信仰和崇敬都相当别具一格。作为一名具有国际影响力的建筑师和城市规划师，柯布西耶是善于应用大众风格的稀有人才——他能将时尚的滚动元素与粗略、精致等因子进行完美的结合。柯布西耶用方格、立方体进行设计，还经常用简单的几何图形如方形、圆形以及三角形等图形建成看似简单的模式。

1926 年，柯布西耶提出了他的五个建筑学新观点，这些观点包括底层架空、屋顶花园、自由平面、自由立面以及横向长窗。柯布西耶丰富多变的作品和充满激情的建筑哲学深刻地影响了 20 世纪的城市面貌和当代人的生活方式，从早年白色系列的别墅建筑、马赛公寓到朗香教堂，从巴黎改建规划到昌迪加尔新城，从《走向新建筑》到《模度》，他不断变化着建筑设计与城市规划的思想，将他的追随者远远地抛在身后。柯布西耶是现代主义建筑一座无法逾越的高峰，是一个取之不尽的建筑思想源泉。

1951 年，柯布西耶应邀来印度设计昌迪加尔新城，当他第一次踏上印度大地时，就被喜马拉雅山的神圣、人们脸上永恒的微笑以及印度历史建筑无与伦比的比例折服了，他盛赞"这里有一切适于人的尺度"。柯布西耶曾写信给尼赫鲁总理："印度正在觉醒，它进入了一个任何事情都会成为可能的时期。印度并不是一个全新的国家，它经历了最发达的古代文明时期，它有自己的智慧、伦理道德和思想意识……印度是全世界建筑艺术成果最丰富的国家之一。"[23] 在领略了印度文化的震撼后，柯布西耶认识到必须尊重自然、尊重传统，使现代的思想、技术、材料在这片神圣的土地获得重生。昌迪加尔的规划模式就源于他对人的关心，贯穿了以"人体"为象征的布局理念。除了昌迪加尔，柯布西耶还在艾哈迈达巴德、孟买等地有多例建筑实践。

2. 昌迪加尔规划

1947 年印巴分治后，原旁遮普邦被一分为二，东部归属印度，西部归属巴基斯坦，原首府拉合尔在巴基斯坦管辖境内，使得印度部分的旁遮普邦没有了首府。东旁遮普地区的所有城镇在印巴分治前就已经缺乏食物和水以及水渠等公共设施，甚至连学校和医院也没有，印巴分治后更因接收巴基斯坦的印度教难民而人口倍增。为了解决这些问题，同时安置部分的难民，在总理尼赫鲁的大力支持下，印度政府决定在新德里以北 240 千米，罗巴尔（Ropar）行政区西瓦利克（Shivalik）山麓下划出 114.59 平方千米土地，兴建新的首府，根据该地一座村落之名命名为昌迪加尔。"昌迪"是力量之神的意思，"加尔"是碉堡的意思，也预示着昌迪加尔新城有着守卫新旁遮普邦之意。

1950 年新城刚规划之时，首先邀请的是美国建筑师阿尔伯特·迈耶（Albert Mayer），他的团队还包括其他各方面的人才。在他们的规划设计中，昌迪加尔呈扇形展开，是一个人口 50 万的城市，并且结合住宅、商业、工业、休闲用途，行政区位于扇形的顶尖，而市中心则位于扇形中央，两条线状公园带由东北一直伸延至西南，而扇形走向的主要干道把各小区连接起来。迈耶还为其他的建筑细节做了安排，例如将道路划分为牛车道、单车道及汽车道，这种规划风格深受当时美国的规划经验影响。然而，1950 年 8 月 31 日迈耶的主要副手马修·诺维奇（Matthew Nowicki）在空难中逝世，迈耶自认为不能承担昌迪加尔的规划任务而请辞。

1950 年夏，印度考察团与柯布西耶签订了一份合同，聘请他为旁遮普邦新首府昌迪加尔的建造顾问。柯布西耶担任政府的全权顾问，他将决定城市的总体规划以及详细规划、街区的划分、城市的整体建筑风格、住宅区及宫殿的性质。另外受聘的还有 3 名建筑师：来自伦敦的 CIAM 成员马克斯韦尔·弗赖（Maxwell Fry）、简·德鲁（Jane Drew）、柯布西耶从前的合伙人皮埃尔·让纳雷（Pierre Jeanneret）。印度政府在旁遮普设立一处工作室，作为柯布西耶和他的团队3年间的现场指挥工作场所。1951年2月所有人都集结在喜马拉雅山脚下这片广袤的高原上，这个地方在两条大河之间，两条河一年中有10个月的干涸期。在这里，将建起旁遮普的新首府[24]。

（1）遇到的难题

昌迪加尔工程是先辟出道路，随后进行路面铺设。与此同时，公共建筑及各种居住类型建筑的研究工作也开始展开。昌迪加尔作为一座政治首府，将接收1万名公务人员，对应约50万名居民，由国家出资，按照一定的等级要求解决50万人的住房问题。所以面对这么多人口的居住问题，建筑方案需要高效迅速[25]，由柯布西耶负责拟定的政府区建筑方案具有所需求的高效率。与此同时，昌迪加尔的建设如同一场巨大的建筑冒险：经费极为紧张；工人不熟悉现代建筑技术；气候本身就是个巨大的难题；而且，应当让印度人民的观念和需求得到满足，而不是把西方的伦理和审美强加于印度人民。

柯布西耶搜集到的有关资料总体看上去杂乱无章，因此他创建了一张"气候表格"（图9-32）来厘清这些头绪，既要能够适用极端的气候，又要能针对具体的情况提出具体的问题。这张表格由柯布西耶与米森纳德（Missenard）先生合作制作，第一次在图板上清晰地呈现出一年12个月

不断变化的、强制性的、苛刻的气候条件。表格主体由4个主要的横向栏构成，它们分别对应环境的4个要素——空气湿度、空气温度、风和辐射。在纵向上，表格由3个连续的相同的分格部分构成：气候条件、相应的调整以及建筑的解答。3个部分下面又以一年12个月分割。A栏"气候条件"根据时间如春分秋分、雨季起始、季风转换等特征点取样，由此可以绘制出温度变化、湿度变化、风力和辐射等曲线图。B栏"相应的调整"，以A部分的数据为基础，以舒适宜人的环境为标准，表示了所要做出的必要调整和修正，这一部分构成了一份真正的任务书。C栏"建筑的解答"则恰当地表述了建筑的调整意见和相应措施，并附有一定规格的图纸[26]。

首次印度之行即将结束之时，柯布西耶在孟买下榻的旅馆中整理出政府区建筑的设计思路，他在他的小册子上记录了设计元素——太阳和雨水是决定建筑的两个基本要素[27]。也就是说，一栋建筑将成为一把遮阳避雨的伞。关于屋面的设计，提供阴凉是首要的问题，还需要符合水力学。屋顶将充分发挥"遮阳"的价值，古典的风格被摒弃。"遮阳"将不仅仅位于窗前的一点点地方，而是扩展到了整个立面，甚至扩展到建筑的结构本身。不同于当代建筑的大部分问题，昌迪加尔面临的是巨大的自由，同时也是巨大的冒险。

在昌迪加尔，无论从技术的角度，还是从建筑的角度，柯布西耶都深刻地体会到他所肩负的巨大责任，伦理与审美的责任同样占满了整项工

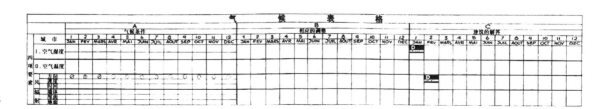

图9-32　气候表格

作。仅用了 18 个月的时间，柯布西耶的事务所便完成了政府区方案的定稿，其中两栋建筑大法院（高等法院，图 9-33）和秘书处（图 9-34）的施工图已经完成，议会大厦和总督府的草案也已被当局接受[28]。

1 200 米，其中可以容纳 5 000~20 000 位居民。邻里单位内的商业布局模仿东方古老的街道集市，横贯邻里单位。邻里单位中间与绿带相结合，设置纵向道路，绿带中布置小学、幼儿园和活动场地，在城市行政中心附近设置广场，广场上的车行道

图 9-33　初稿方案透视（从大法院看过去）

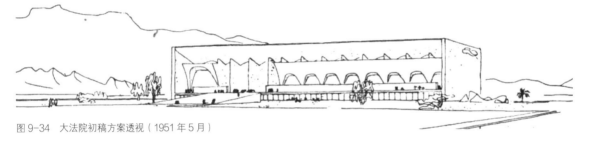

图 9-34　大法院初稿方案透视（1951 年 5 月）

（2）"小区"的概念

昌迪加尔（图 9-35）计划容纳 50 万居民，工程的第一期可容纳 15 万居民。柯布西耶和他的团队对昌迪加尔重新做了规划，将城市设计成方格状分布。相对迈耶重视小区的连接性而言，柯布西耶更重视空间的分布和利用。新规划依然保留了原计划中不少理念，如原规划中"小区"的概念就演化成新计划里的"小区"。柯布西耶的规划中，昌迪加尔城市共划分为约 60 个方格，每个方格约 1.5 千米 × 1.5 千米，按顺序命名为第 1 区至第 60 区，由于柯布西耶认为数字"13"不祥，因此没有第 13 区。居民以 750 人为一组，构成独立的小村庄，从富人区到穷人区，通过组织关系，以确保他们之间有益的社会接触。"小区"的尺寸为 800 米 ×

1 议会大厦　　8 火车站　　　　15 博物馆　　　　22 旅馆
2 秘书处　　　9 主要商业中心　16 艺术与技术学校　23 剧院
3 政府广场　　10 市政厅　　　　17 官办男校　　　24 多学科工学院
4 大法院　　　11 工程学院　　　18 官办女校　　　25 红十字会
5 大学　　　　12 部长住所　　　19 牙科学校及牙科医院 26 童子军营地
6 体育馆　　　13 法官住所　　　20 医院
7 市场与留地　14 公共图书馆　　21 妇产医院

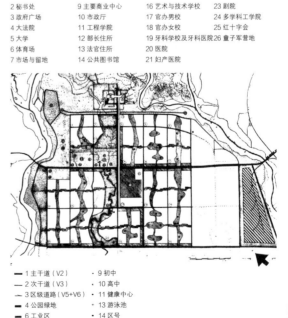

━ 1 主干道（V2）　　　• 9 初中
━ 2 次干道（V3）　　　• 10 高中
━ 3 区级道路（V5+V6）　• 11 健康中心
▨ 4 公园绿地　　　　　13 游泳池
▦ 6 工业区　　　　　　14 区号
〓 7 步行道　　　　　　15 区内绿地
▭ 8 小学

图 9-35　昌迪加尔城市规划第一阶段定稿方案（1952）

和人行道布置在不同的高程上[29]。

（3）道路系统

城市道路遵循 7V 规则，V1~V7 代表着道路的等级。V1 为来自德里和西姆拉的国道，横向贯通拉合尔（旁遮普前首府，后归属于巴基斯坦）。V2 为自右向左贯通城市的城市道路。V3 是高速机动交通专用的道路，起到分区的作用。V4 横向穿越城市，确保了各区之间的连续性和友好的毗邻关系。小汽车和公交车在 V4 上保持低速行驶。V5 道路从 V4 上伸出，以清晰的路线将缓行的车辆引入各区内部。V6 道路极为狭窄，是循环道路网络的毛细末端，它通达住宅的门前。V4、V5、V6 三级道路构成的交通网络采用最经济的布局，让低速行驶的汽车进入居住区。余下贯通整个城市的 V7 道路是在绿化带中间展开的道路，连接散布在绿化带中的学校和运动场地。7 级道路（7V）的断面都经过严格细致的研究，以便其尽可能发挥功效，使交通循环、畅通无阻。道路还设置了密集的机动车交通的专用道路、高速车辆专用道、

机动车禁行区等。

（4）功能分区

第 1 区为政府建筑群，博物馆、图书馆以及剧院这些公共建筑以及官办男校在北部的第 10 区，紧靠着第 10 区的 11 区布置官办女校、部长住所、体育场、多学科工学院和艺术与技术学校。第 17 区是市中心与休闲娱乐区，区内酒店食肆较多。政府广场的 V2 道路的左侧有一处谷地，名为"休闲谷"。"休闲谷"沿线将设置一些必需而有效的场所或场地，以安排各种休闲娱乐，如自发的戏剧表演、演讲、朗诵、舞蹈、露天电影，以及居民在清晨或晚间凉爽时分的散步。第 35 区是另一处餐厅酒吧林立的地区。后期昌迪加尔政府没有严格按照柯布西耶的规划行事，使周边出现了一些与原规划相矛盾的小镇和军营。

各建筑物主要立面向着广场，经常使用的停车场和次要入口设在背面或侧面。在建筑方位上考虑了夏季的主导风向和穿堂风，建筑多设置柱廊（图 9-36）。很多建筑在四面都设置柱廊，排

图 9-36　四面柱廊的建筑

列整齐的柱子撑出廊子来，减少了直射阳光，廊道里还可以供人乘凉。城市的建筑低矮且建筑密度低，显得建筑之间间距过大，广场过于空旷。城市广场上设置水池（图9-37），以增加空气湿度，丰富景观。

昌迪加尔城市建成后，由于其规划设计功能明确，布局规整，得到一些好评。但也有批评者认为城市布局过于从概念出发，从建成后的效果看，建筑之间距离过大使得广场显得空旷单调，建筑空间与环境不够亲切，对城市居民的生活内容考虑也不够。

（5）"人体"象征

昌迪加尔的规划以"人体"为象征，柯布西耶把第1区的行政区当作城市的"大脑"，主要建筑有议会大厦（The Legislative Assembly）、秘书处大楼（The Secretariat Building）、高级法院（The High Court）等；博物馆、图书馆等作为城市的"神经中枢"位于大脑附近，地处风景区；全城商业中心设在作为城市纵横轴线的主干道的交叉处，象征城市的"心脏"。位于城市西北侧的大学区象征"右手"；位于城市东南侧的工业区象征"左手"；城市的供水、供电、通信系统象征"血管神经系统"；道路系统象征"骨架"；城市的建筑组群好似"肌肉"；绿地系统象征城市的呼吸系统"肺脏"。城市道路按照不同功能分为从快速道路到居住区内的支路共7个等级，横向干道和纵向干道形成直角正交的棋盘状道路系统。此外，全城还有一个安排在绿地系统中的人行道和自行车道交通系统。

（6）树木种植

昌迪加尔的植物种植根据道路等级以及广场的不同情况进行多样化处理，做到不同情况树的种类、排列方式都不同。V3级道路是高速机动车干道，所以道旁树的种植以创造最佳行车条件为优，要保证驾驶员视线和太阳光线有合理的夹角，避免产生眩光。纵向V3道路（图9-38）的行道树采用了较低矮浓密的常绿树种；横向的V3道路（图9-39）选择了高大的疏叶常绿树木。两种行道树还带来了一个便利，就是能让驾驶员更好地辨别方向。

V4道路是区内的商业性质街道，沿街是满

图9-37 中心广场喷泉

图9-38 纵向V3道路低矮浓密的树木

图9-39 横向V3道路高大的疏叶树木

足日常生活的各项服务。在绿化的选择上也贯穿了多样性，树种选择一些恰当的落叶树搭配常绿树，使夏天有阴凉，冬天有阳光也有绿意，植物的排列方式同样呈现多样性：单排、双排、多株或成梅花形。区和区之间通过V4道路的多样性延展产生了有机的联系[30]。

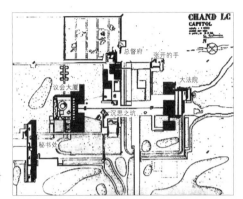

图 9-40　最初规划时政府广场平面

图 9-41　建成后的政府广场卫星图

　　政府广场大道是城市纵向主干道，为二级道路。它包括：一条双向六车机动车道路、两条自行车道、一条与干道平行的停车带，还有一条宽阔的毗邻带拱廊的商店和高大建筑物的人行道。机动车道的行道树选择了叶冠较高较稀松的常绿树种，采用单排或双排的种植方式，以保障视线畅通；人行道则选择叶冠较低较密的落叶树种，采用多排的种植方式，确保冬日里阳光可以洒向人行道。

　　（7）昌迪加尔政府广场

　　昌迪加尔政府广场（图9-40、图9-41）最初设计时的主要建筑为秘书处、议会大厦、大法院、总督府。总督府广场最北端，也是整个城市的最北端，主轴线的终点。总督府前广场轴线和市政广场主轴线垂直，在整个市政建筑群中居于重要

地位。但是由于种种原因总督府没有建成，这个项目也成为柯布西耶最后一个完成施工图却没有建成的建筑。因为缺失了总督府，市政广场如今显得过于空旷。大法院和议会大厦遥遥相望，透过大法院就能望见议会大厦，两栋建筑在靠近广场一侧都有两个方形水池，水池不仅可以起到调节微气候的作用，而且体现市政区平静严肃的特点。秘书处位于西面，并不处在主轴线上，呈长条形。"张开的手"是柯布西耶为昌迪加尔设计的城市纪念碑。在大法院和议会大厦之间巨大的场地上，面向喜马拉雅山的高达16米的"张开的手"（图9-42）屹立在那里。"张开的手"表达了柯布西耶的城市规划和哲学思想，如今已经成为昌迪加尔城市的标志。除了"张开的手"还有构筑物"阴影之塔"（图9-43），位于议会大厦前。

图 9-42　"张开的手"

图 9-43　"阴影之塔"

（8）昌迪加尔议会大厦

昌迪加尔议会大厦（图 9-44）在初稿阶段就已经确定了具有门廊、办公室、包含两个集会大厅的公共空间以及排水沟和雨水喷口等功能。门廊的形象像是建筑上的"太阳伞"（图 9-45），基本是和建筑主体脱离的，它的断面是牛角状的优美弧线。在印度作为湿婆坐骑的牛是神兽，受到崇尚印度教的印度人的尊敬。"太阳伞"由 8个片形带镂空的隔扇支撑着，把门廊下部分成 7个空间。在印度这样一个炎热又潮湿的国度，建筑上的遮阳和避雨两个功能相比其他国家被进一步放大，议会大厦（图 9-46）门廊的牛角形顶棚

图 9-44　昌迪加尔议会大厦

图 9-45　"太阳伞"

图 9-46　昌迪加尔议会大厦正立面（集会大厅的顶和柯布西耶的画）

和隔扇的结合起到很好的遮阳作用，与此同时上卷的顶棚又能满足檐沟排水的功能。门廊下的入口大门使用了彩釉钢板，上面绘以柯布西耶的抽象画，让粗犷的混凝土表面多了一些色彩和生机。门廊前的两个矩形大水池为人们提供了一个平静的休息处，水面强大的吸热能力起到了降低空气温度的作用，营造出舒适的交流环境，形成人工小气候，而水面折射的阳光在"太阳伞"下的隔扇上形成梦幻的光影效果。

众议院集会大厅采用了圆形平面，大厅由厚度为15厘米均匀的双曲薄壳围合而成。柯布西耶应用了工业上的冷却塔的形象来表现集会大厅，集会大厅顶部的收口并非是水平的而是倾斜的，以金属铝构架封顶，这个构架可以确保自然采光、人工采光、通风以及安置电子音像设备等的需求。集会大厅的圆筒形状为空调系统的运行提供了最好的条件：冷空气从大厅上方几米处送出，由于重力作用下降，而参观者呼出的热空气从底部上

升，经由设置在集会大厅顶部的排风设备排除。另外，众议院集会大厅进行了极为精确的声学研究，不用设置专门的演讲台，每位议员直接坐在自己的座位上就可以发言。

办公区的立面开窗比较密，为了起到遮阳的作用，窗户外采用隔扇的形式，隔扇和建筑立面并不是垂直的，而是根据太阳入射方向形成一定角度，达到了最好的遮阳效果。

（9）昌迪加尔高等法院

高等法院在设计上也和议会大厦一样考虑了"阳光"和"雨水"两大要素，为了获得两个问题的双重解答，柯布西耶采用了象征元素"雨伞"，他设计了长达100多米的钢筋混凝土顶棚（图9-47），顶棚下面是11个连续的拱壳。这个巨大的顶棚向上翻卷，将建筑的大部分罩住。由于顶棚和下面的主体建筑之间有一段空气层，当强烈的阳光照射在顶棚上时，空气层可以很好地隔绝热能，由此降低室内温度。与此同时，拱壳还

图9-47 昌迪加尔高等法院混凝土顶棚

可以让顶棚下的空气自由地流动，带走顶棚的热空气，更好地起到了散热的作用，给室内一个舒适的温度。栅格是减少阳光直射的一个重要建筑形式，而高等法院的正立面阳光垂直照射的时间较长，所以除了栅格之外还在窗户前下部加了遮阳板，更好地起到防晒作用，侧面的防晒措施则采用尽量减少开窗的形式。高等法院尽可能做到通透、不封闭，以利通风。建筑的正立面上可以清楚地看到有很大的开口，这里没有布置房间，而是布置了三根巨大的壁柱形成门厅（图 9-48），壁柱分别刷上三原色的颜色，增加了入口的可识别性，透过壁柱可以看到曲折的坡道（图 9-49）。入口前也像议会大厦一样挖了巨大的水池，营造了良好的人工小环境。高等法院和议会大厦遥遥相望，它们之间是 500 多米宽的广场，广场上有"沉思之坑"和"张开的手"。

（10）秘书处大楼

秘书处大楼长 254 米，高 42 米，包含了 7 个部门及相应的部长办公室，部长办公室集中在中央区（图 9-50、图 9-51）。整个建筑分为 6 个区，6 个区彼此之间通过自上而下的伸缩缝分隔。建筑外立面和高等法院一样采用了垂直遮阳和水平遮阳。建筑外部均为裸露的混凝土。位于建筑前方和后方的 2 个巨大坡道也用混凝土建造，坡道的墙面上开了很多均匀分布的小窗，以特别的方式为每天早晚上下班的公务员的交通空间增加了趣味。垂直交通除了外部的坡道外，还有作

图 9-48 昌迪加尔高等法院三原色壁柱

图 9-49 昌迪加尔高等法院坡道

为机械交通的内部电梯，对应的双跑楼梯嵌在由地面直通屋顶的脊柱似的楼梯间里。模度决定了建筑中标准办公室的基本剖面，建筑净高为 3.66 米，这一高度也被赋予到底层架空支撑空间和政府广场区入口层以及部长办公室[31]。

3. 在印度的其他建筑实践

（1）艾哈迈达巴德城市博物馆

艾哈迈达巴德城市博物馆（City Museum Ahmedabad，图 9-52）的主题是一个"核"、一颗"心"，这个主题是在 1951 年召开的第八届

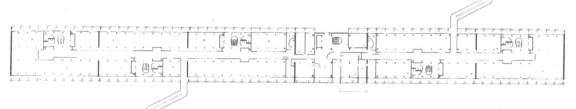

图 9-50 昌迪加尔秘书处大楼标准层平面

图 9-51　昌迪加尔秘书处大楼

图 9-52　艾哈迈达巴德城市博物馆

图 9-53　艾哈迈达巴德城市博物馆中庭

的架空文化中心，展品较少，看起来反而像博物馆的装饰物。设计时将夜间的参观路线结束在屋顶。屋顶上设计了一片宽阔的花圃，其间有 40 多个 7 米见方的水池，水深 40 厘米，水面上落英缤纷，色彩斑斓，在茂密的植被的掩映下，池水免于被炙热的阳光烘烤。池水中添加了一种特殊的粉末，可以促使植物成长，结出了巨大的南瓜、巨大的番茄和其他果实。艾哈迈达巴德城市博物馆的方案极富实践性并富有诗意，它的灵感来自一次晚宴后的闲聊。"1930 年，在巴黎波利尼亚克（Polignac）亲王夫人的家中，出席晚宴的有诺瓦耶（Noailles）女爵士、巴黎巴斯德研究所所长福尔诺（Fourneau）教授和柯布西耶。福尔诺教授对柯布西耶说：'这个客厅的地板上如果有 4 厘米深的水，再加上我所知道的一种粉末，就能让西红柿在此发芽长得像西瓜一样大。'当时柯布西耶的回答是：'谢谢，我还没有这样的愿望！'但到了 1952 年，在艾哈迈达巴德城市博物馆的方案阶段，柯布西耶又想起当时的对话，他去拜访那位教授，可是教授已经去世了，尽管

国际现代建筑协会（International Congresses of Modern Architecture）年会上筹划的。在一个露天庭院（图 9-53）内，参观者沿着一条坡道从建筑下方的底层架空处进入博物馆。一上楼就是一个双跨的旋转中庭，柱网尺寸（图 9-54）为 7 米 × 7 米，中庭宽 14 米。中庭和底层架空文化中心采取了很多日间防晒的措施。艾哈迈达巴德城市博物馆建成后，展品大多布置在庭院和一楼

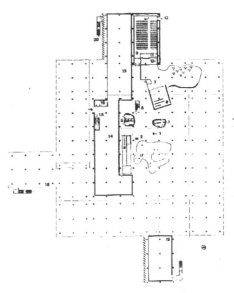

图 9-54　艾哈迈达巴德城市博物馆平面

如此，巴斯德研究所还是无偿地为柯布西耶提供了帮助。"[32] 在双跨方螺旋中庭构成的展厅中，外墙表面被涂成白色，围合内院的墙体外表面则保持青砖原貌。

（2）艾哈迈达巴德棉纺织协会总部

艾哈迈达巴德棉纺织协会总部（图 9-55）不仅能够有效地服务于行政功能，而且还能为举行集会提供必要场所。建筑坐落在一处临河花园中，朝向依据主导风向而定，为了有效地隔热，南北立面上几乎不开窗，屋顶设置一个水池和两个空中花园用于隔热，还设有服务于夜间聚会的酒吧。立面采用了蜂房式遮阳，使建筑适应地区气候的变化，立面上的竖向板成一定的角度排列，更好地起到了遮阳和通风的双重效果。集会大厅由双层薄砖墙围合，内壁是胶合木板，大厅内通过曲面顶棚反射获得间接采光。建筑内的垂直交通采用了坡道和电梯的结合，长长的坡道为行人提供从停车场向主席办公室的通道，而两部电梯则解决了各个楼层间的交通问题。南北立面采用清水砖墙，东西立面采用裸露的混凝土，墙体采用金属模板浇筑，而大坡道采用木模板浇筑。

4. 对印度的影响

柯布西耶是现代主义建筑的领军人物，他来到印度这个落后的发展中国家，为印度兴建新城昌迪加尔，并在艾哈迈达巴德等地进行了很多的建筑实践。对于他本人来说这是一个机遇，对于印度来说这同样是一个机遇。柯布西耶用他自己的实践，为印度原先存在的完全的"国际风"以及印度一撒拉逊风格做了不一样的尝试，为在印度探索的外国建筑师以及印度本土的一些建筑师做了表率，开辟了一条必须考虑印度本土不能忽视的潮湿、炎热气候而进行现代主义建筑创作的道路，对后来印度很多本土的建筑师有很重要的影响。本土的建筑师追随着柯布西耶的足迹，在印度这片土地上进行更多的建筑实践和建筑理论的探索，让印度城市在现代化的道路上走得更远，从而改变了印度各个城市乃至整个国家的风貌。

图 9-55 艾哈迈达巴德棉纺织协会总部

9.2.3　路易斯·康

"艺术是上帝的语言，结构是光的创造者，建筑师是传递空间美感的人。"

——路易斯·康

1. 生平简介

路易斯·康（Louis Kahn，生于 1901 年 2 月 20 日，图 9-56）是美国现代建筑师，生于爱沙尼亚的萨拉马岛，当时该岛处于波兰的统治下。

图 9-56　路易斯·康

路易斯·康出生在一个犹太人的家庭，父亲是一名虔诚的犹太教徒，母亲出身声望颇高的门德尔家族。路易斯·康自小就受到双亲的文化熏陶。自然、宗教、音乐以及歌德等人的文学作品，从孩提时代起就是路易斯·康的精神食粮。作为德国资产阶级革命思想的主流——浪漫主义以及由新柏拉图主义演变的存在主义对路易斯·康的人生有很大的影响。

路易斯·康 1905 年随全家迁往美国宾夕法尼亚州，1924 年毕业于费城宾夕法尼亚大学。路易斯·康读书时，受法国教师保罗·菲利普·克雷特（Paul Philippe Cret）的古典学院派影响较深，尔后曾经崇拜密斯与柯布西耶，也曾钦佩过赖特，但他更相信自己。1920—1930 年代他在费城执业。1947—1957 年的十年之间，路易斯·康担任过耶鲁大学教授，还曾经是哈佛设计学院的

一员。

1935 年起，路易斯·康开设了独立的建筑事务所。在两次世界大战期间，他先后和乔奇·豪、奥斯卡·斯东诺洛夫等合作开设事务所。从大萧条时期开始，他与一些城市规划工作者，并与克莱仑斯·斯登、亨利·莱特等人建立起友谊，这使路易斯·康有机会从事一些城市开发性设计。

历经 30 年的摸索与彷徨，路易斯·康终于迎来了事业的转折点，耶鲁大学艺术画廊（Yale University Art Gallery，图 9-57）的扩建项目被视为路易斯·康的成名之作。路易斯·康大胆地运用了钢和玻璃材料，以及使用流动空间、三角形密肋楼盖结构外露等典型的现代手法。在室内，路易斯·康首次以一些简单几何形作为空间构图的"元"。融结构、空间构图、装饰和设备管线于一体的三角形密肋楼盖，把柯布西耶的粗野主义和奈尔维的装饰性结构等手法汇集一体。这一特色，由这时起成为路易斯·康的个人风格中重要的一个方面。这种既照顾历史环境又竭力

图 9-57　耶鲁大学艺术画廊扩建

求新的二元做法，显然是在时代和耶鲁这一具体历史环境的双重压力下进行的风格混合。如果说，耶鲁大学艺术画廊扩建工程呈现的是某种比较浅

表、比较生硬的"复合"，那么稍后的特雷顿犹太人文化中心以及 1957 年之后完成的宾夕法尼亚大学理查德医学研究大楼，则已经呈现出某种非压力下的加工式"复合"而成的二元，是传统与现代在各个方面的交织和融合。

2. 建筑思想

路易斯·康在 20 世纪建筑界的地位是重要而且特殊的，近一百年的建筑艺术中，但凡重要的思潮，恐怕除了密斯学派之外，没有一支不受其影响。柯布西耶功在先，而路易斯·康则既集大成又开后世。他受到过学院派的古典主义教育，又热衷于混凝土、薄壳等结构施工技术的应用。

路易斯·康的设计作品常常伴有自成一格的理论作为支持，他的理论既有德国古典文学和浪漫主义哲学作为根基，又糅以现代主义的建筑观、东方文化的哲学思想乃至中国的老庄学说在其中。他不仅从事建筑创作实践工作，又先后在耶鲁大学、普林斯顿大学和宾夕法尼亚大学从事建筑教育，并且应邀在许多国家发表演说。路易斯·康曾经说过："'砖，你想成为什么？'砖说'要成为拱'。'拱造价太大了，我可以用混凝土代替你，你觉得呢？'砖说'我还是要成为拱'。"在建筑理论方面，路易斯·康的言论常常如诗的语言般晦涩、令人费解，然而也的确如诗句一般，充满着隐喻的力量，引人揣摩。他的实践和理论是相互融合的，他的实践似乎为这些诗句般的理论做了注解，而他的理论，似乎又为实践泼洒上一层又一层神秘的色彩。在路易斯·康 20 年的巅峰状态中，他的作品遍及北美大陆、南亚和中东，他的弟子成为如今美国以及其他国家建筑界、建筑教育界的中坚力量，而他的建筑思想，更是在一代又一代的建筑师中风靡着，因此人们崇奉他为一代"建筑诗哲"。

通过对建筑活动的沉思，路易斯·康将"静默和光明"（Silence and Light）作为他整个思想体系的主体。"静默不是非常的安静，而是可以称为无光的（Lightless）、昏暗的（Darkless），这些是被发明的词，甚至 Darkless 这个词还不存在，但是有什么关系，这两个词想要出现，想要被表达……"静默是不可度量的品质，是"想要成为"的冲动，而光明赋予存在生命，光明是静默的实现，它是物质化的，砖的意志正是体现在两者的交汇之处，灵感则起源于静默和光明交汇之处的感觉 [33]。

路易斯·康曾经说过："一个伟大的建筑，必须从不可度量开始，经历过可度量的过程，而最终又必须是不可度量的展示。"[34] 在建筑实践上，路易斯·康也遵循这段话，在他建筑的可度量过程中，则充满了古典建筑的影子。路易斯·康抓住古典建筑实质性的精神，把它们运用到自己的作品中，如南加利福尼亚萨尔克生物研究所的设计中就能够见到明显的古典中心对称构图，在构图中心处，原本古典建筑应该出现的哥特教堂被一片汪洋取代，虽然没有了教堂的形式，但是非常准确地表现了庄严肃穆的宗教气质（图 9-58）。这种气质即"不可度量"的永恒性和人性的表达。

3. 印度管理学院艾哈迈达巴德分院

印度管理学院（Indian Institutes of Management，简称 IIM）是由印度总理拨款兴建的综合性商业经济类院校。印度管理学院有 6 所分校，分别位于艾哈迈达巴德、加尔各答、班加罗尔、勒克瑙、印多尔和卡利卡特。路易斯·康设计的印度管理学院位于艾哈迈达巴德。

印度管理学院艾哈迈达巴德分院是由路易斯·康在 1962 年至 1974 年之间设计完成的，整个设计过程持续了近 13 年，期间历经多次修改与

图 9-58　萨尔克生物研究所

深入完善。路易斯·康在设计中充分考虑了基地的气候、地理条件以及场所精神，在多次深化的草图中均体现了整体的秩序、几何形式的逻辑性等结构主义哲学思想。

（1）校园规划

印度管理学院艾哈迈达巴德分院的功能包括教室、办公室、图书馆、学生宿舍、食堂、教师住宅、工人住宅和市场等，其中教室、办公室、图书馆、食堂被路易斯·康统一在教学建筑综合体中。教学综合体（图 9-59）是整个校园的核心部分，在校园中起控制与统率作用，其形式简化为简单的矩形，具有较强的标识性。学生宿舍（图 9-60）被设计为单元式的重复组合，每个单元形状为矩形以及切角矩形组合，学生宿舍整体呈 L 形环绕在教学综合体东南面。学生宿舍的南面隔着湖与教师住宅遥遥相望，住宅群体正交的组合形式可

图 9-59　印度管理学院艾哈迈达巴德分院教学综合体中心庭院

图 9-60　印度管理学院艾哈迈达巴德分院学生宿舍单元

看作教学综合体的外部发散。

印度管理学院艾哈迈达巴德分院分成三个主要分区：教学综合体、学生宿舍和教师住宅。路易斯·康用平面上不同的几何形状以及道路系统的划分，将三个分区清晰地区别开来，主要分区之间在结构上形成等级体系，随着向外的延伸，私密性逐渐增强。在学生宿舍与教师住宅之间，路易斯·康设计了 L 形湖面，它将教师住宅与学校主体进行了一定的分离界定，因为在路易斯·康的观念中学生宿舍同样也可以是学生学习交流的地方，它与教学综合体建筑的联系相对紧密，这和路易斯·康所主张的"最好的教育应是非正式的"观点相一致。而教师住宅与学生们离得不太远，同时保持一定的私密性，让教师拥有学校生活之外的空间，享受家的温暖。

在印度管理学院艾哈迈达巴德分院的校园规划（图 9-61）中，路易斯·康在将主要分区清晰地按等级排列的同时，又通过一条南北方向的 45° 斜向的控制线将整个校园统一起来。学生宿舍区近似沿着这条 45° 控制线对称排布，像翅膀一般向两边发散；教学综合体的入口楼梯和这条控制线正交垂直，在总平面上强调了入口的位置；教师住宅又是平行于控制线的方向的：三个区域在局部上存在相互依存的关系[35]。除了这条 45° 控制线，方格网在规划中也发挥了作用。教学综合体是矩形的，为总体奠定了一个方格的基调；学生宿舍被安置在均质的方格网之中，18 个单元被均匀地分布在方格中，这样宿舍楼的外墙就顺着综合体矩形的方向；而教师住宅的院落在轮廓线上也与教学综合体相同。整个校园通过方格网和 45° 控制线被紧密地联系成一个整体。

（2）主要分区

教学综合体（图 9-62）是校园中的主体建筑，

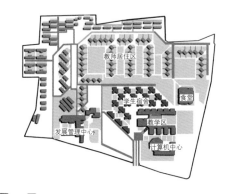

图 9-61　印度管理学院艾哈迈达巴德分院平面

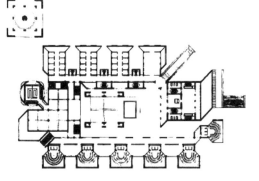

图 9-62　印度管理学院艾哈迈达巴德分院教学综合体平面

众多功能环绕中心的室外庭院规则布置。位于南侧六个相同的矩形教室由回廊串联起来，对应的北侧是四个尺寸相同的教师办公室。主入口（图 9-63）位于教师办公室的东侧，阶梯入口以 45° 的角度插入正交的建筑综合体。在教学区中占重要地位的图书馆则位于主入口大厅的东侧，和图书馆相对的是餐厅厨房部分，整个建筑群因此形成了双向对称的形式。教学综合体的主要交通空间与交通核心均分布在庭院四周，庭院不仅起到联系各部分功能的作用，而且将功能分区进行理性地划分，充分体现了"服务"与"被服务"的理性空间结构划分的观念。主入口处保留了原先的一棵芒果树，在印度芒果树被视为神圣而不可砍伐的，因此入口被赋予了"神圣"的精神象征。

学生宿舍的每个单元都相同，单元和单元之间排列紧密，这样能够让一个建筑物成为另一个建筑物的遮挡物，特别是在太阳西晒的时候，能够在另一栋建筑物及两者之间形成大片的阴影。宿舍区由坡道（图9-64）进入，缓缓抬高的坡道不仅起到引导作用，也起到强调作用，形成高低落差。艾哈迈达巴德西部和北部都是沙漠，主导风向是西南风，宿舍单元的一些主要房间面向主导风向，西南方向的建筑立面开半圆形大洞（图9-65）。这样在单元之间形成穿堂风，带走大量的热量，同时在开洞处设计了廊道，起到了遮阳作用。而在阳光强烈的方向上，外墙则不开任何孔洞。通过对通风和遮阳的把握，宿舍变得宜居。宿舍单元外部以相同尺寸的方形庭院为核心，外部空间和建筑通过边界限定，相同大小的尺寸划

图 9-63　印度管理学院艾哈迈达巴德分院教学综合体入口台阶

图 9-65　印度管理学院艾哈迈达巴德分院宿舍楼墙面开口

图 9-64　印度管理学院艾哈迈达巴德分院宿舍区坡道

图 9-66 印度管理学院艾哈迈达巴德分院外露的过梁

分实现了整体的和谐和秩序。"几何学的比例和形式可以超越时空的限制，摆脱表面上的'风格'的运用而深入空间创造的本源。"虽然路易斯·康坚持使用诗化的设计法则，但是几何学在他的建筑作品中占有重要的地位。路易斯·康在《建筑形式》（Architectural Forum）1966 年 7—8月刊上曾发表的一段话可以代表他对几何学的认识："自由的线是最令人着迷的。铅笔和意识偷偷地想让它们生存下来。更加严格一些的几何学把它们领向直接的计算，把任性的细节放在一边，它喜欢结构和空间的简单，这样可以便于它不断使用。"

（3）形式和细节

印度管理学院艾哈迈达巴德分院所有建筑都采用红砖为材料，红砖砌筑后不抹灰，直接裸露在外，让建筑表现得更加亲和。门洞上的过梁（图

图 9-67　层叠的拱

图 9-68　透过门洞看树

9-66）也被完全暴露在外面，这反倒成了立面上的装饰。路易斯·康偏好于将建筑在建造过程中留下的痕迹直接保留下来。在形式上采用了半圆形、圆形以及矩形的几何形式，起到了在局部统一的效果。几何形的孔洞一般在迎风面，阳光直接照射的立面上则开洞很小，有时候为了呼应圆形孔洞，会将墙砌筑出半圆形的痕迹。

路易斯·康的"静默和光明"的思想，在印度管理学院艾哈迈达巴德分院得到了充分的体现。他的层叠的拱（图 9-67），不仅提供了阴凉，而且在印度强烈的阳光照射下，形成了梦幻迷离的光影效果，让校园在光的渲染下蒙上了神秘的色彩。在教学综合体办公室和办公室之间，都种植了大树（图 9-68）。当人们站在廊道的阴影里，透过红砖砌成的拱，看到浓绿的大树在阳光下闪闪泛光并且投下星星点点的斑影的场景时，会产生一种莫名的宁静感，生出一些莫名的感动。说不好为了什么感动，也许这就是"静默和光明"的双重作用吧。

4. 对印度的影响

路易斯·康对建筑有着独特的理解。他从哲学的层面思考建筑，认为建筑是大宇宙中蕴含的小空间，可以说是浓缩的宇宙；他将建筑归为信仰范畴，认为建筑师应该从信仰的角度去定义建筑。印度虽然是个贫穷落后的国家，但是最不缺乏的就是信仰，它充满了宗教的神秘氛围。在这样一个国度，路易斯·康的建筑理论得到了最大限度的发挥，通过印度的宗教文化和人民的宗教信仰，康所重视的场所精神得到了体现。建筑的象征性和精神内涵达到永恒。路易斯·康对印度的影响是不可磨灭的，他为印度的现代建筑注入了宗教信仰的力量以及永恒的血液。

9.2.4 其他建筑师的实践

1. 约瑟夫·艾伦·斯坦因

约瑟夫·艾伦·斯坦因（Joseph Allen Stein，图9-69）是一位美国建筑师，也是1940—1950年代在美国旧金山海湾地区建立区域现代化的主要人物之一。1952年，斯坦因来到

图9-69 约瑟夫·艾伦·斯坦因

印度，因在印度设计了几个重要的建筑而出名，其中最著名的是在德里市中心的卢迪地产（Lidhi Estate）。如今以他的名字命名的"约瑟夫·斯坦因路"，仍然是德里唯一以建筑师命名的道路。

斯坦因毕业于伊利诺伊大学建筑系，曾经在纽约和洛杉矶的建筑事务所工作，后来在旧金山成立事务所。在洛杉矶，他设计了很多加利福尼亚风格的住宅，后来对低收入住宅产生兴趣，开始致力于为中产阶级和工薪阶层设计更好的居住建筑。1950年，随着朝鲜战争的爆发和麦卡锡主义的兴起，斯坦因想找个能够更自由地表现建筑才能的地方，因此离开美国。起先他去了墨西哥和欧洲，最后在1952年来到了印度，在印度加尔各答的孟加拉工程学院（Bengal Engineering College）教书。1955年开始，斯坦因在新德里和另一位美国建筑师本杰明·波尔克（Benjamin Polk）一起工作。之后，斯坦

因将"加利福尼亚现代主义"风格带到在德里设计的几栋建筑上，包括福特基金会总部（Ford Function Headquarters）、印度国际中心（India International Centre，IIC）等。1992年，他被授予印度卓越成就奖和印度第四最高等级公民奖，以表彰他在印度所作的贡献[36]。

克什米尔会议中心（Kashmir Convention Center，图9-70、图9-71）是由斯坦因和多西（Doshi）以及巴拉（Bhalla）一起设计的。它是一座坐落在著名风景区达拉湖畔的现代化建筑，建筑、庭院和景色巧妙地融为一体。建筑分为几个体块，体块之间用连廊连接，围合成似连似分的庭院。朝向湖面的部分设计成灰空间——柱廊，这样就将室内部分延伸到湖面，将湖光山色引进到建筑内部，让建筑和环境相互渗透、相互融合。会议中心的主要功能包括：1个600座的礼堂、3

图9-70 克什米尔会议中心

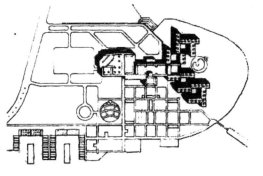

图9-71 克什米尔会议中心总平面

个 250 座的会议厅、6 个 20~80 座的会议室，以及休息室、展览厅，还有印刷、电视、广播等设施空间，除此之外配套旅馆、餐厅、咖啡厅、银行和商店等。

印度国际中心（1962）是一组东南亚风格的建筑群，位于新德里。在外观设计上，斯坦因运用混凝土百叶、阳台和连续拱券屋顶，创造出典雅的和现代结合的建筑。在平面上，斯坦因运用庭院，让布置流畅，又有利于遮阳和通风。建筑细部上，采用了伊斯兰的建筑元素 [37]。

2. 爱德华·德尔·斯通

爱德华·德尔·斯通（Edward Durell Stone，图 9-72）是 20 世纪美国建筑师，美国现代建筑早期的倡导人，现代主义建筑中典雅主义代表人物之一。

斯通在阿肯色大学就读艺术时被艺术学院的院长鼓励学习建筑，后来他在波士顿建筑学校、哈佛大学和麻省理工学院学习建筑，尽管如此他

图 9-72　爱德华·德尔·斯通

并没有获得学位。1927 年，在马萨诸塞州读书时他获得了游历奖学金，因此得到机会去欧洲和北非旅行，这对他后来的古典主义风格具有很大影响。1937 年，斯通设计了纽约第一座国际风格的建筑——现代艺术博物馆。

斯通的建筑具有个性，手法始终如一，在致力于理性的同时，还专注于在现代建筑上运用传统美学法则，使现代建筑材料和结构规整，具有端庄和典雅之感。在后期的建筑生涯中，他反复使用从古典主义派生出来的设计手法和建筑语汇。

1955 年设计的新德里美国驻印度大使馆（图 9-73）是斯通建筑生涯的一个转折点。斯通在设计美国驻印度大使馆的时候，认真研究了印度的瑰宝——泰姬·玛哈尔陵，从泰姬·玛哈尔陵上汲取灵感，体现了对印度文化的尊重，被尼赫鲁称为"把印度文化和现代技术结合在一起"。美国驻印度大使馆建筑群包括使馆主楼、大使官邸、办公楼以及其他附属用房。主楼为两层高的长方形建筑，坐落在一个不高的平台上，平台下是车库。主楼为了适应印度炎热潮湿的气候，设计了约 4.27 米深的屋檐，用 25 根镀金钢柱围成柱廊，柱廊的形式不禁让人想到欧洲古典主义建筑。柱廊内侧是白色镂空陶砖砌成的幕墙，幕墙的运用就是对印度"迦利"这一形式的提取。两层高的相同的镂空幕墙让大使馆在视觉上成为一栋简洁的单层建筑。幕墙内侧是玻璃墙，起到透光和一定的隔热作用。屋顶采用隔热的中控双层屋盖 [38]。

大使馆使用了泰姬·玛哈尔陵水池的元素，主楼前设有一个圆形水池，水池配以热带乔木、灌木，池中有小岛，中间有喷泉。主楼内部有一个中庭，中庭形成的内部小环境对围在它周围的房间有一定的降温作用，中庭上空悬挂网眼铝合金薄板，阻挡了一部分阳光。

图 9-73　美国驻印度大使馆主楼

9.3 印度本土建筑师的探索期

印度在 20 世纪五六十年代受到西方建筑师的影响，大概在 1960 年代印度一批出色的本土建筑师开始受到关注。这些建筑师很多都有留学经历，受到了西方教育体系和当时流行在西方的现代主义建筑思想的影响。他们在印度急需现代化的时候，回到祖国投入现代化建设中，将从小受到的印度传统和长大后接受的西方现代主义建筑教育结合，探索更适合印度本土文化和生活方式的设计方法。他们从长期积淀的传统建筑文化中挖掘出财富，融入现代生活需求，设计出符合时代潮流的适合印度环境、经济背景以及文化价值的质量卓越的现代建筑，其水平可以和当今世界各地最优秀的作品相媲美。

查尔斯·柯里亚（Charles Correa）是一位著名的印度建筑师，他综合了自己对印度古老文化的深刻理解、对印度人民的人文关怀、对印度炎热潮湿的热带气候的认识以及印度当时所处的社会条件，在建筑理论方面提出了"形式服从气候""对空空间""管式住宅"等重要的概念。他的建筑作品也在方方面面体现他的建筑理论。早期的成名建筑圣雄甘地纪念馆拥有丰富而灵活的空间、适宜的尺度、幽静的环境，让游客在建筑中也可以体会到圣雄甘地节制、平和的人格魅力。孟买的高级公寓干城章嘉公寓采用了印度古老的游廊的组织方式，利用错层的空间形态营造适合于孟买的公寓形式。为了能够在室内引进孟加拉湾的海风，建筑选择面朝西，两层高的阳台成为室内起居空间的延伸。

巴克里希纳·多西（Balkrishna Doshi）是印度很有影响力的一位建筑师，和柯布西耶、路易斯·康都有过合作，对印度建筑教育界也有巨大的影响，可以说对印度后来年轻代的建筑设计师的影响也很大。他早期受柯布西耶影响，使用柯布西耶式的混凝土作为材料来表现建筑，后来在不断的创作过程中推陈出新，从印度传统神庙建筑中汲取养分，用其独特的"新印度建筑"表现还处于模糊不定的印度当代建筑。他将多种材料如红砖、碎瓷片等用于建筑，在环境规划和技术中心建筑学院的设计上采用开放的布局，将室内和室外同时作为教育场所，使室内外相互渗透，建筑与自然交融合一。在侯赛因—多西画廊的设计上引进原始洞穴的母题，又加之于碎瓷片，创造了一个似外来生物又似原始洞穴的大胆有趣的建筑。在他自己的工作室设计上，他用连续拱券和水渠等构成元素，将工作室一半埋在地下，在炎热的环境下营造了一个凉爽的空间。

另外一位建筑师拉杰·里瓦尔（Raj Rewal）认为，建筑设计应该是传统和现代创作原则的结合而不是形式的结合。在印度国会图书馆的设计中，里瓦尔采用了印度传统体现宇宙观的曼陀罗图形作为建筑母题进行设计，创作出现代和传统结合的优秀建筑作品。

在 1960 年代开始执业的这些优秀本土建筑师中，很多建筑师都试图将印度本土文化和现代化进行结合，创造出具有印度特色的现代建筑。在尝试和试探中，印度本土出现了一批优秀建筑和杰出的建筑师。

9.3.1 查尔斯·柯里亚

1. 生平简介

柯里亚（图9-74）是世界著名的印度建筑师。1930 年出生在印度，曾留学美国，在密歇根大学和麻省理工学院学习建筑学，因此受到西方建筑文化浸染。在底特律的时候，他曾经为设计过世

图 9-74　查尔斯·柯里亚

界贸易中心的日裔美籍建筑师雅马萨奇工作过。最终，在 1958 年，他选择回国并且在孟买成立建筑事务所——建筑都市设计事务所（今天的"柯里亚建筑事务所"前身），开始独立执业。1950 年代的印度刚刚独立不久，是一个全新而又古老的国家。它拥有悠久的历史文化，同时又到处充满了希望和挑战。而此时的孟买是印度最为特殊的城市，充满了发达国家的激情，又富有贸易中心的魅力。在第二次世界大战期间，孟买成为印度的建筑思想中心，众多代表"先进设计思想"的英国建筑事务所都设立于此。

柯里亚是一位建筑师、规划师、理论家和社会活动家，他的大部分作品都在印度国内。他从圣雄甘地纪念馆开始成名，还设计了斋浦尔艺术中心、博帕尔国民议会大厦、干城章嘉公寓等建筑。在城市规划方面，柯里亚也有一定成就。在 1970—1975 年主持 200 万人口的"新孟买"规划，他很重视建筑和城市规划的紧密结合。1985 年，柯里亚受印度前总统拉吉夫·甘地委托，担任国家城市建设部主席。

柯里亚不仅在建筑和规划方面取得成就，他同时也是一名教育家。他除了在印度的大学执教之外，还在麻省理工学院、宾夕法尼亚大学、哈佛大学、华盛顿大学、伦敦大学、剑桥大学等著

名学府的讲台上执掌教鞭。

迄今为止，柯里亚获得很多荣誉和奖项，主要奖项包括：1972 年印度总统颁发的国家奖（Padma Shri by the President of India）；1979 年美国建筑师协会荣誉会员；1984 年英国建筑师协会金奖；1990 年国际建筑师协会金奖（Gold Medal of International Union of Arthitects）；1994 年日本高松殿下奖建筑奖；1998 年获得伊斯兰世界最重要的建筑奖——阿迦汗建筑奖等[39]。

在柯里亚 40 多年的建筑设计中，他认识到印度次大陆的局限性，但是他并没有否定这种局限性，而是把印度的传统价值、当时的社会背景以及环境特色当作一种机遇。从柯里亚的作品中，我们可以看到现代建筑的痕迹，又可以看到印度传统建筑的样貌，甚至是民居的构成模式。对于柯里亚的建筑而言，它们是生长在印度的，是被印度的气候环境、文化传统滋养长大的。

2. 建筑理论

柯里亚的建筑以印度的文化、历史、气候环境等因素为语汇基础，他提倡使用当地建筑材料如石材、砖，通过简单的砌筑模式构成起来，运用传统的空间特色和现代的技术把建筑材料巧妙搭配组合，建造出不一般又富有诗意的现代建筑。柯里亚的建筑语汇不仅是现代的，而且源自印度社会中很多传统价值，所以也是本土的。他将现代和传统两种近似对立的性质平行处理，基于传统的形式发展出现代化的景象，使现代建筑以一种符合印度国情、适合热带国家气候条件等自然环境的全新形象出现。

柯里亚的建筑范围非常广泛，包括从低收入者的住宅到高级酒店，从纪念性建筑到高层住宅，从单体建筑设计到城市规划。他将新和旧、纪念性和文化性、创造式和借鉴式相互融合，为持久

的建筑创作提供供给。柯里亚早期的建筑围绕着"形式服从气候"（Form Follow Climate）的设计理念，运用"管式住宅"（Tube House）和"对空空间"（Open to Sky Space）两个概念展开；成熟期的建筑融合了曼陀罗宇宙观的设计思想；这些思想形成了丰富的建筑理论[40]。

（1）形式服从气候

1969 年，查尔斯·柯里亚发表了一篇题为《气候控制论》的论文，文中从印度具体的气候条件出发，针对不同的建筑，结合自己的建筑创作实践经验，提出了相对应的解决问题的建筑类型。在论文中，他敏锐地切入印度现代建筑发展的实际问题，提出了 5 个非常具有实用价值的概念。概念一：围廊，围廊空间是一种灰空间，是坡顶结构结合支撑柱廊形成的一种半开放的空间，提供了室内额外的进深，防止日晒的同时又保持良好通风。概念二：管式住宅，它是一种狭长的住宅模式，在高密度的条件下，给住户提供尽可能多的生活空间，通过侧光和顶光，在多层内部设置贯通空间和内部庭院，改善内部环境。概念三：中央庭院，提供额外流通的空气和足够的采光，同时又形成相对而言封闭的内部环境。概念四：跃层阳台，用于炎热潮湿地区，引入两层高的阳台作为花园平台，进一步发展为室外起居室，花园平台起到了延伸室外又保护室内私密性的作用。概念五：一系列分离的建筑单元，散开的建筑各个部分，通过开放空间或者覆盖的空间连成一片。1980 年，柯里亚对住宅和气候关系进行了更进一步的阐述，他在《形式追随气候》一文中，进一步阐述了形式和气候之间相互依存的关系。

（2）管式住宅

管式住宅（图 9-75、图 9-76）的概念于1960 年提出，目的在于推动低收入者的住宅建设。

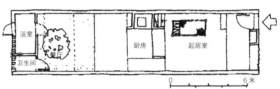

图 9-75　管式住宅平面

图 9-76　管式住宅剖面

管式住宅在进深相对狭长的室内空间中，通过半开放的空间来达到改善内部空间质量的效果，狭长的墙壁起到抑制热辐射的作用[41]。

管式住宅是由古吉拉特邦住宅委员会主办的一次竞赛中的参赛作品，该住宅设计获得了全印度低造价住宅设计竞赛一等奖。室内的热空气顺着屋顶斜面上升，从顶部的通风口排出，新鲜空气被吸入室内，从而建立起自然通风系统。同时，还可以通过大门旁边的可调节百叶来调节控制。管式住宅的原理类似于烟囱的通风管道，热空气通过通风口被排出，冷空气被吸入后沉降，向下流动，流动的过程中形成自然风，降低室内空气温度。

柯里亚对管式住宅的概念进行充分的发展，把它作为集合住宅整体规划的构成要素，进一步发展成为底层连续性线状的空间模式。

（3）对空空间

对空空间是一个普遍存在的空间概念，它没有建筑构件遮挡，完全对天空开放。对空空间广泛存在于印度传统建筑和民居中，在印度传统建筑中有多种表现形式，印度语 Chowk（中庭）、Kund（水池）和 Vav（阶梯井）都是类似的空间。对空空间对于低收入者来说是一个特别的空间，它利用屋顶平台为低收入者提供了额外的空间。柯里亚把最基本的对空空间提升到建筑理论的高度，Open to the Sky（面对天空）表达了一种建筑对天空开放，吸纳阳光、空气和微风的含义，暗示建筑空间不封闭。柯里亚的对空空间是通过建筑构造体现的。他说："德里和拉合尔伟大的清真寺的主要空间是通过大面积的开放空间组合而成，这些开放空间被多样的建筑形式围合起来，让人感觉置身于建筑之中。开放空间的阴阳关系形成图底关系，起到了让视觉在围合体量之间停顿的作用，这种模式不仅为集中休息提供了方式，而且也为流线变动创造了机会。"

3. 建筑实例

（1）圣雄甘地纪念馆

圣 雄 甘 地 纪 念 馆（Gandhi Smarak Sangrahalaya，1958—1963 年建设，图 9-77、图 9-78）位于印度西部一个重要的工业城市艾哈

迈达巴德，是柯里亚独立设计开始的第一个重要项目，也是他的成名之作。圣雄甘地纪念馆被认为是将甘地精神和现代建筑手法相结合最成功的例子。甘地曾经说过："我希望我的住宅没有墙，让世界各地的自由之风可以吹进来。"而柯里亚设计的这个纪念馆尊重了甘地的思想，是一个敞开的空间，几乎没有墙。

纪念馆的入口在圣雄路上，但是建筑场地入口没有和建筑入口直接相对，参观者要经过转折

图 9-77　圣雄甘地纪念馆总平面

图 9-78　圣雄甘地纪念馆

的路，从通向祷告平台的石路上进入纪念馆，在波折游走之间，对纪念馆产生深切的期待。在进入纪念馆入口前的曲折道路上，可以看到"三不猴"（图 9-79）——一只猴子捂着眼睛，一只捂着嘴巴，一只捂着耳朵。这是由于圣雄甘地经常以"三不猴"的形象来传达"不见恶事，不听恶词，不说恶言"的教导。

纪念馆由 51 个 6 米 ×6 米的带有金字塔形屋顶的单元组成，采用混凝土预制材料有机地组合在一起。像传统印度村庄一样，房屋随意地摆放着，围绕着若干条道路，给人以开放感和随性感。其中一些单元用墙体围合成为房间，一些单元下陷为水池或者成为空出来的虚的存在，使人们在甘地纪念馆的虚实间徘徊。在这里，建筑成为一种工具，空间通过建筑表达出来。纪念馆临着河，这条河分割着艾哈迈达巴德，将城市分成两半，一边是新城，一边是旧城。河面的风吹来，在纪念馆的庭院和没有墙的单元中吹过，湖面、绿化和建筑融为一体，形成了富有魅力而又平易近人的场所。

这座纪念馆没有玻璃窗，通过手动的木质百叶窗（图 9-80）采光通风。虽然艾哈迈达巴德地区干旱炎热，但在纪念馆内也不会觉得燥热。房间内部采光有些昏暗，内部空间却非常的亲切，透露着浓厚的乡土气息。从昏暗的房间走到开敞的没有墙的单元，即从昏暗走到光明，有一种从冥想到现实之感。

甘地纪念馆全面地收藏了甘地 30 000 多封信件、电影胶片资料、文献以及他的秘书编辑的几百卷档案。这是一所免费的纪念馆，在印度免费的纪念馆并不多见，这是为了让甘地精神传播得更远。在这里可以看到印度人三三两两坐着看展览或者坐在庭院里闭目冥想。纪念馆的展览方

图 9-79　圣雄甘地纪念馆入口处的"三不猴"

图 9-80　木质百叶窗

式比较自由、松散，没有循规蹈矩的流线，而是让参观者自由地选择参观的顺序，没有墙的单元不方便展览，便在粗大的柱子上悬挂历史照片和文字介绍或者设置一些可以移动的展板。主要的展览空间是围合的空间，墙上和展台都展示着甘地的生平和思想。

（2）干城章嘉公寓

位于孟买的干城章嘉公寓（Kanchanjunga Apartments，1970—1983 年建设，图 9-81）是著名的高级住宅和商业区之一，它的名字来源于喜马拉雅山脉第二高峰。公寓位置紧邻着半岛通向机场的主要道路。孟买是印度的经济中心，高楼鳞次栉比，天际线连绵，车流络绎不绝，但是其本土化的元素越来越少。柯里亚在设计这座高楼时试图从环境气候、空间功能和景观等因素考虑。干城章嘉公寓采用高楼的形式主要有两个

原因：首先地段内有一片具有保留意义的 1930 年的老式平房，因此用地受到很大的限制；其次是为了尊重这个黄金地带已经形成的具有历史性的惯例。

建筑总共有 32 套住房，以三卧室（142 平方米）和四卧室为主，分为七种以上户型，每户都有一个二层高的阳台。建筑整体平面近似正方形（21 米 ×21 米），共 27 层，高 85 米 [42]。干城章嘉公寓的设计受到勒·柯布西耶的马赛公寓的影响。马赛公寓采用了"L"形复层住宅和大进深来避免法国南部夏天猛烈的阳光直射。干城章嘉公寓属于塔楼式住宅，第一、二层是商业，以上是错层住宅，柯里亚从柯布西耶的设计中获取灵感，来解决炎热潮湿的热带地区的高层住宅的设计问题。公寓的主要朝向以东西向为主，这是由孟买的气候决定的：朝西的方向可以吹到凉爽的阿拉伯海风，而且拥有最好的景观，西向是

孟买最引以为傲的海滨以及海滨周围豪华的建筑群。该建筑采用东西向的布局方式，每层围绕着电梯间对称布置两户，每户占据纵向两个狭长开间，东西贯通，能够获得很好的穿堂风。柯里亚为了使剖面设计得更有利于通风和遮阳，采用半跃层形式交错布局，每户设计朝西或者朝东的层高两层的大花园阳台。大阳台的存在很适合当地居民的生活习性，在炎热的夏天或一天的清晨、傍晚，很多居民把阳台当作居室或者卧室使用，因此阳台成为每户的主要生活起居空间，如同印度传统住宅中的露天庭院一般。同时，两层的花园平台还成为室内和室外的一个缓冲空间，可以起到一定的遮挡阳光和雨季季风的作用，营造出一个宜人的环境（图 9-82、图 9-83）。

在建筑技术方面，干城章嘉公寓采用了当时（1970 年代）先进的钢筋混凝土滑模技术，是印度第一座采用这个技术的高层建筑。公寓外形简洁而不单调，错开的转角阳台打破了高层公寓常有的千篇一律，给孟买这座城市带来了全新的面貌。这幢大楼在当时"既新潮，又有印度风格"。

（3）中央邦博帕尔国民议会大厦

作为中央邦博帕尔的国民议会大厦（Vidhan Bhavan Government Building，图 9-84、图 9-85），柯里亚的这个建筑除了考虑功能性以外，还不得不考虑采用一种处处洋溢着永恒象征力量的形式。柯里亚和他的同事在 1980 年赢得议会大厦的竞标，但是直到 1983 年才动工，由于局势动荡，主体建筑的完工被推迟到 1997 年 [43]。这个非常卓越的建筑建成时，不仅为博帕尔邦的当地政府，而且为整个印度展示了自信心。

柯里亚在建筑中融合了印度传统和现代抽象这两个元素，因此能够保持建筑具有典型的印度甚至是亚洲特征，同时也能轻松地建立一种文化

图 9-81 干城章嘉公寓　　图 9-82 干城章嘉公寓剖面

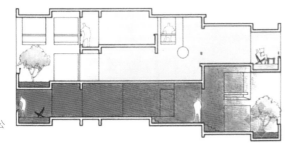

图 9-83 干城章嘉公寓单元平面

图 9-84　博帕尔国民议会大厦

模式，这里文化历史可以看作和用作未来进程的延续。国民会议大厦作为印度当下历史中一个受人尊敬的建筑作品，它的设计过程是清晰明了的，主要不是由分析功能而得出形式，而是由一个主要形式演变出来设计，用西方的术语来说即"后现代主义"。

这个设计的出发点是曼陀罗图形。曼陀罗图形象征宇宙，图形被分为九个方块，象征七个真实的星球和两个神话的星球。这个印度古老建筑中的伟大图案在过去的几个世纪中不断变化，成为一个精神参考。现在这个符号已经发展成为柯里亚设计词汇中的首选，并在他的斋浦尔艺术中心得到了应用。但是中央邦博帕尔国民议会大厦没有用完整的曼陀罗图形，而是截取了曼陀罗图形的片段。柯里亚围绕广场设计了一个圆弧，弧形并不完整，存在缺角。圆弧在建筑中占主导地位，最终形成环绕建筑物的外壁。这座建筑中的功能分区也服从于曼陀罗结构：下院的大会议室作为环形数字大厅，上院的小室作为一个斜放的正方形；内阁区域有大厅、院子和办公室、图书馆、行政区域（包括部长办公室）和一个大院子，

公共庭院和中央大厅处在中心地带。建筑是轴对称的，对称轴通过三个主要的不同人流（图9-86）入口进行强调。东南边的主入口是公众流线，贵

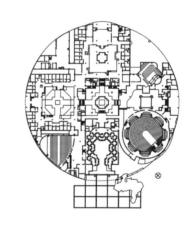

图 9-85　博帕尔国民议会大厦平面

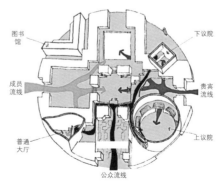

图 9-86　博帕尔国民议会大厦主要流线

宾入口在东北边，下议院入口在西北边。很明显，柯里亚不是盲目地结合曼陀罗图形，而是灵活运用。每个区域同轴部分的中心院子的基本功能是作为一个开放或半开放空间，从院子之间的相互关系到它们向天空的开口，很明显地阐述了柯里亚寓意天空和强烈的阳光以及蓝色调的意图，这些元素都表现了印度的精神世界。

庭院象征了一个古代印度建筑主题，庭院在炎热的气候下直接为房间提供光和空气，人们能够根据时间自由地选择在室内或是室外活动。庭院是典型的共享象征，是人们相遇、交流和交往的空间。柯里亚用光和影、流动的水创造一个小气候，建立一个有序的空间去体验交替的光影和空气的流动形成的不同程度的刺激，这种刺激在建筑中部达到高潮。

柯里亚的设计暗含着印度教的哲学，庭院花园在开放和关闭间交替，让人回想起伟大的莫卧儿建筑。曼陀罗这个出色的图案唤起印度佛教的过去。上议院半球形屋顶象征着一个离议会大厦只有30千米的世界遗产桑契窣堵坡。而柯里亚从印度文化中汲取养分，在国民议会大厦中表现出印度在世界上独一无二的地位和多样性的民族精神。

（4）斋浦尔艺术中心

斋浦尔艺术中心（Jawahar Kala Kendra，图9-87）位于斋浦尔南部的新城区，是一座包括展览、图书室、300人多功能剧场和实验剧场等功能的政府性综合文化机构。这座艺术中心是受拉贾斯坦邦委托、为纪念尼赫鲁总统而设计的。

斋浦尔是印度一座古城，被称为"粉红之城"，整座城市以粉红色为主色调，有很多历史建筑被保留下来。斋浦尔的城市布局是根据曼陀罗图形展开的，城市被分成9块800平方米的正方形。

图9-87　斋浦尔艺术中心

所以柯里亚在设计斋浦尔艺术中心时，充分考虑了和老城的关系，在平面布局、空间构造甚至是材料和色彩上都做好考虑[44]。同时，在建筑中成功地体现了曼陀罗的宇宙观，通过建筑空间暗示浩瀚的宇宙奥秘，展现了印度传统文化的迷人魅力。

斋浦尔艺术中心的平面（图9-88）采用印度古老神秘的曼陀罗图案（图9-89），分为9个方格，将其中一个方格（相当于木星的星相，作为多功能剧场的部分）抛出九宫格之外，和九宫格形成一定角度，而主动退让出来的空地则作为建筑的主入口（图9-90），让原先规整的曼陀罗平面变得生动活泼，同时起到突出入口的作用。九宫格中间的方格作为中央庭院，在周围实体方格的围绕下，以虚的方形的存在统领整个建筑群，成为建筑群的中心。

曼陀罗九宫格的不同方块分别代表不同的星球（图9-91），并有各自的象征意义和代表符号。西南方块代表一颗神秘的彗星（Ketu），它象

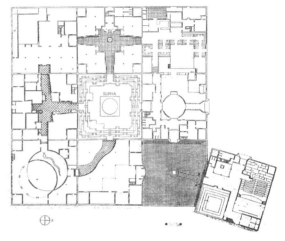

图 9-88 斋浦尔艺术中心平面

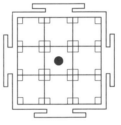

图 9-89 曼陀罗图形

图 9-90 斋浦尔艺术中心主入口

图 9-91 斋浦尔艺术中心星相示意

征愤怒，代表符号为蛇。这块方格的功能是用于手工艺品和珠宝展示厅，方格的中间是一个庭院，四周是室内展厅，通过室外坡道，可以穿过庭院直接到达二层。

正南方块代表土星（Shani，Saturn），象征知识，符号是弓，土红色表示大地。这个方格有一个贯穿的道路，两侧分布着传统的手工艺作坊，和中央庭院对应的坡道可以通向屋顶平台和观望塔（图9-92）。

东南方块象征修复和贪婪，这个方块运用彩虹色通过两个叠加的圆形代表日食（Rahu）的星座，主要展示拉贾斯坦人的武器和盔甲。方格中有一条水渠流出，与代表木星的图书馆水面相连接。

正西方块代表星座为水星（Budh，Mercury），象征教育，其代表符号是黄色的箭。

图9-92　斋浦尔艺术中心正南方块内院

这个展厅一共有五个美术展示室：一层是珠宝、文稿、音乐器材和微缩展馆；二层则是大空间的展馆，可以用于家具、服饰等介绍拉贾斯坦邦生活习惯和方式的展示。

中央的方块代表星座是太阳（Surya，Sun），象征创造能源，用红色来表现太阳火热的形象。这个方块是个虚无的方块，中间的平台可以用来表演音乐、舞蹈、戏剧等。这个方块的形象，是柯里亚从印度古老的阶梯井这种形式中获得的灵感，四周观看表演的台阶形式和阶梯井取水用的台阶如出一辙。

正东方的方块代表星座为木星（Guru，Jupiter），采用的颜色是柠檬黄，象征知识。方块内曲折通道的一侧是图书馆和文件中心，另一侧是水池，其上覆盖着格架，阳光照射下格架在地上投出斑驳的阴影。图书馆的上部空间很开阔，外侧的水面透过玻璃能够映出别样的光影效果，富有情趣。

西北方的方块代表星座是月亮（Chandra，Moon），象征浪漫美好，形状是奶白色的新月。这个方块的一层提供餐饮功能，二层提供住宿。二层开阔的平台上可以俯瞰下面的庭院，是交流讨论的好地方。

正北方的方块代表火星（Mnagal，Mars），象征权力，标志是红色的方块。这个方块的功能是作为博物馆的办公区域，一般的办公室和馆长办公室设置在二层，入口设有接待室，顺着台阶走到二楼可以看到中庭。

东北的方块代表星座是金星（Shukra，Venus），符号是白色的星星，象征艺术。这个方块就是入口处被旋转了方向的方块，其功能是作为剧场和附属空间[45]。

九个方块拥有独立的交通体系，彼此独立又

图 9-93　斋浦尔艺术中心室内穹顶绘画

相互联系。每个方块布置各自功能，各具特色，但是和相邻的方块都留有开口，这样在建筑中形成了一条交叉的环路，仿佛迷宫一般，每进入一个新的方块都会有一种不同的感觉，刺激着人们的感官（图 9-93）。整个建筑采用红色的安卡拉砂石，墙顶部装饰线采用白色多尔普石材，使整个建筑保持和斋浦尔城市一样的色调。九个方格的入口处都标上了它所代表行星的象征符号。

（5）印度人寿保险公司大楼

印度人寿保险公司大楼（图 9-94、图 9-95）也称 LIC 中心，从开工到竣工历时 12 年，建成于 20 世纪七八十年代，地处新德里市中心康诺特环路，在议会街（Parliament Street）和贾恩大道（Janpath）的交叉口，位置非常显眼。它是一座 12 层高的复合型办公楼，大门式的造型成为新德里的重要标志建筑。康诺特环路是新德

图 9-94　印度人寿保险公司大楼

图 9-95　印度人寿保险公司大楼总平面

里最繁荣的商业区，处于和旧德里的过渡地段，是重要的交通枢纽。

人寿保险公司大楼的裙房为两层，主要功能是商场和餐厅，这里被人们认为是新德里的购物中心。大台阶直接通向三层商务部分的入口，入口前是由高层建筑围合成的面积非常大的城市广场，人们可以穿越高层的广场到达人寿保险公司大楼后面的集市。大楼的高层部分在广场的两翼，建筑面积达 63 000 平方米，两个部分通过顶部长 98 米的巨型连续钢架（图 9-96）连贯起来[46]。钢架由两侧的红色大石墩支撑，整体显得十分轻巧，如同飘浮在空中一般。置身于这个巨大的开放空间里，有一种开阔舒畅的感觉。建筑的外表面使用印度传统的红色石材，不禁让人联想到位于旧德里的红堡。

人寿保险公司大楼处于新德里和旧德里的交

图 9-96　连续钢架

界缓冲地段，代表着新城区南部迅速发展起来的高层新区。巨大的建筑外立面呈 V 字形展开，将建筑前的中央公园的景象都映射在玻璃外立面上。

这座楼并没有突兀地矗立着，而是以合适的尺度融入印度人的生活，巨大的建筑如同一座屏障保护着绿地里休闲的印度人。

4. 孟买新城规划

孟买是印度西海岸的城市和印度最大海港，是印度马哈拉施特拉邦的首府。1534 年孟买被葡萄牙占领，1661 年葡萄牙国王将孟买作为公主的嫁妆割让给英国，之后英国在此地设立了东印度公司，将其作为吞并印度的桥头堡。1849 年英国全面占领印度，1869 年苏伊士运河通航，此后孟买由于地理位置的优势变得越来越重要，被称为"女王颈上的项链"。随着铁路的建成及连接海岛和大陆的大堤的修筑，孟买迅速发展起来。孟买成为印度的商业和娱乐之都，拥有众多金融机构，诸如印度国家证券交易所、印度储备银行、印度最大集团塔塔集团总部等。孟买还是印度影视业——宝莱坞的大本营。

孟买在印度西海岸具有得天独厚的地理优势，是西海岸的门户。其东面的德干高原，拥有肥沃的黑土，是印度重要的棉花种植区，这为孟买的纺织工业体系的形成和发展提供了必不可少的物质条件。在交通条件方面，孟买也具有优势，它是印度最大的港口且拥有完善的铁路体系。但是长久以来由于历史和自然条件等因素，印度的西部和南部经济发展较快，而东部发展则缓慢甚至出现停滞现象。

发展不平衡也造成了城市人口的不均衡。马哈拉施特拉邦的人口占印度全国人口的 9.33%，集中了全国工业就业人口的 20%。在马哈拉施特拉邦内部，由于工业分布不均，人口又高度集中在孟买—塔纳（Thane）地区。这个地区的面积尚不及马哈拉施特拉邦的 0.1%，却集中了全邦工业就业人口的 63% 和城市人口的 41%。1991 年在大孟买城市区（图 9-97）的 1 257 万人口中，孟买岛 68.71 平方千米的旧城区就生活着高达 316 万人口，这一地区的人口密度达到每平方千米约 46 000 人，成为当时世界上人口密度最大的地区之一。若再加上大量的流动人口，如季节性涌入城市的农村人口、非正式部门就业人口、不定期流动的商人和旅游人口等，那么孟买的拥挤程度更加严重，每天往返城市和郊区的人口流量极为可观[47]。

人口高度集中，给孟买带来了一系列问题，如地价高昂、交通堵塞、住房紧张、贫困、供水困难和环境污染。第二次世界大战结束后，大批的难民涌入孟买，给孟买的住房造成空前的困难。而印度出台的房租管制法令闲置租金保持在战前水平，导致私人营造商对建新房失去积极性，又加上地价上涨、建材和劳动力短缺及价格上涨，住房问题日趋严重。房荒的后果是孟买的贫民窟日趋增多。在交通方面，连接南、北两个群岛的两座海堤是市区和郊区的交通瓶颈地段，而工作岗位有 2/3 集中在市区，每天经过两座海堤的人数在高峰期能够达到 100 万人。非法修建居民点的问题也很严重，贫民窟的人口剧增，与此同时流浪人口达到 10 余万人。这些问题都给孟买城市现代化的发展带来了阻碍[48]。

在孟买的城市问题越来越严重之时，当地政府规划要扩大孟买城市，1970 年柯里亚主持"新孟买"（Navi Mumbai）的规划（图 9-98）。参与规划的人还有希利斯·帕泰雨（Shirish Patel）、普拉维亚·梅雨塔（Pravina Mehta）和总规划师亚哈（R. K. Jha）。

城市的发展一般有两种基本模式：一是呈同心圆向外扩散；二是沿着主要交通轴线呈放射状向外扩散[49]。但由于孟买位于岛屿上，其独特的

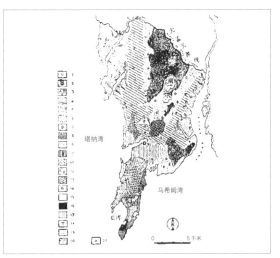

图 9-97 大孟买地图

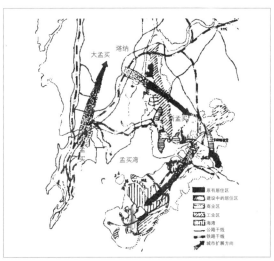

图 9-98 新孟买发展方向

自然地理环境限制了两种基本发展模式，以前独特的港口优势，如今也成为限制孟买发展的不利因素，四面环水的天然屏障束缚了城市继续向外扩展。

为了缓解孟买人口和其他职能困境，需要扩建新城。1970 年，孟买都市区域规划局（BMRDB）完成的规划提出建设一个"新孟买"和旧城相对独立的方案。建设的新城可以吸纳从旧城疏散出来的人口和企业，缓解旧城压力。兴建新城的同时，对孟买岛旧城实施严格控制，限制其经济职能的进一步扩大，以此来改善城市社会的生活环境。

通过限制旧城的就业机会，来控制人口的增长，逐步削弱旧城对人口迁移的吸引力，让新城代替旧城，吸引膨胀的人口。为了刺激新城的经济活力增长，有关部门采取行政和法律手段，有计划地将旧城的一些商业机构搬迁至新城。

在具体规划上，鉴于孟买的自然条件限制，采用了孟买岛（旧城）—塔纳（大孟买）—新孟买—纳瓦谢瓦港（Nhava Sheva）逐级跳跃，环绕孟买湾形成半封闭带状形式推进空间发展格局。这样的模式有利于各城镇区在空间上达到相互依存、相互补充和协调发展，既能发挥特大城市的聚拢效应，又可以减轻城市所造成的社会生活环境方面的压力，为城市发展创造所需的有利条件，解决新城和旧城之间的矛盾。

整个 1970 年代，孟买开始实施以塔纳为中心的大孟买计划，城市向孟买的郊区发展，实现城市空间发展格局的第一次跳跃。该阶段从跨塔纳湾工业区和塔洛贾工业发展区建立开始，到 1970 年代中期已经发展到一定规模。后来为扩大工业产品的出口能力，在 1974 年建立了桑塔克卢斯电子出口加工区，进一步刺激了该区发展。目前在孟买和塔纳之间已经形成了一个连续的综合性工业地带。在这一阶段新孟买和纳瓦谢瓦港的发展相对缓慢。

1980 年代以来，孟买城市规划进入第二阶段，城市发展重心从塔纳地区推进到新孟买地区，开始了城市空间发展上的又一次跳跃。新孟买位于塔纳湾东面的大陆本土，通过跨越塔纳湾的大桥和孟买岛相连。新孟买包括行政、商业、工业和居住等功能，计划容纳 200 万人口，并建设新的港口来减轻老孟买港的压力，新港口（纳瓦谢瓦港）区和塔纳区开发融为一体。

新孟买城市布局分为两部分：一侧是卡尔瓦—比拉普工业区，一侧是居住区。规划两条前后建成的大道构成环状快车道，将整个居住区和商业区包围其中，老孟买至浦那的公路经过横跨塔纳湾的新桥，自西向东穿越新孟买城中心。居住区被划分为若干规划区，每一个区配备必需的社区基础设施，三至四个小区为一组，设置一个公共的区中心。规划在新孟买开发三个商业区，北部、中部和南部各一个，中部商业区靠近孟买的出入口。主要的娱乐休闲区和公园规划分散在城市绿化带中，绿地面积共为 50 平方千米，每千人占有绿地 15 000 平方米。

新孟买拥有 650 千米的道路网络，这些网络连接着节点和临近的城镇。除此之外还有 5 座主要的桥梁、8 个天桥、15 个立交桥和一些步行桥梁。整个道路系统按照规划和人口实现同步增长。

铁路系统构成新孟买的生命线，覆盖在长度为 200 千米、占地面积 9 平方千米的土地上，铁路网络共包括 6 条铁路和 30 个站台。铁路网中还包括一座瓦西（Vashi）铁路桥，这座铁路桥连接着孟买和新孟买，是这两个区域经济发展的纽带，将孟买的发展延伸到新孟买。这座跨海铁路桥帮助舒缓了孟买城区的居住压力，让住在新孟买地区的人们也能在孟买老城区工作。新孟买主要的职能是创造就业机会，转移老城区就业压力。新孟买规划将为 200 万人提供 75 万个工作岗位，因此新孟买定位为一个独立的新城，而不是为孟买老城区解决住宿问题的"宿舍区"。新孟买的经济特区为外国投资者提供了全方位的从制造业到金融服务业的商业环境。新孟买经济特区（Navi Mumbai Special Economic Zone，NMSEZ，图 9-99、图 9-100）位于新孟买中心，由四个区域组成，其目标是为商业、居住、学习发展提供世界级的基础设施、公共事业和服务[50]。

新孟买的规划从现在城市发展来看，能够很好地根据自己的自然条件和社会经济条件扬长避短，因地制宜，使很多方面都发挥了优势作用。首先它采用逐层跳级的方法，以交通干线的发展来连接各个城区，在各个城区之间留有一定的乡村，对于城市化水平较低的印度来说，这样既有利于吸收广大农村地区的剩余劳动力，又有利于利用交通干线组织交通，有效分散城市的中心职能。除此之外，还在城市发展结构上留有一定的弹性。这样的规划不仅解决了岛屿城市难以扩张的难题，而且在环孟买湾地区形成城市，更充分地利用了天然良港的优势。但是新孟买的城市发展受到一定的无计划因素的影响，从如今的发展来看，其城市发展模式的弊端正在逐步显现，新城区的生活服务设施在短期内不容易配套，因此影响了它对人口和工业的吸引力，形不成规模，到 2011 年为止，新孟买人口约 110 万人。

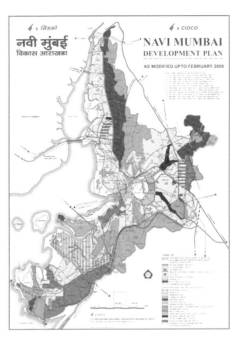

图 9-99　新孟买地图

虽然孟买的发展仍旧存在一定的问题，但是柯里亚及其团队规划的新孟买给沿海湾的分散型城市的规划带来了很大的借鉴作用。

图 9-100　新孟买鸟瞰

9.3.2 巴克里希纳·多西

1. 生平简介

多西（图9-101）于1927年8月26日出生在印度马哈拉施特拉邦的浦那（Pune）。他是印

图9-101 巴克里希纳·多西

度著名建筑师，被认为是南亚建筑界一个重要人物，在印度建筑演变理论上有很大贡献。他最著名的建筑是印度管理学院班加罗尔分院。多西是英国皇家建筑师协会的会员，曾经担任过普利策奖评选委员会成员以及阿迦汗建筑奖评选委员。

多西早年在孟买的JJ艺术学校学习，之后去伦敦实习。1951年，多西在柯布西耶的巴黎工作室里当了四年"学徒"，并且参与柯布西耶在昌迪加尔和艾哈迈达巴德的一些建筑工程。之后的三年时间中他回到印度负责监督柯布西耶在艾哈迈达巴德的建筑项目。1958—1959年间，多西获得美国芝加哥大学奖学金，赴美进修。1960年代，当路易斯·康在艾哈迈达巴德设计印度管理学院时，多西和路易斯·康有了很亲密的合作，被康称为"了不起的印度建筑师"[51]。多西在和柯布西耶、路易斯·康这两位西方建筑大师合作的过程中，深受西方现代建筑思想的影响，特别是当他在参与大师的工程时，深入实践，亲身经历建筑建造的全过程。这样的经历，使他对现代建筑精神比其他印度建筑师具有更直接和深刻的体验。柯布西耶和路易斯·康等人的现代建筑思想深深影响着多西的建筑取向。

虽然多西没有立刻从巨大的柯布西耶阴影中走出来，但从他最初的创作中已经可以看出他追求"新印度建筑"的倾向。1955年，多西在古吉拉特邦的纺织工业城市艾哈迈达巴德定居下来，在那里他担任柯布西耶在印度的四个工程项目的负责人，同时他开始接受一些企业家和当地文教机构的设计委托。1958年，他创立了环境设计研究中心，命名为"Vastu ShiPla"，研究中心提倡在环境设计中，人、建筑和自然三者之间应该对话，这三者不应该是独立的。多西的研究中心的名字来源于印度民间流传的两种叫作 Vastu Shastra 和 Shi Plashastar 的传授建筑学知识的系统，类似于我国的风水学说，这两种学说对多西的建筑观影响很大。Vastu Shastra 系统中有一种被称为"Vastu Purusha Mandala"的曼陀罗模式，这种模式为人如何在广博无际而神秘的宇宙中找寻和安排理想住所提供范式。多西事务所里还挂着一张网格状的曼陀罗图形。从多西对环境设计研究中心的命名上，可以很明显地看出他寻求人工微观环境和宇宙运行规律相呼应、体现人与自然和谐共生、追求地区性共鸣的本土建筑观。

除了作为建筑师取得的国际名声之外，多西同时作为一位教育者和学校的创办者而出名。1962—1972年，他在艾哈迈达巴德创办了建筑学院（School of Architecture），并任职为建筑学院的主任；1972—1979年创办了规划学院，并任规划学院主任；1972—1981年，建筑学院、规划学院以及管理和技术学院等合并成环境规划和技术中心（Centre for Environmental Planning and Technology，CEPT），多西担任第一任

校长并为其设计校园。他为学校引进艺术和应用科学领域的课程，在建筑教学上注重乡土建筑传统，该学校还对喜马拉雅山地建筑做了一系列研究和调查。他还是视觉艺术中心（Visual Arts Centre）和卡诺利亚艺术中心（Kanoria Centre for Arts）的创办人[52]。

2. 建筑理念

多西出生在一个印度教大家庭里，几代人都生活在一起，家庭成员的年龄跨度从刚出生到八九十岁，他们在这个家庭里出生、成长、死亡。在传统而又古老的家庭里成长的多西，从小就经常去附近的村庄和神庙参加庆典，这是印度古老文化遗留下来的精神世界[53]。虽然多西后来受到了西方现代派思想的影响，但是流淌在他血液里的印度传统是不可磨灭的。多西在他的建筑设计生涯中后期，致力于研究印度教、佛教和伊斯兰教建筑。他从这些古老建筑上感受到了神圣之感，在他看来如果建筑忽略了神圣之感，就很难让人意识到内在的自我和自身真正幸福快乐的所在。对多西而言，建筑是一种"既非纯物质也非纯理论，又非纯精神的现象"，而是三者的综合体现。

多西认为传统艺术的特点是在建筑形式中重视物质需要，这样的直接反应是让人的身体感到舒适，在形式上强调组织协调和清晰轮廓。普通现代建筑是逻辑上的设计，它能够满足形式上的理性要求，给人带来尺度适宜的感觉，满足使用要求，从建筑学上来讲，这样的建筑是高效的，但是显得单调无趣。传统形式和普通现代建筑尽管能够满足社会和个人的基本需求，还可以产生一定的凝聚力，但是都不一定能够成为卓越的作品，不一定能激起自我意识，也就不会成为具有永恒性而流芳百世的佳作。建筑需要满足人精神上的需求，它和人有着重要的联系，在形式之间

有微妙的关系。

多西用哲学和宗教视角来看待建筑中的精神性，把心灵感受放在中心位置，认为理性和功能应该围绕这个中心建筑，并应蕴含特有的文化。他一直把建筑形式应植根于建筑所生长的土地作为首要问题，因此非常重视能够体验到心灵感受的传统建筑环境。为了创造心灵体验，多西努力分析能够产生这些体验的空间特性和建筑语言。

在多西看来印度教的神庙建筑（图9-102）是满足精神性、具有神圣之感的经典之作。神庙安排空间序列，各个空间的大小、高度和围合度都不同，每个空间举行的仪式也不尽相同。神庙入口处一般是举行欢快节日庆典的地方；内部空间是比较深沉的仪式空间（Girbhgriha），黑暗、封闭有且仅有一个门洞。他认为神庙建筑能够给人心灵留下印记并且成为永恒的神圣之所，这是由于人有对空间的认同感。多西将从神庙中看到的空间特性用到现代建筑上，通过运用停顿、过渡性空间让现代建筑也获得神圣之感，创造出永恒形式。

3. 建筑实践

（1）印度管理学院班加罗尔分院

印度管理学院希望建造一所能够不断发展变化的灵活的建筑。多西通过研究16世纪的法塔赫布尔西格里堡而得到灵感，成功解决建筑不断发展变化的问题。西格里由阿克巴皇帝建造，占地面积很大，建筑规模宏大，流线清晰，建筑形式和空间组织广受好评。多西将同样的手法运用到印度管理学院班加罗尔分院（图9-103、图9-104）的校园设计上，他以走廊来限定和组织几个矩形空间，沿着走廊排布着不同功能的房间，有办公室、实验室、演讲厅以及图书馆等。建筑围合成的空间成为室内空间向外部的延伸。班加罗尔城市树

木茂盛，在这种环境中，室外的庭院可以成为教室之外的学术交流空间，于是设计功能和传统地方的亭子式空间有机联系起来。多西在设计中使用了三层高的廊子，廊子有的有屋顶，有的以藤蔓作为顶，有的是部分遮盖的，和室外景色有机地融合在一起，使景观和建筑产生交流。办公室的入口由廊子（图9-105）决定，通过虚实变换的韵律，即墙和开口，给人一种断断续续、若有似无的感觉，真实反而成了概念性的东西[54]。

多西不仅把现代派的建筑原则运用在印度当地气候条件和自然环境中，更把从柯布西耶那里学到的简洁理性的形式和系统设计思想与印度本土建筑特点、生活方式和社会需求相结合。甚至有评论家认为多西的印度管理学院班加罗尔分院是对路易斯·康的印度管理学院艾哈迈达巴德分院的批判。

图 9-102　印度教神庙

图 9-103　印度管理学院班加罗尔分院

图 9-105　印度管理学院班加罗尔分院走廊

（2）侯赛因—多西画廊

侯赛因—多西画廊（Husain-Doshi Gufa，图9-106）落成于1995年，位于艾哈迈达巴德市多西创办的环境规划和技术中心大学旁，用以陈列印度著名艺术家侯赛因（M. F. Hussain）的艺术作品。作为安置艺术品的画廊本身就可以称为一件抽象派的艺术作品，自然有机的形态具有表现主义

图 9-104　印度管理学院班加罗尔分院总平面

图 9-106　侯赛因—多
西画廊

倾向，有洞穴般的形态。画廊的平面是由多个彼此相连、埋入地下的圆形和椭圆形组成，半圆形的形态让人联想到印度佛教的窣堵坡，窣堵坡在多西眼里是追求知识的象征，并且隐喻着光明之泉。多西将画廊的一半埋在地下，露出起伏的轮廓线，从外部可以看到壳体的骨架，但低矮的高度和小巧的体量很难让人想象这是一座画廊。裸露在外的壳体表面贴着白色和黑色的碎瓷片，白色为底色，黑色形成一定花纹。碎瓷片（图 9-107）可以反射一定的光线，让整个建筑看起来像是在发光。窗户的形式采用突出的如眼睛一般的圆洞或者在半圆形顶部如犄角一般的孔洞，这种采光形式，在室内能够形成斑点状的光影。画廊的外部如同神秘的外星文明的产物。当通过台阶向下进入画廊的室内（图 9-108、图 9-109），仿佛进入了原始社会，和室外的光明形成鲜明对比。粗糙的混凝土表面营造出昏暗阴冷的洞穴般的效果，不规整的混凝土支柱随意甚至有

些歪斜地支撑着壳体构架。圆形孔洞和室内的小射灯照亮了画廊展出的侯赛因的艺术品，这些色彩鲜艳的绘画大部分都绘制在画廊墙壁和顶部，像是原始的洞穴壁画，和建筑浑然一体。

图 9-108　侯赛因—多
西画廊入口

图 9-107　侯赛因—多西画廊表面碎瓷片

图 9-109　侯赛因—多
西画廊室内

（3）桑珈建筑事务所

桑珈建筑事务所（Sangath，图9-110）是
多西对"印度新建筑"的构想，这座仅有585平
方米的建筑将印度传统特色、热带气候特点和地
方性恰到好处地结合在一起。"桑珈"在当地语
言中的意思是共享和共同活动，而建筑采用连续
拱的形式，和"桑珈"的动态概念相适应，洞穴
般的拱形形象地象征着佛教支提窟中的弧状屋顶。
事务所室外场地丰富，有水池、台阶、花坛、雕
塑和草坪，构成多样而有趣味的室外空间，还摆
设了坐椅，供事务所的工作人员进行交流。建筑
的主体被埋入地下，连续拱的一部分暴露在外面，
围合成各式各样的建筑空间。既有地下的，也有
高出地面的，既有阳光充沛的大空间，也有相对
矮小的小空间，可以满足不同的功能需求，且各
个空间相互交错，给人以动感。建筑的结构体系
有三种：一种是砖墙承重的拱顶结构；一种是砖
柱承重的平顶结构；一种是墙、梁、柱的混合承
重结构。在应对印度炎热环境上，多西也运用了
多种手法：建筑主体被埋入地下能够起到很好的
隔热效果；建筑外表面和侯赛因—多西画廊一样
采用拼贴碎瓷片的方法，碎瓷片反射一定的光，
使建筑吸收的光热减少；双层的外墙面有较好的
通风效果，同时还能有一定的储存物品的功能；

图9-111　桑珈建筑事务所收集雨水的沟渠

建筑拱顶上有排水和收集雨水的沟渠（图9-111），
雨水汇聚到庭院中的水池，不仅起到一定的降温
作用，而且使庭院形成富有诗意的水景观，营造
出宁静平和的环境。建筑的采光方式也多样化，
包括侧窗、天窗和玻璃砖直接采光等等。

图9-110　桑珈建筑事
务所

（4）艾哈迈达巴德建筑学院

艾哈迈达巴德建筑学院（School of Architecture）于1962年由多西创办，和后创建的规划学院以及管理和技术学院合并成环境规划和技术中心。环境规划和技术中心的建筑学院在印度建筑界和建筑教育界占有重要地位，在国际上同样具有重要的地位。建筑学院设计了多学科交叉式教学方式，办学思想开放，在建筑教育方面侧重于乡土建筑传统，学院定期带学生前往印度北方和传统地区进行乡土建筑调研。

为了迎合该学院开放的办学理念，多西在设计校园时不设置围墙，让学生和周围的群众可以自由地出入学校，并且自由地参与学校组织的各项活动。校园平面布置自由随意，没有明显的秩序，但是给人以舒适之感（图9-112）。建筑学院和规划学院共用一座楼，建筑学院（图9-113）

图9-112 环境规划和技术中心平面

在一、二层，规划学院在三、四、五层，管理学院、设计学院和科技学院（图9-114）拥有各自独立的学院楼，但是体量较建筑和规划学院小。校园建筑高度总体都不高，最高的建筑和规划学院也仅是局部五层。建筑和规划学院一层局部架空；二层为了减少日晒采用实墙，需要采光处的整片墙体采用可旋转木板，旋转出一定角度以达到采光通风的效果；三层挑出，可以有效地遮挡阳光。

图9-113 环境规划和技术中心建筑和规划学院

图 9-114 环境规划和
技术中心科技学院

图 9-115 环境规划和
科技中心作品展

多西和路易斯·康一样，认为教育的场所不仅局限于室内的教室，也可以是室外。多西采用架空的底层，架空部分不仅通风遮阳，而且可以作为建筑学制作立体构成、搭建模型和展览设计作品的场地（图 9-115）。尺度亲切宜人的室外院落空间，让室外和室内相互渗透，半敞开的建筑和自然环境相融合，创造出舒适的聚会场所。建筑外表面直接用裸露的红砖表达，外露的混凝土框架成为自然的分割线和装饰线，建筑造型自然古朴，将西方现代主义的理性简洁融入当地的自然和人文地理中。

9.3.3　拉杰·里瓦尔

1. 生平简介

里瓦尔（图 9-116）1934 年出生在印度旁遮普邦，1939—1951 年生活在德里和西姆拉（印

图 9-116　拉杰·里瓦尔

度喜马偕尔邦的首府），1951—1954 年在新德里的建筑学院学习，完成学业后，于 1955 年去伦敦世界著名的 AA 学院就读。留学期间他一直在当地的建筑事务所实习，英国的生活给里瓦尔打开了全新的视野。1961 年里瓦尔移居法国，1962 年回到印度，在新德里的建筑学院教书。1974 年，他在伊朗德黑兰开办了第一个设计事务所。他的建筑作品大多位于印度国内，除此之外在法国、葡萄牙以及中国等地也有少量作品。作品类型包括住宅、办公，还有图书馆（图 9-117）会议中心、展览馆等公共建筑，也涉及城市规划。

里瓦尔的代表作品有法国驻印度大使馆馆员生活区、尼赫鲁纪念亭、英国驻印度大使官邸、中央教育技术学院、印度国会图书馆、里斯本的伊斯梅利亚中心等。他曾荣获印度建筑师协会金质奖，以及英国建筑师协会和法国政府所颁发的一些荣誉。

2. 建筑特点

里瓦尔和 20 世纪的很多建筑师一样，同时受到印度历史悠久的文化传统和西方现代建筑思想的双重影响，形成了自己特有的价值观。建筑思想和作品既传统又现代，深入地表达了传统精髓和现代主义精神。里瓦尔接受西方的建筑教育，喜欢简洁经典的几何形体。他受柯布西耶和路易斯·康影响，喜欢使用砖石和混凝土，以及运用光线让建筑形体和空间产生相互关系。里瓦尔认为现代建筑不应该是重复乏味的，应该对传统建筑有所传承，而传承不是一味地复制一些表面的装饰化构件，而是对传统建筑内在精髓的继承。他认为建筑的语言不应该是全球通用的语言，而应该是一种地方性口语，如何将现代主义和印度国情相融合是里瓦尔创作过程中主要思考的问题。印度著名的建筑师中，柯里亚和多西都试图将印度传统和现代主义建筑相结合，但是不同的建筑师侧重点并不一样，他们作为建筑师创作出了迥异的建筑。相对于柯里亚的对空空

图 9-117　印度国会图书馆（后面是国会大厦）

间、管式住宅、形式服从气候等建筑理念和多西的从印度宗教得到灵感，里瓦尔使用印度传统建筑学知识系统，更注重人性化、现代居住群落等概念。

3. 建筑实例

（1）印度国会图书馆

作为甲方的印度政府希望国会旁的地块上建造一座国会图书馆（India Parliament Library），对中标的设计者里瓦尔的要求是希望他能够承担起这一历史性的委托，让国会图书馆能够处理好和一旁的国会大厦的关系，展现印度现代建筑特点和印度源远流长的历史文化价值。总之，就是要求这座建筑和谐地展现现代印度和古代印度的双重特点。

印度国会大厦是在1920年的德里规划期间设计建造的，采用当时流行的殖民时期建筑风格，外观为一个圆形的形体，由柱廊围绕。国会图书馆如果要和它相和谐，采用相同风格是比较保守的做法，但是殖民风格已经和独立后的印度风格不相符，而且不能体现印度的古老文化传统。如何让国会图书馆在国会大厦面前郑重地展示自信而又不至于喧宾夺主，夺取国会大厦的光芒，这是这个设计的一个棘手的问题。里瓦尔是受过西方建筑教育的建筑师，在建筑形体上比较偏好于简单庄重的几何形体。在国会图书馆的设计中，他选择了圆形和八边形作为单元来组合形体。在考虑和国会大厦的关系时，为了不让图书馆喧宾夺主，里瓦尔画了一道高度控制线，将建筑的楼层高度控制在国会大厦的基底高度以下。因此图书馆有两层高度被埋在地下，只有建筑穹顶的高度超过了高度控制线。除此之外，相对于国会大厦的大体量，图书馆采用通过一个个单元来组成整体的建筑形式，这样整个图书馆在国会大厦面

前显得谦卑而低调。在和国会大厦的平面关系上，里瓦尔将国会大厦的轴线延伸，作为图书馆的轴线，主入口布置在国会大厦一侧，引导参观者和使用者从外围进入中心或者两翼，各个入口分开设置在不同的部位[55]。

在印度文化传统的延续性方面，里瓦尔采用了印度文化中被提及比较多的表现印度传统宇宙观的曼陀罗图形，印度历史上的斋浦尔城规划和印度南部一些理想城市都是按照此图形设计的。图书馆建筑平面按照曼陀罗图形布置，但并不是死板乏味地一味追求和曼陀罗图形相统一的形式，平面被突破、分解甚至省去（图9-118、图9-119）。

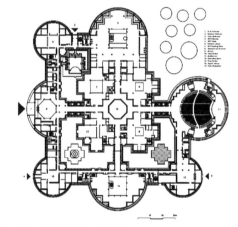

图 9-118　国会图书馆一层平面

图 9-119　国会图书馆模型

曼陀罗的九个单元并不完全一致，而是用类似的形状，有一个单元甚至被拿走，中心的单元被布置成虚的中庭，这也和曼陀罗代表的七个实体星球和两个神话星球相吻合，被拿走的那个单元和中庭正是那两个神话中的星球（图 9-120）。平面被突破后成为一个非对称、非完整的破碎的图形。除了曼陀罗主题的运用，里瓦尔还采用印度历史上莫卧儿时期经常出现的穹顶作为图书馆的屋顶。圆形的大圆里是一个个小圆，"子母圆"的形式突破了复制历史的形式，增加了现代主义的成分。

在功能布置上，里瓦尔将新闻中心、数字图书馆、礼堂等功能分布在外围的单元上，将阅览室、资料搜集和会议室布置在中庭附近的四个小单元里（图 9-121）。中庭上使用圆形的玻璃顶。在墙体材料选择方面，里瓦尔选择红色和米黄色的砂石，砂石外墙面保留粗糙的肌理，面向室内的一侧则磨平抛光，应该是参考了毗邻的国会大厦的做法。除了石材，里瓦尔还采用随处可见的混凝土，混凝土的使用增加了建筑的持久性。印度炎热的气候造就了图书馆内凹的窗户和外凸的檐口，它们和排列有序的细柱一起，丰富了建筑的立面，凹凸的形式在光的照射下形成迷离的阴影。

国会图书馆虽然在西方人眼里有一些过分强调印度文化，但在印度人眼里它是体现印度古文明和现代文明的完美结合。

（2）新德里教育学院

新德里教育学院（Education Institute of New Delhi，图 9-122）建造于 1987 年，建筑主题的入口庭院和中心庭院相互连通，庭院内布置着露天舞台，四周的建筑随层数的增加逐层后退。里瓦尔喜欢设计雕塑感强的体量，也喜欢凹窗、挑檐。教育学院犹如体块交错的积木一般堆积。他用柱子搭出框架，用墙体围合或者半围合成错

图 9-120 国会图书馆室内

图 9-121 国会图书馆内部庭院

图 9-122 新德里教育学院

综复杂的体块，形成镂空开敞的空间，起到通风作用。教育学院的第三层部分出挑，用落地柱支撑，形成可观数量的阴影，缓解德里夏季的曝晒。建筑凹凸的形体渗透着印度传统建筑的味道，材料选择红砂石，也具有浓郁的地方特色，红砂石这一古老的石头是印度人建造宫殿、陵墓等持久性强的建筑经常会用到的材料。中庭庭院中有一棵保留树木，全封闭的学院围绕着这棵古树，刻下印度传统庭院的烙印。庭院是印度传统住宅的重要元素，虽然很多国家的建筑中都有庭院，但是与印度的庭院有本质的区别。印度的庭院并不是室外部分，而是室内向室外的延伸，甚至可以说是室外的起居室。在炎热的夏季夜晚，印度人会睡在庭院中或者在屋顶上乘凉。

（3）CIDCO 低收入者住宅

在马哈拉施特拉邦的城市和工业发展合作项目（CIDCO，图 9-123）的建筑代表了一个综合的、特别的印度问题：如何建设低收入者的住宅。从根本上讲，这些房屋不被居住者拥有。一方面，大多数情况下，他们通常被困在已经被明确定义以及被划分为没有任何希望改善现状的社会底层，因为他们缺乏教育和专业训练。另一方面，上千年的印度种姓制度注定他们处于社会底层并且贫穷、资源匮乏。尽管印度政府已经尽力破除种姓制，有时甚至使用武力保障处在社会底层的人的生活

状态，但是种姓制仍然扎根在人们的意识中。

里瓦尔被委托的这个项目要求为在新孟买边缘的 1 000 多位居民安排住处。像所有的城市开发项目一样，尽管预算很低，但是不仅要满足建筑最基本的功能，而且要营造一个简单且高质量的家。困难就是要权衡资金和建筑质量，因此成功的关键是要选择价廉而耐久性高的材料，并且制作工艺要很简单，因为这同样可以减少造价。里瓦尔为这个项目设计了一个高密度的集合体，一方面因为地块面积有限，另一方面是为了能够获得尽量多而且质量高的室外空间，让处在城市的人能够把这个低收入住宅区联想为一个自然发展的村落（图 9-124、图 9-125）。项目中的住宅单元被里瓦尔形容为"分

图 9-124　低收入者住宅

图 9-125　低收入者住宅组团模型

子"（Molecules），由 1~3 个面积为 18、25、40 或 70 平方米的房间组成，它们具有基础的卫生设施，屋顶上设置水罐作为恒定的供水设备。这些配置在我们看来是基本的，但在印度农村却并不是理所当然的必备设施[56]。

图 9-123　低收入者住宅村落

一个必须解决的问题是：使用什么样的材料能够在资金紧张的前提下，达到建筑必需的耐久性。里瓦尔最终选择了空心砖和混凝土的组合，表皮为直接暴露的灰泥，用手工做的陶瓦做铺地，以及用当地可获得的粗糙花岗岩作为基础。这种组合可以适应强烈的季风气候。电力系统为整个居住区提供供应，而不仅仅是给住宅内部。为了安全，道路被安排在建筑外围，内部有合理的步行走道，这样的道路设计让人很容易进入建筑组群中。里瓦尔设计了一个非常稠密的居住小区，他让人们不仅居住在自己的家里，还能够和邻居相接触，让居民打开家门走到室外，这是一个非常重要的设计考虑。里瓦尔成功地将这些因素考虑到居住区的规划中。

9.4 印度现代建筑转变期

9.4.1 1990 年代后的印度现代建筑概况

从 1990 年代开始，印度建筑设计中逐渐出现一种文化反省倾向，新一代的建筑师将自己的设计思想和工作与老一辈的建筑师区分开来，努力寻找关注美学和象征性标准，跳脱风格和传统的限制。印度新一代的建筑作品更加国际化。

在独立后的 1940 年代到 1980 年代，印度主要解决的问题是全国范围内的社会问题，阶级、种姓制和社会资源流动的问题一旦解决，整个国家的重点就从社会问题转变到经济一体化建设上来。1990 年代之后印度开始拥抱全球经济，发展经济一体化，而基础设施建设被认为是实现经济一体化的有效手段，因此印度疯狂地投资基础设施建设。至 21 世纪初期，印度的建筑业蓬勃发展。

从独立后的 1940 年代到 1980 年代，除了少

数民营企业如塔塔、比尔拉、辛哈尼亚开展建设项目外，大多数印度建筑实践都侧重于政府部门开展的公共建筑建设，民营企业没有从事过大型的建筑项目。经济自由化之后，印度政府没有能力有效地为国家提供大规模的建筑项目和基础设施建设，政府在这方面的失能最终促成了新兴资产阶级以私人公司的形式提供住房和基础设施。但是即使是私人公司也无法应对大型的基础设施建设项目，这些项目的建筑都外包给如新加坡、美国和一些欧洲国家的国际公司。这些项目包括上层和中产阶级的高端豪华公寓、酒店、医院、大型购物商场和大规模乡镇、经济特区的总体规划项目，其中最具代表性和最具影响力的是信息技术（IT）园区的规划建设。城市信息技术园区不断增长，海得拉巴和班加罗尔都有电子城和高科技园区，金奈的技术产业园更是一个发展的成功例子。为产业园建设基础设施是吸引企业和资金的一个方法，而印度为科技产业园建造的都是一些国际性的优秀建筑，如扎哈·哈迪德设计的金奈印度土地和物业有限公司（ILPL，2006 年始建，图 9-126）、FXFOWLE 事务所设计的诺伊达软件科技园（2008 年始建，图 9-127）、纽约华尔街贝聿铭工作室（Pei Cobb Freed & Partners）的海得拉巴波浪岩（Wave Rock，2006—2010 年建设）和印度哈菲兹建筑师事务所在新孟买的国家时尚科技学院（NIFT，图 9-128）、在迈索尔的印孚瑟斯园区（Infosys，图 9-129）。这些产业园的发展促进了印度高端技术水平建筑设计和建造业的发展，显示出全球化对印度这片土地的巨大影响，展示了国际标准的建筑在印度的发展，并使得印度的建筑不仅仅局限于缺乏创新的老城密集型产业[57]。机场项目的例子包括哈菲兹建筑师事务所和 DV Joshi

公司设计的孟买国际机场、HOK（Hellmuth,
Obata+Kassabaum）建筑师事务所设计的新德
里英吉拉·甘地国际机场 3 号航站楼（2006—
2010 年建设）、SOM 设计的孟买贾特拉帕蒂·希
瓦吉国际机场 2 号航站楼（2014 年建成）。

除了基础设施外，由当地主要投资者投资的
品牌连锁酒店等项目也得到建设，它们一般建造
在新兴城市，如孟买、新德里、古尔家翁、海得
拉巴和班加罗尔等城市，公园酒店集团就是这样
一个连锁酒店集团，已经在加尔各答、新孟买、
金奈以及海得拉巴等城市建造了一系列的酒店建
筑，随着时间的推移，这个集团将把酒店建造到
国外，打造跨国的连锁酒店。

在经济自由化的带动下，印度的高层建筑
发展也十分迅速，以国际化大都市孟买为代表的
孟买市中心矗立着一座座摩天大楼。哈菲兹建筑
师事务所设计的孟买帝国双塔（图 9-130）是一
个采用玻璃和钢建造的摩天大楼的典型代表。帝
国双塔 2004 年开始建造，2010 年竣工，高度为
250 米，是 60 层的居住建筑。"安蒂拉"（Antilla）
则是一座由美国帕金斯威尔（Perkins+Will）建
筑事务所设计的高层私人豪华住宅。在孟买市中
心，"世界第一"楼（World One，图 9-131）
于 2020 年竣工。"世界第一"楼由罗哈（Lodha）

图 9-126 印度土地和
物业有限公司

图 9-127 诺伊达软件
科技园

图 9-128 国家时尚科
技学院

图 9-129 印孚瑟斯园区

图 9-130 帝国双塔

图 9-131 "世界第一"楼

集团出资建造，由贝聿铭工作室和著名结构师莱斯利·E.罗伯逊合作设计。它拥有一个海拔高度为 1 000 米的开发给民众的天文台，可供民众欣赏孟买城市景色和阿拉伯海美景。又如由印度著名设计师泰莱悌和潘瑟齐（Talati & Panthaky）事务所设计的皇宫酒店（Palais Royale，2008年始建，图 9-132），是一个使用低聚丙烯腈纤维建造的建筑。

图 9-132 皇宫酒店

9.4.2 基础设施

1. 贾特拉帕蒂·希瓦吉国际机场 2 号航站楼 Chhatrapati Shivaji International Airport-Terminal 2，孟买，2008 年，SOM 建

筑设计事务所。

贾特拉帕蒂·希瓦吉国际机场占地面积约为 0.4 平方千米，24 小时全天候运营，每年乘客的吞吐量达到 4 000 万人次，2 号航站楼的建造缓解了印度的机场压力。

2 号航站楼（图 9-133）将国内客运服务和国际客运服务合并在一起，优化了终端操作，减少了乘客的步行距离。受到印度传统阁楼形式的影响，这个 4 层的航站楼建造了一个宏大的"顶楼"，用做中央处理平台，下面是设施齐全的大厅。大厅并不是相互分离的，而是从中央核心向外辐射，让乘客可以在国内航班和国际航班之间自由穿梭。在新航站楼施工期间原先的航站正常运营，延长新航站楼的构想让其能够融于现有的航站楼，还能运用模块化的设计满足阶段性的建设需求。

2 号航站楼是一个温暖、明亮的空间，进入航站楼便看见一列多层的圆柱支撑着大跨度屋顶。新航站楼的屋顶是世界上最大的没有伸缩缝的屋顶之一，钢桁架结构跨度大，30 根 40 米高的圆柱为屋顶之下营造了一个巨大的空间，体现为一

图 9-133 贾特拉帕蒂·希瓦吉国际机场 2 号航站楼

种传统地域性建筑的内部庭院和空中楼阁。阳光透过镶嵌在顶棚里的花格镶板上的彩色玻璃洒落在大厅里，色彩斑斓的光斑暗示着机场的标志，

也是印度的国鸟——孔雀。2号航站楼从现代化视角重新审视传统，从顶楼圆柱和顶部的铰接式花格镶板，到让大厅投下斑驳阳光的格子窗，都渗透着传统的影子。

机场的零售中心位于大厅和航站楼的交汇处，是最热闹的地方，乘客在这里可以购物、吃饭，从落地窗看飞机的起飞降落。这个地方的很多细节都彰显了文化气息，比如灵感来自荷花的枝形吊灯和本地艺术家制作的传统马赛克镜子，众多地域特色的艺术品和手工艺制品陈列在多层的艺术墙上。流行艺术文化和暖色调的优雅风格的配合使用，提升了航站楼的气氛，摆脱了飞机场典型而无趣的形象。

2号航站楼使用了高性能的玻璃装配系统，通过定制的玻璃熔块模型优化最佳热力性能，减少眩光的影响。航站楼幕墙上的孔洞金属板可以过滤清晨和傍晚的阳光，为候机的旅客营造舒适的光照空间；室内安装的日光控制系统根据日光平衡光线亮度；登记大厅通过天窗采光，为航站楼减少23%的能耗，达到节能的效果。

2号航站楼采用现代材料和科技，先进的可持续发展策略为现代化机场设计设立了新标准，同时作为一个国家和城市的门户，很好地展现了印度及孟买的传统与历史，不仅体现了印度传统的文化，而且展示了印度拥抱全球化的愿景。

2. 珀尔时尚学院

Pearl Academy of Fashion，斋浦尔，2008年，"形态发生"事务所。

于2008年建成的珀尔时尚学院（图9-134）坐落在斋浦尔郊外，由"形态发生"（Morphogenesis）事务所设计。这是一个响应被动栖息环境的建筑，学院为具有高度创造力的学生在多功能区域内工作创建了交互式空间。学院使用了拉贾斯坦传统主题"迦利"（镂空石板）作为外装饰，融合了传统建筑特色和最前沿的现代建筑设计。

珀尔时尚学院坐落在一个典型干燥炎热的沙漠气候区，位于斋浦尔没有特色的工业区内，距离著名的斋浦尔古城约20千米。不利的气候让控制建筑微气候成为挑战，因此使用多种被动气候调节方法具有一定的必要性，以减少依靠机械控制环境所需的资源。珀尔时尚学院在印度十大时装设计学院中排名第三，其建筑的设计通过简洁的几何形来代表严肃的学院派，融合了现代功能和印度伊斯兰建筑元素。珀尔时尚学院使用的开放式庭院、水体、阶梯井和"迦利"都源于历史上伊斯兰建筑的做法，但是用现代的形式表现了出来。

珀尔时尚学院使用双层表皮来保护室内空间免受室外环境的影响，外层皮肤选用拉贾斯坦邦传统建筑普遍的镂空石板，这样既能延续历史文化传统，又具有一定的功能性，对周围环境起到缓冲作用。建筑一共三层，从外部看是一个相对规整的矩形，外围矩形体块是教室、办公室等小空间，图书馆、报告厅等大空间以不规则弧形的平面形式布置在二、三层矩形中间，其底层架空。外层的建筑自身形成的阴影可以减弱阳光对内部的影响，而庭院上方的开敞部分则满足采光要求

图9-134 珀尔时尚学院

（图 9-135）。一层架空部分使用阶梯井式的水体景观，在炎热干燥的气候条件下，水景观是十分必要的（图 9-136）。水边的台阶同时可以成为师生交流的空间，庭院空间则作为学生展览设

图 9-135　珀尔时尚学院内部庭院

计作品的地方（图 9-137、图 9-138）。当夜间沙漠温度下降后，地板会释放出热量，营造一个相对舒适的温度。

图 9-136　珀尔时尚学院阶梯井式景观

珀尔时尚学院已经成为沙漠地区校园建筑中一个成功的范例，是一个满足可持续发展的前沿设计方案，也是一个容纳历史遗产价值和当代文化的包容性建筑典范。

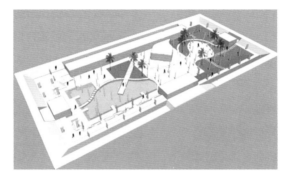

图 9-137　珀尔时尚学院庭院模型

图 9-138　珀尔时尚学院楼层模型

3. 卡尔沙遗产中心

Khalsa Heritage Center，阿南德普尔萨希布，2010 年，萨夫迪事务所。

旁遮普邦政府为了纪念现代锡克教创始人撰写卡尔沙经文 300 周年，同时为庆祝锡克教成立 500 年，在旁遮普邦的阿南德普尔萨希布（Anandpur Sahib）镇筹建了卡尔沙遗产中心（图 9-139），邀请了国际知名事务所萨夫迪事务所（Safdie Architects）设计。设计师萨夫迪·摩西是加拿大籍以色列裔建筑师，曾在美国费城的路易斯·康事务所工作，之后在耶路撒冷、波士顿和蒙特卡洛筹建自己的建筑事务所。

萨夫迪的设计灵感来自旁遮普丰富的文化遗产，包括当地特色的自然环境和锡克教的教义文化。

卡尔沙遗产中心占地约 6 500 平方米，像一座城堡一般临着峡谷鸟瞰附近的村镇，通过一座架在峡谷上的长约 164.6 米的栈桥连接着两地。卡尔沙遗产中心外墙使用旁遮普邦当地的砂石搭建，与附近的

图 9-139　卡尔沙遗产中心

沙质悬崖和砂岩融为一体，和谐共处。建筑的设计灵感很多源自锡克教的圣地阿姆利泽金庙。阿姆利泽金庙被誉为"锡克教圣冠上的宝石"，是一座表面四分之三贴着金箔的寺庙，坐落在圣池中心，通

过一座栈桥和四周联系。金碧辉煌的金庙在阳光下熠熠生辉，显示出端庄姿态（图 9-140）。卡尔沙遗产中心也以栈桥和周围产生着联系，建筑屋顶采用向上弯曲的凹形钢板，在阳光下也像金庙般闪闪

图 9-141　卡尔沙遗产中心凹形尖顶展厅

发光，并且圆顶呼应锡克教圣地建筑中丰富的传统圆顶，但不是一味模仿成圆形穹顶，而是像皇冠一般。轻盈的屋顶和厚重的外墙形成对比，也象征着天空和土地、漂浮和深度的主题。

图 9-140　阿姆利则金庙

卡尔沙遗产中心包括入口广场、大礼堂、图书馆和交互的展示空间。在东侧面朝喜马拉雅山脉的五个凹形尖顶的展厅展示着永久性的展品，五个高塔般的展馆组成一组建筑（图9-141）。"五"这个数字象征着锡克教中的五条"卡尔沙戒律"[58]，五条戒律同时也代表五种美德。

两层的图书馆围绕着一宏大且能俯瞰庭院水景的阅览室，图书馆存放着档案、图书、杂志和音像制品；400人的礼堂用作开展研讨会和文化活动；水景花园可以让参观者坐下来小憩，水的元素也来自金庙的圣池，锡克教徒会用圣池的水来沐浴。

4. 英吉拉·甘地国际机场3号航站楼

英吉拉·甘地国际机场（Indira Gandhi International Airport）是印度首都新德里首要的国际机场，位于新德里城市中心西南面16千米处，距离新德里火车站15千米，机场名以印度前任女总理英吉拉·甘地的名字命名。随着新航站楼（Terminal 3）的运营，英吉拉·甘地机场已经成为印度乃至整个南亚最大和最重要的航空枢纽，2011年3月至2012年3月，完成客运吞吐量35 881 965人次，客机345 143架次和600 045吨的货物吞吐量。在世界范围内，德里机场被国际机场理事会评为1 500万至4 000万级别中第二佳的机场，在全球机场客运吞吐量排名中位列第37位。

英吉拉·甘地国际机场作为世界第六大航站楼由美国建筑师事务所HOK设计，于2010年7月全面投入运营，所有的国际航空业务和部分国内航空公司业务从原先的2号航站楼转到了新航站楼，3号航站楼已经成为新印度的标志。3号航站楼占地50.2万平方米，从空中俯瞰就像一个向两侧伸出"臂膀"的长方体，屋顶的设计让整个建筑像是从地里长出来一样，折叠的屋顶结构向外延伸，遮盖住落客区，遮蔽着依依惜别的人群。3号航站楼有两个层次，上层部分为出发区，下层部分为到达区，并配有300米长的公共区域。3号航站楼是一座金属框架的玻璃幕墙围护建筑，宽敞的内部空间设计具有印度民族特色，墙面上在无数个黄色金属圆形装饰之间伸出9个硕大的金属手印，手印的姿态各不相同，大手的手掌心中还雕刻着花朵（图9-142）。姿态各异的手印象征着印度具有宗教特色的传统文化，这些手印在印度传统舞蹈和瑜伽中也被大量使用。9个手势分别代表9种不同的吉祥寓意，如生命的欢快和甜蜜、身体健康和平衡、慈悲奉献等等（图9-143）。公共区域布置了50 000个建筑照明灯和20 000平方米舒适的咖啡、餐饮和酒吧空间。

3号航站楼采用了高效节能设备来节约能源，是印度第一个获得美国绿色建筑委员会颁发的LEED金奖认证的机场。3号航站楼强调使用自然光，建筑和室内装饰使用高度回收的材料，并使用电池供电车辆在两个航站楼之间运送乘客。

5. 艾哈迈达巴德泰戈尔纪念会堂

拉宾德拉纳特·泰戈尔（Rabindrannath Tagore, 1861—1941），是印度著名诗人、文学家、社会活动家、哲学家和印度民族主义者。1861年5月7日，拉宾德拉纳特·泰戈尔出生于印度加尔各答一个富有的贵族家庭。1913年，他以作品《吉檀迦利》成为第一位获得诺贝尔文学奖的亚洲人。泰戈尔的诗中饱含深刻的宗教和哲学见解，他的诗在印度享有史诗般的地位。泰戈尔是一位具有巨大世界影响的作家，共抒写了50多部诗集，被称为"诗圣"，还著写了12部中长篇小说、100多篇短篇小说、20多部剧本以及大量文学、哲学、政治论著，并且创作了1 500多幅画，谱写了难以

图 9-142 英吉拉·甘地国际机场 3 号航站楼墙面佛教文化装饰

图 9-143 英吉拉·甘地国际机场 3 号航站楼内不同的佛手印之一

统计的众多歌曲。

我国周恩来总理曾评价道："泰戈尔不仅是对世界文学作出了卓越贡献的天才诗人，还是憎恨黑暗、争取光明的伟大印度人民的杰出代表。" 1924 年泰戈尔对中国的访问在近代中印文化交流中留下了一段佳话，当时国内作为陪同和翻译的是林徽因和徐志摩。

1961 年为纪念泰戈尔 100 周年诞辰，印度政府在古吉拉特邦首府艾哈迈达巴德市建造了一

座泰戈尔纪念会堂（Tagore Memorial Hall in Ahmedabad），时任印度总理的尼赫鲁为纪念会堂建设奠基题词，奠基石至今仍保存在会堂的入口处（图 9-144）。该会堂是一座现代化的小型多功能剧院，具有会议、报告和小型演出功能（图 9-145）。建筑的外立面是素面混凝土，带有柯布西耶的建筑风格（图 9-146），建筑的西面就是柯布西耶 1952 年设计的城市博物馆。虽然建造

图 9-144 泰戈尔纪念会堂奠基石

图 9-145　泰戈尔纪念会堂外观

的年代相差十几年，但是两座建筑遥相呼应，建筑风格相互统一。会堂西立面的墙上是泰戈尔的金属雕像，颇有现代艺术的抽象韵味（图 9-147）。会堂的前厅呈弧线形，突出部位的外表面上悬挂着具有印度艺术特征的面具，削弱了弧形体量的臃肿单调感（图 9-148）。两侧的墙面上是狮子（北）和大象（南）的彩色绘画。狮子和大象既是印度百姓喜爱的动物，也是印度的吉祥物（图 9-149、图 9-150）。会堂虽然空间不大，但设计紧凑，500 座位的观众厅看起来十分宽敞（图 9-151）。为解决后排的升起问题，部分座位突出在门厅的上空，充分利用了高大的门厅的上部空间。建筑主体的南侧对外布置疏散楼梯和残疾人坡道（图 9-152），以满足观众席的人流疏散要求。

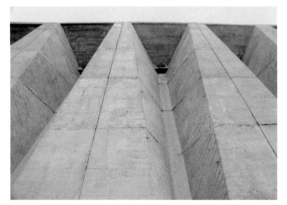

图图 9-146　泰戈尔纪念会堂素混凝土表面

图 9-147　泰戈尔纪念会堂西立面上抽象的泰戈尔金属雕像

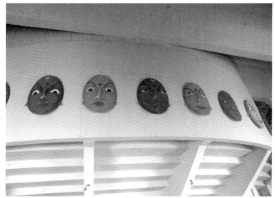

图 9-148　泰戈尔纪念
会堂艺术面具

图 9-149　泰尔戈纪念会堂前厅的狮子壁画

图 9-150　泰戈尔纪念
会堂前厅的大象壁画

图 9-151　泰戈尔纪念会堂观众厅室内

图 9-152　泰戈尔纪念
会堂室外疏散楼梯和坡
道

9.4.3　商业建筑

1. 托特屋

孟买，2009 年，思锐建筑师事务所

托特屋（The Tote，图 9-153）坐落在孟买一个废弃的历史殖民建筑皇家赛马场，托特屋是被改造的众多殖民建筑之一，现在它被改造成一个餐馆。严格的历史保护法规确保了原有建筑的整个屋顶轮廓被完整地保护下来。该项目比较复杂，包括历史建筑的修复和原先作为宴会功能的侧楼的拆除重建工程。作为历史保护项目，托特屋面临着两大挑战，首先要避免破坏历史建筑的历史面貌，其次要充分考虑到赛马场的深层特点。托特屋建筑面积为 2 500 平方米，改造后的功能包括酒廊、餐厅、咖啡厅和宴会厅。地块的周围环境并不是殖民风格建筑而是大量的雨林，整个建筑终年被雨林树叶所遮蔽。思锐建筑师事务所在原有的旧建筑外壳中建立了一个新的结构来支撑旧的拱顶，使旧建筑和新的餐饮功能重新组合起来。树形结构定义出若干空间体，每个不同的餐饮设施处在不同的空间体中。

该项目最具开创性的表现在于在施工过程和设计结构过程中使用了数字技术。其结构设计使用 CAD 和 3D 模型工具，对树状结构进行分析和研究（图 9-154）。项目的挑战是要使尖端技术和当地的制造技术相匹配，为了确保高精度，思锐建筑师事务所并没有将制造任务交给建筑施工业的钢构件制造商，而是交给了锅炉制造商。桁架截面形状选择了工字形，以便于激光切割以及边缘焊接和精确地装配（图 9-155）。树形桁架在分支处平滑渐变，这样能够减少焊接点，因此最终的成品几乎看不到焊接点，看起来就像整体的曲线结构。上层的休闲吧采用复杂的三维木镶

图 9-153　树形托特屋

板，这是一种隔音材料，形状也采用交叉的树木状。思锐建筑师事务所用三点坐标系统，使当地的工人能够用粗糙简单的工具做出高水平的室内装修效果。

建筑墙面选用全透明落地玻璃，使外面的人能够清楚地看到室内的树状结构，并且能够透过

图 9-154　托特屋的树状结构

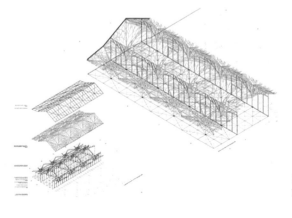

图 9-155　托特屋的屋顶结构

建筑看到建筑另一侧的雨林树干，建筑因此自然地和环境融为一体，并不至于淹没在环境中。

2. 卡斯特罗咖啡馆

新德里，2008 年，罗米·科斯拉设计工作室

卡斯特罗咖啡馆（Castro Café，图 9–156）是印度新德里的一个大学里的食堂，由印度罗米·科斯拉设计工作室（Romi Khosla Design Studio）于 2010 年设计建成。罗米·科斯拉设计工作室主要的设计师是罗米·科斯拉和马坦达·科斯拉，事务所设计范围广泛，从公共建筑、住宅、教育机构到室内设计都有涉猎。

卡斯特罗咖啡馆与校园内的文化中心、礼堂、大众传媒中心相邻，这里是整个校园社会活动的集聚地段。印度大部分的食堂是没有空调的，通

图 9–156　卡斯特罗咖啡馆

风不良，新德里的夏季温度达到 45℃以上，冬季温度低至 5℃，夏季炎热、冬季寒冷造成食堂温度很不舒适。罗米·科斯拉设计工作室将食堂设计成半露天的咖啡馆，能够达到很好的通风效果，以适应印度一年中大部分的环境温度以及各种气候条件，形成独特的大学建筑设计。体量上，建筑的东面是厨房部分，厨房设计成一个完全封闭的体块。建筑从厨房向西延伸，从厨房到就餐处再到室外是一个空间由封闭到开放的过渡过程。厨房是完全封闭的，从厨房延伸出来的简洁的屋顶和两侧不到屋顶的墙体围合成半封闭的空间，

再往外就只有屋顶、地板和一侧墙面，最后是只有地板没有墙体和屋顶的室外空间。从室内向室外过渡，桌子和椅子的样式也配合墙面和天花板一起变化。该设计试图模糊室内和室外的界限，以适应新德里的气候条件，并且让室外环境渗透进室内。卡斯特罗咖啡馆的建筑构件清晰而且相互独立，地板、墙壁和屋顶互相不接触，看上去简洁明快。它同时也是该大学里的第一个钢结构建筑。

3. 公园酒店

海得拉巴，2010 年，SOM 建筑设计事务所

由纽约 SOM 建筑设计事务所设计的海得拉巴的公园酒店（Park Hyderabad Hotel，图 9–157），是为公园酒店集团设计的旗舰店。这个 4.9 万多平方米的酒店是一个现代且可持续发展的建筑，它的设计受当地著名宝石和纺织品的设计影响。这个建筑致力于创造既具有海得拉巴本土建筑特色，又同时能够结合最新的可持续发展策略和技术的建筑。

这个项目独特的可持续发展设计策略，特别关注了建筑的选址、光线和景观，对太阳能的研究影响到建筑定位和构建概念。建筑空间主要集中在南北面，服务空间在西面可以减少热量对其他功能的影响，酒店的房间布置在能够看到更多

图 9–157　海得拉巴公园酒店

景观的高处。建筑三面环绕着中央庭院，从升高的酒店大堂进入，灵活的户外区域可以作为餐馆的扩展部分，而且免受强风影响。中庭除了私人餐厅外还有一个游泳池，中庭的光线透过玻璃可以映照在游泳池的水面上，而从游泳池区域和下面的夜总会也能够看到中庭。户外庭院被设计成可以从大厅、餐馆、酒吧等围绕它的空间进入的多功能空间。

建筑外观根据内部的需要设计成一系列的透明、穿孔和压花金属幕墙，高性能的玻璃系统在保证隐私的同时允许阳光能够进入内部。酒店附近有火车站，面对火车站的一面使用不透明的覆盖物，保证能够很好地隔绝火车的嘈杂声以及避免火车站拥挤的景象进入顾客的视线。酒店正面的三维图案受到海得拉巴历史上的皇帝尼扎姆王冠上的金属制品的影响。

和制造商、研究人员的协作在低能耗建筑中的作用至关重要，数据收集是在新泽西州的史蒂文斯理工学院实验室进行的，因此，设计团队能够减少 20% 建筑能源使用，现场水处理和污水都释放到城市污水处理系统中。

公园酒店的所有者描述这座建筑为"一座现代的印度宫殿，刷新了当今印度的面貌"。海得拉巴的公园酒店是印度第一个获得 LEED 绿色建筑认证的酒店，被授予"最佳新酒店项目"。

4.RAAS 酒店

焦特布尔，2011 年，莲花建筑设计事务所（The Lotus Praxis Initiative）

位于拉贾斯坦邦焦特布尔旧城中的 RAAS 酒店（图 9-158），建在梅兰加尔堡基础上的一块面积为 6 000 平方米的地段上，地块上保留了 17—18 世纪的三个古老建筑。RAAS 酒店在老建筑的基础上改建成拥有 39 间客房的豪华精品酒店，具有历史感的旧建筑和宽大的庭院成为这个酒店的特色。

酒店将三座原先是别墅、附属建筑和马房的老建筑保护起来，让当地的工匠用原始的建筑材料进行修缮。由于这些建筑占地面积比较小又具有特色，所以将其作为可以让所有客人一起使用的公共空间，如餐厅、温泉、游泳池和开放式酒廊。老建筑（图 9-159）中还布置了 3 间传统套房，其他 36 间房间布置在新建筑中。新建筑（图 9-160）为了能够和老建筑融为一体，采用了相同的材料。新建筑的外墙构造采用了拉贾斯坦邦的传统建筑中的双层构造——迦利，内层的墙壁采用白色，外层表皮使用镂空的可折叠石格窗，既可实现冬暖夏凉，又能保证私密性。

这些石格窗不仅能够和附近山坡上的城堡旧址呼应，与环境融为一体，而且还能被折叠收拢，

图 9-158　RAAS 酒店

图 9-159　RAAS 酒店的老建筑

图 9-160　RAAS 酒店的新建筑

将城堡的美景尽收眼底。新楼的石格窗外立面相对轻盈细腻，和老建筑的厚重粗犷形成对比，将老建筑的传统手工艺和材料清晰地呈现出来，同时也展现出新建筑的现代感。

庭院内的景观绿地类似于泰姬·玛哈尔陵的十字形庭院，还用坑道把所有的雨水都收集起来，由专业的水处理公司进行处理，污水被 100% 地利用。酒店的家具使用当地的一种硬木制成。当地材料的使用造就了 RAAS 酒店的传奇：焦特布尔传统手工艺具有顽强的生命力，石雕、金属工艺和木雕都是当地的特色手工艺，简单的材料经过艺术家和工匠加工之后就变成了富有感染力又具有奢华感的艺术品。

9.4.4　住宅建筑

1."安蒂拉"

孟买，帕金斯威尔建筑事务所

帕金斯威尔建筑事务所（Perkins+Will Architects）是可持续发展设计的先行者之一，在 2010 年全美绿色建筑设计公司中排名第一。帕金斯威尔建筑事务所设计的"安蒂拉"（Antilla，图 9-161）是印度富豪穆克什安巴尼为自己在孟买市中心打造的一座高达 173 米高的摩天住宅，

"安蒂拉"的意思是神话中的小岛。该住宅造价 20 亿美元，是世界上最贵的私人豪宅，奢侈的住宅中住着穆克什一家 6 口和 600 名全日制仆人。

"安蒂拉"看起来像是一栋办公楼。11 万多平方米的豪宅功能完备，1~6 层是特大停车场，能够容纳 168 辆私人轿车，第 7 层用于汽车维修，还有一个两层的健身俱乐部、一个两层的家庭医院、一层的娱乐中心，娱乐中心里有可以容纳 50 人的电影院。主人房位于 19~22 层，仆人宿舍区在 22~25 层，楼顶还有一个直升机停机坪。

"安蒂拉"是一座绿色建筑，拥有四层空中花园，可以调节气候和供人参观欣赏。空中花园将下层的停车场以及会议室和上层的住宅区相隔

图 9-161　"安蒂拉"

离，营造更好的居住环境。除了空中花园，1~6
层停车场的外墙覆盖着墙面植被（图 9-162）。
建筑上部 2/3 部分的重量主要靠 9~12 层空中花
园两侧的两组"W"形的钢支架支撑，让整个楼
看着像是错落的"空中楼阁"，又像是多本堆砌
在一起的书（图 9-163）。"安蒂拉"的建筑材
料包括玻璃、钢材和瓷砖等均来自当地，并且采
用节能设计，大楼外部材料可以储存太阳能。

"安蒂拉"的室内设计由来自美国的室内设
计公司打造，按照"当代亚洲"风格设计，并且
深受印度传统习俗"雅仕度"的影响，室内每层
的装饰用料都绝不重复，且奢华至极，以第 8 层
酒店式大堂为例，宴会厅楼梯扶手全部覆盖白银，
天花板 80% 面积挂满水晶吊灯。

图 9-163　"安蒂拉"模型

图 9-162　"安蒂拉"墙面植被

2. 果园雅舍

艾哈迈达巴德，2004 年，拉胡·梅罗特拉

果园雅舍（House in an Orchard）坐落在
艾哈迈达巴德以北的一座占地面积 8.1 万平方米
的芒果园中心，是一个家庭周末度假的别墅。别

墅位于果园中央，远离喧嚣，在夏日也可以在绿阴遮蔽下消暑。果园雅舍的设计师是拉胡·梅罗特拉（Rahul Mehrotra），他毕业于艾哈迈达巴德建筑学院，后在哈佛大学获得城市设计硕士学位，之后在密歇根大学建筑和城市规划学院授课，在1990年开设RMA建筑事务所（RMA Architects）。

别墅的平面（图9-164）是一个不等臂的十字形，中间的起居室作为一个联系的空间，十字形的每一个"手臂"都布置不同的功能：主入口和访问区域被围合成一个封闭的入口庭院；入口

对面是餐厅、厨房和辅助空间；两翼分别为主人用房和客人用房。主人用房在最长的一条"手臂"处，通过一个庭院和其他部分分离，保证一定的私密性。起居室可以通过大型的移动门向庭院打开，这意味着当大型的玻璃移动门打开后，可以获得大面积额外的空间。庭院成为别墅的灵魂，庭院作为室内外模棱两可的地带，避免了十字形平面带来的过分严格的刚性划分。

庭院里沿着长边布置了一条狭长的水池（图9-165）和一面覆盖蓝色材料的墙。蓝色代表着无所不在的蓝天，水池倒映了蓝色的墙面色彩后也变成蓝色，水、墙、天空连成一片，水平的空间构成被转变为向天空方向的垂直构成。水池延伸到起居室，将蓝色一起引进室内（图9-166），暗示着室外向室内渗透的概念。清凉的蓝色给炎热的印度气候条件下的小屋带来了宁静。梅罗特拉不仅运用了蓝色，还用红色来统领入口餐饮区，颜色在这座建筑中成为一个元素。建筑师用色彩平衡室内外空间的做法，完全源于印度人对强烈对比色彩的热爱，印度人在日常生活中就穿着华丽色调的服装。

建筑外墙使用当地开采的砂岩，入口处使用粗糙的混凝土框架，让人联想到柯布西耶，还让人联想到印度宏伟的历史建筑，同时也在呼应着附近的沙漠气候。相对于室外的现代化，室内显得具有印度传统特色。室内还为住户营造了交流的空间，让家人聚在一起。屋顶设计成屋顶花园、阳台，是乘凉的好去处，也是远眺整个芒果园的好视点，屋顶空间成为庭院空间这个设计主题的延伸。

3. 巴尔米拉棕榈住宅

由比贾·贾因（Bijoy Jain）设计的巴尔米拉棕榈住宅（Palmyra House）位于孟买阿拉伯海滨。两座靠近海滨的小屋成为躲避大都市喧嚣

图9-164 果园雅舍平面

图9-165 果园雅舍的水池和蓝色墙面

图9-166 果园雅舍室内

的避难所（图9-167、图9-168）。住宅面海而建，掩映在沿海农业带的广阔椰林中，靠近孟买南部的楠德冈渔村。住宅的功能被分配在两座相互偏移的长方形体块中，两者之间的广场上布置长条形的泳池，场地内的三口水井为住户提供用水，水储存在水塔中，通过重力作用供给房屋使用。建筑的最大特色是它的用棕榈树的树干做的百叶窗立面，纯天然的材料和周围的椰子林和谐共生，百叶立面良好的遮阳效果能够抵御印度炎热的气候，百叶立面的通风能力让住宅内随时能够感受阿拉伯海的舒爽海风，同时多样化的光影效果带来良好的视觉体验。巴尔米拉棕榈住宅结构用艾木制成，外墙、地基和道路用当地的玄武岩堆砌而成，石膏饰面用当地砂石着色。建筑的设计是由建筑师和当地的手工艺人一同合作完成的，这是一个当地技术和外来技术相结合的成功试验[59]。

图9-167 巴尔米拉棕榈住宅

图9-168 巴尔米拉棕榈住宅室内

4. 塔塔社会科学研究院

图尔贾普尔（Tuljapur），2000年，RMA建筑事务所

RMA建筑事务所设计的塔塔社会科学研究院（图9-169、图9-170）位于遥远的马哈拉施特拉邦的腹地。这片宽广的丘陵地区的地形地貌是决定设计的重要方面，这座建筑和环境的关系，体现了建筑的个性。

塔塔社会科学研究院主要分为三个个体建筑：两栋宿舍（图9-171）和一个餐饮区及其配套的厨房。三个建筑沿着复杂的庭院布置，这在当地是典型且重要的建筑形式。庭院作为一个集会和交流的地方，同时也是度过凉爽夜晚时光之处，是印度人生活中交互性比较强烈的一个重要场所。庭院鼓励人们在一起交流和促进关系的发展，相当于一个开放的起居室。设计将学生安排在一个不熟悉、奇怪的、遥远的环境里，因此不得不考虑把人们带到建筑的中心来进行交流，社会科学这个最基本的主题也需要反映在设计中，因此对于社会生活的强调成为设计的一部分。女宿舍和男宿舍被设计成两个近乎正方形的建筑，分别安排在庭院相对的两面，被庭院一边分割着，一边联系着。入口正对着庭院布置，和男女宿舍对称。第三个方形，比其余两个稍微大一些，布置的是餐饮区以及配套的厨房设施。它靠近庭院，但是偏移中心轴线一段明显的距离。这个建筑从内部看被分为三部分，但从外部看就是一个整体。在这里梅罗特拉意味深长地通过建筑来阐释地形，让地形成为建筑的一部分。

拉胡·梅罗特拉不仅利用庭院，还利用丘陵地带的环境，戏剧性地设计了最让人印象深刻的元素——风塔（图9-172）。他设计的数个高耸的塔楼在最高点捕捉风，并将其带到下面的房间，

图 9-169 塔塔社会科学研究院外部

图 9-170 塔塔社会科学研究院

图 9-171 塔塔社会科学研究院宿舍平面

0 5 10米

图 9-173 拱形天花板

图 9-172 风塔

尤其是宿舍中。这是一个富有想象力的生态学建筑学方法，利用自然而不是习惯于用昂贵的人工空调系统来控制室内环境，风的捕捉概念来自古代的伊朗。这组建筑的材料有节能上的考虑，使用当地随处可见的玄武岩作为主要的用材，因为它是唯一的当地材料，不需要长途运输。天花板（图9-173）使用狭长的拱状轻混凝土，轻混凝土能够承受很重的荷载，同时又节省材料且价格合理。承重墙是用未着色的玄武岩，保留其原有的粗糙表面和色彩。材料传递了一种保护、坚固、安全和正直之感。坚固的材料和高耸的塔楼很容易让人联想到中世纪的城堡，让居住者感觉在这个内向性和生态的居住小区里被保护着。

9.5 寺庙与陵墓

1. 巴哈伊灵曦堂（莲花庙）

巴哈伊灵曦堂（Baha'I House of Worship），俗称莲花庙(Lotus-domed Temple)。位于德里的东南部，是一座风格别致的建筑，它既不同于印度教庙，也不同于伊斯兰教清真寺，甚至同印度其他比较大的教派的寺庙也无一点相像。它建成于 1986 年，是崇尚人类同源、世界同一的大同教（巴哈伊信仰）的教堂。

世界大同教由波斯人创立于 19 世纪中叶，至今已有 150 年的历史，1948 年为联合国所承认并接纳，是一个独立的世界性宗教。它的教义包罗万象，强调人类一家，世界的平等、博爱等。巴哈伊信仰在全球各地先后建设了七个灵曦堂，而德里的灵曦堂是最新、最有创意、造型最为独特的一座。设计受到印度宗教崇拜莲花的启发。

整个建筑呈莲花状，外层用白色大理石贴面。莲花的每层有九个花瓣，外围有九个圆形水池（图图 9-174、9-175）。寺庙占地面积 266 000 平方米，主体建筑从顶尖至地面高度达 34.27 米，底座直径 70 米，中央大厅座位可容纳 1 300 名人士。在其周围还有办公楼、会议厅、图书馆及视听中心等配套建筑。该庙堪称现代建筑设计的杰作，和澳大利亚悉尼歌剧院的风帆造型颇多类似。

图 9-174 巴哈伊灵曦堂外围的水池

图 9-175 巴哈伊灵曦堂莲花状造型

图 9-176 斯瓦米纳拉扬神庙

2. 斯瓦米纳拉扬神庙

斯瓦米纳拉扬神庙（Swaminarayan Akshardham Temp），位于亚穆纳河畔，占地 1 平方千米，全部工程耗资 20 亿卢比，这一切都是为了纪念印度教文化的代表性人物纳拉扬（Bhagwan Swaminarayan）。斯瓦米纳拉扬神庙被认为是迄今为止印度最大的神庙（图9-176）。它在新德里代表着上万年惊人的伟大、秀丽、智慧和极乐的印度文化。它精彩地陈列着印度古老建筑学、传统和永恒的精神精华。宏伟的斯瓦米纳拉扬神庙经过五年时间，由 11 000 个工匠和志愿者修造完成，在 2005 年 11 月 6 日开放。整个建筑由赭红砂石和白色大理石构成。主殿长 113 米，宽 96 米，高 29 米，有 9 个穹顶和 239 根装饰柱。主殿结构坐落于 148 只全尺寸大象雕像上。

图 9-177 斯瓦米纳拉扬神庙室内

殿中有 3 米高纳拉扬镀金神像 1 座及 2 000 多座印度教其他神像。四周供奉着克利希纳神（毗湿奴神的肉身）、悉多神（佛陀的老婆）和雪山女神。墙壁上悬挂着细密画，描绘了纳拉扬的一生（图9-177）。主殿四周为二层柱廊环绕，柱廊内刻印度史诗故事。神庙内绿茵遍地，布满莲花状水池，美轮美奂。该庙大量采用高清电影、电动机械及声光效果等现代技术，游客可以观看介绍纳拉扬的影片并乘小船浏览印度文化展。

3. 圣雄甘地墓

圣雄甘地墓（Rajghat）或甘地陵园（Gandhi Cemetery，图 9-178、图 9-179），位于印度的首都新德里东部的亚穆纳河畔。陵园的陵墓没有任何的装饰，极其简朴，中央用黑色大理石筑成一个四方形平台，标志着圣雄甘地 1948 年被刺杀后火化的地点，是纪念印度近代史中一位杰出的政治家的安息之地。甘地为了反对英国殖民者的统治，为印度争取独立而奋斗终生，被印度人尊称为"国父"。黑色平台正中是一长明火炬，象征甘地精神永存。很多外国来宾都到此献花圈或种植一棵常青树，以表示对这位印度民族独立运动领袖的尊敬。

墓地出口处有一石碑，刻有摘自甘地 1925 年所著《年轻的印度》一书中所列的"七大社会罪恶"——搞政治而不讲原则；积财富而不付辛劳；求享乐而没有良知；有学识而没有人格；做生意而不讲道德；搞科学而不讲人性；敬神灵而不作奉献：表达了甘地的人生观。

在甘地火葬台北面还有印度独立后已故四位总理尼赫鲁、夏斯特里、英迪拉·甘地和拉蕀·甘地的火葬台（图 9-180、图 9-181）。

图 9-178 圣雄甘地墓远景

图 9-179 圣雄甘地墓近景

图 9-180 印度独立后已故总理火葬台

图 9-181 印度独立后已故总理火葬台上的鲜花

9.6　本章小结

在印度独立的 1947 年，印度 3.3 亿人口中只有大约 200 位训练有素的建筑师，而且只有孟买的印度建筑学院教授建筑知识，能够出国留学学习建筑的印度人更是少数。在印度独立初期，西方建筑师来到印度，结合印度的地域特点创作出一批优秀的建筑。他们在印度进行创作的几年间和印度建筑师合作，对印度建筑师的创作思想有很大的影响。劳里·贝克尊重印度传统，关心普通民众生活，结合印度社会的特点，提倡低造价、低技术的建筑，对印度农村建筑发展产生很大影响。勒·柯布西耶作为一位现代建筑大师，规划设计的昌迪加尔城市建设是印度现代建筑开始的一个标志，对印度现代建筑的发展有着广泛而深远的影响。他将现代建筑思想和印度本土环境相结合进行创作，其思想影响了印度本土一批优秀的建筑师，如巴克里希纳·多西。在多西早期的建筑设计中，能很容易地捕捉到柯布西耶的影子。路易斯·康用自己独特的建筑理解，将建筑提升到哲学层面进行思考，在印度这样一个宗教文化丰富多彩、宗教信奉广泛的国家，康的建筑理论得到了最大限度的发挥，他为印度现代建筑注入了长久的精神血液。

印度第一代的建筑师中，查尔斯·柯里亚从 1963 年艾哈迈达巴德的圣雄甘地纪念馆开始，到孟买的干城章嘉、博帕尔的政府大楼和斋浦尔艺术中心，渐渐将印度的精神层面注入建筑中，走出一条具有地方特色的建筑道路，并成为印度最著名的当代建筑师。多西这位被称为"柯布西耶弟子"的印度建筑师的建筑更多地集中在柯布西耶曾经有过很多建筑作品的艾哈迈达巴德，他在这个地方慢慢地从柯布西耶的影响中走出来，找

到属于自己的建筑道路，从印度传统宗教建筑和地方性建筑中获得灵感来创作现代建筑。同时他对于印度的建筑教育事业有很重要的影响，创立了 CEPT，为印度建筑业培养了一批优秀的建筑师。拉杰·里瓦尔同样是一位注重印度传统建筑、重视人性化的建筑师，他的建筑折射出对印度社会最底层人民的人文关怀。1960 年代到 1980 年代，在印度的建筑舞台上主要以第一代建筑师们为主导，他们各有各的特色，而多数建筑从印度传统建筑和文化价值中汲取灵感，呈现出明显的地域特色。

随着印度经济进入新一轮的增长期，从 1996 年到 2006 年的十年间，印度 GDP 增长平均值在 6% 左右，这对印度建筑业的影响是非同一般的。快速发展促进了印度的当代建筑热潮，当代的印度建筑已经越来越与国际接轨，由国际著名建筑师和著名建筑师事务所设计的建筑也越来越多，孟买、班加罗尔等现代化城市已经呈现出一幅国际化都市的面貌。除了国际风的建筑外，很多地域性建筑也非常优秀并值得借鉴。印度的气候环境造就它的地域性建筑特点，表现为以下几个方面：（1）具有良好的遮阳和通风作用；（2）具有庭院和露台等特征；（3）低造价，使用本土的技艺；（4）外观朴实无华，接地气。

注　释

1 MEHROTRA. Architecture in India since 1990[M]. Berlin: Hatje Cantz Publishers, 2011.

2 光塔: 来源于清真寺, 供祈祷时使用的附属建筑。

3 后宫窗: 伊斯兰教徒女眷的居室所特有的窗户。

4 MEHROTRA. Architecture in India since 1990[M]. Berlin: Hatje Cantz Publishers, 2011.

5 邹德侬, 戴路. 印度现代建筑 [M]. 郑州: 河南科学技术出版社, 2002.

6 MEHROTRA. Architecture in India since 1990[M]. Berlin: Hatje Cantz Publishers, 2011.

7 MEHROTRA. Architecture in India since 1990[M]. Berlin: Hatje Cantz Publishers, 2011.

8 邹德侬, 戴路. 印度现代建筑 [M]. 郑州: 河南科学技术出版社, 2002.

9 Laurie Baker [EB/OL].[2014-08-23]. http: // en.wikipedia.org/wiki/Laurie_Baker.

10 BHATIA.Baker in Kerala[J].Architectural Review, 1987 (8).

11 BHATIA.Baker in Kerala[J].Architectural Review, 1987 (8).

12 Laurie Baker [EB/OL].[2014-08-23].http: // en.wikipedia.org/wiki/Laurie_Baker.

13 贵格会 [EB/OL].[2013-10-24].http: //baike.so.com/doc/5730405.html.

14 CHATTERJEE.Building on a dream[J].Outlook, 1997, 5 (3).

15 BHATIA. Laurie Baker life, working & writings[M]. New Delhi: Viking, 1991.

16 弗兰姆普敦.查尔斯·柯里亚作品评述[J].饶小军, 译.世界建筑导报, 1995 (1).

17 彭雷.大地之子: 英裔印度建筑师劳里·贝克及其作品述评 [J]. 国外建筑与建筑师, 2004 (1).

18 翟芳.劳里·贝克乡村创作思想及作品研究 [D]. 西安: 西安建筑科技大学, 2009.

19 BAKER.Houses: how to reduce building costs[M]. New Delhi: Centre of Science and Technology for Rural Development (COSTFORD), 1986.

20 BAKER. Houses: how to reduce building costs[M]. New Delhi: Centre of Science and Technology for Rural Development (COSTFORD), 1986.

21 翟芳.劳里·贝克乡村创作思想及作品研究 [D]. 西安: 西安建筑科技大学, 2009.

22 MEHROTRA. Architecture in India since 1990[M]. Berlin: Hatje Cantz Publishers, 2011.

23 邹德侬, 戴路.印度现代建筑 [M]. 郑州: 河南科学技术出版社, 2002.

24 博奥席耶.勒·柯布西耶全集: 第五卷 1946—1952[M]. 牛燕芳, 程超, 译.北京: 中国建筑工业出版社, 2005.

25 博奥席耶.勒·柯布西耶全集: 第五卷 1946—1952[M]. 牛燕芳, 程超, 译.北京: 中国建筑工业出版社, 2005.

26 博奥席耶.勒·柯布西耶全集: 第五卷 1946—1952[M]. 牛燕芳, 程超, 译.北京: 中国建筑工业出版社, 2005.

27 博奥席耶.勒·柯布西耶全集: 第五卷 1946—1952[M]. 牛燕芳, 程超, 译.北京: 中国建筑工业出版社, 2005.

28 博奥席耶.勒·柯布西耶全集: 第五卷 1946—1952[M]. 牛燕芳, 程超, 译.北京: 中国建筑工业出版社, 2005.

29 博奥席耶.勒·柯布西耶全集: 第五卷 1946—1952[M]. 牛燕芳, 程超, 译.北京: 中国建筑工业出版社, 2005.

30 博奥席耶.勒·柯布西耶全集: 第五卷 1946—1952[M]. 牛燕芳, 程超, 译.北京: 中国建筑工业出版社, 2005.

31 博奥席耶.勒·柯布西耶全集: 第五卷 1946—1952[M]. 牛燕芳, 程超, 译.北京: 中国建筑工业出版社, 2005.

32 博奥席耶.勒·柯布西耶全集: 第五卷 1946—1952[M]. 牛燕芳, 程超, 译.北京: 中国建筑工业出版社, 2005.

33 刘青豪.永恒的追求: 路易斯·康的建筑哲学[J].新建筑, 1995 (2).

34 刘青豪.永恒的追求: 路易斯·康的建筑哲学[J].新建筑, 1995 (2).

35 周扬, 钱才云.论印度管理学院设计中折射出的结构主义哲学思想 [J].A+C, 2011 (8).

36 Joseph Allen Stein[EB/OL].[2014-08-24]. http: // en.wikipedia.org/wiki/Joseph_Allen_Stein.

37 斯坦因, 多西, 巴拉.克什米尔议会中心 [J]. 世界建筑, 1990 (6).

38 胡冰路.美国驻印度大使馆 [J]. 世界建筑, 1989 (6).

39 Charles Correa[EB/OL].[2014-10-23]. http: // en.wikipedia.org/wiki/Charles_Correa.

40 叶晓健. 查尔斯·柯里亚的建筑空间 [M]. 北京：中国建筑工业出版社，2003.

41 叶晓健. 查尔斯·柯里亚的建筑空间 [M]. 北京：中国建筑工业出版社，2003.

42 叶晓健. 查尔斯·柯里亚的建筑空间 [M]. 北京：中国建筑工业出版社，2003.

43 GAST. Modern traditions：contemporary architecture in India[M]. Basel：Brikhauser Verlag AG，2007.

44 洪源. 以斋浦尔艺术中心为例谈传统空间的当代传承 [J]. 山西建筑，2010，36（21）.

45 叶晓健. 查尔斯·柯里亚的建筑空间 [M]. 北京：中国建筑工业出版社，2003.

46 叶晓健. 查尔斯·柯里亚的建筑空间 [M]. 北京：中国建筑工业出版社，2003.

47 陈传绪. 孟买的问题与规划 [J]. 国外城市规划，1988(1).

48 陈传绪. 孟买的问题与规划 [J]. 国外城市规划，1988(1).

49 王益谦. 孟买城市区的空间发展格局 [J]. 南亚研究季刊，1992（4）.

50 王益谦. 孟买城市区的空间发展格局 [J]. 南亚研究季刊，1992（4）.

51 王路. 根系本土：印度建筑师B. V. 多西及其作品评述 [J]. 世界建筑，1999（8）.

52 王路. 根系本土：印度建筑师B.V. 多西及其作品评述 [J]. 世界建筑，1999（8）.

53 DOSHI. Talks by Balkrishna V. Doshi[M].Ahmadabad：Vastu-Shilpa Foundation for Studies and Research in Environment Design，2012.

54 周卡特. 班加罗尔管理学院 [J]. 世界建筑，1990（6）.

55 GAST. Modern traditions：contemporary architecture in India[M]. Basel：Brikhauser Verlag AG，2007.

56 GAST.Modern traditions：contemporary architecture in India[M]. Basel：Brikhauser Verlag AG，2007.

57 MEHROTRA. Architecture in India since 1990[M]. Berlin：Hatje Cantz Publishers，2011.

58 "卡尔沙戒律"以"5K"为标志：Kesh（终生蓄长发、长须）、Kangh（戴发梳）、Kacch（穿短衣裤）、Kirpan（佩短剑）、Kara（戴手镯）这五件事在锡克教中具有特殊含义。蓄长发、长须表示睿智、博学和大胆、勇猛，是锡克教成年男教徒最重要的标志。戴发梳是为了保持头发的整洁，也可以促进心灵修炼。戴手镯象征锡克教兄弟永远团结。佩短剑表示追求自由和平等的坚强信念。穿短衣裤是为了区别于印度教徒穿着的长衫。

59 巴尔米拉棕榈住宅，阿里巴格，印度 [J]. 世界建筑，2011（5）.

图片来源

图 9-1 雅各布在书中列出的印度传统建筑上的基本要素，图片来源：MEHROTRA.Architecture in India since 1990 [M].Berlin：Hatje Cantz Publishers，2011

图 9-2 法塔赫布尔西格里堡，图片来源：张敏燕摄

图 9-3 总统府，图片来源：王杰忞摄

图 9-4 新德里印度门，图片来源：张敏燕摄

图 9-5 戈尔孔德住宅，图片来源：MEHROTRA. Architecture in India since 1990[M]. Berlin：Hatje Cantz Publishers，2011

图 9-6 戈尔孔德住宅柚木板，图片来源：MEHROTRA. Architecture in India since 1990[M]. Berlin：Hatje Cantz Publishers，2011

图 9-7 加尔各答新秘书处大楼，图片来源：邹德侬，戴路. 印度现代建筑 [M]. 郑州：河南科学技术出版社，2002

图 9-8 拱门（胡马雍陵），图片来源：张敏燕摄

图 9-9 圆顶穹隆（泰姬·玛哈陵），图片来源：张敏燕摄

图 9-10 风亭（红堡），图片来源：张敏燕摄

图 9-11 迦利（胡马雍陵），图片来源：王杰忞摄

图 9-12 阿育王饭店，图片来源：张敏燕摄

图 9-13 阿育王饭店入口，图片来源：汪永平摄

图 9-14 阿育王饭店局部，图片来源：张敏燕摄

图 9-15 劳里·贝克，图片来源：翟芳. 劳里·贝克乡村创作思想及作品研究 [D]. 西安：西安建筑科技大学，2009

图 9-16 砖格窗光影效果，图片来源：彭雷. 大地之子：英裔印度建筑师劳里·贝克及其作品述评 [J]. 国外建筑与建筑师，2004（1）

图 9-17 斋浦尔博物馆的迦利，图片来源：张敏燕摄

图 9-18 宽厚的挑檐，图片来源：http：//www. lauriebaker.net/

图 9-19 里拉·梅隆住宅平面，图片来源：翟芳. 劳里·贝克乡村创作思想及作品研究 [D]. 西安：西安建筑科技大学，2009

图 9-20 墙体降低造价方法，图片来源：BAKER. Houses：how to reduce building costs[M]. Thrissur：Centre of Science and Technology for Rural Development（COSTFORD），1986

图 9-21 石砌家具，图片来源：BAKER. Houses：how to reduce building costs[M]. Thrissur：Centre of Science and Technology for Rural Development（COSTFORD），1986

图 9-22 空斗砖墙，图片来源：BAKER. Houses：How to Reduce Building Costs[M]. Thrissur：Centre of Science and Technology for Rural Development（COSTFORD），1986

图 9-23 墙面降低造价方法，图片来源：BAKER.Houses：how to reduce building costs[M].Thrissur：Centre of Science and Technology for Rural Development（COSTFORD），1986

图 9-24 窗户降低造价方法，图片来源：BAKER.Houses：how to reduce building costs[M].Thrissur：Centre of Science and Technology for Rural Development（COSTFORD），1986

图 9-25 叠涩拱，图片来源：BAKER.Houses：how to reduce building costs[M].Thrissur：Centre of Science and Technology for Rural Development（COSTFORD），1986

图 9-26 印度咖啡屋，图片来源：百度百科

图 9-27 喀拉拉邦发展研究中心，图片来源：http：//www.lauriebaker.net/

图 9-28 喀拉拉发展研究中心平面，图片来源：翟芳.劳里·贝克乡村创作思想及作品研究 [D].西安：西安建筑科技大学，2009

图 9-29 罗耀拉教堂，图片来源：http：//www.lauriebaker.net/

图 9-30 罗耀拉教堂中心庭院，图片来源：MEHROTRA.Architecture in India since 1990[M].Berlin：Hatje Cantz Publishers，2011

图 9-31 勒·柯布西耶，图片来源：http：//www.baidu.com

图 9-32 气候表格，图片来源：博奥席耶.勒·柯布西耶全集：第六卷 1952—1957[M].牛燕芳，程超，译.北京：中国建筑工业出版社，2005

图 9-33 初稿方案透视（从大法院看过去），图片来源：博奥席耶.勒·柯布西耶全集：第五卷 1946—1952[M].牛燕芳，程超，译.北京：中国建筑工业出版社，2005

图 9-34 大法院初稿方案透视（1951 年 5 月），图片来源：博奥席耶.勒·柯布西耶全集：第五卷 1946—1952[M].牛燕芳，程超，译.北京：中国建筑工业出版社，2005

图 9-35 昌迪加尔城市规划第一阶段定稿方案（1952），图片来源：博奥席耶.勒·柯布西耶全集：第五卷 1946—1952[M].牛燕芳，程超，译.北京：中国建筑工业出版社，2005

图 9-36 四面柱廊的建筑，图片来源：张敏燕摄

图 9-37 中心广场喷泉，图片来源：张敏燕摄

图 9-38 纵向 V3 道路低矮浓密的树木，图片来源：博奥席耶.勒·柯布西耶全集：第六卷 1952—1957[M].牛燕芳，程超，译.北京：中国建筑工业出版社，2005

图 9-39 横向 V3 道路高大的疏叶树木，图片来源：博奥席

耶.勒·柯布西耶全集：第六卷 1952—1957[M].牛燕芳，程超，译.北京：中国建筑工业出版社，2005

图 9-40 最初规划时政府广场平面，图片来源：博奥席耶.勒·柯布西耶全集：第六卷 1952—1957[M].牛燕芳，程超，译.北京：中国建筑工业出版社，2005

图 9-41 建成后的政府广场卫星图，图片来源：张敏燕根据谷歌卫星图绘

图 9-42 "张开的手"，图片来源：王杰忞摄

图 9-43 "阴影之塔"，图片来源：王婷婷摄

图 9-44 昌迪加尔议会大厦，图片来源：张敏燕摄

图 9-45 "太阳伞"，图片来源：张敏燕摄

图 9-46 昌迪加尔议会大厦正立面（集会大厅的顶和柯布西耶的画），图片来源：张敏燕摄

图 9-47 昌迪加尔高等法院混凝土顶棚，图片来源：张敏燕摄

图 9-48 昌迪加尔高等法院三原色壁柱，图片来源：张敏燕摄

图 9-49 昌迪加尔高等法院坡道，图片来源：张敏燕摄

图 9-50 昌迪加尔秘书处大楼标准层平面，图片来源：博奥席耶.勒·柯布西耶全集：第六卷 1952—1957[M].牛燕芳，程超，译.北京：中国建筑工业出版社，2005

图 9-51 昌迪加尔秘书处大楼，图片来源：张敏燕摄

图 9-52 艾哈迈达巴德城市博物馆，图片来源：汪永平摄

图 9-53 艾哈迈达巴德城市博物馆中庭，图片来源：汪永平摄

图 9-54 艾哈迈达巴德城市博物馆平面，图片来源：博奥席耶.勒·柯布西耶全集：第六卷 1952—1957[M].牛燕芳，程超，译.北京：中国建筑工业出版社，2005

图 9-55 艾哈迈达巴德棉纺织协会总部，图片来源：汪永平摄

图 9-56 路易斯·康，图片来源：http：//www.baidu.com

图 9-57 耶鲁大学艺术画廊扩建，图片来源：http：//www.baidu.com

图 9-58 萨尔克生物研究所，图片来源：https://bbs.zhulong.com/101020_group_687/detail40424159/p1.html?louzhu=1

图 9-59 印度管理学院艾哈迈达巴德分院教学综合体中心庭院，图片来源：张敏燕摄

图 9-60 印度管理学院艾哈迈达巴德分院学生宿舍单元，图片来源：张敏燕摄

图 9-61 印度管理学院艾哈迈达巴德分院平面，图片来源：张敏燕画

图 9-62 印度管理学院艾哈迈达巴德分院教学综合体平面，图片来源：筑龙

图 9-63 印度管理学院艾哈迈达巴德分院教学综合体入口台阶，图片来源：王婷婷摄

图 9-64 印度管理学院艾哈迈达巴德分院宿舍区坡道，图片来源：张敏燕摄

图 9-65 印度管理学院艾哈迈达巴德分院宿舍楼墙面开口，图片来源：张敏燕摄

图 9-66 印度管理学院艾哈迈达巴德分院外露的过梁，图片来源：张敏燕摄

图 9-67 层叠的拱，图片来源：张敏燕摄

图 9-68 透过门洞看树，图片来源：张敏燕摄

图 9-69 约瑟夫·艾伦·斯坦因，图片来源：http://en.wikipedia.org/wiki/Joseph_Allen_Stein

图 9-70 克什米尔会议中心，图片来源：斯坦因，多西，巴拉．克什米尔会议中心 [J]. 世界建筑，1990（6）

图 9-71 克什米尔会议中心总平面，图片来源：斯坦因，多西，巴拉．克什米尔会议中心 [J]. 世界建筑，1990（6）

图 9-72 爱德华·斯通，图片来源：http://www.baidu.com

图 9-73 美国驻印度大使馆主楼，图片来源：百度百科

图 9-74 查尔斯·柯里亚，图片来源：http://www.baidu.com

图 9-75 管式住宅平面，图片来源：弗兰姆普敦．查尔斯·柯里亚作品评述 [J]. 饶小军，译．世界建筑导报，1995（1）

图 9-76 管式住宅剖面，图片来源：弗兰姆普敦．查尔斯·柯里亚作品评述 [J]. 饶小军，译．世界建筑导报，1995（1）

图 9-77 圣雄甘地纪念馆总平面，图片来源：叶晓健．查尔斯·柯里亚的建筑空间 [M]. 北京：中国建筑工业出版社，2003

图 9-78 圣雄甘地纪念馆，图片来源：张敏燕摄

图 9-79 圣雄甘地纪念馆入口处的"三不猴"，图片来源：张敏燕摄

图 9-80 木质百叶窗，图片来源：张敏燕摄

图 9-81 干城章嘉公寓，图片来源：张敏燕摄

图 9-82 干城章嘉公寓剖面，图片来源：叶晓健．查尔斯·柯里亚的建筑空间 [M]. 北京：中国建筑工业出版社，2003

图 9-83 干城章嘉公寓单元平面，图片来源：叶晓健．查尔斯·柯里亚的建筑空间 [M]. 北京：中国建筑工业出版社，2003

图 9-84 博帕尔国民议会大厦，图片来源：GAST.Modern traditions：contemporary architecture in India[M]. Basel：Brikhauser Verlag AG，2007

图 9-85 博帕尔国民议会大厦平面，图片来源：GAST. Modern traditions：contemporary architecture in India[M]. Basel：Brikhauser Verlag AG，2007

图 9-86 博帕尔国民议会大厦主要流线，图片来源：根据GAST.Modern traditions：contemporary architecture in India[M]. Basel：Brikhauser Verlag AG，2007 自制

图 9-87 斋浦尔艺术中心，图片来源：张敏燕摄

图 9-88 斋浦尔艺术中心平面，图片来源：叶晓健．查尔斯·柯里亚的建筑空间 [M]. 北京：中国建筑工业出版社，2003

图 9-89 曼陀罗图形，图片来源：http://www.baidu.com

图 9-90 斋浦尔艺术中心主入口，图片来源：张敏燕摄

图 9-91 斋浦尔艺术中心星相示意，图片来源：洪源．以斋浦尔艺术中心为例谈传统空间的当代传承[J]. 山西建筑，2010，36（21）

图 9-92 斋浦尔艺术中心正南方块内院，图片来源：张敏燕摄

图 9-93 斋浦尔艺术中心室内穹顶绘画，图片来源：张敏燕摄

图 9-94 印度人寿保险公司大楼，图片来源：王杰焘摄

图 9-95 印度人寿保险公司大楼总平面，图片来源：叶晓健．查尔斯·柯里亚的建筑空间[M]. 北京：中国建筑工业出版社，2003

图 9-96 连续钢架，图片来源：叶晓健．查尔斯·柯里亚的建筑空间 [M]. 北京：中国建筑工业出版社，2003

图 9-97 大孟买地图，图片来源：陈传绪．孟买的问题与规划 [J]. 国外城市规划，1988（1）

图 9-98 新孟买发展方向，图片来源：王益谦．孟买城市区的空间发展格局[J]. 南亚研究季刊，1992（4）

图 9-99 新孟买地图，图片来源：http://en.wikipedia.org/wiki/Navi_Mumbai

图 9-100 新孟买鸟瞰，图片来源：http://en.wikipedia.org/wiki/Navi_Mumbai

图 9-101 巴克里希纳·多西，图片来源：多西．从观念到现实 [J]. 谷敬鹏，译．建筑学报，2000（11）

图 9-102 印度教神庙，图片来源：张敏燕摄

图 9-103 印度管理学院班加罗尔分院，图片来源：周卡特．班加罗尔管理学院 [J]. 世界建筑，1990（6）

图 9-104 印度管理学院班加罗尔分院总平面，图片来源：周卡特．班加罗尔管理学院 [J]. 世界建筑，1990（6）

图 9-105 印度管理学院班加罗尔分院走廊，图片来源：周卡特．班加罗尔管理学院 [J]. 世界建筑，1990（6）

图 9-106 侯赛因—多西画廊，图片来源：张敏燕摄

图 9-107 侯赛因—多西画廊表面碎瓷片，图片来源：张敏燕摄

图 9-108 侯赛因—多西画廊入口，图片来源：张敏燕摄

图 9-109 侯赛因—多西画廊室内，图片来源：张敏燕摄

图 9-110 桑珈建筑事务所，图片来源：张敏燕摄
图 9-111 桑珈建筑事务所收集雨水的沟渠，图片来源：张敏燕摄
图 9-112 环境规划和技术中心平面，图片来源：张敏燕制
图 9-113 环境规划和技术中心建筑和规划学院，图片来源：张敏燕摄
图 9-114 环境规划和技术中心科技学院，图片来源：张敏燕摄
图 9-115 环境规划和技术中心作品展，图片来源：http://cept.ac.in/
图 9-116 拉杰·里瓦尔，图片来源：http://www.thehindu.com
图 9-117 印度国会图书馆（后面是国会大厦），图片来源，GAST. Modern traditions：contemporary architecture in India[M]. Basel：Brikhauser Verlag AG，2007
图 9-118 国会图书馆一层平面，图片来源：GAST. Modern traditions：contemporary architecture in India[M]. Basel：Brikhauser Verlag AG，2007
图 9-119 国会图书馆模型，图片来源：GAST.Modern traditions：contemporary architecture in India[M]. Basel：Brikhauser Verlag AG，2007
图 9-120 国会图书馆室内，图片来源：GAST.Modern traditions：contemporary architecture in India[M]. Basel：Brikhauser Verlag AG，2007
图 9-121 国会图书馆内部庭院，图片来源：GAST. Modern traditions：contemporary architecture in India[M]. Basel：Brikhauser Verlag AG，2007
图 9-122 新德里教育学院，图片来源：周卡特. 班加罗尔管理学院 [J]. 世界建筑，1990（6）
图 9-123 低收入者住宅村落，图片来源：GAST.Modern traditions：contemporary architecture in India[M]. Basel：Brikhauser Verlag AG，2007
图 9-124 低收入者住宅，图片来源：GAST.Modern traditions：contemporary architecture in India[M]. Basel：Brikhauser Verlag AG，2007
图 9-125 低收入者住宅组团模型，图片来源：GAST. Modern traditions：contemporary architecture in India[M]. Basel：Brikhauser Verlag AG，2007
图 9-126 印度土地和物业有限公司，图片来源：MEHROTRA. Architecture in India since 1990[M]. Berlin：Hatje Cantz Publishers，2011
图 9-127 诺伊达软件科技园，图片来源：MEHROTRA. Architecture in India since 1990[M]. Berlin：Hatje Cantz Publishers，2011

图 9-128 国家时尚科技学院，图片来源：MEHROTRA. Architecture in India since 1990[M].Berlin：Hatje Cantz Publishers，2011
图 9-129 印孚瑟斯园区，图片来源：MEHROTRA. Architecture in India since 1990[M]. Berlin：Hatje Cantz Publishers，2011
图 9-130 帝国双塔，图片来源：http://www.baidu.com
图 9-131 "世界第一" 楼，图片来源：http://www.baidu.com
图 9-132 皇宫酒店，图片来源：MEHROTRA.Architecture in India since 1990[M].Berlin：Hatje Cantz Publishers，2011
图 9-133 贾特拉帕蒂·希瓦吉国际机场 2 号航站楼，图片来源：MEHROTRA.Architecture in India since 1990[M]. Berlin：Hatje Cantz Publishers，2011
图 9-134 珀尔时尚学院，图片来源：http://www.dezeen.com
图 9-135 珀尔时尚学院内部庭院，图片来源：http://www.dezeen.com
图 9-136 珀尔时尚学院阶梯井式景观，图片来源：http://www.dezeen.com
图 9-137 珀尔时尚学院庭院模型，图片来源：http://www.dezeen.com
图 9-138 珀尔时尚学院楼层模型，图片来源：http://www.dezeen.com
图 9-139 卡尔沙遗产中心，图片来源：MEHROTRA. Architecture in India since 1990[M].Berlin：Hatje Cantz Publishers，2011
图 9-140 阿姆利泽金庙，图片来源：张敏燕摄
图 9-141 卡尔沙遗产中心凹形尖顶展厅，图片来源：MEHROTRA. Architecture in India since 1990[M].Berlin：Hatje Cantz Publishers，2011
图 9-142 英吉拉·甘地国际机场 3 号航站楼墙面佛教文化装饰，图片来源：汪永平摄
图 9-143 英吉拉·甘地国际机场 3 号航站楼内不同的佛手印之一，图片来源：汪永平摄
图 9-144 泰戈尔纪念会堂奠基石，图片来源：汪永平摄
图 9-145 泰戈尔纪念堂外观，图片来源：汪永平摄
图 9-146 泰戈尔纪念堂素混凝土表面，图片来源：汪永平摄
图 9-147 泰戈尔纪念堂西立面上抽象的泰戈尔金属雕像，图片来源：汪永平摄
图 9-148 泰戈尔纪念堂艺术面具，图片来源：汪永平摄
图 9-149 泰戈尔纪念堂前厅的狮子壁画，图片来源：汪永平摄

参考文献

中文专著

[1] 陈志华.外国建筑史:十九世纪以前 [M].北京:中国建筑工业出版社,1986.

[2] 道宣.释迦方志 [M].上海:上海古籍出版社,2011.

[3] 东南大学建筑学院.东亚建筑遗产的历史和未来 [M].南京:东南大学出版社,2006.

[4] 顾卫民.葡萄牙文明东渐中的都市:果阿 [M].上海:上海辞书出版社,2009.

[5] 郭风平,方建斌.中外园林史 [M].北京:中国建筑工业出版社,2005.

[6] 黄心川.印度哲学史 [M].北京:商务印书馆,1989.

[7] 季羡林.朗润琐言:季羡林学术思想精粹 [M].北京:人民日报出版社,2011.

[8] 季羡林,等.东方文化研究 [M].北京:北京大学出版社,1994.

[9] 贾应逸.印度到中国新疆的佛教艺术 [M].兰州:甘肃教育出版社,2002.

[10] 李崇峰.佛教考古:从印度到中国 [M].上海:上海古籍出版社,2014.

[11] 梁启超.梁启超说佛 [M].北京:九州出版社,2006.

[12] 林承节.殖民统治时期的印度史 [M].北京:北京大学出版社,2004.

[13] 林承节.印度近现代史 [M].北京:北京大学出版社,1995.

[14] 林太.印度通史 [M].上海:上海社会科学院出版社,2012.

[15] 刘国楠,王树英.印度各邦历史文化 [M].北京:中国社会科学出版社,1982.

[16] 吕大吉,何耀华,和志武.中国原始宗教资料丛编 [M].上海:上海人民出版社,1993.

[17] 莫海量,李鸣,张琳.王权的印记:东南亚宫殿建筑 [M].南京:东南大学出版社,2008.

[18] 尚会鹏.印度文化史 [M].桂林:广西师范大学出版社,2007.

[19] 孙承熙.阿拉伯伊斯兰文化史纲 [M].北京:昆仑出版社,2001.

[20] 孙士海.列国志:印度 [M].北京:社会科学文献出版社,2010.

[21] 汤用彤.印度哲学史略 [M].上海:上海古籍出版社,2005.

[22] 王贵祥.东西方的建筑空间:传统中国与中世纪西方建筑的文化阐释 [M].天津:百花文艺出版社,2006.

[23] 王怀德,郭宝华.伊斯兰教史 [M].银川:宁夏人民出版社,1992.

[24] 王其钧.璀璨的宝石:印度美术 [M].重庆:重庆出版社,2010.

[25] 王树英.宗教与印度社会 [M].北京:人民出版社,2009.

[26] 王镛.印度美术 [M].北京:中国人民大学出版社,2010.

[27] 王镛.印度美术史话 [M].北京:人民美术出版社,1999.

[28] 萧默.华彩乐章:古代西方与伊斯兰建筑 [M].北京:机械工业出版社,2007.

[29] 萧默.建筑的意境 [M].北京:中华书局,2014.

[30] 萧默.天竺建筑行纪 [M].北京:生活·读书·新知三联书店,2007.

[31] 谢小英.神灵的故事:东南亚宗教建筑 [M].南京:东南大学出版社,2008.

[32] 玄奘,辩机.大唐西域记校注 [M].北京:中华书局,1985.

[33] 薛林平.建筑遗产保护概论 [M].北京:中国建筑工业出版社,2013.

[34] 杨滨章.外国园林史 [M].哈尔滨:东北林业大学出版社,2003.

[35] 易宁.走进古印度文明 [M].北京:民主与建设出版社,2003.

[36] 叶公贤,王迪民.印度美术史 [M].昆明:云南人民出版社,1991.

[37] 尹国均.图解东方建筑史 [M].武汉:华中科技大学出版社,2010.

[38] 尹海林.印度建筑印象 [M].天津:天津大学出版社,2012.

[39] 郑殿臣.佛教、耆那教与斯里兰卡、尼泊尔神话传说 [M].北京:北京大学出版社,1999.

[40] 邹德侬,戴路.印度现代建筑 [M].郑州:河南科学技术出版社,2002.

译文专著

[1] 阿巴尼斯.古印度:从起源至公元13世纪 [M].刘青,张洁,陈西帆,等译.北京:中国水利水电出版社,2006.

[2] 埃利奥特.印度教与佛教史纲 [M].李荣熙,译.北京:商务印书馆,1991.

[3] 巴沙姆.印度文化史 [M].闵光沛,等译.北京:商务印书馆,1997.

[4] 班纳吉.印度通史 [M].张若达,冯金辛,等译.北京:商务印书馆,1973.

[5] 本特利,齐格勒,斯特里兹.简明新全球史 [M].魏凤莲,译.北京:北京大学出版社,2009.

[6] 博奥席耶.勒·柯布西耶全集:第五卷 1946—

1952[M]. 牛燕芳，程超，译. 北京：中国建筑工业出版社，2005.

[7] 博奥席耶. 勒·柯布西耶全集：第六卷 1952—1957[M]. 牛燕芳，程超，译. 北京：中国建筑工业出版社，2005.

[8] 布萨利. 东方建筑 [M]. 单军，赵焱，译. 北京：中国建筑工业出版社，1999.

[9] 布野修司. 亚洲城市建筑史 [M]. 胡惠琴，沈瑶，译. 北京：中国建筑工业出版社，2010.

[10] 达尼. 历史之城塔克西拉 [M]. 刘丽敏，译. 北京：中国人民大学出版社，2005.

[11] 福斯特. 印度之行 [M]. 杨自俭，译. 南京：译林出版社，2008.

[12] 海特斯坦，德利乌斯. 伊斯兰：艺术与建筑 [M]. 中铁二院工程集团有限责任公司，译. 北京：中国铁道出版社，2012.

[13] 霍格. 伊斯兰建筑 [M]. 杨昌鸣，陈欣欣，凌珀，译. 北京：中国建筑工业出版社，1999.

[14] 克雷文. 印度艺术简史 [M]. 王镛，方广羊，陈聿东，译. 北京：中国人民大学出版社，2003.

[15] 克鲁克香克. 弗莱彻建筑史 [M]. 郑时龄，支文军，卢永毅，等译. 北京：知识产权出版社，2011.

[16] 库尔克，罗特蒙特. 印度史 [M]. 王立新，周洪江，译. 北京：中国青年出版社，2008.

[17] 理查兹. 新编剑桥印度史：莫卧儿帝国[M]. 王立新，译. 昆明：云南人民出版社，2014.

[18] 马宗达，等. 高级印度史 [M]. 张澍霖，等译. 北京：商务印书馆，1986.

[19] 墨菲. 亚洲史 [M]. 黄磷，译. 北京：人民出版社，2004.

[20] 尼赫鲁. 印度的发现 [M]. 北京：世界知识出版社，1956.

[21] 潘尼迦. 印度简史 [M]. 简宁，译. 北京：新世界出版社，2014.

[22] 赛维. 建筑空间论：如何品评建筑 [M]. 张似赞，译. 北京：中国建筑工业出版社，2005.

[23] 僧伽历悦. 周末读完印度史[M]. 李燕，张曜，译. 上海：上海交通大学出版社，2009.

[24] 舍尔巴茨基. 大乘佛学：佛教的涅槃概念 [M]. 立人，译. 北京：中国社会科学出版社，1994.

[25] 舍尔巴茨基. 小乘佛学：佛教的中心概念和法的意义 [M]. 立人，译. 北京：中国社会科学出版社，1994.

[26] 斯塔夫里阿诺斯. 全球通史：从史前到 21 世纪 [M]. 7 版修订版. 吴象婴，梁赤民，董书慧，等译. 北京：北京大学出版社，2006.

[27] 提洛森. 泰姬陵 [M]. 邱春煌，译. 北京：清华大学出版社，2012.

[28] 伍德. 印度的故事 [M]. 廖素珊，译. 杭州：浙江大学出版社，2012.

[29] 伍德. 追寻文明的起源 [M]. 刘耀辉，译. 杭州：浙江大学出版社，2011.

外文专著

[1] ALBANESE. Architecture In India[M].New Delhi：OM Book Service，2000.

[2] ASHER. The new Cambridge history of India：architecture of Mughal India[M]. Cambridge ：Cambridge University Press，1992.

[3] BACH. Calcutta's edifice：the buildings of a great city[M]. New Delhi：Rupa & Co，2006.

[4] BAKER.Houses：how to reduce building costs[M]. New Delhi：Centre of Science and Technology for Rural Development（COSTFORD），1986.

[5] BURGESS，FERGUSSON. The cave temples of India[M]. Cambridge：Cambridge University Press，1880.

[6] CHANDAVARKAR. History，culture and the Indian city [M]. Cambridge：Cambridge University Press，2009.

[7] CHING，JARZOMBEK，PRAKASH. A global history of architecture[M]. New York：John Wiley & Sons，Inc，2011.

[8] CUNNINGHAM.The ancient geography of India[M]. London：Hardpress Publishing，2013.

[9] DOSSAL. Imperial designs and Indian realities：the planning of Bombay city，1845—1875 [M].Oxford：Oxford University Press，1991.

[10] DWIVEDI，MEHROTRA. Bombay： the city within[M].Mumbai：Eminence Designs Pvt Ltd，2001.

[11] GAST.Modern traditions：contemporary architecture in India[M]. Basel：Brikhauser Verlag AG，2007.

[12] GAUTAM.Laurie Baker life：working & writings[M]. New Delhi：Viking，1991.

[13] GROVER. Masterpieces of traditional Indian architecture[M]. New Delhi：Roli Books Pvt Ltd，2008.

[14] HOEK，KOLFF，OORT.Ritual，state，and history in south Asia：essays in honour of J.C. Heesterman[M]. Leiden：Brill Academic Publishers，1992.

[15] JAINISM.The world of conquerors［M］.Brighton：Sussex Academic Press，1998.

[16] KAMIYA. The guide to the architecture of the Indian

subcontitent [M].Tokyo：Toto Shuppan Press，1996.

[17] KEAY. India：a history[M].Washington，DC：Atlantic Monthly Press，2000.

[18] KENOYER. Ancient cities of the Indus civilization[M]. Oxford：Oxford University Press，1998.

[19] LOBO. Magnificent monuments of old Goa[M]. Panaji：Rajhauns Vitaran，2004.

[20] LONDON. Bombay gothic[M].Mumbai：India Book House Pvt Ltd，2002.

[21] MEHROTRA.Architecture in India since 1990[M]. Berlin：Hatje Cantz Publishers，2011.

[22] MONICA SMITH.The archaeology of an early historic town in central India[M]. Honolulu：University of Hawaii Press，2003.

[23] MICHELL.Architecture and art of southern India [M]. Cambridge：Cambridge University Press，1995.

[24] MICHELL.The Hindu temple：an introduction to its meaning and forms[M].Chicago：The University of Chicago Press，1988.

[25] MICHELL，BURTON-PAGE. Indian Islamic architecture forms and typologies，sites and monuments[M]. Leiden：Brill Academic Publishers，2008.

[26] MICHELL，ZEBROWSKI. The new Cambridge history of India：architecture and art of the Deccan sultanates[M]. Cambridge：Cambridge University Press，1999.

[27] MITRA.Walking with the Buddha：Buddhist pilgrimages in India[M]. New Delhi：Goodearth Publications，1999.

[28] MITRA，SHARMA.World heritage series：the great Chola temples[M]. New Delhi：Goodearth Publications，1999.

[29] MORRIS. Stones of empire：the buildings of the Raj [M].Oxford：Oxford University Press，2005.

[30] MUTHIAH，GUPTA. Madras that is Chennai：queen of the coromandel [M].Madras：Palaniappa Brothers，2012.

[31] PADDAYY. Essays in history of archaeology[M].New Delhi：Archaeological Survey of India，2013.

[32] PAL.Jain art from India[M].Hong Kong：Global Interprint Press，1994.

[33] PAL.Orissa revisited[M].New Delhi：Marg Publications，2001.

[34] PELIZZARI. Traces of India：photography，architecture，and the politics of representation，1850-1900 [M]. [S.l.]：YC British Art，2003.

[35] PETERSEN. Dictionary of Islamic architecture[M]. London：Routledge，1996.

[36] POSSEHL. Ancient cities of the India[M]. [S.l.]：Vikas Publishing，1980

[37] PUNJA. Great monuments of the Indian subcontinent[M]. New Delhi：Bikram Grewal，1994.

[38] SARKAR，MISAR.Nagarjunakongda[M].New Delhi：Pelican Press，2006.

[39] SCRIVER，PRAKASH. Colonial modernities：building，dwelling and architecture in British India and Ceylon [M].New York：Routledge，2007.

[40] SENGUPTA，LAMBAB.150 years of the archaeological survey of India[M].New Delhi：Archaeological Survey of India，2013.

[41] SIDDHARTHA，BURDHAN.Heritage through maps[M]. New Delhi：Kisalaya Publications，2011.

[42] SIGH. A history of ancient and early medieval India：from the stone age to the 12th century[M].New Delhi：Person Publication，2009.

[43] SINGH. Where the Buddha walked：a companion to the Buddhist places of India[M]. New Delhi：First Impression，2003.

[44] SONI.Monuments of India[M].New Delhi：Archaeological Survey of India，2013.

[45] SUBRAMANIAN. Ports towns and cities：a historical tour of the Indian littoral[M]. Mumbai：The Marg Foundation，2008.

[46] THAKUR. The seven cities of Delhi[M]. New Delhi：Aryan Books Interational，2005.

[47] VASUNIA. The classics and colonial India [M]. Oxford：Oxford University Press，2013.

[48] VOLWAHSEN. Splendours of imperial India：british architecture in the 18th and 19th centuries [M]. London：Prestel，2004.

[49] YA MAMOTO. Introduction to Buddhist art[M].New Delhi：P K Goel Publication，1990.

期　刊

[1] 昌德拉，尹建新，刘丰收 . 印度寺庙及其文化艺术（一）[J]. 西藏艺术研究，1992（4）:54-59.

[2] 陈传绪 . 孟买的问题与规划 [J]. 国外城市规划，1988（1）：35-40.

[3] 陈诗豪 . 倾听远古的足音：印度桑吉大塔的佛教雕刻艺术 [J]. 美术学报，2006（3）:21-28.

[4] 成明.新德里的魅力 [J].中国对外贸易,2008(11):90-92.

[5] 达达 ZEN.果阿教堂的天使 [J].世界博览,2011(18):80-81.

[6] 多西.从观念到现实 [J].谷敬鹏,译.建筑学报,2000(11):59-62.

[7] 仇保兴.历史文化名镇名村保护的迫切性 [J].中国名城,2011(2):4-7.

[8] 定慧.蓝毗尼简史 [J].法音,2000(7):13-15.

[9] 弗兰姆普顿.查尔斯·科里亚作品评述 [J].饶小军,译.世界建筑导报,1995(1):9.

[10] 傅才武,陈庚.当代中国文化遗产的保护与开发模式 [J].湖北大学学报(哲学社会科学版),2010(4):93-98.

[11] 高关中.蓝毗尼:佛祖诞生的地方 [J].时代发现,2012(6):50-51.

[12] 宫静.耆那教的教义、历史与现状 [J].南亚研究,1987(10):40-44.

[13] 关颖.对英国在印度殖民统治的新认识 [J].牡丹江师范学院学报,1997(3):32-34.

[14] 郭湖生.我们为什么要研究东方建筑 [J].建筑师,1992(12):8-11.

[15] 韩嘉为.印度宗教建筑空间模式简析 [J].西安建筑科技大学学报(自然科学版),2002(4):379-382.

[16] 洪琳燕.印度传统伊斯兰造园艺术赏析及启示 [J].北京林业大学学报(社会科学版),2007(9):36-40.

[17] 洪源.以斋浦尔艺术中心为例谈传统空间的当代传承 [J] 山西建筑,2010,36(21):15-16.

[18] 胡冰路.美国驻印度大使馆 [J].世界建筑,1989(6):56-57.

[19] 姜芃.城市史是否是一门学科 [J].世界历史,2002(4):90-104.

[20] 李春玲.国保单位公布背景与演变 [J].中国文物科学研究,2013(2):40-45.

[21] 刘青豪.永恒的追求:路易斯·康的建筑哲学 [J].新建筑,1995(2):25-33.

[22] 潘兴明.英国殖民城市探析 [J].世界历史,2006(5):26-35.

[23] 彭雷.大地之子:英裔印度建筑师劳里·贝克及其作品述评 [J].国外建筑与建筑师,2004(1):71-74.

[24] 单军.新"天竺取经":印度古代建筑的理念与形式 [J].世界建筑,1999(8):20-27.

[25] 孙桥炼.英国殖民统治对印度传统社会的影响 [J].西安社会科学,2011,29(6):111-112.

[26] 孙卫峰.论印度教的流变及其内涵 [J].北方文学,2009(3):36-38.

[27] 孙玉玺.圣地寻佛(下)[J].世界知识,2006(13):54.

[28] 藤森照信.外廊样式:中国近代建筑的原点 [J].张复合,译.建筑学报,1993(5):33-38.

[29] 王俊周.英国殖民统治与印度现代化 [J].历史数学,2008(12):57-58.

[30] 王路.根系本土:印度建筑师 B.V.多西及其作品评述 [J].世界建筑,1990(8):67-73.

[31] 王亚宏.印度的宗教建筑 [J].亚非纵横,2002(4):42-45.

[32] 王益谦.孟买城市区的空间发展格局 [J].南亚研究季刊,1992(4):42-48.

[33] 巫白慧.耆那教的逻辑思想 [J].南亚研究,1984(7):1-11.

[34] 向东红.印度的近现代建筑发展历程 [J].中国建设信息,2005(8):58-60.

[35] 辛华.追昔抚今玛哈尔陵 [J].当代世界,2007(9):62-64.

[36] 许静.印度耆那教发展的原因探析 [J].贵州师范大学学报,2013(10):41-45.

[37] 许永璋.论殖民时期印度的铁路建筑 [J].南都学报,1992,12(4):68-75.

[38] 杨必仪.印度教的特点及其对印度文化的影响 [J].青海师专学报,2005(5):45-49.

[39] 杨仁德.耆那教的重要人物 [J].南亚研究季刊,1986(7):84-86.

[40] 杨仁德.耆那教若干问题浅探 [J].四川大学学报,1986(8):45-49.

[41] 赵东江.英国殖民统治与印度的崛起 [J].内蒙古民族大学学报,2010,16(3):6-7.

[42] 赵中枢.从文物保护到历史文化名城保护:概念的扩大与保护方法的多样化 [J].城市规划,2001(10):33-36.

[43] 张冠增.城市史的研究:21世纪历史学的重要使命 [J].神州学人,1994(12):30-31.

[44] 张慧若.路易斯·康—对"元"的追问 [J].福建建筑,2012(1):25-27.

[45] 张靓,陈易,庄葳.从国际宪章视角论世界文化遗产保护的理论发展 [J].住宅科技,2012(10):32-35.

[46] 张倩.欧洲历史文化遗产保护与利用实践研究 [J].建筑技术与设计,2005(10):30-35.

[47] 周卡特.班加罗尔管理学院 [J].世界建筑,1990(6):50-51.

[48] 周庆基.印度教的兴起与发展 [J].历史教学,1984(9):45-49.

[49] 周扬,钱才云.论印度管理学院设计中折射出的结构

主义哲学思想 [J].A+C，2011（8）：93-95.

[50] 斯坦因，多西，巴拉 . 克什米尔议会中心 [J]. 世界建筑，1990（6）:78-80.

[51] BHATIA.Baker in Kerala[J]. Architectural Review，1987（8）：72-73.

[52] BREMNER. Nation and empire in the government architecture of mid-victorian London：the foreign and India office reconsidered [J]. The Historical Journal，2005，48（3）：703-742.

[53] CHATTOPADHYAY. Blurring boundaries：the limits of "white town" in colonial Calcutta [J]. Journal of the society of architectural historians，2000，59（2）：154-179.

[54] DAVIES. Splendours of the Raj：british architecture in India 1660-1947[J]. Journal of the Society of Architectural Historians，1991，50（1）：81-82.

[55] GAVIN. British architecture in India 1857-1947[J]. Journal of the Society of Arts，1981（5）：357-379.

[56] LIU F，ZHANG F，SONG Y，et al.Study on influencing factors and characteristics of spatial form of traditional rural settlements in the yellow river floodplain of north of Henan[J]. Applied Mechanics and Materials，2014（584）：322-329.

[57] METCALF. Architecture and the representation of empire：India，1860-1910[J]. Representations，1984(6)：37-65.

[58] MITTER. The early british port cities of India：their planning and architecture circa 1640-1757[J]. Journal of the Society of Architectural Historians，1986，45（2）：95-114.

[59] SPALDING. The colonial Indian：past and future research perspectives [J]. Latin American Research Review，1972，7（1）：47-76.

学位论文

[1] 戴路 . 印度建筑与外来建筑的对话：走向印度现代地域主义 [D]. 天津：天津大学，2000.

[2] 丁新艳 . 英国殖民统治与印度近代工业化 [D]. 太原：山西大学，2004.

[3] 林源 . 中国建筑遗产保护基础理论研究 [D]. 西安：西安建筑科技大学，2007.

[4] 汝军红 . 历史建筑保护导则与保护技术研究 [D]. 天津：天津大学，2007.

[5] 宋雪 . 英国建筑遗产记录及其规范化研究 [D]. 天津：天津大学，2008.

[6] 翟芳 . 劳里·贝克乡村创作思想及作品研究［D］. 西安：西安建筑科技大学，2009.

[7] 张敏 . 印度城市化问题探析 [D]. 石家庄：河北师范大学，2012.

[8] 张强 . 大唐西域记得内容及研究价值 [D]. 延吉：延边大学，2012.

网络资源

[1] 维基百科 [EB/OL].http：//en.wikipedia.org/

[2] 维基媒体 [EB/OL].http：//commons.wikimedia.org/

[3] 百度百科 [EB/OL].http：//baike.baidu.com/

[4] 百度搜索 [EB/OL].http：//www.baidu.com/

[5] 谷歌搜索 [EB/OL].http：//www.google.com.hk/

附 录

表 1　印度河流域的哈拉帕文明城市

城市名	时间跨度	遗址规模	人口	城市特征
摩亨佐达罗 （Mohenjo Daro）	前 2600—前 1800	200 公顷左右	41 250 人	上下城，上城位于下城西边；有城墙，房屋多用火烧砖砌筑，砖有统一尺寸 1∶2∶4；有火祭坛
哈拉帕 （Harappa）	前 3000—前 1900	150 公顷左右	23 500 人	上下城，有城墙，城市平面呈平行四边形
科特迪吉 （Kot-Diji）	前 2800—前 2600	约 22 296 平方米	1 800 人	上下城，城墙高大；居住区规划整齐，统一的南北、东西向街道
阿姆利 （Amri）	前 3500—前 1300	约 75 251 平方米	6 075 人	位于印度河西岸，有城墙，遗址面积 8 公顷
昌胡达罗 （Chanhu-daro）	前 4000—前 1700	4.7 公顷	4 950 人	无城墙，手工艺中心城市，临河，城市规划整齐，房屋多用火烧砖砌筑
卡利班甘 （Kalibangan）	前 2920—前 1750	—	—	临河，上下城各有城墙，上城位西，城墙有过增修，平行四边形城市平面，棋盘式布局，街道十字相交，有火祭坛
班纳瓦利 （Banawali）	前 2500—前 1450	100 000 平方米	—	上下城，上城地坪高于下城；临河；城墙高大，棋盘式城市布局；有火祭坛
朵拉维拉 （Dholavira）	前 2650—前 1450	100 公顷	—	上、中、下城，临河，有纪念性建筑，有组织的给排水系统
洛塔 （Lothal）	前 2400—前 1900	64 980 平方米	50 000 人	上下城，有城墙，方形城市平面，港口城市，有市场和码头，有组织的排水系统，有火祭坛
拉吉加里 （Rakhigarhi）	6420±110 到 前 4280±320	224 公顷	—	手工业发达，城市有规划，有组织的排水系统，有墓地

表 2　古印度佛教城市

城市名称	地理位置	时间跨度	现存佛教遗迹	城市特征
华氏城 （波吒厘子，Pataliputra）	北方邦	前 600—600	华氏城宫殿柱厅	都城，长期地区行政中心；有王城，内外城；高大城墙，有壕沟，多处城楼、城门
瓦拉纳西 （贝拿勒斯，Varanasi）	北方邦	前 800—至今	附近鹿野苑的佛塔、雕刻、阿育王柱	东临恒河，地区学术、教育中心，商贸城市，丝绸之路重要节点
舍卫城 （Sravasti）	北方邦	前 600—1200	寺院、窣堵坡、佛塔、精舍	都城，商道会合之地；有城墙，有王城，内外城结构
吠舍离 （Vaishali）	北方邦	前 600—500	阿育王柱、窣堵坡、水池、佛塔、寺庙	都城，临河，占地约合 110 090 平方米
王舍城 （Rajgir）	北方邦	前 500—500	佛塔、法堂、讲坛、石窟	贸易终点站；天然山头环绕，老城与新城各有城墙
考夏姆比 （Kaushambi）	北方邦	前 600—前 200	阿育王柱	都城，南面临河，贸易中心；占地 0.5 平方千米，城墙周长 6.5 千米
马图拉 （Mathura）	北方邦	前 400—至今	雕刻	都城，犍陀罗文化艺术中心、贸易中心；东面临河，三面城墙，半月形城区，遗址占地 3 平方千米
塔克西拉 （Taxila）	巴基斯坦旁遮普省	前 600—500	寺院、窣堵坡	都城，犍陀罗文化艺术教育中心、商业中心，丝绸之路重要节点
白沙瓦 （Peshawar）	巴基斯坦开伯尔省	前 100—至今	迦腻色伽佛塔、寺院	都城，文化艺术教育中心，中亚与南亚的贸易通廊
贾尔瑟达 （Charsadda）	巴基斯坦开伯尔省	前 600—700	无	都城，商贸中心，丝绸之路重要节点，遗址占地 4 平方千米，有护城河，夯土城墙，城内有完善的排水系统

表 3 南印度各王朝年代及历史事迹表

时期	王朝	历史事迹
古代	萨塔瓦哈那王朝（约前 1—3 世纪）	亦称安达罗王朝，由统治者萨塔卡尼一世建立，3 世纪趋于衰弱，其中部领域为阿布希拉人占领，南部地区由后来短暂的伊克什瓦库王朝统治，其间发展了繁荣的阿马拉瓦蒂佛教艺术
	朱罗王朝（约前 2—3 世纪）	阿育王的诏谕中最早将其称为一个统治政权。大约在前 2 世纪上半叶，朱罗王子埃拉腊征服了南端的小岛锡兰（今斯里兰卡），并统治了较长一段时期。3 世纪，由于帕拉瓦王国的兴起以及潘迪亚、哲罗王国的侵略，朱罗政权逐步走向衰落
	帕拉瓦王朝（约 3—6 世纪）	该王朝最早的敕书被认为是 3 世纪，由统治者斯坎达瓦尔曼（Skandavarman）建立，首都位于建志补罗（现甘吉布勒姆），6 世纪早期为笈多王国所击败，后期历史记载较少
	潘迪亚王朝（约前 4—6 世纪上半叶）	最早在前 4 世纪的史料中提及，在阿育王时期作为一个独立的王国。早期领域包括现今的马杜赖、拉姆纳德、丁内韦利以及特拉凡哥尔以南地区。首都位于马杜赖，被称为"南方的马图拉"
	哲罗王朝（约前 3—8 世纪）	早期历史比较模糊，最早在阿育王的诏谕中提及过。领域主要分布在南印度西部沿海地区，囊括了现今的马拉巴尔、科钦以及特拉凡哥尔的北部地区。大约至 8 世纪以后，哲罗王国先后成为潘迪亚、朱罗王国的臣属
中世纪早期	遮娄其王朝（543—757）	由补罗稽舍一世建立，都城位于瓦达比（现巴达米），补罗稽舍二世时期战胜了甘吉布勒姆的帕拉瓦王朝
	东遮娄其王朝（642—1075）	王朝的建立者毗湿奴筏驮那最初是早期遮娄其王国的总督，在 642 年补罗稽舍二世逝世后宣布独立，建立了东遮娄其王朝，以文耆为都城，统治维持了近 500 年
	拉什特拉库塔王朝（753—982）	由统治者丹蒂德尔伽在 8 世纪中叶击败早期遮娄其国王后建立。在国王克里希那三世统治时期，其疆土一直扩展到"远南"地区。大约在 968 年后，拉什特拉库塔王朝逐渐走向衰败，最终政权由后期遮娄其人接管
	后期遮娄其王朝（973—1200）	由自诩是早期遮娄其王朝后代的泰拉二世建立，都城位于卡里尼亚
	霍伊萨拉王朝（1026—1343）	后期遮娄其国王与卡利丘里帝国战争后两败俱伤，统治迈索尔小王国的毗湿奴伐弹利用此机会兼并了卡纳塔克邦以及泰米尔纳德邦的高韦里河三角洲地区，建立了霍伊萨拉政权，都城位于贝鲁尔，后迁至霍莱比德
	卡卡提亚王朝（1000—1323）	最早由冈迪亚一世建立，时间不详，首都位于卡卡提普拉。在统治者贝塔二世时期迁都至奥鲁加卢（现瓦朗加尔）地区。该王朝统治着特伦甘纳与安得拉大部分区域，拥有此时世界上唯一的露天钻石矿，因而后期受到德里苏丹国的觊觎，最终在德里苏丹国的多次进攻下瓦解
	帕拉瓦王朝（537—901）	在 6 世纪上半叶崛起，在那罗辛哈瓦尔曼一世时期成为南印度出色的强国，后期与邻国存在较多的战争，末位统治者被朱罗王国的阿迭多一世击败。帕拉瓦人最初信奉佛教，在 5 世纪开始推崇婆罗门教，并开始了印度教神庙建筑的探索
	朱罗王朝（848—1279）	9 世纪崛起，国王罗阇罗阇一世时期朱罗王国成为南印度最强大的王国，其政权在 13 世纪下半叶开始衰落。朱罗王国海上实力强大，发展了繁荣的海外贸易。同时也致力于印度教神庙的建造，将印度教神庙建筑的发展推向了高潮
	潘迪亚王朝（1251—1350）	13 世纪下半叶，随着朱罗王朝的彻底覆灭，潘迪亚王朝开始复兴，都城位于马杜赖。在查太伐摩·孙达罗统治时期发展到了顶峰，成为南印度重要的印度教大国
中世纪晚期	巴马尼苏丹国（1347—1527）	1347 年由扎法尔·汗建立，都城位于古尔伯加，后迁至比达尔。其统治几乎维持了两个世纪，最终四个重要的行省宣布独立。然而在 17 世纪下半叶又都臣服于莫卧儿帝国。尽管苏丹国对于印度教王国的破坏较大，但他们留下的伊斯兰建筑与艺术文化却是震撼人心的
	维查耶纳伽尔王朝（1336—1565）	由哈利哈拉和布卡这两位反抗德里苏丹政权的主力建成，都城位于亨比。在北印度与德干大部分地区处于穆斯林统治时，维查耶纳伽尔王国成为南印度保护印度教文化最坚固的堡垒。然而 1565 年爆发的塔利科塔战争的失败使其都城成为穆斯林肆意破坏的场所，这座巨大的帝国都城遭受了前所未有的洗劫
	纳亚卡王朝（1565—1700）	1565 年塔利科塔战争的失败使维查耶纳伽尔帝国逐步瓦解，当时的总督纳亚卡趁机在泰米尔纳德地区拥兵自立建立了独立的印度教王国，称为纳亚卡王朝

表 4　印度教城市

城市名	地理位置	时间跨度	考古遗迹	城市特征
瓦拉纳西 （贝拿勒斯，Varanasi）	北方邦	6000 年前至今	印度教庙宇	东临恒河，地区学术、教育中心，商贸城市，丝绸之路重要节点，印度教七大圣城之一
马图拉 （Mathura）	北方邦	前 400 年至今	印度教庙宇	都城，三面城墙，东面临河，半月形城市平面，规划完善
赫里德瓦尔 （Haridwar）	北阿肯德邦	前 1700 年至今	印度教庙宇，水池	都城，位于恒河右岸，左侧靠山
马杜赖 （Madurai）	泰米尔纳德邦	前 300 年至今	印度教庙宇，水池	都城，文化中心；城市布局以庙宇为中心放射状，街道十字交叉，轴线突出
阿约提亚 （Ayodhya，Saketa）	北方邦	127 年至今	印度教庙宇，耆那教庙宇	都城，宗教中心城市，沿河，印度教七大圣城之一
杜尔瓦卡 （Dwarka）	古吉拉特邦	200 年至今	印度教庙宇	都城，港口城市，有城墙，4 个城门，方形城市平面，棋盘式布局。印度教七大圣城之一
乌贾因 （Ujjayini）	中央邦	前 750 年至今	印度教庙宇	都城，贸易中转站，印度教七大圣城之一

表 5　古印度都城

城市名	所属国	时间跨度	城市特征
华氏城	摩揭陀，孔雀王朝，贵霜帝国，笈多王朝	前 600—600	商业中心；宽阔壕沟和木墙，护城墙有 570 座城楼和 64 座城门
曲女城	戒日王朝，拉杰普特	前 600—10000	高大城墙，壕沟，四边都有堡垒和亭楼，人工池塘
王舍城	摩揭陀	前 500—500	新城有 32 个大门和 64 个望楼
考夏姆比	跋沙王国	前 600—前 200	贸易中心；高大防御性城墙和护城壕
乌贾因	阿盘底国，戒日帝国	前 200—500	贸易节点，印度教七大圣城之一
塔克西拉	犍陀罗	前 600—500	丝绸之路贸易节点，文化、艺术、教育中心；经历了杂乱无章到有序规划
白沙瓦	贵霜王朝	127—230	贸易中心
马杜赖	潘迪亚王朝	700—1300	港口，商业中心，印度教七大圣城之一；以神庙为中心的放射型平面
坦贾武尔	朱罗王朝	850—1300	护城河围绕着宫城区域，宫殿周围的居住区有着明确的等级制度，中心庙宇位于主城区的西南方位
阿努拉德普勒	斯里兰卡	400—10000	小乘佛教传播中心；佛教推动城市建设不断完善；城墙，堡垒，壕沟，大型蓄水池，人工湖，公园，医院
卡鲁乌尔	哲罗王朝	前 300—400	手工艺和贸易中心
巴达米	遮娄其王朝	600—1100	佛教中心
龙树山	伊克什瓦库王朝	225—325	佛教中心和学术教育中心
达尼雅卡达卡	百乘王朝	前 200—300	佛教中心
欧赖宇尔	朱罗王朝	100—850	巨大的城墙和壮观的建筑，墓地，蓄水池
恒伽孔达卓拉普拉姆	朱罗王朝	1025—1275	精心规划，规模较大，建设完善；以宫殿为中心，庙宇在它周围按照风水安排
甘吉布勒姆	帕拉瓦王朝	300—900	手工业、商业城，印度教七大圣城之一

表 6　古印度港口城市

城市名称	地理位置	时间跨度	中世纪早期的贸易对象
曼德维 （Mandvi）	古吉拉特邦	1580 年至今	欧曼半岛—东非海岸线
杜瓦尔卡 （Dwarka）	古吉拉特邦	前 2000 年至今	欧洲、非洲
西苏帕尔加 （Sispualargh）	奥里萨邦	前 300 年—400 年	东南亚、中国
默契里帕特南 （Machlipatnam）	安德拉邦	前 300 年至今	希腊、罗马、阿拉伯国家
阿里卡梅杜 （Arikamedu）	泰米尔纳德邦	前 100 年—700 年	东亚
木兹里 （Muziris）	喀拉拉邦	前 100—1400 年	向西，欧曼半岛，非洲大陆；地中海东部以及红海之间的港口；与美索不达米亚、埃及、希腊、罗马、腓尼基和阿拉伯贸易
巴鲁卡查 （Bharukachcha，或 Bhroach）	古吉拉特邦	—	向西，欧曼半岛，非洲大陆
科凯 （Korkai）		前 785 年—至今	珍珠渔业，与罗马帝国贸易
奎隆 （Quilon，或者 Kollam）	喀拉拉邦	1200 年至今	罗马帝国、中国
眈罗栗底 （Tamralipi）	孟加拉邦	—	东南亚
曼尼卡帕特纳 （Manikapatna）		300—1900 年	向东，东南亚、马来西亚、越南和中国
甘吉布勒姆 （Kanchipuram）	泰米尔纳德邦	100 年—至今	向东，东南亚、马来西亚、越南和中国
默哈伯利布勒姆 （Mahabalipuram）	泰米尔纳德邦	100 年—800 年	罗马帝国、中国

图书在版编目（CIP）数据

印度建筑史 / 汪永平等著 . — 南京 : 东南大学出
版社，2020.12
　　ISBN 978-7-5641-9304-1

　　Ⅰ . ①印… Ⅱ . ①汪… Ⅲ . ①建筑史 – 印度 Ⅳ .
① TU–093.51

　　中国版本图书馆 CIP 数据核字（2020）第 259907 号

印度建筑史

Yindu Jianzhushi

著　　者：汪永平　等
责任编辑：戴　丽
　　　　　魏晓平
责任校对：子雪莲
责任印制：周荣虎
出版发行：东南大学出版社
社　　址：南京市四牌楼 2 号
邮　　编：210096
电　　话：025-83793330
网　　址：http://www.seupress.com
印　　刷：南京新世纪联盟印务有限公司
开　　本：889 mm × 1194 mm　　1/16
印　　张：36.75
字　　数：890 千
版　　次：2020 年 12 月第 1 版
印　　次：2020 年 12 月第 1 次印刷
书　　号：ISBN 978-7-5641-9304 – 1
定　　价：490.00 元

经　　销：全国各地新华书店
发行热线：025-83790519　83791830